Carsten Kretschmann

Räume öffnen sich

WISSENSKULTUR UND GESELLSCHAFTLICHER WANDEL

Herausgegeben vom Forschungskolleg 435
der Deutschen Forschungsgemeinschaft
»Wissenskultur und gesellschaftlicher Wandel«

Band 12

Carsten Kretschmann

Räume öffnen sich

Naturhistorische Museen im Deutschland des 19. Jahrhunderts

Akademie Verlag

Gedruckt mit Unterstützung der Deutschen Forschungsgemeinschaft.

Einbandgestaltung unter Verwendung der Abbildung eines Museums-Schranks für Orang-Utans aus einem Werbeprospekt der „Panzer“ Aktiengesellschaft für Geldschrank-Tresorbau und Eisen-Industrie, um 1900.

ISBN 3-05-004202-8

Das eingesetzte Papier ist alterungsbeständig nach DIN/ISO 9706.

Satz: Carsten Kretschmann, Stuttgart
Druck und Bindung: Druckhaus »Thomas Müntzer«, Bad Langensalza
Einbandgestaltung: Dorén + Köster, Berlin

Printed in the Federal Republic of Germany

Inhalt

Einleitung

Wie stolz das Wort von der „Allmacht der Naturwissenschaft“ auch klinge, so befand Hugo Schauinsland am 15. Januar 1896 anläßlich der Einweihung des imposanten Museums für Natur-, Völker- und Handelskunde am Bremer Bahnhofsplatz, es sei deswegen doch „nicht weniger wahr!“[1] Niemand nämlich könne sich dem Einfluß der Naturwissenschaft noch entziehen, es sei denn – so drohte Schauinsland, einer der großen Reformdirektoren des Kaiserreiches – „er lade den berechtigten Vorwurf einer nicht lückenlosen Bildung auf sich.“ Schließlich werde durch die Erkenntnis von der Natur „die gesamte Weltanschauung des Zeitalters beherrscht.“

Was aus diesen Worten sprach, war das Selbstbewußtsein des modernen Naturwissenschaftlers. Und in der Tat hatten in einem säkularen Umbruchprozeß ja speziell die Naturwissenschaften im 19. Jahrhundert tief in das Leben des einzelnen Menschen eingegriffen. Aus Schauinslands Worten sprach freilich noch mehr als das Sendungsbewußtsein einer neuen Leitwissenschaft. Schauinsland erklärte das Wissen von der Natur nicht allein zum Inbegriff der modernen Welt, er erhob es vielmehr zugleich zum selbstverständlichen Teil der Bildungsidee. Wer das Odium einer ‚nicht lückenlosen Bildung‘ meiden wollte, konnte das Naturhistorische Museum nicht umgehen – ein Gedanke, der der Festgemeinde, die 1896 im Lichthof des gerade fertiggestellten Hauses versammelt war, nur zu deutlich vor Augen stand.

Völlig neu war dieser Gedanke nicht. Schon zu Beginn des 19. Jahrhunderts hatten sich nicht allein Naturhistorische Vereinsmuseen bewußt als Teil der Bildungswelt verstanden. Vielfach galten sie als Ort, an dem der einzelne Besucher – im Gang durch die Sammlung – sich selbst bilden und mittels dieser Selbstbildung auch die Entstehung einer neuen, der bürgerlichen Gesellschaft befördern könne. Als dezidiert öffentliche Einrichtungen gewährten Naturhistorische Museen so die Teilhabe am Wissen von der Natur, waren auf diese Teilhabe aber auch angewiesen. Das Ideal der Partizipation prägte in ihnen eine Wissenskommunikation, die sich je nach Museumstyp (fürstliche Sammlung, Universitätsmuseum, Vereinsmuseum) in einer engeren oder weiteren Öffentlichkeit vollzog.

Diese Form der Kommunikation, die ihren höchsten Ausdruck in der gemeinsamen Arbeit an und in der Sammlung fand, geriet seit der Jahrhundertmitte in die Krise. Die beschleunigte Spezialisierung innerhalb der Naturwissenschaft drängte auf eine Professionalisierung der Museumsarbeit. Das Ideal einer *allgemeinen* Teilhabe wurde in der Realität – durch die Einstellung besoldeter Fachleute – so zu einer nur mehr stellvertretenden Partizipation. Zugleich sahen sich die Museen durch das Anwachsen unterbürgerlicher Schichten einem Publikum gegenüber, das nach Vorwissen und Interesse nicht ohne weiteres gleichberechtigt an der Kommunikation teilhaben konnte. Die Öffentlichkeit wandelte sich – und das Museum mit ihr. In diesem Wandlungsprozeß erwies sich die Popularisierung als neue und erfolgreiche Form der Wissenskommunikation.

Mit diesen Sätzen ist skizzenhaft ein Prozeß umrissen, der noch kaum die Beachtung der Geschichtswissenschaft gefunden hat. Er steht im Mittelpunkt der folgenden Studie, die

1 Zit. n. *Zur Geschichte des Städtischen Museums*. Bremen 1928, S. 20.

sich – ihrem Thema entsprechend – auf mehreren Forschungsfeldern zugleich zu bewegen hat.

Das gilt insbesondere für die Popularisierungsforschung und die Museumsgeschichte. Verschiedene Studien haben mittlerweile die Popularisierung – für die Vereinigten Staaten[2], für Großbritannien[3] und Frankreich[4], schließlich auch für Deutschland[5] – als klassische Kommunikationsform gerade des Massenzeitalters gedeutet – auch wenn der Begriff „Popularisierung" dabei nach wie vor eigentümlich schillert.[6] Dies hängt vor allem mit seiner diffizilen etymologischen und semantischen Entwicklung zusammen. So umfaßte das Adjektiv „populär", dessen Wurzeln wesentlich im 18. Jahrhundert liegen, im Englischen ursprünglich ganz unterschiedliche Bedeutungsebenen: Es konnte sowohl etwas bezeichnen, das dem Volk angemessen schien, als auch das, was das Volk selbst schätzte. Und auch im Deutschen wurde das Adjektiv „populär" zu dieser Zeit in verschiedenen Bedeutungen verwendet, etwa im Sinne von „volksmäßig, gemeinnützig, volksverständlich, freundlich", während „Popularität" nach 1850 durchweg Volksmäßigkeit, Gemeinfaßlichkeit oder Gemeinverständlichkeit bezeichnete.

Aus diesen knappen lexikalischen Hinweisen lassen sich erste Anhaltspunkte für den Gehalt des vielschichtigen Begriffs gewinnen: So erscheinen die Allgemeinverständlichkeit, die Tendenz zur Vereinfachung und der Adressatenbezug als Haupteigenschaften des Populären. Ebenfalls seit dem 18. Jahrhundert weist der Begriff allerdings auch negative Konnotationen auf, und zwar in zunehmendem Maße. Der Vorwurf des Seichten lastete drückend auf ihm. Nicht von ungefähr verwahrte sich etwa Justus von Liebig in seinen „Chemischen Briefen", einem *chef-d'œuvre* des populärwissenschaftlichen Genres, ausdrücklich gegen alle popularisierenden Darstellungsformen, „womit man gewöhnlich das Herabziehen in das Gemeine und das platte Verständlichmachen bezeichnet."[7]

Die Unschärfe des Begriffs hat eine Vielzahl unterschiedlicher Definitionen gezeitigt. So betrachtete eine ältere Forschung die Popularisierung stets als eine Form von hierarchischem Wissenstransfer, bei dem bestimmte wissenschaftliche Erkenntnisse von einem engen, ho-

---

2 S. G. Kohlstedt: The American Association for the Advancement of Science 1848–60. Urbana, Chicago, London 1976. – H. Kuritz: The Popularization of Science in Nineteenth-Century America. In: History of Education Quarterly 21 (1981), S. 259–274. – M. C. LaFollette: Public Images of Science 1910–1955. Chicago, London 1990. – M. D. Whalen: Science, the Public and American Culture. In: Journal of American Culture 4 (1981), S. 14–26.

3 D. E. Allen: The Naturalist in Britain. 2. Aufl. Princeton/N.J. 1994. – R. Cooter u. St. Pumfrey: Separate Spheres and Public Places: Reflections on the History of Science Popularization and Science in Popular Culture. In: History of Science 32/3 (1994), S. 237–267. – D. A. Hinton: Popular Science in England, 1830–1870. Ph. D. Thesis, University of Bath 1979. – G. St. Kitteringham: Studies in the Popularisation of Science in England, 1800–1830. Ph. D. Thesis, University of Kent at Canterbury 1981. – G. Myers: Nineteenth-Century Popularizations of Thermodynamics and the Rhetoric of Social Prophecy. In: Victorian Studies 29 (1985), S. 35–66.

4 B. Béguet (Hrsg.): Sur la vulgarisation scientifique en France de 1850 à 1914. Paris 1990. – N. F. George: Popular Science and Philosophy in France, 1850–1875. Ph. D. Thesis, Cornell University 1974. – D. Raichvarg u. J. Jacques: Savants et ignorants. Paris 1991.

5 A. W. Daum: Wissenschaftspopularisierung im 19. Jahrhundert. München 1998. – A. Schwarz: Wissenschaftspopularisierung in Großbritannien und Deutschland im Übergang zur Moderne (ca. 1870–1914). Stuttgart 1999.

6 Ausführlich zur Begriffsgeschichte Daum (wie Anm. 5), S. 33–41. – Schwarz (wie Anm. 5), S. 89–95.

7 J. v. Liebig: Chemische Briefe. Heidelberg 1844, S. IV.

mogenen Expertenkreis – einseitig – an ein nicht näher zu spezifizierendes Laienpublikum weitergegeben werden.[8] Das Vermittlungsgeschehen blieb in dieser Vorstellung ganz an der akademischen, der ‚eigentlichen' Wissensproduktion orientiert, und es schien sich in einem genau strukturierten Zwei-Phasen-Ablauf zu vollziehen: Das Wissen, das zuvor exklusiv und streng wissenschaftlich erzeugt worden war, sei anschließend – in vereinfachter Form – einer Öffentlichkeit zur Verfügung gestellt worden, die weder an der Produktion noch an der Distribution dieses Wissens beteiligt gewesen sei. Dieses diffusionistische Modell ging von einem beträchtlichen, im Grunde nie zu überwindenden Wissensgefälle zwischen Experten und Laien aus; der Vermittlungsvorgang beschränkte sich folglich auf eine gleichsam lineare, einseitige Weitergabe des Wissens, ohne daß mögliche Rück- oder Wechselwirkungen in Betracht gezogen worden wären.

Dieser traditionellen Deutung hat seit Ende der 1970er Jahre zunächst die Wissenschaftssoziologie ein Erklärungsmodell entgegengesetzt, das Wissensproduktion und -distribution als Prozeß versteht, an dem Experten und Laien in unterschiedlicher, aber gleich gewichtiger Weise teilhaben.[9] Es ist das Verdienst Terry Shinns und Richard Whitleys, mit ihrem 1985 publizierten Sammelband „Expository Science" erstmals eine dezidiert interaktionistische Sicht vertreten zu haben, in der Wissenschaftler, Popularisatoren und Öffentlichkeit nicht mehr als voneinander getrennte Pole eines linearen Prozesses, sondern als Akteure einer wechselseitigen Kommunikation zwischen Produzenten und Rezipienten erscheinen.[10] Diese Interpretation hat erhebliche Auswirkungen vor allem für die Bedeutung des Publikums, das traditionellerweise fast eine *quantité négliable* darstellte. Kurt Bayertz' bekannte Deutung etwa, der zufolge der Durchbruch der Popularisierung im 19. Jahrhundert vor allem im Zusammenhang mit den Interessen der aufstrebenden Naturwissenschaftler zu sehen sei, ist zumindest ergänzungsbedürftig.[11] In der Tat hat beispielsweise Susan Sheets-Pyenson ein Modell entwickelt, in dem sich eine popularisierte „low science" und eine akademische „high science" gegenüberstehen. In einer solchen Sichtweise erscheinen Popularisatoren nicht länger nur als Multiplikatoren eines elitären Wissens, sondern als Baumeister einer „low scientific culture".[12] Wieder andere Studien haben sich der Popularisierung bewußt von der Rezipientenseite aus genähert, wobei bestimmte Textmerkmale wie ‚Lesbarkeit' oder ‚Verständlichkeit' akzentuiert werden.[13]

Für die Interpretationsmuster solcher älterer Arbeiten ist es dabei nicht untypisch, wenn etwa die Popularisierung medizinischen, hygienischen und psychologischen Wissens als Einsatz für Sachlichkeit und Wissenschaftlichkeit, als Kampf gegen Irrtümer und Aberglau-

---

8 Hierzu ausführlich R. Whitley: Popularisation as a Relation Between Scientific Fields and Their Publics. In: T. Shinn u. R. Whitley (Hrsg.): Expository Science: Forms and Functions of Popularisation. Dordrecht, Boston, Lancaster 1985, S. 3–28, bes. S. 3–10.

9 So beispielsweise bei R. Cooter: Phrenology and the Organization of Consent in Nineteenth-Century Britain. Cambridge 1984.

10 Shinn u. Whitley (Hrsg.): Expository Science (wie Anm. 8).

11 K. Bayertz: Social Determinants of the Popularization of Science in Nineteenth-Century Germany. In: Expository Science (wie Anm. 8), S. 209–227.

12 S. Sheets-Pyenson: Low Scientific Culture in London and Paris, 1820–1875. Ph. D. Thesis, University of Pennsylvania 1976.

13 A. M. Woodlief: Science in Popular Culture. In: Handbook of American Popular Culture. Bd. 3. Westport/Conn. 1981, S. 429–458.

ben gedeutet wird.[14] Sein entschiedenes Veto gegen eine solch ‚aufklärerische' Aufladung der Popularisierung hat nicht zuletzt Andreas Daum eingelegt, der die Wissenschaftspopularisierung im Deutschland des 19. Jahrhunderts als Zusammenspiel von Öffentlichkeit, bürgerlicher Kultur und naturwissenschaftlicher Bildung versteht. Zumal die neueren deutschen Forschungsbeiträge wenden sich dezidiert gegen das ältere Diffusionsmodell und betonen die „Dialektik zwischen spezialisierter Wissenschaft und nichtspezialisiertem Publikum".[15]

Ebendiese Dialektik kennzeichnet auch den Ansatz der folgenden Untersuchung. Sie nimmt die unterschiedlichen Akteure der musealen Wissenskommunikation in den Blick und fragt nach ihren jeweiligen Motiven und Interessen: Kommunikation erweist sich in dieser Perspektive als *feed back*-Prozeß. In der Tat ist die Popularisierung nie „lediglich eine sprachliche oder anschaulich-methodische Vereinfachung und Präsentation komplizierter naturwissenschaftlicher Erkenntnisse".[16] Sie verwandelt vielmehr Wissen, sie transformiert es und konstituiert es neu. Weil unter Wissen dabei stets das verstanden werden muß, „was in einer Gesellschaft als ‚Wissen' *gilt*"[17], die entsprechenden Geltungskriterien jedoch sozial ausgehandelt werden, weichen Intention und Wirkung musealer Inszenierungen nicht selten deutlich voneinander ab. Die Naturhistorischen Museen des 19. Jahrhunderts zeigten, dem Selbstverständnis ihrer akademisch geschulten Direktoren nach, vor allem Bilder von der *Natur* – gedeutet wurden sie vom Publikum jedoch mitunter auch als Bilder von der *Gesellschaft*.

Diese Deutungen wurden in einem komplizierten Kommunikationsprozeß ausgehandelt. Er stand von Beginn an unter dem Zeichen der allgemeinen Menschenbildung, gewann im soziokulturellen Strukturwandel der zweiten Jahrhunderthälfte jedoch eine neue Bedeutung. Zwar hatte popularisiertes Wissen stets auf individuelle Bildungsbestrebungen reagiert, auf Unterhaltungsbedürfnisse und jene Neugier, die man als anthropologische Konstante betrachten mag. Die Notwendigkeit der Wissenspartizipation trat im beschleunigten sozialen Wandel der zweiten Hälfte des Jahrhunderts allerdings besonders dringlich hervor.[18] In ihm erfüllte die Popularisierung ein existentielles Bedürfnis, indem sie Antworten auf ungeklärte Fragen, Orientierung in gesellschaftlichen Krisen versprach.

All dies verhieß der Besuch in einem Naturhistorischen Museum. Von der Popularisierungsforschung ist er bislang kaum in den Blick genommen worden. Selbst Studien der neueren Medienwissenschaft sind noch immer ganz auf die allgemeinverständliche Verbreitung naturwissenschaftlich-technischer Wissensbestände durch *Print*medien konzentriert.[19] Gleiches gilt für die Literaturwissenschaft, die sich vor allem für die Verknüpfung von Äs-

---

14 J. C. Burnham: Popularizing Science and Health in the United States. New Brunswick, London 1987.

15 Daum (wie Anm. 5), S. 27. – Vgl. auch C. Kretschmann: Wissenspopularisierung – ein altes, neues Forschungsfeld. In: Wissenspopularisierung. Berlin 2003, S. 7–21, bes. S. 7–16.

16 So jedoch Chr. Hünemörder: Einführung zum Thema Popularisierung. In: Popularisierung. Berlin, Diepholz 2002, S. 15–19, hier S. 15.

17 So P. L. Berger u. Th. Luckmann: Die gesellschaftliche Konstruktion der Wirklichkeit. Frankfurt/M. 1980, S. 3. Hervorhebung v. Verf. – Dazu S. Maasen: Wissenssoziologie. Bielefeld 1999, S. 26f.

18 Vgl. V. Drehsen u. W. Sparn: Die Moderne: Kulturkrise und Konstruktionsgeist. In: Vom Weltbildwandel zur Weltanschauungsanalyse. Berlin 1996, S. 11–30.

19 P. Broks: Media Science before the Great War. Basingstoke, London, New York 1996. – Andere Vermittlungswege treten etwa in den Blick bei J. Fohrmann, A. Schütte u. W. Vosskamp (Hrsg.): Medien der Präsenz. Köln 2001.

thetik und Wissenschaft interessiert.[20] Und selbst Andreas Daums große Studie zur „Wissenschaftspopularisierung im 19. Jahrhundert" mißt dem Naturhistorischen Museum keine zentrale Bedeutung bei.[21]

Die Museumsgeschichte wiederum – und damit ist das zweite große Forschungsfeld, um das es hier geht, benannt – hat sich den Fragen der Popularisierung bislang nur in Ansätzen zugewandt. Museologische Arbeiten, die das Verhältnis von Museum und Öffentlichkeit thematisieren, beschäftigen sich nicht selten bevorzugt mit Tendenzen der Gegenwart.[22] Die zumeist älteren, ganz auf Aspekte der Institutionen- und Sammlungsgeschichte konzentrierten Gesamtdarstellungen führen nur bedingt weiter.[23] Neuere Arbeiten haben ihr Augenmerk vor allem auf Kunst- und Kulturhistorische Museen gerichtet[24], so daß an Untersuchungen zu bestimmten Museumstypen zwar kein Mangel herrscht[25], von einer durchgehenden Ana-

20 A. Berentsen: Zum Problem der Popularisierung der Naturwissenschaften in der deutschen Literatur (1880–1910). Berlin 1986. – M. Fick: Sinnenwelt und Weltseele. Tübingen 1993. – W. Gebhard: Weltgleichnis und Naturverklärung im Totalitätsbewußtsein des 19. Jahrhunderts. Tübingen 1984. – W. Hamacher: Wissenschaft, Literatur und Sinnfindung im 19. Jahrhundert. Würzburg 1993. – A. Kelly: The Popularization of Darwinism in Germany, 1860–1914. Chapel Hill 1981. – J. Kolkenbrock-Netz: Poesie des Darwinismus – Verfahren der Mythisierung und Mythentransformation in populärwissenschaftlichen Texten von Wilhelm Bölsche. In: lendemains 8 (1983), Nr. 30, S. 28–35. – R. Mann: Ernst Haeckel, Zoologie und Jugendstil. In: Berichte zur Wissenschaftsgeschichte 13 (1990), S. 1–11. – W. Michler: Naturwissenschaftliche und literarische Intelligenz in Österreich 1859–1914. Wien 1999. – H. Szukaj: Kurd Laßwitz als Wissenschaftspopularisator, 1848–1910. München 1996.

21 Vgl. Daum (wie Anm. 5), S. 114–116.

22 Vgl. P. Vergo (Hrsg.): The New Museology. London 1989. – Das Spektrum dieser „Neuen Museologie" bei G. Fliedl, R. Muttenthaler u. H. Posch (Hrsg.): Essays zur Theorie des Anschauens. Wien 1995. – Dies. (Hrsg.): Theoretisches zur Museums- und Ausstellungskommunikation. Wien 1992. – Zur Entwicklung der Museumswissenschaft vgl. W. Klausewitz: Zur Geschichte der Museologie (1878–1988). In: Museologie. München 1989, S. 20–37.

23 Vgl. u.a. G. Bazin: The Museum Age. New York 1967. – G. Hirschfeld: Zur Entwickelungsgeschichte von Kunstsammlungen. In: Nord und Süd 52 (1890), S. 55–76. – G. Klemm: Zur Geschichte der Sammlungen für Wissenschaft und Kunst in Deutschland. Zerbst 1837. – D. Murray: Museums: Their History and their Use. Bd.1–3. Glasgow 1904. – V. Scherer: Deutsche Museen. Jena 1913. – J. v. Schlosser: Die Kunst- und Wunderkammern der Spätrenaissance. 2. Aufl. Braunschweig 1978. – A. S. Wittlin: The Museum: Its History and its Tasks in education. London 1949.

24 Vgl. u.a. E. P. Alexander: Museum Masters: Their Museums and their Influence. Nashville/Tenn. 1983. – G. Calov: Museen und Sammler des 19. Jahrhunderts in Deutschland, Berlin 1969. – M.-L. v. Plessen (Hrsg.): Die Nation und ihre Museen. Frankfurt/M., New York 1992. – E. Mai u. P. Paret (Hrsg.): Kunstförderung in Deutschland im 19. und 20. Jahrhundert. Köln, Weimar, Wien 1993. – A. Joachimides: Die Museumsreformbewegung in Deutschland und die Entstehung des modernen Museums 1880–1940. Dresden 2001.

25 Zu Kunstmuseen grundlegend V. Plagemann: Das deutsche Kunstmuseum 1790–1870. München 1967. – Vgl. daneben S. Schulze: Bildprogramme in deutschen Kunstmuseen des 19. Jahrhunderts. Frankfurt/M., Bern, New York, Nancy 1984. – Zu Kunstgewerbemuseen ausführlich B. Mundt: Die deutschen Kunstgewerbemuseen im 19. Jahrhundert. München 1974. – Zu kulturgeschichtlichen Museen u.a. B. Deneke u. R. Kahsnitz (Hrsg.): Das kunst- und kulturgeschichtliche Museum im 19. Jahrhundert. München 1977. – C. E. Döring: Das kulturgeschichtliche Museum. Frankfurt/M., Univ., Diss. 1977. – I. Edeler: Zur Typologie des kulturhistorischen Museums, Freilichtmuseen und kulturhistorische Räume. Frankfurt/M., Bern 1988. – Zu naturgeschichtlichen Museen u.a. P. Findlen: Museums, Collecting, and Scientific Culture in Early Modern Italy. Berkeley, Los Angeles, London 1994. – I. Jahn: Die Museologie als Lehr- und Forschungsdisziplin mit spezieller Berücksichtigung ihrer Funktion in naturhistorischen Museen. Berlin [Ost], Univ., Diss. 1978. – Fr. Klemm: Geschichte der naturwissenschaftlichen und technischen Museen. München, Düsseldorf 1973. –

lyse des Museums als eines Ortes der Wissenskommunikation jedoch keine Rede sein kann.[26] Hierzu paßt der Befund, daß das Museum, ganz im Unterschied zu anderen öffentlichen Einrichtungen, selbst im „Handbuch der deutschen Bildungsgeschichte" allenfalls beiläufig erwähnt wird.[27] Wichtige Beiträge zu unserer Frage wären insbesondere von sozialgeschichtlich angelegten Untersuchungen zu erwarten, die jedoch, trotz beachtlicher Ausnahmen[28], noch immer zu den Desideraten der historischen Museumsforschung gehören. Besondere Aufmerksamkeit ist dem musealen Wissenstransfer hingegen unter dem Aspekt der Volksbildungsbestrebungen gewidmet worden.[29] Allerdings wird das Museum hier zumeist als Instrument obrigkeitsstaatlicher Herrschaftsstabilisierung, als Macht- und Kontrollinstanz der bürgerlichen Gesellschaft betrachtet.[30]

Die Wissenschaftsgeschichte schließlich, die sich unter den Forschungsinstitutionen bislang vor allem mit dem modernen Laboratorium beschäftigt hat[31], wendet sich erst in letzter Zeit verstärkt der Erforschung Naturhistorischer Museen zu.[32] Auch dort, wo sie sich dezi-

---

J. Schuster: Geschichte und Idee des naturwissenschaftlichen Museums. In: Archiv für Geschichte der Mathematik, der Naturwissenschaften und der Technik 11 (1928/29), S. 178–192. – P. J. Whitehead: Museums in the History of Zoology. In: Museums Journal 70/2 (1970), S. 50–57 u. 70/4 (1971), S. 155–160. – Hierzu in vergleichender Perspektive S. G. Kohlstedt: German Ideas and Practice in American Natural History Museums. In: German Influences on Education in the United States to 1917. New York 1995, S. 103–114.

26 Am anregendsten hierzu E. Hooper-Greenhill: Museums and the Shaping of Knowledge. London, New York 1992. – Aus soziologischer Sicht darüber hinaus S. Leigh Star u. J. R. Griesemer: Institutional Ecology, 'Translations' and Boundary Objects: Amateurs and Professionals in Berkeley's Museum of Vertebrate Zoology, 1907–39. In: Social Studies of Science 19 (1989), S. 387–420.

27 Vgl. W. v. Ungern-Sternberg: Medien. In: Handbuch der deutschen Bildungsgeschichte. Bd. 3: 1800–1870. München 1987, S. 379–413, hier S. 409f. – Während der Folgeband immerhin noch das Theater als Kulturinstitution thematisiert, bleibt das Museum vollends unberücksichtigt. Vgl. Ders.: Medien. In: Handbuch der deutschen Bildungsgeschichte. Bd.4: 1870–1918. München 1991, S. 473–499. – Aus heutiger Sicht u.a. E. Nuissl, U. Paatsch u. C. Schulze: Bildung im Museum. Heidelberg 1987.

28 Vgl. u.a. K. Borgmann: Museumsgeschichte als Sozialgeschichte. In: Museumsinszenierungen, S. 94–107. – W. Grasskamp: Museumsgründer und Museumsstürmer. München 1981. – C. Rückert u. S. Kuhrau (Hrsg.): Nationalgalerie und nationale Identität, 1876–1998. Berlin 1998. – W. Hochreiter: Zur Sozialgeschichte deutscher Museen 1800–1914. Darmstadt 1994. – K. Hudson: A Social History of Museums. London, Basingstoke 1975. – G. Reising: Das Museum als Öffentlichkeitsform und Bildungsträger bürgerlicher Kultur. Darmstadt 1980. – Sehr instruktiv B.-K. Seemann: Kulturelle Entwicklung und Kulturpolitik in Hamburg von 1839 bis 1933 am Beispiel des Museumswesens. Husum 1998.

29 Vgl. A. Kuntz: Das Museum als Volksbildungsstätte. Marburg 1976. – In diesem Kontext vgl. auch B. Sauter: Museum und Bildung. Baltmannsweiler 1994.

30 T. Bennett: The Birth of the Museum. New York 1995. – Ein differenzierteres Bild bietet Sh. Macdonald (Hrsg.): Museums, science, culture. London 1998. – Vgl. auch Dies.: Nationale, postnationale, transkulturelle Identitäten und das Museum. In: Geschichtskultur in der Zweiten Moderne. Frankfurt/M. 2000, S. 123–148.

31 B. Latour: Science in Action. Cambridge 1987. – Latours zentrale Aufsätze sind jetzt leicht greifbar in Ders.: Untersuchungen zur Wirklichkeit der Wissenschaft. Frankfurt/M. 2000.

32 L. K. Nyhart: Animal Morphology and the German Universities, 1800–1900. Chicago 1995. – Einen Überblick bietet S. G. Kohlstedt: Essay Review. In: Journal of the History of Biology 28 (1995), S. 151–166. – M. P. Winsor: Comparative Zoology at the Agaddiz Museum. London, Chicago 1991. – Ein Spezialaspekt bei S. Sheets-Pyenson: The Development of Colonial Natural History Museums during the Late Nineteenth Century. Kingston, Montreal 1988.

diert als Kulturwissenschaft versteht[33], bleiben ihre Befunde für die allgemeine Geschichtswissenschaft häufig allerdings nur bedingt anschlußfähig. Mit Susanne Köstering Studie zum „Naturkundemuseum des deutschen Kaiserreichs" ist schließlich kürzlich erstmals eine Monographie zum Naturhistorischen Museum vorgelegt worden, die jedoch ganz auf das letzte Drittel des Jahrhunderts konzentriert ist und einen mehr museumstheoretischen als sozialgeschichtlichen Fokus hat.[34]

Die folgende Arbeit setzt mit der Gründung und Öffnung Naturhistorischer Museen am Beginn des 19. Jahrhunderts ein und reicht bis zum Ersten Weltkrieg herauf, der für viele Museen in personeller wie struktureller, vor allem aber in ausstellungspraktischer Hinsicht eine wesentliche Zäsur darstellt. Sie versteht sich nicht als ein Beitrag zur Geschichte der Naturwissenschaften und fragt daher weniger nach den konkreten Inhalten des naturkundlichen Wissens als nach seiner Bedingtheit durch und seiner Bedeutung für soziale Phänomene.[35] Diese Bedeutung wandelte sich von Generation zu Generation, sie unterschied sich aber auch von Stadt zu Stadt. Unsere Analyse der *musealen Praxis*, mit der hier stets das Ensemble des Sammelns, Katalogisierens, Erforschens und Präsentierens der Objekte gemeint ist, verfährt daher exemplarisch. Im Mittelpunkt der Studie stehen mit dem Großherzoglichen Naturalienkabinett in Karlsruhe, dem Museum für Naturkunde in Berlin, dem Senckenberg-Museum in Frankfurt am Main und dem Städtischen Museum für Natur-, Völker- und Handelskunde in Bremen vier Häuser, die im 19. Jahrhundert neben den Museen in Hamburg, Stuttgart und Dresden zu den wichtigsten Einrichtungen ihrer Art zählten. Ein Vergleich zwischen ihnen erscheint auch deswegen lohnend, weil die vier Häuser unterschiedliche Typen des Museums vertreten: die höfische Sammlung (Karlsruhe), das Universitätsmuseum (Berlin) sowie das bürgerliche Vereinsmuseum in seinem je unterschiedlichen sozialen Kontext (Bremen, Frankfurt).

Die Quellenlage muß als außerordentlich disparat bezeichnet werden. Während die Entwicklung des reinen Sammlungsbestandes in wissenschaftlichen Katalogen meist hinreichend dokumentiert ist, fehlt es für wichtige Aspekte der musealen Praxis (etwa der Einrichtung von Schausammlungen oder dem Umgang mit dem Publikum) oftmals an einer hinreichend dichten Überlieferung. Hier überwiegt das Detail, und erst in der Zusammenschau vieler Details mag es gelingen, ein differenziertes Gesamtbild zu entwerfen. Zu diesem Zweck wurden zunächst die einschlägigen Bestände der relevanten staatlichen beziehungsweise kommunalen Archive, also des Geheimen Staatsarchivs Preußischer Kulturbesitz Berlin, des Badischen Generallandesarchivs Karlsruhe, des Instituts für Stadtgeschichte Frankfurt am Main sowie des Staatsarchivs Bremen gesichtet. Dabei wurden insbesondere die überlieferten Etat- und Jahresberichte, die Korrespondenz zwischen Museen und Behörden sowie Personal- und Bauakten ausgewertet.

33 N. Jardine, J. A. Secord u. E. C. Spary (Hrsg.): Cultures of Natural History. Cambridge 1996. – Im weiteren Rahmen A. te Heesen u. E. C. Spary (Hrsg.): Sammeln als Wissen. Göttingen 2001. – Vgl. auch C. M. Porter: The Natural History Museum. In: The Museum. Westport 1990, S. 1–30.

34 Köstering. – Hier wie im folgenden wird häufig zitierte Literatur durch Abkürzungen zitiert. Vgl. dazu das Verzeichnis der Abkürzungen und Siglen.

35 Dazu A. Landwehr: Annäherungen an ‚Wissen' als Kategorie historischer Forschung. In: Geschichte(n) der Wirklichkeit. Augsburg 2002, S. 61–89. – Vgl. auch J. Fried u. T. Kailer: Wissenskultur(en) und gesellschaftlicher Wandel. In: Wissenskulturen. Berlin 2003, S. 7–19.

Darüber hinaus wurden Recherchen in den Archiven der betreffenden Museen selbst durchgeführt, die freilich in sehr unterschiedlicher Weise zugänglich und geordnet sind. Während so etwa die Bestände des Archivs der Senckenbergischen Naturforschenden Gesellschaft (Frankfurt/M.) katalogisiert sind und reiches Material zur Vereinsgeschichte bieten, sind die Akten des Karlsruher Naturalienkabinetts zwar 2003 von den Karlsruher Landessammlungen für Naturkunde – in schlechtem Zustand – an das Badische Generallandesarchiv abgegeben, dort aber zunächst nur provisorisch verzeichnet worden. Im umfangreichen Archiv des Bremer Überseemuseums, das bislang noch kaum erschlossen ist, fanden sich wichtige Korrespondenzen zwischen Museumsleitung, Sammlern und Händlern. Im Berliner Fall wurde sowohl das hauseigene Archiv des Museums für Naturkunde als auch das Archiv der Humboldt-Universität konsultiert, wobei im Universitätsarchiv ein großer, bislang unbekannter Aktenbestand zutage gefördert werden konnte. Über archivalische Quellen hinaus sind sodann immer wieder zeitgenössische Publikationen in die Untersuchung einbezogen worden. Das gilt insbesondere für die gedruckten Jahresberichte der einzelnen Museen, für Führer und Kataloge, für Sammelanleitungen und wissenschaftliche Reihen. Des weiteren wurde die erste museologische Fachzeitschrift „Museumskunde" (1905ff.) ausgewertet. Im einzelnen Fall sind schließlich auch Beiträge in Zeitschriften und Tageszeitungen berücksichtigt worden.

Diese Studie behandelt nicht *die* Geschichte des Naturhistorischen Museums im 19. Jahrhundert. Sie erzählt eine Geschichte Naturhistorischer Muse*en*. Zunächst untersucht sie – über das Jahrhundert hinweg – die Tendenzen und Profile der vier Häuser (Kap. I). Hierbei werden grundsätzliche Motive der musealen Praxis ebenso deutlich wie ihre strukturellen Probleme, die seit der Jahrhundertmitte die Etablierung der Popularisierung als neuer Form der Kommunikation begünstigten. Sodann beschäftigt sich die Arbeit mit den personellen und materiellen Ressourcen der musealen Praxis, also zum einen mit ihren Akteuren, den Museumsleitern, Präparatoren und dem Publikum (Kap. II), und zum anderen mit den Strategien des Sammelns, die ebenfalls eine wesentliche Voraussetzung des Popularisierungsprozesses bildeten (Kap. III). Anschließend werden die Medien und Methoden der Popularisierung untersucht (Kap. IV), die sowohl Phänomene des wissenschaftlichen als auch des sozialen Wandels spiegeln. Um die Deutungen, die in diesem Prozeß der Popularisierung ausgehandelt wurden, geht es im letzten Kapitel (Kap. V).

Kapitel I

Naturhistorische Museen im 19. Jahrhundert – Tendenzen und Profile

Am Anfang des 19. Jahrhunderts etablierten sich die Museen als Raum der öffentlichen Kommunikation.[1] Die unabdingbare Voraussetzung hierfür war ihre allgemeine Zugänglichkeit, wie sie bereits zuvor gefordert, jedoch nur teilweise realisiert worden war. Die Kunst- und Wunderkammern, die Gemäldegalerien und Antikenkabinette blieben im 18. Jahrhundert noch vorzugsweise Liebhabersammlungen, die dem *eigenen* Wissen, vor allem dem eigenen Prestige, dem Ruhm des Sammlers dienten.[2] Damit konnte durchaus eine eingeschränkte Zugänglichkeit verbunden sein. Zu denken wäre hier etwa an die berühmte Sammlung der Medici, die ab 1743 in den Florentiner Uffizien gezeigt wurde, an das Kasseler *Museum Fridericianum*, das zwischen 1769 und 1779 als erster selbständiger Museumsbau Europas errichtet wurde, an das 1775 in Rom eröffnete *Museo Pio-Clementino* oder an die kaiserliche Gemäldesammlung, die Joseph II. ein Jahr darauf im Wiener Belvedere dem Publikum zugänglich machte.[3] Weitere Beispiele ließen sich leicht benennen. Aber selbst dort, wo – wie im Falle des Britischen Museums – Sammlungsbestände sogar in den Besitz der Öffentlichkeit überführt wurden, war man von einer *allgemeinen* Zugänglichkeit noch weit entfernt.[4]

Zum entscheidenden Wandel kam es – auch hier – im Gefolge der Französischen Revolution. Ab 1793 wurden die enteigneten Kunstgüter von Adel und Kirche an acht Tagen der

---

1 Vgl. etwa G. Reising: Das Museum als Öffentlichkeitsform und Bildungsträger bürgerlicher Kultur. Darmstadt 1980. – W. Hochreiter: Zur Sozialgeschichte deutscher Museen 1800–1914. Darmstadt 1994. – Daneben immer noch G. Bazin: The Museum Age. New York 1967.

2 Dazu insbesondere A. Grote (Hrsg.): Zur Geschichte des Sammelns 1450–1800. Opladen 1994. – Mit Blick auf Naturalienkabinette speziell P. Findlen: Museums, Collecting, and Scientific Culture in Early Modern Italy. Berkeley, Los Angeles, London 1994. – Unverzichtbar J. v. Schlosser: Die Kunst- und Wunderkammern der Spätrenaissance. 2. Aufl. 1978 [EA Leipzig 1908]. – Eine Synthese bei H. Bredekamp: Die Geschichte der Kunstkammer und die Zukunft der Kunstgeschichte. Berlin 2000. – Ein ausgezeichneter Überblick jetzt bei J. Sheehan: Geschichte der deutschen Kunstmuseen. München 2002. – Vgl. aber auch etwa H.-U. Thamer: Sammler und Sammlungen in der frühen Neuzeit. In: Sammler, Stifter und Museen. Köln, Weimar, Wien 1993, S. 44–62. – W. Grasskamp: Museumsgründer und Museumsstürmer. München 1981, S. 18–25.

3 Vgl. W. Seipel: Zur Geschichte des Kunsthistorischen Museums Wien. In: Die Nation und ihre Museen. Frankfurt/M. 1992, S. 55–68, hier S. 60. – Zur näheren Orientierung etwa K. Hudson: A Social History of Museums. London 1975. – V. Plagemann: Das deutsche Kunstmuseum 1790–1870. München 1967, S. 12–15.

4 Nachdem Sir Hans Sloane seine Sammlungen dem britischen Staat gegen Zahlung einer vergleichsweise geringen Summe vermacht hatte, war im Jahre 1757 die Gründung des Museums durch einen *Act of Parliament* verfügt worden. – Zur Entwicklung dieser Einrichtung knapp D. Wilson: Das British Museum – ein Universalmuseum. In: Die Nation (wie Anm. 3), S. 108–116. – Zu den Besuchsmodalitäten illustrativ Hudson (wie Anm. 3), S. 8–10.

zehntätigen Woche im Louvre gezeigt, und zwar kostenlos.[5] Der politisch-instrumentelle Charakter, der öffentlichen Sammlungen nie fremd war, trat dann unter der Herrschaft Napoleons besonders deutlich zutage, als sich der Louvre, das *Musée Napoléon*, – gerade durch seine konzeptionelle Progressivität – zu einem außerordentlich erfolgreichen Propagandamedium, freilich auch zu einem „monumentale[n] Signal einer neuen Religion des Wissens" entwickelte.[6] Diese ‚neue Religion' verhieß in ihrem Glauben an das Wissen zugleich eine neue Ordnung der Gesellschaft, in der die traditionale ständische Segmentierung durch Teilhabe an einem gemeinsamen kulturellen Code überwunden werden sollte. Das Museum beanspruchte, im lokalen, territorialen und nationalen Rahmen zum Schauplatz einer neuartigen Vergemeinschaftung durch Wissen zu werden.

Speziell die neugegründeten Museen zählten denn auch zu jenen Einrichtungen, die sich als genuin öffentliche Institutionen verstanden und so den „Strukturwandel der Öffentlichkeit" (Jürgen Habermas) entscheidend vorantrieben.[7] Wie die Bibliotheken, Theater und Konzerthäuser, so gewannen auch die Museen ihr Publikum, im Wortsinne, erst in dem Augenblick, als sie zu öffentlichen Einrichtungen wurden. Damit institutionalisierten sie – *idealiter* – den öffentlichen Diskurs über Geschichte, Natur und Kunst, über die Welt schlechthin, nicht zuletzt, wenn auch bisweilen verdeckt, über die eigene Zeit. Von diesem Diskurs, der den sozialen Wandel spiegelte und ihn zugleich beförderte, war, zumindest prinzipiell, niemand ausgeschlossen. Waren es vordem Geburt und Stand gewesen, so waren es nun die tiefere Erfahrung, die genauere Anschauung, das reichere Wissen, die dem einzelnen seinen Platz in der Gesellschaft zuweisen sollten.

Ein solches Denken paßte in den bürgerlichen Ideenhorizont der Zeit.[8] Es bestimmte auch die Kultur des Wissens, wie sie sich in den Museen in vielfach kanonischer Weise

---

5 Die Öffnung des Louvre beschreibt M. Laclotte: Der Louvre – von den königlichen Sammlungen zum nationalen Museum. In: Die Nation (wie Anm. 3), S. 33–44. – Zu den französischen Revolutionsmuseen ausführlich E. Harten: Museen und Museumsprojekte der Französischen Revolution. Münster 1989. – Zur Folgezeit D. J. Sherman: Art Museums and the Politics of Culture in Nineteenth-Century France. Cambridge/Mass., London 1989.

6 Hierzu kritisch Grasskamp (wie Anm. 2), S. 30–35. – Zur Fortschrittlichkeit des *Musée Napoléon*, die sich unter der Ägide Vivant Denons (1747–1825) u.a. in der Gemäldehängung, in der Herausgabe von Katalogen und der Anbringung von Beschriftungen äußerte, Hinweise bei H. J. Klein u. M. Bachmayer: Museum und Öffentlichkeit. Berlin 1981, S. 19. – Zu Denon jetzt Ph. Sollers: Vivant Denon. Heidelberg 2000.

7 Hierzu grundlegend J. Habermas: Strukturwandel der Öffentlichkeit. 6., unv. Aufl., Frankfurt/M. 1999 [EA 1962], S. 90–107. – Ähnlich U. Frevert: Ausdrucksformen bürgerlicher Öffentlichkeit – zwei Beispiele aus dem späten 18. Jahrhundert. In: Bürgerliche Gesellschaft in Deutschland. Frankfurt/M. 1990, S. 80–89. – Zum Konzept der Öffentlichkeit bei Habermas vgl. C. Calhoun (Hrsg.): Habermas and the Public Sphere. Cambridge/Mass., London 1992. – B. Davis: Reconsidering Habermas, Gender, and the Public Sphere: The Case of Wilhelmine Germany. In: Society, Culture, and the State in Germany, 1870–1930. Ann Arbor 1996, S. 397–426. – D. Goodman: Public Sphere and Private Life. In: History and Theory 31 (1992), S. 1–20. – Ein Überblick über die historische Forschung bei L. Gall: Von der ständischen zur bürgerlichen Gesellschaft. München 1993, S. 67–71.

8 Hier liegen enge Verbindungen zwischen Museums- und Bürgertumsforschung. Zu den Ergebnissen des Frankfurter Forschungsprojekts „Stadt und Bürgertum im 19. Jahrhundert" vgl. (neben den zahlreichen bereits veröffentlichten Einzelstudien) v.a. L. Gall (Hrsg.): Stadt und Bürgertum im 19. Jahrhundert. München 1990. – Ders. (Hrsg.): Vom alten zum neuen Bürgertum. Die mitteleuropäische Stadt im Umbruch 1780–1820. München 1991. – Ders. (Hrsg.): Stadt und Bürgertum im Übergang von der traditionalen zur modernen Gesellschaft. München 1993. – Ders. (Hrsg.): Bürgertum und bürgerlich-liberale Bewegung in

ausformte.[9] Dieser Wissenskanon verwies seinerseits auf die Gültigkeit eines bestimmten Bildungsideals, das man gemeinhin mit dem Topos des „gebildeten Bürgers" identifiziert.[10] Welche lebensweltliche Funktion diesem Leitbild – das eine bürgerliche Selbstbeschreibung und daher immer auch ein Mittel der Abgrenzung war – zukam, ist keineswegs abschließend geklärt. Auch deshalb verdienen jene Klassifizierungstendenzen unsere Aufmerksamkeit, wie sie in den Museen, den ‚Kirchen des Bürgertums', zu beobachten sind.

Gewiß wird man – auch mit Blick auf Naturhistorische Museen – gut daran tun, nicht zu voreilig von gewissen Inszenierungsstrategien auf die Repräsentation bestimmter bürgerlicher Werte und Ordnungsvorstellungen zu schließen.[11] Gleichwohl galten diese Häuser – im Bewußtsein der Zeit wie dem eigenen Anspruch nach – als steingewordene Manifestationen des Humboldtschen Bildungsideals. Dieses Bildungsideal war ein integratives Konzept, in dem neben den klassischen Sprachen, der Geschichte, der Kunst und der Literatur – was über dem Wort von den ‚zwei Kulturen' leicht vergessen wird – auch die Natur ihren Platz hatte.[12] Gerade sie galt als Erfahrungs- und Bildungswelt *par excellence*, und tatsächlich war das Wissen von der Natur selbstverständlicher Teil des bürgerlichen Bildungskanons.[13] Daß er – ungeachtet aller Spannungen und Friktionen innerhalb des Bürgertums – im Laufe des 19. Jahrhunderts nichts von seiner Attraktivität verlor, verlieh den Naturhistorischen Museen dauerhaft hohes soziales Prestige. Sie behaupteten es auch, als nach der Jahrhundertmitte das ältere Modell einer aktiven Teilhabe an der musealen Praxis, bedingt durch die fortschreitende Spezialisierung der Naturwissenschaften und die Entstehung eines Massenpublikums, in die Krise geriet – und sie behaupteten es durch eine neue Form der Kommunikation: durch die Popularisierung.

Mitteleuropa seit dem 18. Jahrhundert. München 1997. – Zum DGF-Sonderforschungsbereich „Sozialgeschichte des neuzeitlichen Bürgertums – Deutschland im internationalen Vergleich" in Bielefeld vgl. u.a. J. Kocka (Hrsg.): Bürgertum im 19. Jahrhundert. Deutschland im europäischen Vergleich. Bd. 1–3. [München 1988] – Ders. (Hrsg.): Bürger und Bürgerlichkeit im 19. Jahrhundert. Göttingen 1987.

9 Die Erforschung von Kanonbildungen wird zur Zeit v.a. durch die Literaturwissenschaft vorangetrieben. Der beste Zugriff bei R. v. Heydebrand (Hrsg.): Kanon – Macht – Kultur. Stuttgart, Weimar 1998. – Vgl. überdies A. u. J. Assmann (Hrsg.): Kanon und Zensur. München 1987. – M. Moog-Grünewald: Kanon und Theorie. Heidelberg 1997. – Zur Begriffsgeschichte u.a. J. Weber: Kanon und Methode. Würzburg 1986, S. 1–87. – Einen statischen Kanon-Begriff verwendet M. Fuhrmann: Der europäische Bildungskanon des bürgerlichen Zeitalters. Frankfurt/M., Leipzig 1999.

10 Vgl. L. Gall: Zum Selbstverständnis des deutschen Bürgertums im 19. Jahrhundert. In: HZ 245 (1987), S. 601–623. – Zur lebenspraktischen Bedeutung dieses Begriffs auch M. Maurer: Die Biographie des Bürgers. Göttingen 1996, bes. Kap. VII. – Vgl. auch die Beiträge in R. Koselleck (Hrsg.): Bildungsbürgertum im 19. Jahrhundert. Teil II. Stuttgart 1990.

11 Diese Tendenz etwa bei T. Bennett: The Birth of Museum. London 1995. – E. Hooper-Greenhill: Museums and the Shaping of Knowledge. London, New York 1992, S. 167–190.

12 Vgl. Ch. P. Snow: The Two Cultures. New York 1963. – Dazu kritisch bereits W. Lepenies: Die Drei Kulturen. München, Wien 1985. – Vgl. auch J. Brockman: The Third Culture. New York 1995.

13 Vgl. dazu, mit Verweis auf Alexander von Humboldt, N. Hilgenheger: Das Verhältnis des Menschen zur Natur als Dimension seiner Bildung. In: Natur, Wissenschaft, Bildung. Münster 1997, S. 20–36. – Das Wichtigste bei Fuhrmann (wie Anm. 9), S. 183–202. – Ein guter Überblick bei M. Maurer (wie Anm. 10), S. 278–289. – Einige Stichpunkte bei G. Marsche: Bürgerliche Leitbilder zwischen Emanzipation und Restauration. Frankfurt/M. 2001, S. 123–125. – Vgl. auch H. Schipperges: Art. Natur. In: GG Bd. 4, S. 215–244, bes. S. 231–240.

1. Museale Wissenskulturen. Exemplarische Annäherungen

Angesichts der Unübersichtlichkeit der deutschen Museumslandschaft – am Ende des Jahrhunderts zählte man rund vierzig Naturhistorische Museen – kann die museale Praxis nur in exemplarischer Weise angemessen untersucht werden.[14] Daher werden im folgenden vier verschiedene Häuser – und mit ihnen zugleich vier verschiedene Typen Naturhistorischer Museen – näher betrachtet. Das Großherzogliche Naturalienkabinett in Karlsruhe steht dabei für die ältere Tradition fürstlichen Sammelns, wie sie in der badischen Residenzstadt Mitte des 18. Jahrhunderts begründet worden war. Die – ebenfalls aus Beständen höfischer Kunst- und Naturalienkabinette bestückten – Naturhistorischen Sammlungen der 1810 gegründeten Berliner Friedrich-Wilhelms-Universität, die 1889 unter dem Dach des neuerrichteten Museums für Naturkunde zusammengefaßt wurden, repräsentieren wiederum den Typus des ministeriell gelenkten, auf die akademische Lehre ausgerichteten Universitätsmuseums. Ein konkurrierendes Modell zu diesen beiden Museumstypen, deren Öffentlichkeit zunächst eine recht spezielle und daher eingeschränkte war (in Karlsruhe der Hof, in Berlin die Universität), bildeten vor allem die Museumsgründungen bürgerlicher Vereine. Sie sind hier durch das Museum der 1817 gestifteten Senckenbergischen Naturforschenden Gesellschaft in Frankfurt am Main und den seit dem späten 18. Jahrhundert bezeugten Naturhistorischen Sammlungen der Bremer Gesellschaft „Museum" vertreten, die im Unterschied zu Frankfurt freilich erst durch das 1893/96 unter massiver staatlicher Beteiligung gebaute Städtische Museum für Natur-, Völker- und Handelskunde ihre eigentliche Bedeutung entfalteten.

1.1. Das Großherzogliche Naturalienkabinett in Karlsruhe

Die Wurzeln der Karlsruher Sammlungen lagen in der Wertschätzung des Kuriosen und Repräsentativen, der höfischen Inszenierung also, wie sie Peter Burke etwa für den Hof Ludwigs XIV. rekonstruiert hat.[15] Der Sonnenkönig war nicht zuletzt auch das Vorbild für Markgraf Karl III. Wilhelm von Baden-Durlach (1679–1738) gewesen, der 1715 Karlsruhe als neue Residenzstadt gründete – gleichsam als badisches Versailles.[16] Mit dieser Stadtgründung wurde ein Anspruch formuliert, den es fortan einzulösen galt: durch großzügige Schloß- und Parkanlagen, aber auch durch Kunst- und Naturaliensammlungen. Erst die Markgräfin Karoline Luise (1723–1783), die 1751 den Markgrafen Karl Friedrich von Baden-Durlach (1728–1811), einen Enkel des Residenzgründers, heiratete, war es freilich, die

14 Diese Zahlenangabe nach der *Festschrift zur Erinnerung an die Eröffnung des neuerbauten Museums der Senckenbergischen Naturforschenden Gesellschaft zu Frankfurt am Main am 13. Oktober 1907.* Frankfurt/M. 1907, S. 34. – Andere Angaben bei Köstering, S. 1f.

15 P. Burke: Ludwig XIV. Frankfurt/M. 1995. – Für das folgende verweisen wir – wo kein gesonderter Beleg erfolgt – auf die Geschichte der badischen Landessammlungen von S. Rietschel (Hrsg.): Vom Naturalienkabinett zum Naturkundemuseum 1785–1985. [Karlsruhe 1985.] – Vgl. auch W. May: Zur Geschichte des Großherzoglichen Badischen Naturalienkabinetts in Karlsruhe (1751–1878). In: Verhandlungen des Naturwissenschaftlichen Vereins Karlsruhe 19 (1906), S. 1–19. – E. Oberdorfer: Zweihundert Jahre Landessammlungen für Naturkunde. In: Beiträge zur naturkundlichen Forschung in Südwestdeutschland 10 (1951), S. 69–74.

16 Noch immer zu konsultieren Fr. v. Weech: Karlsruhe. Bd. 1–3. Karlsruhe 1893–1904.

in rund zwanzigjähriger Arbeit ein umfangreiches, systematisch aufgebautes Naturalienkabinett zusammenbrachte. Und wie sie dies anfing, mit welchen Mitteln und zu welchem Zweck sie ihre Sammlung aufbaute, ist es wert, hier erzählt zu werden. Denn die Gründungsgeschichte des Karlsruher Kabinetts ist entschieden mehr als eine *Vor*-Geschichte unseres Themas. Die bürgerlichen Museumsgründer in Frankfurt, Bremen und andernorts verband mit der badischen Markgräfin mehr, als ihnen vielleicht bewußt war: nämlich jene hohe Wertschätzung für das Wissen von der Natur, die neue, außer- und damit auch überständische Kommunikationskreise schuf.

1723 als Tochter des Landgrafen Ludwigs VIII. von Hessen-Darmstadt geboren, war Karoline Luise am darmstädtischen Hof ausgezeichnet unterrichtet worden. Standen zunächst Literatur, alte und neue Geschichte im Mittelpunkt ihrer Interessen, so widmete sie sich später – als Schülerin Jean Étienne Liotards – der Pastellmalerei und schließlich der Medizin und den Naturwissenschaften.[17] Am Karlsruher Hof war es der Geheimrat Johann Jakob Reinhard, der in diesem Zusammenhang die Begründung eines Naturalienkabinetts anregte. In einem Memorandum vom 8. April 1759 schlug er Karl Friedrich vor, zunächst die markgräfliche Privatbibliothek mit der Bücherei des Geheimen Rates zusammenzulegen, um so eine öffentliche Bibliothek ins Leben zu rufen. Am gleichen Ort sollten dann das Münzkabinett, die Hofapotheke, ein Kunstkabinett sowie eine Naturaliensammlung untergebracht werden.[18] Der Markgraf stimmte zu – und schon bald begannen die Bauarbeiten zur Errichtung des sogenannten Bibliotheksgebäudes am Ostflügel des Karlsruher Schlosses. In ihm entstand ein Raum, der die markgräflichen Sammlungen behutsam für eine überschaubare Öffentlichkeit – zunächst diejenige des Hofes, dann diejenige der Residenzstadt – zugänglich machte.

Dieses Vorhaben war neu, kam aber nicht unvorbereitet. Schon Markgraf Karl III. Wilhelm, der Stadtgründer, hatte ein lebhaftes Interesse für Fragen der Naturkunde gehegt und den botanischen Garten gegründet. In den markgräflichen *Verlassenschaftsverzeichnissen* begegnen denn auch immer wieder Naturalien. Im Falle des früh verstorbenen Erbprinzen Friedrich (1708–1732), des Schwiegervaters Karoline Luises, war es etwa ein Schrank voller exotischer Muscheln, 700 an der Zahl, beschriftet mit lateinischen oder holländischen Namen, dazu entsprechende Zertifikate. Er markierte den Anfang einer nach wissenschaftlichen Prinzipien aufgebauten und geordneten Sammlung, die mehr sein wollte als ein fürstliches Statussymbol, nämlich ein ernstzunehmendes Studienmaterial.[19]

Niemand benutzte und erweiterte dieses Material beherzter als die Markgräfin. Unablässig korrespondierte sie mit Gelehrten, Präparatoren und Händlern, um die Entwicklung des Naturalienkabinetts – mit einem Schwerpunkt in der Mineralogischen Abteilung – voranzutreiben.[20] Auf die Frage, wie eine solche geologische Sammlung genau einzurichten sei, gaben Karoline Luises Berater eine ebenso klare wie einfache Auskunft: Sollte die Samm-

17 Dazu und zum folgenden J. Lauts: Karoline Luise von Baden. Karlsruhe 1980, bes. S. 213–232. – Vgl. auch S. Rietschel u. M. Roth: Das Naturalienkabinett. In: Markgräfin Caroline Luise von Baden 1723–1783. Stuttgart 1983, S. 22–44.

18 Vgl. Lauts (wie Anm. 17), S. 214f.

19 Dazu G. Mayer: Das Naturalienkabinett des Erbprinzen Friedrich (1708–1732). In: Beiträge zur naturkundlichen Forschung in Südwestdeutschland 37 (1978), S. 29–34.

20 Die umfangreiche Korrespondenz der Markgräfin befindet sich im Markgräflich Badischen Familienarchiv, das als Depositalbestand vom Badischen Generallandesarchiv verwaltet wird.

lung einen „vollkommenen Werth“ besitzen, so mußte sie so viele Gattungen in sich haben, „als man nur zusammenbringen kann“, sie mußte „eine vollkommene Ordnung haben“ und schließlich so eingerichtet sein, daß sie „die Erkenntniß von den Werken des Mineralreichs befördern“ konnte. „Die äußerliche Schönheit derjenigen Behältnisse, darinnen die Mineralien aufbewahrt werden“, erschien hingegen „blos willkürlich“.[21]

Auch die höfische Sammlung, so hieß das, bedurfte einer ‚wissenschaftlichen‘, also intersubjektiv kontrollierbaren Ordnung. Und indem man eine solche Ordnung errichtete, wurde das Naturalienkabinett Teil der *scientific community*, von deren Informationsnetzen es profitierte. Die erhaltene Korrespondenz belegt es: Alles, was mit dem Kabinett zusammenhing, interessierte die Markgräfin – sei es eine neue Methode, Muscheln zu polieren, sei es ein Rezept, mit dem sich Raupen konservieren ließen.[22] Geduld und Mühe verwandte sie auf Ordnung, Beschriftung und Katalogisierung des Kabinetts. Ihr sogenanntes „Kleines Mineralien Cabinete“, das die Bestände erster Wahl enthielt, umfaßte vierzig, jeweils einer bestimmten Gruppe zugeordnete Kästen, wobei der Inhalt jedes Kastens wiederum auf einem eingelegten vierseitigen Blatt systematisch verzeichnet war.[23] Die Mineralien der Karlsruher Sammlung, so registrierte denn auch ein schwedischer Reisender Ende der 1770er Jahre, waren geographisch akkurat sortiert.[24] Hier schien, wenn auch für einen kleinen, überschaubaren Bestand, das erreicht, wonach die Museen des 19. Jahrhunderts oftmals vergeblich strebten: die lückenlose Information über die Sammlung.

Die Kommunikationskanäle der *scientific community*, deren Benutzung durch die Einschaltung der diplomatischen Vertretungen Badens im Ausland noch optimiert wurde, dienten freilich nicht nur der Gewinnung von wissenschaftlichen und sammlungspraktischen Informationen, sondern auch der Beschaffung geeigneter Objekte – davon wird im dritten Kapitel ausführlicher die Rede sein. Eine exquisite Mineralienkollektion aus Ungarn, wie sie Kaiserin Maria Theresia im Jahre 1777 der Markgräfin zum Geschenk machte, war allerdings mehr eine Ausnahme als die Regel.[25] Typischer war hier im Grunde der Kontakt mit einem begeisterten Naturaliensammler wie Henri de La Sarraz, einem in oranischen Diensten stehenden Schweizer Offizier, der sich brieflich bereit erklärte, das Karlsruher Kabinett mit Dubletten aus seiner eigenen Sammlung zu versorgen, und sich bei dieser Gelegenheit auch über die wahren Freuden des Sammlers äußerte. Die Markgräfin, so prophezeite Sarraz, werde „unendliche Freude“ am Aufbau einer Sammlung haben.[26] Freilich bedürfe es hierzu der Liebe und der Geduld. Besitze man diese jedoch, so bringe jeder Tag neue Über-

21 *Kurzer Entwurf, wie eine Sammlung von Fossilien, und andere mineralische Producten auf eine reizende und nutzreiche Art eingerichtet werden kann.* [undat.] FamA 5A/115.

22 Vgl. Lauts (wie Anm. 17), S. 222f.

23 Dazu Rietschel u. Roth (wie Anm. 17), S. 26f.

24 „Die Mineralien aus England liegen für sich, die aus Böhmen für sich u.s.w. Jedwedes Reich hat also sein eignes Museum, je nachdem jedes Land an Mineralien und andern Producten reich ist.“ J. J. Björnstahl: Briefe auf seinen ausländischen Reisen an den Königlichen Bibliothekar C. C. Gjörwell in Stockholm. Bd. 3/1. Leipzig, Rostock 1779, S. 328.

25 Vgl. G. Mayer: Mineralienlieferungen der Kaiserin Maria Theresia an die Markgräfin Caroline Luise von Baden. In: Aufschluß 23 (1972), S. 261–264. – Ders.: Ein Koniferenstammstück (*Dadoxylon sp.*) aus dem Rotliegenden der Pfalz als Relikt des Naturalienkabinetts der Markgräfin Caroline Luise von Baden. In: Aufschluß 22 (1971), S. 69–71. – Dazu auch unten Kap. III.3.

26 Sarraz an Karoline Luise [undat.]. FamA 5A/15. Dort auch das folgende Zitat. – Dazu auch Lauts (wie Anm. 17), S. 216f.

raschungen: Gespannt öffne man die eintreffenden Sendungen, belauere wie ein Jäger eine Sammlung, die zum Verkauf gelange, prüfe ein interessantes Stück unter der Lupe, gebe sich alle Mühe, es zu erwerben. „Hat man ein neues Stück bekommen“, so schloß Sarraz, „dann studiert man es und liest in Büchern darüber nach. So bringt jeder Tag auch neue Belehrung.“

Nicht anders hätten die Mitglieder naturkundlicher Gesellschaften die Motive beschrieben, aus denen heraus sie sich bisweilen täglich zur gemeinsamen Arbeit in der Vereinssammlung trafen – wir werden darauf zurückkommen. Die Lust am Wissen erwies sich so als universales Prinzip jeder musealen Praxis. Im Falle Karoline Luises war es vor allem die Mineralogie, die ihr Interesse weckte, während zoologische Objekte im Karlsruher Kabinett noch kaum vertreten waren.[27] Eine solche Schwerpunktbildung war auch in anderen Museen und Sammlungen durchaus gebräuchlich und hatte ihre Ursache nicht allein in einer beschränkten finanziellen Ausstattung, sondern in den – gerade mit Blick auf zoologische Objekte – oftmals unzureichenden Präparationsmethoden.[28]

In Karlsruhe verband sich das Interesse für die Mineralogie – und das ist nun durchaus typisch für fürstliche, noch dazu landesherrliche Sammlungen – mit dem kameralistischen Bestreben des Hofes, Baden neu zu vermessen und systematisch nach Bodenschätzen durchforschen zu lassen.[29] Sammlungen waren nicht nur Repräsentationen des naturhistorischen Systems, sondern auch des ökonomischen Kalküls und der politischen Macht. Das Projekt der Landesvermessung, das seinen Niederschlag in einer *Fauna* beziehungsweise *Flora Badensis* finden sollte[30], war so immer auch als eine symbolische Landnahme zu verstehen, der insbesondere nach der Wiedervereinigung der badischen Linien unter Markgraf Karl Friedrich im Jahre 1771 eine nicht zu unterschätzende politische Bedeutung beikam.[31] Karl Friedrichs Reformpolitik zielte, ganz im Sinne des aufgeklärten Absolutismus, auf eine straffe, zentralgesteuerte Verwaltung. Die Karlsruher Residenz wurde zum eigentlichen

---

27 Vgl. Lauts (wie Anm. 17), S. 225f. – Rietschel u. Roth (wie Anm. 17). – Hierzu zeitgenössisch J. Böckmann: Welche Fortschritte machten Mathematick und Naturlehre in den badischen Ländern. Carlsruhe 1787, S. 35–37. – F. Hirsching: Nachrichten von sehenswürdigen Gemälde- und Kupferstichsammlungen, Münz-, Gemmen, Kunst- und naturalienkabineten [!] [...] in Teutschland nach alphabetischer Ordnung der Oerter. Erlangen 1792, S. 112–115.

28 Dazu unten Kap. II.2.

29 Der große Überblick (mit weiterführender Literatur) bei H. Schwarzmaier (Hrsg.): Handbuch der Baden-Württembergischen Geschichte. Bd. 3: Vom Ende des Alten Reiches bis zum Ende der Monarchien. Stuttgart 1992. – Daneben S. Schiele: Badische Geschichte. Stuttgart 1979. – W. Hug: Geschichte Badens. Stuttgart 1992. – L. Gall: Gründung und politische Entwicklung des Großherzogtums Badens bis 1848. In: Badische Geschichte. Vom Großherzogtum bis zur Gegenwart. Stuttgart 1979, S. 11–36. – Vgl. aber auch immer noch R. G. Haebler: Ein Staat wird aufgebaut. Badische Geschichte 1789–1918. Karlsruhe 1948.

30 Karl Christian Gmelin etwa, der spätere Sammlungsleiter, wurde damit betraut, „die badischen Lande, nach allen Richtungen, Bergen und Thälern, in physikalischer, naturhistorischer, botanischer und mineralogisch-geognostischer Hinsicht zu bereisen, das Material zu einer badischen möglichst vollständigen lang gewünschten Flora und zu einer geognostischen Mineralogie zu sammeln.“ Gmelin an Oberhofmarschallamt, Karlsruhe, 27.11.1813. GLA Karlsruhe 56/1573.

31 Eine wissenschaftliche Biographie fehlt. Vgl. die Artikel von K. Gerteis in NDB Bd. 11, S. 221–223; H. Schwarzmaier in DBE Bd. 5, S. 441f. – Zeitgenössisch: K. W. v. Drais: Geschichte der Regierung und Bildung von Baden unter Carl Friederich [!]. Bd. 1–2. Karlsruhe 1816/18. – Ders.: Gemälde aus dem Leben Karl Friederichs [!], des ersten Großherzogs von Baden. Mannheim 1829. – Vgl. auch A. Kleinschmidt: Karl Friedrich von Baden, zum 150. Geburtstage. Heidelberg 1878.

Zentrum der Markgrafschaft ausgebaut, und an diesem Ausbau hatten auch die markgräflichen Sammlungen, die jetzt in Karlsruhe konzentriert wurden, ihren Anteil.[32] In ihnen drückte sich, für jeden Betrachter erfahrbar, die Einheit der Markgrafschaft aus. Im Naturalienkabinett, das die *Landes*geologie mit besonderer Verve betrieb, wurde die Wiedervereinigung Badens symbolisch vollzogen. In ihm ruhte – in den staubigen Schränken voller badischer Mineralien beinahe verborgen – das kulturelle Potential zur Konstruktion einer badischen Nation.[33] Seine Wirkung entfaltete es insbesondere nach der Erhebung Badens zum Großherzogtum 1806 und dem späteren Aufstieg des neuen Staates zum Musterland moderner liberaler und wissenschaftlicher Ideen.[34]

All das, der enzyklopädische Eifer und die erfüllende Arbeit in der Sammlung, die Beschaffung von geeigneten Objekten durch Tausch, Kauf oder Schenkung, die internationale Vernetzung, die Mühen mit Präparation und Konservierung, die Anlage von Inventaren und Katalogen, schließlich die streng systematische, archivartige Präsentation – all das unterschied das Karlsruher Naturalienkabinett nicht von Vereins- und Universitätsmuseen. Das gilt auch für die weitere Entwicklung. 1784, ein Jahr nach dem Tod der Markgräfin, wurde die Sammlung endgültig in das bereits erwähnte Hofbibliotheksgebäude überführt. Dieser Transport schaffte neuen Raum, aber auch neue Unordnung. Und Karl Christian Gmelin (1762–1837), ein in den Naturwissenschaften geschulter Arzt, der 1785 mit der Direktion des Kabinetts betraut wurde, konnte hier zunächst kaum Abhilfe schaffen – schon aus rein praktischen Gründen nicht, da er neben der Leitung des Kabinetts zeitweise noch das badische Medizinalwesen zu beaufsichtigen und darüber hinaus eine Lehrstelle am markgräflichen Lyzeum zu bekleiden hatte.[35] Die ungewöhnlich lange Zeit seines Direktorats, in der die Bestände nicht zuletzt durch die Säkularisation 1803/06, von der sowohl die Fürstbischöflichen Sammlungen in Meersburg als auch das Naturalienkabinett des Klosters Sankt Blasien betroffen waren[36], vermehrt wurden, garantierte den bruchlosen Übergang vom fürstlichen Kabinett zur öffentlichen Sammlung – auch und gerade in der Zeit der Französischen Revolution.[37]

Um die Ordnung dieser Sammlung stand es jedoch, wie gesagt, nicht zum besten. Als Gmelin die Leitung des Kabinetts übernahm, waren keine Kataloge mehr vorhanden.[38] Und

32 Zu dieser Konzentration etwa: *Verzeichniß der aus der Fürstl. Schatzkammer zu Rastatt herausgenommene u. theils in das neu begründete Naturaliencabinet [...] Stücke. 1771.* GLA Karlsruhe 47/2031.

33 Dazu unten Kap. V.1.

34 Dazu Nipperdey I, S. 348–352. – Mit Blick auf die spätere Zeit vgl. L. Gall: Der Liberalismus als regierende Partei. Wiesbaden 1968.

35 Vgl. Rietschel (wie Anm. 15), S. 9–13.

36 *Die aus dem Schlosse zu Mersburg nach Karlsruhe abgeschickten Gemälde, Bildhauerarbeiten, Naturaliencabinet u. Silber-Service betr. 1803.* GLA Karlsruhe 47/1957. – Dazu G. Mayer: Die Akquisition der Naturalienkabinette zu Meersburg (1803) und Sankt Blasien (1807). In: Beiträge zur naturkundlichen Forschung in Südwestdeutschland 32 (1973), S. 195–203.

37 Im Jahre 1794 wurde das Kabinett wegen der drohenden Gefahr einer französischen Besetzung Karlsruhes in 82 Kisten nach Ansbach geschafft, wo es bis 1798 verblieb. – Vgl. G. Mayer: Die Evakuierung des Naturalienkabinetts nach Ansbach (1794) und der Aufenthalt Carl Christian Gmelins in Erlangen (1795–1797). In: Beiträge zur naturkundlichen Forschung in Südwestdeutschland 31 (1972), S. 161–169.

38 Gmelin an Oberhofmarschallamt, Karlsruhe, 27.11.1823. GLA Karlsruhe 56/1573. – Gmelin arbeitete daraufhin zunächst nur für die Mineralien einen wissenschaftlichen Katalog aus: *Verzeichniß der in systematischer Ordnung aufgestellten Mineralien [...] vom 1785 bis 1823.* GLA Karlsruhe 56/4132.

als sie, immerhin 52 Jahre später, in jüngere Hände überging, war noch immer kein wissenschaftliches Gesamtverzeichnis vorgelegt worden. Gmelin hatte 1823 fürs erste ein „Summarisches Verzeichniß" mit besonderer Berücksichtigung der Geologie und Mineralogie erstellt.[39] „Über die zur Zeit weniger bedeutende Sammlung der Säugethiere, der Vögel, der Amphibien, der Fische und der Insecten" sollten die Verzeichnisse hingegen, „wie es die Zeit und meine übrigen Arbeiten erlauben"[40], erst später vorgelegt werden. Freilich: Das Karlsruher Kabinett war auch in dieser Hinsicht keine Ausnahme. Die Klage über mangelnde Inventare und Kataloge wurde über das ganze Jahrhundert hinweg in vielen Museen, Vereinen und Ministerien laut. Sie verwies auf eine eigentümliche Überforderung der Museen, die sich nicht in der Lage sahen, verläßliche Kataloge einzurichten. Das hatte seinen Grund zum Teil in der mangelnden personellen Ausstattung der Häuser. Darüber hinaus aber war es oftmals die Dynamik der Sammlung selbst, die sich der Katalogisierung widersetzte. Weil jede Sammlung auf Expansion hin angelegt war, blieb das Ordnungssystem stets im Fluß. Die aufwendigen Einträge in einen voluminösen Katalog – so schien es vielen Museumsleuten, nicht nur am Anfang des Jahrhunderts – entwarfen daher ein Bild, das in seiner Statik unweigerlich hinter der lebendigen Wirklichkeit der Sammlung zurückbleiben mußte.[41]

Was nun der Besucher etwa im Jahre 1815 im Hofapothekengebäude sehen konnte, waren, „in einem langen sehr freundlich und geschmackvoll dekorirten Saale" aufgereiht, achtzehn *Kabinette*, „deren jedes sechs weisse mit vergoldeten Leisten eingefasste Schränke mit Mineralien enthält. Jedes dieser Kabinette wird durch ein besonderes Fenster erleuchtet, unter welchem auf einem weissen Gestelle eines der grössten und vorzüglichsten Mineralienstücke ruhen [!]."[42] Mit anderen Worten: Das Karlsruher Kabinett wirkte – in seiner typischen Kombination aus bibliothekartigen Schrankfluchten und gezielt inszenierten Einzelobjekten – als ein Mustermuseum der Zeit. Jedenfalls auf den ersten Blick. Auf den zweiten Blick schmälerte das Fehlen wissenschaftlicher Kataloge den Anspruch der Sammlung empfindlich. Und auf den dritten Blick mußte die außerordentlich bescheidene Zoologische Abteilung, die im Obergeschoß mehr versteckt als präsentiert wurde, bei Kennern für einiges Befremden sorgen.[43]

Gmelin wollte hier durchaus für Abhilfe sorgen. Im Sinne eines ebenso zentralisierten wie rationalisierten Verwaltungszugriffs drängte er beim *Oberhofmarschallamt* darauf, alle Forst- und Bergbeamte des Staates zu verpflichten, „seltene, ihnen vorkommende Gegenstände von Mineralien, sowie Vögel und andere Thiere" an das Karlsruher Kabinett zu senden.[44] Allein, der Plan, bürokratisch ersonnen, erwies sich als kaum durchsetzbar. Die Reso-

---

39 Dieses *Verzeichniß* enthielt die detaillierte Übersicht über die existierenden Spezialkataloge und unterstrich die überragende Bedeutung der Mineralogie und Geologie für das Karlsruher Kabinett. GLA Karlsruhe 56/1573.

40 Vorbemerkung zum *Summarischen Verzeichniß*. GLA Karlsruhe 56/1573.

41 So argumentierte zur gleichen Zeit der Direktor des Mineralogischen Museums der Berliner Universität. Vgl. unten Kap. I.1.2.

42 Th. C. Hartleben: Statistisches Gemälde der Residenzstadt Karlsruhe. Karlsruhe 1815, S. 270.

43 Vgl. R. Angst: Kurze Geschichte der Zoologischen Abteilung. In: Rietschel (wie Anm. 15), S. 49–64, hier S. 49f.

44 Oberhofmarschallamt an Ghzg. Ludwig, Karlsruhe, 4.3.1824. GLA Karlsruhe 56/1573.

nanz blieb schwach, die wissenschaftliche Ausbeute gering. Gmelins Klagen häuften sich.[45] Der Hof wiederum verfolgte seine eigenen Interessen: Nach dem Tode Karoline Luises ging es ihm um eine leidlich geordnete, vor allem präsentable Sammlung, nicht jedoch mehr um jenes lückenlos-vollständige System der Natur, dessen museale Abbildung für jeden Naturforscher der Zeit eine Selbstverständlichkeit bedeutete.[46] 1836 etwa wurde der Ankauf einer wichtigen Konchyliensammlung vom Hof kurzerhand mit der Begründung verweigert, „derartige Gegenstände" seien „bereits in Menge vorhanden".[47] Und noch die Dienstvorschrift des Jahres 1857 verpflichtete den Direktor des Großherzoglichen Naturalienkabinetts nur auf die „Vervollständigung der *wesentlichsten* Repräsentanten der verschiedenen Gebiete".[48] Das naturkundliche Wissen durfte seinen Platz im höfischen Raum beanspruchen – aber dieser Platz war kein bevorzugter.

Gewiß blieb das Naturalienkabinett bis 1872 formell das Eigentum des großherzoglichen Hauses. Seine Geschicke jedoch lenkte stets der Direktor. Er tat dies in dem Rahmen, wie er durch die finanzielle Ausstattung des Hauses, durch seine räumlichen Verhältnisse und das Interesse des Publikums gezogen wurde. Schon am Beginn des Jahrhunderts war das Kabinett eine öffentliche Einrichtung gewesen – öffentlich freilich im Sinne der Zeit, also in einem aufgeklärten, durchaus engen Sinne. Öffentlichkeit meinte den Hof und seine Gäste, aber auch Karlsruher Bürger sowie Fremde, die zunächst nach Voranmeldung in das Museum eingelassen wurden.[49] Für die museale Praxis, wie sie sich in Karlsruhe einrichtete, spielte das ständische Kriterium eine untergeordnete Rolle. Vielmehr kam es, da es um *über*ständisches Wissen ging, gleichsam unvermeidbar zur Interaktion von Hof und Bürgertum – allerdings unter den besonderen Bedingungen einer *Residenz*stadt.[50]

Besonders deutlich wurde dies im Falle der Mannheimer Sammlungen. Das dortige Naturhistorische Kabinett war Mitte des 18. Jahrhunderts von Kurfürst Karl (IV.) Theodor als Teil der Kurpfälzischen Akademie der Wissenschaften gegründet und im Schloß aufgestellt worden.[51] In den Wirren der Französischen Revolution – der Hof war bereits 1777 nach München umgezogen – war das Kabinett verfallen; und in Auflösung befand es sich auch, als die Rheinpfalz schließlich an das Haus Baden abgetreten wurde. Differenzen zwischen Baden und Bayern veranlaßten Kurfürst Maximilian IV. Joseph 1803, das Kabinett, dessen Übernahme gegen finanzielle Entschädigung Baden ablehnte, der Stadt Mannheim und ihren

45 Beispiele: Erlaß v. 1.12.1809. – Erlaß v. 3.4.1811. – Erlaß v. 8.1.1813. GLA Karlsruhe 206/2477.

46 Zum biologiehistorischen Hintergrund Jahn, Kap. 7.

47 Oberhofverwaltungsrat an Ghzg. Leopold, Karlsruhe, 15.12.1836. GLA Karlsruhe 56/1573.

48 *Dienst-Instruction für den Vorstand des Großherzoglichen Naturalienkabinets.* GLA Karlsruhe 56/1573 [Hervorhebung v. Verf.].

49 Vgl. Rietschel (wie Anm. 15). S. 12f.

50 Dazu D. Hein: Karlsruhe und Mannheim vom Ancien Régime bis zur Revolution von 1848/49. Frankfurt/M., Univ., Habil.schr. [Mskrpt.]. – Ders.: Badisches Bürgertum. In: Stadt und Bürgertum im 19. Jahrhundert (wie Anm. 8), S. 65–96. – Ders.: Bürgertum in Karlsruhe und Mannheim 1780–1820. In: Vom alten zum neuen Bürgertum (wie Anm. 8), S. 447–516. – Ders.: Das Karlsruher Vereinswesen und der Kunstverein im frühen 19. Jahrhundert. In: 175 Jahre Badischer Kunstverein Karlsruhe. Karlsruhe 1993, S. 25–36.

51 Vgl. A. Kistner: Die Pflege der Naturwissenschaften in Mannheim zur Zeit Karl Theodors. Mannheim 1930. – Diese Sammlungen werden in den städtischen Kontext eingeordnet bei L. Gall: Bürgertum in Deutschland. Berlin 1996, S. 203f.

Bürgern zu schenken.[52] Daraufhin verlangte das Karlsruher *Oberhofmarschallamt* – offensichtlich als Druckmittel – die Räumung des Mannheimer Schlosses. Die Stadt, die über kein eigenes Museumsgebäude verfügte, schenkte die Sammlung nun gezwungenermaßen dem Großherzog unter der Bedingung, daß das Kabinett stets zur Benutzung in Mannheim verbleibe. Zum Aufseher wurde der jeweilige Lehrer der Naturgeschichte am Lyzeum bestellt, der dafür vom Karlsruher Hof ein jährliches Honorar von 250 Gulden bezog.

Nachdem das Kabinett zum Spielball zwischen Mannheim, München und Karlsruhe geworden war, schien so fürs erste eine Lösung gefunden. Der großherzogliche Hof freilich vermochte mit der Zeit immer weniger Interesse für ein Kabinett aufzubringen, das neben beträchtlichen Kosten kaum einen symbolischen Gewinn abwarf. Ein Ausweg eröffnete sich durch den Verein für Naturkunde, der 1833 in Mannheim gegründet wurde.[53] Dieser Verein stand für ein neues Modell des Wissensmanagements, das das Wissen von der Natur in Beziehung setzte zur allgemeinen – und im Mannheimer Kontext dezidiert – bürgerlichen Bildung.[54] Der Verein suchte, so hieß es in seinen Statuten, „den Sinn und die Theilnahme für Gegenstände der Naturkunde, besonders in Anwendung auf gemeinnützige Künste und Gewerbe durch reges Zusammenwirken [zu] befördern und [zu] verbreiten."[55] Zu diesem Zweck wollte er „allgemeine Sammlungen von Erzeugnissen der Natur" anlegen, die „an bestimmten Tagen unter gehöriger Aufsicht zu allgemeinem Zutritt geöffnet" werden sollten.[56] Bei ihrer Anordnung sei vor allem darauf zu achten, „daß sie sich am zweckmäßigsten zum Unterricht der Jugend eignen, und jedem Freunde der Natur ohne Mühe, Belehrung und nützliche Unterhaltung gewähren." Im übrigen sollten regelmäßige Versammlungen stattfinden, bei denen „belehrende populäre Vorträge über gemeinnützige Gegenstände der Naturwissenschaft gehalten werden."[57] In groben Zügen war hier ein typisch bürgerliches Modell der Wissenskultur entworfen worden, das auf Partizipation, auf intellektuelle wie materielle Teilhabe ausgerichtet war. Der Verein erbot sich, die Betreuung des Mannheimer Kabinetts zu übernehmen, und der Karlsruher Hof willigte ein. 1834 gelangte die Sammlung so – ungeachtet des Eigentumsrecht der *Civilliste* – nach einem entsprechenden Gutachten des zweiten Direktors des Karlsruher Naturalienkabinetts, Alexander Braun, „in die Pflege und Aufsicht" des Vereins für Naturkunde.[58]

---

52 Das folgende nach den Akten in GLA Karlsruhe 56/1581.

53 Eine Übersicht über die deutschen naturkundlichen Vereine des 19. Jahrhunderts bei A. W. Daum: Wissenschaftspopularisierung im 19. Jahrhundert. München 1998, S. 91–95.

54 Zum Mannheimer Bürgertum dieser Zeit besonders Gall: Bürgertum in Deutschland (wie Anm. 51), [Kap.] 4 u. 5. – Ders.: Die Stadt der bürgerlichen Gesellschaft – das Beispiel Mannheim. In: Forschungen zur Stadtgeschichte. Opladen 1986, S. 55–71. – Ders.: Die Bassermanns. Eine Mannheimer Bürgerfamilie zwischen Ancien Régime und moderner Welt. In: Bildungsbürgertum im 19. Jahrhundert. Teil III: Lebensführung und ständische Vergesellschaftung. Stuttgart 1992, S. 102–112. – Vgl. auch Hein: Karlsruhe und Mannheim (wie Anm. 50).

55 *Statuten des Mannheimer Vereines für Naturkunde*. [Mannheim] 1835, S. 3. – Dort auch das folgende Zitat. – Vgl. auch v. Stengel an Oberhofverwaltungsrat, Mannheim, 9.5.1834, GLA Karlsruhe 56/1581.

56 *Statuten des Mannheimer Vereines für Naturkunde*. [Mannheim] 1835, S. 4.

57 Ebd., S. 5.

58 Braun an Oberhofverwaltungsrat, Karlsruhe, 21.4.1834. – Geheimes Kabinett an Oberhofverwaltungsrat, Karlsruhe, 13.6.1834. GLA Karlsruhe 56/1581. – Zum Mannheimer Kabinett auch GLA Karlsruhe 56/1839. – Zur Anfertigung eines Katalogs GLA Karlsruhe 56/1837 u. 56/1838.

In Karlsruhe selbst häuften sich derweil die Klagen. Schon zu Beginn der 1830er Jahre hatte ein kritischer Betrachter dem Kabinett „ein geräumigeres Lokal, eine bessere Beleuchtung und eine ganz neue Aufstellung und Bestimmung der Mineralien" gewünscht sowie eine „Ausscheidung des Überflüssigen und Reinigung des Brauchbaren" angeregt, „indem eine kleine Schimmel-Art die Schränke wie die darin enthaltenen Objecte bis zum Unkenntlichmachen derselben überzogen hat, so daß durch alle diese Missverhältnisse die Übersicht des ganzen außerordentlich erschwert wird."[59] Daß eine solche Schilderung durchaus keine Übertreibung darstellte, belegen viele Eingaben Gmelins und seiner Nachfolger. Der Museumsraum war so beengt, daß manche Naturaliensendungen noch nicht einmal ausgepackt werden konnten. An systematische wissenschaftliche Bestimmungen und eine adäquate Präsentation war kaum zu denken.[60] Erst unter Alexander Braun (1805–1877) – einem Schüler Schellings und Okens –, der nach Gmelins Tod 1837 zum Direktor bestellt wurde[61], kam es zu einer Reorganisation der Sammlung. Erst jetzt, Anfang der 1840er Jahre, wurden alle „nicht naturhistorischen Gegenstände, Antiquitaeten, Kunstproducte u.s.w." an die Großherzogliche Bibliothek abgegeben.[62] Erst jetzt trennte man sich von wertlosen Naturalien und sicherte fossile Knochen unter Glas. „Die früher auf und unter den Schränken liegenden Blöcke von Gebirgsarten wurden durch zweckmäßige Umordnungen sämmtlich noch in den Mineralienschränken selbst untergebracht."[63]

Was Braun 1841 in diesen Worten skizzierte, war Ausdruck der säkularen Fortschrittsidee. Ihr hatte, so schien es, auch das Naturhistorische Museum zu folgen, das vom ‚Chaos' zur ‚Ordnung', von der Beliebigkeit zum System finden sollte. Diese Idee war weder neu noch sonderlich erfolgreich. Immer weitere Generationen von Museumsdirektoren traten an, gültige, endgültige ‚Ordnungen' zu schaffen – vergeblich. Immer wieder entpuppte sich die ‚Ordnung' als ‚Unordnung'.[64] Die Entwicklung des Naturhistorischen Museums, die im nachhinein leicht wie eine geradlinige Erfolgsgeschichte wirkt, war – der Karlsruher Fall illustriert das sehr genau – ein vielfach verschlungener Weg. Oftmals drohte er, in Sackgassen zu enden. Nicht selten war er abhängig von den Interessen des Direktors, der diesen Weg beschritt.

Alexander Braun etwa ordnete die geologischen Exponate – die durch die Ausgrabung eines vollständig erhaltenen Mammutskeletts bei Oos 1837/38 attraktiven Zuwachs erhielten – um.[65] Sein offizieller Bericht des Jahres 1838 jedoch verriet einmal mehr ein alarmierendes Ungleichgewicht in der Sammlung: Waren in ihr Mineralien und Konchylien – im Vergleich mit anderen Häusern – noch angemessen vertreten, so steckte etwa die Insekten-

---

59 H. G. Bronn: Notiz über das Naturalien-Kabinett in Karlsruhe. In: Neues Jb. für Mineralogie 1831, S. 416–419, hier S. 418.

60 Oberhofverwaltungsrat an Ghzg. Leopold, Karlsruhe, 27.8.1835. – Großherzogliches Geheimes Kabinett an Oberhofverwaltungsrat, Karlsruhe, 12.12.1835. GLA Karlsruhe 56/1573.

61 Vgl. C. Mettenius: Alexander Braun's Leben nach seinem handschriftlichen Nachlaß. Berlin 1882. – B. Hoppe: Werdegang und Werk von Alexander Braun (1805–1877). In: Technikgeschichte 36 (1969), S. 111–132.

62 Braun an Oberhofverwaltungsrat, Karlsruhe, 10.12.1841. GLA Karlsruhe 56/1573.

63 Ebd.

64 Dazu mit Blick auf Ethnologische Museen eindrucksvoll G. Penny: Ethnology and Ethnographic Museums in Imperial Germany. Chapel Hill, London 2002, bes. Kap. V.

65 Vgl. G. Mayer: Eine paläontologische Ausgrabung bei Oos 1837/38. In: Beiträge zur naturkundlichen Forschung in Südwestdeutschland 25 (1966), S. 75–91.

abteilung erst in den Anfängen; der Zustand der zoologischen Exponate war beklagenswert.[66] Moritz Seubert (1818–1878), ein Schüler Brauns, der die Leitung des Hauses von 1845 bis zu seinem Tode innehatte, legte den Akzent hingegen auf die Vogelsammlung. Seuberts Nachfolger Adolph Knop (1828–1893) wiederum, ordentlicher Professor der Geologie und Mineralogie an der Technischen Hochschule, behandelte in seiner Zeit als Direktor nun die Zoologie stiefkindlich – wie überhaupt das Kabinett unter Knop zu einem Anhängsel der Hochschulinstitute zu werden drohte.[67] Nach Knops Tod 1893 übernahm zunächst Constantin Hilger, zuvor Assistent für Zoologie, die Leitung des Hauses.[68] Sechs Jahre darauf wurden – im Zuge einer Teilung des Kabinetts – Otto Nüsslin (1850–1915), Zoologieprofessor an der Technischen Hochschule, und Karl Futterer (1866–1906), Ordinarius der Geologie ebendort, mit der Direktion des Museums beauftragt.[69] Als die eigentlich kreativen Köpfe dieser Jahre erwiesen sich jedoch die Assistenten: Max Schwarzmann (1871–1948), der – seit 1900 am Museum tätig – schließlich nach Futterers Tod 1906 mit dem Vorstand der Geologischen Abteilung betraut wurde[70], vor allem aber Max Auerbach (1879–1969), der – seit 1902 am Museum – die große Tiergeographische Schausammlung einrichtete, nach Nüsslins vorzeitiger Pensionierung 1913 zum Leiter der Zoologischen Abteilung ernannt und schließlich 1932 zum ersten Generaldirektor des Hauses befördert wurde.[71]

Das Reformwerk Schwarzmanns und Auerbachs – die Einrichtung von Geologischen und Zoologischen Schausammlungen – war nur durchführbar in neuen, größeren Museumsräumen. Nach Jahren des Wartens war Ende der 1850er Jahre endlich ein Neubau projektiert worden.[72] Da mittlerweile nicht nur das Naturalienkabinett überfüllt war, sollten in dem zu errichtenden Sammlungsgebäude sowohl die Hofbibliothek und das Münzkabinett als auch das Naturalienkabinett, die Ethnographische Sammlung und die *Alterthümersammlung* unter einem Dach vereint werden.[73] Im Zuge dieser Planungen wurde auch das Verhältnis von Museum und Öffentlichkeit thematisiert. Die laufenden Kosten des Naturalienkabinetts waren seit jeher aus der *Civilliste* bestritten worden, rechtmäßiger Eigentümer war der großherzogliche Hof und die Öffnung der Sammlung für ein größeres Publikum – streng ge-

---

66 Dazu G. Mayer: Das großherzogliche Naturalienkabinett 1838. In: Beiträge zur naturkundlichen Forschung in Südwestdeutschland 36 (1977), S. 51–60.

67 Vgl. Rietschel (wie Anm. 15), S. 18–21. – Die Konfliktlinien zwischen Hochschule und Kabinett traten deutlich hervor in einer Auseinandersetzung des Jahres 1894, bei der es nur scheinbar allein um die Frage eines eigenen Museumsschlüssels für den Ordinarius für Mineralogie, Brauns, ging. Vgl. Brauns an Kultusministerium, Karlsruhe, 14.6.1894; Brauns an Kultusministerium, Karlsruhe, 10.11.1894. GLA Karlsruhe 235/6667.

68 Vgl. G. Mayer: Custos Dr. Constantin Hilger (1857–1915) und das Naturalienkabinett unter seiner Leitung 1894–1899. In: Carolinea 41 (1983), S. 142–150.

69 Instruktion des Kultusministers für Nüsslin und Futterer, Karlsruhe, 1.1.1900. GLA Karlsruhe 235/6668.

70 Vgl. M. Auerbach: Prof. Dr. Max Schwarzmann [Nachruf]. In: Beiträge zur naturkundlichen Forschung in Südwestdeutschland 8 (1943/49), S. 199–213.

71 Vgl. K. Frentzen: Max Auerbach. Ein Lebensbild. In: Beiträge zur naturkundlichen Forschung in Südwestdeutschland 10 (1951), S. 75–87.

72 Dazu C. Behanek: Planung und Ausführung des Großherzoglichen Vereinigten Sammlungsgebäudes in Karlsruhe. Karlsruhe, TH, Magisterarbeit 1993. – U. Grimm: Das Badische Landesmuseum in Karlsruhe. Karlsruhe 1993.

73 Die entsprechenden Akten des Finanzministerium in GLA Karlsruhe 237/8794–8801. – Die Akten der Intendanz der Hofdomänen GLA Karlsruhe 56/3081.

nommen – beinahe kaum mehr als ein fürstlicher Gnadenerweis. Sollte das nun aber bedeuten, daß allein das großherzogliche Haus für einen Neubau aufzukommen hatte, dessen Kosten in die Hunderttausende gingen? Ein Gutachten des Finanzministeriums sorgte vorderhand für Klarheit: Wie im Falle des Karlsruher Akademiegebäudes und des Theaters, so sei auch der Neubau eines Sammlungsgebäudes nicht auf Kosten der *Civilliste* zu bestreiten.[74] Schließlich, so lautete die Argumentation, sei es „im Interesse des Staates, daß die fraglichen Sammlungen wegen ihrer Gemeinnützlichkeit nicht nur erhalten und vermehrt, sondern daß sie auch der allgemeinen Benützung möglichst zugänglich werden."[75]

Aus dem fürstlichen Kabinett war so, auch im Bewußtsein der Ministerialverwaltung, bereits eine öffentliche Einrichtung geworden, noch bevor es schließlich im Jahre 1872 förmlich in den Besitz des Staates überging. Diese Neupositionierung, die den Wandel des Staates wie der Gesellschaft spiegelte, hatte Konsequenzen: Der Hof machte sich mit seinen Bauabsichten abhängig vom Budgetrecht des Parlaments. Freilich barg diese Abhängigkeit kaum eine Risiko, da die parlamentarische Zustimmung angesichts der Bedeutung der Sache stillschweigend vorausgesetzt werden durfte. Am 22. Mai 1862 wurde der Zweiten Kammer denn auch ein Gesetzentwurf vorgelegt, nach dem das Sammlungsgebäude in den Jahren 1862 bis 1865 aus Mitteln des staatlichen *Domanialgrundstocks* in Höhe von 334.000 Gulden finanziert werden sollte.[76] Beide Kammern stimmten dem Gesetz erwartungsgemäß zu, da das neue Museum, wie es im Bericht der Budgetkommission hieß, dazu diene, „den Gebrauch der darin zu findenden Bildungsmittel zu erleichtern [...]."[77]

Obwohl Heinrich Hübsch (1795–1863), ein Schüler Friedrich Weinbrenners (1766–1826) und in dessen Nachfolge bereits seit 1829 mit der Leitung des badischen Bauwesens betraut, darauf hinwies, selbst König Ludwig I. von Bayern habe zur „Herstellung seiner Schöpfungen" nie einen Wettbewerb veranstaltet[78], wurde Ende 1862 unter Federführung des Finanzministeriums ein „Preisausschreiben" zur Erbauung des Sammlungsgebäudes am südlichen Erbprinzengarten durchgeführt.[79] Der Gedanke an einen solchen Wettbewerb mochte nicht abwegig erscheinen, galt es doch, kreative Lösungen für den Bautyp „Museum" zu finden, der Anfang der 1860er Jahre noch kaum recht definiert war. Während Naturhistorische Museen seit den 1880er Jahren – durch die Trennung von Schau- und Studiensammlung – hinsichtlich der Raumaufteilung, der Lichtzufuhr, der Deckenkonstruktion ganz konkrete Anforderungen an Architekten und Baumeister stellten, machte die Karlsru-

74 Gutachten v. 18.11.1861. GLA Karlsruhe 237/8794.

75 Ebd.

76 Vgl. Beilage zum Protokoll der 52. öffentlichen Sitzung der 2. Kammer v. 22.5.1862. In: Verhandlungen der 2. Kammer 1861/62, 4. Beilagenheft, S. 413–415. – Dazu der *Bericht der Budget-Commission über den Gesetzentwurf, den Bau eines Gebäudes für die Großherzogliche Hofbibliothek, die naturhistorische, ethnographische und Alterthümersammlung betreffend.* In: Beilage zum Protokoll der 59. öffentlichen Sitzung der 2. Kammer v. 12.6.1862, S. 1–6.

77 *Bericht der Budget-Commission über den Gesetzentwurf, den Bau eines Gebäudes für die Großherzogliche Hofbibliothek, die naturhistorische, ethnographische und Alterthümersammlung betreffend.* In: Beilage Nr. 510 zum Protokoll der 25. Sitzung [der 1. Kammer] v. 20.6.1862, S. 1–3.

78 Hübsch an Finanzministerium, Freiburg, 29.9.1862. GLA Karlsruhe 237/8794.

79 *Preisausschreiben über die Ausarbeitung eines Planes zu dem Gebäude für die vereinigten Großh. Sammlungen zu Karlsruhe sowie über die den Bewerbern zu stellenden Bedingungen*, Karlsruhe, 3.12.1862. GLA Karlsruhe 237/8794.

her Ausschreibung noch keine nennenswerten Vorgaben.[80] Das Naturalienkabinett sollte sich, so hieß es knapp, über ein oder zwei Stockwerke erstrecken, für die Mineraliensammlung waren dabei 14.000 Quadratfuß, für die Zoologische Abteilung 23.000 Quadratfuß vorgesehen; daneben sollten ein Vorstandszimmer, zwei weitere Arbeitszimmer und ein Packraum eingeplant werden.[81] Diese wenig konkreten Vorgaben verwiesen auf ein undefiniertes architektonisches Profil – und führten nicht zum erhofften Ergebnis: Unter den neun Einreichungen wurden am Ende nur der zweite und dritte Preis vergeben; keiner der Entwürfe tauge, so das einhellige Urteil der Bewertungskommission, zur Ausführung.[82] So erging im Oktober 1863 der Auftrag an Oberbaurat Berckmüller, einen eigenen Plan samt Kostenvoranschlag zu erstellen, der schließlich umgesetzt wurde.[83]

Als der Bau, der wegen des preußisch-österreichischen Krieges 1866 und der Luxemburg-Krise 1867, vor allem aber wegen des deutsch-französischen Krieges 1870/71 gestockt hatte, 1875 endlich „in seiner einfach edlen monumentalen Schönheit" eröffnet wurde[84], waren ganze acht Säle für das Naturalienkabinett reserviert. Wer es etwa im Jahre 1898 besuchte, sah in den ersten vier Räumen Fossilien, Mineralien und Kristalle – womit der seit Karoline Luise gepflegte Schwerpunkt des Kabinetts abermals deutlich wurde –, in den folgenden vier Räumen sodann dicht gedrängt Säugetiere, Vögel, Konchylien, Fische, Insekten, schließlich auch Skelette und Geweihe.[85] Gewiß konnte das Karlsruher Kabinett nicht mit den großen europäischen Häusern konkurrieren. Und auch innerhalb Deutschlands blieb es – im besten Sinne des Wortes – ein Provinzmuseum, das sich in kluger Selbstbeschränkung vor allem auf die Sammlung der badischen Fauna und Flora konzentrierte.[86]

Das Karlsruher Haus formte – bei allen Einschränkungen, wie sie der Handlungsraum einer Residenzstadt im Vergleich zu demjenigen einer Handelsstadt mit sich brachte[87] – eine Kultur des Wissens aus, die auf öffentliche Teilhabe gerichtet war. Die Karlsruher Entwicklung bildete dabei keinen Sonderfall. Einige der bedeutendsten deutschen Naturhistorischen Museen gingen im 19. Jahrhundert aus fürstlichen Kabinetten hervor. Dies galt für das Herzogliche Kunst- und Naturalienkabinett in Braunschweig ebenso wie für das Zoologische Museum in Dresden, für das Stuttgarter Naturalienkabinett oder das Hessische Staatsmuse-

---

80 Die Architektur- und Stilgeschichte des Naturhistorischen Museums in Deutschland ist noch nicht geschrieben. – Einige Hinweise zum bekannten Berliner Fall bei Köstering, S. 46–73. – Für Großbritannien C. Yanni: Victorian Science and the Architecture of Display. London 1999. – Vgl. unten Kap. IV.2.1 (dort auch weitere Literatur).

81 *Preisausschreiben* (wie Anm. 79).

82 Vgl. Finanzministerium an Ghzg. Friedrich I., Karlsruhe, 19.6.1863 [Konzept]. GLA Karlsruhe 237/8794. – Zum Preisrichter war immerhin unter anderem Friedrich August Stüler (1800–1865), der führende Baumeister Preußens und „Architekt des Königs" (seit 1842) bestellt worden. Notiz des Hofsekretariats, Karlsruhe, 30.4.1863 [Abschrift]. GLA Karlsruhe 237/8794.

83 Intendanz der Großherzoglichen Hof-Domänen an Finanzministerium, Karlsruhe, 10.11.1863. GLA Karlsruhe 237/8794.

84 Th. Cathiau: Die Grossherzogliche Haupt- und residenzstadt [!] Karlsruhe. Karlsruhe [1882], S. 42. – Vgl. auch K. Fecht: Geschichte der Haupt- und Residenzstadt Karlsruhe. Karlsruhe 1887, S. 592–594.

85 Vgl. F. Meyer: Die Haupt- und Residenzstadt Karlsruhe. Karlsruhe 1898.

86 Vgl. Rietschel (wie Anm. 15), S. 23f.

87 Zur Stadttypologie, wie sie das Frankfurter Bürgertumsprojekt fruchtbar erprobt hat, vgl. etwa L. Gall: Vom alten zum neuen Bürgertum. In: Vom alten zum neuen Bürgertum (wie Anm. 8), S. 1–18. – In diesem Sammelband zahlreiche Fallbeispiele.

um in Darmstadt – wobei gerade die Häuser in Darmstadt und Stuttgart einen eigenständigen, durchaus originellen Beitrag zur Entwicklung des Naturhistorischen Museums leisteten.[88] Das Wissen von der Natur und seine Präsentation im Museum stiftete Gemeinschaft. Es war Teil eines Wertehimmels, der sich über den adeligen *und* bürgerlichen Eliten wölbte und mehr und mehr auch die größere Öffentlichkeit, die Masse bedeckte. Fürstliche Sammlungen im eigentlichen Sinne kannte das 19. Jahrhundert nicht mehr. Sie gingen in den Besitz des Staates über und wurden – im etatistischen Denken der Zeit – so auch formell zu öffentlichen Einrichtungen.

1.2. Das Museum für Naturkunde in Berlin

Das Berliner Museum für Naturkunde war in seiner endgültigen Gestalt eine Schöpfung des späten 19. Jahrhunderts. Es vereinigte seit 1889 unter seinem Dach die Zoologischen, Geologisch-Paläontologischen und Mineralogisch-Petrographischen Museen der Königlichen Friedrich-Willhelms-Universität.[89] Bei ihnen handelte es sich um akademische Spezialsammlungen, die – neben den fürstlichen Kabinetten – eine zweite wichtige Wurzel der öffentlichen Museen im 19. Jahrhundert bildeten. In Deutschland wurden die Universitätssammlungen zu einer Triebfeder der Museumsentwicklung.[90] An Universitäten, Hochschulen und Akademien gegründet, hatten sie, in den Augen der Öffentlichkeit, unmittelbaren Anteil am Prozeß des wissenschaftlichen Fortschritts, ja ermöglichten ihn erst. In Preußen wurden im Laufe des 19. Jahrhunderts alle Universitäten mit Naturaliensammlungen ausgestattet.[91] So entstanden Museen, die in erster Linie den Professoren und Studenten dienten, darüber hinaus aber auch dem Fachpublikum und einer größeren Öffentlichkeit zugänglich sein sollten. Das gilt etwa für die Sammlungen der Universitäten in Bonn, Königsberg und Breslau, für die Sammlung der Akademie in Münster, vor allem aber für die Zoologischen und Mineralogischen Museen, die 1810 für die neugegründete Berliner Universität geschaffen wurden.[92]

---

88 Das gilt gerade mit Blick auf die dort wirkenden Präparatoren. Vgl. unten Kap. II.2.

89 Alles folgende – wenn nicht anders vermerkt und gesondert nachgewiesen – nach den entsprechenden Beiträgen in M. Lenz [Hrsg.]: Geschichte der Königlichen Friedrich-Wilhelms-Universität zu Berlin. Bd. 3: Wissenschaftliche Anstalten, Spruchkollegium, Statistik. Halle a.d.S. 1910, S. 310–319 ([Th.] Liebisch: Mineralogisch-petrographisches Institut und Museum), S. 319–343 (W. v. Branca: Geologisch-paläontologisches Institut und Museum), S. 363–372 (Fr. E. Schulze: Zoologisches Institut), S. 372–389 (A. Brauer: Zoologisches Museum). – Ein kurzer Abriß der Geschichte bei M. Barthel: 100 Jahre Museum für Naturkunde Berlin 1889/90–1990. In: Neue Museumskunde 32 (1989), S. 244–254. – I. Jahn: Zur Vertretung der Zoologie und zur Entwicklung ihrer institutionellen Grundlagen an der Berliner Universität von ihrer Gründung bis 1920. In: Wissenschaftliche Zeitschrift der Humboldt-Universität zu Berlin, Math.-Naturwiss. Reihe 34 (1985), S. 260–280. – F. Damaschun, G. Böhme u. H. Landsberg: Naturkundliche Museen der Berliner Universität – Museum für Naturkunde. In: Theater der Natur und Kunst. Essays. Berlin 2000, S. 86–106. – G. Tembrock: Zur Geschichte der Zoologie in Berlin. In: Wissenschaftliche Zeitschrift der Humboldt-Universität zu Berlin, Math.-Naturwiss. Reihe 8 (1958/59), S. 185–196.

90 So auch Köstering, S. 25.

91 Zur Abgabe von Dubletten durch das Berliner Haus an die übrigen preußischen Universitätsmuseen in den frühen 1820er Jahren vgl. unten Kap. III.2.

92 Immer noch maßgeblich C. Menze: Die Bildungsreform Wilhelm von Humboldts. Hannover, Dortmund, Darmstadt, Berlin 1975, S. 280–327 u. 405–431. – An älteren Arbeiten unverzichtbar R. Köpke: Die Grün-

Bereits die Vorgeschichte dieser Museen spiegelt jenen strukturellen Wandel der Öffentlichkeit, von dem wir am Beginn dieses Kapitels gesprochen haben. Im Jahre 1789 war auf Anordnung des Ministers Friedrich Anton von Heinitz (1725–1802) durch den Geheimen Oberbergrat Ludwig Gustav Dietrich Karsten (1768–1810) eine Mineraliensammlung, das Königliche Mineralienkabinett, angelegt worden. Sie stand in engem Zusammenhang mit der Gründung der Berliner Bergakademie 1770, die mit den Kenntnissen von Bergbau und Hüttenwesen ein ökonomisch-praktisches Wissen pflegte.[93] Die Lehrsammlung dieser Akademie wurde 1801, nach Zusammenführung verschiedener Teilsammlungen, in der Alten Münze am Werderschen Markt dem größeren Publikum zugänglich gemacht und schließlich durch *Kabinettsordre* vom 18. Oktober 1810 zur Universitätssammlung bestimmt. Vier Jahre darauf öffnete das Mineralogische Museum seine Pforten.

Ganz ähnlich verlief die Vorgeschichte des Zoologischen Museums. Auch seine Objekte gingen zu großen Teilen auf wissenschaftliche Sammlungen des 18. Jahrhunderts zurück, die bereits dem akademischen Unterricht in Berlin gedient hatten. Das galt insbesondere mit Blick auf das *Collegium medico-chirurgicum*, dem zum Zwecke der Vorlesungen über Naturgeschichte die Benutzung des Naturalienkabinetts der Königlichen Akademie der Wissenschaften gestattet worden war. Diese seit 1716 durch Ankäufe von Gelehrtensammlungen konsequent erweiterte „Akademische Sammlung“, die in der Folge auch mit Naturalien aus der Königlichen Kunstkammer bereichert wurde, war seit 1799 in sechs Sälen des Berliner Stadtschlosses aufgestellt, wo sie an zwei Wochentagen besichtigt werden konnte.[94] Mit der Gründung der Universität beschloß der König – auf Initiative des Grafen Johann Centurius von Hoffmannsegg (1766–1849), der selbst bedeutende Sammlungen unterhielt – die Einrichtung eines Zoologischen Museums. Hierzu überwies er, wie im Falle der Mineralogischen Sammlung, wertvolle zoologische Objekte aus der Königlichen Kunstkammer. Ergänzt wurden sie durch Sammlungen der Gesellschaft Naturforschender Freunde zu Berlin, die – 1773 gegründet – rasch zu einem Mittelpunkt der Berliner Amateurforschung geworden war.[95]

---

dung der Königlichen Friedrich-Wilhelms-Universität zu Berlin. Berlin 1860. – N. Balk: Die Friedrich-Wilhelms-Universität zu Berlin. Berlin 1926. – In vielem unübertroffen O. Vossler: Humboldts Idee der Universität. In: HZ 178 (1954), S. 251–268. – Zur Berliner Universitätsgründung in einem weiteren Rahmen Nipperdey I, S. 58–65 u. 470–482. – Speziell zur ideengeschichtlichen Einordnung U. Muhlack: Die Universitäten im Zeichen von Neuhumanismus und Idealismus: Berlin. In: Beiträge zu Problemen deutscher Universitätsgründungen der frühen Neuzeit. Nendeln 1978, S. 299–340. – In diesem Zusammenhang auch N. Hammerstein: Universitäten und gelehrte Institutionen von der Aufklärung zum Neuhumanismus und Idealismus. In: Res publica litteraria. Berlin 2000, S. 215–234.

93 Zum folgenden speziell G. Hoppe: Zur Geschichte der Geowissenschaften im Museum für Naturkunde. Teil 1: Aus der Vorgeschichte bis zur Gründung der Berliner Bergakademie im Jahre 1770; Teil 2: Von der Gründung der Berliner Bergakademie bis zur Gründung der Universität 1770–1810. In: Mitteilungen aus dem Museum für Naturkunde, Geowiss. Reihe 1 (1998) S. 5–20; 2 (1999), S. 3–24. – Vgl. auch Ders.: Das Königliche Mineralienkabinett in Berlin. In: Neue Museumskunde 30 (1987), S. 295–307.

94 Vgl. Jahn: Zur Vertretung (wie Anm. 89), S. 260.

95 Zu diesem Verein A. te Heesen: Sammler und Sammlungen der Gesellschaft Naturforschender Freunde zu Berlin um 1800. In: Sammeln als Wissen. Göttingen 2001, S. 62–84. – Hinweise zur Geschichte des Vereins auch bei K. Böhme: Die Emanzipation der Botanik. Eine Wissenschaft im Spiegel der Gesellschaft Naturforschender Freunde zu Berlin 1851–1878. Berlin 1998, S. 7–16.

Aus ganz verschiedenen Traditionen – fürstlichen, akademischen und bürgerlichen – waren die Museen der Berliner Universität also entstanden. Mit ihrem Einzug in das Universitätsgebäude Unter den Linden hatten sie freilich nicht nur einen neuen Raum, sondern vor allem eine neue Funktion erhalten. Sie dienten nun zunächst dem universitären Unterricht. Ihre Aura bezogen sie nicht mehr – wie noch das Karlsruher Naturalienkabinett – durch den Hof, sondern durch die Reformuniversität. Es war Humboldts Bildungsideal, das die Museen für die Öffentlichkeit attraktiv machte. Und diese Öffentlichkeit sollte von vornherein größer sein als die nur akademische. Ihre Reputation bezogen das Zoologische und Mineralogische Museum so zwar durch die universitäre Forschung; die Instruktion für den Direktor des Zoologischen Museums verpflichtete den Amtsinhaber indes seit 1814 darauf, „jedem wissenschaftlich Strebenden oder Berufenen [...] die Benutzung zu erleichtern."[96] Nach dem Willen der preußischen Ministerialbürokratie sollten die Museen Teil der Universität sein, zugleich jedoch die zentrale Naturhistorische Sammlung des Königreichs Preußen bilden. In ihr sollte – ähnlich der badischen Landesvermessung – der Staat in all seinen Naturschätzen repräsentiert werden.

Diese doppelte Zielsetzung hat die Berliner Universitätsmuseen in der Folge einer erheblichen Belastung ausgesetzt. Sie waren zugeschnitten auf den Universitätsunterricht, blieben im Grunde also Lehrsammlungen der Universität, sollten aber zugleich in die Breite wirken, das größere Publikum anziehen und bilden. Tatsächlich blieb der Status der Berliner Museen lange unklar. Dies zeigt bereits ihr Verhältnis zur Universität, das keineswegs spannungsfrei war. Der zum ersten Aufseher des Zoologischen Museums bestellte Karl Illiger (1775–1813), der vor 1810 bereits für Graf Hoffmannsegg tätig gewesen war, bemühte sich um eine einheitliche Terminologie und Nomenklatur, gründete als Entomologe das „Magazin für Insektenkunde", wurde Mitglied der Preußischen Akademie der Wissenschaften, erhielt den Professorentitel – und weigerte sich doch, den Berliner Lehrstuhl für Zoologie zu übernehmen.[97] Illiger wurde nicht Angehöriger des Lehrkörpers der Universität. Er wollte sein Haus gleichsam von der ‚Verzweckung' durch den Universitätsunterricht freihalten und konnte sich dabei durchaus auf den Gedanken der allgemeinen Bildung berufen.

Ähnlich sah es auch Hinrich Lichtenstein (1780–1857), der – zunächst Professor an der Universität – nach Illigers Tod 1813 die Leitung des Zoologischen Museums übernahm.[98] Lichtenstein, wie viele Naturforscher von Hause aus Arzt, prägte die Entwicklung des Zoologischen Museums bis zur Jahrhundertmitte. Aus der akademischen Lehre zog er sich zurück und arbeitete ganz für das Museum – mit umstrittenem Erfolg. Lichtensteins erster Rechenschaftsbericht vom 4. April 1815, der beim Ministerium „völligen Beifall" fand[99], zeichnete vordergründig ein harmonisches Bild. Auch wenn im vergangenen Jahr „kein bedeutender Zuwachs an besonders merkwürdigen und seltenen Gegenständen aus den hö-

96 Lichtenstein an Ministerium, Berlin, 14.6.1841 [Konzept]. UAHU Berlin MfN Bd. 103. – Eine Reinschrift auch ebd. Bd. 105. – Hier wie im folgenden bezeichnet – der Ökonomie des Platzes wegen – „Ministerium" stets das das Kultusressort führende Haus, bis 1817 zunächst also das *Ministerium des Innern* (mit der Sektion des Kultus und des öffentlichen Unterrichts), anschließend dann das *Ministerium der geistlichen, Unterrichts- und Medicinal-Angelegenheiten.*

97 Vgl. Brauer: Das zoologische Museum (wie Anm. 89), S. 274.

98 Zu Lichtenstein W. Hess in ADB Bd. 18, S. 556f.

99 Ministerium an Lichtenstein, Berlin, 6.4.1815 [Konzept]. GStA PK I.HA Rep. 76 Va Sekt. 2 Tit. X Nr. 15 Bd. II, fol. 132.

heren Thierklassen" zu verzeichnen gewesen sei, so könne von einem „Stillstand in dem Wachsthum des so schön aufblühenden Instituts" keine Rede sein.[100] Die Ordnung mache Fortschritte, alle Dubletten der Vögel waren ausgestopft und aufgestellt. Indes – und hier dunkelte sich das Bild ein: Fische und Amphibien hatten nicht recht geordnet werden können, weil es – eine bemerkenswerte Begründung – an der nötigen Fachliteratur fehlte. Auch die Muscheln waren nur in eine „vorläufige Ordnung nach früheren systematischen Ansichten" gebracht worden.[101] Und vorläufig sollte in der Tat vieles bleiben.

Gleichwohl verstand sich Lichtenstein, nicht zu Unrecht, als Direktor eines fortschrittlichen, im Bewußtsein des Zeit sogar ‚modernen' Instituts. Kaum irgendwo artikulierte sich dieses Selbstverständnis deutlicher als in Lichtensteins großem Etatbericht vom 14. Juni 1841.[102] In ihm blickte der Museumsdirektor auf die Geschichte seines Hauses zurück und schickte sich an, „soweit es sich in der nothwendigen Kürze thun läßt", jene „Haupt-Momente" zu benennen, welche in der „allmähligen Entwickelung dieses Instituts, wirksam gewesen sind und die nur sehr schwer aus den voluminösen Acten zu entnehmen sein dürften."

„Das Wesen der gesammten Naturkunde", so begann Lichtenstein seinen Rechenschaftsbericht, habe sich in den vergangenen Jahrzehnten radikal verändert. Die „über alle Erwarthung rasche Vermehrung thatsächlicher Kenntnisse" hatte die Basis der Wissenschaften gewandelt, und diese Verschiebung wiederum war auch für die museale Praxis von Bedeutung gewesen. Die Kriterien der Wissenschaftlichkeit hatten sich fundamental verschoben.[103] Wunderkammern, die sich noch im 18. Jahrhundert größter Beliebtheit erfreut hatten und im übrigen ja durchaus fortbestanden, erschienen Lichtenstein nur mehr als „Anhäufungen von zufällig zusammengebrachten Kuriositäten".[104] Erst der Pariser *Jardin des plantes* habe unter Cuvier dann „den richtigeren Weg" beschritten. Dieses Beispiel, so erklärte Lichtenstein, sei prägend gewesen auch für die Einrichtung der Berliner Universitätssammlungen. In ihnen seien so „nicht blos einzelne Proben des Thierreichs" zu finden, sondern „die wohlgeordneten Muster aller [!] Stufen und Glieder desselben." Mit einem Wort: Lichtenstein integrierte sein Museum in die Geschichte des wissenschaftlichen Fortschritts, wie sie seit der Aufklärung geschrieben wurde. Lückenlose Systematik war das erklärte Ziel des Hauses.

Was aber war die genaue Aufgabe eines solchen Museums? Es habe – so führte Lichtenstein aus, indem er sich zugleich gegen die vollständige Vereinnahmung durch die Universität wehrte, – eine „umfassendere Bestimmung, als dem Unterricht der studirenden Jugend zu

100 Lichtenstein an Ministerium, Berlin, 4.4.1815. GStA PK I.HA Rep. 76 Va Sekt. 2 Tit. X Nr. 15 Bd. II, fol. 124–131, fol. 124.

101 Ebd., fol. 127.

102 Lichtenstein an Ministerium, Berlin, 14.6.1841 [Konzept]. UAHU Berlin MfN Bd. 103. – Dort alle folgenden Zitate.

103 Zum Wandel solcher Kriterien erhellend L. Daston: Die Kultur der wissenschaftlichen Objektivität. In: Naturwissenschaft, Geisteswissenschaft, Kulturwissenschaft. Göttingen 2000, S. 9–39. – Zu den hier wirksamen Prozessen grundlegend Th. S. Kuhn: Die Struktur wissenschaftlicher Revolutionen. 2. Aufl. Frankfurt/M. 1976. – Eine soziale Kontextualisierung von ‚Wissenschaftlichkeit' klassisch bei L. Fleck: Entstehung und Entwicklung einer wissenschaftlichen Tatsache. Frankfurt/M. 1980 [EA1935].

104 Lichtenstein an Ministerium, Berlin, 14.6.1841 [Konzept]. UAHU Berlin MfN Bd. 103. – Dort auch die folgenden Zitate.

dienen". Vielmehr solle es den „Arbeiten der bereits durchgebildeten Gelehrten, nicht allein im zoologischen Fach [...] zu Statten kommen." Kurz gesagt: Lichtenstein war es darum zu tun, ein möglichst vielschichtiges Material zusammenzutragen, „aus welchem dereinst die Lösung längst angeregter aber bisher unbeantwortet gebliebener höchst wichtiger Fragen gewonnen werden kann." Das Museum sollte helfen, die Rätsel der Welt zu lösen – und in der Tat lag eben hierin noch die unausgesprochene Erwartung späterer Generationen.

Wie aber sollte ein solches ‚Idealmuseum' organisiert werden? Lichtenstein hatte auf diese Frage eine bezeichnende und für seine Zeit typische Antwort. „Eine zoologische Sammlung", so Lichtenstein, habe in Einrichtung und Verwaltung „vollkommene Aehnlichkeit mit einer Bibliothek". Daher sei das Augenmerk zunächst auf „möglichst gleichmäßige Vollständigkeit in allen Fächern, Oeffentlichkeit, Freiheit und Leichtigkeit der Benutzung, Sicherheit der Erhaltung der Exemplare, übersichtliche Anordnung und Beschaffung der nothwendigsten Hülfsmittel für das Studium" zu richten. Das war der Anspruch – und es war ein bemerkenswerter Anspruch. Er bedeutete nichts anderes, als daß die Objekte eines Museums zu lesen waren wie die Bücher einer Bibliothek. Die Lesbarkeit der Sammlung – ein Topos, der sich von den Kuriositätenkabinetten der Frühen Neuzeit bis in die Schausammlungen des ausgehenden 20. Jahrhunderts zog – war ein soziales Ausschlußkriterium.[105] In dem Maße, wie sie die Alphabetisierung – im übertragenen Sinne hier also ein zoologisches Vorwissen – voraussetzte, grenzte sie die Museumsöffentlichkeit ein. Gleichzeitig setzte sie einen kohärenten ‚Text', also eine tatsächlich lückenlose, pedantisch geordnete, auf „möglichste Vollständigkeit" bedachte Sammlung voraus.[106] Eine solche aber existierte weder in Berlin noch andernorts.

Lichtenstein vermochte es trotz aller Anstrengungen nicht, sein Haus in der ersten Reihe der Zoologischen Museen zu plazieren. Schenkungen und Ankäufe führten in den 1820er und 30er Jahren zu einem rasanten, kaum mehr kontrollierbaren Wachstum der Sammlung.[107] Die Säle waren überfüllt, in den Arbeitsräumen des Direktors stapelten sich Felle und Skelette, ganze Sendungen konnten nicht bearbeitet werden, das wissenschaftliche System geriet aus den Fugen. An die Produktion von Katalogen – die Visitenkarte eines jeden, insonderheit freilich eines Universitätsmuseums – war kaum mehr zu denken. Schon 1821 waren zwei Hilfskräfte angestellt worden, die in täglich zweistündiger, mühsamer Arbeit am Ende doch keinen wissenschaftlichen Katalog, sondern nur „ein numerirtes Verzeichniß" zustande brachten.[108] Als Lichtenstein im März 1822 dem Ministerium dieses Inventar „im Concept" vorlegte, waren die Mängel angesichts der „großen Menge unbeschriebener und zweifelhafter Arten" nicht zu übersehen.[109] An eine Reinschrift war dabei um so weniger zu denken, als noch allein 150.000 Insekten zu verzeichnen waren und die Bestände des Muse-

105 Zur Vorstellung einer ‚lesbaren' Sammlung bei Karl Möbius vgl. unten Kap. IV.2.2.1. – Zum ‚Lesbarkeits'-Topos vgl. Hooper-Greenhill (wie Anm. 11), S. 148–158.

106 Lichtenstein an Ministerium, Berlin, 22.3.1822. GStA PK I.HA Rep. 76 Va Sekt. 2 Tit. X Nr. 15 Bd. VII, fol. 241–259, hier 251.

107 Vgl. etwa Brauer: Das zoologische Museum (wie Anm. 89), S. 325–327.

108 Lichtenstein an Ministerium, Berlin, 4.4.1821. GStA PK I.HA Rep. 76 Va Sekt. 2 Tit. X Nr. 15 Bd. VII, fol. 40–43, hier fol. 42.

109 Lichtenstein an Ministerium, Berlin, 22.3.1822. GStA PK I.HA Rep. 76 Va Sekt. 2 Tit. X Nr. 15 Bd. VII, fol. 241–259, hier fol. 242.

ums, die sich seit 1813 verdoppelt hatten, weiter rasant anstiegen. Das Museum wuchs, veränderte sich selbst und konnte seinen Aufgaben doch immer weniger genügen.

Diese Überforderung hatte personelle und finanzielle Gründe. Über den Dublettenhandel, der das Berliner Museum an den Rand des Ruins führte, wird in anderem Zusammenhang noch ausführlich die Rede sein.[110] Erst allmählich erhielt das Museum einen eigenen Ankaufsetat, der allerdings kaum ausreichte, um eine lückenlose und mustergültig katalogisierte Sammlung anzulegen und zu unterhalten. Über den Mangel an Katalogen wurde in den Berliner Universitätsmuseen jedenfalls mindestens ebenso laut geklagt wie im Karlsruher Naturalienkabinett. Die akademische Kultur des Wissens führte nicht ohne weiteres zu einer anderen Wirklichkeit. ‚Wissenschaftlichkeit' blieb zunächst und vor allem eine regulative Idee. Mit den großen Häusern in London, Paris oder Leiden konnte sich Berlin jedenfalls nicht messen. Und selbst manche deutsche Museen, etwa das Frankfurter Senckenberg-Museum, überflügelten in der ersten Jahrhunderthälfte die Berliner Sammlung sowohl an Materialfülle als auch an wissenschaftlicher Klasse.

Im Vergleich zu Frankfurt war es nicht zuletzt das soziale Umfeld, das sich in Berlin nachteilig auswirkte. In der preußischen Hauptstadt waren alle Entscheidungen, gleich ob personeller oder finanzieller Art, auf dem Dienstwege zu treffen, und dieser Weg war mitunter umständlich, ja strapaziös. Gewiß gab es einzelne Förderer, Freunde des Hauses gleichsam, die Forschungsreisen auf eigene Kosten bestritten und dem Museum ganze Sammlungen schenkten.[111] Aber es fehlte doch an einem regelrechten lokalen Netzwerk, wie es sich in Handelsstädten wie Frankfurt am Main oder Bremen ausbildete. Das Interesse an der Sache, das in solchen Städten von der Bürgergemeinde selbst wahrgenommen wurde, war in Berlin gleichsam von Amts wegen an den Staat delegiert. Das tägliche Arbeiten in der Sammlung, wie es die naturkundlichen Vereine praktizierten, das gemeinschaftliche Leben in und mit der Sammlung, war den Berliner Universitätsmuseen fremder. Und sie stagnierten. Als die Unordnung in den 1840er Jahren weiter zunahm, mochte es daher niemanden wundern, daß sich Hinrich Lichtenstein (im Nebenamt) fortan mit besonderer Hingabe der Direktion des 1843 gegründeten Berliner Zoologischen Gartens widmete.[112]

Mit Wilhelm Peters (1815–1883), der nach Lichtensteins Tod 1857 die Direktion des Zoologischen Museums übernahm, hielt ein neuer Geist im Haus Unter den Linden Einzug. Peters, ein Schüler des Berliner Anatomen Johannes Müller (1801–1858), verfügte über ausgezeichnete Kenntnisse der vergleichenden Anatomie. Er beendete – ganz im Einklang mit längst wirksamen Tendenzen der Wissenschaft – die rein phänomenologisch verfahrende ‚Balgzoologie' Lichtensteins, sorgte für eine Reorganisation der Sammlung, führte Eingangs- und Generalkataloge ein und plante schließlich sogar deren Herausgabe. Allein, die Sammlungen waren zu groß, die Mittel zu gering: An der Universität der preußischen Hauptstadt blieb man weit entfernt davon, alle zoologischen Objekte zu bestimmen, sie katalogisiert und mustergültig etikettiert vorzuführen.[113]

---

110 Vgl. Kap. III.2.

111 Einzelheiten bei Brauer: Das zoologische Museum, S. 379f. – Vgl. dazu auch unten Kap. III.

112 Dazu G. Mauersberger: Der Gründer des Berliner Zoologischen Gartens, Martin Hinrich Lichtenstein (1780–1857). In: Bongo 23 (1994), S. 3–34. – Zum Hintergrund H.-G. Klös, H. Frädrich u. U. Klös: 150 Jahre Zoologischer Garten Berlin. Berlin 1994, Kap. I.

113 Dazu Brauer: Das zoologische Museum (wie Anm. 89), S. 382f.

Spiegelte der Übergang von der Phänomenologie zur Analyse im Zoologischen Museum bereits den allgemeinen Wandel der Naturwissenschaften, so galt dies in noch weit höherem Maße für die Spezialisierung innerhalb des Mineralogischen Museums. Dessen erster Direktor, Christian Samuel Weiß (1780–1856), ein bedeutender Kristallforscher, lenkte – wie Lichtenstein – über die gesamte erste Jahrhunderthälfte hinweg die Geschicke seines Instituts. Die öffentliche Aufgabe des Hauses hatte er noch weniger im Blick als sein zoologischer Kollege. 1820 mußte das Ministerium erfahren, daß die Sammlung noch ‚schlummere', ja kaum benutzt werde. Es sei, so hieß es, bisher „ganz unmöglich gewesen [...], dem größeren Publikum und dem weniger unterrichteten Liebhaber den Zugang dazu zu verstatten."[114]

Weiß' Nachfolger, Gustav Rose (1798–1873), interessierte sich dann vor allem für Petrographie und Meteoritenkunde, beschäftigte sich verstärkt mit den physikalischen und chemischen Grundlagen der Mineralogie und führte schließlich die experimentelle Methode ein.[115] Wie Peters im Zoologischen, so versuchte Rose im Mineralogischen Museum, durch eine veränderte Praxis – hier durch chemisches Experiment, dort durch anatomische Sektion – den Anschluß an die Entwicklung der Naturwissenschaften zu finden, deren Forschungsarbeit sich von den Museen zunehmend in Laboratorien verlagerte.[116] Zugleich schritt die Spezialisierung voran: Unter Roses Direktorat existierten schließlich die systematisch-mineralogische Sammlung, die geographisch geordnete petrographische Sammlung sowie die systematisch-geognostische Sammlung. Hinzu kam noch eine systematisch-mineralogische Schausammlung, eine Kristallsammlung und die Meteoritensammlung.[117] Mit Ernst Beyrich (1815–1896) wurde 1874 schließlich ein *Geologe* zum Direktor des Mineralogischen Museums ernannt. Die mineralogische Arbeit kam unter Beyrich – der in einem Nebenamt, das er selbst recht bald zu seinem eigentlichen Beruf machte, Direktor der geologischen Landesanstalt und Bergakademie war – ins Hintertreffen.

1887 schließlich trennten sich unter dem Direktorat Karl Kleins (1842–1907) Geologie und Mineralogie: Aus dem Mineralogischen Museum des Jahrhundertbeginns waren zwei selbständige, hochdifferenzierte Sammlungen erwachsen, das Mineralogisch-Petrographische und das Geologisch-Paläontologische Museum. Und mit dieser Trennung war die Spezialisierungsdynamik – gerade mit Blick auf das Verhältnis von Geologie und aufstrebender Paläontologie – noch keineswegs abgeschlossen. Dem zeitgenössischen Betrachter konnte es nicht verborgen bleiben: Die Einheit der musealen Wissenskultur war brüchig geworden. Die Geologischen Sammlungssäle quollen von Objekten über, ohne daß das große Publikum in ihnen mehr hätte erkennen können als endlose Vitrinen voller Steine.[118]

Dabei beförderten die Erkenntnisse der modernen Wissenschaften nicht nur das Ansehen der Naturhistorischen Museen, sondern verstärkten auch die Erwartungshaltung des Publi-

---

114 Weiß an Ministerium, Berlin, 3.12.1820. GStA PK I.HA Rep. 76 Va Sekt. 2 Tit. X Nr. 21 Bd. III, fol. 45–48v, hier fol. 45.

115 Vgl. Liebisch: Mineralogisch-petrographisches Institut (wie Anm. 89), S. 311f.

116 Zu diesen Prozessen Nipperdey I, S. 484–490; Nipperdey II, S. 613–618. – Aus biologiehistorischer Perspektive Jahn, Kap. 8. – Zum Wechsel von der Phänomenologie zur Analyse am Beispiel der deutschen Universitätszoologie eingehend L. K. Nyhart: Biology Takes Form. Chicago, London 1995. – Zum problematischen Verhältnis von Museum und Laboratorium auch Köstering, S. 55–58.

117 Vgl. G. Rose u. A. Sadebeck: Das Mineralogische Museum der Universität Berlin. Berlin 1874.

118 Vgl. Branca (wie Anm. 89), S. 368.

kums. Das Publikum selbst wurde größer und lauter. Neue Klassen, allen voran die Industriearbeiterschaft, entdeckten den symbolischen Kapitalwert der Bildung, gerade auch der naturkundlichen.[119] Und die Darwin-Begeisterung sorgte seit den 1860er Jahren vollends dafür, daß immer mehr Menschen in dem Wissen von der Natur, wie es die Sammlungen repräsentierten, den eigentlichen Schlüssel zur Welt zu entdecken glaubten.[120] All diese Momente wirkten auf die Berliner Museen ein. Nicht zuletzt aber war es die veränderte politische Rahmensituation, die ihren Aufstieg im letzten Drittel des 19. Jahrhunderts beförderte, ja geradezu erzwang. Die Ereignisse der Jahre 1870/71 hatten Berlin zur Hauptstadt des neuen Reiches gemacht. Die Funktion der Hauptstadt machte – mehr noch als es bislang mit Blick auf Preußen erforderlich gewesen war – Investitionen im Bereich der Kultur und der Wissenschaft erforderlich.[121] Für die Berliner Museumsinsel ist dieser Aspekt bereits bekannt.[122] Aber auch für die Berliner Universitätssammlungen machte sich das Repräsentationsbedürfnis der Reichshauptstadt bemerkbar: Nach 1871 kam es zu erheblichen Erhöhungen der Sach- und Personalfonds.[123] Auch die Errichtung des Museums für Naturkunde, zu seiner Zeit das größte Gebäude Berlins, gehört hierher.

1873 beantragten Rektor und Senat den Umzug der Naturhistorischen Museen. Angesichts der Raumnot im alten Universitätsgebäude Unter den Linden erklärte sich das Kultusministerium mit dem Antrag einverstanden und stellte für den Neubau einen Teil des Grundstücks der ehemaligen Königlichen Eisengießerei an der Invalidenstraße in Aussicht.[124] Dieser Vorschlag stieß bei Wilhelm Peters auf erbitterten Widerstand. Die Museen aus der Stadtmitte an die Peripherie zu verlagern, so argumentierte er, werde sie der Bedeutungslosigkeit preisgeben. Und in der Tat: Während die Kunsthistorischen Museen auf der sogenannten Museumsinsel nahe des Berliner Schlosses, gleichsam im Zentrum der Macht, verblieben, mußte die Entscheidung für einen Neubau an der Invalidenstraße wie eine stadtplanerische Abwertung der Naturhistorischen Sammlungen wirken. Eine solche war jedoch keineswegs intendiert. Das Ziel des Ministeriums war vielmehr langfristiger Natur: Durch die Zusammenziehung von Naturhistorischen Museen, Landwirtschaftlicher Hochschule und Geologischer Landesanstalt und Bergakademie sollte im Norden der Berliner Innenstadt

119 Vgl. dazu unten Kap. II.3.3.

120 Die Literatur hierzu ist mittlerweile uferlos. Wir nennen hier nur E.-M. Engels: Darwins Popularität im Deutschland des 19. Jahrhunderts, In: Menschenbilder. Frankfurt/M. 2000, S. 91–145. – Daum (wie Anm. 53). – Zur weiteren Einordnung Nipperdey II, S. 613–617 u. 625–629.

121 Dazu u.a. B. v. Brocke: Berlin als Wissenschaftszentrum. In: Berlin im Europa der Neuzeit. Berlin, New York 1990, S. 165–197. – Hinweise auch bei M. Erbe: Berlin im Kaiserreich (1871–1918). In: Geschichte Berlins. Bd. 2. München 1987, S. 691–797.

122 Dazu Th. W. Gaehtgens: Die Berliner Museumsinsel im Deutschen Kaiserreich. München 1992. – W. Szambien: Die Berliner Museumsinsel und ihre Stellung in der internationalen Museumspolitik des 19. Jahrhunderts. In: Berlins Museen. München, Berlin 1994, S. 45–50. – Zum Verhältnis von Wissenschaft und Reichshauptstadt vgl. auch die Beiträge in C. Goschler (Hrsg.): Wissenschaft und Öffentlichkeit in Berlin (1870–1930). Stuttgart 2000.

123 Vgl. Brauer: Das zoologische Museum (wie Anm. 89), S. 382f.

124 Die Bauakten zum Projekt „eines naturhistorischen Museums in Berlin, zur Universität gehörig, 1876–1891" in GStA PK I.HA Rep. 93 B Nr. 2307–2308. – Dazu und zum folgenden I. Jahn: Der neue Museumsbau und die Entwicklung neuer museologischer Konzeptionen und Aktivitäten seit 1890. In: Wissenschaftliche Zeitschrift der Humboldt-Universität zu Berlin, Math.-Naturwiss. Reihe 38 (1989), S. 287–307. – Köstering, S. 46–73.

gleichsam eine Art Wissenschaftsforum entstehen, das durch den Urbanisierungsdruck der kommenden Jahre auf Dauer in die Stadt hineinwachsen sollte. Nach Peters' Tod 1883 begannen schließlich die Arbeiten an der Invalidenstraße. Das Museum, das aufgrund *Allerhöchster Ordre* vom 15. September 1886 die damals ungewöhnliche Bezeichnung „Museum für Naturkunde" tragen sollte, wurde, wie eingangs erwähnt, endlich 1889 feierlich eröffnet.[125] Das Haus an der Invalidenstraße Nr. 43 drückte den Anspruch der deutschen und mehr noch der preußischen Wissenschaft auf Weltgeltung aus. Daß es ihn in der Folge einzulösen vermochte, hing nicht zuletzt mit einer richtungsweisenden Personalentscheidung zusammen. 1887 wurde Karl Möbius (1825–1908), der bereits die Sammlung der Kieler Universität eingerichtet hatte, nach Berlin berufen und 1888 definitiv mit der Leitung des Museums betraut.[126] Von ihm wird noch verschiedentlich die Rede sein.

In der Zwischenzeit war die Spezialisierung innerhalb der Berliner Zoologie weiter vorangeschritten. Sie hatte letzthin dazu geführt, daß das Verhältnis von Museum und Universität – das, wie gesagt, schon zu Zeiten Illigers und Lichtensteins nicht spannungsfrei gewesen war – eine neue Dimension erreicht hatte. Forschungslabor und Sammlungsraum wurden nun ganz getrennt; für die museale Praxis hatte dies erhebliche Folgen. Als Franz Eilhard Schulze (1840–1921) als Nachfolger von Peters 1884 aus Graz nach Berlin berufen wurde, bestand er in den Berufungsverhandlungen auf der vollständigen Trennung der Direktion des Zoologischen Museums vom Ordinariat für Zoologie und verlangte die Einrichtung eines eigenen Zoologischen Instituts.[127] Dieses Institut sollte fortan ausschließlich der universitären Forschung und Lehre dienen. Für diese Zwecke erübrigte sich ein eigenes Museum. Schulze bedurfte für sein großes, zur Einführung in die wissenschaftliche Zoologie gedachtes und speziell auf die Bedürfnisse junger Mediziner berechnetes fünfstündiges Kolleg keiner Schrankreihen voll scheinbar immer gleicher Würmer und Krebse. Er benötigte Demonstrationsmaterial: Von ganzen Tieren sollten daher nur solche Formen aufgestellt werden, „welche entweder für allgemeine Fragen oder als Repräsentanten der wichtigeren systematischen Gruppen, resp. als praktisch wichtige, z.B. für den Menschen nützliche oder schädliche Tiere Bedeutung haben".[128] Der universale Anspruch des Museums war hier einem praktischen Zweck gewichen.

Für die Arbeit des Direktors des Zoologischen Museums, dem die Vertretung der Systematik und der Tiergeographie an der Universität verblieb, schuf dies Freiräume. Die Trennung von Sammlung und Institut löste das neuhumanistisch getönte Einheitskonzept von Universität und Museum auf. Und diese Auflösung empfand man im Museum durchaus als „ein[en] Gewinn".[129] „Institut und Museum", so faßte August Brauer (1863–1917), Möbius' Nachfolger als Direktor des Zoologischen Museums, die Diskussion 1910 zusammen, „haben ganz verschiedene Aufgaben, indem das erstere dem Unterricht und der Ausbildung der Studierenden dient, das letztere dagegen neben der Aufgabe, die rezenten Tiere zu sammeln, zu bewahren und zu ordnen, dem Forscher eine Arbeitsstätte und Material zu bieten hat und

125 „Naturkunde" war die Bezeichnung eines Unterrichtsfachs. Als Name für ein Naturhistorisches Museum war sie in dieser Zeit ungebräuchlich. – Zum folgenden Barthel (wie Anm. 89), S. 252f.

126 Zu Möbius unten Kap. II.1.

127 Vgl. Schulze (wie Anm. 89), S. 364.

128 Ebd., S. 365.

129 So Brauer: Das zoologische Museum (wie Anm. 89), S. 384.

eine Unterrichts- und Bildungsanstalt für das ganze Volk sein soll."[130] Warum gerade das Berliner Haus, dessen Praxis auch nach der Trennung von Institut und Museum eine betont akademische blieb, diesen Anspruch nur in Teilen verwirklichen konnte, wird uns im vierten Kapitel näher beschäftigen.

1.3. Das Senckenberg-Museum in Frankfurt am Main

Neben den fürstlichen Naturalienkabinetten und den Sammlungen der Universitäten, die beide im Grunde genommen einen älteren Typus des Museums verkörperten, waren es im 19. Jahrhundert vor allem bürgerliche Vereine, die mit ihren neuangelegten Sammlungen und Kabinetten die Museumslandschaft formten und sie, in weiten Teilen, überhaupt erst konturierten. Kaum eine Sammlung repräsentiert diesen Museumstyp, der ganz auf zweckfreie Bildung hin angelegt war, besser als das Frankfurter Senckenberg-Museum, das zu den frühesten und erfolgreichsten Neugründungen des 19. Jahrhunderts zählte.[131] Seine Trägerin war die Senckenbergische Naturforschende Gesellschaft, ein Verein, der es rasch zu internationalem Ansehen brachte.[132] Wie durch andere Vereine, so brach sich auch durch diese Gesellschaft speziell das gebildete Bürgertum seine Bahn.[133] Ja, Fragen der Bildung, der Kunst, der Literatur und eben auch der Wissenschaft gewannen ganz grundsätzlich an Bedeutung.[134] Und diese Bedeutung spiegelte wiederum die Suche des Bürgertums nach Identi-

---

130 Ebd.

131 Die folgenden Ausführungen stützen sich (soweit nicht anders vermerkt) in der Hauptsache auf W. Schäfer: Geschichte des Senckenberg-Museums im Grundriß. Frankfurt/M. 1967; im gleichen Band: W. Kramer: Chronik der Senckenbergischen Naturforschenden Gesellschaft 1817–1966. – Eine Kurzfassung der Vereinsgeschichte bieten W. Schöndube u. J. Steinbacher: Aus der 150jährigen Geschichte der Senckenbergischen Naturforschenden Gesellschaft zu Frankfurt am Main. In: Natur und Museum 97 (1967), S. 431–489. – Ähnlich auch W. Ziegler: Über die Entwicklung der Senckenbergischen Naturforschenden Gesellschaft. In: Limpurger Brief 1986, S. 7–27. – Zur Gründer- und Mitgliederstruktur vgl. *Die Stifter, Mitglieder und Freunde der Senckenbergischen Naturforschenden Gesellschaft zu Frankfurt am Main*. [Frankfurt o.J.]. – Elemente des folgenden auch bereits in C. Kretschmann: Wissenskanonisierung und -popularisierung in Museen des 19. Jahrhunderts – das Beispiel des Senckenberg-Museums in Frankfurt am Main. In: Wissenskommunikation im 19. Jahrhundert. Stuttgart 2003, S. 171–212.

132 Zur Entwicklung Frankfurts im 19. Jahrhundert grundlegend R. Roth: Stadt und Bürgertum in Frankfurt am Main. München 1996. – Fokussiert auf die Entstehungszeit der Senckenbergischen Naturforschenden Gesellschaft Ders.: Frankfurt am Main in der Umbruchszeit 1780–1825. In: Vom alten zum neuen Bürgertum (wie Anm. 8), S. 357–408. – Speziell zur kulturellen Entwicklung der Stadt A. Hansert: Bürgerkultur und Kulturpolitik in Frankfurt am Main. Frankfurt/M. 1992, bes. Kap. II.

133 Vgl. immer noch Th. Nipperdey: Verein als soziale Struktur in Deutschland im späten 18. und frühen 19. Jahrhundert. In: Geschichtswissenschaft und Vereinswesen im 19. Jahrhundert. Göttingen 1972, S. 1–44. – Aus der reichen Vereinsforschung sind hervorzuheben O. Dann (Hrsg.): Lesegesellschaften und bürgerliche Emanzipation. München 1981. – Ders. (Hrsg.): Vereinswesen und bürgerliche Gesellschaft in Deutschland. München 1984. – Ein neuerer Überblick bei M. Sobania: Vereinsleben. In: Bürgerkultur im 19. Jahrhundert. München 1996, S. 170–190. – Speziell zur Frankfurter Vereinskultur R. Roth: Das Vereinswesen in Frankfurt am Main als Beispiel einer nichtstaatlichen Bildungsstruktur. In: Archiv für Frankfurts Geschichte und Kunst 64 (1998), S. 143–210.

134 Zur Strahlkraft der Bildung einführend K.-E. Jeismann: Zur Bedeutung der „Bildung" im 19. Jahrhundert. In: Handbuch der deutschen Bildungsgeschichte. Bd. 3: 1800–1870. München 1987, S. 1–21. – Unverzichtbar R. Vierhaus: Art. Bildung. In: GG Bd. 1, S. 508–551. – Ergiebig der Sammelband von U. Herrmann

tät und sozialer Neuorganisation. Das dichte Netz von Vereinen, das die Stadt Frankfurt durchzog und die Bürgerschaft kulturell vergemeinschaftete, war gewissermaßen ein Ausdruck jener Mitsprache- und Beteiligungsrechte, wie sie in der *Constitutions-Ergänzungs-Akte* von 1816 festgeschrieben waren.[135]

Selbstverständlich profitierte die Senckenbergische Naturforschende Gesellschaft bei ihrer Gründung 1817 von bereits vorhandenem Wissen. Wie der Physikalische (1824), der Geographische (1836), der Ärztliche (1845) und der Mikroskopische Verein (1855) knüpfte sie an die Aufgabenstellung der Dr. Senckenbergischen Stiftung an.[136] Diese war im Jahre 1763 durch Johann Christian Senckenberg (1707–1772), einen vermögenden Arzt und Stadtphysikus, errichtet worden.[137] Ihr Zweck lag zunächst in einer durchaus traditionellen, religiös motivierten Wohltätigkeit, wie sie sich in dem von ihm gestifteten Bürgerhospital manifestierte. Darüber hinaus ging es Senckenberg jedoch auch um die theoretische Förderung der Heilkunst, um die Weitergabe von medizinischem und naturkundlichem Wissen also. Dieser zweite, zukunftsorientierte Zweck, dem – noch zu Senckenbergs Lebzeiten – die Errichtung des Anatomischen Instituts und die Anlage eines botanischen Gartens gedient hatten, verlor jedoch nach und nach an Glanz. Die Spenden der Bürgerschaft galten ganz ausschließlich dem vermeintlich nützlicheren Bürgerhospital, während die übrigen Teile der Stiftung beinahe in Vergessenheit gerieten. Goethe hat diesen Zustand anläßlich seines Frankfurter Aufenthaltes 1814 kennengelernt und die Gründung eines „Naturmuseums" daraufhin entschieden befürwortet.[138]

Ähnliche Gedanken waren in der Dr. Senckenbergischen Stiftung zu jener Zeit bereits entwickelt worden. Hier war es vor allem Philipp Jakob Cretzschmar (1786–1845) – ein Arzt, der zunächst im französischen Heer gedient hatte und seit 1816 als Lehrer am Anatomischen Institut tätig war –, der ein lebhaftes Interesse an Fragen der Zoologie hegte.[139] Um ihn herum gruppierten sich rasch weitere Naturfreunde, so daß man im September 1817 bereits die Absicht bekannt geben durfte, „ein vollständiges Naturalien-Kabinet" zu errich-

---

(Hrsg.): „Die Bildung des Bürgers". 2. Aufl. Weinheim, Basel 1989. – Die Forschung diskutiert L. Gall: Von der ständischen (wie Anm. 7), S. 98–103. – In unserem Zusammenhang erhellend R. Roth: Der Bildungsgedanke und das bürgerliche Assoziationswesen im 18. und 19. Jahrhundert. In: Bürgerkultur (wie Anm. 133), S. 121–139. – Zum philosophischen Hintergrund V. Steenblock: Theorie der kulturellen Bildung. München 1999. – Wenig ergiebig G. Bollenbeck: Bildung und Kultur. Frankfurt/M, Leipzig 1994.

135 Dazu R. Roth: Stadt und Bürgertum (wie Anm. 132), S. 129–140. – Vgl. auch R. Koch: Grundlagen bürgerlicher Herrschaft. Wiesbaden 1983.

136 Zum Physikalischen Verein vgl. die Festschrift *150 Jahre Physikalischer Verein Frankfurt am Main.* [Frankfurt/M. o.J.]. – Zum Geographischen Verein vgl. Fr. Fuchs u. M. Friedrich: 150 Jahre Frankfurter Geographische Gesellschaft. Frankfurt/M. 1986.

137 Zu Senckenberg vgl. immer noch A. de Bary: Johann Christian Senckenberg (1707–1772). Frankfurt/M. 1947. – Zum folgenden ausführlich Ders.: Geschichte der Dr. Senckenbergischen Stiftung 1763–1938. Frankfurt/M. 1938, S. 17–120.

138 J. W v. Goethe: Kunst und Altertum am Rhein und Main. Frankfurt. In: Goethes poetische Werke. Vollständige Ausgabe. Bd. 10: Autobiographische Schriften, Teil 3. Stuttgart 1954, S. 650–674, hier S. 674. – Goethe wurde zu einem der ersten korrespondierenden Mitglieder der SNG ernannt. Vgl. sein Antwortschreiben, Weimar, 29.5.1821. SNG Archiv Bd. 26, Nr. 2.

139 Erste Hinweise zu Cretzschmars Vita bei W. Klausewitz: Philipp Jakob Cretzschmar. In: Biographien bedeutender Senckenberger. Frankfurt/M. 1992, S. 256–261.

ten.[140] Die Vorzüge dieses Unternehmens lagen dabei auf der Hand. Für den praktizierenden Arzt sei es, wie es Cretzschmar formulierte, ohnehin nur recht und billig, wenn er sich „mit allen seinen Umgebungen, mit der gesammten Naturkunde, bekannt mache.“[141] Aber auch der Laie werde von einem solchen Kabinett profitieren. Schließlich seien Naturgeschichte und Naturkunde, so hieß es, „keine Wissenschaften, die nur einem oder dem andern Stand vorzugsweise angehören“.[142] Im Gegenteil: „Jeder gebildete Mensch" habe geradezu die Pflicht, sich in der Naturwissenschaft umzutun, da nur sie „das innere Leben des Menschen" erläutere und sein „physisches und moralisches Wohlseyn" regele. Ein „ö f f e n t l i c h e s N a t u r a l i e n k a b i n e t"[143] solle daher jetzt gegründet werden.

Das wäre undenkbar gewesen ohne einen bereits vorhandenen Fundus. Wie das Karlsruher Naturalienkabinett und die Berliner Universitätssammlungen, so hatte auch das Senckenberg-Museum seine Vorgeschichte. Zu ihr gehörte zum einen die Mineraliensammlung der Dr. Senckenbergischen Stiftung. Außerdem hatte sich Cretzschmar bereits bemüht, „vielfältige Präparate zu verfertigen, und zugleich eine zoologisch-anatomische Sammlung anzulegen.“[144] Zum anderen gehörten zu ihr – und zwar nicht unwesentlich – die Privatsammlungen einzelner Gründungsmitglieder, die ihre Naturalien der Gesellschaft schenkten oder zu günstigen Konditionen an sie verkauften.[145] Diese Mitglieder, die dem Verein mit ihren Sammlungen zugleich auch ihr Expertenwissen zur Verfügung stellten, standen darüber hinaus in einer Tradition naturkundlicher Liebhaberei, wie sie bereits im Frankfurt des 18. Jahrhunderts, etwa in Johann Friedrich von Uffenbachs technisch-naturwissenschaftlicher Gesellschaft, lebendig gewesen war.[146]

140 Cretzschmar an Stiftungsadministration, Frankfurt/M., September 1817. SNG Archiv Bd. 2, Nr. 1. – Abgedr. in: *Die Jahrhundertfeier der Senckenbergischen Naturforschenden Gesellschaft am 22. November 1917*. Frankfurt/M. 1918, S. 26–32, hier S. 26. – Vgl. hierzu das Antwortschreiben der Stiftungsadministration, Frankfurt/M., 12.11.1817. SNG Archiv Bd. 2, Nr. 2. – Das Verhältnis zwischen der Dr. Senckenbergischen Stiftungsadministration und der SNG regelte der Vertrag zwischen beiden vom 15.10.1819. SNG Archiv Bd. 21, Nr. 6.

141 Cretzschmar an Stiftungsadministration, [September 1817]. SNG Archiv Bd. 2, Nr. 1.

142 So heißt es in der Werbeschrift *An Frankfurts verehrtes Publikum*. [Frankfurt/M. 1818], S. 4. – In der Tendenz ähnlich die *Erste Nachricht von dem Zustande der Senkenbergischen naturforschenden Gesellschaft*. [Frankfurt/M. 1821]. – Zu beiden Kramer (wie Anm. 131), S. 194f. u. 218.

143 *An Frankfurts verehrtes Publikum* (wie Anm. 142), S. 4f. u. 7. – Zum Bau des alten Senckenberg-Museums sind Subskriptionslisten, Risse, Kostenvoranschläge und Rechnungen erhalten. Vgl. SNG Archiv Bd. 47, Nr. 1–68.

144 Cretzschmar an Stiftungsadministration, [September 1817]. SNG Archiv Bd. 2, Nr. 1.

145 Exemplarisch hierfür ist der Ankauf der berühmten Vogelsammlung des Hofrats Bernhard Meyer. – Dazu SNG Archiv Bd. 19. – Vgl. auch Kramer (wie Anm. 131), S. 201f. – Seine botanische Sammlung *schenkte* Meyer der Gesellschaft. Vgl. Meyer an Mappes, Offenbach, 17.3.1826. SNG Archiv Bd. 42, Nr. 12. – Zum Sammlungswesen im Frankfurt dieser Zeit, allerdings mit Beschränkung auf die Kunstkabinette, U. Schmidt: Die privaten Kunstsammlungen in Frankfurt am Main von ihren Anfängen bis zur Ausbildung der reinen Kunstsammlung. Göttingen, Univ., Diss. 1963. – In weiterer Perspektive C. Valter: Studien zu bürgerlichen Kunst- und Naturaliensammlungen des 17. und 18. Jahrhunderts in Deutschland. Aachen, TH, Diss. 1995.

146 Zu Uffenbachs Zirkel speziell I. Lange-Kothe: Die naturwissenschaftlich-technische Gesellschaft in Frankfurt 1725–1739. In: Archiv für Frankfurts Geschichte und Kunst 47 (1960), S. 31–43. – Zum Hintergrund ausführlich H. Voelcker (Hrsg.): Die Stadt Goethes. Frankfurt/M. 1932, S. 173–246. – R. Schwemer: Geistiges Leben im alten Frankfurt. In: Frankfurt. Frankfurt/M. 1927, S. 193–210.

An diese Tradition knüpften die Gründungsmitglieder der Senckenbergischen Naturforschenden Gesellschaft an, unter denen sich Vertreter bester Frankfurter Familien befanden: so etwa die Bankiers Simon Moritz Bethmann (1768–1826) und Joachim Andreas Grunelius (1776–1852), Carl Heinrich Georg von Heyden (1793–1866), der spätere Senator und Bürgermeister, der Arzt Johann Georg David Melber (1773–1824), ein Vetter Goethes, und Johann Friedrich Metzler (1749–1825), der Senator und Bankier.[147] Die Motive, die diese Männer zum Beitritt bewogen, lassen sich im Falle Georg Adolf Voelckers (1763–1826) beispielhaft fassen. Voelcker hatte es durch Großhandel mit englischen Manufakturwaren zu einem beachtlichen Vermögen gebracht, begnügte sich aber nicht mit seiner kaufmännischen Tätigkeit, sondern suchte nach geistigem Ausgleich. Ihn fand er unter anderem in der Naturkunde, wie seine etwa 40.000 Stück umfassende Schmetterlingskollektion dokumentierte.[148]

Der Handel selbst – hierin lag ein kaum zu überschätzender Vorteil der alten Messestadt gegenüber vergleichsweise jungen Residenzstädten wie Karlsruhe oder Berlin – beförderte das Naturaliensammeln: durch den Wohlstand des interessierten Bürgertums, vor allem aber durch die vielen Handelsbeziehungen, die nun zum Zwecke des Naturalienerwerbs und -transports genutzt werden konnten. „Unsre Stadt", so hat es 1827 denn auch Johann Michael Mappes (1796–1863), der langjährige Erste Sekretär der Senckenbergischen Naturforschenden Gesellschaft umrissen, „ist ein Hauptscheidepunkt zwischen dem Nord und Süd von Europa; Waaren und Menschen ziehen ununterbrochen von einem zum andern vorbei; sollen wir jene unbeobachtet und diese ungekannt vorübergehen lassen? Der Handel streckt seine weitausreichenden Arme bis in die entlegensten Erdtheile aus, und führt ihre Naturerzeugnisse dem Forscher zu."[149]

Eine Handelsstadt wie Frankfurt verfügte über eine Infrastruktur, die dem Sammeln von Naturalien ausgesprochen nützlich war. Darüber hinaus kam das Wissen von der Natur in seiner praktischen Ausrichtung den Interessen des Handelsbürgertums auch inhaltlich entgegen. „Der lebendige Verkehr, die Zerstreuungen einer großen Stadt, der Reiz des geselligen Lebens", so abermals Mappes, versetzten den Frankfurter Bürger nur selten in die Lage, sich „abgezogen von der Welt, umfassenden speculativen Studien hinzugeben."[150] Die Naturkunde jedoch, die „nicht blos im einsamen Studierzimmer" betrieben werden dürfe, „welche auf Wiesen und Feldern, im einsamen Thale, wie im Gewühle der Menschen den unerschöpflichsten Stoff zu nützlichen Betrachtungen" darbiete – „diese zu pflegen, ist für uns angemessen."

147 Vgl. SNG Archiv Bd. 46, Nr. 1. – Die Stiftungsurkunde ist u.a. abgedr. in *Den Mitgliedern der Senckenbergischen naturforschenden Gesellschaft zum fünfzigjährigen Stiftungsfeste am 22. November 1867*. Frankfurt/M. 1867. – Als Faksimile ist die Urkunde abgedr. in: *Jahrhundertfeier* (wie Anm. 140), nach S. 32. – Vgl. auch das Protokoll der ersten Sitzung der SNG, 22.11.1817. SNG Archiv Bd. 2, Nr. 3. – Die SNG wurde am 22. November 1817 von 17 Gründungsmitgliedern ins Leben gerufen. Nach einer späteren Übereinkunft wurden jedoch 15 bald darauf beigetretene Mitglieder ebenfalls als Stifter betrachtet. Deshalb beträgt die Zahl der „stiftenden Mitglieder" der SNG insgesamt 32. – Zum folgenden vgl. die biographischen Hinweise zu den einzelnen Stiftern in: *Jahrhundertfeier* (wie Anm. 140), S. 35–64.

148 Zu Lebenswelt und Bildungsstreben im Kaufmannsstand exemplarisch W. Ruppert: Der Bürger als Kaufmann. In: „Die Bildung des Bürgers" (wie Anm. 134), S. 287–305.

149 J. M. Mappes: Festreden gehalten im naturgeschichtlichen Museum zu Frankfurt am Main. Frankfurt/M. 1842, S. 80f.

150 Ebd. – Dort auch die folgenden Zitate.

Unter den insgesamt 32 stiftenden Mitgliedern der Senckenbergischen Naturforschenden Gesellschaft dominierten jedoch keinesfalls diese Handelsbürger. „Männer aus allen Ständen", so betonte Cretzschmar vielmehr gegenüber der Dr. Senckenbergischen Stiftungsadministration, hätten sich in dem Verein zusammengefunden. Konkret waren damit – neben fünf Handelsmännern und Bankiers – gleich fünfzehn Ärzte gemeint: etwa Bernhard Meyer (1767–1836), der ehemalige Leibarzt der Landgräfin von Hessen, der nun in Offenbach eine Apotheke unterhielt, Johann Konrad Varrentrapp (1779–1860), von 1814 bis 1852 einflußreicher Vorsitzender der Stiftungsadministration, Salomo Friedrich Stiebel (1792–1868), seit 1815 Arzt am jüdischen Fremdenhospital, oder schließlich Johann Georg Neuburg (1757–1830), der – als Sohn eines Schutzjuden 1791 zum Protestantismus übergetreten – seit 1815 in der Stiftungsadministration tätig war und in den 1820er Jahren als Erster Direktor der Senckenbergischen Naturforschenden Gesellschaft die Geschicke des jungen Vereins lenkte. An ihm hatten ebenso Fachleute wie der Apotheker Johann Kaspar Stein (1776–1824) oder der Stiftsbotaniker Johannes Becker (1769–1833), aber auch Handwerker wie der Schneidermeister Johann Christoph Fritz (1781–1835) oder der Glasermeister Johann Georg Bloß (1787–1820) teil, der bereits als Schüler gemeinsam mit Cretzschmar einer ungezwungenen Vereinigung naturhistorischer Freunde angehört hatte. Das Ideal einer ‚klassenlosen Bürgergesellschaft' (Lothar Gall), die ihre Koordinaten nicht mehr an Geburt und Stand, sondern an einem gemeinsamen Bildungswissen ausrichtete, schien bei der Gründung der Senckenbergischen Naturforschenden Gesellschaft im November 1817 durchaus erreichbar.

Das geteilte Wissen – die Kommunikation zunächst einmal *innerhalb* des Vereins – erwies sich als integrierendes Moment. Das dichte Netz von Vereinen, deren Mitglieder durch Doppel- und Mehrfachmitgliedschaften nicht selten identisch waren, griff den sozialen Wandel, wie ihn Frankfurt seit dem ausklingenden 18. Jahrhundert erfahren hatte, auf und richtete ihn zugleich auf Fragen der Bildung, in unserem Fall auf Fragen der Naturkunde.[151] Den neuen Menschen zu bilden und damit die neue Gesellschaft mitzugestalten – darin lag der fortschrittliche Anspruch des Vereins, darin lag sein geradezu revolutionäres Selbstverständnis. Und man hat dieses Selbstverständnis laut und vernehmlich artikuliert.

„Der Zeitgeist", so hat es die Direktion der Senckenbergischen Naturforschenden Gesellschaft etwa in ihrem Aufruf zur Unterstützung eines Museumsbaues 1818 gedeutet, schreite „bildend vorwärts".[152] Die Fabel sei gestorben, „das Licht der Wahrheit" beleuchte die Natur „in ihrem Wesen und ihren Formen". Verpflichtet fühlte sich der Verein – und darin lag ein Seitenhieb auf manch fürstliche Wunderkammer – der „Beförderung des öffentlichen Unterrichtes". Man wollte nicht eine Naturaliensammlung anhäufen, die von der „Laune einer Liebhaberey" abhing, sondern – im aufgeklärten Sinne – Wissenschaft betreiben, um der Bildung zu dienen, der Bildung des Individuums wie der Allgemeinheit. Was die Gesellschaft einte, war ihr „gemeinschaftlicher Durst nach Wissen".[153] Und die Vergemeinschaftung, die sich in solchen Wendungen artikulierte, bezog sich nicht nur auf die Arbeit im wissenschaftlichen Verein, sondern darüber hinaus immer auch auf die Organisation des größeren Ganzen, der bürgerlichen Gesellschaft. Daß die „Kraft des Einzelnen"

151 Zum Frankfurter Vereinsnetz ausführlich Roth: Stadt und Bürgertum (wie Anm. 132), Kap. II.
152 *Aufruf*, Frankfurt/M., 18.2.1818. SNG Archiv Bd. 47, Nr. 1. – Dort auch die folgenden Zitate.
153 SNG an Senat, Frankfurt/M., 18.5.1818 [Konzept]. SNG Archiv Bd. 2, Nr. 10.

nirgends weit reiche, während „die Anstrengungen mehrerer in einem Brennpuncte gesammelt", leicht die größten Schwierigkeiten überwänden[154], durfte so beinahe als Credo der bürgerlichen Welt gelten.

Es wurde auch in der Festrede anläßlich der Vereinsfeier 1823 gesprochen, die eine Bürgeridylle entwarf, in der sich die Forscher „als Freunde die Hände reichen, um durch gleich anfängliche Vertheilung der Arbeiten, durch Vereinigung der Mittel und durch wechselseitige Ergänzung und Belehrung – nicht nur den Nachtheilen der Vereinzelung vorzubeugen, sondern alle Vortheile der Gemeinsamung [!] zu erzielen."[155] Das war nicht nur die übliche Freundschaftsrhetorik, wie sie etwa Freimaurerlogen pflegten[156], sondern zielte auf die Stadt als Bürgergemeinde, und zwar ganz konkret auf die Stadt Frankfurt am Main. Das integrative Potential des Bildungswissens, das die bürgerliche Identität prägte, entfaltete freilich auch Mechanismen der Abgrenzung. Wendeten sie sich im weiteren Verlauf des 19. Jahrhunderts nicht selten gegen die nachrückenden, unterbürgerlichen Schichten, so richteten sie sich 1823 noch ganz gegen die höfische Welt des Ancien Régime. „Während sonst, und an anderen Orten zum Theil noch jetzt, die Anstalten zum Genuß von Natur- u. Kunstwerken, von der Laune seltener Fürsten und der zufälligen Gunst einzelner Minister abhängig waren", so polemisierte der Festredner gegen fürstliche Sammlungen, hätten „die hiesigen Anstalten ihren Ursprung und die Gewähr ihrer Fortdauer in der hier allgemeinen verbreiteten höheren Bildung und dem einheimischen Sinn für Gemeinwohl."[157] Das hieß nun freilich – und hier wurde die Grenze vom Ideal zur Ideologie überschritten: Naturhistorische Museen *dienten* nicht nur der allgemeinen Bildung, sondern sie waren zuallererst auch ihr Produkt, waren gleichsam ein Ausweis der bürgerlichen Welt und ihrer Gesittung. In dieser Perspektive *mußten* Museen gewissermaßen bürgerliche Einrichtungen sein – oder sie verfehlten ihren eigentlichen Zweck. Dieser aber bestand, so wurde es dem Festpublikum 1823 vor Augen gestellt, in der „Versöhnung aller der bisher in der Geschichte sich bekämpfenden und verdrängenden Gegensätze".

Der bürgerliche Anspruch, den allgemeinen, gleichsam unständischen Stand zu verkörpern, hatte hier Besitz vom Museum ergriffen. Auf die *praktische Arbeit* in den Sammlungen hatte er allerdings nur bedingt Einfluß; hier waren es allenfalls finanzielle Faktoren, in denen sich Hof-, Universitäts- und Vereinsmuseen voneinander unterschieden. Entscheidenden Einfluß aber hatte dieser Anspruch auf die *Selbstdarstellung* der bürgerlichen Museen. Schon sei „überall in deutschen Landen", so hieß es etwa in einer Eingabe der Senckenbergischen Naturforschenden Gesellschaft an den Frankfurter Senat 1818, für die Naturwissenschaften „die Morgenröthe eines besseren Tages angebrochen": Er sehe „Fürsten und Privatpersonen wetteifern".[158] Der Kampf um die rechte Ordnung der Gesellschaft wurde so auch in der wissenschaftlichen Auseinandersetzung ausgefochten. Wie wichtig für „das Gemeinwesen eine reiche Naturaliensammlung und ein naturforschender Gelehrten-Verein

154 Ebd.

155 *Ueber die Verhältnisse der Philosophie zur Naturgeschichte von Dr. Carove*, Frankfurt/M., 8.2.1823. SNG Archiv Bd. 23, Nr. 5.

156 Dazu St.-L. Hoffmann: Freimaurerlogen in der deutschen Bürgergesellschaft 1840–1918. Göttingen 2000, S. 48–75.

157 *Ueber die Verhältnisse der* (wie Anm. 155). SNG Archiv Bd. 23, Nr. 5. – Dort auch die folgenden Zitate.

158 SNG an Senat, Frankfurt/M., 18.5.1818 [Konzept]. SNG Archiv Bd. 2, Nr. 10.

seyen“, so hieß es in einer weiteren Eingabe an den Senat 1824, bezeuge schon „der hohe Werth welchen die cultivirten Staaten darauf legen, Anstalten dieser Art zu gründen“.[159]

Die neue museale Praxis wurde so zum Inbegriff der Kultur überhöht – und sie blieb es das gesamte Jahrhundert über. Welches Gesicht aber hatte diese Praxis, die sich ja von Verein zu Verein, von Stadt zu Stadt nicht unwesentlich voneinander unterschied, nun in der Senckenbergischen Naturforschenden Gesellschaft? Der Frankfurter Verein wählte hier einen durchaus typischen Weg, der das Wissen vom einzelnen über den Verein bis in die Gesamtgesellschaft hinein transportieren wollte. Zunächst sollte das naturkundliche Wissen, wie Johann Jakob Buch (1778–1851) in seinem „Vorschlag zur Förderung der Wissenschaftlichen Zwecke der Gesellschaft“ 1820 ausführte, innerhalb der arbeitenden Mitglieder der Gesellschaft zirkulieren, nämlich durch gemeinsame Sitzungen, durch regelmäßige Präsentationen neuer Objekte. Das Ziel dieser Kommunikation war es, „durch schriftliche oder mündliche Vorträge, Mittheilungen, Bemerkungen pp. uns wechselseitig in unseren Forschungen zu ergaentzen, zu berichthigen und zu neuer Thätigkeit anzuregen.“[160] Was sich in diesen Worten andeutete, war nichts Geringeres als die Einrichtung von Wissenschaft als kreativem Prozeß – zunächst innerhalb, dann aber auch außerhalb eines Vereins, der bald im regen Austausch mit gelehrten Gesellschaften des In- und Auslandes stand.

Das schöne Wort von der allgemeinen Bildung brachte ein Phänomen auf den Punkt, das längst außerordentlich komplex geworden war. Das Wissen von der Natur, das sich als integraler Bestandteil des bürgerlichen Bildungskanons verstehen durfte, war ebenso vielschichtig wie wandelbar – wobei die Wandlungsprozesse in den über lange Zeit hinweg statisch anmutenden Museumspräsentationen vielen Außenstehenden eher verborgen blieben. Im Inneren, in der täglichen Arbeit in der Sammlung, war dieses Wissen freilich unablässig im Fluß. Auch deshalb bedurfte die Arbeit der Teilung. Die Spezialisierung, die die Entwicklung der Naturkunde im 19. Jahrhundert prägte, erforderte geradezu eine Trennung in einzelne Fachgebiete. Tatsächlich gingen die Frankfurter Amateurforscher schon zu Beginn der 1820er Jahre daran, nach den Interessen und Vorlieben der Mitglieder bestimmte Sektionen einzurichten und die Aufgaben entsprechend zu verteilen: So hielt etwa Hofrat Meyer wöchentlich zwei Vorlesungen über Ornithologie, Schneidermeister Fritz stopfte Vögel aus, Oberleutnant von Heyden kümmerte sich um die entomologische Sammlung.[161] Anfang 1822 hatten sich fünf Sektionen für Zoologie, vergleichende Anatomie, Botanik, Mineralogie sowie Physik und Chemie gebildet. Schon im gleichen Jahr mußte darauf gedrängt werden, Kataloge und Journale einzurichten, da sich durch Tausch, Schenkungen und Ankäufe „fast täglich“ die Sammlungen vermehrten.[162] Kurzum: Die Arbeit des Vereins war spezialisiert noch vor aller Professionalisierung.

Zur erfolgreichen Arbeit bedurfte es freilich nicht nur des Expertenwissens, sondern einer sicheren Finanzierung. An eine städtische Unterstützung war dabei kaum zu denken.

159 SNG an Senat, Frankfurt/M., 17.12.1824 [Konzept]. SNG Archiv Bd. 20, Nr. 8.

160 *Vorschlag zur Förderung der Wissenschaftlichen Zwecke der Gesellschaft vom ordentlichen Mitglied Dr. Buch*, Frankfurt/M., 11.8.1820. SNG Archiv Bd. 23, Nr. 4.

161 Cretzschmar an Stiftungsadministration, Frankfurt/M., September 1817. – Abgedr. in: *Die Jahrhundertfeier* (wie Anm. 140), S. 26–32.

162 *Zweyter Jahresbericht des ständigen Ausschusses an die allgemeine Versammlung der Senkenbergischen [!] naturforschenden Gesellschaft [erstattet von Dr. Mappes]*. SNG Archiv Bd. 37, Nr. 4. – Dazu Schäfer (wie Anm. 131), S. 21–29.

Auch wenn die Senckenbergische Naturforschende Gesellschaft in ihrer Eingabe an den Frankfurter Senat vom 18. Mai 1818 die Nützlichkeit ihrer Tätigkeit für die „Erweiterung menschlicher Kenntnisse“ hervorkehrte – in seiner Antwort sprach der Senat zwar die besten Glückwünsche aus, blieb aber ansonsten passiv.[163] Und das entsprach durchaus den Spielregeln der Bürgergesellschaft, die ihre Dinge selbst regeln – und selbst finanzieren wollte. Allerdings: Man suchte aus diesem Autonomiedenken keine Ideologie zu machen. Auch die Leistungsfähigkeit der bürgerlichen Gesellschaft hatte ihre Grenzen, und das Frankfurter Bürgertum kannte sie genau. Als sich die Senckenbergische Naturforschende Gesellschaft wegen einer möglichen Honorierung von Vorlesungen in Höhe von 1.500 Gulden jährlich 1825 abermals an den Senat wandte, befand Johann Georg Neuburg, der Erste Direktor, es sei mit Blick auf den Ertrag der Naturforschung keine Frage, daß es dem Staat geradezu zur Pflicht werde, dem, „was sich in ihm kräftig gestaltet [...] diejenige Consistenz zu geben, die ihm der beste Wille der vereinzelten nicht geben kann.“[164] Wie viel, so seufzte er, werde nicht in manchem Staat für „bloße nutzenlose Unterhaltung geleistet, wie viel für mittelmäßige Kunst.“ Warum sollte „so oft das gediegene, höhere, in alle Lebensverhältnisse eingreifende Wissen jenen nachstehen?“ Auch wenn das Wissen in diesem Fall einmal nicht ‚nachstand‘ – der Frankfurter Senat bewilligte das Geld –, so war die städtische Beteiligung für den Verein doch immer nur ein Zuschuß. Und bezeichnend ist, daß die Vorlesungen der Gesellschaft seit den 1850er Jahren durch die Erträge einer privaten Stiftung finanziert wurden.[165]

Für den Frankfurter Verein bedurfte es der Gewinnung eines kapitalstarken Mitgliederstammes und das hieß: des Engagements von Groß- und Handelsbürgern.[166] Kein Wunder also, daß man größten Wert darauf legte, daß 1818 niemand anderes als Simon Moritz von Bethmann (1768–1826) die Subskriptionsliste für den ersten Museumsbau anführte.[167] Allerdings blieben die Mitsprachemöglichkeiten solcher außerordentlicher Mitglieder begrenzt. Da sich die Senckenbergische Naturforschende Gesellschaft nicht nach Vermögen und Besitz, sondern nach Wissen gliederte, waren bereits 1817 unterschiedliche ‚Klassen‘ von Mitgliedern eingeführt worden. „Diejenigen Mitglieder, welche sich vorzugsweise mit der inneren Verwaltung der Gesellschaft und eben deßwegen mit den vorkommenden Arbeiten der verschiedenen Fächer beschäftigen und also würkliche Naturforscher sind“, so ver-

163 SNG an Senat, Frankfurt/M., 18.5.1818. SNG Archiv Bd. 2, Nr. 10. – Als Antwort hierauf diente der Protokollauszug des Engeren Rats, Frankfurt/M., 23.5.1818. SNG Archiv Bd. 2, Nr. 14. – Dennoch gewährte man städtischerseits Vergünstigungen. So wurde Johann Christoph Fritz durch das Forstamt die Vogeljagd auch außerhalb der regulären Jagdzeit erlaubt. Vgl. Sitzungsprotokoll, 10.8.1819. SNG Archiv Bd. 2, Nr. 34.

164 *Vortrag von Dr. Neuburg am 1. Mai 1825*. SNG Archiv Bd. 37, Nr. 17. – Dort auch die folgenden Zitate.

165 Vgl. Kramer (wie Anm. 131), S. 304. – Dazu auch unten Kap. IV.5.

166 Hierzu vergleichend K. Möckl: Wirtschaftsbürgertum in den deutschen Staaten im 19. und beginnenden 20. Jahrhundert. München 1996.

167 Vgl. SNG Archiv Bd. 47, Nr. 1. – Bethmann wurde daraufhin zum ersten Ehrenmitglied ernannt. SNG an Bethmann, Frankfurt/M., 6.8.1818 [Konzept]. SNG Archiv Bd. 2, Nr. 19. – Zu Person und Werk ausführlich W. Forstmann: Simon Moritz von Bethmann 1768–1826. Frankfurt/M. 1973. – Eine Kurzfassung bietet Ders.: Simon Moritz von Bethmann – Ein Bankier macht Politik. In: Frankfurt am Main und seine großen Persönlichkeiten. Frankfurt/M., Bern, New York 1986, S. 36–47. – Speziell zu Bethmanns Engagement für die SNG immer noch G. L. Kriegk: Geschichte von Frankfurt am Main in ausgewählten Darstellungen. Frankfurt/M. 1871, S. 532f.

merkte das Vereinsprotokoll, „führen den Nahmen: Ordentliche Mitglieder".[168] Alle übrigen galten als außerordentliche Mitglieder. Hinzu kamen noch die korrespondierenden Mitglieder.[169]

Eine solche Hierarchie konnte auf Dauer nicht unwidersprochen bleiben. Bereits der 1819/20 eingerichtete *Neunerausschuß* hatte so über Fragen der Vereinsorganisation zu beraten.[170] Je mehr die Sammlungen jedoch wuchsen, je höher die Summen wurden, die von außerordentlichen Mitgliedern für den Bau und die Erweiterung des Senckenberg-Museums aufgebracht werden mußten, desto schärfer wurde der Ton in der Gesellschaft. Tatsächlich ließe sich anhand der mehrfach revidierten Statuten leicht eine kleine Konfliktgeschichte des *Senckenbergianums* schreiben.[171] Einen Höhepunkt markiert hier die Krise des Jahres 1840/41.

Der Konflikt nahm seinen Ausgang von jenen 1.500 Gulden, die der Senat der Freien Reichsstadt dem Verein, wie erwähnt, seit Mitte der 1820er Jahre bewilligt hatte. Seither waren sie – wie ja auch beabsichtigt – zur Honorierung der Vorlesungen verwendet worden, die Philipp Jakob Cretzschmar wöchentlich über Gegenstände der Naturgeschichte hielt.[172] Für Cretzschmar, der über kein nennenswertes Privatvermögen verfügte, war dieses Honorar darüber hinaus aber auch eine willkommene und offensichtlich dringend erforderliche Aufwandsentschädigung. Gegen eine solche Vergütungspraxis wandte sich nun kein geringerer als Eduard Rüppell (1794–1884), der Mann, dem das Senckenberg-Museum seinen raschen Aufstieg in den 1820er und 30er Jahren maßgeblich verdankte und der in vielerlei Hinsicht das genaue Gegenbild zu Cretzschmar war.[173]

Rüppell hatte nach dem Tod seines Vaters den Kaufmannsberuf ergreifen müssen, Lehrjahre in der Schweiz, in Frankreich und England verbracht und war schließlich 1816 in ein Handelshaus in Livorno eingetreten. Nach einem geschäftlichen Aufenthalt in Ägypten 1817 faßte er den Entschluß zu einer großen Forschungsexpedition, zu der er – nach Vorbereitungen auf der Universität Pavia (1818–1821) – in der Neujahrsnacht 1821/22 aufbrach. Die Reise führte ihn über fünf Jahre – der bereits klassischen Route folgend – durch das gesamte nördliche Arabien, durch Nubien und Kordofan bis an die Grenzen des damaligen Abessinien. Von der Ausbeute dieser Reise wie auch seiner zweiten Expedition, in der er von 1831 bis 1834 das abessinische Hochland erkundete, profitierte allein die Senckenbergische Naturforschende Gesellschaft. Rüppells afrikanischen Sendungen vor allem verdankte das Museum den raschen Aufstieg.

Um so kritischer verfolgte Rüppell nun das Verhalten der Vereinsdirektion, die sich zum Teil seit 1817 ununterbrochen im Amt befand. Angesichts der angespannten finanziellen Lage des Museums erbot sich Rüppell, die Vorlesungen fortan selbst, und zwar kostenlos zu

---

168 Protokoll der SNG v. 3.12.1817. SNG Archiv Bd. 2, Nr. 4.

169 Ernennungsurkunden für den Zeitraum von 1817 bis 1867 in SNG Archiv Bd. 26.

170 Protokoll der SNG v. 29.12.1819 sowie v. 12.1.1820. SNG Archiv Bd. 2, Nr. 36f.

171 So wurden die Statuten 1819, 1821, 1840, 1858, 1867 revidiert. Vgl. *Statuten der Senckenbergischen naturforschenden Gesellschaft zu Frankfurt/M.* Frankfurt/M. [1867].

172 Vgl. Kramer (wie Anm. 131), S. 237.

173 Zu ihm R. Mertens: Eduard Rüppell. Frankfurt/M. 1949. – Zur ersten Information W. Klausewitz: Eduard Rüppell. In: Biographien (wie Anm. 139), S. 265–270. – Rüppells afrikanische Erlebnisse wurden einer breiteren Öffentlichkeit durch seinen umfangreichen Reisebericht bekannt. Vgl. E. Rüppell: Reise in Abyssinien. Bd. 1–2. Frankfurt/M. 1838–40.

halten, um so die 1.500 Gulden zur Tilgung der Hypotheken verwenden zu können, die auf der Gesellschaft lasteten.[174] Darüber hinaus verlangte er – gemeinsam mit Hermann von Meyer (1801–1869) – im Oktober 1840 eine außerordentliche Versammlung der Ehrenmitglieder, um die Statuten so abzuändern, daß künftig – Cretzschmar war zweiter Direktor – kein Mitglied der Gesellschaft, „welcher Klasse er sey", für „Dienstleistungen irgend einer Art oder für Vorträge oder als Lehrer Bezahlung" erhalte.[175] Die von den wirklichen Mitgliedern daraufhin eingesetzte Untersuchungskommission sprach in ihrem Bericht vom 8. Oktober 1840 allerdings die Empfehlung aus, die Vorlesungen weiterhin zu vergüten, „weil nur dann die Gesellschaft das Recht hat, über das was, wann und wieviel Bestimmungen zu geben."[176] Gleichzeitig sollte indes der Grundsatz in den Statuten verankert werden, daß der mit den Vorlesungen betraute Lehrer der Naturgeschichte nicht gleichzeitig Direktor, Sekretär oder Kassierer sein dürfe, „indem Niemand sich selbst controlieren" könne. An dieser Empfehlung hatte auch Cretzschmars ausführlicher Rechtfertigungsbericht nichts zu ändern vermocht.[177] Mittlerweile eskalierte der Streit zwischen Rüppell und Cretzschmar, der die Gesellschaft zu spalten drohte, bereits in den „Spalten weitverbreiteter politischer Blätter".[178] Um weiterem Zwist aus dem Wege zu gehen, beschlossen die wirklichen Mitglieder am 9. Dezember 1840 die von der Untersuchungskommission vorgeschlagene Statutenänderung.

Wer nun freilich geglaubt hatte, die Sache sei damit erledigt, war auf dem Holzweg gewesen. Der Konflikt nahm noch viel größere Ausmaße an, da nun die Ehrenmitglieder reklamierten, bei der beschlossenen Satzungsänderung übergangen worden zu sein. Damit weitete sich die Auseinandersetzung zwischen Rüppell, Cretzschmar und der Direktion zu einem Konflikt aus, in dem es – wie bereits ein zeitgenössischer Beobachter bemerkte – um das „unnatürliche beinahe lächerliche Verhältniß von Ehren- und arbeitenden Mitgliedern" ging.[179] Tatsächlich legten 120 namhafte Ehrenmitglieder im Januar 1841 Protest gegen die vorgenommene Statutenänderung ein.[180] Erst auf einer hitzigen Generalversammlung Ende Januar 1841 konnte die Situation entschärft werden, indem die Ehrenmitglieder den wirklichen Mitgliedern hinsichtlich der Verwaltung, der Finanzen und des Eigentums gleichgestellt wurden.[181]

Das Ergebnis war eindeutig. Wenn nicht Stand, Vermögen oder Ansehen, sondern allein das Wissen den Verein strukturieren sollte, so durfte dieses Kriterium nur auf solche Dinge angewendet werden, die im engen inhaltlichen Zusammenhang mit Fragen der Naturkunde standen. Besitz und Bildung wollten ins Verhältnis gesetzt werden – und dies gelang auch. Wohlwollen und Tatkraft des vermögenden Handelsbürgertums blieben dem Verein – von

---

174 Rüppell an SNG, Frankfurt/M., 4.10.1840. SNG Archiv Bd. 46, Nr. 14. – Dazu und zum folgenden Kramer (wie Anm. 131), S. 271–281.

175 Meyer an SNG, Frankfurt/M., 6.10.1840. SNG Archiv Bd. 46, Nr. 15.

176 Kommissionsbericht, Frankfurt/M., 8.10.1840. SNG Archiv Bd. 46.

177 *Bericht über meine ursprüngliche Beziehung zu der seit 15 Jahren von mir bekleideten Anstellung als Lehrer der Naturgeschichte am Museum der Senkenbergischen* [!] *naturforschenden Gesellschaft von med. Dr. Cretzschmar.* SNG Archiv Bd. 46, Nr. 17.

178 Beilage zum „Frankfurter Journal" v. 31.10.1840.

179 Fresenius an Lorey, Frankfurt/M., 2.2.1841. SNG Archiv Bd. 46, Nr. 43.

180 *Protestation* v. 26.1.1841. SNG Archiv Bd. 46, Nr. 48.

181 Dazu Protokoll der Generalversammlung der SNG v. 30.1.1841. SNG Archiv Bd. 15.

gelegentlichen Schwankungen abgesehen – über das gesamte 19. Jahrhundert erhalten. Der Einfluß adeliger Mitglieder fiel hingegen, trotz der guten Beziehungen zu Prinz Maximilian zu Wied-Neuwied oder zu Fürst Otto Friedrich zu Isenburg und Büdingen, kaum ins Gewicht.[182] In religiöser Hinsicht erwies sich die Senckenbergische Naturforschende Gesellschaft als ausgesprochen integrativ, ja, sie verdankte ihr Wachstum insbesondere einer von Beginn an spürbaren jüdischen Beteiligung.[183] Männer wie Rudolf von Goldschmidt-Rothschild, Albert von Reinach (1842–1905)[184] oder Arthur von Weinberg (1860–1943)[185] sind aufgrund ihrer Schenkungen und Stiftungen untrennbar mit der Blüte des Senckenberg-Museums im letzten Jahrhundertdrittel verbunden. Bereits lange vor ihrer rechtlichen Gleichstellung 1864 jedoch waren Juden Teil dieses naturwissenschaftlichen Vereins – und insofern der bürgerlichen Gesellschaft *in nuce*.[186] Das galt etwa für den Arzt Salomon Stiebel ebenso wie für die Rothschilds, deren Familiennetz man gerne bei komplizierten Naturalientransporten in Anspruch nahm.[187]

Insgesamt etablierte sich die Senckenbergische Naturforschende Gesellschaft als ein Ort, an dem der Austausch des Wissens ohne Ansehen der sozialen Stellung vonstatten gehen konnte. Für das Gelingen dieser Kommunikation gibt es kaum ein schöneres Zeugnis als die Bearbeitung des Gogel'schen Konchylienkabinetts, einer wichtigen Schenkung aus der Frühzeit des Museums, die durch den Schneidermeister Fritz erfolgte, „unter Mitwirkung", wie es hieß, Carl von Heydens, des späteren Bürgermeisters.[188] Freilich: Die Arbeit in der Sammlung hatte ihre Grenzen, auch wenn sie mehr praktischer als sozialer Natur waren. Je mehr Objekte im Museum eintrafen, desto prekärer erschien die Situation: Frachtkosten und Zölle machten selbst Geschenke zu kostspieligen Objekten.[189] Und auf einem ganz anderen Blatt stand noch dazu die wissenschaftliche Bearbeitung dieser Gaben. Die helfenden Hände, die allesamt Amateuren gehörten, waren vielfach überfordert. Ganze Sendungen mußten unbestimmt in Lagerräumen untergebracht werden, wo sie nicht selten verdarben.

---

182 Zu den genannten Adeligen vgl. Kramer (wie Anm. 131), S. 217 u. 223. – In diesem Zusammenhang aufschlußreich L. Gall: Adel, Verein und städtisches Bürgertum. In: Adel und Bürgertum in Deutschland 1770–1848. München 1994, S. 29–43.
183 Zur Geschichte der Frankfurter Juden vgl. P. Arnsberg: Die Geschichte der Frankfurter Juden seit der Französischen Revolution. Bd. 1–3. Darmstadt 1983. – Aus der Perspektive der Bürgertumsforschung A. Hopp: Jüdisches Bürgertum in Frankfurt am Main im 19. Jahrhundert. Stuttgart 1997 (S. 275 knapp zur Bildungsbedeutsamkeit des Museumsbesuchs). – Vgl. auch Dies.: Zur Konstituierung des Frankfurter jüdischen Bürgertums im 19. Jahrhundert. In: Archiv für Frankfurts Geschichte und Kunst 64 (1998), S. 125–142. – Nützlich in diesem Zusammenhang auch A. Gotzmann, R. Liedtke u. T. v. Rahden (Hrsg.): Juden, Bürger, Deutsche. Tübingen 2001.
184 Zu ihm W. Struve: Albert von Reinach. In: Biographien (wie Anm. 139), S. 300–308.
185 Zu ihm C. Klems: Arthur von Weinberg. In: Ebd., S. 400f. – Zum mäzenatischen Handeln Reinachs und Weinbergs vgl. auch Arnsberg (wie Anm. 183), Bd. 2, S. 359–362 u. 519f. – In diesem Zusammenhang vgl. auch A. Lustiger (Hrsg.): Jüdische Stiftungen in Frankfurt am Main. Frankfurt/M. 1988.
186 Zum Hintergrund Hopp: Konstituierung (wie Anm. 183), S. 138-142, bes. S. 141. – Zu Spannungen anläßlich Rüppells Festrede des Jahres 1858 vgl. unten Kap. IV.5.
187 Vgl. Kap. III.1. – Der langjährige erste Direktor Johann Georg [eigentl. Simon] Neuburg war bereits 1791 zum evangelischen Glauben konvertiert. Vgl. Arnsberg (wie Anm. 183), Bd. 2, S. 319. – Irreführende Hinweise zu Neuburgs Konfession bei Roth: Vereinswesen (wie Anm. 133), S. 168.
188 Mappes (wie Anm. 149), S. 38.
189 Vgl. Kramer (wie Anm. 131), S. 226.

Eduard Rüppell, der hieran nicht unbeteiligt war, hat diese Tendenz bereits im Jahre 1829 sehr klar benannt – den arbeitenden Mitgliedern aber rasch einen Vorwurf daraus gemacht. Nichts weiter als paradox, so Rüppell, sei die Behauptung, seine reichen Sendungen aus Afrika hätten der Naturforschenden Gesellschaft mehr geschadet als genutzt. In Wahrheit – und das war ein hartes, aber wohl nicht ganz unangebrachtes Urteil über die Senckenbergische Naturforschende Gesellschaft – sei die „reine naturwissenschaftliche Liebe [...] noch nicht einheimisch in den verschiedenen Mitgliedern dieses Vereins [gewesen]: sehr wenige waren da, die wirklich Lust hatten irgend einen Zweig der Naturgeschichte gründlich zu studieren. Neugier war es, welche die meisten anreitzte; ausserhalb fand man nur Interesse daran die neu eingesendeten Gegenstände zu beschauen, zu durchwühlen, dann ließ man sie sorglos liegen."[190] Da die Gesellschaft „blos ein durch Dilettanten gebildeter Verein" sei, so könne man freilich auch nicht erwarten, „daß einzelne Männer, welche das Studium der Naturgeschichte meist nur als Erholung betreiben können, mehrere Zweige dieser ausgebreiteten Wissenschaft gleichzeitig" verstünden. Um Abhilfe zu schaffen, hatte man Sektionen gebildet. Was aber war der Erfolg gewesen? Für die Säugetiere, so Rüppell 1829, gelte, „daß sehr viele derselben ohne Etiquetten des Namen – alle ohne Angabe des Vaterlands aufgestellt sind. Was für ein Vorrath von Doubletten vorhanden ist, davon weiß in der Gesellschaft niemand nichts!" Auch die „armen Fische" stünden „ganz verwaist da". Und das gleiche gelte für die „nicht minder unglückliche Conchilien- und Mollusken-Sammlung".

Rüppells Suada beschrieb nichts als die Wirklichkeit. Nicht anders sah die Wirklichkeit aber auch in den Naturhistorischen Museen in Karlsruhe, Berlin und vielen weiteren Städten aus. Daß es an Katalogen fehlte, der Raum nicht ausreichte, die Ordnung problematisch wurde, war nicht allein die Schuld der Dilettanten. Gleichwohl geriet gerade eine Vereinssammlung wie das Frankfurter Senckenberg-Museum durch die ungeheuren Mengen an erstklassigen Naturalien, die seit Mitte des Jahrhunderts auf den Markt und damit in den Umlauf kamen, in ernste Schwierigkeiten. Das Modell einer partizipatorischen Kultur des Wissens, das in überschaubaren Zusammenhängen seine Funktionstüchtigkeit erwiesen hatte, geriet angesichts professioneller Konkurrenz an gewisse Grenzen. In seiner Festrede 1867 benannte Friedrich Adolf Scharff (1812–1881) diese Mängel in aller Deutlichkeit: Es fehle an der wissenschaftlicher Auswertung des Materials, es fehle an Koordination und Führung.[191] Für den Dilettanten sei das Museum längst zu groß geworden. Zu vieles bleibe liegen. Was liegenbleibe, verfalle. Und was verfalle, könne dem Publikum nicht mehr nutzen.

Das Publikum wiederum erwartete seit den 1870er Jahren – auch Frankfurt sonnte sich im Talmiglanz des Kaiserreichs – eine neue, anschauliche Inszenierung. Bildung drohte nun zur bloßen Phrase, der Museumsbesuch zum habituellen Ereignis zu verkommen. Die Mitgliederzahlen der Senckenbergischen Naturforschenden Gesellschaft sanken.[192] 1877 klagte der Verein, ob man „allgemein oder wenigstens in denjenigen Kreisen, welche mit ihren

---

190 *Bemerkungen über die Senkenbergische [!] Naturforschende Gesellschaft bei Gelegenheit der von derselben benöthigten und geplanten Bauvergrößerung, von einem aufrichtigen Verehrer derselben* [E. Rüppell] [1829]. SNG Archiv Bd. 23, Nr. 12. – Dort auch die folgenden Zitate.

191 Vgl. Kramer (wie Anm. 131), S. 331f.

192 Vgl. die Zahlenangaben unten Kap. IV.1.

Gedanken und Bestrebungen über die Werkstatt und das Komptoir, über Erwerb und Unterhaltung hinausgehen", überhaupt wisse, „wie es mit dem *Senckenbergianum* bestellt ist?"[193] Wie es um das Senckenberg-Museum bestellt war, konnte jeder Besucher rasch erkennen: Das Haus häufte Objekte auf Objekte, ein geordneter Rundgang war nur schwer möglich, eine gezielte Inszenierung schon aus Platzgründen kaum zu realisieren. Diese Situation war typisch für viele Vereinsmuseen im letzten Drittel des 19. Jahrhunderts. Und typisch waren auch die Lösungsansätze: die Forderung nach Professionalisierung der Museumsarbeit und der Ruf nach einem Neubau. Die Professionalisierung wurde durch die Ernennung Fritz Römers (1866–1909) zum Kustos für Zoologie 1900 eingeleitet.[194] Der Neubau gestaltete sich schwieriger.

Schon in den 1890er Jahren war in der Senckenbergischen Naturforschenden Gesellschaft der Wunsch nach einem Museum laut geworden, das die Trennung von Schau- und Studiensammlung, wie sie seit den 1880er Jahren auch in Deutschland üblich wurde, durchführen und so ein Massenpublikum anziehen sollte. Die 1885 gegründete Museumskommission verfolgte die neueren Entwicklungen der Museumsarchitektur genau.[195] 1899 schließlich wurde ein Bauprogramm für ein repräsentatives Museum vorgelegt – mit einem „möglichst grosse[n] Ausstellungsraum für Säugetiere" im Erdgeschoß und einem „möglichst grosse[n] Saal für die Ausstellung von Vögeln, eventuell mit Galerie" im ersten Stock, „der auch bei Versammlungen als Repräsentations- und Festsaal benützt werden kann".[196] Nach dem Gutachten Paul Wallots (1841–1912), dem Erbauer des Reichstages, seit 1896 Professor an der Akademie in Dresden, war dieses Vorhaben jedoch auf dem Areal der Dr. Senckenbergischen Stiftung am Eschenheimer Tor, auf dem sich das Museum seit 1821 befand, aus Platzgründen nicht ausführbar. Dort, so Wallot, könne man nur so beengt bauen, „dass schließlich eine bequeme Circulation der Besucher in dem neuen Museum nach seinem Ausbau vollständig ausgeschlossen" sei.[197] Die Bequemlichkeit des Besuches aber war, anders als zu Beginn des Jahrhunderts, nun ein Kriterium, das nicht außer acht gelassen werden durfte – auch wenn die Senckenbergische Naturforschende Gesellschaft ihren Plan noch nicht fallen ließ, das Museum auf dem Stiftungsgelände zu errichten.

Ende Mai 1902 leitete die Gesellschaft eine Petition an die Frankfurter Stadtverordneten-Versammlung.[198] Die räumlichen Verhältnisse, so wurde darin betont, seien im Senckenberg-Museum noch so wie vor sechzig Jahren, während doch die Sammlungen stets gewachsen seien. Noch dazu seien „ganz neue Aufgaben, welche der gewaltige Aufschwung der Naturwissenschaften während der beiden letzten Menschenalter gestellt hat", an die Gesellschaft herangetreten und hätten „eine Erweiterung ihrer Lehrtätigkeit [...] notwendig gemacht". Eine Lösung der Baufrage sei nun um so dringender, als durch Spenden aus der

193 [Anonym:] *Ueber das Senckenbergianum zu Frankfurt/M.* In: „Stadt-Anzeiger und Fremdenblatt" v. 28.2.1877.

194 Zu ihm C. Klems: Fritz Römer. In: Biographien (wie Anm. 139), S. 401–403.

195 Die Protokolle der Museumskommission in SNG Archiv Bd. 51.

196 Programm [1899]. IfStG Frankfurt/M., Dr. Senckenbergische Stiftung 2. – Zum folgenden Kramer (wie Anm. 131), S. 377–400.

197 Knoblauch an Dr. Senckenbergische Stiftung, Frankfurt/M., 6.6.1900. IfStG Frankfurt/M., Dr. Senckenbergische Stiftung 2.

198 *Vorstellung der Senckenbergischen Naturforschenden Gesellschaft betr. Errichtung eines Museums-Neubaues*, Frankfurt/M., 31.5.1902. IfStG Frankfurt/M., Dr. Senckenbergische Stiftung 2.

Bürgerschaft bereits rund 360.000 Mark aufgebracht worden seien. Es war Franz Adickes (1846–1915), seit 1890 Oberbürgermeister von Frankfurt, ein geschickter Stadtplaner und kühler Stratege, der einen Ausweg skizzierte: Wenn die Dr. Senckenbergische Stiftungsadministration ihr Grundstück in der Innenstadt für 6,2 Millionen Mark an die Stadt verkaufe und die Senckenbergische Naturforschende Gesellschaft – als Entschädigung für ihr altes Museum – hiervon 800.000 Mark erhalte, so könne sie leicht ein neues Gebäude auf unbebautem Terrain errichten, und zwar an der Victoria-Allee an der Grenze vom Frankfurter Westend zu Bockenheim.[199]

Dieses Angebot erinnerte durchaus an den Neubau des Berliner Museums für Naturkunde an der Invalidenstraße. Wie die Ministerialverwaltung in Berlin, so hatte auch der Frankfurter Magistrat gleichsam ein modernes Zentrum der Wissenschaft konzipiert: Senckenberg-Museum, Senckenbergische Bibliothek und Physikalischer Verein sollten an der Victoria-Allee ein Ensemble bilden. Aber wie sich in Berlin die Museumsleitung zunächst gegen den Umzug gewehrt hatte, so meldete nun auch die Senckenbergische Naturforschende Gesellschaft Bedenken an: Die Verlagerung nach der „jetzigen Peripherie der westlichen Außenstadt“, so argumentierte sie, könne zu einer „schweren langen Übergangszeit“ führen, „in welcher das Intereße der Mitglieder erkalten, der Besuch des Museums und namentlich der regelmäßigen Vorlesungen [...] erschwert sein wird.“ Angesichts des verlockenden Angebots des Magistrats stimmten die Mitglieder der Senckenbergischen Naturforschenden Gesellschaft auf der entscheidenden Versammlung am 21. Februar 1903 jedoch schließlich einstimmig für den Umzug[200] und trafen damit – die Besucherzahlen sprachen eine deutliche Sprache – die richtige Entscheidung.[201] Das wesentliche Stichwort hatte dabei Moritz Schmidt-Metzler (1838–1907), der Vorsitzende der Dr. Senckenbergischen Stiftungsadministration, gegeben, der hellsichtig bemerkte, der Begriff der ‚Entfernung des Museums‘ sei etwas, „was mit der Zeit sehr abnimmt.“ Schließlich fahre die Trambahn „auf 150 Schritt daran vorbei“, und da die Tram ein Beförderungsmittel aller Klassen sei, habe man so die beste Gewähr für die breite öffentliche Beachtung des Museums.[202]

---

199 Dr. Senckenbergische Stiftungsadministration an SNG, Frankfurt/M., 5.2.1903 [Konzept]. IfStG Frankfurt/M., Dr. Senckenbergische Stiftung 2. – Die Summe von 800.000 Mark wurde in der Folge von der Dr. Senckenbergischen Stiftungsadministration verwaltet und kam in sechs Raten zwischen 1904 und 1906 zur Auszahlung. Vertrag zwischen der Stiftungsadministration und der SNG v. 18.8.1904 [Abschrift]. IfStG Frankfurt/M., Dr. Senckenbergische Stiftung 2. – Zum Hintergrund Jörg R. Köhler: Städtebau und Stadtpolitik im Wilhelminischen Frankfurt. Frankfurt/M. 1995, Kap. 5.

200 „Nun sagt man wieder: Ja, die reichen Leute können mit der Trambahn hinfahren, denn das kostet eine Masse Geld. Wenn Sie Sich [!] aber das Publikum ansehen, das in der Trambahn fährt, sind es Arbeiter, Köchinnen, natürlich auch andere Leute, aber vielfach recht arme, die schlichte Kleider anhaben. Und Sie können häufig beobachten, daß gerade diese Leute dem Schaffner noch 5 [Pfg.] Trinkgeld geben. Also die Zumutung 10 [Pfg.] für die Trambahn zu bezahlen, ist wirklich nicht so groß.“ *Auszug Protokolls der ordentlichen Generalversammlung der Senckenbergischen Naturforschenden Gesellschaft. Samstag, den 21. Februar 1903 Abends 6 Uhr im großen Hörsaal des Bibliotheksgebäudes.* IfStG Frankfurt/M., Dr. Senckenbergische Stiftung 2.

201 Vgl. unten Kap. II.3.3.

202 Jassoy an Stiftungsadministration, Frankfurt/M., 22.2.1903. IfStG Frankfurt/M., Dr. Senckenbergische Stiftung 2.

1907 wurde der Museumsneubau – wie die Oper ganz ein Werk des Frankfurter Bürgertums – feierlich eingeweiht.[203] Er war Ausdruck einer Kultur des Wissens, die als eine partizipatorische angelegt war, ohne daß sie diese Partizipation je im vollen Wortsinne hätte verwirklichen können. Hatte zunächst das Modell einer gleichsam bürgerlichen Akademie im Vordergrund der musealen Arbeit gestanden, die ganz auf gegenseitige, gleichberechtigte Belehrung gesetzt hatte, so führte die zunehmende Spezialisierung der Forschung seit der Jahrhundertmitte zu einem Professionalisierungszwang, der schließlich – durch die Anstellung besoldeter Museumsarbeiter – zur stellvertretenden Partizipation führte.

1.4. Das Städtische Museum für Natur-, Völker- und Handelskunde in Bremen

Das Bremer Museum für Natur-, Völker- und Handelskunde – im 20. Jahrhundert als „Übersee"-Museum bekannt geworden – bildet im Kontext der hier vorgestellten Museen in verschiedener Hinsicht eine Ausnahme.[204] Zum einen trat es im Grunde erst mit der Eröffnung eines eigenen Museumsbaus 1896 in das Bewußtsein der größeren Öffentlichkeit. Und zum anderen war es der Vertreter eines in der weitgefächerten deutschen Museumslandschaft allerdings nicht seltenen Museumstypus', nämlich des Mehrspartenhauses, das natur- und kulturhistorische Objekte zugleich ausstellte und gerade dieser reizvollen Mischperspektive wegen häufig innovative Inszenierungsstrategien erprobte.[205] Auch das Bremer Museum hatte seine Geschichte, und auch sie war entschieden mehr als eine *Vor*geschichte. Wie in Frankfurt am Main, waren in Bremen die Bedingungen für das Sammeln von Naturalien ausgesprochen günstig. Der bremische Handel – schon durch die geographische Lage der Stadt traditionell im überseeischen Import/Export-Geschäft engagiert – verfügte über ausgezeichnete Kontakte in alle Weltgegenden, vor allem nach Ostasien. Und von diesen Kontak-

---

203 SNG Archiv Nr. 135: Baukommission 1905–1907. – SNG Archiv 128: Schenkungen für den Museums-Neubau 1897–1899.

204 Zur Entlastung des Anmerkungsapparats sei für das folgende – wo nicht anders vermerkt – pauschal verwiesen auf H. Abel: Vom Raritätenkabinett zum Bremer Überseemuseum. Bremen 1970. – Vgl. auch Ders.: Beiträge zur Geschichte des Übersee-Museums I-II. In: Veröffentlichungen aus dem Übersee-Museum in Bremen 2 (1967), S. 19–124. – Ein komprimierter Abriß der Museumsgeschichte bei B. v. Briskorn: Zur Sammlungsgeschichte afrikanischer Ethnographica im Übersee-Museum Bremen 1841–1945. Bremen 2000, S. 50–64. – Vgl. auch J. Weissenborn: Das Städtische Museum in Bremen. In: Jb. der bremischen Sammlungen 1 (1908), S. 139–148. – Zum Bremer Bürgertum maßgeblich A. Schulz: Vormundschaft und Protektion. München 2002. – Vgl. auch Ders.: Das Bremer Bürgertum in der Umbruchszeit 1789–1818. In: Vom alten zum neuen Bürgertum (wie Anm. 8), S. 19–65. – Ders.: Hanseatisches Bürgertum im 19. Jahrhundert. In: HZ 259 (1994), S. 627–671. – Ders.: Kultur und Lebenswelt des Bremer Bürgertums zwischen Aufklärung und Vormärz (1780–1830). In: Klassizismus in Bremen, S. 52–57.

205 Kombinationen von Natur- und Völkerkunde existierten etwa im Naturhistorischen Museum Lübeck, im Königlichen Zoologischen, im Anthropologisch-Ethnographischen Museum in Dresden und im Reiss-Museum in Mannheim. – Auch das Großherzogliche Staatsmuseum in Darmstadt, seit 1820 im Schloß öffentlich zugänglich, verband die Naturaliensammlung sowohl mit einer Kunst- und Altertümersammlung als auch mit physikalischen und ethnologischen Objekten. Vgl. R. Krause: Zur Geschichte der zoologischen Abteilung des Hessischen Landesmuseums in Darmstadt 1795–1914. Darmstadt 1972. – Dazu auch *Das Darmstädter Landesmuseum von Alfred Messel*. Darmstadt 1987. – Zu den Mehrspartenhäusern überdies Köstering, S. 23f.

ten profitierte die museale Praxis – allerdings bezeichnenderweise verstärkt erst am Ende des Jahrhunderts. Wir kommen darauf zurück.

Der Grundstock des späteren Städtischen Museums ruhte in den Sammlungen des allgemeinbürgerlichen Vereins „Museum“, der 1776 zunächst als Physikalisch-ökonomische Lesegesellschaft gegründet worden war.[206] In ihr war, in einem zunächst auch zahlenmäßig durchaus exklusiven Sinne, bei entsprechenden Mitgliedsbeiträgen (die Aufnahmegebühr betrug 25 Taler, der Jahresbeitrag fünf Taler) die Elite Bremens versammelt: etwa der Kaufmann und spätere Ältermann Nicolaus Kulenkamp jr., wie sein Vater ein Liebhaber der Naturwissenschaften, der Jurist Johann Friedrich Gildemeister (1750–1812) oder sein Bruder, der Kaufmann Johann Gildemeister (1753–1837), der, frisch aus England zurückgekehrt, 1788 in den Senat berufen wurde und als ein Mann mit weitem Blick und praktischem Verstand gelten durfte.[207]

Arnold Wienholt (1749–1804) hat diese frühe Zeit der Gesellschaft, die zugleich für lange Jahre ihre wissenschaftlich fruchtbarste sein sollte, aus der eigenen Anschauung heraus beschrieben.[208] In seinem Rechenschaftsbericht, den Wienholt – einer der sechs Gründer des Vereins – in der Diktion einer hochgestimmten, aber keinesfalls unkritischen Bildungsseligkeit verfaßte, zeichnete er ein differenziertes Bild der Physikalischen Gesellschaft. Ihre *Verfassung und Gesetze* vom 15. Mai 1786 hatten gleich in den ersten Paragraphen den Zweck der Gesellschaft darin bestimmt, „daß ihre Mitglieder sich mit gemeinnützigen Kenntnissen aller Art, [...] besonders mit Kenntniß der Naturwissenschaft, Physik, Geschichte und mechanischer und bildender Künste beschäftigen, ihre Einsichten in dieselben einander mittheilen, und sich bey dieser Gelegenheit zugleich freundschaftlich unterhalten“.[209]

Was hier mit wenigen Worten umrissen wurde, war die aufklärerische Idee, inmitten der traditionalen Gesellschaft eine neue, durch Wissen getragene und regulierte Form der Vergemeinschaftung zu schaffen – wobei Belehrung und Unterhaltung, in einem nahezu klassischen Sinne, in eins gesetzt wurden. Wohl kam es dabei auf die jeweilige Gewichtung an, und diese Gewichtung war es denn auch, die sich im Laufe des anbrechenden Jahrhunderts nachhaltig verschieben sollte. Die ursprüngliche *Verfassung* des Vereins war in diesem Punkt ganz eindeutig gewesen und hatte kurzerhand bestimmt, daß im Haus der Gesellschaft „weder Bälle, Concerte oder Soupers, noch auch einigerley Würfel-, Karten- oder andere Spiele erlaubt“ seien.[210]

‚Unterhaltung‘ meinte – ganz im Sinne der protestantischen Tugendethik – hier denn auch vor allem (noch) die gehobene Konversation.[211] Eine solche Interpretation wußte sich im Einklang mit dem Programm der Aufklärung, durch Denken und Handeln „Fortschritte

206 Die wichtigste Quelle der frühen Zeit ist A. Wienholt: Geschichte des Museums in Bremen. In: Hanseatisches Magazin 2 (1799), S. 177–264. – Vgl. auch J. Achelis: Die Gesellschaft Museum in Bremen. [Bremen nach 1931.] [Mskrpt.] StA Bremen 2–T.5.h. – A. Pauli: Geschichte des Museum. Bremen 1883.

207 Dazu Abel (wie Anm. 204), S. 13f.

208 Wienholt (wie Anm. 206). – Das folgende hiernach, S. 187–189.

209 *Verfassung und Gesetze der Physikalischen Gesellschaft in Bremen vom 15. May 1786*. Bremen [1786], S. 5.

210 Ebd., S. 6.

211 Dazu Maurer (wie Anm. 10), bes. S. 415–426.

im Reiche der Wahrheit“ zu erzielen.[212] Diese Fortschritte wiederum, zunächst im Schoße des Vereins erreicht, sollten auch dem größeren Ganzen – dem bremischen Gemeinwesen und seinem Handel – zugute kommen. Das jedenfalls war das erklärte Ziel der Männer, die durch die Gründung des Vereins „sich selbst dadurch nutzen [wollten], und auch dem Staat, in dem sie lebten; selbst vorwärts kommen [wollten] in ihrem Wissen, und auch so viel sie konnten, Kenntnisse um sich her zu verbreiten.“[213]

Diesem Zweck dienten insonderheit die „gemeinschaftliche[n] Sammlungen“[214], die durch Käufe bei reisenden Händlern erweitert wurden. Das in ihnen repräsentierte Wissen wurde – wie in der Senckenbergischen Naturforschenden Gesellschaft – vor allem in den allwöchentlichen Vereinssitzungen ausgebreitet, bei denen montags nachmittags regelmäßige „Vorlesungen über zweckmässige Gegenstände gehalten, physikalische Versuche gemacht, oder Theile der Cabinette vorgezeigt und erkläret, oder auch diese Dinge mit Vorlesungen verbunden“ werden sollten.[215] Gelehrte Sitzungen und das offene Gespräch etablierten sich so als bestimmende Form der Kommunikation.[216] Sie erwies sich als typisch für jene Kultur des Wissens, wie sie sich in Vereinen und Gesellschaften ausformte. Kabinett und Kommunikation, Sammlung und Diskurs bezogen sich wechselseitig aufeinander. „Selten“, so erinnerte sich etwa Arnold Wienholt, „vergieng ein Montag, an dem nicht ein neues, freilich oft unbedeutendes, Geschenk, oder ein angekauftes Naturproduct, vorgezeigt und erklärt werden konnte.“[217] Man setzte sich „in einem Zirkel umher; wechselte Ideen von mancherlei Art, und gieng nicht selten bereichert durch neue Kenntnisse, oder froh über den gesellschaftlichen Genuß, auseinander.“[218] Der „Zirkel“ – der runde Tisch – drückte es auf symbolische Weise aus: Die Wissenskommunikation, wie sie in der Gesellschaft gepflegt, ja gelebt wurde, kannte keine sozialen Schranken: „Eine völlige Gleichheit aller die zu dieser Verbindung gehörten, war in diesem kleinen Kreise zu Hause.“[219]

Man mag eine solche Interpretation als eine jener vielen Idealisierungen betrachten, die der bürgerlichen Bewegung von ihren Anfängen an nie fremd gewesen sind. Und tatsächlich befand sich der junge Verein schon bald in einer handfesten Krise, die zunächst finanzieller, dann aber auch rasch struktureller Natur war. Ein Berg an Schulden führte in den 1780er Jahren zu heftigen Vorwürfen gegen die Vereinsgründer, die sich zu „beständigen Directoren“ aufgeworfen und das Ideal der gemeinschaftlichen Teilhabe an dem Verein *ad absurdum* geführt hätten.[220] In der Folge wurden daher – die Parallelen zum Frankfurter Konflikt von 1840/41 drängen sich geradezu auf – durch Statutenrevisionen die Kontrollmöglichkei-

212 Wienholt (wie Anm. 206), S. 191. – Zur Fortschrittsidee R. Koselleck: Art. Fortschritt. In: GG Bd. 2, S. 351–423, bes. S. 407–412.
213 Ebd., S. 192. – In bezeichnender Konkretisierung: „Dies Institut sollte nicht ins große Publicum hineinwirken, sondern bescheiden, nur unter unsern Mitbürgern, Licht, Wahrheit und Kenntnisse, Geschmack an Naturkunde und Kunst verbreiten helfen.“ Ebd., S. 216.
214 *Verfassung und Gesetze* (wie Anm. 209), S. 5.
215 Ebd., S. 7.
216 Vgl. dazu oben Anm. 133.
217 Wienholt (wie Anm. 206), S. 204f.
218 Ebd., S. 203.
219 Ebd., S. 204.
220 Ebd., S. 192.

ten des Vorstandes erweitert und die Zahl der Mitglieder schrittweise erhöht: 1786 zunächst auf 150 begrenzt, wurde sie bereits im folgenden Jahr auf 200 erweitert.

Mit dem Anwachsen der Mitglieder schwanden zwar die Finanzprobleme der Gesellschaft. Mit neuen Köpfen hielten allerdings auch neue Ideen ihren Einzug, und diese Ideen waren nicht selten nur mehr auf das Praktische und Reelle gerichtet. Gewiß, noch waren in der Gesellschaft neben den Kaufleuten und Reedern etwa Naturforscher wie die Ärzte Gottfried Reinhold Treviranus (1776–1837) oder Wilhelm Olbers (1758–1840) führend vertreten.[221] Gleichwohl vermochte der Austausch von Wissen im Sinne eines übergeordneten Bildungsideals nicht mehr selbstverständlich zu gelingen – zu verschieden war das *Vor*-Wissen, zu unterschiedlich die Absicht. Die Sammlungen gerieten so – schon im ersten Jahrhundertdrittel – an den Rand des Vereinsgeschehens. Sie wurden kaum konsequent ergänzt und bestanden „mehrenteils aus Stücken, die für den Kenner keinen besondern Werth haben konnten".[222]

Damit war die Kehrseite jener Kultur des Dilettantismus benannt, die sich – wie in Bremen so auch andernorts – eingerichtet hatte.[223] Der Trieb, gleichsam die ganze Welt im Museum abzubilden, der etwa einen Mann wie Eduard Rüppell in ferne Weltgegenden drängte, um dort für seinen Verein, die Senckenbergische Naturforschende Gesellschaft, zu sammeln; der wissenschaftliche Eros, der aus vielen Objekten des Frankfurter Museums sprach, all das blieb der Bremer Gesellschaft zutiefst fremd. In den Mauern der alten Hansestadt, wo es nützlicher war, die Bibel und Bilanzen statt wissenschaftlicher Bücher zu lesen, stieß die Idee der allseitigen, zweckfreien Bildung an spürbare Grenzen. Sie waren durch den ökonomischen Kalkül markiert, der auch die Gesellschaft beherrschte und etwa dazu führte, daß in ihren Sammlungen um 1800, „wegen des geringen Nutzens"[224], eine Muschel- und Schneckensammlung – selbstverständlicher Teil eines jeden Kabinetts dieser Zeit – fehlte. „Wozu sollte auch der Besitz mannigfaltiger Varietäten, die zu einer vollständigen Sammlung gehören, denen doch nur ihre Seltenheit, und die Mannigfaltigkeit ihrer Farben, vorzüglichen Werth giebt, [...] Männern nutzen, die man gern von einem spielenden Geschmack in der Naturkunde ableiten, und zu reellern Kenntnissen führen wollte!"[225]

Gleichwohl: Zu Beginn des Jahrhunderts sollte die Vereinsarbeit immerhin noch zu gewissen Kenntnissen führen. Die Kultur des Wissens war ‚verzweckt' worden – aber sie existierte noch. Sie prägte auch das Gesicht der Vereinssammlung, die freilich kaum Anschluß an die Entwicklung in Frankfurt oder Berlin finden konnte. „Naturkörper", so vermerkte 1815 etwa ein dänischer Offizier nach einem Besuch des Kabinetts in seinem Tagebuch, „wurden nun zuerst in einem großen Saal [...] gezeigt: Ausgestopfte vierfüßige Tiere, viele in- und ausländische Vögel, Schmetterlinge und Käfer. In Spiritus waren von Menschen Embryonen und Foetus, verschiedene anatomische Präparate und Mißgeburten, alles

221 Vgl. H. F. Scherk: Wilhelm Olbers. In: Abhandlungen des naturwissenschaftlichen Vereins zu Bremen 6 (1880), S. 1–10. – W. O. Focke: Gottfried Reinhold Treviranus. In: Ebd., S. 11–49. – Dazu auch Schulz: Vormundschaft (wie Anm. 204), S. 61f. u. 65f. – Jahn, S. 298.

222 Wienholt (wie Anm. 206), S. 200f.

223 Zu diesem Phänomen A. Schulz: Dilettanten im 19. Jahrhundert. In: Bürgerkultur im 19. Jahrhundert (wie Anm. 133), S. 34–52. – Aus literaturgeschichtlicher Perspektive erhellend H. Koopmann: Dilettantismus. In: Studien zur Goethezeit. Weimar 1968, S. 178–208.

224 Wienholt (wie Anm. 206), S. 242.

225 Ebd., S. 243.

war vorzüglich konserviert. Auch findet man Maschinen, wie Dampf- und Elektrisiermaschinen. In einem kleinen Zimmer standen zwei Schränke mit vielen, zum Teil ausländischen Kunstsachen, wie z.B. ein völlig getakeltes Schiff aus lauter Glas, Kleidungsstücke von Südsee-Insulanern, antike Schuhe aus mehreren Jahrhunderten."[226]

Das Kabinett hatte, den Ansprüchen des Bremer Vereins genügend, mit diesem Sammelsurium kaum den Status einer Wunderkammer überwunden. Die museale Praxis war – anders als in Karlsruhe, Berlin und Frankfurt – noch kaum spezialisiert, geschweige denn professionalisiert. Von einer planmäßigen, zielgerichteten Ankaufspolitik konnte auch deshalb keine Rede sein. Es überwogen vielmehr unkoordinierte Schenkungen, die die berühmte Vogelsammlung des Bürgermeisters Jakob Ludwig Iken ebenso umfaßten wie das Modell eines Strumpfwebstuhls, zwanzig Kupferstiche französischer Seehäfen ebenso wie die Gebeine und Sterbegewänder der 1833 hingerichteten Giftmörderin Gesche Gottfried.[227]

„Bei verhältnißmäßig geringen Mitteln", so entschuldigte 1836 Gustav Hartlaub (1814–1900), ein Bremer Arzt und Ornithologe, der sich als Mitglied der Museumsgesellschaft um die keinesfalls unbedeutende Vogelsammlung kümmerte, sei es „nicht möglich, nach gleichem Maaßstabe alle Arten von naturwissenschaftlichen Gegenständen zu sammeln."[228] Daß die Mittel jedoch – noch dazu in einem der feinsten und nach wie vor exklusivsten Bremer Vereine – so gering waren, hatte mit einem grundlegenden Wandel der Gesellschaft „Museum" zu tun. Seit den 1830er Jahren trat in ihr – die ja gerade nicht (wie etwa die Senckenbergische Naturforschende Gesellschaft) ein spezieller naturkundlicher, sondern immer ein allgemeiner bürgerlicher Verein gewesen war – die Geselligkeit, das reine Vergnügen, ganz in den Vordergrund. Zwar stellte man noch 1837 einen hauptamtlichen Konservator an, der die Vereinssammlungen neu ordnete; auch waren, wie das in Abschriften überlieferte Sammlungsverzeichnis ausweist, kontinuierliche, wenngleich keineswegs systematische Zugänge zu verzeichnen.[229] Die Mehrzahl der Vereinsmitglieder betrachtete das Kabinett, das von der Öffentlichkeit schließlich kaum noch beachtet wurde, allerdings bald nur mehr als eine lästige Bürde, von der man sich zu befreien suchte. Bildung und Unterhaltung traten so in ein neues, nun ganz einseitiges Verhältnis. Das Kartenspiel wurde zugelassen.[230]

Die Gesellschaft war dabei, ein neues, ein anderes Profil zu gewinnen. Die integrative Idee eines einheitlichen Bildungskanons, der sie ihre Gründung verdankte, war verblaßt und die Einheit der Gesellschaft so aufs Spiel gesetzt. Kaum jemand hat dies deutlicher gesehen als Franz Buchenau (1831–1906). Buchenau, der – für seine Stellung innerhalb des städtischen Aktionsraumes ist das nicht unwichtig – kein Bremer war, hatte in Marburg und Göttingen die Naturwissenschaften studiert und seit 1851 zunächst als Lehrer in seiner Heimatstadt Kassel, dann in Hanau, Frankfurt und Friedrichsdorf im Taunus gewirkt. 1855 war er an die Realschule in Bremen gekommen, deren Direktor er von 1868 bis 1903 war. 1859

226 Zit. n. *150 Jahre Bremer Clubleben*. Bremen 1933, S. 116.

227 Zu ihr Schulz: Vormundschaft (wie Anm. 204), S. 1f.

228 G. Hartlaub: Das zoologische Museum in Bremen. In: Bremische Blätter 4 (1836), S. 17–21, hier S. 17.

229 Vgl. etwa Abel (wie Anm. 204), S. 19–26.

230 1811 hatte man doch das Spiel zugelassen – und gleich 90 neue Anmeldungen erhalten. Vgl. Achelis (wie Anm. 206), S. 56. – Dazu, ein typisch bürgerlich-protestantisches Klischee („mit dem Einzuge des Spiels [sei] der wissenschaftliche Geist für immer gewichen") aufgreifend, W. O. Focke: Rückblick auf die Geschichte der Naturforschung in Bremen. In: Abhandlungen des naturwissenschaftlichen Vereins zu Bremen 11 (1889), S. 1–39. – Vgl. zum folgenden auch Schulz: Vormundschaft (wie Anm. 204), S. 632–637.

wurde Buchenau als Mitglied der städtischen Bildungselite in den Vorstand der Gesellschaft „Museum" gewählt, in dem er sich fortan um den Ankauf naturwissenschaftlicher Werke für die Vereinsbibliothek kümmerte. In seinen 1898 verfaßten Memoiren hat Buchenau den Wandel des Vereins scharf kritisiert. Schon bei seinem Eintritt in den Vorstand habe er bemerkt, daß „selbst in der Direktion der ursprüngliche Zweck der ‚physikalischen Gesellschaft Museum' sehr in den Hintergrund getreten war."[231] Bereits damals sei für Naturalien „so gut wie Nichts" ausgegeben worden. Zudem sei der Besuch der Sammlungen „ein höchst spärlicher" gewesen.

Dieser Akzentwechsel der Gesellschaft, wie er für bürgerliche Vereine dieser Zeit nicht untypisch war, hatte Buchenau bereits 1864 zur Gründung eines Naturwissenschaftlichen Vereins veranlaßt.[232] In dieser Gründung, die eine Art Ausgliederung der Naturwissenschaft aus der Gesellschaft vollzog, auch wenn der neue Verein bewußt auf eigene Sammlungen verzichtete und die Mitglieder des Museums automatisch zu eigenen Mitgliedern erklärte, waren die Friktionen innerhalb einer vermeintlich *einheitlichen* Wissenskultur unübersehbar geworden. Sie manifestierten sich fortan in zwei zwar institutionell verbundenen, aber nach Ziel und Zweck deutlich auseinanderstrebenden Vereinen.

Dieser Trennungsprozeß ist mit Blick auf die verschiedenen Akteure innerhalb wie außerhalb der Gesellschaft „Museum" von einigem Interesse. Auf einen Antrag der starken Kaufmannsfraktion dieses Vereins war am 1. Mai 1871 die Einsetzung einer Kommission zur Beratung über eine mögliche Ausscheidung der naturwissenschaftlichen Sammlungen und der Bibliothek beschlossen worden.[233] Schon zwei Wochen darauf hatte diese Kommission die Empfehlung ausgesprochen, Sammlungen und Bibliothek der Stadt Bremen zu schenken, um sie fortan auf *öffentliche* Kosten zu erhalten und fortzuführen. Die Ziele, die innerhalb der Gesellschaft verfolgt würden, so stellte die Kommission unverblümt fest, seien zu unterschiedlich geworden. Einerseits verlangte der Verein – angesichts einer Mitgliederzahl, die von 156 im Jahre 1790 auf 686 im Jahre 1870 gewachsen war – mehr Platz für Lese-, Spiel- und Gesellschaftszimmer, um „den gesteigerten Ansprüchen an Bequemlichkeit und Comfort" entsprechen zu können.[234] Andererseits erforderten auch die Sammlungen mehr Raum und Ordnung. Für beides zugleich war jedoch – so schien es – nicht zu sorgen. Im Rahmen eines Neubauprojekts sollte daher die Trennung vollzogen werden. Diese Argumentation war durchaus nicht aus der Luft gegriffen. Daß der Verein in vielerlei Hinsicht längst mit den Sammlungen überfordert gewesen war, konnte niemand ernstlich übersehen. Insofern bot sich die radikale Trennung von ‚Bildung' und ‚Unterhaltung' durchaus als eine Lösung an.

Indem die Generalversammlung am 9. Oktober 1871 den Kommissionsentwurf annahm, richtete sie zugleich den Antrag an den Senat, die Sammlungen, die „den vorwiegend prakti-

---

231 Fr. Buchenau: Memoiren [Mskrpt.], S. 112. StA Bremen 7, 61 – Dort auch die folgenden Zitate.

232 Ebd., S. 117. – Zu diesem Verein Fr. Buchenau: Zur Geschichte des Naturwissenschaftlichen Vereins. In: Festschrift zur Feier des fünfundzwanzigjährigen Bestehens des Naturwissenschaftlichen Vereins zu Bremen. Bremen 1889, S. 171–187. – Dazu auch Schulz: Vormundschaft (wie Anm. 204), S. 650–653. – Vgl. auch H. Friedrich: Die Naturwissenschaften in Bremen während der letzten 150 Jahre. In: Geistiges Bremen. Bremen 1960, S. 19–28.

233 Hierzu und zum folgenden Achelis (wie Anm. 206), S. 88–105 u. 196–213.

234 *Commission-Bericht über eine eventuelle Ausscheidung der Sammlungen und der Bibliothek des Museums.* Bremen 1871, S. 4.

schen und der Gegenwart unmittelbar zugewandten Interessen der großen Mehrzahl“ nichts mehr zu bieten hätten, in das Eigentum des Staates zu übernehmen, da sie ja schließlich auch bisher schon „gewisser Maßen als ein Gemeingut der Stadt“ gegolten hätten und von der Gesellschaft nur gehütet worden seien.[235] Der Senat, der sich über diese in der Tat recht eigensinnige Interpretation wundern mochte, lehnte es am 6. November jedoch ab, auf den Antrag einzugehen. Und diese Ablehnung warf ein bezeichnendes Licht auf das Verhältnis von privaten und staatlichen Akteuren. In der Diskussion, die sich in den folgenden Jahren an der Frage nach dem Verbleib des Vereinsmuseums entzündete, wurden noch einmal all jene Argumentationsmuster präsentiert, die seit dem Beginn des Jahrhunderts die Debatte über die Autonomie verschiedener Kulturinstitutionen bestimmt hatten; noch einmal wurde über Exklusivität, Partizipation und Autonomie gestritten.

Senats*intern* hatte Otto Gildemeister (1823–1902) – eine der großen Gestalten Bremens im letzten Jahrhundertdrittel, Bürgermeister und Poet dazu – am 20. Oktober den klassischen, wenn man so will liberalen Standpunkt markiert:[236] Der Senat könne und dürfe „in unserem Freistaate der Natur der Sache nach immer nur in beschränktem Maße und als besondere Ausnahme, gegenüber den näherliegenden Aufgaben unseres Gemeinwesens, eintreten“.[237] Man solle, so hieß das, die traditionelle Rollenverteilung, wie sie ja von der bürgerlichen Bewegung selbst eingerichtet worden war, nicht umkehren: Vereinssachen sollten Vereinssachen bleiben. Alles Gute, so lautete Gildemeisters Version der *whig*-Interpretation bremischer Geschichte, sei bislang durch „Bildung, Freigebigkeit und patriotische Gesinnung unabhängiger Bürger“ erreicht worden. Der Senat müsse darauf vertrauen, „daß es dem Gemeinsinne, welcher in unserem Staat sich fortwährend thätig erprobt, gelingen wird, in altbremischer und ächt republikanischer Weise durch eigne Kraft das von ihm Geschaffene zu erhalten.“ Ein solcher Standpunkt war ehrenwert. An der Wirklichkeit, die gerade auch unter Beteiligung der Liberalen immer stärker die Konturen eines Interventionsstaates gewann, ging sie freilich vorbei.[238] Auch im Senat schien man das zu ahnen. So lehnte er den Antrag der Museumsgesellschaft zwar vorderhand ab, ermächtigte jedoch zugleich einen Senatsausschuß zu weiteren Verhandlungen mit der Gesellschaftsdirektion.[239]

Daß diese Verhandlungen kaum konkrete Ergebnisse zeitigten, lag an der Situation *innerhalb* der Gesellschaft. Denn auch hier wirkten unterschiedliche Argumentationsmuster. So sperrte sich der bildungsbürgerliche Flügel um Franz Buchenau entschieden gegen eine übereilte Aufgabe der Sammlung und verfügte dabei insofern über ein empfindliches Druckmittel, als die Trennung von Verein und Sammlung nur durch eine komplizierte Satzungsänderung zu erreichen war. Der dritte Paragraph dieser Satzung bestimmte unmißverständlich, daß die Gesellschaft „ihrem wissenschaftlichen Zwecke nach unauflöslich“ und

235 Gesellschaft „Museum“ an Senat, Bremen, 12.10.1871. StA Bremen 2–T.5.h.
236 Zu ihm Schulz: Vormundschaft (wie Anm. 204), bes. S. 557f., 682f. u. 689–693. – Vgl. auch DBE Bd. 4, S. 8.
237 Bericht Gildemeisters für den Senat, Bremen, 20.10.1871. StA Bremen 2–T5.h. – Hier auch die folgenden Zitate. – Vgl. darüber hinaus auch das *Protokoll des Senats* v. 20.10.1871, S. 773.
238 Zu diesem Prozeß allgemein Nipperdey III, S. 521–533. – D. Langewiesche: Liberalismus in Deutschland. Frankfurt/M. 1988. – Vgl. auch L. Gall: Liberalismus und Nationalstaat. In: Festschrift für Theodor Schieder zu seinem 70. Geburtstag, S. 287–300.
239 Protokoll des Senats v. 13.10.1871. StA Bremen 2–T.5.h.

die Sammlung „stets bei derselben zu erhalten" sei.[240] Die Direktion entwarf daraufhin revidierte Statuten, scheiterte jedoch zunächst bei ihrer Durchsetzung. Einige Vereinsmitglieder beantragten gar beim Senat, der Museumsgesellschaft die Rechte einer juristischen Person abzuerkennen, da die geplante Statutenänderung – und das hieß im Klartext: die Aufgabe der Sammlung – „das Grundprincip der Gesellschaft auf das Wesentlichste verletzt".[241] Die Justizkommission des Senats wiederum befand, man solle die Angelegenheit den Gerichten überlassen.[242] Insbesondere nach der turbulenten Generalversammlung am 2. September 1872 ließ der Senat die Offerte des Vereins vorerst auf sich beruhen.[243]

Die Direktion der Gesellschaft „Museum" verfolgte ihre Pläne allerdings weiter. Franz Buchenau, der aus Enttäuschung über die mangelnde Zukunftssicherung der Sammlung im September 1872 von seinem Vorstandsmandat zurückgetreten war, vermochte am Gang der Dinge nichts zu ändern. Vielmehr sah er sich in seinem Beharren auf dem ursprünglichen Sinn der Vereinstätigkeit bald von verschiedenen Seiten so schweren Angriffen ausgesetzt, daß seine Gesundheit „völlig zerrüttet zu werden" drohte.[244] So rächte es sich, wie Buchenau im Rückblick ernüchtert feststellte, „daß ein bescheidener Schulmeister sich gegen die führenden Männer der Kaufmannschaft gestemmt hatte." Tatsächlich sah der Vertrag über den Bau eines neuen Gesellschaftshauses, den der Verein im Februar 1873 mit dem Bremer Stararchitekten Heinrich Müller (1819–1890) abschloß, bereits keine Räumlichkeiten mehr für die Sammlung vor.[245] Sie sollte nun auf Kosten der Gesellschaft im zu errichtenden *Domsanbau* untergebracht, in der Zwischenzeit aber an einem anderen Ort verstaut werden, „wobei freilich davon abgesehen werden müßte, daß das Publicum Zutritt zu demselben habe."[246]

Trotz der Erfahrungen des Jahres 1871 beschloß die Museumsgesellschaft so am 24. Februar 1874, dem Senat nochmals die Übernahme der Sammlungen anzubieten.[247] Und dieses Mal nahm die Angelegenheit – schon durch die Macht des Faktischen: die Gesellschaft hatte ihren Neubau bereits bezogen – eine andere Wendung. Durch Vertrag vom 1. November 1875 übertrug die Gesellschaft, „von dem Wunsche geleitet, ihre naturwissenschaftlichen Sammlungen bezüglich ihrer Erhaltung und Fortführung auf die Dauer sicher zu stellen und dieselben zugleich dem größeren Publikum thunlichst zugänglich zu machen" die Sammlungen dem Staat.[248] Diese Worte waren schönfärberisch. Tatsächlich verhielt es sich, wie Alfred Pauli (1827–1915), damals Vorsitzender des „Museums", im Rückblick einräumte, schlichter: „wenn nicht die Sammlungen wichen, war deren Urtheil gesprochen".[249] Daß es am Ende zu einer Einigung zwischen Gesellschaft und Senat kam, ja daß

240 *Gesetze der Gesellschaft Museum in Bremen. Mit den Vorschlägen der Direktion.* Bremen 1872, S. 1.
241 Eingabe an den Senat, Bremen, [Mai 1872]. StA Bremen 2–T.5.h.
242 *Protokoll des Senats* v. 29.5.1872, S. 387.
243 Protokoll der Direktionsversammlung v. 2.9.1872. StA Bremen 7,1067 Karton Nr. 1. – *Protokoll des Senats* v. 3.9.1872, S. 598.
244 Buchenau: Memoiren (wie Anm. 231), S. 116. – Dort auch das folgende Zitat.
245 Weiterführende Hinweise bei Schulz: Vormundschaft (wie Anm. 204), S. 696–698.
246 Protokoll der Direktionsversammlung v. 18.1.1873. StA Bremen 7,1067 Karton Nr. 1.
247 Protokoll der Direktionsversammlung v. 24.2.1872. StA Bremen 7,1067 Karton Nr. 1.
248 Vertrag v. 1.11.1875. StA Bremen 2–T.5.p. – Genehmigt von der Bürgerschaft am 12.1.1876. *Auszug aus dem Beschluß der Bürgerschaft* v. 12.1.1876. – Diesem Beschluß trat der Senat am 28.1.1876 bei. *Mitteilung des Senats* v. 28.1.1876, S. 7.
249 So Pauli (wie Anm. 206), S. 36.

sich diese Einigung – angesichts auch der Tatsache, daß der Verein für die Unterbringung der Sammlung dem Senat die bereits finanzierten Räume im entstehenden Saalbau des Domes übereignete – für den Staat als ein äußerst vorteilhaftes Geschäft ausnahm, ist wohl richtig. Gleichwohl waren dieser Einigung nochmals langwierige Verhandlungen vorausgegangen.

In einem Schreiben vom 4. Februar 1875 hatte Pauli dem Senat gegenüber das Angebot des Vereins präzisiert.[250] Die laufenden Kosten, in denen der Verein nicht zu Unrecht ein Hauptbedenken des Senats vermutete, beliefen sich jährlich auf 9.675 Mark. Der Wert der Sammlung hingegen sei mit 165.000 Mark zu veranschlagen, allein die ornithologische Abteilung habe einen Wert von 90.000 Mark. Man könne nun, so Pauli – einen möglichen Einwand Gildemeisters besorgt vorwegnehmend –, freilich die Ansicht vertreten, es gehöre nicht zu den Aufgaben des Staates, für wissenschaftliche Zwecke, „die nicht unmittelbar zum Unterricht erforderlich sind, pecuniäre Opfer zu bringen". Eben dies sei aber mittlerweile verbreitete Praxis. Und außerdem seien die Sammlungen von „allgemeinstem Interesse für alle Berufs- und Bildungsklassen und für Jugend und Alter".

Paulis Sorge war nicht unbegründet. Die Berichterstatter des Senats äußerten sich skeptisch. Otto Gildemeister etwa führte seitens der Finanzkommission einmal mehr aus, daß er die Behauptung, die Sammlung – deren fachwissenschaftlichen Wert er nicht leugne – sei für die allgemeine Bildung nützlich, „nur als Colorirung des Gesuchs" betrachte.[251] „Von allen Phrasen entkleidet", sei es vielmehr so, daß die Gesellschaft, „um sich ein comfortables Local zu schaffen", die Sammlungen loswerden wolle und dabei dem Staate „die Last aufhalsen will, für welche sie selbst das Interesse verloren hat." Daher sollten die laufenden Kosten, wenn der Senat schon die Sammlung übernehme, weiterhin von der Gesellschaft getragen werden. Da Bremen zu klein sei, um eine förmliche Museumsverwaltung einzurichten, empfahl Gildemeister dem Senat, „principaliter jure Ablehnung" des Antrags und „eventualiter" Verhandlung mit der Gesellschaft auf Basis einer finanziellen Beteiligung der öffentlichen Hand in Höhe von 5.000 Mark im Jahr. Aus einer solchen Empfehlung sprach mehr als ein geschicktes haushälterisches Feilschen. Ihr lag vielmehr eine ältere Vorstellung von Gemeinsinn zugrunde. Gildemeister, im übrigen selbst Mitglied der Museumsgesellschaft, vertrat – wie schon 1871 – den Standpunkt eines ‚Nachtwächterstaats' auch auf kulturellem Terrain.

Daß eine solche Vorstellung unter den Bedingungen des Jahres 1875 in Bremen kaum mehr als eine rückwärtsgewandte Utopie sein konnte, blieb auch Gildemeisters Senatskollegen nicht verborgen. In der Sitzung am 8. März 1875 prallten die Standpunkte aufeinander.[252] Der Staat, so argumentierte die Gegenseite, indem sie auf das neuerrichtete Hamburger Naturhistorische Museum verwies, dürfe sich der Aufgabe, „ideale Zwecke zu fördern", nicht entziehen – und diese Einsicht setzte sich durch. Die Folgen waren langwierige Verhandlungen zwischen Verein und Senatsdeputation auf der Basis von Gildemeisters Kompromißangebot. Auf dieses mochte die Gesellschaft freilich nicht eingehen. Den meisten Mitgliedern, so erklärte die Direktion, stünden die Sammlungen mittlerweile so fern, daß

250 Pauli an Senat, Bremen, 4.2.1875. StA Bremen 2–T.5.p. – Vgl. auch *Mitteilung des Senats* v. 10.3.1875, S. 121–123. – Hier auch die folgenden Zitate.

251 Gildemeister an Senat, Bremen, 10.2.1875. StA Bremen 2–T.5.p. – Hier auch die folgenden Zitate.

252 *Protokoll des Senats* v. 8.3.1875, S. 183. – Dort auch das folgende Zitat.

man für den Vorschlag einer staatlichen Unterstützungsleistung keine Mehrheit in der Generalversammlung erwarten dürfe. Am Ende erwies sich die Angelegenheit als ein Lehrstück darüber, wer wann für die Pflege von Wissen zu sorgen habe.

Es sei, so hat Alfred Pauli 1883 anläßlich des 100. Jubiläums des Vereins erklärt, „ein naturgemäßer, im Gange der Dinge mit Nothwendigkeit begründeter Prozeß“ gewesen, welcher „aus der Gesellschaft von 1783 die von 1883 werden ließ“.[253] Seit die Pflege der einzelnen Wissenschaften speziellen Vereinen oblag – so skizzierte Pauli die Entwicklung – war es daher nichts als „eine Anomalie“ gewesen, „die Fürsorge für kostbare Sammlungen, die Pflege wissenschaftlicher Spezialfächer einem Kreise von Personen zu überlassen, die länger denn ein Menschenalter hindurch, nicht zu wissenschaftlichen Zwecken, die sie anderswo besser befriedigen konnten, sondern zu Zwecken der Lektüre, der Belehrung in dem allgemein Wissenswerthen und der Geselligkeit sich zusammen gefunden hatten.“[254] Gerade hierin war es im Laufe der Zeit zu gravierenden Neubewertungen gekommen. Was einstmals als „allgemein Wissenswerthe[s]“ gegolten und seinen Platz im Vereinsmuseum gefunden hatte, galt nun als zu speziell – jedenfalls für die Zwecke dieser Gesellschaft. Die Stellung der Sammlung innerhalb des Vereins hatte sich verschoben. Sie blieb ‚allgemein wissenswerth‘, konnte diesen Anspruch aber nur noch *außerhalb* des Vereins, in der interessierten Öffentlichkeit erfüllen.

Die Senatsdeputation jedenfalls glaubte sich im November 1875 schließlich nicht weiter berechtigt, „wegen der augenblicklich schwierigen Finanzlage für immer auf einen Besitz zu verzichten, der seit geraumer Zeit für eine der schönsten Zierden Bremens gegolten hat“.[255] Sie empfahl die Annahme der Sammlung, die dann 1876 im einem Haupt- und vier Nebensälen im *Domsanbau* aufgestellt und im September 1877 für das Publikum geöffnet wurde. In der Arbeit des Hauses machte sich nun, wie in Berlin und Karlsruhe, der Einfluß des Staates geltend – zunächst und vor allem in Gestalt formalisierter Entscheidungswege, die, zum Teil außerordentlich kompliziert und umständlich, vom Kustos der Sammlung über eine schließlich doch eingerichtete Behörde für das Städtische Museum und verschiedene Senatskommissionen bis in die Bürgerschaft liefen.[256] Ansonsten änderte sich an der Situation des Hauses kaum etwas. Weiterhin dominierte – von den Direktoren, die ihrer Ausbildung nach zumeist Zoologen waren, befördert – die Naturkunde. Das bei der Übergabe der Sammlung entworfene Verzeichnis stellte 500 völkerkundlichen Objekten allein 460 Säugetiere, 9.200 Vögel, 600 Reptilien und 10.710 Fische gegenüber.[257] Und auch die Geschenklisten belegen, daß die Ethnologie und Anthropologie weit hinter der Zoologie, der Geologie und der Botanik rangierten.[258]

Diese Verteilung erinnert – in ihrem Verhältnis zwischen natur- und völkerkundlichen Objekten – durchaus an die Sammlungsstruktur des Senckenberg-Museums. In Bremen jedoch vermochte sich nicht jene dynamische museale Praxis zu etablieren, wie wir sie in

253 Pauli (wie Anm. 206), S. 38f.

254 Ebd.

255 *Mitteilung des Senats* v. 8.11.1875, S. 527–531, hier S. 528.

256 Zur Einrichtung der Behörde für das Städtische Museum vgl. *Protokoll des Senats* v. 27.10.1876, S. 585.

257 *Verzeichniß der von der Gesellschaft Museum der Stadt Bremen als Geschenk angebotenen naturwissenschaftlichen Sammlungen, Bremen, November 1875.* StA Bremen 2–T.5.p.

258 *Systematisches Verzeichnis der eingegangenen Geschenke im Jahre 1877.* StA Bremen 2–T.5.p.

Frankfurt kennengelernt haben. So gab die Gesellschaft „Museum“ etwa, anders als die Senckenbergische Naturforschende Gesellschaft, keine Publikationen heraus, weder fach- noch populärwissenschaftliche; an Lehrvorträge, zyklische Vorlesungen gar, war nicht zu denken. Und die gerade skizzierte Übernahme der Sammlung durch den Senat sprach schließlich für sich. All dies hatte einen wichtigen Grund in der sozialen Zusammensetzung der jeweiligen Trägerschichten, die in Frankfurt und Bremen auf den ersten Blick zwar die gleiche bürgerliche Signatur trugen, sich bei näherem Zusehen jedoch in *einem* Punkt erheblich voneinander unterschieden: Während die Senckenbergische Naturforschende Gesellschaft von Beginn an in erheblichem Maße von der wissenschaftlichen Qualifikation der in ihr wirkenden Ärzte profitierte und im Laufe der Zeit noch zusätzlichen Gewinn aus der Beteiligung vieler Frankfurter Lehrer zog, blieben im Bremer Verein die Kaufleute das beherrschende Element. Ein Schulmann wie Franz Buchenau *verließ* ihn schließlich sogar. Aus einem kaufmännischen Blickwinkel aber waren die vielen, enzyklopädisch zusammengepferchten Naturkörper nur begrenzt attraktiv, zumal es der Sammlung an jenen aufsehenerregenden, spektakulären Stücken mangelte, wie sie etwa Eduard Rüppell – von der Hyäne bis zur Mumie – auf seinen langen Reisen erbeutete.

Die Aufmerksamkeit der Handelsmänner hätten hingegen ethnologische Gegenstände auf sich ziehen können, standen sie doch in unmittelbarem Zusammenhang mit dem Bremer Import-Geschäft. Gerade die völkerkundlichen Bestände der Gesellschaft „Museum“ waren jedoch gering.[259] Zwischen 1823 und 1843 verzeichnete man keinen einzigen ethnologischen Zugang. Und noch Mitte der 1870er Jahre umfaßte die Sammlung, wie gesagt, weniger als 600 völkerkundliche Objekte. Dieser Mangel blieb auch den Zeitgenossen nicht verborgen. 1878 sprach sich ein ungezeichneter Artikel in der „Weser-Zeitung“ jedenfalls vernichtend über „Die ethnographische Sammlung Bremens“ aus.[260] In einer Stadt wie Bremen, „welche das Netz ihrer ausgedehnten Handelsbeziehungen über die ganze Erde verbreitet“, so gab er nicht zu Unrecht zu bedenken, hätte sich „im Laufe der Zeit eine Sammlung ethnographischer Objekte gleichsam von selbst einstelle[n]“ müssen. Schließlich seien solche Sammlungen bestens dazu geeignet, „in der heranwachsenden Generation das Interesse für fremde Länder und deren Bewohner rege zu machen und lebendig zu erhalten, und so den rein praktischen Gesichtspunkten, welche durch die kaufmännischen Bestrebungen in den Vordergrund gestellt werden, vorzuarbeiten.“

Diese Neuakzentuierung des Museums, wie sie hier entworfen war und wie sie sich dann tatsächlich als Erfolgsrezept erweisen sollte, ließ noch einige Zeit auf sich warten. Erst die *Handelshalle* im Rahmen der vom 31. Mai bis 15. Oktober 1890 im Bremer Bürgerpark veranstalteten Nordwestdeutschen Gewerbe- und Industrieausstellung sorgte für den nötigen Impuls.[261] Diese Ausstellung, organisiert vor allem mit Blick auf den Bremer Zollanschluß wenige Jahre zuvor, unterstrich – ganz im Stile der Zeit – die nationale Funktion des bremischen Handels, lenkte den Blick zugleich aber auch in die Ferne, nach Ostasien und Südamerika und nicht zuletzt in die seit 1884/85 erworbenen Kolonien. Die Mischung aus öko-

259 Dazu Abel (wie Anm. 204), S. 37–49. – Vgl. auch Briskorn (wie Anm. 204).

260 „Weser-Zeitung“ v. 6.4.1878.

261 Dazu O. Korn: Hanseatische Gewerbeausstellungen im 19. Jahrhundert. Opladen 1999, S. 138–154. – Abel (wie Anm. 204), S. 57–64. – Briskorn (wie Anm. 204), S. 24–43. – A. Lüderwaldt: 100 Jahre „Handels- und Kolonialausstellung“. In: Tendenzen 1 (1992), S. 55–69.

nomischem Kalkül und einer von der Fremde ausgehenden Faszination – die Stiftung von Identität mittels Selbstvergewisserung durch Abgrenzung, in der das Erfolgsgeheimnis aller Weltausstellungen des 19. Jahrhunderts lag – erwies sich auch in Bremen als hochattraktiv.[262] Die Ausstellung, von den tonangebenden Bremer Kaufleuten wie dem Tabakhändler Christoph Papendieck und Gustav Pagenstecher (1842–1926), dem Präses der Bremer Handelskammer, koordiniert und von Bremens wohl populärstem Architekten, Johann Georg Poppe (1837–1915), nach dem Vorbild der Londoner Kolonialausstellung von 1886 inszeniert, erreichte mit ihren neuen Medien, mit Dioramen und Panoramen, ein Massenpublikum.[263]

Als prägend erwies sich die Ausstellung insbesondere für Hugo Schauinsland (1857–1937), der am 1. Juni 1887 zum neuen Direktor der Städtischen Sammlungen ernannt worden war. Schauinsland, einziger Sohn eines Gutsbesitzers im Kreis Labiau in Ostpreußen, war nach dem Studium der Naturwissenschaften 1883 bei Richard Hertwig (1850–1937) in Königsberg promoviert worden. Seinem Lehrer nach München folgend, wurde er dort 1886 mit schmalem Gehalt zum Assistenten an der Zoologischen Staatssammlung bestellt. Als Zoologe hatte Schauinsland, mit Unterstützung der öffentlichen Hand[264], frühzeitig die Beteiligung der Städtischen Sammlungen an der Gewerbe- und Industrieausstellung erwogen.[265] So kam es zu einer Präsentation deutscher See- und Süßwasserfische im Rahmen der Sektion für Küsten- und Hochseefischerei des deutschen Fischerei-Vereins[266], wofür den Sammlungen 3.000 Mark bewilligt wurden.[267] Als – noch während der Ausstellung – im Juni 1890 erste Stimmen laut wurden, die nach dem überwältigenden Publikumserfolg eine Institutionalisierung der *Handelshalle* in Form eines eigenen Museums forderten, um den kaufmännischen Nachwuchs „vermittelst Sammlung und planmäßiger Aufstellung von Handelsproducten zu belehren und für seinen Beruf vorzubereiten"[268], war es Schauinsland, der diesen Gedanken aufgriff, ihm aber zugleich eine neue Wendung gab. Das Museum, das sich die Kaufmannschaft zu errichten anschickte, sollte in seinen Augen die Handelsausstellung mit den Städtischen Sammlungen vereinen, also Handelskunde neben oder besser: zusammen mit Natur- und Völkerkunde präsentieren.

Dieses Ziel verfolgte der „Verein für die Errichtung eines Museums für die Handelsausstellung und die städtischen ethnographischen und naturhistorischen Sammlungen", der am 23. Januar 1891 im *Schütting*, dem Sitz der Bremer Handelskammer, gegründet wurde. Seine Hauptaufgabe bestand darin, durch eine entsprechende Öffentlichkeitsarbeit die Bausumme von etwa 800.000 Mark zu organisieren, von der der Senat allenfalls die Hälfte zu

262 Vgl. etwa M. Wörner: Volkskultur auf den Weltausstellungen 1851–1900. Münster 1999. – A. v. Plato: Ausstellungskultur und Massenpublikum im Frankreich des 19. Jahrhunderts. Frankfurt/M., New York 2001.

263 Vgl. Kap. IV.2.2.2.

264 *Beschluß der Bürgerschaft* v. 6.11.1889, S. 495.

265 Schauinsland an Senat, Bremen, 18.12.1889. StA Bremen 2–S.1.I.c.2.i.

266 Schauinsland an Barkhausen, 3.1.1890. StA Bremen 2–S.1.I.c.2.i.

267 *Mitteilung des Senats* v. 7.1.1890, S. 7. – *Beschluß der Bürgerschaft* v. 8.1.1890, S. 3. – Schauinsland überschritt die bewilligte Summe deutlich. Schauinsland an Barkhausen, 8.11.1890; Barkhausen an Albert Gröning, Bremen, 6.12.1890. StA Bremen 2–S.1.I.c.2.i. – *Protokoll des Senats* v. 23.12.1890, S. 585. – *Mitteilung des Senats* v. 23.12.1890, S. 491. – *Beschluß der Bürgerschaft* v. 7.1.1891.

268 Kaufmännischer Verein „Union" an Senat, Bremen, Juni 1890. StA Bremen 2–T.5.p. – Zu diesem Verein [R. A.] Will: Abriß der Geschichte der Union zu Bremen von 1795–1895. Bremen 1895. – Vgl. auch Schulz: Vormundschaft (wie Anm. 204), S. 637–642.

bewilligen bereit war.[269] Bereits Anfang April standen – nachdem die Generalversammlung der Sparkasse unter bestimmten Bedingungen beschlossen hatte[270], den Geschäftsgewinn 1890 in Höhe von 237.000 Mark für den Museumsbau zur Verfügung zu stellen – über 360.000 Mark bereit.[271] Daraufhin ersuchte Papendieck namens des Vereins nun den Senat um die Gewährung von 400.000 Mark und die Anweisung eines Bauplatzes. Der Zweck des geplanten Museums, so führte er aus, nämlich „die dauernde Erhaltung der reichen Schätze, welche in großherziger Weise von Bremer Bürgern und von Freunden unserer Stadt in der ganzen Welt geschenkt oder zur Ausstellung überlassen worden sind", sei „von hoher idealer und zugleich eminent praktischer Bedeutung für Bremen. Denn die Verbreitung der Kenntniß von den Waaren und Produkten, mit denen sich der Handel beschäftigt, von ihrer Gewinnung und Erzeugung, ihre Darstellung im Rahmen der Thier- und Pflanzenwelt und der Mineralien des Ursprungslandes besitzt nicht nur an sich den größten Werth, sondern kommt dem Handel selbst, dem Haupterwerbszweig in unserem Gemeinwesen dadurch unmittelbar zu gute, daß demselben Kräfte zugeführt werden, deren Interesse daselbst geweckt und gefördert worden ist."

Daraufhin begannen im Mai 1891 Beratungen zwischen Schauinsland und den federführenden Architekten Richard Flügel und Ludwig Franzius (1832–1903), seit 1876 Oberbaudirektor der Hansestadt. Intendiert war die „Aufstellung der für Bremen wichtigen Stapelartikel, Waarenproben und Modelle, die auf Handel, Schifffahrt und Verkehr Bezug haben." Dem sollten „aber auch" die naturhistorischen Sammlungen, „die jetzt nach jeder Richtung hin unzureichend versorgt sind", angegliedert werden.[272] Kein Naturhistorisches Museum sollte also entstehen, sondern ein Mehrspartenhaus, das seinen gemeinsamen Nenner in Bremen und seinem Handel fand. Eine solche Ausrichtung war durchaus neu, und neu war auch die Absicht, „in erster Linie ein Schaumuseum herzustellen, welches in leicht verständlicher Weise dem Kaufmanne Anregung, dem Fachmann Vergleichsmaterial, dem Volke Belehrung bietet."[273]

Hier war eine museale Praxis entworfen worden, die von vornherein mit den unterschiedlichen, ja divergierenden Perspektiven der Besucher rechnete. Sie durfte als fortschrittlich gelten, sah sich jedoch zugleich mit erheblichen Vorbehalten konfrontiert. Konnte ein Museum überhaupt dem Volke Belehrung bieten *und* dem Fachmann das nötige Vergleichsmaterial zur Verfügung stellen? Hugo Schauinsland hat diese Frage, die an das institutionelle Selbstbild des eigenen Hauses rührte, auf seine Weise beantwortet. Das Museum müsse sich, so hat er es im Oktober 1891 formuliert, „zielbewußt an der Volksbildung betei-

---

269 Zum folgenden Abel (wie Anm. 204), S. 65–74. – Hinweise auch bei Korn (wie Anm. 261), S. 153f. – Briskorn (wie Anm. 204), S. 23f.

270 Die Bedingungen lauteten: Die Bausumme von 800.000 Mark müsse 1891 gesichert werden; der Staat solle den Bauplatz kostenlos zur Verfügung stellen; es solle ein Architektenwettbewerb ausgeschrieben werden (diese Bedingung wurde fallengelassen); es solle eine Behörde für die Verwaltung gebildet werden (in der ursprünglich je zwei Vertreter des Senats, der Handelskammer und des Verwaltungsrats der Sparkasse sowie vier Vertreter der Bürgerschaft Sitz und Stimme haben sollten), der Zutritt solle an jedem Mittwoch und Samstag nachmittag sowie an Sonntagen und anderen Festtagen „in der Regel unentgeltlich" sein.

271 Papendieck an Senat, 6.4.1891. StA Bremen 2–T.5.p. – Dort auch die folgenden Zitate.

272 Memorandum von Franzius, Schauinsland und Flügel, Bremen, 26.5.1891 [Abschrift]. StA Bremen 2–T.5.p.

273 Ebd.

ligen, eine öffentliche Bildungsanstalt" werden.[274] Zu diesem Zweck sei es allerdings unerläßlich, „daß dem Institut eine wissenschaftliche Grundlage" gesichert werde – weshalb er denn auch zusätzliche Assistentenstellen beantragte.[275] Der Erfolg der Popularisierung, so hieß das, würde abhängig sein vom wissenschaftlichen Renommee des Hauses. An ihm dürfe man nicht sparen. Das galt für Fragen des Personals ebenso wie für Fragen des Gebäudes.

Als in der Bauverwaltung 1891 gewisse Pläne kursierten, das neue Museum als Eisen- und Glaskonstruktion zu errichten – was erhebliche Einsparungen ermöglicht hätte –, wehrte sich Schauinsland energisch gegen einen Bautyp, der bislang doch nur zu „vorübergehenden Ausstellungen etc. während der Sommermonate" genutzt worden sei.[276] „Wenn ein städtisches Museum in Bremen", so führte er zur näheren Begründung aus, „auch in erster Linie der Belehrung und Anregung des großen Publikums dienen soll, so darf es aber trotzdem nicht den Charakter eines wissenschaftlichen Instituts verlieren, und es will mich fast dünken, daß Glas und Eisen es leicht in den Augen der Menge auf das Niveau von gewöhnlichen Schaustellungen in mehr oder weniger provisorischen Gebäuden herunterdrükken könnte."[277] Das Museum, das die populäre Ästhetik der großen Industrie- und Gewerbeausstellungen aufgriff, sollte in seinem architektonischen Habitus ein gleichberechtigter Teil der *scientific community* sein. Schauinsland setzte sich mit der Forderung nach einem erweiterungsfähigen Bau aus Stein durch.[278]

Und eine Erweiterung sollte sich schon bald als nötig erweisen. Wie in Frankfurt und Berlin, so quollen auch in Bremen die Sammlungen um die Jahrhundertwende förmlich über. Der Jahresbericht 1901 vermerkte, daß das Museum „schon jetzt vollständig gefüllt, in einzelnen Abteilungen sogar überfüllt ist".[279] Die Konkurrenz zwischen den Museen – die innerdeutsche wie die internationale – ließ in Schauinslands Augen jedenfalls kein abwartendes Verhalten zu: „Ein Stehenbleiben dürfte aber auch bei uns gleichbedeutend mit einem Rückwärtsschreiten sein, schon aus dem Grunde, weil wir dann sofort von anderen Instituten überflügelt würden."[280] Im Jahre 1904, das Bremer Museum stand gerade einmal acht Jahre, beklagte Schauinsland, nun auch in einem eigenen Memorandum, einen „bedenkliche[n] Raummangel".[281] Alles sei durcheinander geraten und selbst der Vorratsraum überfüllt. Unter solchen Umständen – wie sie mehr oder weniger in allen Museen der Zeit herrschten – litt die Systematik, vor allem aber „der ästhetische Eindruck". Wer zuviel zusammenzwinge, so Schauinsland, verhindere jede didaktische Ausrichtung, wie es die Praxis in den „älteren Museen (Frankfurt, Darmstadt, Stuttgart, München, Leyden

274 Schauinsland an Barkhausen, Bremen, 8.10.1891. StA Bremen 2–T.5.p. – Hier auch das folgende Zitat.

275 Die Behörde für das städtische Museum beantragte 1893 zu den Stellen eines Direktors, zweier wissenschaftlicher Hilfsarbeiter, eines Präparators, eines Kabinettsdieners und zwei Aufsehern noch *zusätzlich* zwei Assistenten, einen Präparator und einen Heizer. *Mitteilung des Senats* v. 11.2.1893, S. 66–68.

276 Schauinsland an Franzius, Bremen, 15.9.1891. StA Bremen 2–T.5.p.

277 Ebd.

278 Flügel an Hermann Gröning, Bremen, 17.9.1891. StA Bremen 2–T.5.p.

279 Jahresbericht des Städtischen Museums für Natur-, Völker- und Handelskunde für 1901. In: *Mitteilung des Senats* v. 24.12.1901, S. 973.

280 Ebd.

281 Schauinsland an Barkhausen, Bremen, 28.1.1904. Abgedr. in: *Mitteilung des Senats* v. 3.1.1905, S. 7–9, hier S. 7. – Dort auch das folgende Zitat.

etc.)" gezeigt habe.[282] Die „Gefahr der Stagnation" – ein von vielen Museumsmännern um 1900 beschworenes Menetekel – treffe nicht nur die Volksbildung, sondern auch eine „Sehenswürdigkeit", die mittlerweile für den Fremdenverkehr unverzichtbar sei.[283]

All das waren handfeste Argumente. Trotzdem sah sich der Senat nicht gehalten, ein solches Projekt mit einem Volumen von rund 925.000 Mark allein zu tragen. So wünschenswert es auch sei, an eine Ausführung des Erweiterungsbaus könne man – so der Senat – nur denken, wenn, wie 1891, zuerst ein erheblicher Beitrag aus privaten Mitteln erbracht werde.[284] In der Bürgerschaft entzündete sich an den Baukosten und ihrer Verteilung 1905 eine heftige Debatte, in der sehr grundsätzlich darüber gestritten wurde, was ein Museum überhaupt leisten solle. Dabei wurde einerseits betont, ein Verzögern des Erweiterungsbaus bedeute „eine Kalamität".[285] Philipp Heineken (1860–1947) etwa, der spätere Generaldirektor des Norddeutschen Lloyds, 1905 zum Präses der Bremer Handelskammer gewählt, wollte die Beteiligung der öffentlichen Hand so gerade *nicht* von einer Vorleistung privater Geldgeber abhängig machen. Er betrachtete – den Interessen des Bremer Handels folgend – das Museum als eine Sache der Allgemeinheit, als „eine Bildungsstätte für jung und alt" und insofern auch als einen Posten des öffentlichen Haushalts.[286]

Der Abgeordnete Grimmenstein hingegen wehrte sich energisch gegen den Gedanken, eine Million Mark für einen „unproduktiven Zweck" zu bewilligen.[287] Gewiß freue er sich des Museums und zolle seinem Schöpfer die höchste Anerkennung. Nun aber habe man genug geleistet: „Es ist durchaus nicht nötig, daß wir in der vordersten Reihe stehen mit unserm Museum. Mit dem reichen Hamburg können wir uns nicht messen, noch weniger mit der großen Monarchie Preußen."[288] In einer solchen Haltung, die man durchaus auch als bürgerliche Selbstbescheidung begreifen konnte, vermochte der sozialdemokratische Abgeordnete Donath nur „eine so antiquierte Ansicht" zu erblicken.[289] Seiner Meinung nach sollten die Finanzverhältnisse hinsichtlich des Museums „gar keine Rolle spielen. (Lachen.)"[290] Das Protokoll hat es festgehalten: Das Haus lachte. Und tatsächlich erwies sich Donaths Forderung nach einer gleichsam unbeschränkten Interventionsbereitschaft des Staates als eigentümlich wirklichkeitsfremd. Fragen der Kultur und der Bildung waren – das dritte Kapitel wird es näher ausführen – nie unabhängig von ökonomischen Faktoren zu entscheiden. Die museale Kultur des Wissens blieb auf ihre jeweiligen personellen und materiellen Ressourcen angewiesen. Die Qualität der musealen Inszenierung konnte so am Ende tatsächlich von der Haushaltslage des Staates abhängen.

Im konkreten Bremer Fall trat die Bürgerschaft schließlich – gegen einen anderslautenden Antrag der Behörde für das Städtische Museum – der Auffassung des Senats bei, zunächst seien finanzielle Vorleistungen von privater Seite zu erbringen.[291] Es war nun – in

---

282 Ebd., S. 8.
283 Ebd., S. 8f.
284 Vgl. *Mitteilung des Senats* v. 5.5.1905, S. 409.
285 *Verhandlungen der Bürgerschaft* v. 17.5.1905, S. 228.
286 Ebd., S. 229.
287 Ebd., S. 230.
288 Ebd.
289 Ebd., S. 231.
290 Ebd.
291 *Beschluß der Bürgerschaft* v. 17.5.1905, S. 450.

einer bezeichnenden Verquickung bürokratischer Verantwortung und individuellen Interesses – der Vorsitzende der Behörde, Carl Barkhausen (1848–1917), der im Herbst 1905 eine professionelle Sammelaktion organisierte, Dutzende Einladungen verschickte und die Devise ausgab, es sei nötig, mindestens 400.000 Mark zusammenzubekommen.[292] Die Liste der Spender, angeführt von 100.000 Mark von Carl Schütte (1839–1917)[293], jeweils 50.000 Mark von der Sparkasse und dem Norddeutschen Lloyd sowie 20.000 Mark vom reaktivierten „Verein zur Errichtung des städtischen Museums", zirkulierte in immer weiteren Kreisen. Im Februar 1906 schließlich las sie sich wie ein *Who is who* der großen Bremer Familien, der Gildemeisters und Rickmers', der Smidts und Melchers', der Deetjens, Wätjens und Kulenkampffs, und verzeichnete eine Gesamtsumme von 409.000 Mark. Der Senat akzeptierte diese Schenkung, genehmigte den Bauplan und stellte fürs erste 150.000 Mark in den Haushalt ein.[294] Als das Städtische Museum am 1. April 1908 geschlossen wurde, um mit dem Anbau zu beginnen, ging es um „ein vollständig neues Arrangement in dem alten Museum".[295] Erst im Juli 1911 konnte das Haus wieder eröffnet werden.[296]

2. Motive und Motivation

Museen entstanden nicht aus sich selbst heraus. Ihre Gründung vollzog sich in ganz verschiedenen sozialen Räumen, unter Beteiligung unterschiedlicher Akteure, in einem durchaus uneinheitlichen Tempo. Und auch die Erwartungen und Ansprüche, die sich auf das Bildungspotential des Naturhistorischen Museums richteten, divergierten von Ort zu Ort, von Zeit zu Zeit. Gleichwohl waren die Beweggründe, die zur Einrichtung und Finanzierung dieser Museen führten, nicht unbegrenzt. Als „eine öffentliche Bildungsanstalt im wahrsten Sinne des Wortes" feierte etwa Senator Stammann 1891 das neuerrichtete Hamburger Naturhistorische Museum. Es bezwecke, „die Bevölkerung in die Kenntniß der Natur einzuführen, bei seinen Besuchern Freude an dieser zu erwecken und sie zu selbstthätiger Beobachtung der uns umgebenden Welt anzuregen."[297] Vermehrung und Vertiefung des Wissens, Lust an der Sache und aktive Teilhabe an der Welt – das waren Motive, in denen sich am Ausgang des Jahrhunderts in Hamburg wie andernorts das Selbstverständnis der großen Naturhistorischen Museen angemessen ausdrückte.

Diese Motive waren freilich nicht neu, sondern standen in einer ungebrochenen Tradition naturkundlichen Sammelns. Und zu diesem Sammeln gehörte stets auch die Reflexion über die ihm vorausliegenden Beweggründe. In der bereits erwähnten Korrespondenz der badischen Markgräfin Karoline Luise nahm sie etwa einen ausgezeichneten Platz ein. In einem nicht näher datierten, wohl in den 1770er Jahren angefertigten *Discours* wurde dort systematisch der Sinn der Naturlehre überhaupt diskutiert. Durch das Sammeln und

292 Alle Vordrucke in StA Bremen 3–N.5.No. 57 – Zu Barkhausen vgl. BremBiogr II, S. 25f.
293 Zu Schütte vgl. BremBiogr. II, S. 468–470.
294 *Mitteilung des Senats* v. 20.2.1906. – Die Summe betrug am 15.3.1905 genau 409.160 Mark. StA Bremen 3–N.5.No. 57.
295 Jahresbericht des Städtischen Museums für Natur-, Völker- und Handelskunde für das Rechnungsjahr 1908. In: *Mitteilung des Senats* v. 29.6.1909, S. 795.
296 Versammlung der Behörde für das Städtische Museum v. 29.6.1911. StA Bremen 3–N.5.No. 57.
297 Zit. n. „Hamburgischer Correspondent" v. 17.9.1891.

Bestimmen von Naturalien, so hieß es, lerne der Mensch zunächst und vor allem „einen Gott kennen, der allmächtig, weise und gütig ist. Beyspiele davon sind die ganze Natur." Sodann vergrößere die Naturkunde „unsere Einsichten und Erkenntnisse". Darüber hinaus schaffe sie „auch durch Beobachtungen die angenehmsten Vergnügen" und benehme „uns manche kindliche Furcht und Aberglauben." Und schließlich diene sie auch noch einem praktischen Nutzen: „Sie ist es, die uns die Seiden zu unseren Kleidern und die köstlichen und lieblichen Farben sie zu mahlen bereiten lehrt."[298]

Hier waren, aus dem Geist der Aufklärung, die verschiedenen Dimensionen des Naturaliensammelns gleichwertig nebeneinander benannt: die religiös-weltanschauliche und die didaktische, die rationalistische und die unterhaltsame, nicht zuletzt auch die ökonomische.[299] Diese Motive blieben über das ganze Jahrhundert hinweg leitend und prägend für die museale Praxis. Was sich – im Zuge des sozialen und geistigen Wandels – veränderte, war ihre jeweilige Gewichtung. Bereits aus dem bislang Skizzierten erhellt, daß etwa für die Entwicklung der Bremer Sammlung das ökonomische Motiv besonderes Gewicht besaß, während für das Berliner Museum – schon um seiner Verflechtung mit der Universität willen – das wissenschaftlich-didaktische Motiv eine bedeutendere Rolle spielte. Ihren gemeinsamen Nenner fanden diese unterschiedlichen Beweggründe, zumal am Beginn des Jahrhunderts, in der Idee der allgemeinen Bildung.[300] In ihrem Glauben an die Selbstperfektibilität des Menschen wollte sie das Individuum – in der zunächst bewußt zweckfreien Auseinandersetzung mit der Welt der Sprache und Literatur, der Kunst, aber eben auch der Natur – bilden, um so schließlich auch die Gesellschaft neu zu bilden. Durch den Besuch eines Naturhistorischen Museums – in diesem Verständnis ein Bildungsraum ersten Ranges – sollte der Betrachter nicht nur seine Umwelt neu erfahren, sondern sich selbst näher kommen.

Nie werde der Mensch sich selbst ergründen, nie seine Vorzüge erfassen lernen, so hat es denn auch die Senckenbergische Naturforschende Gesellschaft in einem öffentlichen Aufruf 1818 formuliert, „wenn er nicht zuvor die Kräfte erforscht hat, welche die Natur, von der unbelebten Masse zu seinem aufstrebenden Geiste emporsteigend, ihren mannigfaltigen Erzeugnissen mitgetheilt hat."[301] Die Vorzüge, die eine Beschäftigung mit der Natur und ihren Produkten besaß, waren in einem solch idealistisch durchtönten Verständnis nur zu offensichtlich. Johann Georg Neuburg, der bereits erwähnte erste Direktor der Frankfurter Gesellschaft, hat dies bei der Jahresfeier im November 1821 sehr deutlich benannt.[302] Unter allen Wissenschaften, so Neuburg, stünden für den Menschen „keine höher als diejenigen die sich mit der Natur beschäftigen". Durch „ihre Nützlichkeit und durch die Glückseelig-

---

298 *Discours über Eberhardts Naturlehre.* [undat.] Großherzogl. Familienarchiv FA 5A/108.

299 Klassisch bereits K. Pomian: Der Ursprung des Museums. Vom Sammeln. Berlin 1998 [EA 1987]. – Zu Aspekten naturkundlichen Sammelns A. te Heesen u. E. C. Spary (Hrsg.): Sammeln als Wissen (wie Anm. 95). – M. T. Ghiselin u. A. E. Leviton (Hrsg.): Cultures and Institutions of Natural History. San Francisco 2000. – Vgl. nochmals Maurer (wie Anm. 10), S. 278–289.

300 Hierzu Nipperdey I, S. 56–65. – Vgl. Gall: Zum Selbstverständnis (wie Anm. 10). – Neben der oben bereits genannten Literatur vgl. auch U. Muhlack: Bildung zwischen Neuhumanismus und Historismus. In: Bildungsbürgertum. Teil II (wie Anm. 10), S. 80–105.

301 *An Frankfurts verehrtes Publikum* (wie Anm. 142), S. 4.

302 *Stiftungsvortrag d. Direktors Dr. Neuburg bei der ersten Jahresfeier am 22. Novbr 1821.* SNG Archiv Bd. 23, Nr. 13. – Dort auch die folgenden Zitate.

keit [!] die sie ihm bewirken" seien sie „am belohnendsten". Den besonderen Vorzug erblickte er – und hier entwickelte er ein Motiv, das von der Aufklärung geprägt, erst im Zeitalter des Positivismus seine volle Kraft entfalten sollte – in der vermeintlichen Unwandelbarkeit der Naturgesetze. Diese stünden „unverrückbar fest". Einmal aufgefaßt, könnten sie daher „durch das ganze Leben beybehalten und benutzt werden, ganze Generationen überliefern sie einander, ohne Besorgniß möglicher Täuschung, ihre mit Gründlichkeit und Wahrheitsliebe abgeleiteten Resultate haben einen ebenso hohen Grad von Evidenz." ‚Gesetze', ‚Wahrheit', ‚Evidenz' – das waren die Schlagworte, die dem Wissen von der Natur besondere Dignität zusprachen. Sie legitimierten eine spezifische Kultur des Wissens, deren Deutungsangebote im Verständnis der Akteure plausibel waren, weil sie als ‚evident', als nicht weiter erklärungsbedürftig *galten*.

Es war der bereits erwähnte Arzt Johann Michael Mappes, Lehrer der Anatomie am Senckenbergischen Medizinischen Institut und Mitglied zahlreicher naturforschender Gesellschaften[303], der diesen Grundmotiven der musealen Praxis, wie wir sie gerade knapp entwickelt haben, in seinen Reden anläßlich der Vereinsfeste der Senckenbergischen Naturforschenden Gesellschaft in den 1820er und 1830er Jahren immer neue Facetten abgewann.[304] Und weil in ihnen, gleichsam im Sinne einer Mustersammlung, alle für das 19. Jahrhundert relevanten Argumentationsfiguren bereits *in nuce* enthalten sind, ist eine kurze Betrachtung hier durchaus am Platze.

Von zentraler Bedeutung war zunächst das Motiv des wissenschaftlichen Interesses. Es entschied darüber, welche Form des Sammelns überhaupt der musealen Wissenskultur angemessen war. Denn Sammeln war mitnichten Sammeln. Als Vorbild nannte Mappes – und das war durchaus auf die Zuhörer berechnet – gleich in seiner ersten Rede, man beging das Jahresfest 1821, Johann Christian Senckenberg selbst, den Namensgeber des Vereins. Seine „trefflichen Sammlungen an Naturkörpern und Büchern", so Mappes, zeugten durch ihre „musterhafte Anordnung und innern Gehalt von dem tiefen Sinne des Sammlers."[305] Bereits auf den ersten Blick sehe man es ihnen an, daß es diesem Sammler nicht darum zu tun gewesen sei, „eine, wenn auch ungeregelte Masse von tausenderlei Dingen sinnlos zusammenzubringen, nur um sie zu haben und die gafflustige Menge staunen zu machen." In Senckenbergs Kabinett „fand sich nicht, wie in vielen aus jener frühern und zum Theil jetzigen Zeit, ein leerer Kram wunderlicher Raritäten, wie Stücke trojanischer Mauer, Pröbchen mosaischen Blutregens und dergleichen Sächelchen mehr." Statt dessen habe der Arzt „gute meist selbst gearbeitete anatomische Präparate" hinterlassen, „eine für ihre Zeit vollständig sortirte Mineraliensammlung und eine Sammlung von Versteinerungen, die durch Menge, Pracht und Seltenheit der Stücke sowohl, als durch Reichthum der Gattungen ein wahrer Schatz zu nennen ist." Der wissenschaftliche Ernst, so hieß das, bildete das tragende Element jeder musealen Wissenskultur, war ihr Prinzip und Ziel zugleich. Nur eine ‚ordentliche' Samm-

---

303 Mappes war von 1821–1840 Sekretär, 1849/50 sowie 1852 Direktor der SNG. – Biographische Hinweise bei C. Klems: Johann Michael Mappes. In: Biographien (wie Anm. 139), S. 392–394.

304 Diese bereits weiter oben zitierten Reden wurden 1842 (aus Anlaß des 25jährigen Jubiläums der SNG) gesammelt und veröffentlicht. Vgl. Anm. 149. – Ebenfalls aufschlußreich zur programmatischen Ausrichtung der Gesellschaft G. A. Spiess: Ueber die Bedeutung der Naturwissenschaften für unsere Zeit, und: Ueber das körperliche Bedingtsein der Seelenthätigkeiten. Frankfurt/M. 1854. – Manuskripte dieser und anderer Festreden, die nur zum Teil im Druck erschienen, sind überliefert. Vgl. SNG Archiv Bd. 37.

305 Mappes (wie Anm. 149), S. 6. – Dort auch die weiteren Zitate.

lung konnte sich als Raum der Bildung anbieten – wobei die Ordnungskriterien durchaus flexibel waren und mancherlei Spielraum schufen.

Hiervon ausgehend akzentuierte Mappes sodann den Nutzen der Naturwissenschaft für das bürgerliche Leben überhaupt und nannte dafür ganz handfeste, ökonomische Motive. Zugleich jedoch betonte er die Bedeutung der Naturkunde für die allseitige Entwicklung, ja, für die „Veredlung des Einzelnen wie der ganzen Menschheit".[306] Diese gewissermaßen humanistische Argumentation, die die Entdeckung der Natur als Bildungswelt spiegelt, trat besonders in der Festrede des Jahres 1827 hervor. Sie handelte von der „Bedeutung eines naturwissenschaftlichen Unterrichts"[307] und ließ die Vorzüge der Naturkunde in hellem Licht erstrahlen. Sie betrafen vor allem den erhebenden Charakter dieser Wissenschaft, die „Trost, Beruhigung, Lebensmuth, Genuß und Heiterkeit" spende.[308] Und ein Handelsmann wie Georg Adolf Voelcker, von dessen Schmetterlingssammlung bereits die Rede war, hätte Mappes hierin sicherlich beigepflichtet.

In der Tat sang Mappes, ganz im Stile der Zeit, nur zu gerne das Lob des Dilettanten.[309] Das „bürgerliche Leben", so führte er etwa 1829 aus, sei eben keine Berufsangelegenheit, kein *nine-to-five-job* gleichsam, sondern eine Existenz im wahrsten Sinne des Wortes. Sie müsse sich durch eine allseitige Entwicklung der Anlagen auszeichnen. Ruhe, Kraft und Zufriedenheit schöpfe der Mensch nicht aus seinen Geschäften, sondern „aus dem Gedanken, für eine Angelegenheit des ganzen Geschlechts, für etwas Vielen Heilsames, für etwas in seinen Segnungen über die Beschränktheit des Hauses und des Augenblicks Hinausreichendes thätig zu seyn [...]."[310] Die Wahl einer solchen Beschäftigung, die durchaus mehr sein sollte als ein *hobby* im modernen Sinne, nämlich ein Aspekt der Lebensführung, sei bestimmt durch „Geschick, Neigung, äußere Umstände". Sie wechsele von Ort zu Ort. Daß sich nun gerade in Frankfurt das Wissen von der Natur als wertvoll erwies, war im Kontext einer Handelsstadt, auch dies ist bereits angeklungen, nicht verwunderlich: Dieses Wissen besaß „handgreiflichen Nutzen"[311] und kam daher den auf das Praktische und Reelle gerichteten Interessen des städtischen Bürgertums entgegen. Und Mappes sprach von diesem Nutzen auch im einzelnen. Die Mineralogie etwa, so führte er aus, sei es, „welche über die Verbreitungen und Eigenschaften der Erdarten und der Metalle Aufschluß giebt, welche Euch das Salz in die Küche, das Gold in die Kasse liefert". Die Chemie wiederum lehre „die Stoffe scheiden und verbinden", sie könne „Farben geben und nehmen und neue zubereiten", sie mache „die Verfälschung der Weine ausfindig", wisse aber auch „selbst welchen zu machen, und Mineralwässer sogar noch stärker als natürliche".[312] Im übrigen – und damit wandte sich Mappes nach den ökonomischen und praktischen Motiven wieder der bildungs-

---

306 Ebd., S. 30.

307 Ebd., S. 75. – Die Senckenbergische Naturforschende Gesellschaft sollte in diesem Sinne auch den vielfach fehlenden Naturkundeunterricht kompensieren. Zu diesem u.a. W. Bonnekoh: Naturwissenschaft als Unterrichtsfach. Stellenwert und Didaktik des naturwissenschaftlichen Unterrichts zwischen 1800 und 1900. Frankfurt/M., New York, Paris, Wien 1992. – Hierzu auch unten Kap. II.3.2.

308 Mappes (wie Anm. 149), S. 77.

309 Hierzu Schulz: Dilettanten (wie Anm. 223).

310 Mappes (wie Anm. 149), S. 104. – Dort auch das folgende Zitat.

311 Ebd., S. 79.

312 Ebd., S. 79f. – Dort auch das folgende Zitat.

didaktischen Ebene zu – schule die Naturkunde die Anschauung, sie lehre das abstrakte Denken und zeige die „Einheit in der Mannichfaltigkeit".

Die Bildungsidee überhöhte das Wissen von der Natur, wie es im Museum repräsentiert war, zum kulturellen Kapital, ja sie formte es zu einem Indikator von Fortschritt und Zivilisation überhaupt.[313] Johann Michael Mappes hat diese Tendenz in seiner Festrede des Jahres 1823 sehr genau aufgegriffen und dabei noch einmal alle Motivebenen zusammengeführt. Im Grunde, so begann Mappes ebenso kokett wie selbstbewußt, sei es beinahe unnötig auseinanderzusetzen, „worin der Werth der Naturkunde bestehe, und was sie der bürgerlichen Gesellschaft nütze".[314] Sie rege an „zum Nachsinnen", gebe „Gelegenheit zu Entdeckungen" und mache „zu besserer Benützung der Stoffe fähig". Vor allem aber bekämpfe sie „mit gleichem Glücke [...] freche Verspottung des Heiligsten und dumpfen Mysticismus, deren eine das Gemüth, der andere den Geist tödtet. Sie führt uns zum festen Glauben an einen ewig nach unwandelbaren Gesetzen waltenden, Alles durchdringenden göttlichen Geist." Darum, so Mappes, sehe man in Staaten, welche es sich zur Aufgabe machen, „alle im Menschen liegenden Fähigkeiten zur Entwickelung zu bringen", die Naturwissenschaft „wohl gepflegt".

Die museale Kultur des Wissens war so, ungeachtet aller topoihaften Elemente, zu einem Inbegriff bürgerlicher Kultur überhaupt geworden. Das bestimmte ihre partizipatorische Struktur, und das sorgte für ihre Attraktivität, die auch dann noch wuchs, als das Bürgertum selbst bereits in die Defensive zu geraten drohte. Diese kulturelle Bedeutung naturhistorischer Sammlungen hatte bereits Johann Georg Neuburg – ein älteres Motiv aufgreifend und zugleich die Diskussionen des späten 19. Jahrhunderts vorwegnehmend – in seiner schon erwähnten Rede 1821 umrissen. Ein Museum vollbringe eine wichtige Kompensationsleistung, da das „Leben des cultivirten Menschen in einer künstlichen, die Natur beeinträchtigenden Umgebung, [...] sein Hang zum erkünstelten Lebensgenuß" ihn „allzusehr vom Studium der Natur" entfernt habe. Darüber hinaus liege der ganz konkrete Nutzen der Sammlung in „der Beförderung und Verbreitung der so wichtigen Naturwissenschaft", die für eine „systematische Uebersicht" sehr bedeutsam seien. Ihr vor allem gelte daher das „allgemein von dem aufgeklärten Theil des hiesigen Publicums empfundene Bedürfniß einer solchen Anstalt".[315]

Dieses Bedürfnis war neu. Es resultierte aus der Etablierung jenes Bildungskanons, den man schon bald den bürgerlichen nannte, und war insofern ganz unmittelbarer Ausdruck des sozialen Wandels. Philipp Jakob Cretzschmar, der eigentliche Begründer der Senckenbergischen Naturforschenden Gesellschaft, hat diesen Wandel und seine Folgen für Kultur und Bildung 1827 am Beispiel Simon Moritz von Bethmanns, des verstorbenen Ehrenmitglieds, verdeutlicht.[316] Bethmann – und der Name des Frankfurter Bankiers steht hier für viele andere tatkräftige Vertreter des Bürgertums – habe, so Cretzschmar, „den G e i s t d e r Z e i t, in der er gelebt, wohl erkannt und in sich aufgenommen". Die „schnell vorbeigeeilte Geschichte eines halben Jahrhunderts" zeige dem Zurückblickenden „ein Vormals, in dem wir

---

313 Dazu Nipperdey I, S. 59–62 u. 484–489. – Vgl. auch die bei Anm. 134 genannten Einzelstudien.

314 Dies und die folgenden Zitate Mappes (wie Anm. 149), S. 28f.

315 *Stiftungsvortrag* (wie Anm. 302).

316 Ph. J. Cretzschmar: Vortrag in der öffentlichen Sitzung zur Jahresfeier am 6. Mai 1827. In: Iris. Unterhaltungsblatt für Freunde des Schönen und Nützlichen v. 23.5.1827. – Dort alle folgenden Zitate. – Zu Bethmann oben Anm. 167.

uns kaum wieder erkennen“. Alles sei in Fluß geraten, und mit den „Revolutionen der Völker und den durch sie aufgeregten Kräften der Massen und der Einzelnen“ habe „die Entwicklungsgeschichte des Menschen eine mächtige Ausdehnung genommen. Ihre glückliche Richtung läßt uns eine allgemein nach Vollendung strebende Ausbildung der Zeitgenossen unverkennbar bemerken.“

Das Streben nach Bildung, ihre persönliche Aneignung wie finanzielle Unterstützung, resultierte nach Cretzschmars Worten unmittelbar aus den politischen und kulturellen Umbrüchen des späten 18. Jahrhunderts. Ganz im Sinne Humboldts wurde hier in der Bildung des einzelnen die Lösung jener Probleme gesehen, denen sich die alte, ständisch organisierte Welt durch die Französische Revolution, die Napoleonischen Kriege und die sich formierenden Nationalbewegungen gegenübersah.[317] Bildung, wie sie das Naturhistorische Museum verhieß, erschien so zum einen als Reaktion auf Prozesse sozialen Wandels. Zum anderen aber trieb sie diesen Wandel weiter an. In der musealen Wissenskommunikation galten wissenschaftliche Erkenntnisse nicht mehr länger als exklusiv. Sie waren, so Cretzschmar, vielmehr „ein Gemeingut geworden, und können nicht mehr, wie früher, als das Eigenthum einer besonderen Kaste angesehen werden.“ Zwar sei, wie er mit Blick auf Bethmann näher ausführte, „die strenge Wissenschaft der letzte Zweig der Kultur, mit dem sich ein Geschäftsmann abgeben“ werde, da sie seinem Beruf zu fern liege. Gleichwohl könne niemand, „dessen Wirkungssphäre eine allgemeinere in dem gesellschaftlichen Leben geworden“ sei, der Naturwissenschaften entbehren, da sie „in zu enger Verkettung mit allen Gegenständen nützlichen Wissens stehen.“

Wer sich in der bürgerlichen Gesellschaft, die sich als die eigentliche, ja die allgemeine Form der Gesellschaft überhaupt verstand, sicher und elegant bewegen wollte, so hieß das, konnte nicht auf eine tatsächlich *allseitige* Bildung verzichten. Besitz und Einkommen waren, im Verständnis der Zeit, die Voraussetzung einer bürgerlichen Existenz, nicht ihre Erfüllung.[318] Diese fand sie allein in der geregelten Lebenspraxis, in Werten und Tugenden, die ihren höchsten Ausdruck im Gedanken der Allgemeinbildung hatten. Der Besuch eines Naturhistorischen Museums wurde so, überspitzt formuliert, gleichsam zur ersten Bürgerpflicht.

Was wir hier anhand eines recht speziellen Falls – des Engagements Simon Moritz von Bethmanns – illustriert haben, ist von grundsätzlicher Bedeutung. Die museale Wissenskultur verstand sich, von ihrer Begründung aus dem bürgerlichen Bildungsideal her, als eine partizipatorische. Die Teilhabe an ihr wurde zum Ausweis der Zugehörigkeit zur bürgerlichen Gesellschaft. Die Sammlungen der Senckenbergischen Naturforschenden Gesellschaft, so hieß das in der Lesart des Frankfurter Bürgertums, seien eben nicht von der „allenfallsige[n] Geneigtheit und [...] Gunst eines Fürsten" abhängig, sondern atmeten den „Gemeingeist freier Bürger".[319] Staatlich gelenkte Häuser wie die Berliner Universitätsmuseen vermochten diesem Ideal zunächst kaum etwas entgegenzusetzen. Hinrich Lichtenstein, der

317 Vgl. Menze (wie Anm. 92), S. 9–73. – T. Borsche: Wilhelm von Humboldt. München 1990, S. 57–64.

318 Tatsächlich ist der Begriff des „Bildungsbürgertums“ denn auch eine Prägung des *späteren* 19. Jahrhunderts. Vgl. dazu etwa Gall: Von der ständischen (wie Anm. 7), S. 100–103. – Die ursprüngliche Konzeption (und ihre Entwicklung) werden deutlich etwa bei Gall: Zum Selbstverständnis (wie Anm. 10). – Roth: Der Bildungsgedanke (wie Anm. 134). – Maurer (wie Anm. 10), S. 439–444. – Vgl. auch U. Engelhardt: „Bildungsbürgertum“. Stuttgart 1986.

319 Mappes (wie Anm. 149), S. 21.

Direktor des Zoologischen Museums der Friedrich-Wilhelms-Universität, von dem bereits die Rede war, benannte 1814 drei Hauptmotive für die Öffnung seines Hauses: zum einen „die Förderung der Wissenschaft durch Anhäufung und geordnete Nebeneinanderstellung der Naturseltenheiten als Stoff und Grundlage gelehrter Arbeiten", sodann den „Unterricht der hier studierenden Jugend" und schließlich die „allgemeine Verbreitung naturhistorischer Kenntnisse".[320] Gewiß waren diese Motive – gerade in ihrem ersten Punkt – auf die Bedingungen eines Universitätsmuseums zugeschnitten, das eine akademische Kultur des Wissens pflegen sollte. Im Kern lag diesen Motiven jedoch das gleiche Konzept von Bildung zugrunde wie in Frankfurt, nur daß es hier vorderhand seines weitergehenden sozialen und – in einem allgemeinen Sinne – politischen Anspruchs entkleidet war.

Der soziale Aktionsraum des Museums wirkte sich so unmittelbar auf Fragen des Wissens und seiner Praxis aus. Weil sich ein bürokratisch geleitetes Haus wie das Berliner Museum nicht durch besondere Partizipationsversprechen empfehlen konnte, setzte es ganz auf die Karte der ‚Wissenschaftlichkeit'. Lichtenstein spielte diesen Trumpf, der ihm durch das Renommee der jungen Berliner Universität gleichsam von selbst zugefallen war, gegen die bürgerlichen Museumsgründungen aus. Der Wert eines Museums, so bedeutete er 1822 dem Berliner Ministerium, liege nicht, ja noch nicht einmal vor allem in der „Schönheit und Seltenheit" seiner Sammlungen.[321] Vielmehr komme es darauf an, „ob sie den Hauptzweck erfüllen, nemlich den: <u>zu belehren</u> und der Wissenschaft zu dienen". Belehrung wurde hier in erster Linie nicht als Teil eines allgemeinen Bildungsprozesses verstanden, sondern als Ausdruck einer zunächst beinahe numinosen Wissenschaftlichkeit.

In einer Zeit, so Lichtenstein, „wo alle Zoologen nach neuen Entdeckungen jagen und wo die Untersuchung und Sichtung des länger Bekannten so schnöde vernachlässigt wird", sei „die Errichtung einer großen Sammlung, die wie ein großes lebendiges Buch dem Studium aufgeschlagen daliege und bei jedem Gegenstand die erwünschte Nachweisung gebe, fast das einzige Mittel die Zoologie vor einer gänzlichen Verwirrung zu bewahren." Das Modell, das sich hierin ausdrückte, unterschied sich von der Frankfurter Praxis erheblich. Es war nicht auf Partizipation, auf die gemeinsame Arbeit in der Sammlung und damit auf eine neue Vergemeinschaftung durch Wissen gerichtet. Im Bild des ‚großen lebendigen Buches', das „dem Studium" aufgeschlagen sein sollte, nahm vielmehr ein didaktisches Denken Gestalt an, das den Besucher vor allem als Rezipienten, als passiven Empfänger von Wissen wahrnahm. Anders als die Frankfurter Sammlung sollte sich das Berliner Museum nicht durch sein allgemeines Bildungspotential auszeichnen, sondern durch die „Strenge der wissenschaftlichen Anordnung".[322] Sie vor allem, so lautete Lichtensteins Vorwurf, mangele den bürgerlichen Sammlungen. Und dieser Vorwurf war durchaus ernst zu nehmen. Noch 1833 zeigte sich Lichtenstein nach einem längeren Aufenthalt in London zwar fasziniert von „diese[r] ungeheure[n] Weltstadt"[323], jedoch enttäuscht von den zahlreichen privaten Kabi-

---

320 Lichtenstein an Departement, Berlin, 2.4.1814. GStA PK I.HA Rep. 76 Va Sekt. 2 Tit. X Nr. 15 Bd. II, fol. 23–29, hier fol. 23.

321 Lichtenstein an Ministerium, Berlin, 22.3.1822. GStA PK I.HA Rep. 76 Va Sekt. 2 Tit. X Nr. 15 Bd. VII, fol. 241–259, hier fol. 250. – Dort auch die folgenden Zitate.

322 Ebd., fol. 254.

323 Lichtenstein an Ministerium, Leiden, 18.10.1833. GStA PK I.HA Rep. 76 Va Sekt. 2 Tit. Nr. 49, fol. 17–27, hier fol. 17v. – Der ganze Vorgang GStA PK I.HA Rep. 76 Va Sekt. 2 Tit. Nr. 49, fol. 4–39.

netten, denen „alle Einheit in der Richtung dieses Studiums" fehle.[324] Da der englische Staat die Naturwissenschaften unzureichend gefördert habe, so erläuterte Lichtenstein wohl nicht ohne Hintersinn dem preußischen Ministerium, hätten sich gleichsam hilfsweise Vereine und Gesellschaften gebildet. Der Naturalienmarkt sei daraufhin beinahe zusammengebrochen, da er „nur von der Kauflust der Reichen, nicht von dem wissenschaftlichen Interesse" gelenkt worden sei.[325] Die Kabinette der neugegründeten Vereine seien kaum mehr als Wunderkammern alten Stils, von systematischer wissenschaftlicher Arbeit könne keine Rede sein.

Lichtensteins Bemerkungen, die leicht vergessen ließen, daß es auch um die systematische Arbeit des Berliner Museums – wie wir oben gesehen haben – nicht in jeder Beziehung zum besten stand, sollten eine gewissermaßen akademische Kultur des Wissens markieren. Sie verstand sich als Konkurrentin jener musealen Praxis, wie sie sich etwa in den bürgerlichen Vereinen Frankfurts und Bremens etabliert hatte. Dabei agierte Lichtenstein indes aus der Defensive, und zwar aus zwei Gründen. Zum einen konnte der Vorwurf mangelnder Wissenschaftlichkeit in dieser Zeit beileibe nicht jedes Vereinsmuseum gleichermaßen treffen. In dieser Hinsicht verband das Senckenberg-Museum mehr mit dem Berliner Universitätsmuseum als etwa mit der Sammlung der Bremer Museumsgesellschaft. Zum anderen erwies sich das partizipatorische Modell, insoweit es den sozialen Wandel aufgriff und ihn zugleich gestaltete, *à la longue* als das attraktivere. Mit seinem ursprünglichen Anspruch, durch Teilhabe am Wissen den Menschen und zugleich die Welt zu verändern, strahlte es weit über den bürgerlichen Raum hinaus. Der günstige Einfluß, den dieses Modell etwa auf Schenkungen und Stiftungen ausübte, blieb auch den staatlichen und fürstlichen Häusern nicht verborgen. Auch für sie entwickelte sich die Idee des vielzitierten bürgerlichen ‚Gemeinsinns'[326] daher zu einem Motor des Sammelns.[327]

In allen Museen waren – ganz im Sinne des neuhumanistischen Ideals – Forschung und Lehre zunächst nicht voneinander zu trennen. Auf vielfältige Weise, durch gemeinsame Arbeit *an* und *in* der Sammlung, durch Unterricht und Studium waren beide Bereiche miteinander verflochten. Seit der Jahrhundertmitte änderte sich dieses Verhältnis – von Museum zu Museum in verschiedenem Maße – grundlegend. Die Forschung fand nun zunehmend in modernen Laboratorien statt; wissenschaftliche Arbeit meinte fortan eine solche mit Mikroskop und Skalpell. In das Museum waren solche Methoden zunächst nur bedingt zu integrieren, zumal die Objekte hierbei nicht selten durch Sektion und Experiment gerade zerschnitten und zerstört wurden. An einzelnen Häusern wie etwa dem Berliner Museum für Naturkunde, das eben eine Einrichtung der Universität war, wurde auch weiterhin Spitzenforschung betrieben. *Grosso modo* jedoch verschoben sich die Gewichte zugunsten der Lehre, zugunsten also der Vermittlung von Wissen. Diese Tendenz, die der Popularisierung

---

324 Lichtenstein an Ministerium, Leiden, 18.10.1833. GStA PK I.HA Rep. 76 Va Sekt. 2 Tit. Nr. 49, fol. 17–27, hier fol. 18.

325 Ebd., fol. 19.

326 Dieses Deutungsmuster exemplarisch bei G. L. Kriegk, Der Gemeinsinn der Frankfurter Bürger in früheren Zeiten. In: Didaskalia. Blätter für Geist, Gemüth und Publicität 1868, Nr. 249/250–255. – Vgl. M. Frey: Macht und Moral des Schenkens. Berlin 1999, bes. S. 35–40. – A. Schulz: Mäzenatentum und Wohltätigkeit – Ausdrucksformen bürgerlichen Gemeinsinns in der Neuzeit. In: Bürgerkultur und Mäzenatentum im 19. Jahrhundert. Berlin 1998, S. 240–263.

327 Vgl. dazu Kap. III.3.

entgegenkam, hatte so zunächst *inner*wissenschaftliche Gründe, berührte sich jedoch eng mit jenen Prozessen des sozialen Wandels, die nicht erst in der sozialreformerischen Volksbildungsbewegung des letzten Jahrhundertdrittels die Nachfrage nach einer Teilhabe an der musealen Wissenskommunikation erhöhten. Der Wandel dieser Praxis, von der im vierten Kapitel die Rede sein soll, drückte sich im wissenschaftlichen Profil des jeweiligen Hauses aus.

3. Wissenschaftliche Profile

Darwins Lehre von der Entstehung der Arten, in der sich ein bereits älteres evolutionistisches Denken auf neue und außerordentlich wirkungsvolle Weise aussprach, war von einschneidender Bedeutung für die Naturhistorischen Museen.[328] Sie veränderte den Status der Objekte innerhalb der musealen Praxis, indem sie aus Objekten eines Klassifikationssystems fortan Subjekte naturhistorischen Wandels machte. Dieser Statusveränderung, die sowohl *interne* Gründe (den Wandel wissenschaftlicher Deutungsmuster) als auch *externe* Gründe (das neuartige Interesse der Massenöffentlichkeit) hatte, gelten die folgenden Überlegungen.

Der Status der Objekte bestimmte die wissenschaftliche Konzeption des Museums, die wiederum bestimmte Präsentationsstrategien nach sich zog.[329] Da es die einheitliche, gleichförmige Kultur des Wissens in den Naturhistorischen Museen des 19. Jahrhunderts nicht gab, fielen diese Konzeptionen unterschiedlich aus. Sie blieben geprägt von spezifischen lokalen und sozialen Bedingungen, von akademischen Traditionen und individuellen Vorlieben. Die regionale Vielfalt, wie sie für die deutschen Verhältnisse typisch war, löste keinen Verdrängungswettbewerb aus, wohl aber eine der Museumsentwicklung insgesamt vielfach förderliche Konkurrenz. Ihren Ausgang nahm diese Entwicklung von der taxonomischen Systematik, wie sie am Ende des 18. Jahrhunderts insbesondere durch die Arbeiten Carl von Linnés präzisiert worden war.[330] Seither bildete sie, bei allen Differenzierungen im Detail, die Basis jeder Museumsarbeit. Hieran anknüpfend entwickelten sich seit der Mitte des Jahrhunderts verschiedene Museumsprofile, die sich repräsentativ an den Naturhistorischen Museen in Berlin, Karlsruhe, Frankfurt und Bremen aufzeigen lassen.

3.1. Taxonomische Systematik

Das erste und wenn man so will klassische Profil entstand in der *taxonomischen Systematik*, der es vor allem um die Beschreibung, die Benennung und Klassifizierung von Objekten –

328 Vgl. E.-M. Engels (Hrsg.): Die Rezeption von Evolutionstheorien im 19. Jahrhundert. Frankfurt/M. 1995. – Aus biologiehistorischer Perspektive Jahn, Kap. 9. – In weiterer Sicht Nipperdey II, S. 508–510, 613–617 u. 625–629. – Die folgenden Profile auch bei Köstering, S. 75–131.

329 Hierzu grundlegend B. Latour: Visualization and Cognition. In: Knowledge and Society 6 (1986), S. 1–40. – Vgl. auch T. Lenoir u. Ch. L. Ross: The Naturalized History Museum. In: The Disunity of Science. Stanford 1996, S. 370–397.

330 Vgl. I. Jahn u. K. Senglaub: Carl von Linné. Leipzig 1978. – Im größeren Kontext Jahn, Kap. 7. – Hierzu und zum folgenden auch M. Klemun: Der „historische Erfahrungsraum" von Naturgeschichte und Biologie. In: Themen der Wissenschaftsgeschichte. Wien, München 1999, S. 50–82.

und damit auch um die Kategorisierung des durch sie repräsentierten Wissens – zu tun war.[331] Sie suchte die Ordnung der Dinge durch eine lückenlose Präsentation zu imaginieren, deren Perspektive durchweg historisch war. Die Historisierung des Wissens von der Natur setzte bereits eine Generation vor Darwin ein und übte insbesondere auf Paläontologie und Geologie großen Einfluß aus. Geologische Sammlungen wollten so – in lückenloser Systematik und genetischer Struktur – die Erdgeschichte abbilden, also gleichsam die Geschichte der Erde durch Objektreihen lesbar machen.

Kaum ein Naturhistorisches Museum hat das taxonomisch-systematische Profil so gepflegt wie das Museum für Naturkunde in Berlin. Es ist kein Zufall, daß sich in dieser dezidiert wissenschaftlichen Universitätssammlung auch das – im Vergleich zu Karlsruhe, Frankfurt und Bremen – bei weitem akademischste Profil ausformen konnte. Es war bereits in den Museen Unter den Linden geprägt worden, hatte seinen gültigen Ausdruck jedoch erst im 1887 eröffneten Neubau an der Invalidenstraße gefunden. Fortan trug das Haus, wie kein zweites deutsches Museum, sein taxonomisches Profil zur Schau, ohne damit freilich auf Dauer Nachahmer zu finden. Wer etwa die 1889 eröffnete Schausammlung betrat, befand sich zunächst im Lichthof, einem großen Entree, das Eindruck machen wollte und es mit seinen Walskeletten und präparierten Großsäugetieren auch tat.[332] Von hier aus gelangte der Besucher der Zoologischen Sammlung dann zunächst in den Säugetiersaal, in dem die Tiere, begonnen mit den Primaten, streng anhand des zoologischen Systems aufgestellt waren. Es waltete die Hierarchie der Klassen, Ordnungen, Familien, Gattungen und Arten. Die Natur schien geordnet, die Welt durchrationalisiert. Im Anschluß daran passierte der Besucher die Spezialsäle: den Saal der ‚vaterländischen' Säugetiere und Vögel, die systematische Vogelsammlung, den Saal der Reptilien, Amphibien und Fische, den Saal der Insekten und Spinnen, schließlich den Saal der wirbellosen Tiere, also der Würmer, Schwämme und Korallen, der Tiefseetiere und Einzeller. Der Rundgang verlor sich im grauen Schlamm der Ursuppe.

Die Inszenierung folgte damit den Vorgaben des wissenschaftlichen Profils und unternahm es, systematisch „von den höheren zu den niedrigeren Tieren hinabzusteigen"[333], ganz wie es der bereits erwähnte Karl Möbius 1887 als Ziel der Berliner Präsentation formuliert hatte. Die Ordnung, die sich so ergab, war keine neue, wohl aber eine besonders konsequente. Sie machte das von Linné und seinen Nachfolgern konstruierte System der Natur gewissermaßen lesbar – und begehbar zugleich. Die Sammlung als ‚großes lebendiges Buch' – die Idee, die Hinrich Lichtenstein in den 1820er Jahren skizziert hatte – war nun Gestalt geworden.

Das verbindliche, bestimmende Profil der Naturhistorischen Museen blieb bis weit ins 19. Jahrhundert das taxonomische System.[334] Es war die Grundlage aller musealen Praxis, wurde jedoch unterschiedlich gehandhabt. Das begann damit, daß viele Museen – wir haben

331 Auch hierzu Jahn, Kap. 7.

332 Vgl. zum folgenden *Führer durch die zoologische Schausammlung des Museums für Naturkunde in Berlin*. Berlin 1899. – Dazu auch Köstering, S. 77f.

333 Protokoll der Sitzung der wissenschaftlichen Beamten, 24.9.1887. HUB, MfN, Historische Bild- und Schriftgutsammlungen, Zoologisches Museum, S II, Verwaltungsakte, 1887–1892.

334 Dazu W. Blasius: Öffentliche Anstalten für Naturgeschichte und Alterthumskunde in Holland und dem nordwestlichen Theile von Deutschland. Braunschweig 1880. – Zum folgenden ausführlich Köstering, S. 78–90.

es an allen vier Häusern studieren können – in der Regel nur rudimentär geordnet waren. Das einheitliche System wirkte daher vor allem als regulative Idee. In der Realität drückten sich die Probleme schon in dem Fehlen wissenschaftlicher Kataloge aus. Nicht nur das preußische Kultusministerium mahnte wieder und wieder ihre Anfertigung an. Auch in Karlsruhe, Frankfurt und Bremen waren die Klagen Legion.[335]

Aber selbst dort, wo Kataloge angefertigt wurden, konnte von einem *einheitlichen* System keine Rede sein. Hinsichtlich der Systematik der Vögel etwa, zweifellos der im 19. Jahrhundert am besten erforschten Klasse des Tierreichs, bestanden erhebliche Meinungsverschiedenheiten. Die Ordnungen der Vögel (also zum Beispiel Singvögel, Schreivögel, Klettervögel, Hühnervögel oder Papageien) waren kaum in eine verbindliche Hierarchie zu bringen.[336] In Dresden war die gesamte Vogelsammlung nach dem sogenannten „Reichenbach'schen System" geordnet, benannt nach dem Ornithologen Ludwig Reichenbach (1793–1879), der das Museum von 1820 bis 1874 geleitet hatte. Das Hessische Staatsmuseum Darmstadt hingegen folgte dem ornithologischen System von Max Carl Fürbringer (1846–1920), der dem Leiter der zoologischen Abteilung des Darmstädter Hauses, Gottlieb von Koch (1849–1914) persönlich verbunden war.[337] Die Senckenbergische Naturforschende Gesellschaft schließlich ließ 1892 – noch im alten Museum – die Vogelsammlung in Anlehnung an die Kataloge des Britischen Museums ordnen – was wiederum Nachahmer fand: Auch die Wiesbadener Sammlung wurde 1905 nach dem renommierten Londoner Muster sortiert.[338] Die Klassifizierungen blieben also im 19. Jahrhundert durchaus strittig. Gleichwohl führte das taxonomische System, das vorgab, nur die Wirklichkeit abzubilden, sehr bewußt zu einer Vereinheitlichung der musealen Praxis – innerhalb eines bestimmten Hauses, aber auch darüber hinaus. Man könnte diesen Prozeß der Vereinheitlichung auch als einen *Zwang* zur Vereinheitlichung beschreiben. Was damit gemeint ist, läßt sich an zwei Beispielen zeigen.

Zum einen führte das Streben nach einer lückenlosen, hierarchischen Systematik dazu, daß seit der Mitte des Jahrhunderts kaum mehr geschlossene *Separat*sammlungen innerhalb des Museums existieren konnten. In Berlin waren etwa die Forschungssammlungen Adelbert von Chamissos und Christian Gottfried Ehrenbergs, die das Belegmaterial ihrer wissenschaftlichen Publikationen enthielten, also gleichsam materialisierte Fußnoten bildeten, zunächst getrennt von der Hauptsammlung aufgestellt worden.[339] Solche Enklaven konnte der alles vereinnahmende Zwang zum System nicht mehr dulden. Im neuen Haus an der

335 Hierzu u.a. Schäfer (wie Anm. 131), S. 69–71. – Vgl. auch Penny (wie Anm. 64), Kap. V.

336 Vgl. W. Blasius: Die Neuaufstellung des Herzoglich-Naturhistorischen Museums zu Braunschweig. Braunschweig 1879. – A. B. Meyer: Führer durch das Kgl. Zoologische Museum in Dresden. Dresden 1881. – *Führer durch das Naturhistorische Museum zu Hamburg*. Hamburg 1893. – Ein Beispiel aus dem Bereich der Mineralogie bietet das Karlsruher Naturalienkabinett, das Anfang der 1880er Jahre nach einem singulären System aufgestellt wurde, das der Karlsruher Sammlungsdirektor, Adolph Knop, selbst ausgearbeitet hatte. Vgl. Knop an Kultusministerium, Karlsruhe, 24.7.1883. GLA Karlsruhe 235/6664. – Vgl. A. Knop: System der Anorganographie. Leipzig 1876.

337 G. v. Koch: Die zoologischen Sammlungen des Landesmuseums in Darmstadt. Teil 2: Darstellung des Systems der Vögel. In: Museumskunde 4 (1908), S. 24–33. – M. Fürbringer: Untersuchungen zur Morphologie und Systematik der Vögel. Amsterdam 1888. – Zu Koch vgl. unten Kap. II.

338 Vgl. *Führer durch das Museum der Senckenbergischen Naturforschenden Gesellschaft*. Frankfurt 1896, S. 22. – Vgl. Jb. des Nassauischen Vereins für Naturkunde 1906, S. 14.

339 Dazu Brauer: Das zoologische Museum (wie Anm. 89), S. 375f. – Vgl. Köstering, S. 80.

Invalidenstraße gab es – sehr zum Leidwesen vieler potentieller Geschenkgeber, die ihre Privatsammlungen dem Museum der Reichshauptstadt nur zu gerne zur *ungeteilten* Aufstellung übereignet hätten – keine Separatsammlungen mehr.[340]

Zum anderen führte das streng gegliederte System innenarchitektonisch zu einer Normierung der Raumgrößen, die dem relativen Anteil der jeweiligen Klasse an der gesamten Tierwelt entsprechen sollte.[341] Manche Publikumslieblinge hatten unter solchen Reglementierungen sehr zu leiden. Das galt etwa für die Vögel, die im frühen 19. Jahrhundert viele Museen und Kabinette, nicht zuletzt als Embleme sittlichen Wohlverhaltens, dominiert hatten.[342] Im alten Senckenberg-Museum etwa hatte die öffentlich zugängliche Sammlung rund 11.000 Vögel umfaßt, in der Zoologischen Staatssammlung in München sogar 17.000. Im Berliner Museum, in dem nach 1889 alle Tierklassen etwa gleich viel Raum einnehmen sollten, waren öffentlich nur mehr 1.000 Vögel zu sehen, während die unzugängliche Hauptsammlung weitere 8.000 umfaßte.[343]

Der Akzent lag damit in Berlin – wie in jeder anderen Schausammlung – fortan auf der *Auswahl* der Objekte. Sie hatte auch Einfluß auf das taxonomische Profil des Hauses. Dieses Profil sollte das Museum fortan nicht mehr nur als einen gleichsam begehbaren wissenschaftlichen Katalog einrichten, sondern zwischen den Objekten neue Beziehungen schaffen, ihnen Bedeutungen zuschreiben, mit einem Wort: Sinn stiften. Karl Möbius jedenfalls mahnte 1887, eine gelungene Schausammlung dürfe – auf den Berliner Fall bezogen – „keine kurze Widerholung der systematischen Hauptsammlung“ sein, sondern müsse „vergleichend-morphologische, ferner physiologische und biologische Gruppenbilder“ enthalten.[344] In dem Maße, in dem wissenschaftliche Taxonomie – in Reaktion auf die Evolutionstheorie – über die traditionelle vergleichende Phänomenologie hinausging und sich neuen anatomisch-experimentellen Methoden öffnete, veränderte sich auch die museale Praxis.

Folgerichtig erklärte Möbius im Mai 1887 gegenüber dem preußischen Kultusministerium, man müsse „außer der Hülle der Thiere aller Klassen auch den inneren Bau derselben, sowie ihre Entwickelung und Lebensweise veranschaulichen“.[345] Die Fortschritte der Naturwissenschaften, die, wie gesagt, zunehmend außerhalb der Museen – in Laboratorien und Forschungsinstituten – errungen wurden, setzten die traditionelle Präsentation einem massiven Rechtfertigungsdruck aus. Ihm war nur zu begegnen, indem man die Praxis anglich. Die Museen, so skizzierte Möbius den Angleichungsprozeß, „sollen uns den heutigen Stand-

340 Ein schönes Beispiel hierfür ist die „Erzherzog Stephan-Rumpffsche“-Sammlung, die – gegen den ursprünglichen Wunsch der Geschenkgeberin – in die Geologische Sammlung des Berliner Museums für Naturkunde integriert wurde. Vgl. unten Kap. III.3.

341 Zum folgenden Köstering, S. 82.

342 Vgl. E. C. Spary: Französische Vogelsammlungen als eine Sprache der vornehmen Gesellschaft im 18. Jahrhundert. In: Sammeln als Wissen (wie Anm. 95), S. 39–61.

343 *Führer durch das Museum der Senckenbergischen Naturforschenden Gesellschaft* (wie Anm. 338). – Fr. Doflein: Sechs Wanderungen durch die Zoologische Staatssammlung in München. München 1904. – Zu den Berliner Zahlen vgl. das Manuskript einer Rede von Möbius [undat.]. HUB, MfN, Historische Bild- und Schriftgutsammlungen, Zoologisches Museum. S II, Verwaltungsakte, Acta betr. Leihanfragen. – Dazu auch Köstering, S. 82f. – Weitere Beispiele bei W. Blasius: Öffentliche Anstalten (wie Anm. 334).

344 Protokoll der Sitzung der wissenschaftlichen Beamten, 3.5.1887. HUB, MfN, Historische Bild- und Schriftgutsammlungen, Zoologisches Museum. S II, Verwaltungsakte, 1887–1892.

345 Möbius an Kultusministerium, 31.5.1887. GStA PK I.HA Rep. 76 Va Sekt. 2 Tit. X Nr. 127 Bd. 1, fol. 43–57, hier 44v.

punkt der vergleichenden Morphologie und Biologie der Tierwelt der ganzen Erde veranschaulichen. Sie sollen alle Gesetze der Gestaltung und Entwickelung in den Beziehungen der Tiere zur Natur, welche in den Büchern und Bildwerken verdeckt angehäuft sind, anschaulich ausbreiten. Sie sollen das Sein und Tun der Tiere in allen Momenten ihres Lebens ergreifen, festhalten und so dauerhaft werden lassen, daß man sie betrachten kann, so lange man will."[346]

In knappen Worten war damit der Übergang von einer deskriptiven Darstellung des taxonomischen Systems hin zu einer analytischen Inszenierung der Objekte umrissen worden. Dieser Wandel – zunächst Folge eines *inner*wissenschaftlichen Prozesses – veränderte auch den praktischen Umgang mit den Objekten. Wer Objekte analytisch inszenieren wollte, bedurfte künftig – auch in taxonomisch-systematisch geordneten Sammlungen – verschiedener Hilfsmittel wie Karten und Zeichnungen, Modelle und Präparate. Sie erst setzten das Objekt in einen neuen Kontext. Nur mit ihrer Hilfe konnte das neue Wissen anschaulich repräsentiert werden.[347]

3.2. Tiergeographie

Die *Tiergeographie*, die hier als zweites wichtiges Profil zu nennen ist, wendete das evolutionsbiologische Interesse, das bereits die Taxonomie fortentwickelt hatte, im letzten Drittel des 19. Jahrhunderts ins Methodische.[348] Für die Verbreitung bekannter Tierarten hatte sich die Forschung immer schon interessiert. Durch die Publikation von Charles Darwins „Entstehung der Arten" (1859) wuchs dieser Forschung allerdings größere Bedeutung zu, sie wurde so – im Sinne des Wortes – zur Großforschung. Das Ziel der Tiergeographie bestand darin, die Verwandtschaftsverhältnisse der Tiere, insbesondere jedoch die Entstehung neuer Arten aus ihrer geographischen Verbreitung zu erklären. Die zentrale Einheit bildete dabei die sogenannte tiergeographische Region. Mit ihr wurde ein Gebiet bezeichnet, das sich durch eigentümliche Tiergruppen trennscharf von anderen unterscheiden ließ. Ging es um die Definition solcher tiergeographischer Regionen, durfte man folglich nicht mehr das einzelne Objekt – als Repräsentant des taxonomischen Systems – betrachten, sondern mußte das größere Ganze im Auge haben.

Tiergeographische Regionen waren gekennzeichnet durch ‚charakteristische Tiere'.[349] Sie bildeten, ausgehend von Alfred Russell Wallace (1823–1913) großer Untersuchung über die „Geographische Verbreitung der Tiere" (1876)[350], fortan in vielen Sammlungen – so etwa nach 1900 im Großherzoglichen Naturalienkabinett in Karlsruhe – eine wichtige Kate-

---

346 Aufzeichnung Möbius' [undat.]. HUB, MfN, Historische Bild- und Schriftgutsammlungen, Zoologisches Museum. S II, Verwaltungsakte.

347 Vgl. Kap. IV.2.2.1.

348 Zum folgenden Jahn, S. 392–408.

349 Zu diesem Begriff Köstering, S. 97–100. – Zur schillernden Bedeutung des Begriffs „Charakter" vgl. etwa K. Breitenfellner: Physiognomie und Charakter. In: Zur Konstruktion des Anderen in Rassismus und Antisemitismus. Frankfurt/M. 1998, S. 67–76.

350 A. R. Wallace: The Geographical Distribution of Animals. London 1876. – Deutsche Übersetzung noch im gleichen Jahr unter dem Titel „Die geographische Verbreitung der Tiere". Bd. 1–2. Dresden 1876.

gorie der musealen Praxis.[351] Und diese Praxis, die sich in der tiergeographischen Inszenierung der Schausammlungen ausdrückte, trieb die Disziplingenese der Tiergeographie innerhalb der Zoologie ihrerseits weiter voran. Naturhistorische Museen nahmen so nicht nur – wie im Falle des taxonomischen Systems – neue Forschungstendenzen auf, sondern gestalteten sie mit und verhalfen ihnen durch ihr Prestige nicht selten erst zum Durchbruch.

Wallace selbst hatte bei seinem Interesse für die sogenannten charakteristischen Tiere, für die er ‚Charakter' als taxonomisches Merkmal verfocht, bereits auf Visualisierung gesetzt: In sein Werk hatte er Abbildungen eingerückt, die nicht mehr einzelne Tiere, sondern Tierensembles zeigten, und zwar in natürlicher Umgebung.[352] Diese Abbildungen dienten als Modelle tiergeographischer Regionen, wie sie dann etwa in Karlsruhe und Darmstadt inszeniert wurden.[353] Diese Regionen erwiesen sich jedoch keineswegs als normative Einheiten; auch hier befand sich – wie bei der Systematik – das Wissen im Fluß. Philipp Lutley Sclater etwa hatte 1857 zunächst sechs, 1875 dann sieben Hauptregionen in einem zweistufigen System vorgeschlagen.[354] Wallace selbst wiederum hatte 1876 sechs Regionen mit jeweils vier Unterregionen favorisiert.[355] Karl Möbius schließlich differenzierte dieses System, verzichtete dabei aber auf alle Subregionen. Am Ende unterschied er zwölf Regionen (sowie sechs Meeresregionen) und berief sich für diese Einteilung auf seine praktischen Erfahrungen in der Museumssammlung.[356] Die museale Praxis sollte so die wissenschaftliche Auseinandersetzung entscheiden – das jedenfalls war die Absicht. Tatsächlich blieb es bei einer Konkurrenz verschiedener tiergeographischer Muster. In der Regel orientierten sich die deutschen Naturhistorischen Museen an Wallace, fügten aber mindestens die von Möbius entwickelten Polargebiete hinzu – was angesichts des Renommees der deutschen Meeres- und Polarforschung nicht verwunderlich war.[357]

---

351 Vgl. etwa M. Auerbach: Führer durch das Großherzoglich-Badische Naturalien-Kabinett. Karlsruhe 1904. – Ders.: Plaudereien über die Karlsruher naturwissenschaftlichen Sammlungen I–II. In: Sonntags-Zeitung des „Karlsruher Tagblatts" v. 15.2. u. 1.3.1914. – Vgl. auch unten Kap. IV.2.2.4.

352 Vgl. Wallace: Die geographische Verbreitung (wie Anm. 350), S. IX. – Dazu Köstering, S. 98.

353 Vgl. G. v. Koch: Die zoologischen Sammlungen des Landesmuseums in Darmstadt. Tiergeographische Gruppen. In: Museumskunde 6 (1910), S. 92–113.

354 Ph. L. Sclater: On the geographical distribution of the members of the class of Aves. In: Proceedings of the Linnaean Society London, Jg. 1858, S. 130–145. – Die Übersetzung eines späteren Werks ist Ders.: Über den gegenwärtigen Stand unserer Kenntnis der geographischen Zoologie. Erlangen 1876.

355 Tiergeographische Regionen nach Wallace: 1. Paläarktische Region (Nordeuropa, Mittelmeer, Sibirien, Mandschurei); 2. Äthiopische Region (Ost-, West- und Südafrika, Madagaskar); 3. Orientalische Region (Zentral-Indien, Ceylon, Indochina, Indo-Malaya); 4. Australische Region (Austro-Malaya, Australien, Neuseeland, Polynesien); 5. Neotropische Region (Antillen, Brasilien, Chile, Mexiko); 6. Nearktische Region (Kalifornien, Ost-USA, Kanada). Vgl. Wallace: Die geographische Verbreitung (wie Anm. 350).

356 Tiergeographische Regionen nach Möbius: 1. Nordpolargebiet; 2. Europäisch-Sibirisches Gebiet; 3. Mittelmeergebiet; 4. Chinesisches Gebiet; 5. Indisches Gebiet; 6. Afrikanisches Gebiet; 7. Australisches Gebiet; 8. Nordamerikanisches Gebiet; 9. Südamerikanisches Gebiet; 10. Gebiet der polynesischen Inseln; 11. Gebiet der Südmeerinseln; 12. Südpolargebiet. – Vgl. K. Möbius: Die Tiergebiete der Erde, ihre kartographische Abgrenzung und museologische Bezeichnung. In: Archiv für Naturgeschichte 57 (1891), S. 277–291. – Ders.: Die Tierwelt der Erde. In: Geographisches Handbuch. Bielefeld 1899, S. 322–348.

357 Vgl. K. Chun: Die Resultate der Tiefseeforschung und die Aufgaben einer Deutschen Tiefsee-Forschung. In: Verhandlungen der Gesellschaft deutscher Naturforscher und Ärzte. 69. Versammlung zu Braunschweig 1897. Leipzig 1898, S. 3–16. – Ders.: Aus den Tiefen des Weltmeeres. Schilderungen von der

Als erstes Haus gestaltete das 1875 eröffnete Zoologische Museum und Zooplastische Kabinett in Münster einen Teil seiner Sammlung nach tiergeographischen Prinzipien.[358] Man sah dort sogenannte Landschaftsbilder, Nischen, in denen mit Hilfe von Illusionsmalerei die Ansichten ferner Länder wie „Westfalens Vorzeit" zu sehen waren. Hinsichtlich der Visualisierung tiergeographischer Regionen wie Australien, Afrika südlich der Sahara, Südamerika oder der Polarregion waren sie von Hermann Landois (1835–1905) ganz auf unmittelbare Wirkung berechnet worden.[359] „An beiden Wänden", so präsentierte sich etwa die ‚Nordseelandschaft', „bilden Leuchtthurm, die brandende See mit schaukelnden Schiffen, Felsen, wie Stranddünen die passende Dekoration. Am Strande selbst dann die lebend ähnlich ausgestopften Charaktertiere: Seehunde, Strandläufer, Säger, Enten, Gänse, Säbler, Austernfischer, gestrandete Fische zwischen Dünenhafer, angespülte Schnecken und Muscheln, während in der Luft Möwen und Seeschwalben in fliegender Stellung ihre Schwingen ausbreiten."[360]

Was hier zu sehen war, eine tiergeographische Region, besaß durchaus die höheren wissenschaftlichen Weihen, reizte jedoch zugleich die Schaulust. Der Übergang zum tiergeographischen Profil löste so neue Inszenierungsstrategien aus. Und anders als die traditionelle systematische Ordnung konnten diese Strategien mit den Präsentationen der zeitgenössischen Unterhaltungskultur, mit Dioramen und Panoramen, konkurrieren.[361] Weil sie sich *wissenschaftlich* auf dem neuesten Stand wußten, konnten sie auch die Popularisierung offensiv vorantreiben. Nichts anderem diente letztlich die Präsentation tiergeographischer Regionen, wie sie sich in immer mehr Museen durchsetzte. Im Königsberger Universitätsmuseum etwa entstand, unter dem Direktorat Karl Chuns (1852–1914), dem späteren Leiter der deutschen Tiefsee-Expedition „Valdivia", zwischen 1883 und 1891 eine „Große Schausammlung", die mit Blick auf das Publikum bewußt nach tiergeographischen Regionen geordnet war.[362] Im Kölner Naturhistorischen Museum zeigte man lediglich „einen Über-

---

deutschen Tiefsee-Expedition. Jena 1900. – Dazu H. Landsberg: 100 Jahre Deutsche Tiefsee-Expedition „Valdivia". In: Verhandlungen zur Geschichte und Theorie der Biologie 5 (2000), S. 75–90.

358 Zur Konzeption vgl. Jahresbericht des westfälischen Vereins für Vogelschutz, Geflügel- und Singvogelschutz 24 (1897), S. 32. – Vgl. H. Landois: Die Lehr- und Lernmittel-Ausstellung auf dem Gebiete der Zoologie zu Münster i.W. in der Pfingstwoche vom 20. bis 27. Mai 1877. In: Der Österreichische Schulbote 27 (1877), S. 430–438. – Dazu auch Köstering, S. 94.

359 Vgl. H. Landois: Das westfälische Provinzial-Museum für Naturkunde. In: Jahresbericht des westfälischen Provinzialvereins für Wissenschaft und Kunst 1891, S. 86–94. – Zum Hintergrund H. Ant u. B. Gries: Biologisch-ökologische Landeserforschung in Westfalen. Hamm 1992. – *Führer durch das Landesmuseum der Provinz Westfalen*. Münster 1919. – Prägend wirkte hier der Einfluß Philipp Leopold Martins (1815–1886), dessen Konzeptionen das Münsteraner Haus in weiten Teilen folgte. Vgl. Ph. L. Martin: Das Museum der Urwelt bis zur Gegenwart im Nill'schen Thiergarten in Stuttgart. In: Der Zoologische Garten 15 (1874), S. 473. – Hierzu I. Jahn: Ein Pionier der „Museumsdermoplastik" – Leopold Martin (1815–1886). In: Der Präparator 41 (1995), S. 53–62. – Zu Martins dermoplastischer Methode ausführlich unten Kap. II.

360 Landois: Die Lehr- und Lernmittel-Ausstellung (wie Anm. 359), S. 433.

361 Vgl. dazu etwa mit Blick v.a. auf Weltausstellungen Wörner (wie Anm. 262). – Plato (wie Anm. 262). – Zum Phänomen der frühen Massenkultur vgl. auch V. R. Schwartz: Spectacular Realities. Berkeley, Los Angeles, London 1999. – Zu den ‚neuen Medien' des 19. Jahrhunderts immer noch H. Buddemeier: Panorama, Diorama, Photographie. München 1970. – Vgl. auch die Beiträge von G. Plumpe, G. Gersmann und O. Grau in J. Fohrmann, A. Schütte u. W. Voßkamp (Hrsg.): Medien der Präsenz. Köln 2001.

362 Vgl. Köstering, S. 95.

blick über die paläarktische Fauna", während das Darmstädter Haus seine Berühmtheit geradezu den tiergeographischen Gruppen verdankte.[363] In zwölf großen Nischen waren dort, effektvoll mit Tageslichtzufuhr versehen, insbesondere die großen Regionen wie Australien (1904), Südamerika (1906), Afrika (1907), Indien (1909), Antarktis (1913) oder Eurasien (1915/17) zu bestaunen. Wie im Karlsruher Naturalienkabinett, das in seinem Mittelsaal – dem wichtigsten, zentralen Raum – die Präsentation ausschließlich an tiergeographischen Regionen orientierte und dabei besonders avanciert dem System von Möbius folgte[364], so waren auch die Gruppen in Darmstadt gezielt als Attraktionen komponiert, als Ensembles, die im Detail – allein die Südamerika-Gruppe bestand aus 169 Arten in über 200 Exemplaren – wie in der Monumentalität ihrer Anlage bestachen.

3.3. Biologie

An Fragen der Biologie, mit der hier, ganz im Verständnis des 19. Jahrhunderts, weniger die Lehre vom Leben an sich als die Lehre von den Lebensweisen der Tiere gemeint ist[365], hatte unter Naturwissenschaftlern schon immer ein gewisses Interesse bestanden. Erst im letzten Drittel des 19. Jahrhunderts jedoch – auch hier war der Einfluß der Evolutionstheorie entscheidend – wurde die Biologie zum Programm erhoben.[366] Für das Museum und seine Praxis bedeutete dies eine neue Positionierung des einzelnen Objektes, damit verbunden eine Neuausrichtung des Verhältnisses von Theorie und Praxis und schließlich die Formulierung einer neuen Art von Didaktik, ja vielleicht der ersten Didaktik im modernen Sinne überhaupt. In theoretischer Hinsicht sollte die Sammlung künftig als eine systematische Einführung in biologisches – und das hieß hier vor allem: evolutionsbiologisches – Denken fungieren. In praktischer Hinsicht hatte dies die Anwendung neuerer, auf ‚Lebensnähe' zielender Präparationsmethoden zur Folge. Von ihnen waren kleinere wie größere Objekte betroffen. Im Badischen Naturalienkabinett waren es so etwa die Insekten, die im Sinne des *biologischen Profils* neu präsentiert wurden: zunächst durch eine evolutionsbiologische Übersicht zum Formenvergleich, zur Mimikry, zum Zusammenhang von Jahreszeit und Färbung sowie zum Flugverhalten. Die Insektensammlung zeigte anschließend die Objekte selbst in einer natürlichen Umgebung, also mit Wohn- und Nährpflanzen.[367]

Was so unter dem wissenschaftlich sanktionierten Einfluß des biologischen Paradigmas entstand, waren freiere Darstellungen, die ungeschützt, ohne Glasüberzug, einen neuen

363 Vgl. H. Engländer: Das Naturkundemuseum in Köln (1892–1944) und seine Vorgänger. In: Naturwissenschaften und Naturwissenschaftler in Köln zwischen der alten und der neuen Universität (1798–1919). Köln 1985, S. 186–200. – H. Feustel: Die tiergeographischen Gruppen des Hessischen Landesmuseums in Darmstadt. In: Museumskunde 37 (1968), S. 81–91.

364 Vgl. M. Auerbach: Führer (wie Anm. 351), S. 1f.

365 Zur etymologischen Dimension K. T. Kanz: Zur Frühgeschichte des Begriffs „Biologie". In: Berichte zur Geschichte der Hydro- und Meeresbiologie. Berlin 2000, S. 269–282. – Vgl. I. Jahn, S. 19–27. – Zum folgenden Köstering, S. 107–115.

366 Dazu Jahn, Kap. 9. – Zum Aufstieg der Biologie zur „Leitwissenschaft" vgl. auch L. Gall: Natur und Geschichte – eine spezifische Antinomie des 20. Jahrhunderts? In: Ders.: Bürgertum, liberale Bewegung und Nation. München 1996, S. 373–388, hier S. 377–381. – Vgl. Nipperdey I, S. 613–618.

367 M. Auerbach: Führer (wie Anm. 351), S. 43.

Objektstatus und dadurch auch eine neue Anschaulichkeit ermöglichten.[368] Hier erst *schienen* die Objekte nun in der Tat für sich allein zu sprechen. Sie taten es, mit einer gleichsam suggestiven Plausibilität, vor allem in drei Bereichen, die den Anspruch verfolgten, das jeweilige Tier in seiner ganzen Vielfalt zu zeigen: in seinen Umweltbeziehungen (Ernährung, Wohnung), seiner biologischen Veränderung (Brutpflege, Aufzucht, Alter) und seinem jahreszeitlichen Wandel (Winterschlaf, Farb- und Fellwechsel). Im Detail verhielten sich die einzelnen Museumstypen allerdings durchaus verschieden. Während Universitätsmuseen wie etwa das Berliner Museum für Naturkunde oder das Zoologische Museum der Universität Breslau sich mehr für abstrakte Fragen der Evolutionsbiologie interessierten[369], verfolgten Vereinsmuseen verstärkt den konkreten und anschaulichen Aspekt der biologischen Forschung: Sie inszenierten Tierensembles, sogenannte Biologische Gruppen, in naturgetreuer Umgebung. Das Frankfurter Senckenberg-Museum etwa präsentierte in seinem neuen Haus an der Victoria-Allee seit 1907 drei Dioramen.[370] In einem dunklen Gang, perfekt positioniert, waren hier die Tiere der Antarktis, Afrikas und des ‚deutschen Waldes' zu sehen. Sie evozierten heile Welten.[371]

Weniger heil, dafür aber um so spannender waren die Welten im Altonaer Museum, einem Mehrspartenhaus, das – 1858 von Altonaer Bürgern gegründet und 1888 von der Stadt übernommen – in erster Linie der Erinnerung an die schleswig-holsteinische Erhebung von 1848 und den deutsch-dänischen Krieg 1864 dienen sollte; als jedoch 1901 der Neubau eröffnet wurde, zeigte die Sammlung vor allem eine Naturgeschichte Schleswig-Holsteins.[372] In der großen Halle des Altonaer Museums regte sich das Leben: Vögel mit ihren Eiern und Nestern waren zu sehen. Eber, Hirsche und Rehe waren in Beziehung zueinander gesetzt, und inmitten all dieser Tiere tobte ein „Wolfskampf im Elchrevier".[373] Für Otto Lehmann (1865–1951), den Direktor des Museums, einen führenden Museumsreformer des Kaiserreichs, der uns noch intensiver begegnen wird, bestand das Ziel der Inszenierung darin, „die Tiere nicht nur um ihrer selbst willen, als Einzelwesen losgelöst von ihrer Umgebung zu zeigen, sondern dieselben in Lebensbildern, in lebensvollen Gruppen so zur Anschauung zu bringen, daß der Beschauer einen unmittelbaren Eindruck vom Tier und seiner Lebensweise empfängt."[374] Bilder des Lebens waren es, die hier die museale Praxis beherrschten. In diesem Lebensbezug unterschieden sich die Präsentationen in Frankfurt und Altona signifikant von den starren tiergeographischen Gruppen in Karlsruhe und Darmstadt.

368 Dazu Köstering, S. 114f.

369 Vgl. W. Kükenthal: Das Zoologische Museum der Breslauer Universität. In: Museumskunde 1 (1905), S. 216–226. – Ders.: Die Entwickelung der zoologischen Forschung in Breslau. In: „Schlesische Zeitung" v. 2.8.1904.

370 Bericht 88 (1905), S. 21. – Zu diesen Dioramen auch *Festschrift zur Erinnerung* (wie Anm. 14), S. 35f. – Vgl. unten Kap. IV.2.2.3.

371 Zu diesem Aspekt u.a. A. Daum: Entwicklungsoptimismus, Naturästhetik und Harmoniedenken im populärwissenschaftlichen Diskurs der Naturkunde um 1900. In: Vom Weltbildwandel zur Weltanschauungsanalyse. Berlin 1996, S. 203–215.

372 Vgl. O. Lehmann: Festschrift zur Eröffnung des Altonaer Museums. Altona 1901. – Ders.: Der Erweiterungsbau des Altonaer Museums. In: Museumskunde 13/14 (1917/18), S. 93–134. – Zu volkskundlichen Einflüssen vgl. U. Claassen: Zu einem biologistischen Objektverständnis in einer kulturgeschichtlichen Museumsabteilung. In: Zur Bedeutung der Zeichen in der Kultur. Münster 1997, S. 399–407.

373 Dazu A. Fritze: Biologische Gruppen. In: Jb. des Provinzial-Museums zu Hannover 1907/08, S. 35–38.

374 O. Lehmann: Festschrift (wie Anm. 372), S. 10.

Anders als tiergeographische zeigten Biologische Gruppen nämlich bestimmte Handlungssituationen aus dem Leben der Tiere und betteten sie durch die Simulation von Pflanzen, Erde und Gestein in ein präparatorisches Gesamtkunstwerk ein.

Für die museale Kultur des Wissens hatten die Biologischen Gruppen und Dioramen erhebliche Konsequenzen.[375] Die Natur erschien nun erstmals als ein Raum des sozialen Lebens. Die Objekte bestimmten sich durch den jeweiligen Kontext, und erst dieser Kontext konnte auch das entsprechende Wissen generieren. Die ‚Lebenswirklichkeit', die sich in solchen Inszenierungen ausdrückte – Brutpflege, Nahrungserwerb, Fortpflanzung – besaß für den Betrachter eine hohe Anschlußfähigkeit. Im Unterschied zu rein systematisch-taxonomischen Ordnungen konnte er die biologischen Ordnungen gewissermaßen intuitiv, durch Erfahrungen und Vergleiche aus der *eigenen* Lebenspraxis unmittelbar nachvollziehen. Auch das biologische Profil, das die museale Praxis revolutionierte, kam so einer Popularisierung des Wissens entgegen.

3.4. Ökologie

Von der Biologie war es im Grunde nur ein kleiner Schritt zum *ökologischen Profil.* In ihm trat das taxonomische System am weitesten in den Hintergrund. Statt dessen thematisierte die Ökologie die Wechselwirkungen zwischen den Lebewesen untereinander und mit ihrer Umwelt – womit erstmals auch explizit der Mensch in die Inszenierung einbezogen war.[376] Die Natur trat als ein Kulturraum in Erscheinung – und genau dies war das Konzept, das etwa das Bremer Museum für Natur-, Völker- und Handelskunde erprobte. Dabei war freilich nicht ausdrücklich von Ökologie die Rede. Allerdings gestaltete sich die Disziplingenese in diesem Fall auch besonders schwierig. Ernst Haeckel (1834–1919) hatte die Ökologie bereits 1866 als Aspekt der Evolutionsbiologie bezeichnet. Er prägte einen Begriff, ohne ihn jedoch inhaltlich zu füllen. Dies unternahm elf Jahre darauf Karl Möbius, der das erste ökologische Modell entwickelte und es 1877 publizierte.[377] In einem ganz unideologischen Sinne nannte er es Biozönose, also „Lebensgemeinschaft", und verstand darunter eine physikalisch-biologische Einheit aus Lebewesen und ihrer Umgebung, die sich selbst reguliert. Das Neue an diesem Modell bestand darin, die biologische Perspektive auch auf Umweltfaktoren auszudehnen.

---

375 Vgl. K. Wonders: Habitat Dioramas. Uppsala 1993. – Zu Dioramen unten Kap. IV.2.2.3.

376 Zur Entstehung der Ökologie u.a. A. Knaut: Die Wurzeln der Ökologiebewegung. Greven 1993. – Vgl. Nipperdey II, S. 618. – Zum folgenden auch Köstering, S. 120–127.

377 K. Möbius: Die Auster und die Austernwirtschaft. Kiel 1877. – Ders.: Die Lebensgemeinschaften im naturkundlichen Unterrichte. In: Natur und Schule 3 (1904), S. 289–292. – Dazu L. Nyhart: The "Living Communities" of Karl Möbius. In: Isis 89 (1998), S. 605–630. – G. Leps: Karl August Möbius – ein schöpferischer Zoologe und Pädagoge der zweiten Hälfte des 19. Jahrhunderts. In: Wissenschaftliche Zeitschrift der Pädagogischen Hochschule Potsdam 13 (1969), S. 849–858. – R. Kölmel: Zwischen Universalismus und Empirie – die Begründung der modernen Ökologie- und Biozönose-Konzeption durch Karl Möbius. In: Karl Möbius. Krefeld 1981, S. 17–34. – K. Reise: Hundert Jahre Biozönose. In: Naturwissenschaftliche Rundschau 33 (1980), S. 328–334. – Fr. Dahl: Grundsätze und Grundbegriffe der biozönotischen Forschung. In: Zoologischer Anzeiger 33 (1908), S. 349–353.

Die Nähe zu biologischen Fragestellungen, aber auch zu Fragen der Tiergeographie ist nicht zu übersehen – hier wie dort wurden naturräumliche Einheiten in den Blick genommen. Das Ziel der ökologischen Perspektive – und damit auch der entsprechenden Museumsinszenierungen – war die feste Zuschreibung charakteristischer Lebewesen zu ökologischen Einheiten. So jedenfalls geschah es im schulisch wie museumspraktisch außerordentlich erfolgreichen Konzept des „Biotops" von Friedrich Dahl (1856–1929), einem Kieler Schüler von Karl Möbius.[378] Das Wissen von der Natur wurde hier in einen neuen Kontext gerückt. Es wurde zu einem integrativen Konzept, das mehr nach den Zusammenhängen als nach den Einzelheiten fragte und deshalb – strukturell wie visuell – leicht auf andere Situationen übertragen werden konnte. In diesem integrativen Konzept hatte nicht mehr nur die Zoologie ihren Platz. Das ökologische Profil betraf auch Fragen der Geologie und der Mineralogie. Sie waren präsent in der ökologischen Inszenierung der ‚Bremer Urwelt', die museumstechnisch wegweisend wurde, weil sie Fachgrenzen überwand. Im Berliner Museum für Naturkunde – einem Haus mit systematischem Profil – waren die Disziplinen nicht nur auf drei verschiedene Abteilungen, sondern, wie erwähnt, sogar auf drei getrennte Museen verteilt. In Bremen hingegen wurden Fauna, Flora und Gäa im Zusammenhang gezeigt. Das ökologische Profil erwies sich als integrativ.[379] Es beförderte Präsentationen, die aufgrund ihrer Anschaulichkeit ein wichtiges Mittel im Prozeß der Popularisierung werden sollten.

---

378 Fr. Dahl: Kurze Anleitung zum wissenschaftlichen Sammeln und zum Konservieren der Tiere. 3. Aufl. Jena 1914, S. 10. – Vgl. Ders.: Grundlagen einer ökologischen Tiergeographie. Jena 1921.

379 Das prominenteste Beispiel einer ökologisch ausgerichteten Schausammlung ist das 1912 gegründete Museum des Leipziger Lehrervereins. Dazu A. Taubert-Striese: Der Leipziger Lehrerverein, ein bedeutender Vertreter der Reformpädagogik. Frankfurt/M. 1996. – Vgl. R. Buch: Ein naturkundliches Volksmuseum. In: Museumskunde 12 (1916), S. 68–90. – Zum Leipziger Haus Köstering, S. 120–126.

Kapitel II

Menschen im Museum

Die Naturhistorischen Museen des 19. Jahrhunderts speicherten Wissen nicht – sie produzierten es. Und sie produzierten es immer wieder neu und immer wieder anders. Das Wissen, das durch die Objekte und ihre jeweiligen Inszenierungen repräsentiert wurde, mußte in einem komplizierten Prozeß ausgehandelt werden. In diesem Prozeß, der nach dem Selbstverständnis der Museen ein öffentlicher war, konkretisierte sich die museale Praxis. Sie war gekennzeichnet durch die Kommunikation von Akteuren, deren Einfluß und Gewicht von Haus zu Haus und von Stadt zu Stadt verschieden sein konnte.

Eine ältere Forschung hat diese Kommunikation – im Sinne eines Sender-Empfänger-Modells – als einen hierarchisch strukturierten Informationsfluß zwischen Wissensproduzenten und -rezipienten beschrieben.[1] Ein solches Schema, in dem letzthin nur Platz für Experten und Laien ist, wird der musealen Praxis des 19. Jahrhunderts kaum gerecht. Denn, so wäre etwa mit Blick auf die Senckenbergische Naturforschende Gesellschaft zu fragen, wer war hier ‚Experte', wer ‚Laie'? War ein Eduard Rüppell, der – fasziniert von der Fremde, wohl auch vom Abenteuer – am Anfang des Jahrhunderts zum Besten des Senckenberg-Museums die Wüste Nubiens durchstreifte, aber nie ein regelrechtes Studium der Naturwissenschaften durchlief, ein ‚Laie'? Und wie stand es mit Hugo Schauinsland, dem einflußreichen Direktor des Städtischen Museums für Natur-, Völker- und Handelskunde in Bremen, der sein Haus seit 1896 durch Reisen und Forschungen zu einer Domäne der Völkerkunde machte, nach Studium und Ausbildung jedoch Zoologe war? Durfte er – etwa im Vergleich zu Adolf Bastian, dem Direktor des Berliner Völkerkundemuseums – unbesehen als ‚Experte' gelten?

Die Fragen deuten es an: Das Experten/Laien-Modell vermag die kompliziertere Wirklichkeit nicht recht zu erfassen. Es erzeugt Hierarchien, die unseren Blick unnötig verengen. Gewiß verfügten die einzelnen Akteure, Direktoren und Vereinsmitglieder, Akademiker und Amateure, Behörden und Ämter, Händler und Abenteurer, Bürger und Arbeiter, über jeweils unterschiedliche Einflußmöglichkeiten. Es gab Mitarbeiter, die – fest besoldet und insofern in materieller Abhängigkeit vom Museum und seinen Trägern – Führungsaufgaben wahrnahmen, und nicht selten hat man in ihnen die eigentlichen ‚Experten' sehen wollen.[2] Allerdings gab es, auch in den von staatlichen Stellen gelenkten Museen, daneben stets unbesol-

1 Grundlegend R. Whitley: Popularisation as a Relation between Scientific Fields and their Publics. In: Expository Science. Dordrecht, Boston, Lancaster 1985, S. 3–28. – Vgl. auch R. Cooter u. St. Pumfrey: Reflections on the History of Science Popularization and Science in Popular Culture. In: History of Science 32 (1994), S. 237–267. – St. Shapin: Science and the Public. In: Companion to the History of Modern Science. London 1990, S. 990–1007.

2 Hierzu S. L. Star u. J. R. Griesemer: Institutional Ecology, ‚Translation' and Boundary Objects: Amateurs and Professionals in Berkeley's Museum of Vertebrate Zoology 1907–39. In: Social Studies of Science 19 (1989), S. 387–420.

dete Mitarbeiter, die als verantwortliche Leiter einzelner Abteilungen und Sektionen erheblichen Einfluß ausübten. Und schließlich kam auch die große Öffentlichkeit, das ‚Laienpublikum', nicht ohne ein gewisses Vorwissen in die Museen – mit Deutungsmustern, die in einem anderen, nicht selten praktischen Bereich des Lebens wurzelten, der musealen Inszenierung neue Lesarten hinzufügten, damit die Inszenierung selbst veränderten und so schließlich auch das Wissen neu konturierten. Die museale Kommunikation erwies sich als ein *feed-back*-Prozeß.[3]

Am sichtbarsten wurde dies verständlicherweise in den Vereinsmuseen. Die Gesellschaften in Bremen, mehr noch in Frankfurt am Main etablierten sich als Ort konzentrierter wissenschaftlicher Forschung und zugleich als genuin *sozialer* Ort, etwa als Schauplatz glänzender Feste: Bei den Jahresfeiern, bei der Verleihung wissenschaftlicher Preise, bei Jubiläen und Gedenktagen feierte sich die Gesellschaft selbst.[4] Bei solchen Gelegenheiten konkretisierte sie sich – durch entsprechende Publikationen und Presseberichte auch für die größere Öffentlichkeit nicht zu übersehen – als Gemeinschaft. Akte der Partizipation waren freilich auch den staatlichen Museen nicht fremd. Sie bildeten die Voraussetzung einer gelingenden Wissenspopularisierung. Wenn es im folgenden um ausgewählte Akteure der musealen Kommunikation – um Direktoren, Präparatoren und das Publikum – geht, werden damit (soweit es die schwierige Quellenlage überhaupt zuläßt) auch die personellen Ressourcen des Popularisierungsprozesses durchmessen.

1. Museumsleiter und Direktoren

Das rapide Anwachsen der Sammlungen machte die Naturhistorischen Museen im 19. Jahrhundert kaum mehr beherrschbar.[5] Die Arbeit im Museum wurde zum Kampf mit der Sammlung. Von ihm legt das Schicksal vieler nie erstellter Kataloge ein trauriges Zeugnis ab. Geführt wurde dieser Kampf vor allem von den Direktoren der Museen, das heißt von ihren hauptamtlichen, besoldeten Leitern. Am Anfang des Jahrhunderts waren sie freilich keineswegs überall üblich. Die Senckenbergische Naturforschende Gesellschaft etwa verfügte zwar über gleich zwei „Direktoren", doch erhielt keiner von ihnen eine Entlohnung. Und im übrigen handelte es sich bei ihnen nicht um Direktoren des Museums, sondern des Vereins, also um die auf Zeit gewählten Vorsitzenden der Gesellschaft.[6] Eine hauptamtliche, noch dazu besoldete Leitung kannte das Frankfurter Haus ebensowenig wie zunächst auch das Bremer Naturalienkabinett. Beide Sammlungen wurden vielmehr kollegial von den

3 So dezidiert Th. Schlich: Die Bedeutung des fotografischen Bildes in der Begründung der bakteriologischen Krankheitsauffassung durch Robert Koch. In: Neue Wege der Seuchengeschichte. Stuttgart 1995, S. 143–174. – Ders.: Repräsentationen von Krankheitserregern. In: Räume des Wissens. Berlin 1997, S. 165–190. – In diesem Sinne auch das Popularisierungsmodell bei C. Kretschmann: Wissenspopularisierung – ein altes, neues Forschungsfeld. In: Wissenspopularisierung. Berlin 2003, S. 7–21.

4 Zu solchen Vereinsfesten vgl. unten Kap. IV.5.

5 Dies wird sehr deutlich bei G. Penny: Ethnology and Ethnographic Museums in Imperial Germany. Chapel Hill, London 2002. – Zur Eigenlogik der Sammlung B. Latour: Der Pedologenfaden von Boa Vista. In: Räume des Wissens. Berlin 1997, S. 213–263.

6 Vgl. W. Kramer: Chronik der Senckenbergischen Naturforschenden Gesellschaft 1817–1966. Frankfurt/M. 1967, S. 192f.

Mitgliedern der jeweiligen Vereine verwaltet, von Ärzten und Apothekern, aber auch von Advokaten und Handelsherren. Das Senckenberg-Museum, schon am Beginn des Jahrhunderts eines der bedeutenderen Häuser Deutschlands, war freilich dem Prozeß der Spezialisierung in den Naturwissenschaften unmittelbar unterworfen; das Ergebnis dieses Prozesses war die Einrichtung verschiedener Sektionen bereits 1822.[7] Ihre Vorsteher, die Sektionäre, aber blieben bis zur Jahrhundertwende Amateure.

Häuser in staatlicher Regie verfuhren in der Regel von vornherein anders. Die Berliner Universitätsmuseen wurden seit ihrer Gründung von hauptamtlichen Direktoren verwaltet. Und auch das Karlsruher Naturalienkabinett hatte einen besoldeten Leiter, dessen Amt zunächst mit der Hofbibliothek verknüpft, später dann mit dem Zoologischen beziehungsweise Geologischen Ordinariat an der Technischen Hochschule verbunden wurde. Die Leitung dieser Häuser war gleichsam vor der Zeit professionalisiert worden. Über die Qualität der wissenschaftlichen Arbeit sagte dies allerdings noch kaum etwas aus. Oftmals erwiesen sich die nebenamtlichen Amateure, die zum Teil über sehr spezielle Kenntnisse verfügten, als geradezu unentbehrlich.

Gleichwohl hatte am Ende des Jahrhunderts längst jener Prozeß Raum gegriffen, der durch die ungebremste Beschleunigung des Sammelns und der durch sie ausgelösten Differenzierung und Spezialisierung ein Phänomen heraufführte, das man gemeinhin als Professionalisierung bezeichnet.[8] Bereits seit dem zweiten Drittel des 19. Jahrhunderts gingen immer mehr Häuser dazu über, festbesoldete Direktoren – oftmals auch Aufseher oder Kustoden genannt – einzustellen. In Bremen war dies sogar schon 1817 geschehen.[9] Im Stuttgarter Naturalienkabinett berief man 1840 den ersten Fachwissenschaftler und fügte 1856 zwei Konservatorenstellen hinzu.[10] Das Senckenberg-Museum richtete die erste bezahlte Kustodenstelle freilich erst 1900 ein, während das Dresdner Zoologisch-Anthropologische Museum zur gleichen Zeit neben dem Direktor auch bereits über einen besoldeten Kustos verfügte. Das Naturhistorische Museum in Hamburg schließlich besaß bereits in den 1890er Jahren einen Direktor und *zwei* Kustoden. Eine solche – qualitative *und* quantitative – Professionalisierung war jedoch keine Selbstverständlichkeit. Selbst die meisten preußischen Universitätsmuseen wiesen am Ausgang des Jahrhunderts mit nur einem Direktor, einem

7 Zur Einrichtung der Sektionen vgl. Umlaufschreiben, 9.1.1822. SNG Archiv Bd. 46, Nr. 5. – Zur weiteren Entwicklung W. Schäfer: Geschichte des Senckenberg-Museums im Grundriß. Frankfurt/M. 1967, S. 21–29.

8 Die Professionalisierungsforschung ist kaum mehr zu überschauen. Wir begnügen uns mit einer Auswahl relevanter Titel: E. Mendelsohn: The Emergence of Science as a Profession in Nineteenth Century Europe. In: The Management of Scientists. Boston 1964, S. 3–48. – K. H. Jarausch (Hrsg.): The Transformation of Higher Learning 1860–1930. Stuttgart 1983. – Ch. McCelland: Zur Professionalisierung der akademischen Berufe in Deutschland. In: Bildungsbürgertum im 19. Jahrhundert. Teil. I. Stuttgart 1985, S. 233–247. – H. Siegrist (Hrsg.): Bürgerliche Berufe im internationalen Vergleich. Göttingen 1988. – G. Cocks u. K. H. Jarausch (Hrsg.): German Professions, 1800–1950. New York, Oxford 1990. – P. Lundgreen: Akademiker und „Professionen" in Deutschland. In: HZ 254 (1992), S. 657–679. – Vgl. auch A. Kremer: Naturwissenschaftlicher Unterricht und Standesinteresse. Marburg 1985. – L. Burchardt: Professionalisierung oder Berufskonstruktion? In: GuG 6 (1980), S. 326–348.

9 Vgl. J. Achelis: Die Gesellschaft Museum in Bremen. [Bremen nach 1931] [Mskrpt.], S. 222–227. StA Bremen 2–T.5.h.

10 Hierzu und zum folgenden Köstering, S. 40ff.

Assistenten und einem Präparator ein vergleichsweise schmales Personaltableau auf.[11] Das Berliner Museum für Naturkunde, das bereits 1894 über drei Direktoren, acht Kustoden, fünf Assistenten und mehrere Präparatoren verfügte, bezeichnete hier eher die Ausnahme als die Regel.

Die Sammlungsleiter, die neben- wie die hauptamtlichen Direktoren, übten entscheidenden Einfluß auf die museale Praxis aus. In Kooperation mit den jeweiligen Trägern – mit dem Verein, dem Hof oder dem Ministerium – gestalteten sie das Profil der Sammlung mit. Sie koordinierten – in Verhandlungen mit Naturalienhändlern und Geschenkgebern, mit Spezialisten und Öffentlichkeit – die Arbeit des Museums. Sie taten dies in einem ebenso lokal wie international gestalteten Aktionsraum, der ihnen im einzelnen recht unterschiedliche Gestaltungs- und Eingriffsmöglichkeiten bot. Dabei hatten sie immer auch an den Erfahrungen und Stimmungen, den Hoffnungen und Ängsten teil, wie sie die unterschiedlichen Generationskohorten prägten.[12]

Die ältesten Direktoren wie Johann Georg Neuburg (1757–1830) oder Philipp Jakob Cretzschmar (1786–1845) in Frankfurt, aber auch Hinrich Lichtenstein (1780–1857) in Berlin, waren groß geworden mit den Ideen der Aufklärung und der Französischen Revolution. Sie waren, ganz im Sinne des Neuhumanismus, erfüllt von einem Bildungsideal, das mit dem einzelnen immer auch das größere Ganze reformieren wollte. Zugleich jedoch waren sie die eigentlichen Erben der Enzyklopädie. Das führte zu dem bemerkenswerten Ergebnis, daß sie die Natur zum Gegenstand der Bildung erhoben und sogar als Raum der Freiheit deklarierten, diesen Raum jedoch sehr präzise vermaßen und normierten.[13] Ordnung, Klassifikation, mit einem Wort: das taxonomische System war ihr Heiligtum.

Die zweite Generation, die sich etwa mit den Namen Rudolf Leuckart (1822–1898) oder Karl Möbius (1825–1908) verbindet, stand ganz unter dem Einfluß Alexander von Humboldts und seines „Kosmos"-Werkes.[14] Diese Generation wandte sich, in einer Art ‚neuer Sachlichkeit', gegen die romantische Naturphilosophie. Sie wurde geprägt durch das Erlebnis der Revolution von 1848 und kam so nicht umhin, den musealen Raum auch als Ersatz-Öffentlichkeit zu verstehen.[15] Die Teilhabe am naturkundlichen Wissen, das in den Augen der Öffentlichkeit als besonders fortschrittlich, als ‚liberal' und ‚modern' galt, wurde in dieser Generation – weit über das ältere Bildungsideal hinausreichend – zu einem bewußten Akt sozialer Emanzipation. Hierbei wurden jedoch noch keine weltanschaulichen Motive im engeren Sinne entscheidend. Männer wie Leuckart und Möbius blieben vor allem Praktiker.

---

11 Aufstellung über sämtliche Beamte aller preußischen Naturhistorischen Universitätsmuseen, 27.11.1894. GStA PK I.HA, Rep. 76, Va, Sekt. 2, Tit. X, Nr. 63, Bd. XIV, fol. 28–30.

12 Zum Generationsmodell vgl. etwa A. Schulz: Individuum und Generation – Identitätsbildung im 19. und 20. Jahrhundert. In: GWU 52 (2001), S. 406–414. – Vgl. auch Ders. u. G. Grebner (Hrsg.): Generationswechsel und historischer Wandel. München 2003. – J. Reulecke (Hrsg.): Generationalität und Lebensgeschichte im 20. Jahrhundert. München 2003.

13 Zum Widerstreit von enzyklopädischer Ordnungslust und romantischer Naturphilosophie vgl. Nipperdey I, S. 484–489. – Jahn, Kap. 6 u. 7.

14 Zu Leuckart L. Nyhart: Animal Morphology and the German Universities, 1800–1900. Chicago 1995, S. 22. – Zu Möbius v.a. *Karl Möbius. Beiträge zu Leben und Werk*. Krefeld 1981. – *Festschrift zum achtzigsten Geburtstage [von] Karl Möbius in Berlin*. Jena 1905. – G. Leps: Karl August Möbius (1825–1908) und Friedrich Dahl (1856–1919). In: Darwin & Co. München 2001, S. 163–179. – Zu Humboldts „Kosmos"-Werk vgl. A. W. Daum: Wissenschaftspopularisierung im 19. Jahrhundert. München 1998, S. 265–279.

15 So die zentrale These von Daum: Wissenschaftspopularisierung (wie Anm. 14).

Sie betrieben in ihren Museen gewissermaßen ‚Realpolitik' und wurden so seit den 1870er Jahren zu Vertretern des *establishments*, die ihr spezielles Können und Wissen als Chance sozialen Aufstiegs begriffen und diese Chance – als Direktoren großer Häuser – auch geschickt nutzten.

Hierfür gibt es kaum ein sprechenderes Beispiel als Karl Möbius, der vom Volksschullehrer zum Direktor eines der führenden deutschen Naturhistorischen Museen aufstieg.[16] Als ältester von vier Söhnen eines Stellmachers 1825 in Eilenburg (Sachsen) geboren, war Möbius bis 1849 zunächst Volksschullehrer in Seesen im Harz. Nachdem er anschließend das Studium der Naturwissenschaften in Berlin bei Johannes Müller und Hinrich Lichtenstein durchlaufen hatte, ging er auf Vermittlung Lichtensteins als Lehrer zunächst an die Realschule, nach seiner 1853 in Halle erfolgten Promotion dann an die Gelehrtenschule des Hamburger Johanneums. 1868 wurde er als Professor für Zoologie an die Universität Kiel berufen, von wo aus er 1888 als Ordinarius für Morphologie und Tiergeographie sowie Direktor des Zoologischen Museums nach Berlin wechselte.

Möbius verstand sich in erster Linie als Pädagoge, und das pädagogische Element war es auch, das seine Museumsarbeit prägte. Schon als Mitglied des Hamburger Naturwissenschaftlichen Vereins hatte er tatkräftig am Aufbau des Naturhistorischen Museums und des Zoologischen Gartens mitgewirkt. Forschungsfahrten durch Nord- und Ostsee hatten sein meeresbiologisches Interesse geweckt[17], das sich in zahlreichen Exkursionen, vor allem aber in Publikationen wie der „Fauna der Kieler Bucht" (1865) oder der ökologisch konzipierten Studie „Die Auster und die Austernwirtschaft" (1877) ausdrückte.[18] Gemeinsam mit anderen Forschern begründete Möbius, der in seiner Kieler Zeit zugleich den Vorsitz der preußischen *Kommission zur wissenschaftlichen Untersuchung der deutschen Meere* führte, die Beobachtung in der freien Natur als neue Praxis wissenschaftlicher Arbeit.[19] Diese Praxis führte zu neuen – vor allem ökologischen – Perspektiven, und diese Perspektiven drängten, nach Möbius' Verständnis, der hierin ganz Schulmann blieb, nach Mitteilung. Sie vollzog sich – in einer exklusiven Öffentlichkeit – durch den Unterricht an Universität und Marineakademie, aber auch durch populäre Vorträge, die Möbius vor dem Kieler Volksbildungsverein hielt.[20] Das Wissen von der Natur, darin lag eine wesentliche Maxime seiner Generation, war ‚sozialpflichtig' geworden. Es bedurfte, nicht zuletzt der eigenen Legitimation wegen, der Popularisierung – im Volksbildungsverein wie im Museum.[21] Die Sammlungen waren nichts ohne die Öffentlichkeit; der Direktor nichts ohne das Publikum.

---

16 Zum folgenden auch Köstering, S. 133–136.

17 K. Möbius u. H. A. Meyer: Kurzer Überblick über die in der Kieler Bucht von uns beobachteten Tiere. Hamburg 1862.

18 K. Möbius: Die Auster und die Austernwirtschaft. Kiel 1877. – Ders.: Die Lebensgemeinschaften im naturkundlichen Unterricht. In: Natur und Schule 3 (1904), S. 289–292.

19 Zur Tiefseeforschung oben Kap. I.3.2. – Zur grundsätzlichen Umdeutung der Natur zu einem Raum wissenschaftlicher Arbeit vgl. E. Cittadino: Nature als laboratory. New York, Port Chester, Melbourne, Sydney 1990.

20 Vgl. Köstering, S. 135.

21 Zur Popularisierung in (Volksbildungs-)Vereinen maßgeblich Daum: Wissenschaftspopularisierung (wie Anm. 14), S. 85–191. – Vgl. auch A. Schwarz: Wissenschaftspopularisierung in Großbritannien und Deutschland im Übergang zur Moderne (ca. 1870–1914). Stuttgart 1999, S. 120–130.

Die dritte Generation geriet unter den Einfluß Darwins. Ihre Vertreter wie etwa Ernst Haeckel (1834–1919) oder Hermann Landois (1835–1905) waren beim Erscheinen von Darwins „On the origin of species" (1859) gerade einmal Mitte zwanzig. Sie griffen die Selektionstheorie als neues und – wie es schien – konkurrenzloses Deutungsmuster begierig auf. Insbesondere Haeckel gab das keineswegs unumstrittene evolutionsbiologische Denken an eine ganze Generation von Museumsleuten weiter, so etwa an Otto Lehmann (1865–1951), Gottlieb von Koch (1849–1914), Willy Kükenthal (1861–1922), Ludwig Plate (1862–1937) und Fritz Römer (1866–1908). Mit diesen Namen sind einige Protagonisten der Museumsreform benannt, wie sie sich – wissenschaftliche und soziale Wandlungsprozesse verbindend – in den neu inszenierten Schausammlungen der Jahrhundertwende durchsetzte. Das galt für Ludwig Plate, der – zunächst Kustos am Museum für Meereskunde in Berlin – ab 1909 das Phyletische Museum in Jena einrichtete.[22] Das galt ebenso für Gottlieb von Koch, von dessen ‚Darmstädter Ästhetik' weiter unten noch die Rede sein wird. Und schließlich galt das auch für Fritz Römer, der für das Frankfurter Senckenberg-Museum einen ökologischen Sammlungsteil plante, über dessen Verwirklichung er 1908 verstarb.[23]

Neben Haeckel war es vor allem Karl Chun (1852–1914), ein Schüler Leuckarts, der sich als Vorreiter biologischer Schausammlungen profilierte.[24] Als ein Mann mit sicherem Instinkt für Fragen der Macht, betrachtete er – etwa mit Blick auf das Prestigeprojekt der deutschen Meeresbiologie, die bereits im ersten Kapitel erwähnte „Valdivia"-Tiefsee-Expedition 1898/99 – Museen immer auch als Instrumente der Forschungsförderung, wobei diese Instrumente um so effektiver wirken mußten, je plausibler und das hieß: je anschaulicher ihre Präsentation war. Auch von hier aus wurde ein Interesse an attraktiven, öffentlichkeitswirksamen Schausammlungen formuliert. Chun selbst richtete das Königsberger Universitätsmuseum ein, bereitete die Neuaufstellung für Breslau und Leipzig vor, starb jedoch bereits 1914. Als Lehrer Otto zur Strassens (1869–1961), des Nachfolgers von Fritz Römer in Frankfurt, hatte er mittelbaren Einfluß noch auf die Umstrukturierung des Senckenberg-Museums nach dem Ersten Weltkrieg.[25] All diesen Vertretern der jüngsten Generation mußte ein Mann wie Karl Möbius mit seinem trotz aller ökologischen Experimente unübersehbaren Beharren auf der taxonomisch-systematischen Tradition als Vertreter einer älteren, kaum mehr zeitgemäßen Museumspraxis gelten. Tatsächlich geriet das Berliner Museum für Naturkunde, dessen Schausammlung bei der Eröffnung 1889 geradezu enthusiastisch gefeiert worden war, nach der Jahrhundertwende in eine Krise, da es – im Verständnis des Publikums wie der jüngeren Direktorengeneration – in seiner gleichsam ‚textuellen' Ordnung der Objekte kaum mehr mit den Illusionswelten konkurrieren konnte, die in Häusern wie Frankfurt oder Bremen eine ganz eigene Faszination entfalteten.

22 L. Plate: Das Phyletische Museum in Jena. In: Kosmos 8 (1911), S. 44–48. – Zum Hintergrund H. Penzlin (Hrsg.): Geschichte der Zoologie in Jena nach Haeckel (1909–1974). Jena, Stuttgart 1994, bes. S. 34–46.

23 Zu ihm C. Klems: Fritz Römer 1866–1909. In: Biographien bedeutender Senckenberger. Frankfurt/M. 1992, S. 401–403. – Als ausführliche zeitgenössische Würdigung vgl. E. Marx: Fritz Römer, sein Leben und sein Wirken. In: Bericht 1909, S. 9*–29*. – F. W. Winter: Fritz Römer. Ein Nachruf. In: „Frankfurter Nachrichten" v. 18.4.1909. – Partezettel, Frankfurt/M., 20.3.1909. IfStG Frankfurt/M., Archiv der Dr. Senckenbergischen Stiftung 3.

24 Vgl. Köstering, S. 137f.

25 Zu ihm D. S. Peters: Otto zur Strassen. In: Biographien (wie Anm. 23), S. 325–330.

Von dieser Krise, die erst durch eine Reorganisation in der Weimarer Republik überwunden werden konnte, wird im vierten Kapitel noch ausführlicher die Rede sein. Für den Moment genügt der Hinweis, daß mit dem neuen Wissen, das durch die evolutionsbiologische Perspektivierung in die Museen einzog, auch eine neue Praxis verbunden war. Sie äußerte sich in einer durchaus zeittypischen Ästhetisierung der Inszenierung, wie sie sich – auf dem wissenschaftlichen Buchmarkt – etwa durch Haeckels „Kunstformen der Natur" und Chuns „Aus den Tiefen des Weltmeeres" bereits bemerkbar gemacht hatte.[26] Wissenschaft erschien hier, mehr denn je zuvor, als Kunst.[27]

Dieser Aspekt, der uns mit Blick auf die Präparatoren noch beschäftigen wird, verbindet sich mit keinem anderen Museumsdirektor so intensiv wie mit Gottlieb von Koch.[28] Als Sohn eines Fabrikanten 1849 in Hirschberg an der Saale geboren, absolvierte er seine Schulzeit am Polytechnikum in Nürnberg, wo er im Hause der Kupferstecherdynastie Sturm wohnte. Nach dem Studium der Naturwissenschaften, erst in Heidelberg, dann in Jena bei Haeckel, blieb Koch trotz der Promotion 1872 – offensichtlich epileptischer Anfälle wegen – die regelrechte Universitätslaufbahn verschlossen. 1875 wurde er, fünfundzwanzigjährig, zum Inspektor des Großherzoglichen Naturalienkabinetts in Darmstadt berufen, das 1899 als Zoologische Abteilung in das Großherzogliche Staatsmuseum integriert wurde.[29] Als Gründungsmitglied des Darmstädter Naturwissenschaftlichen Vereins gehörte er von 1892 bis 1897 zugleich dem Vorstand dieser Gesellschaft an. Er trat durch wissenschaftliche Publikationen wie den „Grundriß der Zoologie" (1874–1876), weitere Lehrbücher und zoologische Wandtafeln (die sogenannten Jung-Koch-Quentell'schen Wandtafeln)[30], aber auch durch museumskundliche Arbeiten zu Techniken der Konservierung und Präparation, ja zu Fragen der Schausammlungseinrichtung überhaupt, hervor.[31]

Mit Schlapphut und Lockenmähne stilisierte sich Koch bewußt als ungebundener Künstler. Er suchte die Verbindung zur Mathildenhöhe, der Darmstädter Künstlerkolonie, pflegte enge Kontakte mit Isadora Duncan und strebte – ganz im Sinne der ornamentalen und deko-

26 K. Chun: Aus den Tiefen des Weltmeeres. Jena 1900. – E. Haeckel: Kunstformen der Natur. Erste Sammlung, Fünfzig Illustrationstafeln mit beschreibendem Text. Leipzig 1899. – Ders.: Kunstformen der Natur. Supplement-Heft. Leipzig 1904.

27 Hierzu v.a. Chr. Kockerbeck: Ernst Haeckels „Kunstformen der Natur" und ihr Einfluß auf die deutsche bildende Kunst der Jahrhundertwende. Frankfurt/M, Bern, New York 1986. – Vgl. auch Ders.: Ästhetische Naturwahrnehmung im 19. Jahrhundert. Wien 1997. – Daum: Wissenschaftspopularisierung (wie Anm. 14), S. 303–323.

28 Vgl. Th. List u. Fr. Back: Gottlieb von Koch. Darmstadt 1914. – M. Fürbringer: Gottlieb von Koch 1849–1914. In: Leopoldina 57 (1915), S. 67–72.

29 Dazu G. Scheer: Gottlieb von Koch. Museumsleiter, Naturwissenschaftler, Künstler und Kinderfreund. In: Bericht des Naturwissenschaftlichen Vereins Darmstadt 1963/64 [1965], S. 75–80.

30 G. v. Koch: Einige Worte über den Bau der Vögel als Begleitung zu den Darstellungen von Fink, Gans und Huhn in den Jung-Koch-Quentell'schen Wandtafeln. Darmstadt 1913.

31 G. v. Koch: Über naturgeschichtliche Sammlungen. Darmstadt 1892. – Ders.: Führer durch die Sammlung hessischer Tiere. Darmstadt 1913. – Ders.: Die zoologischen Sammlungen des Landesmuseums in Darmstadt. In: Museumskunde 3 (1908), S. 201–205; 4 (1908), S. 24–33; 6 (1910), S. 92–113. – Ders.: Über die Modellierung künstlicher Körper für die dermatoplastische Darstellung von Wirbeltieren. In: Museumskunde 1 (1905), S. 43–55. – Ders.: Die Stellungen der Vögel. Für Präparatoren, Ausstopfer und Freunde der Vögel. Bd. 1–2. Heidelberg 1871/72. – Ders.: Über Versuche mit Zellon bei zoologischen und paläontologischen Präparationen sowie einige Worte über Gipsabgüsse. In: Museumskunde 9 (1913), S. 216–219.

rativen Ausrichtung des Jugendstils – die Verbindung von Natur und Kunst an.[32] Kochs Tiergeographische Gruppen, von denen im ersten Kapitel bereits die Rede war, zeigten die Tiere nicht in Aktion. Anders als viele Dioramen, die in Häusern mit einem biologischen oder gar ökologischen Profil entstanden, war die Darmstädter Präsentation spannungsarm, gleichsam harmonisierend ästhetisiert (Abb. 1). In ihrer Tendenz zum bloß Dekorativen gelangte diese Inszenierungsstrategie indes rasch an einen toten Punkt.[33]

Wieder war es mit Otto Lehmann ein Museumsdirektor der jüngsten Generation, der diesen toten Punkt überwand. Als Sohn eines Zollbeamten 1865 in Komorze (Posen) geboren, aber in Altona aufgewachsen, hatte Lehmann zunächst Naturwissenschaften bei Haeckel, dann Geographie bei Alfred Kirchhoff (1838–1907) in Halle studiert, war 1887 promoviert worden und schließlich für mehr als zehn Jahre als Oberlehrer am Realgymnasium in Altona tätig gewesen, bis er 1899 mit der Leitung des Altonaer Museums betraut wurde, dessen Direktor er für lange Zeit, bis 1929, blieb.[34] Auch für Lehmann war – der Einfluß des Jugendstils erwies sich als prägend – die Einheit von Kunst und Leben das maßgebliche Ideal.[35] Allerdings – und das unterschied ihn von Koch – grenzte er sich dabei ausdrücklich von Haeckels „Kunstformen der Natur" und damit vom Eigenwert, vom gleichsam zweckfreien Anspruch des Ornamentalen, ab. Der künstlerisch gestaltete Ausdruck sollte sich vielmehr konsequent aus der inneren Struktur des jeweiligen Objekts ergeben, Form und Funktion sollten sich wechselseitig erhellen. Diese Sichtweise, die Lehmann zur Maxime der musealen Praxis in Altona erhob, berührte sich eng mit Gedanken, wie sie in der zeitgenössischen Kunstgewerbebewegung entstanden waren.[36] Tatsächlich unterhielt Lehmann nicht nur Kontakte zu Karl Kraepelin (1848–1915), dem Direktor des Naturhistorischen Museums in Hamburg, sondern auch zu Justus Brinckmann (1843–1915), dem Leiter des Museums für Kunst und Gewerbe in der Hansestadt.[37] Wissenschaftliche Profilbildung *und* ästhetisches Programm führten so gemeinsam zur Durchsetzung einer neuen Inszenierungsstrategie. Die Person des Direktors, der für die Außenbeziehungen seines Hauses ebenso verantwortlich zeichnete wie für seine innere Organisation, war dabei von entscheidender Bedeutung.

Diese Bedeutung wiederum vermochte sich nicht in jedem Haus gleichermaßen zu entfalten. Sammlungen wie das Bremer Naturalienkabinett blieben für lange Zeit typische Durchgangsstationen. Gleichwohl wuchsen auch in ihnen die Anforderungen, die an den Leiter gestellt wurden. Otto Finsch (1839–1917) etwa, 1877 zum *Conservator* des Bremer

32 Zum Zusammenhang von Natur und Kunst u.a. Erika Krausse: Haeckel. Promorphologie und „evolutionistische" ästhetische Theorie. In: Die Rezeption von Evolutionstheorien im 19. Jahrhundert. Frankfurt/M. 1995, S. 347–394. – Vgl. im größeren Zusammenhang auch L. Gall: Natur und Geschichte – eine spezifische Antinomie des 20. Jahrhunderts. In: Bürgertum, liberale Bewegung und Nation. München 1996, S. 373–388, bes. S. 377–379. – Vgl. auch oben Anm. 27.

33 So auch Köstering, S. 141.

34 Das Altonaer Museum in den Lebenserinnerungen Otto Lehmanns. In: Jb. des Altonaer Museums in Hamburg 1965, S. 9–52. – Vgl. G. Kaufmann: Konzept für den Wiederaufbau und die Neuaufstellung des Altonaer Museums in Hamburg. In: Jb. des Altonaer Museums in Hamburg 1989, S. 19–43.

35 Dazu Köstering, S. 142ff.

36 Vgl. B. Mundt: Die deutschen Kunstgewerbemuseen im 19. Jahrhundert. München 1974. – C. Rückert u. B. Segelken: Das Kunstgewerbemuseum im Zeitalter der Industrialisierung. In: Museumsinszenierungen. Dresden 1995, S. 108–121.

37 Zu diesem Aspekt Lehmanns Erinnerungen (wie Anm. 34).

Abb. 1
Großherzogliches Staatsmuseum, Darmstadt
Tiergeographische Doppelgruppe „Afrika" II

Museums ernannt[38], war zuvor bereits Assistent am renommierten Reichsmuseum in Leiden gewesen, hatte zahlreiche wissenschaftliche Reisen, darunter insbesondere die 1876 vom „Verein für die Deutsche Nordpolarfahrt in Bremen“ ausgerichtete West-Sibirien-Expedition, unternommen, war ordentliches Mitglied der Leopoldinisch-Carolinischen Akademie der deutschen Naturforscher zu Dresden und besaß die Ehrendoktorwürde der Universität Bonn.[39] Mit den Aufgaben eines Sammlungsleiters wuchsen auch die Qualifikationserfordernisse – dennoch war das Angebot an geeigneten Kräften durchaus groß. Als der Bremer Direktorenposten 1887 neu zu besetzten war, bewarben sich nicht weniger als vierzehn Bewerber, noch bevor die Stelle überhaupt ausgeschrieben worden war.[40] Die ‚Überproduktion‘ wissenschaftlich hochqualifizierter Naturwissenschaftler führte – nicht zuletzt bedingt durch die Krise des akademischen Arbeitsmarktes – zu einer verschärften Konkurrenz insbesondere zwischen den Museumsassistenten und sorgte – bei zum Teil recht deutlichen Gehaltsunterschieden – für eine hohe Fluktuation, die sich auf die Museen nachteilig auswirkte.[41] Von 1899 bis 1912, so klagte etwa Wilhelm von Branca (1844–1928), seit 1899 Direktor des Berliner Geologisch-Paläontologischen Museums, seien sechzehn verschiedene Assistenten und Hilfsassistenten in der Sammlung tätig gewesen.[42] Die Folgen waren für niemanden zu übersehen: „Neueingänge“, so gestand Branca 1912 halb entschuldigend, halb anklagend dem Ministerium, mußten „oft Jahre lang unbestimmt bleiben, da von den jungen Assistenten keiner hierzu imstande ist.“[43]

Die Spezialisierung und Differenzierung der musealen Praxis machte seit Mitte des 19. Jahrhunderts den festbesoldeten, wissenschaftlich gebildeten Sammlungsleiter zur Norm. Diese professionellen Sammlungsleiter, Direktoren, Kustoden und Assistenten beförderten die Entwicklung zum modernen Naturhistorischen Museum. Die Folge dieses Wandlungsprozesses, den man durchaus als eine Reform der musealen Praxis deklarieren kann[44], verschärfte den Professionalisierungsdruck freilich weiter. Nachdem der angestellte Museumsleiter einmal den Fuß in die Sammlung gesetzt hatte, wurden die Museen in der Folge zu immer personalintensiveren und damit auch kostenträchtigeren Einrichtungen. Das alte Modell der interaktiven Kommunikation machte – auch mit Blick auf eine immer größere, zugleich aber immer diffusere Öffentlichkeit – eine *stellvertretende* Partizipation erforderlich – und diese setzte eine gewissermaßen professionalisierte Praxis voraus.

Karl Möbius hat diesen Zusammenhang zwischen Wissenskommunikation und Professionalisierung sehr genau benannt. In seinem programmatischen „Entwurf für die zoologische Abteilung des Museums für Naturkunde“ vom 31. Mai 1887, bestimmte er es als vor-

---

38 Finsch an Senat, Bremen, 22.12.1876. StA Bremen 3–B.4.M.3.a.No.1. – O. Finsch: Verzeichniss der literarischen Arbeiten. Bremen 1876. – *Protokoll des Senats* v. 30.1.1877, S. 66.

39 Vgl. den werbenden Lebenslauf bei Finsch (wie Anm. 38), S. 13–16. – Ein Porträt auch in der „Leipziger Illustrirten Zeitung“ v. 2.12.1876.

40 *Protokoll des Senats* v. 19.4.1887, S. 197.

41 Zur Krise des akademischen Arbeitsmarktes Nipperdey II, S. 577–581.

42 Branca an Ministerium, Berlin, 8.6.1912. GStA PK I.HA Rep. 76 Va Sekt. 2 Tit X Nr. 21 Bd. XIX, fol. 232–248.

43 Ebd., fol. 242.

44 Dies tut zu Recht Köstering („Reformdiskurs“ S. 43; „Reformdirektoren“, S. 131). – Mit Blick auf Kunstmuseen vgl. A. Joachimides: Die Museumsreformbewegung in Deutschland und die Entstehung des modernen Museums 1880–1940. Dresden 2001.

rangiges Ziel, daß im Zuge der Einrichtung des neuen Hauses an der Invalidenstraße „endlich einmal ein Gleichgewicht hergestellt" werden müsse zwischen den beiden Hauptzwekken eines Naturhistorischen Museums, nämlich „die Wissenschaft zu fördern und zur Belehrung zu dienen."[45] Dieses Gleichgewicht, so Möbius, mache eine Präsentation erforderlich, die „außer den Hüllen der Thiere aller Klassen auch den inneren Bau derselben, sowie ihre Entwicklung und Lebensweise" veranschauliche.[46] Hierzu tauge nur eine Schausammlung. Eine Schausammlung wiederum sei mit den derzeitigen vier Kustoden und vier Assistenten nicht aufzubauen. Möbius beantragte daher Personalmittel für fünfzehn wissenschaftliche Mitarbeiter, nämlich zehn Kustoden (Jahreseinkommen 4.500 Mark) und fünf Hilfskustoden (2.400 Mark).[47]

Bewilligt wurden diese Stellen freilich nicht. Das Ministerium erhöhte zwar den Personalstand, vermochte es aber schon aus finanziellen Erwägungen nicht, auf Möbius' Antrag einzugehen. Die Klagen über den Zustand der Sammlung rissen denn auch in der Folge nicht nur in Berlin kaum ab. Die Naturhistorischen Museen explodierten aufgrund immer neuer Sendungen, Ankäufe und Schenkungen. Der Direktor wurde so, mitten im Überfluß an Objekten, vielfach zum Mangelverwalter. Die Institution Museum schien einmal mehr an ihre Grenzen zu geraten. Vielerorts wurde – die Diskussionen einer viel späteren Zeit gleichsam vorwegnehmend – darüber räsoniert, wie die Häuser effektiver und rationeller zu führen, wie Synergieeffekte, wie Planbarkeit zu erreichen seien. Nach einer neuen, in der Regel biologischen Ordnung der Sammlung stand nun auch die neue Ordnung der Personalstruktur zur Debatte. Beides hatte miteinander zu tun, und beides blieb nicht ohne Folgen für die museale Praxis.

Diese Folgen erwiesen sich als um so einschneidender, je größer und differenzierter das entsprechende Museum war. Nicht von ungefähr mag daher der Berliner Fall von besonderem Interesse sein. Im Jahre 1905 gab das preußische Kultusministerium bei Karl Chun, bei August Brauer (1863–1917), einem Marburger Zoologen, bei dem Hamburger Museumsleiter Georg Pfeffer (1854–1931) und schließlich bei Gustav Tornier (1858–1938), einem Berliner Kustos, umfangreiche Gutachten über die personelle Reorganisation des Zoologischen Museums in Auftrag, die allesamt als verkappte Bewerbungsschreiben für den durch Möbius' Emeritierung im gleichen Jahr freigewordenen Direktorenposten zu lesen waren – und im Falle Brauers schließlich auch zum Erfolg führten.[48] Brauer schlug in seinem Gutachten vor, drei Abteilungen (für Wirbeltiere, Wirbellose und Gliedertiere) zu errichten, deren Leiter als „Abteilungsdirektoren" verantwortlich über einen eigenen Etat bestimmen und über eigene Assistenten, Diener, Oberpräparatoren und Präparatoren verfügen sollten.[49] Der Direktor eines so großen Hauses wie des Museums für Naturkunde sei schlicht und einfach

45 Möbius an Ministerium, Berlin, 31.5.1887. GStA PK I.HA Rep. 76 Va Sekt. 2 Tit. X Nr. 127, Bd. I, fol. 43–57v, hier fol. 44v.

46 Ebd., fol. 45v.

47 Die Etatentwürfe in UAHU Berlin MfN Bd. 53.

48 Die Akten in GStA PK I.HA Rep. 76 Va Sekt. 2 Tit. X Nr. 63 A, fol. 13–23 (Chun), 24–43 (Brauer), 44–66 (Pfeffer), 68–101 (Tornier) – Dazu auch I. Jahn: Der neue Museumsbau und die Entwicklung neuer museologischer Konzeptionen und Aktivitäten seit 1890. In: Wissenschaftliche Zeitschrift der Humboldt-Universität zu Berlin, Math.-Naturwiss. Reihe 38 (1989), S. 287–307, hier S. 295f.

49 Vgl. GStA PK I.HA Rep. 76 Va Sekt. 2 Tit. X Nr. 63 A, fol. 24v.

„nicht mehr im Stande, das ganze große Gebiet zu beherrschen und alle Gruppen zu übersehen".[50]

Auch Georg Pfeffer gelangte in seinem Gutachten – nach einem ausführlichen Vergleich der Naturhistorischen Museen in Berlin, Hamburg, London, Wien, Washington, Stockholm, Paris und New York – zu der Überzeugung, die museale Praxis habe bereits die „Form immer weiterer Arbeitsteilung" angenommen.[51] Diese Teilung der Arbeit dürfe aber nicht ihre Trennung bedeuten. Nach dem „Prinzip der größtmöglichen Selbstbestimmung"[52] seien den Kustoden – als zweite Ebene nach dem Direktor – größere Freiräume zu eröffnen: Sie sollten selbstverantwortlich die Fachaufsicht über den entsprechenden Sammlungsteil ausüben, Tausch- und Kaufangelegenheiten regeln sowie die Arbeit in Schausammlung und Bibliothek koordinieren. Der Direktor werde durch eine solche Dezentralisierung jedoch nicht überflüssig. Seine Aufgabe müsse vielmehr darin liegen, zwischen den einzelnen Kustodien zu vermitteln und dabei „die Gesamtheit der Fragen des Institutes stets im Auge und im Sinne [zu] haben."[53] In dieselbe Richtung zielte Gustav Tornier, der die Berliner Verhältnisse – aus eigener Erfahrung – als gekennzeichnet durch die „Überlastung" des Direktors und „Misstimmung und Reibereien" zwischen den Kustoden umriß.[54] Auch er sprach sich für eine weitgehende Delegation wissenschaftlicher Arbeiten an die Kustoden aus, da „mehrere dieser Abteilungen aber wirklich zu übersehen [...] kein Gelehrter der Welt mehr im stande" sei.[55] Der Direktor solle sich auf die Überwachung der Verwaltung und der wissenschaftlichen Tätigkeit beschränken.

Daß das Museum für Naturkunde „in mancher Hinsicht nicht den Erwartungen [entspreche], welche an eine Centrale für die wissenschaftliche Forschung auf dem Gebiet der Systematik, Tiergeographie und vergleichenden Anatomie zu stellen" seien, betonte schließlich geradezu überdeutlich das Gutachten Karl Chuns.[56] Auch Chun sah in den Kustoden die eigentlichen Spezialisten des Hauses, während der Direktor sich künftig – was durchaus Chuns eigenen Vorlieben entsprach – ganz gezielt den Problemen der Tiergeographie und -systematik und ihrer Präsentation in der Schausammlung widmen sollte. Vor allem aber sollte er – wie es auch Pfeffers Gutachten empfohlen hatte – zwischen den einzelnen Kustoden ausgleichen. Das wissenschaftliche Temperament nämlich sei durchaus verschieden: „Der Eine erledigt seine Geschäfte tadellos, der Andre kennt nur seine Wissenschaft, produziert mit Leidenschaft, ist aber nicht dazu zu bewegen, Briefe zu beantworten und Eingänge schlank zu erledigen. Der Eine ist stets darauf aus, auf Reisen oder in Besprechungen mit Fachleuten seine Kenntnis von Museal-Einrichtungen und Museal-Technik zu vervoll-

50 Ebd., fol. 26.
51 Ebd., fol. 51v.
52 Ebd., fol. 52.
53 Ebd., fol. 55.
54 Ebd., fol. 69 u. 78v. – Ein bezeichnendes Beispiel für solche „Reibereien", in denen sich nicht selten unterschiedliche Auffassungen von Sinn und Aufgabe eines Museums ausdrückten, bieten die quälenden Auseinandersetzungen um die korrekte Ausführung der Dienstgeschäfte zwischen Sammlungsdirektor Otto Nüsslin und Kustos Constantin Hilger im Karlsruher Naturalienkabinett 1901/02, die sogar das Ministerium beschäftigten. Den entsprechenden Vorgang in GLA Karlsruhe 235/38302.
55 GStA PK I.HA Rep. 76 Va Sekt. 2 Tit. X Nr. 63 A, fol. 78v.
56 Ebd., fol. 14.

kommnen, günstige Tauschverbindungen anzuknüpfen u. dergl., der Andre besucht weder ein Museum noch einen Zoologentag oder sonstige Fachversammlung."[57]

Das Funktionieren der musealen Praxis, so hieß das, war an einzelne Personen gebunden. Die Naturhistorischen Museen entwickelten sich nicht von selbst. Unter den Akteuren kam den Direktoren, Kustoden und Assistenten eine wichtige, aber nicht alles entscheidende Rolle zu: Sie gestalteten den Prozeß der Wissenskommunikation *mit*. Ihre Aufgabe wechselte mit den Erfordernissen der Sammlung. Die Berliner Diskussion des Jahres 1905 entwarf eine weitere Differenzierung innerhalb des Fachpersonals, die schon bald Realität wurde. Der Direktor blieb der wissenschaftliche Gesamtleiter des Hauses, er wachte über die Schausammlung, pflegte den Kontakt zur Öffentlichkeit, zu Presse und Politik und richtete sein besonderes Augenmerk auf die Einwerbung von Spenden und Geschenken. Die *wissenschaftliche* Arbeit jedoch wurde zunehmend von den Kustoden übernommen. Und nicht selten waren sie, wie etwa Max Auerbach (1879–1969), der in Karlsruhe mit dem Präparator Max Schelenz (1868–1942) die Schausammlung neu und publikumswirksam inszenierte[58], die eigentlich innovativen Kräfte innerhalb des Museums.

Das Karlsruher Beispiel lenkt unseren Blick freilich noch auf einen weiteren Aspekt. Die Berliner Diskussion war zwar in vielem symptomatisch und in manchem sogar typisch, aber sie fand in einem der größten und personalintensivsten Museen des Kaiserreichs überhaupt statt. Im Badischen Naturalienkabinett hingegen blieb man etwa hinsichtlich der Botanischen Sammlungen bis in die Weimarer Republik auf die nebenamtliche Mitarbeit des Karlsruher Hauptlehrers Andreas Kneucker angewiesen.[59] Das Städtische Museum für Natur-, Völker- und Handelskunde in Bremen verfügte nicht über angestellte Fachwissenschaftler für das große Gebiet der Mineralogie; auch hier halfen Lehrer aus.[60] Und auch das Frankfurter Senckenberg-Museum blieb noch am Ausgang des Jahrhunderts auf die Mitarbeit von bis zu zwanzig ehrenamtlichen Sektionären angewiesen.[61]

Gewiß waren die Tendenzen zur Professionalisierung in den Naturhistorischen Museen nicht zu übersehen. Damit einher lief die Entstehung einer eigenen museologischen Disziplin. 1903 fand die erste museologische Fachtagung statt, 1905 wurde die Zeitschrift „Museumskunde" gegründet, 1917 dann immerhin ein entsprechender Fachverband.[62] Gleichwohl wurde die Partizipation an der musealen Wissenskommunikation nie zu einer *ausschließlich* stellvertretenden. Das Ideal der interaktiven Kommunikation, das am Anfang

57 „Entwurf eines Organisations-Planes für das Berliner Zoologische Museum von J. G. Pfeffer – Hamburg". Ebd., fol. 55.

58 Das beste Porträt: K. Frentzen: Max Auerbach. Ein Lebensbild. In: Beiträge zur naturkundlichen Forschung in Südwestdeutschland 10 (1951), S. 75–87.

59 Kneucker an Kultusministerium, Karlsruhe, 2.4.1912. GLA Karlsruhe 235/6668.

60 Vgl. Jahresbericht des Städtischen Museums für Natur-, Völker- und Handelskunde für das Jahr 1904. In: *Mitteilung des Senats* v. 3.1.1905, S. 4. – 1889 wies das Bremer Personaltableau auf: 1 Direktor, 2 Assistenten, 6 wissenschaftliche Hilfsarbeiter (Lehrer), 3 Präparatoren, 3 Aufseher, 1 Hausmeister, 1 Heizer. So die Auskunft auf eine Anfrage der belgischen Regierung. Barkhausen an Reichskanzler, Bremen, 23.6.1899. StA Bremen 3–N.5.No. 49.

61 Vgl. Schäfer (wie Anm.7), S. 31f.

62 Vgl. I. Jahn: Die Museologie als Lehr- und Forschungsdisziplin mit spezieller Berücksichtigung ihrer Funktion in naturhistorischen Museen. In: Neue Museumskunde 22 (1979), S. 152–169, S. 236–249; 23 (1980), S. 41–50, 79–85 u. 270–279. – W. Klausewitz: Zur Geschichte der Museologie (1878–1988). In: Museologie. München 1989, S. 20–37.

des Museumsjahrhunderts gestanden hatte, hatte seinen Glanz auch um 1900 noch nicht verloren. Insbesondere an der ehrenamtlichen Arbeit in den Sammlungen blieb es ablesbar.

2. Präparatoren

Das Los des Präparators besteht darin, vergessen zu werden. Besinnen sich Naturhistorische Museen auf ihre Geschichte, so erinnern sie stets an ihre Direktoren, häufig an Stifter und Geschenkgeber, gelegentlich sogar an das Publikum. Ihre Präparatoren kommen in den Festschriften – und aus solchen bildet sich noch immer ein Großteil der Museumsliteratur – nicht vor. Auch der Museumsbesucher des 19. Jahrhunderts hat sie kaum von Angesicht gekannt. Sie verrichteten ihr Werk in den Hinterräumen der Museen, in kühlen Kellern und zugigen Dachstuben. Ihre Arbeit war – das Risiko einer Arsenvergiftung blieb stets hoch – nicht ungefährlich, sie stank bestialisch, war hart und schmutzig und nichts, was vor den Augen der feinen Welt bestanden hätte. Dabei waren die Präparatoren zentrale Akteure der musealen Praxis.[63] Das Produkt ihrer Arbeit erst machte aus Fellen und Federn, später gar aus Holz, Ton und Kitt jene Objekte, die zu Repräsentanten des naturkundlichen Wissens taugten. Fertigkeit und Geschick der Präparatoren, ihre Kunst, wie man sie mit einigem Recht nannte, waren die Voraussetzung jeder musealen Wissenskommunikation. Auch wenn die Quellenlage alles andere als günstig ist, soll von ihnen im folgenden daher etwas ausführlicher erzählt werden.

Die Leistungen der Präparatoren wurzelten in der Tradition der Tierpräparation des 18. Jahrhunderts.[64] Die gesteigerte Nachfrage nach dauerhaft und verläßlich konservierten Naturalien hatte die handwerkliche Praxis an der Wende zum 19. Jahrhundert jedoch reformiert. Neue Konservierungsmittel, vor allem aber neue Präparationsmethoden waren entwickelt worden. Sie hatten in ihrer Konsequenz – bereits vor aller Schausammlung – zu einer Trennung zwischen wissenschaftlichen Sammlungsgegenständen und reinen Schauobjekten geführt: Bei der sogenannten Balgpräparation wurde das Objekt mittels pflanzlichen Stopfmaterials in die Form eines *liegenden* Tieres gebracht und vorzugsweise in Schubladen aufbewahrt; bei der Präparation eines Schauobjektes hingegen wurde durch einen zusätzlichen Arbeitsgang eine Drahtvorrichtung innerhalb des Körpers plaziert, mit deren Hilfe das Präparat in jede gewünschte Stellung gebracht werden konnte. Es wurde im wahrsten Sinne des Wortes ‚aufgestellt'. Für die museale Praxis bedeutete bereits diese Errungenschaft, die aus technischen Gründen auf kleine Tiere, vor allem auf Vögel, beschränkt blieb, einen be-

63 Vgl. zum folgenden auch Köstering, S. 151–183.

64 Zur Geschichte der Taxidermie vgl. P. L. Farber: The Development of Taxidermy and the History of Ornithology. In: Isis 68 (1977), S. 550–566. – Zu technischen Aspekten der Disziplin immer noch G. Schröder: Das Sammeln, Konservieren und Aufstellen von Wirbeltieren. Berlin 1936. – Taxidermy. The Art of Collecting, Preparing and Mounting Objects of Natural History. London 1835. – M. Browne: Practical Taxidermy. London 1884. – W. Boitard: Die Kunst, Tiere auszustopfen und Pflanzen und Mineralien aufzubewahren. Quedlinburg 1835. – J. Fr. Naumann: Taxidermie oder die Lehre Thiere aller Klassen am einfachsten und zweckmäßigsten für Kabinette auszustopfen und aufzubewahren. Halle 1815. – Chr. L. Brehm: Die Kunst Vögel als Bälge zu bereiten, auszustopfen, aufzustellen und aufzubewahren. Weimar 1842. – A. V. Streubel: Anleitung Naturalien zu sammeln und für wissenschaftliche Zwecke, wie auch zum Vergnügen, aufzustellen. Leipzig 1851.

Abb. 2
Senckenberg-Museum, Frankfurt/M.
Präparationszimmer (1907)

trächtlichen Gewinn an Gestaltungsmöglichkeiten. Denn mit der variablen Aufstellung des Objekts wuchs seine Aussagefähigkeit. Das Wissen von der Natur konnte nun in einem neuen Sinne – ebenso anschaulich wie beziehungsreich – repräsentiert werden. Den Objekten wuchs so neue Bedeutung zu: Vögel etwa konnten mit einem Mal als „Codes der Leidenschaften" fungieren.[65]

Diese Reform der Inszenierung war nicht denkbar ohne die Fortschritte des Präparationshandwerks. Zugleich war sie freilich Ausdruck eines veränderten Geschmacks, der seinerseits eng mit sozialen Wandlungsprozessen zusammenhing. Was sich mit der Inszenierungsmethode zugleich änderte, war das Wissen von der Natur, ihrer Struktur und Bedeutung. Unter dem Einfluß neuer physiognomischer Ideen und älterer Rokoko-Empfindsamkeit wandte man sich um 1800 den „charakteristischen Merkmalen" der Tiere zu und unterschied dabei scharf zwischen „Stellungen" und „Haltungen".[66] Während „Stellung" die Grundposition des Tieres wie Sitzen, Liegen, Stehen bezeichnete, meinte „Haltung" – und ihre Darstellung vor allem wurde von der Präparationskunst, der Taxidermie, erwartet – hingegen die momentane, psychisch motivierte Bewegung, in der sich Emotionen wie Angst, Liebe oder Wut ausdrückten.[67] Und diese Perspektive blieb bis in die erste Hälfte des 19. Jahrhunderts die dominierende.

Das Profil eines Präparators war dabei am Anfang unseres Untersuchungszeitraums kaum fest umrissen. Seine Kenntnisse, oftmals regelrechte Kniffe und Tricks, Rezepte, die vom Vater auf den Sohn, von Freund zu Freund weitergegeben wurden, bildeten ein regelrechtes Spezialwissen. Gerade in den frühen Jahrzehnten des 19. Jahrhunderts, als die Konservierungsmethoden unzuverlässig und wenig dauerhaft waren, hatten die Präparatoren ständig Arbeit: Nicht nur Vogelpräparate wurden immer wieder hinfällig und mußten erneuert werden.[68] Gleichwohl verfügte bei weitem nicht jedes Haus über einen festangestellten Präparator. Oftmals wurden die Aufträge, so etwa in Frankfurt und Bremen, an externe Spezialisten vergeben. Aber selbst dort, wo Museen bereits früh über eigene Präparatoren verfügten, war deren Aufgabenkatalog durchaus unklar. Gewiß hatten sie Tiere zu präparieren; daneben wurden sie aber, je nach Lage der Dinge, auch als Aufseher, Diener oder Zeichner eingesetzt. Ihr Einkommen war oftmals so gering, daß sie – nicht nur in Berlin – auf Nebenverdienste angewiesen blieben.[69]

Von Professionalisierungstendenzen wird man – nicht nur für das *frühe* 19. Jahrhundert – daher kaum sprechen dürfen. Einen regelrechten Ausbildungsgang hat es, wie wir noch sehen werden, im Grunde genommen bis zum Ende des Jahrhunderts nicht gegeben. Und ebenso variierten die Bezeichnungen der Präparatoren, die von „Gehülfe" über „Arbeiter" bis hin zu „Ausstopfer" rangierten. Auch das minderte den Respekt vor der Leistung der Präparatoren. Hinrich Lichtenstein, der Direktor des Zoologischen Museums in Berlin, erbat für seinen Präparator Rammelsberg vom Ministerium denn auch das Prädikat des „Inspek-

65 E. C. Spary: Französische Vogelsammlungen als eine Sprache der vornehmen Gesellschaft im 18. Jahrhundert. In: Sammeln als Wissen. Göttingen 2001, S. 39–61.

66 Vgl. Köstering, S. 162–164.

67 Vgl. etwa Boitard (wie Anm. 64), S. 157f.

68 Die Sammlungen waren „dem schnellen Verderben" ausgesetzt. Oberhofverwaltungsrat an Ghzg. Leopold, Karlsruhe, 15.9.1837. GLA Karlsruhe 56/1573.

69 Lichtenstein an Ministerium, Berlin, 22.9.1820. GStA PK I.HA Rep. 76 Va Sekt. 2 Tit. X Nr. 15 Bd. VI, fol. 108.

tors". Nur dies, befand Lichtenstein, könne ihm das „Ansehn" geben, dessen er bedürfe, „um als Aufseher Ordnung und Achtung vor der Würde einer wissenschaftlichen Anstalt zu erhalten."[70] Aber eine solche Aufwertung war im Grunde nur Begriffskosmetik. Über die fachliche Qualifikation eines Präparators sagte der Titel kaum etwas aus. Und vielfach war es ohnehin schwierig genug, über die konkrete Vorbildung eines Präparators Aussagen zu treffen. Angestellt wurde er nicht aufgrund von durchlaufenen Ausbildungsgängen, sondern nicht selten durch Empfehlungsschreiben. Und in ihnen war kaum von formalen Abschlüssen, ausführlich hingegen von Erfahrungen die Rede – wobei die wichtigste Erfahrung meist die Arbeit in einem Museum selbst war.

Bezeichnend ist hier etwa der Fall eines gewissen Fritz Beyer, der Lichtenstein am ersten Weihnachtstage 1816 brieflich bat, ihn „als Zögling" in seinem „zoologischen Museo aufzunehmen".[71] Beyer, ein junger Mann von neunzehn Jahren, war in einem Waisenhaus erzogen worden und anschließend in die Dienste des Grafen Itzenplitz eingetreten. Nachdem er bereits auf den gräflichen Gütern für das Museum gesammelt hatte, war er, da er „Lust zur Kunst des Ausstopfens" empfand[72], von Rammelsberg in die ersten Gründe des Präparierens eingewiesen worden und hatte sich „allmählich einige Fertigkeit in den gewöhnlichern Arbeiten und manche Kenntnisse von den Gegenständen selbst erworben".[73] Da er nun „früher kränklich gewesen und davon noch etwas lahm" geblieben war, wohl auch „etwas schwer hörte" und deshalb zu „vielen Dienstgeschäften des gewöhnlichen Lebens unbrauchbar" war, bat der Graf nun, Beyer, dem er wegen „seiner Treue, Ordnungsliebe und Folgsamkeit das beste Zeugniß" ausstellte, im Museum unterzubringen. Und dies geschah auch, da Lichtenstein tatsächlich dringend einen zweiten Präparator benötigte, „indem die Arbeiten sich gegenwärtig zu sehr häufen, als daß sie von dem Gehülfen Rammelsberg auch bei dem größten Fleiß allein bestritten werden könnten."[74]

Eine regelrechte Qualifikation setzte die Annahme als Präparator jedenfalls nicht voraus, eher schon ein gewisses Interesse an den Dingen der Natur, eine sichere Hand (wozu sich unter Umständen eine Lehrzeit etwa als Kürschner oder Sattler empfahl), den nötigen Blick – und vor allem die Lust an der Sache, die unter Umständen die Bereitschaft einschloß, seine Gesundheit durch den Kontakt mit allerlei giftigen Stoffen zu ruinieren.[75] Freilich: Wunder waren auch bei höchster Motivation nicht zu erwarten. Allenthalben ging die Präparationsarbeit schleppend voran. In Berlin ruhte 1826 das Ausstopfen der Vögel fast gänzlich, 1.500 Exemplare lagen achtlos umher. Bedenkt man, daß das Ausstopfen und Aufstellen eines großen Säugetiers Rammelsberg und Beyer zusammen eine ganze Woche beschäftigten, war dies auch nicht weiter verwunderlich. Kein Museum kam daher umhin, auch *exter-*

---

70 Lichtenstein an Ministerium, Berlin, 10.3.1819. GStA PK I.HA Rep. 76 Va Sekt. 2 Tit. X Nr. 15 Bd. IV, fol. 319–326, hier fol. 323. – Ministerium an Lichtenstein, Berlin, 22.3.1819. Ebd., fol. 327.

71 Beyer an Lichtenstein, Berlin, 25.12.1816. 26f., hier fol. 26.

72 Lichtenstein an Ministerium, Berlin, 8.3.1817. GStA PK I.HA Rep. 76 Va Sekt. 2 Tit. X Nr. 15 Bd. III, fol. 21–25, hier fol. 22.

73 Ebd., fol. 23.

74 Ebd., fol. 21.

75 Auch hier ist der Fall Beyers typisch, der 1824 eine Gehaltszulage aufgrund seiner angegriffenen Gesundheit erbat. Beyer an Ministerium, Berlin, 18.11.1824. GStA PK I.HA Rep. 76 Va Sekt. 2 Tit. X Nr. 15 Bd. IX, fol. 79–82.

ne Präparatoren zu beschäftigen, die in Berlin aus dem Dublettenfonds, also den Einnahmen aus dem Verkauf von Dubletten, bezahlt wurden.[76]

Seit der Jahrhundertmitte wandelte sich – angestoßen durch den streng positivistischen Zug der Zeit – die taxidermische Praxis erheblich. Der präparatorische Diskurs versachlichte sich. Alexander Held etwa, Kustos an der Münchener Staatssammlung, benutzte in seiner einflußreichen „Demonstrativen Naturgeschichte" die Bewegung nur mehr als ein Bestimmungskennzeichen, mit dem keinerlei moralische Wertung verbunden war.[77] In seinem „Anhang der Sitten der Säugetiere" erläuterte Held die verschiedenen Bewegungsvarianten, bildete sie in Silhouetten ab und definierte sie als unabänderliche „Charaktere" der jeweiligen Tiere. „Charakter" war hier nicht mehr Ausdruck temporärer Leidenschaft, sondern Ergebnis phänomenologischer Analyse.

Dieser Anspruch auf Objektivität stimmte zum Zug der neuen Zeit. Und diese neue Zeit fand – ganz wie am Anfang des Jahrhunderts – neue Gestaltungsmittel. Sie revolutionierten die museale Praxis, indem Tiere nicht länger ausgestopft und mittels einer komplizierten Drahtkonstruktion ‚aufgestellt' wurden, sondern der Tierkörper nun durch anatomische Manipulation erst künstlich geschaffen und dann mit dem entsprechenden Fell überzogen wurde. Die Dermoplastik, wie diese neue Methode hieß, schuf Inszenierungsmöglichkeiten, die das Museum grundlegend veränderten. Die dermoplastische Revolution ließ die Natur endgültig als beherrschbar erscheinen. Fortan waren der musealen Nachbildung sozialer Phänomene wie ‚Familie' oder ‚Kampf' keine Grenzen mehr gesetzt. Mit dem Anspruch der ‚lebenswahren' Darstellung gewannen diese Inszenierungen an Anschaulichkeit, Plausibilität, Verständlichkeit. Sie waren Indikatoren und Faktoren jenes Profilwandels vom ‚System' zum ‚Leben', von dem wir im ersten Kapitel berichtet haben. Die Dermoplastik avancierte zum zentralen Medium der Popularisierung, der Präparator zur grauen Eminenz des Museums.

Das galt insonderheit für Philipp Leopold Martin (1815–1886), dessen dreibändige „Praxis der Naturgeschichte" (1869–1878) gewissermaßen als Bibel der Dermoplastiker gelten durfte.[78] Martin, der – nach dem Gesagten nicht anders zu erwarten – ein Autodidakt war, hatte seine präparatorischen Lehrjahre im Naturmuseum Görlitz verbracht und seine Beobachtungsgabe auf zoologischen Reisen nach Venezuela und Osteuropa geschult. 1852 war er, gewissermaßen als später Nachfolger Beyers, als zweite technische Hilfskraft im Zoolo-

76 Lichtenstein an Ministerium, Berlin, 26.7.1826. GStA PK I.HA Rep. 76 Va Sekt. 2 Tit. X Nr. 15 Bd. X, fol. 71–72v. – In Karlsruhe ließ Alexander Braun 1837 Vögel und Säugetiere etwa durch einen „darin erfahrenen Dreher" aufbereiten. GLA Karlsruhe 56/1573.

77 A. Held: Demonstrative Naturgeschichte oder Erfahrungen und Belehrungen über das Sammeln, Präparieren, Klassifizieren, Aufstellen, Bewahren und Demonstrieren der Naturkörper aller drei Reiche, nebst Beschreibung der Lebensweise der Tiere sowie ihrer Körperhaltung bei allen Bewegungen. Stuttgart 1845. – Vgl. W. Jülicher: Alexander Held – ein Vater der Präparatoren und seine Naturgeschichte. In: Der Präparator 34 (1988), S. 337–342. – Dazu auch Köstering, S. 164f.

78 Ph. L. Martin: Die Praxis der Naturgeschichte. Bd. 1: Taxidermie oder die Lehre vom Präparieren und Konservieren. Weimar 1869. Bd. 2: Dermoplastik und Museologie. Weimar 1870. Bd. 3.1: Naturstudien Weimar 1878. Bd. 3.2: Atlas. Weimar 1886. – Zuvor bereits: Kurze Anleitung zum Sammeln naturhistorischer, vorzüglich zoologischer Gegenstände, in Übereinstimmung mit H. Plouquet bearb. v. L. Martin: Päparatoren in Stuttgart. Lemgo 1863. – Zu Martin vgl. u.a. I. Jahn: Ein Pionier der „Museumsdermoplastik" – Leopold Martin (1815–1886). In: Der Präparator 41 (1995), S. 53–62. – U. Albrecht: Philipp Leopold Martin (1815–1886). In: Museum aktuell 1999, S. 1911f. – Köstering, S. 164–174.

gischen Museum der Universität Berlin angestellt worden. Noch unter dem Direktorat Lichtensteins entwickelte er dort die Tierpräparation mit dem Ziel der größeren ‚Naturtreue' weiter und schuf alsbald die ersten dermoplastischen Tiergruppen – freilich nicht für das Berliner Haus, das als akademische Sammlung zurückhaltend reagierte, sondern für das Museum des Naturwissenschaftlichen Vereins für das Fürstentum Lippe in Detmold.[79]

Die neue Methode, die mit einer bis dahin ungewöhnlichen handwerklichen Präzision ausgeübt sein wollte, löste erste Professionalisierungstendenzen aus. 1856 legte Martin den Plan zur Errichtung einer „Bildungsschule für Taxidermie" vor, die eine geregelte Ausbildung von Präparatoren garantieren sollte.[80] Ausgangspunkt dieses Plan war Martins Beobachtung, daß es an fähigen Präparatoren mangelte, die sich ohne weiteres auf die dermoplastische Methode verstanden. Tatsächlich konfrontierte die Taxidermie – insofern sie die gleichsam freihändige Konstruktion eines ‚lebensechten' Tierkörpers verlangte – die Präparatoren mit steigenden Anforderungen, insbesondere mit der „Kenntniß von dem wirklichen Thierleben". Hierzu jedoch, so Martins sicher nicht falsche Beobachtung, mangelte es an den technischen und wissenschaftlichen Voraussetzungen, eben an einem regelrechten Ausbildungskursus, kurzum: an dem, „was man gewöhnlich Schule nennt". Für eine solche Einrichtung, deren Begründung er dem preußischen Kultusministerium gegenüber anregte, legte Martin den Entwurf eines Lehrplans vor, der in drei Teilen zunächst die Vermittlung theoretischer Kenntnisse über das Naturaliensammeln (etwa über den Zweck und die Geschichte des Sammelns, über das Beobachten, über Konservierungsmittel und Verpackungen), dann die Vermittlung theoretischer Kenntnisse über die Taxidermie (also über Arbeitsmaterialien, plastische Anatomie und ästhetische Naturanschauung) und schließlich praktische Übungen (also das Experimentieren an Kadavern, das Skelettieren und Zubereiten der Häute, das Zeichnen, Modellieren und Gipsen, sodann das Formen künstlicher Körper) vorsah.[81] Die Einrichtung einer solchen Schule, so versuchte Martin das Projekt dem Ministerium schmackhaft zu machen, habe schließlich auch insofern praktischen Nutzen für das Museum, als es ihm in Person der Schüler unentgeltliche Hilfsarbeiter zur Verfügung stellen würde. Dieser Logik konnte sich das Ministerium nicht entziehen: Es mangelte so sehr an Personen, die „in den Künsten der Zubereitung von Naturalien gehörig geübt sind", daß es die Gründung einer Lehranstalt für dringend geboten erklärte.[82]

Tatsächlich wurde sie nie eröffnet. Lichtenstein, dem Martins neue Methode ohnehin zu gewagt erschien, sah in dem Schulplan nämlich mehr die Gefahr einer Konkurrenz als den Nutzen der Ausbildung.[83] Das Projekt, so gab er dem Ministerium zu bedenken, gewinne „die Gestalt und Ausdehnung einer förmlich nicht im Museum, sondern neben demselben

79 Dazu R. Springhorn: Die frühe Phase der naturhistorischen Sammlung des Lippischen Landesmuseums. In: Lippische Mitteilungen aus Geschichte und Landeskunde 54 (1985), S. 85–107. – Ders.: 150 Jahre Naturwissenschaftliche Sammlung und Naturhistorisches Museum in Detmold. In: Heimatland Lippe 78 (1985), S. 287–314.

80 Martin an Lichtenstein, Berlin, 12.3.1856. UAHU Berlin MfN Bd. 93. – Dort auch alle folgenden Zitate.

81 Entwurf eines Lehrplans an der Bildungsschule für Taxidermie, Berlin, 5.12.1856. GStA PK I.HA Rep. 76 Va Sekt. 2 Tit. X Nr. 63 Bd. III, fol. 48–48v. – Martin an Ministerium, Berlin, 5.12.1856. Ebd. 46–47v.

82 Ministerium an Lichtenstein, Berlin, 2./3.10.1856. UAHU Berlin MfN Bd. 93.

83 Lichtenstein an Ministerium, Berlin, 7.12.1856. GStA PK I.HA Rep. 76 Va Sekt. 2 Tit. X Nr. 63 Bd. III, fol. 44–45v.

bestehenden kleinen Akademie".[84] Die Tätigkeit in einer solchen aber würde Martin von der Erfüllung seiner eigentlichen Aufgaben im Museum abhalten. Martin, so befand Lichtenstein, könne tun und lassen, was er wolle – aber nicht während seiner Dienstzeit. Alles andere würde „die gute Ordnung stören".[85] Die Kultur des Wissens, wie sie sich in Berlin seit dem Jahrhundertbeginn ausgeformt hatte, erwies sich schon aufgrund ihrer festen akademischen Bindung als wenig integrativ für neue Inszenierungsformen. Das belegt die späte Einführung von Dioramen nach dem Ersten Weltkrieg.[86] Und das belegt auch der Fall Martin: Lichtensteins Standpunkt setzte sich schließlich durch. Martin schied 1858 im Streit aus Berlin, um an das Stuttgarter Naturalienkabinett zu wechseln, für das er bis 1874 die ‚vaterländische Sammlung' neu gestaltete.[87]

Man habe, so begründete Martin dem preußischen Kultusministerium gegenüber diesen Wechsel, seine Präparationsmethode, „welche eine ganz neue, von mir jahrlang bedächtig erprobte ist, durch die unverständigsten Einwendungen zu tadeln und zu beeinflussen" gesucht.[88] Tatsächlich ging es in der Berliner Auseinandersetzung um Grundsätzliches. Der Streit um Martins ‚neue Methode' war nichts Geringeres als ein Kampf um die rechte Wissenskultur, um die Frage nämlich, wie akademisch beziehungsweise wie anschaulich die museale Praxis jeweils sein müsse oder dürfe. Von seinem Ausgang her ist dieser Kampf deutlich entschieden worden: Die Dermoplastik siegte auf ganzer Linie. Mit der Entwicklung neuer, scheinbar authentischer, jedenfalls außerordentlich suggestiver Inszenierungen dynamisierte sich freilich nicht nur der Prozeß der Popularisierung. Sie beförderte vielmehr auch die Professionalisierung der Präparatoren, machte sie zu noch wichtigeren Akteuren der musealen Praxis.

Martin selbst entwickelte sich zunehmend zum Apostel in eigener Sache. Die Verheißungen seiner neuen Methode speisten sich nicht zuletzt aus einer Kritik an der traditionellen Präsentation: „Wahrhaftig, wenn man irgend jemand, der noch nie eine größere Sammlung gesehen, mit verbundenen Augen bis vor die langen Reihen solcher Schränke führen und ihm nach Besichtigung derselben sagen würde: ‚Das ist ein zoologisches Museum', so glaub ich ganz gewiß, daß er sich sofort nach dem Ort umsehen würde, wo der Zimmermann das Loch gelassen hat!"[89] Verantwortlich für diesen Mißstand war für Martin der „übergroße Sammeleifer", „die Macht der Gewohnheit", „der Terrorismus des Systems".[90] Der Balg, so Martin, sei „todt" und der einförmig aufgestellte Vogel „noch todter": „Was dem Systematiker allein das Leben bedeutet, das ist dem Laien ein unverständliches Buch mit sieben Siegeln."[91]

84 Ebd., fol. 44v.
85 Ebd., fol. 45v.
86 Dazu unten Kap. IV.2.2.1.
87 Martins Versuch, ein Privatmuseum in Stuttgart zu eröffnen, blieb allerdings ohne Erfolg. Vgl. A. Rieke-Müller u. Lothar Dittrich: Die Gründung Zoologischer Gärten im deutschsprachigen Raum, 1833–1869. Köln 1998, S. 188–190.
88 Martin an Ministerium, Berlin, 18.11.1858. GStA PK I.HA Rep. 76 Va Sekt. 2 Tit. X Nr. 63 Bd. III, fol. 200–201.
89 Martin: Die Praxis (wie Anm. 78), Teil 2. 2. Aufl. Weimar 1880, S. 12.
90 Ebd., S. 4.
91 Ebd., S. 61.

Hier waren Interesse und Aufnahmevermögen des Publikums bewußt als Argument benutzt worden. In der Tat hat Martin – und zugleich gilt dies für die große Mehrheit der Präparatoren der zweiten Jahrhunderthälfte – durch seine dermoplastische Methode den Radius der Museumskultur entschieden erweitert. Die ganz auf Anschaulichkeit und ‚Lebenstreue' zielenden, gleichsam naturalistischen Inszenierungen stimmten zu dem Wandel der wissenschaftlichen Profile, wie wir ihn im ersten Kapitel skizziert haben. Vor allem aber paßte er zu dem Wandel der Öffentlichkeit, der ein immer größeres, hinsichtlich des Vorwissens freilich zunehmend nivelliertes Publikum in die Museen zog. Es konnte die Sammlung nicht mehr ‚er-lesen', sondern wollte sie ‚er-schauen' – und eben hierzu lieferte erst Martins Methode die Voraussetzung.

Es ist daher durchaus nicht verwunderlich, daß mit Martin nicht ein Direktor, sondern ein Dermoplastiker als erster Museumsmann in Deutschland für die Trennung von Haupt- und Schausammlung eintrat. Die Schausammlung sollte ‚lebenswahre' Gruppen ausstellen und auf diese Weise zum Ideal einer „zeitgemäß notwendigen populär-wissenschaftlichen Sammlung" überhaupt werden.[92] „Wir müssen", so forderte Martin, „die Natur aus den Fesseln schematischer Einseitigkeit befreien und sie in unseren Sammlungen so zur Darstellung bringen, wie sie uns im vielgestaltigen Leben erscheint." Dem Laien werde sie nur verständlich zu machen sein, „wenn er lebenswahre Bilder vor sich hat".[93] Die Anordnung dieser Bilder aber – damit war schließlich der ganze Anspruch des Präparators formuliert – sollte ganz „dem Ermessen des Konservators, der in erster Linie Künstler sein muß, anheim gestellt werden".[94]

Und dieser Anspruch setzte sich durch. ‚Lebenstreue' entwickelte sich zum eigentlichen Gradmesser präparatorischen Geschicks – und damit zugleich zu einem Deutungsmuster der musealen Wissenskultur insgesamt. Der Bremer Museumsleiter Otto Finsch etwa lobte seinen Hauspräparator 1878 ausdrücklich „wegen der mustergiltigen naturgetreuen Aufstellung".[95] Der Karlsruher Sammlungsdirektor Moritz Seubert wiederum seufzte im Herbst 1870, auf der Suche nach einem neuen Ausstopfer, es werde nicht einfach sein, einen geeigneten Kandidaten zu finden, „indem geschickte Präparatoren für Vögel, Säugethiere und andere Klassen von Naturalien [...] überhaupt selten und nur gegen hohe Bezahlung zu finden" seien.[96] Der Jagdaufseher Schmitt, den Seubert daraufhin zunächst provisorisch einstellte, empfahl sich in seinen Augen, weil er das Ausstopfen „sowohl an präparirten Bälgen als auch von frischen, im Fleisch eingelieferten Thieren gut ausgeführt und namentlich in naturgemäßer und bewegter Aufstellung und Gruppirung von Vögeln und kleineren Säugethieren" großes Geschick bewiesen habe.[97] Zusätzlich nahm Seubert einen jungen Mann, August Fehsenmeier, an, der sich – „von Jugend auf mit dem Ausstopfen von Thieren vertraut" – für die Aufgabe empfohlen hatte.[98]

---

92 Ebd., S. 235.
93 Ebd., S. 218.
94 Ebd., S. 293.
95 Zweiter Bericht über die Städtischen Sammlungen für Naturgeschichte, Bremen, 31.8.1878. StA Bremen 2–T.5.p.
96 Seubert an Kultusministerium, Karlsruhe, 24.10.1870. GLA Karlsruhe 235/6649.
97 Seubert an Kultusministerium, Karlsruhe, 20.2.1871. GLA Karlsruhe 235/6649.
98 Fehsenmeier an Oberhofmarschallamt, Karlsruhe, 24.10.1870. GLA Karlsruhe 235/6649.

Über ihn nun berichtete Seubert im April 1871 dem Ministerium, man müsse Fehsenmeiers Fähigkeiten fürderhin genau prüfen, da er „die Acquisition oder Heranbildung eines seiner Aufgaben vollkommen gewachsenen Präparators für ein Institut vom Rang des großherzoglichen Naturalienkabinets für eine Frage von höchster Bedeutung" halte.[99] Und nach welchen Kriterien bemaß Seubert nun diese Fähigkeiten? Die Probearbeiten, so berichtete er dem Ministerium, seien „im Technischen gut und mit Geschick ausgeführt", während sie „in Bezug auf Naturwahrheit und Ausdruck noch Einiges zu wünschen übrig lassen". Hier könne Fehsenmeier, „in Bezug auf natürlichen Ausdruck, Bewegung und Anordnung" vieles von Schmitt lernen. Was freilich die Aufstellung großer Tiere angehe, so würde sich für jeden Präparator eine Spezialausbildung, etwa durch einen „Unterrichtscurs bei Conservator Martin in Stuttgart", empfehlen. Mit anderen Worten: Seuberts entscheidendes Kriterium war Martins dermoplastische ‚Lebensnähe'. Der Inszenierungsstandard der Naturhistorischen Museen hatte sich somit innerhalb einer Generation radikal verändert. Ob Bremen oder Karlsruhe; ob Münster, wo Rudolf Koch (1855–1927) als freiberuflicher Präparator Tiergeographische Gruppen als praktische Umsetzung von Martins Theorie schuf[100], oder Berlin, wo Carl August Ludwig (1834–1914), der über gute Kontakte zu Martin verfügte, nach 1900 Biologische Vogelgruppen für die ‚vaterländische' Sammlung anfertigte[101] – in fast allen Häusern gab die Dermoplastik den Sammlungen ein neues Gesicht.

Dieser Erfolg war zum einen Ausdruck des – mit Blick auf Wissenschaft wie Öffentlichkeit – großen Gestaltungspotentials der neuen Methode, zum anderen freilich auch ihrer schulbildenden Kraft.[102] Martins 1856 skizzierte Idee einer Präparatorenschule sollte am Ende, mit einiger Verzögerung, doch noch realisiert werden – freilich nicht in Form einer Berliner Institution, sondern in Gestalt eines informellen Netzwerkes in Deutschland und darüber hinaus. Für dieses Netzwerk erwiesen sich bestimmte Häuser wie einzelne Präparatoren als wichtige Knotenpunkte. Im Karlsruher Naturalienkabinett war es vor allem Martin Schelenz, der nach Lehrjahren am Zoologischen Museum in Breslau, an der Großherzoglichen Naturaliensammlung in Schwerin sowie am Zoologischen Präparatorium und Lehrmittelinstitut Lendl in Budapest (dem Hauptlieferanten des Budapester Nationalmuseums), seit 1899 die neue Vogelabteilung und wie erwähnt – gemeinsam mit Max Auerbach – die Zoologische Schausammlung gestaltete.[103]

Regelrecht schulbildend wirkte das Königliche Naturalienkabinett in Stuttgart, Martins ureigenste Wirkungsstätte. Hier war es Friedrich Kerz (1842–1915), ein Schüler des Stuttgarter Präparators Hermann Ploucquet, der Martins Methode weiterentwickelte und perfek-

99 Seubert an Kultusministerium, Karlsruhe, 15.4.1871. GLA Karlsruhe 235/6649. – Dort auch die weiteren Zitate. – Vgl. auch G. Mayer: Von Dienern und Präparatoren des Naturalienkabinetts. In: Carolinea 40 (1982), S. 113–124.

100 Jahresbericht des westfälischen Vereins für Vogelschutz, Geflügel- und Singvogelschutz 24 (1897), S. 32. – Ph. L. Martin: Das Museum der Urwelt bis zur Gegenwart im Nill'schen Thiergarten in Stuttgart. In: Der Zoologische Garten 15 (1874), S. 473.

101 HUB, MfN, Historische Bild- und Schriftgutsammlungen, Zoologisches Museum, S II, Personalakte Ludwig.

102 Zum folgenden Köstering, S. 176–182.

103 G. Mayer: Von Dienern (wie Anm. 99).

tionierte.[104] In seinen Arbeiten schuf Kerz Objekte, die in ihrer Exklusivität wie geschaffen waren für die monumentalen Inszenierungen in Lichthöfen und Museumshallen. Das galt für seine Präparation von Okapis, Breitmaulnashörnern und Giraffen, mehr aber noch für das letzte Quagga der Welt, das er für das Mainzer Naturhistorische Museum präparierte.[105] Kerz gab sein Wissen gezielt weiter, bot Fortbildungskurse an und bildete Schüler heran, die wie Joseph Burger in Darmstadt oder Ernst Heinrich Zollikofer in St. Gallen großen Einfluß auf den dermoplastischen Diskurs ausübten. Er organisierte sich durch entsprechende Publikationen, durch knappe Präparationsanleitungen und gelehrte Abhandlungen, vor allem aber durch persönliche Kontakte, durch Korrespondenzen und Dienstreisen. Schon zu Beginn des Jahrhunderts hatte es sie sporadisch gegeben. Im Kaiserreich aber gehörten sie nachgerade zum Pflichtprogramm jedes Präparators. Im Jahre 1903 etwa – ein Beispiel für viele – bereisten die beiden Frankfurter Präparatoren Adam (1841–1913) und August Koch (1880–1944), Vater und Sohn, gezielt Naturhistorische Museen in Deutschland, um sich im Vorfeld des Museumsneubaus, über die Inszenierungsmöglichkeiten einer Lokalfauna zu unterrichten.[106] Drei Jahre darauf besuchten die beiden gemeinsam mit Fritz Römer die wichtigsten englischen Museen.[107]

Dabei waren es selbstverständlich nicht nur die Museen selbst, in denen die neuesten Errungenschaften der Dermoplastik zu bewundern waren. Max Schelenz, der Karlsruher Präparator, hatte, wie gesagt, zuvor in einer freien Werkstatt in Budapest gearbeitet. Und solche Präparationsateliers, die von Auftragsarbeiten – und das hieß in erster Linie: von Großwildjägern – lebten, hatten einen nicht zu unterschätzenden Anteil an der Durchsetzung der dermoplastischen Methode.[108] Ihre Kundschaft sah in der Jagdbeute in erster Linie Trophäen, und keine Methode war so dazu geeignet, Trophäen zu präsentieren, wie die dermoplastische. Die Auftragsbücher der Hofpräparatoren Banzer in Oehringen, Otto Bock in Berlin und Carl Knuth in Schwerin waren dicht gefüllt.[109] Und mitunter hielten ihre effektvollen, mehr auf spannende Szenen denn auf biologischen Sinn berechneten Schöpfungen – so sie als Geschenke deklariert waren – auch Einzug in Naturhistorische Museen. So schuf etwa die Hamburger Werkstatt Umlauff ganze Tiergruppen für das Roemer-Museum in Hildesheim.[110] Die Firma Sander in Köln wiederum lieferte ihre Produkte unter anderem an die Häuser in Altona, Mannheim und Wiesbaden. Kampfgruppen wie die ‚Wolfsschlacht im Elchrevier‘ (Abb. 3), die eine Spezialität Sanders darstellten, blieben in öffentlichen Sammlungen allerdings die Ausnahme. Auch wenn die Firma Sander das Kölner naturwissenschaftliche Museum gleichsam als ihren kostenlosen Schauraum benutzte und dort unter

---

104 Zu Kerz Hinweise bei M. Rauther: Zum 150-jährigen Bestehen der Württembergischen Naturaliensammlung in Stuttgart. Stuttgart 1941, S. 20. – Das Staatliche Museum für Naturkunde in Stuttgart – eine Schatzkammer unseres Landes. Stuttgart 1952, S. 4. – Bilder aus der Geschichte des Stuttgarter Naturkundemuseums. Hrsg. v. Staatlichen Museum für Naturkunde Stuttgart. Stuttgart 1991, S. 1–18.

105 Vgl. Köstering, S. 179.

106 Adam und August Koch, Reisebericht, August 1903. SNG Archiv, Nr. 325.

107 Fritz Römer, Reisebericht, 1906. SNG Archiv, Nr. 493.

108 Dazu auch Köstering, S. 178f.

109 Hinweise hierzu bei E. Peters: Ph. L. Martin. In: Der Präparator 3 (1957), S. 29–35. – H. Feustel: Ein tüchtiger Präparator. In: Der Präparator 31 (1985), S. 143–149. – R. Seemann: Der Großherzoglich mecklenburgische Hofconservator Carl Knuth. In: Der Präparator 44 (1998), S. 59–68.

110 Zur Hamburger Werkstatt Umlauff vgl. H. Thode-Arora: Die Familie „Umlauff“ und ihre Firmen. In: Mitteilungen aus dem Museum für Völkerkunde Hamburg 22 (1992), S. 143–158.

Abb. 3
Altonaer Museum
Biologische Gruppe „Wölfe und Elche“

anderem einen „Elefanten im Kampf mit dem Königstiger" präsentierte[111], waren die Grenzen zwischen Museum und Privatsammlungen doch deutlich markiert.

Einen wichtigen Knotenpunkt des dermoplastischen Diskurses bildete – neben Karlsruhe und Stuttgart – auch das Darmstädter Haus. Hier war es vor allem Karl Küsthardt (1865–1949), der nach einer Bildhauerlehre bei seinem Vater in Göttingen und einem Engagement in den Bremer Städtischen Sammlungen zum eigentlichen Schöpfer der Tiergeographischen Gruppen wurde. Wie in Karlsruhe, wo Max Auerbach und Max Schelenz zusammenwirkten, so war es auch in Darmstadt ein Arbeitsbündnis zwischen Direktor und Präparator, durch das sich die Sammlungsinszenierung veränderte. Gottlieb von Koch, stets an praktischen Fragen der Ausstellung interessiert, hatte sich, wie skizziert, sowohl aus wissenschaftlichen als auch aus ästhetischen und publikumsbezogenen Gründen für eine tiergeographische Ordnung der Sammlung entschieden. Technisch setzte dieser Entschluß das dermoplastische Verfahren gleichsam voraus.[112] Damit machte er sich abhängig vom handwerklichen Geschick Karl Küsthardts, der, angelehnt an die neue Methode Carl Akeleys (1864–1926), die er anläßlich eines USA-Aufenthalts (1899–1901 in den Werkstätten von Jonas Bros in Denver/Colorado) ausgiebig studiert hatte, Tiere nicht mehr länger mit Hilfe eines Holzskeletts modellierte, sondern sie durch ein spezielles Abgußverfahren frei in Ton schuf.[113] ‚Lebensnähe' erreichte so eine neue Dimension.

Die Wege dieser neuen Methode lassen sich bis hin zu Hermann H. ter Mer (1871–1934) verfolgen, dem vielleicht bedeutendsten Dermoplastiker des frühen 20. Jahrhunderts. Als Sproß einer niederländischen Präparatorenfamilie hatte ter Mer sein Handwerk zunächst bei seinem Vater im Niederländischen Reichsmuseum für Naturgeschichte in Leiden, dann bei Kerz in Stuttgart gelernt.[114] Insbesondere seine Großkatzen und Affen erregten aufgrund ihres gewissermaßen ‚natürlichen' Aussehens eine solche Aufmerksamkeit, das ter Mer schließlich von Karl Chun damit beauftragt wurde, die neue Schausammlung des Zoologischen Museums in Leipzig zu schaffen.[115] Auch hier war der Präparator mehr als ein Handwerker hinter den Kulissen: Er war Partner des Direktors, sein Ratgeber und Helfer zugleich.

Gewiß waren die Präparatoren keine studierten Leute; und nur in einzelnen Fällen vermochte ein einfacher Präparator wie etwa Eduard Lampe zum Museumsdirektor aufzustei-

111 A. Fritze: Biologische Gruppen. In: Jb. des Provinzial-Museums zu Hannover 1907/08 (1908), S. 35–39. – H. Engländer: Das Naturkundemuseum in Köln (1892–1944) und seine Vorgänger. In: Naturwissenschaften und Naturwissenschaftler in Köln zwischen der alten und der neuen Universität (1798–1919). Köln 1985, S. 186–200.

112 Vgl. G. v. Koch: Über die Modellierung künstlicher Körper für die dermatoplastische Darstellung von Wirbeltieren. In: Museumskunde 1 (1905), S. 43–55. – Dazu auch List u. Back (wie Anm. 28).

113 Dazu U. Stephan: Karl Küsthardt (1865–1949) – der Akeley Deutschlands? In: Der Präparator 29 (1983), S. 91–97. – Zu Akeley knappe Hinweise bei G. R. Price: Carl Akeley 1864–1926. In: Der Präparator 10 (1964), S. 124–130. – Zur Wirkung dieser neuen Methode vgl. K. Wonders: Habitat Dioramas. Uppsala 1993, bes. S. 170–177.

114 E. Dietze ter Mer: Erinnerungen an meinen Vater Hermann ter Mer. In: Der Präparator 8 (1962), S. 7–12. – [Anonym]: Hermann ter Mer. Dem großen Präparator aus Anlaß seines 90. Geburtstages. In: Der Präparator 8 (1962), S. 1–12.

115 Dazu Köstering, S. 181f.

gen.[116] Aber die Präparatoren trugen entscheidend zur Etablierung neuer visueller Codes bei – und sie profitierten davon, auch in sozialer Hinsicht. Ihr Status innerhalb des Museums gewann an Bedeutung, und mit dem Status wuchs auch das Selbstbewußtsein. Präparatoren wußten nach der Jahrhundertmitte nur zu genau, welche Anforderungen an ihre technischen, künstlerischen und wissenschaftlichen Qualifikationen gestellt wurden. Sie wußten freilich auch, was ihre Arbeit dem Museum bedeutete. Und dieses Selbstbewußtsein sprach nicht zuletzt aus den ungezählten Bewerbungsschreiben, die die Museumsdirektoren erreichten.[117] Wilhelm Haferlandt etwa, ein junger Mann von 22 Jahren, empfahl sich 1886 dem Direktor des Berliner Zoologischen Museums, Karl Möbius, mit einem Hinweis auf die eigene Erfahrung.[118] „Seit frühen Jahren" habe er sich mit dem Ausstopfen von Vögeln beschäftigt; „in meinem 8. Jahre fing ich schon damit an." Seit einiger Zeit besitze er „die Praxis der Naturgeschichte von Martin" und habe sich im Ausstopfen – auch durch seine Tätigkeit in einer Naturalienhandlung – „so viel als möglich" ausgebildet. Und da er „hierzu große Lust und Liebe habe", sei ihm „dies auch nicht sehr schwer geworden".

Die „Liebe zur Natur" war längst zum Topos geworden – aber man las von ihr durchaus gern.[119] Carl Kaestner etwa, Jahrgang 1895, ein Absolvent der Siemens-Oberrealschule in Charlottenburg, beteuerte 1911, er habe sich seiner „Liebe zur Natur gemäß [...] nach dem häufigen Besuche des zoologischen Museums für den Beruf eines Präparators entschieden".[120] Aber nicht nur Schulabsolventen, auch freie Präparatoren bemühten sich – zumindest im Berliner Fall – immer wieder, in den Staatsdienst zu gelangen. Von Ernst Fritzsche etwa, einem selbständigen Präparator, der sich auf seinem Briefkopf stolz als „Inhaber der silbernen Königl. Preuss. Staatsmedaille, goldener und silberner Medaillen etc." präsentierte, ließ sich Möbius zumindest eine Arbeitsprobe schicken.[121] Solche Belegstücke des eigenen Könnens wurden ohnehin immer wichtiger. Als sich Emil Wiese, Präparator am Hamburger Naturhistorischen Museum 1888 um eine Stelle in Berlin bewarb, fügte er vielsagend an, seine „osteologischen Präparate" seien „ja bekannt".[122] Und bisweilen empfahlen renommierte Präparationsateliers den Museumsdirektoren auf Wunsch auch eigene Mitarbeiter.[123] Die Netze zwischen Museen, Werkstätten und freien Präparatoren wurden so im letzten Jahrhundertdrittel dichter und effektiver; die Präparationsstandards glichen sich an.

Mit der wachsenden Nachfrage stiegen freilich auch die Preise auf dem Präparationsmarkt. Auf die Bezüge der Museumspräparatoren konnte das nicht ohne Einfluß bleiben. Im

---

116 Zu Lampes Karriere im Naturhistorischen Museum in Wiesbaden vgl. Jb. des Nassauischen Vereins für Naturkunde 1921, S. XXIIIf.

117 UAHU Berlin MfN Bd. 110.

118 Wilhelm Haferlandt an Möbius, Heiligengrabe bei Techow, 16.10.1886. UAHU Berlin MfN Bd. 110. – Dort auch die folgenden Zitate.

119 Vgl. etwa den Vorgang anläßlich der Beförderung Max Udes 1902 vom Hilfspräparator zum Präparator 1902. Ude hatte, nach eigenem Bekunden, „von frühester Jugend an" ein starkes „Interesse für Naturwissenschaft, speciell Insektenkunde." Möbius an Ministerium, Berlin, 17.5.1902. GStA PK I.HA Rep. 76 Va Sekt. 2 Tit. X Nr. 63 Bd. XVIII, fol. 26. – Udes eigenhändiger Lebenslauf, Berlin, 17.5.1899. Ebd. 27–28, Zitat fol. 27.

120 Kaestner an Brauer, Charlottenburg, 25.9.1911 (mit Lebenslauf). UAHU Berlin MfN Bd. 93. – Brauer an Kaestner, Berlin, 1.10.1911 (Konzept). Ebd.

121 Fritzsche an Möbius, Maasdorf bei Liebenwerda, 14.10.1898. UAHU Berlin MfN Bd. 110.

122 Wiese an Möbius, Hamburg, 13.6.1888. UAHU Berlin MfN Bd. 110.

123 Knuth an Brauer, Schwerin, 10.10.1907. UAHU Berlin MfN Bd. 110.

Jahre 1887 etwa beantragte Möbius für das neuerrichtete Museum für Naturkunde sechs Präparatorenstellen, die mit 2.400 Mark immerhin genauso hoch dotiert werden sollten wie die Stellen akademisch gebildeter Hilfskustoden.[124] Möbius begründete dem Ministerium gegenüber diesen Antrag mit der gestiegenen Bedeutung der Präparation. Die bislang angestellten zwei Präparatoren, so führte er aus, seien unzureichend, da man „ohne einen Stab gut eingeschulter Präparatoren" kein Zoologisches Museum ersten Ranges einrichten könne.[125] Schließlich gehe es nicht mehr darum, Vögel und Säugetiere auszustopfen sowie Reptilien, Fische und Wirbellose in Spiritusgläser einzusetzen. Vielmehr müsse von einem Präparator – und hier argumentierte Möbius ganz auf der Linie Martins – die Herstellung von Skeletten und die Anfertigung zootomischer Weichpräparate verlangt werden: „Denn das Museum der Thierhüllen", wir haben es bereits an anderer Stelle zitiert, „muß umgebildet werden zu einem vergleichenden morphologischen und biologischen Museum der ganzen Thierwelt."[126] Museumsreform, so hieß das, war wissenschaftlich begründete Reform vor allem der Museums*inszenierung*. Wer die Inszenierung in einem biologischen Sinne anschaulicher gestalten wollte, bedurfte hervorragender Dermoplastiker. Und sie hatten ihren Preis. 1903 beantragte Möbius daher – freilich zum wiederholten Male –, einigen Präparatoren das Gehalt mittlerer Beamter, also rund 1.800 bis 3.000 Mark zuzüglich 540 Mark Wohngeld, zu gewähren, „um die tüchtigsten derselben ihren Kenntnissen und Fertigkeiten entsprechend zu [ent]lohnen und sie für das Museum dauernd zu erhalten".[127]

Es war August Brauer, Möbius' Nachfolger, der – diesen Gedanken aufgreifend – 1906 entschieden für eine neue Ordnung der Berliner Präparationswerkstatt plädierte.[128] Sein Plädoyer war dabei zugleich Ausdruck der fortgeschrittenen Professionalisierung der Dermoplastik, die das ehemalige Handwerk spezialisiert, zugleich aber auch differenziert hatte. Man müsse, so Brauer, fernerhin genau unterscheiden: Für die wissenschaftliche *Haupt*sammlung seien Arbeitsvorgänge wie das Abziehen, das Reinigen und Gerben von Fellen, die Herstellung von Bälgen, das Aufnadeln und Aufspannen von Insekten, die Anfertigung mikroskopischer Präparate, schließlich die Sortierung der Eingänge sowie die Erstellung von Fotos erforderlich. Für die *Schau*sammlung hingegen, die sich in den vergangenen Jahrzehnten zum eigentlichen Exerzierfeld der Dermoplastiker entwickelt hatte, bedürfe es nicht nur des Ausstopfens und Präparierens, sondern der Aufstellung ganzer biologischer Gruppen sowie der Herstellung embryologischer und anatomischer Präparate. Hierzu seien „nur erstklassige Präparatoren" zu gebrauchen.[129] Sie sollten nicht nur die dermoplastische Technik

124 Möbius an Ministerium, Berlin, 31.5.1887. GStA PK I.HA Rep. 76 Va Sekt. 2 Tit. X Nr. 127 Bd. I, fol. 43–57v, hier fol. 47–48v.

125 Ebd., fol. 47.

126 Ebd., fol. 47v.

127 Möbius an Ministerium, Berlin, 15.6.1903. GStA PK I.HA Rep. 76 Va Sekt. 2 Tit. X Nr. 63 Bd. XVIII, fol. 134–139v, hier fol. 136v.

128 Brauer an Ministerium, Berlin, 12.6.1906. GStA PK I.HA Rep. 76 Va Sekt. 2 Tit. X Nr. 63 Bd. XX, fol. 88–106. – In der Argumentation bereits ähnlich Möbius an Ministerium, Berlin, 18.5.1900 [Konzept]. UAHU Berlin MfN Bd. 107.

129 Brauer an Ministerium, Berlin, 12.6.1906. GStA PK I.HA Rep. 76 Va Sekt. 2 Tit. X Nr. 63 Bd. XX, fol. 88–106, hier fol. 95.

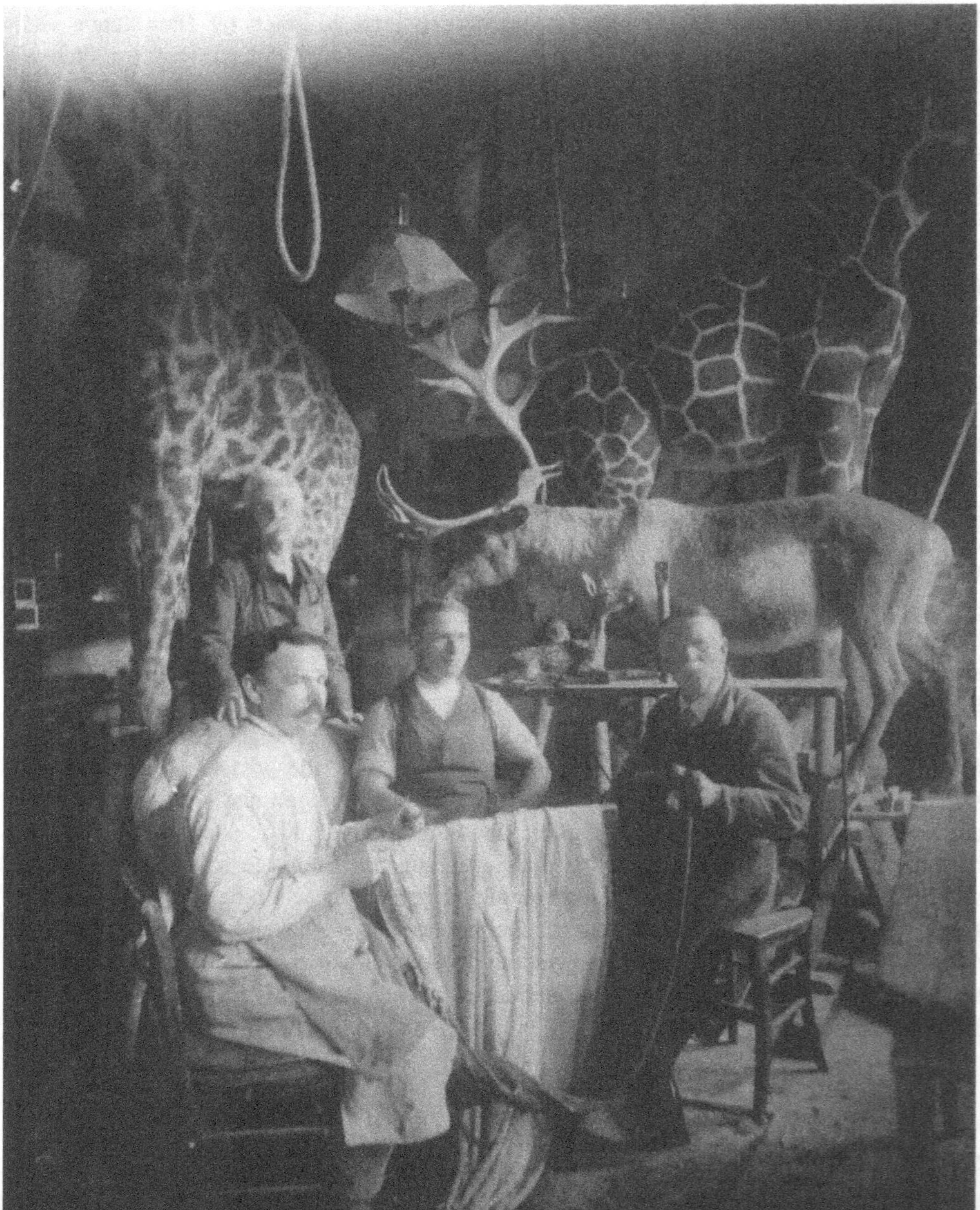

Abb. 4
Senckenberg-Museum, Frankfurt/M.
Präparationszimmer (1906)

beherrschen, zeichnen und modellieren können, sondern auch über Kenntnisse der Anatomie und Biologie verfügen.

Das war im Kern genau das, was Leopold Martin bereits 1856 gefordert hatte. Nun endlich wurde auch der Berliner Museumsdirektion, die sich seinerzeit abwartend bis ablehnend verhalten hatte, bewußt, wie sehr die Anforderungen an Präparatoren in der Vergangenheit gewachsen waren. „Während früher jeder in einem halben Jahre ausstopfen und skelettieren lernen konnte", so Brauer, werde „heute von einem Präparator das Einjährigen-Zeugnis verlangt, weiter eine mindestens drei Jahre dauernde Lehrzeit, in die er in die Biologie und Anatomie der Tiere sich einarbeiten, die sehr komplizierte Technik, zeichnen und modellieren lernen muss."[130] Der Aufwand war bei alledem so gewachsen, daß mittlerweile ein einziger Hirsch zur Fertigstellung sechs Wochen ununterbrochene Arbeit erforderte[131], während noch 1864 allein in einem Jahr etwa 84 Säugetiere, 449 Vögel, 29 Fische, acht Korallen, zwei Schildkröten präpariert und zusätzlich noch 605 Glaspräparate hergestellt worden waren.[132]

Da „die modernen Ansprüchen genügende Aufstellung", so Brauer weiter, mittlerweile „eine Kunst" geworden sei, so könne sie nicht mehr „handwerksmässig von jedem erlernt und betrieben werden". Wer „ein erstklassiger Präparator" sein wolle, müsse vielmehr „selbst Künstler" sein.[133] Die unterschiedlichen Anforderungen, die sich mit Blick auf ‚Lebenstreue' und ‚Naturwahrheit' durch die Trennung von Haupt- und Schausammlung ergaben, konnten nicht ohne Einfluß auf die Stellung der Präparatoren bleiben. Die Präparatoren hatten in erheblichem Umfang an der Trennung der Sammlungen teil, spalteten sich dadurch aber selbst in verschiedene Gruppen: August Brauer schlug so eine – vergütungsrelevante – Unterscheidung von jeweils sechs Präparatoren *erster* und *zweiter* Klasse vor, an deren Spitze ein Oberpräparator stehen sollte.[134]

Die Reform der musealen Praxis, die in der Schausammlung zunehmend auf Anschaulichkeit, auf ‚Erlebnis' und ‚Überwältigung' setzte, hatte mit Blick auf die Präparatoren vier wesentliche Konsequenzen. *Erstens* verstärkte sie die Differenzierung innerhalb der Präparatorenschaft. Als Kriterium diente hierbei nicht mehr das geschickte Aufnadeln oder die blinde Beherrschung des taxonomischen Systems, sondern die Herstellung ‚naturwahrer' Biologischer Gruppen. *Zweitens* führte sie – angesichts der außerordentlich aufwendigen Arbeit und des rapiden Wachstums der Sammlung – zu einem Ruf nach immer neuen Präparatorenstellen. „Aus Mangel an Kräften", so entschuldigte sich etwa August Brauer, habe selbst „ein von Seiner Majestät geschenkter Hirsch" Monate lang nicht fertiggestellt werden können[135] – was wiederum für die Moral des Schenkens ein verheerendes Zeichen sein mußte. *Drittens* führte die veränderte museale Praxis, wie bereits angedeutet, zu einer Anpassung der Präparatorengehälter. In aller Schärfe wies August Brauer 1906 darauf hin, daß für 1.500 bis 1.800 Mark Jahreseinkommen „nicht Kräfte zu gewinnen" seien, von denen man

130 Ebd.
131 Ebd., fol. 95v.
132 Peters an Ministerium, Berlin, 14.1.1865. GStA PK I.HA Rep. 76 Va Sekt. 2 Tit. X Nr. 63 Bd. IV, fol. 288–298, hier 296v.
133 Brauer an Ministerium, Berlin, 12.6.1906. GStA PK I.HA Rep. 76 Va Sekt. 2 Tit. X Nr. 63 Bd. XX, fol. 88–106, hier fol. 95v.
134 Vgl. ebd., fol. 96v.
135 Ebd., fol. 97v.

„das Einjährigen-Zeugnis, eine mindestens dreijährige Ausbildungszeit, eine grosse Begabung und Fertigkeit im Zeichnen und Modellieren und gute anatomische und biologische Kenntnisse verlangen" könne.[136] Für das Berliner Museum für Naturkunde empfahl Brauer daher, den Präparatoren erster Klasse 2.400 bis 4.200, solchen zweiter Klasse 1.500 bis 2.400 Mark Jahresgehalt zu zahlen.[137] *Viertens* schließlich beschleunigte die museale Praxis die Tendenz zur Professionalisierung, die die Tätigkeit des Präparators seit der Jahrhundertmitte mal mehr, mal weniger geprägt hatte. Sie war am Ende des Jahrhunderts abzulesen am Angebot von Fort- und Weiterbildungskursen, an Tendenzen zur Schulbildung, an der Etablierung von Fachzeitschriften, vor allem aber an der bislang kaum beachteten Arbeit des „Internationalen Praeparatoren-Vereins", der 1899 mit Sitz in Latsch in Graubünden gegründet worden war.[138] Die Petition, mit der der Verein im Mai 1900 zur zweiten Generalversammlung nach Basel einlud, faßte den Gang der Dinge noch einmal gedrängt zusammen. Sie pries die „mächtigen Errungenschaften, die grossartigen Fortschritte und Erfolge, die eminenten reformatorischen Umwälzungen", wie sie auf allen Gebieten durch die Naturwissenschaften ausgelöst worden seien.[139] Nicht wenig „zur Bildung und zum Verständnis" der Natur hätten dabei die Museen beigetragen. Sie seien „die Stätten, in welchen sich der Fachgelehrte wie der Laie, der Gebildete wie der Mann aus dem Volke durch Anschauung als Autodidakt ihr Wissen vervollkommnen [...]." Auch wenn die Arbeit der Präparatoren bislang nicht immer recht gewürdigt worden sei, so sei doch der Präparator derjenige, der „durch seine Kenntnisse und Fertigkeiten die oft sehr vergänglichen Museumsobjekte so präpariert, dass sie dauernd zu erzieherischen und instruktiven Wertobjekten für die Bildung des Volkes werden."

Erst der Präparator, so hieß das, machte Gegenstände der Natur zu Objekten des Wissens. Und in der Tat beruhte hierin, wie wir gesehen haben, seine zentrale Funktion für das Museum. Indes: Für lange Zeit habe der einzelne Präparator, so umriß es die Petition, „isoliert und nur auf sich selbst angewiesen" existiert. Der Internationale Präparatorenverein trat daher an, den Präparatoren die Mittel und Vorteile zu verschaffen, die andere „Berufsklassen" besaßen: In Basel sollte es ganz konkret um die Standardisierung der Ausbildung gehen, um „Normen für Lehrverträge, Ausbildungszeit, Prüfungen, Stipendien etc."

Am Ende des Jahrhunderts hatten sich die Präparatoren so als unverzichtbare Akteure innerhalb der musealen Praxis etabliert. Sie waren zu professionellen Konstrukteuren der Natur geworden. Aus ihrer Fähigkeit, das Leben selbst nachzubilden, die Welt gewissermaßen neu zu erschaffen, Illusionen zu erzeugen, die Anspruch auf Wirklichkeitstreue erhoben,

---

136 Ebd., fol. 99v.

137 Eine von Brauer veranstaltete Umfrage unter deutschen Naturhistorischen Museen hatte ergeben, daß in Bremen zwei Präparatoren zu 1.800–2.400 Mark und einer zu 1.500–2.000 Mark, in Altona einer zu 1.800–2.800 Mark, in Gießen einer zu 1.800–2.400 Mark, in Stuttgart vier Präparatoren zu 2.200–3.000 Mark und einer zu 1.600–2.000 Mark, in Hamburg zwei zu 3.000–4.000 Mark, in Dresden drei zu 1.800–3.000 Mark, in Darmstadt drei zu 1.800, 2.500 und 2.800 Mark, in München zwei zu 1.500–2.280, in Frankfurt zwei zu 1.800–3.600, schließlich in Braunschweig ein Präparator zu 2.100 Mark beschäftigt wurden. Vgl. ebd., fol. 100–100v.

138 Die weitere Geschichte dieses Vereins ist nicht erforscht, Quellenbestände sind weder in schweizerischen noch in deutschen Archiven nachweisbar.

139 Petition des „Internationalen Praeparatoren-Vereins" an die hohen Regierungen sämtlicher europäischer Staaten. GLA Karlsruhe 235/6012. – Dort auch alle folgenden Zitate.

speiste sich ihr Selbstbewußtsein. Schon Philipp Leopold Martin hatte gefordert, der Präparator solle „kein gewöhnlicher Handwerker" sein, sondern ein „Künstler im wahren Sinn des Wortes."[140] Und als Künstler verstanden sich denn auch immer mehr Dermoplastiker. Sie waren „vom Handwerk zur Kunst" übergegangen und brauchten, wie Dom Miguel Hurtado, der Präparator des Museu Sciências Naturaes in Lissabon, etwa dem staunenden Felix Krull offenbarte, „keine toten Tiere mehr, um scheinbar höchst lebendige zur Anschauung zu bringen."[141] Ihre Kunst ließ die museale Wissenskommunikation, die nach der Jahrhundertmitte durch den rapiden sozialen Wandel vielfach in eine Krise geraten war, wieder partizipationsfähig werden. Erst die Biologischen Gruppen und Dioramen schufen die Voraussetzung für eine gelingende Wissenspopularisierung, in der das Verhältnis von Museum und Öffentlichkeit neu bestimmt wurde.

3. Das Publikum

Spricht man vom Museumspublikum im 19. Jahrhundert, so muß vor allem von seinem Wandel die Rede sein. Denn *das* Publikum hat es nicht gegeben. Es wechselte von Stadt zu Stadt und von Generation zu Generation. Dieser Wandel ist freilich nicht selten dem Blick des Betrachters entzogen. Wie alle historische Rezeptionsforschung, so begegnet auch diese Studie erheblichen Quellenproblemen. Das 19. Jahrhundert selbst kannte keine systematische Besucher*forschung*.[142] Daraus zu schließen, es habe in einer Institution wie dem Naturhistorischen Museum daher auch keine Besucher*orientierung* gegeben, wäre allerdings voreilig.

Die Museen waren am Anfang des Jahrhunderts als dezidiert öffentliche Einrichtungen gegründet worden. Weil sie ihren sozialen Status sowohl durch das Verhältnis zur gelehrten Welt als auch durch die Beziehung zur Öffentlichkeit sicherten, konnten die Museen nie vollständig von ihrem Publikum absehen. Sie standen unter Beobachtung. Wünsche, Anregungen und Kritik wurden öffentlich formuliert und etwa durch Briefe und Zeitungsnotizen in das Museum transportiert.[143] Weil die Perspektiven und Anliegen innerhalb des Publikums höchst verschieden blieben, sollen im folgenden drei Besuchergruppen exemplarisch herausgegriffen werden, die jeweils über ein unterschiedliches Vorwissen, unterschiedliche Intentionen und Motive verfügten. Mit dem Weg vom Fachpublikum über Lehrer und Schulklassen bis hin zur großen, dann auch ‚organisierten Öffentlichkeit' der Jahrhundertwende, folgen wir dabei nicht zuletzt dem chronologischen Wandel der Museumspublikums und seinem jeweiligen Akzent.

140 Martin: Die Praxis (wie Anm. 78), Bd. 2. 1. Aufl. Weimar 1870, S. 11.

141 Th. Mann: Bekenntnisse des Hochstaplers Felix Krull. Der Memoiren erster Teil. Frankfurt/M. 1985, S. 319.

142 Vgl. H.-J. Klein: Evaluation für besucherorientierte Einrichtungen. In: Auf dem Weg zu effektiven Ausstellungen. Oldenburg 1998, S. 19–35.

143 So auch Penny (wie Anm. 5), Kap. IV.

3.1. Der Fachbesucher

Der Spezialist war stets ein gern gesehener Gast des Museums, wobei es sich bei ihm nicht unbedingt um einen *akademisch* gebildeten Spezialisten handeln mußte. Neben dem Fachgelehrten standen von Anfang an die Amateure, die Dilettanten im besten Sinne des Wortes.[144] Noch am Ende des Jahrhunderts erwiesen sich diese Hobbyforscher – aus Sicht der Museumsleitungen – als wichtiges Publikumssegment. Sie hatten, bei ganz verschiedenen Vorkenntnissen, aber einem meist ausgezeichneten *Spezial*wissen, teil an der musealen Praxis.

In der Regel kamen diese Spezialisten nicht in die Sammlung, um Objekte zu bestaunen, sondern um sie mit den Beständen ihrer *eigenen* Sammlungen zu vergleichen.[145] Ihr kritischer Blick konnte Sammlungslücken aufspüren, die den Museumsleuten selbst entgangen waren. Weil das taxonomische System angesichts der Fortschritte der Naturwissenschaften immer unübersichtlicher wurde, waren es gerade solche Spezialisten, die mit ihrem Sammelinstinkt über die Ordnung des Museums wachten. In Frankfurt und Bremen etwa wurde noch im letzten Jahrhundertdrittel wichtige Klassifikationsarbeit von fremden Gelehrten, aber ebenso von einheimischen Lehrern oder Seminarschülern durchgeführt.[146] Und auch der Direktor des Berliner Zoologischen Museums, Wilhelm Peters, erkannte 1875, daß es „sehr schwer" war, zwischen „wissenschaftlichem und allgemeinem (nicht wissenschaftlichem) Publikum" eine „genaue Grenze" zu ziehen, da es eine „große Zahl von Personen" gab, die sich „privatim mit der Zoologie beschäftigen [und] nicht selten ausgezeichnete Leistungen produzieren".[147]

Ein solches Publikum erwies sich als selbstbewußter Akteur innerhalb der musealen Wissenskommunikation. Für seine Zwecke bedurfte es keiner erläuternden Bemerkungen. Spezialisten brauchten verläßliche Etikettierungen und – zum Zwecke des genauesten Vergleichs – die größtmögliche Anzahl ähnlicher Objekte. Als Käfer- oder Würmerspezialist nutzte der Fachmann kaum je die gesamte Sammlung, sondern konzentrierte seinen Besuch, der in der Regel ein Arbeitsbesuch war, auf wenige Räume, bisweilen gar auf einzelne Vitrinen. Näheres läßt sich hier freilich kaum sagen. Die Quellen schweigen.

Offensichtlich ist jedoch, daß sich die Spezialisten gerade *nicht* als Protagonisten einer Museumsreform im biologischen Sinne betätigten. Naturforscher wollten nicht möglichst anschauliche, sondern möglichst mannigfaltige Objekte betrachten – und dies setzte die Beibehaltung der systematischen Präsentation geradezu voraus. Der Hauptzweck ihres Besuches – der Vergleich – erforderte die streng geordnete Sammlung. Wenn sie sich überhaupt mit der Trennung von Studien- und Schausammlungen anfreunden konnten, so mochte dies am ehesten für die Einrichtung taxonomisch-systematischer Schausammlungen gelten. Biologische oder gar ökologische Präsentationen, die mit ihren Dioramen und Biologischen Gruppen vergleichsweise wenige Objekte zeigten, dabei jedoch viel Raum in An-

---

144 Die Praxis des naturkundlichen Amateurs ist für das 19. Jahrhundert noch nicht hinreichend erforscht. Vgl. aber E. B. Keeney: The Botanizers. Chapel Hill, London 1992. – Allgemein zum Dilettantismus A. Schulz: Dilettanten im 19. Jahrhundert. In: Bürgerkultur im 19. Jahrhundert. München 1996, S. 34–52.

145 Zum folgenden Köstering, S. 252–255.

146 Zweiter Bericht über die Städtischen Sammlungen für Naturgeschichte, Bremen, 31.8.1878. StA Bremen 2–T.5.p. – Fünfter Jahresbericht [der Städtischen Sammlungen für Naturgeschichte und Ethnographie]. In: *Mitteilung des Senats* v. 31.1.1882, S. 87ff., hier S. 87.

147 Gutachten Peters, 23.8.1875. GStA PK I.HA Rep. 76 Va Sekt. 2 Tit. XIX Nr. 19, Bd. 1.

spruch nahmen, waren ihren Interessen kaum förderlich.[148] Damit geriet das Fachpublikum unversehens in einen Gegensatz zu anderen Besuchersegmenten.

Die Direktoren – durchaus nicht entschieden in der Frage, wie das Museum auf den sozialen Wandel angemessen reagieren solle – haben diese einzelnen Besuchersegmente nicht selten bewußt gegeneinander ausgespielt. Der Leiter der Stuttgarter Naturaliensammlung, Kurt Lampert (1859–1918), etwa benutzte die amateurwissenschaftlichen Interessen als wichtiges Argument gegen den didaktischen, den – wie er meinte – populären Umbau der Sammlung. Gegenüber seiner vorgesetzten Behörde erklärte er, das Naturalienkabinett solle „nicht nur eine Schausammlung" sein. Vielmehr solle es „auch dem Forscher, der bestimmte Teile oder Pflanzengruppen der Heimat sammeln will, der bestimmte Ablagerungen und deren Versteinerungen zu studieren bezweckt, mit seinem reichen Material an die Hand gehen." Es solle ihm ermöglichen, „seine Funde zu vergleichen, an der Hand von gut bestimmten [!] Material".[149]

In der Tat war die Mitwirkung des Fachpublikums für jedes Museum von großem Nutzen. Auch die Museumsleiter, die sich – aus wissenschaftlichen wie pädagogischen Gründen – *für* eine Schausammlung aussprachen, mochten, wie Lampert, jedenfalls nicht auf dessen noch dazu unentgeltliche Hilfe verzichten. Und nicht selten orientierte sich die museale Praxis ganz bewußt an den Erfordernissen einer solchen Hilfe. Manche Häuser tauschten etwa regelmäßig die Insektenkästen aus, um nach und nach *alle* Insekten präsentieren zu können, dem Fachpublikum auf diese Weise alles Material zur Bestimmung beziehungsweise zum Vergleich anzubieten und es dauerhaft an das Haus zu binden.[150]

3.2. Lehrer und Schüler

Auch eine weitere Gruppe von Besuchern besaß gewissermaßen älteste Rechte am Museum. Wer Menschen bilden wollte, wie es die Naturhistorischen Museen für ihre Arbeit reklamierten, mußte von Anfang an die Jugend im Blick haben. Am leichtesten war sie in Form der Schuljugend in das Museum zu holen, und tatsächlich spielten Schüler – und damit auch Lehrer – schon am Beginn des Jahrhunderts, in den ersten Bekanntmachungen etwa der Senckenbergischen Naturforschenden Gesellschaft wie in Äußerungen Hinrich Lichtensteins, des Berliner Museumsdirektors, eine zentrale Rolle.[151]

Gleichwohl bedarf es hier sogleich der Ergänzung, und diese Ergänzung mag auch als Relativierung verstanden werden. So waren es etwa zweifellos mehr Jungen als Mädchen, die klassenweise in Naturhistorische Museen geführt wurden. Auch blieben es zunächst vor allem die Volksschulen, die das Museum für ihre Zwecke entdeckten, während die Realschulen durch ihre Gründungsgeschichte erst vergleichsweise spät in das Blickfeld der Museumsleiter gerieten und sich die Klassen des Gymnasiums, nicht selten aus einem eng ver-

---

148 So auch Köstering, S. 253.

149 K. Lampert: Pflege der Naturkunde. In: Württemberg unter der Regierung König Wilhelms II. Stuttgart 1916, S. 731–748, hier S. 737f.

150 *Führer durch das Kgl. Museum in Dresden*. Dresden 1881, S. 51.

151 Lichtenstein an Departement, Berlin, 2.4.1814. GStA PK I.HA Rep. 76 Va Sekt. 2 Tit. X Nr. 15 Bd. II, fol. 23–29, hier fol. 27f.

standenen Bildungsideal heraus, das ganz auf die alten Sprachen und die Geschichte fokussiert war, von den Sammlungen fern hielten.[152]

Das Verhältnis zwischen dem Museum, der Schule und dem phasenweise erbittert umkämpften naturkundlichen Unterricht war durchaus kein spannungsfreies, wohl aber ein wichtiges. Bereits vor der Jahrhundertmitte fanden vereinzelt klassenweise Schulbesuche in Naturhistorischen Museen statt. Ihr Erfolg hing dabei von der Hartnäckigkeit der zuständigen Behörde, von den entsprechenden Lehrern, nicht zuletzt jedoch von den Mitarbeitern der einzelnen Museen ab. Noch am Ende des Jahrhunderts war ein funktionierender Schulbesuch vor allem eine Frage des didaktischen Könnens des jeweiligen Lehrers sowie der Informationspolitik der Museen. In Leipzig etwa ließ Richard Buch 1912 alle Volksschullehrer und Naturkundelehrer der höheren Schulen in Rundschreiben des Königlichen Bezirksschulinspektors über das neue Naturkundliche Heimatmuseum in Kenntnis setzen und sie noch vor der eigentlichen Eröffnung des Hauses zu Führungen durch die Sammlung einladen.[153] Das Verhältnis zur Öffentlichkeit erwies sich – gerade hinsichtlich der Motivation von Schulen – als eigenes Arbeitsfeld. Es wollte gestaltet sein.

Freilich: Man wird hier kein Idealbild zeichnen dürfen. Die Museumsleiter wußten, daß Kinder laut und unkontrolliert sein und den heiligen Frieden der Sammlung stören konnten – so daß etwa nicht nur in Bremen Kindern ohne Begleitung Erwachsener der Eintritt verwehrt wurde, „weil diese erfahrungsgemäss ohne die Führung und Anleitung älterer Personen aus dem Museum keinen Gewinn ziehen und – ganz abgesehen von gröberem Unfug, ja selbst Diebstählen – nur durch Umherlaufen, Versteckenspielen u.s.w. die übrigen Besucher auf das empfindlichste stören."[154] Aber die Museumsleiter erkannten doch zugleich sehr genau, welche Chance für ihre Institution darin lag, die Jugend für sich zu gewinnen und so – zur Natur wie zum Museum – Beziehungen zu schaffen, die ein Leben lang prägend sein konnten.

Die Praxis wiederum war komplizierter. Auf der einen Seite verstanden die Schulbehörden die Museumsbesuche in der Regel zwar als Pflichtveranstaltungen, sprachen ihnen aber allenfalls ergänzenden Charakter zu. Der eigentliche Unterricht hatte im Klassenzimmer stattzufinden. Und Unterricht ging vor. Das preußische *Provinzial-Schulkollegium* etwa ordnete aus eben diesem Grunde 1890 an, Museumsbesuche möglichst auf *einen* Tag in der Woche zu beschränken, und zwar auf den Mittwoch nachmittag von ein bis vier Uhr.[155] Der individuellen Gestaltungskraft des Lehrers wie des Museums setzte das gewisse Grenzen.

---

152 Dazu noch immer unersetzlich Fr. Paulsen: Geschichte des gelehrten Unterrichts auf den deutschen Schulen und Universitäten vom Ausgang des Mittelalters bis zur Gegenwart. Bd. 1–2. 3., erw. Aufl. Leipzig 1919–21. – K.-E. Jeismann u. P. Lundgreen (Hrsg.): Handbuch der deutschen Bildungsgeschichte. Bd. 3: 1800–1870. München 1987. – Instruktive Beiträge in K.-E. Jeismann (Hrsg.): Bildung, Staat, Gesellschaft im 19. Jahrhundert. Stuttgart 1989. – Aus der Fülle der ‚Schulgeschichten' vgl. G. Dohmen: Bildung und Schule. Bd. 1–2. Weinheim 1964/65. – E. N. Anderson: The Prussian Volksschule in the Nineteenth Century. In: Entstehung und Wandel der modernen Gesellschaft. Berlin 1970, S. 261–279. – K.-E. Jeismann: Das preußische Gymnasium in Staat und Gesellschaft. Stuttgart 1974. – M. Kraul: Das deutsche Gymnasium 1780–1980. Frankfurt/M. 1984.

153 Dazu Köstering, S. 255f.

154 Schauinsland an Barkhausen, Bremen, 10.1.1916. StA Bremen 3–N.5.No. 144. – Ähnliche Schilderungen bei Penny (wie Anm. 5), S. 144f.

155 Provinzial-Schulkollegium an Ministerium, Berlin, 1.4.1890. GStA PK I.HA Rep. 76 Va Sekt. 2 Tit. X Nr. 127 Bd. II, fol. 214–215. – Beyrich an Ministerium, Berlin, 25.4.1890. Ebd., fol. 210–212.

Dabei war – das muß hier betont werden – der Lehrer ohnehin eine zentrale Figur des Naturhistorischen Museums.[156] Oftmals war er nicht nur Besucher, sondern zugleich Mitgestalter der Sammlung – und insofern in einem doppelten Sinne ein Akteur innerhalb der musealen Kommunikation. Für das Senckenberg-Museum hat man so mit Blick auf die 1860er, 1870er Jahren gelegentlich sogar von einer „Herrschaft der Oberlehrer" gesprochen.[157] Und tatsächlich wachten auch in den Vereinen in Altenburg, Quedlinburg, Düsseldorf, Zwickau, Gera oder Mannheim nicht zuletzt Gymnasialprofessoren und Volksschullehrer über die Sammlungen. In Gera gründeten Lehrer und Schüler des Städtischen Gymnasiums *Ruthenum* die Gesellschaft der Freunde der Naturwissenschaften, die dann wiederum das Städtische Museum ins Leben rief.[158] Gleiches galt für das Freudenstädter Schwarzwald-Museum, das 1912 ebenfalls durch Lehrer gegründet wurde.[159] Und auch das Leipziger Naturkundliche Heimatmuseum war das Produkt eines Lehrervereins.[160]

Auf der anderen Seite war es freilich kaum so, daß jeder Lehrer geradezu darauf erpicht gewesen wäre, mit seinen Schülern ein Museum zu besuchen. Die museale Inszenierung erwies sich als nicht mühelos mit dem Schulunterricht vereinbar. Ein Museumsbesuch wollte didaktisch eigenständig durchdacht sein, er machte Mühe, und viele Lehrer scheuten sie. In Bremen etwa klagte Otto Finsch 1878, die „<u>Benutzung der Sammlungen von Schulen unter Aufsicht ihrer Herren Lehrer</u>" sei bislang „im Ganzen eine <u>sehr schwache</u> gewesen."[161] Und auch in Berlin blieb das Echo noch 1891 verhalten. Das neue Haus war, wie vom *Provinzial-Schulkollegium* angeregt, für Schulklassen Mittwoch nachmittags geöffnet worden. Der Besuch blieb jedoch enttäuschend. Die Schulen nutzten das Angebot „nur in sehr beschränktem Maße".[162] Zwischen dem 1. Juli 1890 und dem 27. Januar 1891 hatten ganze vier Klassen aus Berlin und eine Klasse aus Potsdam das Naturhistorische Museum der Reichshauptstadt besichtigt.[163]

Natürlich, es gab auch den Versuch, den Museumsbesuch zu einem integralen Bestandteil des Schulunterrichts zu erheben, ihn gewissermaßen als Unterricht mit anderen Mitteln zu gestalten. Und es war hier nun ganz die Unmittelbarkeit und die Anschaulichkeit, die auf Kinder und Jugendliche faszinierend wirken mußten – und gelegentlich zu eigenen Initiativen führten. „Mit welcher Liebe", so hat es der Direktor des Frankfurter Realgymnasiums 1907 anläßlich der Eröffnung des neuerrichteten Senckenberg-Museums geradezu emphatisch formuliert, waren die Schüler „hinausgezogen in Wald und Flur, um sie bei fröhlichen

---

156 Dazu Köstering, S. 26–29.

157 Dazu Kramer (wie Anm. 6), S. 357.

158 Vgl. Gesellschaft von Freunden der Naturwissenschaften Gera: Betrachtungen zur geologischen Erforschung Ostthüringens. Gera 1991, S. 5–8.

159 Vgl. G. Hertel: Seit 75 Jahren gibt es ein Heimatmuseum in Freudenstadt. In: Freudenstädter Heimatblätter 18 (1987), S. 1f.

160 Vgl. R. Buch: Ein naturkundliches Volksmuseum. In: Museumskunde 12 (1916), S. 68–90. – Ders.: Das Leipziger naturkundliche Heimatmuseum. Berlin 1927. – K. Braune: Das naturkundliche Heimatmuseum des Leipziger Lehrervereins. Leipzig 1930. – Eine neue Darstellung bei S. Köstering: Lehrer, Amateurforscher und das Leipziger Naturkundliche Heimatmuseum. In: WerkstattGeschichte 8 (1999), S. 15–38.

161 Zweiter Bericht über die Städtischen Sammlungen für Naturgeschichte, Bremen, 31.8.1878. StA Bremen 2–T.5.p.

162 Beyrich an Ministerium, Berlin, 27.1.1891. GStA PK I.HA Rep. 76 Va Sekt. 2 Tit. X Nr. 127 Bd. III, fol. 89–91, hier fol. 90.

163 Vgl. ebd.

Wanderungen zu durchstreifen und sich in genußreichen Stunden in das Studium der Natur zu versenken! Aus der Kindheit hat diese Liebe zur Natur sie ins Leben hinausbegleitet, und so gestaltete sich der verständnisvolle Verkehr mit ihr nach den Mühen und Sorgen des Berufslebens zu einer nie versiegenden Quelle der Erquickung und Erholung."[164] Gewiß waren das schöne Worte zu einem schönen Anlaß. Aber was aus ihnen letzthin sprach: die Erfahrung, durch gezielte Museumsbesuche in Schülern eine Lust an dem Wissen von der Natur zu erwecken, entsprang keinem bloßen Wunschdenken. Immer wieder beteiligten sich Schülerinnen und Schüler sammelnd und staunend an der musealen Wissenskultur.[165] Noch vor aller kindgerechten Museumsdidaktik hatten sie an dieser Kultur erheblichen Anteil. Sie etablierten sich als Stammpublikum der Schausammlung.

Auf diese Tendenz hatten die Schulbehörden erheblichen Einfluß. Ihre Vertreter waren dem Museumsbesuch gegenüber freilich ebenso unentschlossen wie hinsichtlich des naturwissenschaftlichen Unterrichts, über den im 19. Jahrhundert lebhaft gestritten wurde. Von allem Anfang an – und das hieß seit August Lübens (1804–1874) Reformansätzen in den 1830er Jahren – hatte man ‚Biologie' als Kampfbegriff verstanden: als Wendung gegen das stupide Auswendiglernen des taxonomischen Systems, als Bekenntnis zur Erfahrbarkeit von Natur, zu Anschaulichkeit und Nähe des Gegenstandes.[166] Im vielgestaltigen deutschen Schulsystem waren es vor allem die Realschulen, die dieses Bekenntnis in der Folge ablegten. Die Realschule des traditionsreichen *Johanneums* in Hamburg etwa bot seit ihrer Gründung 1834 einen fachlich qualifizierten Naturkundeunterricht an, zu dem Museumsbesuche ebenso gehörten wie Ausflüge in den Botanischen Garten. Neben den Realschulen waren es die Volksschulen, die – ganz ein Produkt der Aufklärung – den Nutzen eines naturkundlichen Unterrichts erkannten. Die Praxis an Gymnasien blieb hingegen scharf reglementiert, 1879 verbot ihnen etwa das preußische Kultusministerium – nach dem sogenannten Lippstädter Fall – per Erlaß, Darwins Theorien im Unterricht zu behandeln.[167] Dieses sogenannte „Biologie-Verbot", das auch in anderen deutschen Staaten herrschte, lockerte sich erst nach der Jahrhundertwende, wobei hier Karl Kraepelins Thesen zum Biologieunterricht, 1901 auf der 73. Versammlung Deutscher Naturforscher und Ärzte vorgelegt, eine entscheidende Rolle spielten.

Damit ist der Hintergrund skizziert, vor dem die einzelnen Schulbehörden – und mit ihnen die Schulen – handelten. Von besonderem Interesse mag für uns das Vorgehen der Bremer Schulbehörde sein, die nach der Eröffnung des Städtischen Museums für Natur-, Völker- und Handelskunde den klassenweisen Besuch des Museums geradezu zur obligato-

---

164 *Festschrift zur Erinnerung an die Eröffnung des neuerbauten Museums der Senckenbergischen Naturforschenden Gesellschaft zu Frankfurt am Main am 13. Oktober 1907.* Frankfurt/M. 1907, S. 43.
165 Mit Blick auf die Karlsruher Schausammlung dazu unten Kap. IV.2.2.4.
166 Vgl. immer noch O. Schmeil: Über die Reformbestrebungen auf dem Gebiete des naturgeschichtlichen Unterrichts. Stuttgart 1900. – J. Norrenberg: Geschichte des naturwissenschaftlichen Unterrichts an den höheren Schulen Deutschlands. Leipzig 1904. – Aus der neueren Forschung W. Schöler: Geschichte des naturwissenschaftlichen Unterrichts im 17. bis 19. Jahrhundert. Berlin 1970. – I. Scheele: Die Entwicklung von der Schulnaturgeschichte zum Biologieunterricht zwischen 1830 und 1933. Berlin 1981. – W. Bonnekoh: Naturwissenschaft als Unterrichtsfach. Frankfurt/M. 1992. – G. Trommer: Die Geschichte ökologisch bedeutsamer Naturvorstellungen in deutschen Bildungskonzepten. 2. Aufl. Weinheim 1993.
167 Hierzu auch Daum: Wissenschaftspopularisierung (wie Anm. 14), S. 44–50.

rischen Pflicht der Volksschulen erklärte.[168] Und Hugo Schauinsland, der Direktor des neuen Hauses, bestärkte die Schulverwaltung hierin. Er sehe, so teilte er seiner vorgesetzten Behörde 1898 mit, „in der Belehrung der Jugend eine Hauptaufgabe des Museums". Ja, dieser Aspekt sei „geradezu leitend für die Aufstellung" gewesen.[169] Mit anderen Worten: Das antizipierte Publikum hatte seinen Einfluß auf die museale Praxis bereits *vor* der Eröffnung des Hauses geltend gemacht. Die museale Wissenskommunikation hatte sich strukturell abermals als eine partizipatorische erwiesen, und nun sollte diese Partizipation auch inhaltlich gefüllt werden.

Als besonders aktiv in dieser Frage erwies sich die Inspektion der Volksschulen unter Senator Oelrichs. Sie legte, auf Anregung der Konferenz bremischer Volksschullehrer, im Jahre 1897 einen Plan fest, der für Volksschulen im Sommerhalbjahr mittwochs und samstags von 10 bis 12 Uhr – unter Führung eines Lehrers – den Besuch vorschrieb und darauf hinwies, daß diese Besuche „stets als Unterrichtsstunde" zu betrachten seien.[170] Bereits im Sommer 1898 fanden so vom 13. April bis zum 24. September jeweils zwei Besuche der insgesamt achtzehn Bremer Volksschulen statt.[171] Das bedeutete nun freilich nicht, daß die Volksschüler zu einem auch zahlenmäßig entscheidenden Publikumsanteil wurden. In Bremen stellten sie in diesen Jahren selten mehr als 15 Prozent der Gesamtbesucherzahl. 1901 etwa besuchten insgesamt 97.645 Personen das Museum, 14.162 davon waren Schüler. Unter diesen Schülern dominierten mit 11.353 die Bremer Volksschüler, während von höheren Lehranstalten nur 1.031, von Schulen der Umgebung 1.778 Schüler kamen.[172]

Offensichtlich, so zeigt das Beispiel, trugen die Gymnasien, ja überhaupt die höheren Schulen, Bedenken gegen Museumsbesuche. War es der alte Dünkel des Philologen gegen die Naturwissenschaft, die sich in den genannten Zahlen spiegelte? War es die Angst vor dem allzu Populären, wie es der Bremer Inszenierung vermeintlich eignete? War es die Sorge vor weiteren Eingriffen der Behörde in den Schulalltag? Um diese Fragen zu klären, veranlaßte die zuständige Behörde bereits im Frühjahr 1898 eine Umfrage unter den Direktoren der höheren Lehranstalten über den Sinn möglicher Museumsbesuche.[173] Die Antworten fielen verhalten aus. Die Direktion des Gymnasiums erklärte Museumsbesuche „einstimmig für unnötig".[174] Das Realgymnasium argumentierte, man gehe ohnehin schon ins Museum und benötige dazu keinen festen Plan.[175] Selbst der bereits im ersten Kapitel erwähnte Franz Buchenau, einer der führenden Köpfe der Bremer Naturforschung, wollte sich seitens der Realschule nicht festlegen. Er halte, so ließ er Schulrat Sander wissen, einen Besuchsplan für die höheren Schulen „nicht gerade für nötig", werde denselben aber, „falls

---

168 H. Schauinsland: Das Städtische Museum für Natur-, Völker- und Handelskunde in Bremen. In: *Museen als Volksbildungsstätten*. Mannheim 1904, S. 27–35. – Die entsprechenden Akten in StA Bremen 4,36–III.6.11. – Vgl. Kap. IV.3.

169 Schauinsland an Barkhausen, Bremen, 13.3.1898. StA Bremen 4,36–447.

170 Oelrichs an Barkhausen, Bremen, 16.3.1897. StA Bremen 4,36–447.

171 Plan für den Besuch des Museums seitens der städtischen Volksschulen im Sommerhalbjahre 1898. StA Bremen 4,36–447.

172 Jahresbericht des Städtischen Museums für Natur-, Völker- und Handelskunde für das Rechnungsjahr 1900. In: *Mitteilung des Senats* v. 24.12.1901, S. 967–973, hier S. 967.

173 Zirkular Sanders, 13.4.1898 [Konzept]. StA Bremen 4,36–447.

174 Henke an Sander, Bremen, 23.4.1898. StA Bremen 4,36–447.

175 Maréchal an Sander, Bremen, 22.4.1898. StA Bremen 4,36–447.

er nicht etwa einen verpflichtenden Charakter tragen sollte, freudig begrüßen."[176] Die Direktion des Lehrerseminars erklärte schließlich, der Museumsbesuch sei von Vorteil und man habe stets dazu angeregt – aber eben als Freizeitaktivität. Ob der Nachteil, „daß für den Besuch mehrere Stunden ausfallen müssen [...], jenen Vorteil aufwiegt", sei nämlich mehr als zweifelhaft.[177]

Diesen Zweifel hegte auch die Behörde selbst. Gegenüber Senator Ehmck äußerte Schulrat Sander „Bedenken gegen einen im voraus festzulegenden, die einzelnen Anstalten beengenden Turnus".[178] Schauinsland zeigte sich nun an individuellen Absprachen zwischen Museum und Schulen interessiert. Ein Schreiben der Senatskommission für das Unterrichtswesen an die Leiter der höheren Lehranstalten vom 12. Juli 1898 wies darauf hin, daß der Direktor des Städtischen Museums gerne bereit sei, die Benutzung der Sammlung zu Unterrichtszwecken in jedem einzelnen Falle „nach aller Möglichkeit zu erleichtern", und zwar außerhalb der allgemeinen Öffnungszeit.[179]

In der Bremer Diskussion spiegelte sich die Unentschlossenheit der höheren Schulen wie der Schulverwaltung. Tatsächlich berührten Museumsbesuche ja, wie gesagt, eine grundsätzliche Frage, die Frage nämlich nach dem Status des naturkundlichen Unterrichts. Und diese Frage, die immer auch eine Frage nach dem Stellenwert der praktischen Bildung war, begleitete die Diskussion über das gesamte 19. Jahrhundert. Von Karl Kraepelins Thesen war in diesem Zusammenhang bereits die Rede. Führende Vertreter der Naturwissenschaft hatten auf der 73. Versammlung Deutscher Naturforscher und Ärzte im September 1901 in Hamburg gegen die Entfernung der biologischen Disziplinen aus den oberen Schulklassen protestiert.[180] In den „Thesen über den biologischen Unterricht an höheren Schulen" hatten sie – ältere Argumentationsmuster aufgreifend – die formale Bedeutung, den sachlichen Nutzen sowie den ethischen Sinn des Biologieunterrichts betont und seine Einführung im Umfang von zwei Wochenstunden an allen höheren Schulen gefordert.

Kraepelin leitete diese „Thesen", die auch Schauinsland unterzeichnet hatte, nun Dietrich Rudolf Ehmck als Vorsitzendem der Senatskommission für das Unterrichtswesen zu.[181] Die Unterrichtskanzlei wiederum schickte sie mit der Bitte um Stellungnahme an die Leiter der Schulen.[182] Auch in diesem Fall war das Echo verhalten. In allen Schulen wurden Lehrerkonferenzen veranstaltet. Eindeutige Positionen wurden jedoch nicht formuliert, statt dessen vielfach Gegenvorschläge unterbreitet. Die Direktion des Gymnasiums etwa wies darauf hin, daß zwei Wochenstunden ohnehin zu wenig seien, um einen vernünftigen Unterricht zu gewährleisten. Andere betonten, eine mechanische Vermehrung der Stunden führe notgedrungen zur Überlastung der Schüler. Wieder andere befanden, daß schließlich auch Dinge wie Kunstgeschichte, Italienisch, Stenographie oder Mittelhochdeutsch Desiderate des Schulunterrichts seien. All diese Vorschläge, so faßte der Leiter des Gymnasiums, Henke, zusammen, stammten freilich von „pädagogischen Dilettanten". Ihnen müsse man entgegenhalten, daß der Hauptgrundsatz der Schule laute, daß sie schlicht und einfach „nicht

176 Buchenau an Sander, Bremen, 20.4.1898. StA Bremen 4,36–447.
177 Uhlhorn an Sander, Bremen, 3.5.1898. StA Bremen 4,36–447.
178 Sander an Ehmck, Bremen, 27.6.1898. StA Bremen 4,36–447.
179 Ehmck an Direktoren, Bremen, 12.7.1898. StA Bremen 4,36–447.
180 Zum Hintergrund Daum: Wissenschaftspopularisierung (wie Anm. 14), S. 58–61.
181 Kraepelin an Ehmck, Hamburg, 9.12.1901. StA Bremen 4,36–447.
182 Sander an Direktoren, Bremen, 15.8.1902. StA Bremen 4,36–447.

dazu da ist und unmöglich so organisiert werden kann, daß alle möglichen, im späteren Leben nötigen oder wünschenswerten Kenntnisse schon auf ihr erworben werden."[183]

Unsere Abschweifung verdeutlicht das Problem des Verhältnisses von Schule, Naturkundeunterricht und Museum sehr genau. Für die höhere Schule blieb die Naturkunde, so sie ohnehin schon umstritten war, immer nur *ein* mögliches Erweiterungsfach neben anderen. Auch Besuche in einem Naturhistorischen Museum fanden so immer in Konkurrenz zu weiteren Exkursionen, zu Theater- und Opernaufführungen etwa, statt. Die Schule blieb – ihrem Selbstverständnis nach – nicht angewiesen auf das Museum. Das Museum aber konnte immer nur Angebote unterbreiten.

Zu diesen Angeboten zählte auch die kostenlose Abgabe von Dubletten. Viele Schulen besaßen bereits im frühen 19. Jahrhundert eigene, meist ganz auf die lokale Umgebung ausgerichtete Sammlungen. Ihre Bestückung durch nicht mehr benötigte Objekte wurde dem Berliner Zoologischen Museum schon zu Lichtensteins Zeit von der preußischen Ministerialbürokratie zur Pflicht gemacht.[184] Nach der Jahrhundertmitte, erst recht jedoch nach dem Eintritt des Reiches in die Kolonialpolitik Mitte der 1880er Jahren, häuften sich die Anfragen und Bitten der Schulen. Stücke aus der Fremde, aus der dunkel lockenden Welt, zählten nun zu den begehrtesten Objekten der Unterrichtssammlungen. Die Inbesitznahme der Kolonien fand so gleichsam in der Heimat, in der vertrauten Umgebung der Schule statt.[185] Das galt – um ein Beispiel zu nennen – etwa für das Königliche Gymnasium zu Wittstock, dessen 1879 gegründetes Museum den Zweck verfolgte, „hervorragende wissenschaftliche Bücher, Karten, Bild- und Kunstwerke sowie Apparate, Naturalien und kulturhistorische Alterthümer oder Raritäten nicht nur den Angehörigen der Anstalt, sondern auch weiteren Kreisen übersichtlich und zugänglich zu machen."[186] Der Direktor der Schule, Richard Großer, erwies sich als geschickter Sammlungsleiter und bat 1891 – durch Zeitungsnotizen auf die Abgabepraxis des Berliner Museums für Naturkunde aufmerksam geworden – Karl Möbius persönlich um die Übersendung von Dubletten[187], wobei er seine guten Kontakte zur Deutschen Kolonialgesellschaft unterstrich.[188]

---

183 Henke an Sander, Bremen, 11.9.1902. StA Bremen 4,36–447. – Dort auch die weiteren Antwortschreiben.

184 Akten in GStA PK I.HA Rep. 76 Va Sekt. 2 Tit. X Nr. 63 Bd. II.

185 Dazu unten Kap. V.1.

186 Programm des Kgl. Gymnasiums zu Wittstock 1889, S. 11. – Öffnungszeiten für das größere Publikum (sonntags von 11 bis 12 Uhr) wurden in der Regel durch Zeitungsannoncen bekannt gegeben. Vgl. etwa „Kreisblatt für die Ost-Priegnitz" v. 10.12.1891.

187 Großer an Möbius, Wittstock, 11.12.1891. UAHU Berlin MfN Bd. 123.

188 Möbius an Großer, Berlin, 14.12.1891. UAHU Berlin MfN Bd. 123. – Andere Beispiele sind in diesem Zusammenhang etwa das Bamberger Naturalienkabinett, das dem Königlichen Lyzeum als Schulsammlung einverleibt wurde, oder die Sammlung des Detmolder Gymnasiums. Vgl. *Führer durch das Naturalienkabinett des Lyceums zu Bamberg*. Bamberg 1923. – G. Hübsch: Geschichtlicher Rückblick auf das 50jährige Bestehen und Wirken der Naturforschenden Gesellschaft zu Bamberg. In: Bericht der naturforschenden Gesellschaft zu Bamberg 13 (1884), S. 1–29. – F. H. Thorbecke: 100 Jahre Bestehen und Wirken der Naturforschenden Gesellschaft in Bamberg. In: Bericht der Naturforschenden Gesellschaft zu Bamberg 27 (1934), S. III–X. – W. Hansen: Das Lippische Landesmuseum. In: Lippe und sein Landesverband. Detmold 1969, S. 159–190. – R. Springhorn: 150 Jahre Naturwissenschaftliche Sammlung und Naturhistorisches Museum in Detmold. In: Heimatland Lippe 78 (1985), S. 287–314. – Ders.: Die frühe Phase der naturhistorischen Sammlung des Lippischen Landesmuseums. In: Lippische Mitteilungen aus Geschichte und Landeskunde 54 (1985), S. 85–107.

Wie das Wittstocker Gymnasium, so erhielten viele andere Schulen im Laufe der Zeit ansehnliche Objekte für ihre Sammlungen.[189] Nicht alle erreichten sie das didaktische Niveau des Naturhistorischen Schulmuseums der Stadtgemeinde Rixdorf (bei Berlin), das in zwölf Abteilungen – Naturkunde und Kulturgeschichte verbindend – „Liebe zur Natur, Sinn für Kunst und Wissenschaft zu wecken und pflegen" trachtete.[190] Sie alle sorgten jedoch dafür, daß Sammlungsräume und damit auch öffentliche Museen den Schülern präsent waren. Und mitunter hatten sie sogar selbst Anteil an der Gründung und Errichtung solcher Museen – so ging etwa das Kölner Naturkundemuseum aus der Sammlung des Realgymnasiums an der Kreuzgasse hervor.[191]

3.3. Das Massenpublikum

Die Entdeckung des größeren Publikums fand nicht erst am Ende des 19. Jahrhunderts statt. Hinrich Lichtenstein, der bereits mehrfach erwähnte Direktor des Zoologischen Museums in Berlin, mußte bereits 1814 mehr als die kontingentierten 40 Eintrittskarten pro Besuchstag ausgeben, weil, wie er gegenüber dem Ministerium erklärte, „das Interesse des Publicums für dieselben [Sammlungen] zu rege geworden ist, als daß sich seine Wißbegierde oder Schaulust mit gutem Grunde hätte zurückwerfen lassen".[192]

Gleichwohl veränderte sich im Laufe des Jahrhunderts die Struktur des Publikums nachhaltig. Durch das rapide Anwachsen der unterbürgerlichen Schichten, insbesondere der Arbeiterklasse, die seit dem letzten Jahrhundertdrittel in das Museum drängten, gewann das kaum vorgebildete Publikum an Bedeutung.[193] Wollte die Sammlung eine öffentliche Einrichtung bleiben, so mußte sie dieses neue Publikum integrieren. Tat sie das, befand sie sich freilich unweigerlich in Konkurrenz zu anderen Institutionen des neu entstehenden kulturellen Massenmarktes, zu Zoologischen Gärten und Völkerschauen, zu Gewerbe- und Industrieausstellungen, zu Panoptiken und Dioramen.[194]

---

189 Diese und weitere Vorgänge UAHU Berlin MfN Bd. 123. – Auch das Bremer Haus gab Dubletten an Schulen ab. Vgl. etwa Jahresbericht des Städtischen Museums für Natur-, Völker- und Handelskunde für das Jahr 1903. In: Mitteilung des Senats v. 22.12.1903, S. 974. – Das Karlsruher Naturalienkabinett wurde 1876 vom Großherzoglichen Oberschulrat förmlich um die Bereitstellung von Dubletten für Schulen gebeten. Vgl. Oberschulrat an Ministerium, 2.11.1876. GLA Karlsruhe 235/6653. – Zu den schulischen Sammlungen allgemein M. Hübner: Die Deutschen Schulmuseen. Breslau 1904.

190 E. Fischer an Möbius, Rixdorf, 12.2.1902.

191 Hierzu Engländer (wie Anm. 111), S. 186–200. – Dazu auch Köstering, S. 27f.

192 Lichtenstein an Ministerium, Berlin, 27.11.1814. GStA PK I.HA Rep. 76 Va Sekt. 2 Tit. X Nr. 15 Bd. II, fol. 94f., hier fol. 95.

193 Die wesentlichen Tendenzen bei Nipperdey II, S. 291–334 u. 414–427.

194 Zu den Zoologischen Gärten Rieke-Müller u. Dittrich (wie Anm. 87). – Diess.: Wandermenagerien zwischen Belehrung und Kommerz. Marburg 1999. – Zu (Welt-)Ausstellungen und ihren Medien u.a. A. v. Plato: Ausstellungskultur und Massenpublikum im Frankreich des 19. Jahrhunderts. Frankfurt/M., New York 2001. – M. Wörner: Volkskultur auf den Weltausstellungen 1851–1900. – Zu weiteren Formen der Massenkultur V. R. Schwartz: Spectacular Realities. Berkeley, Los Angeles, London 1998. – Zu den ‚neuen' Medien immer noch H. Buddemeier: Panorama, Diorama, Photographie. München 1970. – Daneben auch J. Fohrmann, A. Schütte u. W. Voßkamp (Hrsg.): Medien der Präsenz. Köln 2001. – Zur Erfahrung der Beschleunigung und ihren Auswirkungen auf die Betrachtungsweise u.a. A. Braun: Eine Kunst- und Kulturgeschichte der Geschwindigkeit im 19. Jahrhundert. Frankfurt/M. 2001.

Die ‚neuen Medien' dieser Institutionen, die das Anschauliche und Authentische bevorzugten, entsprachen den Erwartungen und Sichtweisen eines Publikums, das – ohne weitere naturwissenschaftliche Vorkenntnisse – das Konkrete über das Abstrakte stellte.[195] Die Auseinandersetzung mit diesen Erwartungen hatte ihren Anteil an dem Wandel der musealen Praxis, der durch neue wissenschaftliche Profile ausgelöst und durch neue dermoplastische Methoden beschleunigt worden war. Der Rekurs auf das neue Publikum, das sich als das eigentlich dynamische Segment innerhalb der Museumsbesucher erwies, wurde daher leicht zu einem Standardargument von Reformdirektoren wie Hugo Schauinsland oder Fritz Römer, die für effektvoll inszenierte, biologisch unterfütterte Schausammlungen eintraten.[196] Der soziale Wandel legitimierte so nachträglich jenen Bruch, wie er sich in der Schließung von Studien- und der Eröffnung von Schausammlungen ausdrückte. Zugleich jedoch erwies sich der soziale Wandel, insofern sich das Museum neu in der Öffentlichkeit positionierte, als Kraft eigenen Rechts. Einmal in das Museum eingelassen, wirkte das Massenpublikum – vor allem in den Vereinen und Verbänden, von denen noch zu sprechen ist – als ein Akteur, der die Popularisierung entschieden vorantrieb.

Schon die Zahlen sprechen im Grunde genommen eine deutliche Sprache. Auch hier freilich sind die Quellenprobleme Legion. Aussagen, die sich einigermaßen verläßlich auf die Entwicklung über das ganze Jahrhundert hinweg bezögen, sind nicht leicht möglich. Die Überlieferung ist so ungleichmäßig verteilt, daß sich Vergleiche von selbst verbieten und sogar Aussagen für einzelne Häuser nicht immer einfach zu treffen sind. Sollten wir also besser schweigen? Man kann es auch anders herum wenden. Daß die Quellen zu Beginn des Jahrhunderts nicht recht fließen, mag seinen Grund darin haben, daß sie überhaupt nicht fließen *mußten*. Daß um 1800 und noch weit darüber hinaus in der Regel keine Besuchsstatistik geführt wurde, erklärt sich auch dadurch, daß der regelrechte Besuch zu dieser Zeit ohnehin die Ausnahme bildete. Die Wissenskultur, wie sie sich in den Museum an der Wende zum 19. Jahrhundert etabliert hatte, war, wie gesagt, ganz auf Teilhabe ausgerichtet. Sie äußerte sich in der gemeinsamen Arbeit in der Sammlung, sei es im Kontext eines Vereins wie in Frankfurt am Main oder im Kontext einer Universität wie in Berlin. Wer aber in der Sammlung arbeitete, kannte sich. Fremde wurden eingeführt, ihre Besuche indes nicht weiter dokumentiert.

Dieses Modell stieß mit dem unregulierten Anwachsen des Publikums nach der Jahrhundertmitte an seine Grenzen. Das Berliner Zoologische Museum etwa registrierte 1861 insgesamt 27.168 Besucher, die sich durchaus ungleichmäßig über das Jahr verteilten, mit Tiefpunkten in den Sommermonaten, allein 1.087 Besuchern hingegen am Ostermontag und sogar 5.795 Besuchern am Pfingstmontag.[197] Der Museumsbesuch wurde so zu einem Festtagserlebnis.[198] Ob es in den gedrängten Räumen des alten Universitätsgebäudes Unter den

195 Dazu v.a. J. Crary: Sehen und Moderne im 19. Jahrhundert. Dresden 1996. – Ders.: Attention und Modernity in the Nineteenth Century. In: Picturing Science – Producing Art. London 1998, S. 475–499.

196 Dazu ausführlich unten Kap. IV.2.2.3.

197 Besuch des Koeniglich zoologischen Museums der Universitaet zu Berlin im Jahre 1861. GStA PK I.HA Rep. 76 Va Sekt. 2 Tit. X Nr. 63 Bd. IV, fol. 74–75v. – Zum folgenden auch Köstering, S. 245–250.

198 Beispiele hierfür: Peters an Ministerium, Berlin, 14.1.1865. GStA PK I.HA Rep. 76 Va Sekt. 2 Tit. X Nr. 63 Bd. IV, fol. 288–298, hier fol. 297v–298. – Peters an Ministerium, Berlin, 28.3.1870. GStA PK I.HA Rep. 76 Va Sekt. 2 Tit. X Nr. 63 Bd. VI, fol. 59–67v, hier fol. 67–67v.

Linden ein besonders erhebendes war, ist freilich ungewiß. Abhilfe sollte hier der Neubau schaffen.

Wilhelm Peters, der Direktor des Zoologischen Museums, spekulierte 1877, das neu zu errichtende Naturhistorische Museum werde voraussichtlich täglich von „mehreren tausend Menschen“ besucht werden.[199] Denn schon jetzt durchstreiften pro Woche „zwei- bis viertausend Besucher“ die beengten Räumlichkeiten.[200] Das waren hochgesteckte Ziele. Erreicht wurden sie nicht. Im Gegenteil: Zunächst einmal wurden sie eklatant verfehlt. Im ersten Jahr nach der Eröffnung des neuen, glanzvollen Hauses, also 1890/91, zählte man nur 12.000 Besucher.[201] Daß an diesem blamablen Zuspruch die Lage des Neubaus an der Invalidenstraße im Norden des Stadtzentrums nicht ganz unschuldig war, wurde bald klar. Weniger klar war den Verantwortlichen, daß auch die Gestaltung der Schausammlung, die dem traditionellen taxonomisch-systematischen Profil des Hauses folgte, nicht gerade zu dessen Beliebtheit beim großen Publikum beizutragen vermochte.[202] Noch 1905/06 jedenfalls – die Invalidenstraße war im Zuge der Urbanisierung Berlins längst in die Stadtmitte hineingewachsen – besuchten nicht einmal 60.000 Personen das Museum – obwohl es sich nach eigenem Selbstverständnis um das erste Haus im Reich handelte.

Tatsächlich ist die Lage innerhalb der Stadt zwar eine entscheidende, nicht aber *die* entscheidende Bedingung für den Publikumserfolg eines Naturhistorischen Museums. Für die Bremer Sammlungen, für die seit 1877 sehr dichte Zahlen vorliegen, da hier der Museumsdiener dazu verpflichtet war, der Direktion monatliche Besuchsziffern vorzulegen[203], ist dies offensichtlich. In den 1880er Jahren besuchten durchschnittlich etwa 20.000 Personen im Jahr das Museum im *Domsanbau*.[204] Der 1896 eröffnete Neubau lag – wie in Berlin – außerhalb des Stadtzentrums, am Hauptbahnhof. Gleichwohl schnellten die Besuchszahlen unmittelbar in die Höhe. Bereits 1902 wurde mit 110.200 Besuchern die Hunderttausendergrenze überschritten, vor der Schließung wegen anstehender Erweiterungsbauten 1907 zählte man 152.053, nach der Wiedereröffnung 1911/12 gar 243.493 Besucher – eine Zahl, die bis zum Ausbruch des Ersten Weltkriegs konstant blieb.

August Brauer, der Direktor des Berliner Zoologischen Museums, registrierte die Bremer Erfolge sehr genau. In seinem Bericht für das Jahr 1905/06 wies er dem preußischen Kultusministerium gegenüber darauf hin, daß es trotz des Bevölkerungswachstums und trotz der nun immerhin von 87 auf 249 gestiegenen Zahl von Schulbesuchen zwischen 1898 und 1905 nur gelungen sei, die Besucherzahlen von 50.618 auf 59.000 zu steigern, „während in viel kleineren Städten z.B. in Hamburg und Bremen die Zahl der Besucher doppelt so gross ist“.[205] Brauer selbst machte hierfür jetzt erstmals ausdrücklich die Gestaltung der Schausammlung verantwortlich. Und tatsächlich waren es vor allem jene Museen, die – anders als

199 Peters an Kultusministerium [undat. 1877]. GStA PK I.HA Rep. 93 B Nr. 2307, fol. 19ff.

200 „Berliner Tageblatt“ v. 6.7.1877. – Vgl. GStA PK I.HA Rep. 76 Va Sekt. 2 Tit. XIX, Bd. 2.

201 Vgl. A. Brauer: Das zoologische Museum. In: Geschichte der Königlichen Friedrich-Wilhelms-Universität zu Berlin. Halle a.d.S. 1910, Bd. 3, S. 372–389, hier S. 385f. – Dort auch die weiteren Zahlen.

202 Hierzu ausführlich auch Kap. IV.2.2.1.

203 Instruction für den Museumsdiener der städtischen Sammlungen für Naturgeschichte, Bremen, 4.4.1878. StA Bremen 2–T.5.p.

204 Zahlen nach Jahresberichten in StA Bremen 2–T.5.p und 3–N.5.No. 129.

205 Brauer an Ministerium, Berlin 12.6.1906. GStA PK I.HA Rep. 76 Va Sekt. 2 Tit. X Nr. 63 Bd. XX, fol. 98v. – Liste ebd., fol. 107.

das Berliner Haus unter Karl Möbius – eine biologische oder gar eine ökologische Profilbildung betrieben und ihre Schausammlung mit spektakulären Dioramen und Biologischen Gruppen bestückt hatten, denen sich die Gunst des Publikums zuwandte – ganz unabhängig von der Lage des Museums innerhalb der Stadt und der Größe der jeweiligen Stadt. Das Publikum führte gleichsam eine Abstimmung mit den Füßen über die unterschiedlichen Präsentationsstrategien durch. Sie fiel eindeutig zugunsten jener Häuser aus, die sich als Orte der Popularisierung begriffen.

Das Altonaer Museum etwa zählte nach 1900 im Schnitt 180.000 Besucher[206], das Hamburger Naturhistorische Museum etwa 125.000 Besucher, wobei die Zahlen – was typisch ist – nach der Eröffnung des neuen Hauses (230.000) zurückgingen, 1893 dann bei 165.000 lagen und sich schließlich, wie gesagt, bei 125.000 einpendelten.[207] Das Stuttgarter Museum erreichte im Jahr etwa 100.000 Menschen. Das Senckenberg-Museum zählte in seinem Neubau nach 1907 durchschnittlich 75.000 Besucher.[208] Das Berliner Museum für Naturkunde hingegen schaffte es erst am Vorabend des Ersten Weltkrieges auf über 90.000 Besucher. Die Rahmenbedingungen kleinerer und mittlerer Städte veränderten diese Zahlen verständlicherweise erheblich. Ein Haus wie das Karlsruher Naturalienkabinett konnte mit etwa 20.000 bis 30.000 Besuchern rechnen.[209] Das Mainzer Museum registrierte 1910 rund 24.000 Besucher.[210] Das Wiesbadener Haus, das im alten herzoglichen Museumsbau 1891 etwa 4.500 Besucher gezählt hatte, erreichte 1913 immerhin 17.000 Besucher.[211]

Gewiß sind diese Zahlen mit Vorsicht zu behandeln. Was sie aber, allen Vorbehalten zum Trotz, doch immerhin ausdrücken, ist das explosionsartige Ansteigen der Besucherzahlen im letzten Jahrhundertdrittel. Die demographische Revolution machte auch vor den Naturhistorischen Museen nicht halt. Ja, sie erwiesen sich für das neue Publikum sogar als besonders attraktiv. Worin, so wäre zu fragen, bestand nun ihre Attraktivität? Was suchten, was fanden die Besucher in ihnen? Eine differenzierte Antwort auf diese Fragen soll im fünften Kapitel, gewissermaßen abschließend, versucht werden; sie setzt nämlich eine nähere Kenntnis der Popularisierungsprozesse voraus. An dieser Stelle genügen einstweilen drei Hinweise. Was die Massen ins Museum trieb, war *erstens* das Museumsgebäude selbst. Nicht nur in Frankfurt und Bremen erwiesen sich die neu errichteten Museen mit ihren Lichthöfen, Galerien und Treppenhäusern als Attraktionen.[212] Das alte Museum der Senckenbergischen Naturforschenden Gesellschaft war noch 1905 von 20.000 Personen besucht worden, in den Neubau strömten zwei Jahre darauf 80.000 Menschen.[213] Beinahe irritiert klagte August Knoblauch (1863–1919), der Direktor der Gesellschaft, darüber, daß sich „bei dem grossen Andrang, der Sonntag morgens bei Besuch unseres Museums stattfindet“,

206 Vgl. O. Lehmann: Das Altonaer Museum. In: *Museen als Volksbildungsstätten* (wie Anm. 168), S. 36–45.
207 Diese und die folgenden Zahlen nach Köstering, S. 246.
208 Vgl. Kramer (wie Anm. 6), S. 404, 411, 413 u. 415.
209 Angaben nach GLA Karlsruhe 235/4334.
210 Vgl. Fr. O. Neuffer: Geschichte des Naturhistorischen Museums und seiner Sammlungen. In: Lebendiges Rheinland-Pfalz 21 (1984), S. 129–138, hier S. 135.
211 Vgl. Jb. des Nassauischen Vereins für Naturkunde 1891, S. XIV.
212 Zur Museumsarchitektur u.a. C. Yanni: Victorian Science and the Architecture of Display. London 1999.
213 Vgl. „Frankfurter Zeitung“ v. 18.10.1908.

häufig „schon vor der Eröffnung des Museums" viele Personen vor dem Museum ansammelten. Und auch am Sonntagnachmittag fand, so Knoblauch, „ein fortwährendes Durchlaufen Neugieriger durch unsere Rasenanlagen statt".[214] Das Museum erwies sich so im wahrsten Sinne des Wortes als anziehend – und das mit Grund. Wo in der Stadt gab es – außer in Kirchen und Bahnhöfen – soviel umbauten Platz? Wo wäre der bauliche Eindruck stärker gewesen? Im Museum ergriff das Publikum Besitz vom öffentlichen Raum und gestaltete ihn zugleich. Denn der Museumsraum mit seinem Reichtum an Perspektiven, an Farben und Formen, war zugleich der Ort einer virtuellen Entdeckungsreise, einer *voyage imaginaire*, wie sie auch die Weltausstellungen mit ihren Hallen, Straßen und Palästen anboten.[215]

Was die Masse ins Museum trieb, war darüber hinaus *zweitens* das Erlebnis der Masse selbst, jener Objektrausch also, der keinem Haus fremd war. Die Präsentation etwa des Karlsruher Naturalienkabinetts – hierin der Stuttgarter Naturaliensammlung ähnlich – kannte bis zur Jahrhundertwende keine Trennung von Schausammlung und Studiensammlung. So versprach sie scheinbar zunächst auch keinen speziellen Raumeindruck. Nicht zu Unrecht wurde daher etwa das Stuttgarter Kabinett in der Presse des öfteren scharf angegriffen: wegen der schlechten Lichtverhältnisse, wegen seiner mangelnden Etiketten, wegen seiner „trostlose[n] Monotonie".[216] Trotzdem war das Stuttgarter Haus überaus beliebt, jedenfalls gemessen an den genannten Besucherzahlen. Die reine Fülle der Objekte – so steht zu vermuten – besaß ihren eigenen Reiz. In einer Vogelsammlung mit über 11.000 Exemplaren konnte man sich nicht ins Detail vertiefen. Man vermochte es auch nicht im Angesicht von 2.000 Säugetieren. Der Museumsbesuch schuf – ganz wie es am Anfang des Jahrhunderts intendiert gewesen war – eine Gemeinschaft. Allerdings wurde diese Vergemeinschaftung nicht mehr in jedem Fall durch ein geteiltes *Wissen* ermöglicht. Hierzu waren Vorwissen und Motive der einzelnen Besuchersegmente zu unterschiedlich geworden. Für die große Zahl der Besucher rückte das *Erlebnis* an die Stelle des Wissens. Das Erleben des Museums, in dessen Fülle sich das Individuum beinahe verlor, erwies sich als das gemeinschaftsbildende Element.

Was die Masse ins Museum trieb, war schließlich *drittens* nicht allein die Masse der Objekte, sondern die Masse der Besucher selbst. Das gemeinsame Erlebnis stiftete in der bisweilen rauhen Wirklichkeit der deutschen Klassengesellschaft Einheit und Sinn. Diese Gemeinschaft, die etwa zahllose Arbeiterverbände oder Handlungsgehilfenvereine bei ihren Besuchen im Museum empfinden mochten, war dabei zugleich veredelt durch den alten Bildungsgedanken, der sich einst durch den bürgerlichen Verein seinen Weg gebahnt hatte und sich noch immer – und zwar gerade für die Industriearbeiterschaft – als ausgesprochen attraktiv erwies.[217] Der Ruf nach einer Verbesserung der materiellen Situation verlangte zugleich nach einer Verbesserung der ideellen Situation. Der bürgerliche Bildungskanon, der kulturelle Aufstiegscode schlechthin, hatte nichts von seiner Strahlkraft verloren. Er wertete auch den Museumsbesuch auf, der – unter den Bedingungen der Massengesellschaft – nun freilich in der Regel organisiert stattfand, gewissermaßen ‚absolviert' wurde.

---

214 Knoblauch an Stiftungsadministration, Frankfurt/M., 28.10.1907. IfStG Frankfurt/M., Archiv der Dr. Senckenbergischen Stiftung 3.

215 Dazu u.a. Sh. MacDonald: Nationale, postnationale, transkulturelle Identitäten und das Museum. In: Geschichtskultur in der zweiten Moderne. Frankfurt/M. 2000, S. 123–148. – Vgl. auch Anm. 194.

216 Mittheilungen aus dem Publikum. In: „Stuttgarter Tagblatt" v. 30.6.1881.

217 Dazu unten Anm. 224.

Ein solch organisierter Museumsbesuch, der sich im denkbar schärfsten Widerspruch zur ganz auf Selbsttätigkeit und Autonomie fokussierten Bildungsidee Humboldts befand, wurde für das Massenpublikum zur eigentlichen Form des Museumserlebnisses. Sie konkretisierte sich, weit über die Arbeiterschaft hinausreichend, in jenen nicht selten mit professionellen Führungen verbundenen Besuchen durch Gewerkschaftler und Eisenbahner, durch Turn- und Sportvereine, durch Wander- und Gesangvereine, durch Armee-Einheiten und Kriegervereine, wie sie vor allem für großstädtische Häuser kennzeichnend waren.[218] Das Museum wurde zu einem Ort, an dem diese unterschiedlichen sozialen Gruppen nebeneinander willkommen waren.[219]

Gewiß hatte diese integrative Kraft des Museums ihre Grenzen. Das galt in Bremen etwa mit Blick auf den „Andrang der Kinder", die an manchen Sonntagen des Jahres 1916 „vor dem Eingang des Museums geradezu einen Auflauf veranlassten und den Zutritt des anderen Publikums beträchtlich erschwerten".[220] Das galt weiterhin, auch dies eine Bremer Besonderheit, für die Auswanderer, die – auf ihre Seepassage nach Nordamerika wartend – etwa 1905 „oft in ganzen Scharen in das Museum strömten und dem übrigen Publikum, das sich namentlich immer über den typischen Auswanderergeruch beschwerte, die Freude an den Sammlungen verdarben".[221] Aber solche Grenzziehungen, die zugleich die bürgerlichen Werte: Sauberkeit, Anstand und Sittlichkeit markierten, bildeten doch die Ausnahme. In der Regel öffneten sich die Museen – dadurch zugleich die Präsenz der Institution im öffentlichen Raum steigernd – im letzten Jahrhundertdrittel mehr und mehr den neuen sozialen Gruppen.

Diese Öffnung hatte erhebliche Konsequenzen. Die Kommunikation konnte nun im Grunde kaum noch ein spezielles und zugleich allgemeingültiges Vorwissen voraussetzen. Als kleinster gemeinsamer Nenner erwies sich die Volksschulbildung, die jedoch nicht mehr ausreichen konnte, um ein gleichberechtigtes Gespräch über zoologische oder geologische Fachfragen zu führen. Der Wandel der musealen Präsentation – von der klinischen Starrheit des taxonomischen Systems hin zur lebensvollen Anschaulichkeit der biologischen Dermoplastik – trug diesem Umstand *nolens volens* Rechnung. Die neue Form der musealen Praxis, wie sie sich etwa in den spektakulären Schausammlungen in Bremen und Frankfurt ausdrückte, erwies sich durch den Rekurs auf lebensweltliche Deutungsmuster wie ‚Familie'

218 Vgl. *Museen als Volksbildungsstätten* (wie Anm. 168), S. 168. – Acta, betr. Organisation pp. (1899–1914). HUB, MfN, Historische Bild- und Schriftgutsammlungen, Bestand Zoologisches Museum S II Verwaltungsakten.

219 So wurde etwa das Bremer Museum 1907/08 unter anderem von Flottenvereinen aus Bückeburg, Darmstadt, Düsseldorf und Stuttgart, vom Geographischen Institut der Universität Kiel, vom Institut für Meereskunde Berlin, vom Nordwestdeutschen Verband für Altertumsforschung, vom Kongreß der Augenärzte, von der Handelsakademie Gablonz, vom Geographischen Seminar der Universität Münster, vom Deutschen Verein für öffentliche Gesundheitspflege, von zahlreichen Kongreßteilnehmern, von Arbeitervereinen und Berufsverbänden besucht. Vgl. Jahresbericht für das Städtische Museum für Natur-, Völker- und Handelskunde für das Rechnungsjahr 1906. In: *Mitteilung des Senats* v. 6.7.1907, S. 834. – Jahresbericht für das Städtische Museum für Natur-, Völker- und Handelskunde für das Rechnungsjahr 1908. In: *Mitteilungen des Senats* v. 17.7.1908, S. 837.

220 Schauinsland an Barkhausen, Bremen, 10.1.1916. StA Bremen 3–N.5.No. 144.

221 Jahresbericht des Städtischen Museums für Natur-, Völker- und Handelskunde für das Rechnungsjahr 1906. In: *Mitteilung des Senats* v. 6.7.1907, S. 834.

oder ‚Heimat' als anschlußfähiger.[222] Das neue Publikum richtete seine spezifischen Fragen an die Museumsobjekte – und erhielt Antworten, die zwar nicht wissenschaftlich *waren*, im Kontext der geachteten Institution Museum indes als wissenschaftlich *galten*. Das betraf etwa Fragen der Evolution, die unreflektiert aus dem Raum der Natur in den Raum der Gesellschaft transponiert und bisweilen in einem geradezu klassenkämpferischen Sinne gedeutet wurden.[223] Diese Deutungen waren dabei zugleich durch die Aura der positivistischen Naturwissenschaften und ihrer musealen Repräsentation überhöht. Durch seinen Besuch im Museum glaubte das neue Publikum an einem Wissen teilzuhaben, das im Bewußtsein der Zeit als *das* fortschrittliche überhaupt galt. Hierin wurzelte die Attraktivität des Naturhistorischen Museums gerade für die Arbeiterklasse, die in ihrem Bildungsglauben, ja in ihrer Bildungsgläubigkeit eine im Grunde genommen beinahe konservative Position vertrat, die kaum über den Neuhumanismus des frühen 19. Jahrhunderts hinausgelangt war.[224]

Die Museen richteten sich auf dieses Publikum zunehmend ein. Als prägend erwiesen sich dabei die sogenannten Arbeiterführungen, die nicht nur in Berlin seit 1895/96 auf Initiative der *Centralstelle für Arbeiter-Wohlfahrtseinrichtungen* regelmäßig durchgeführt wurden.[225] Im bürgerlichen Sozialdenken hatten solche Angebote durchaus ihren Platz, da die Arbeiter – so argumentierte man – schließlich der Lenkung, der ‚Führung' im wahrsten Sinne des Wortes bedurften. Davon wird im vierten Kapitel ausführlich die Rede sein.

3.4. Die ‚organisierte Öffentlichkeit'

Die ‚Öffentlichkeit' blieb für die Museen im Grunde genommen bis zum Ende des 19. Jahrhunderts eine diffuse, kaum recht zu überblickende Masse. Sie gewann Gestalt in den vielen Einzelvereinen und Gruppen, die das Museum besuchten. Über die Erwartungen und Ziele dieses heterogenen Publikums könnte freilich nur eine quantitative Besucherforschung Auskunft geben, wie sie sich schließlich im Laufe des 20. Jahrhunderts durchsetzte.[226] In unserem Untersuchungszeitraum waren es hingegen vor allem die von den Museumsleitungen *antizipierten* Erwartungen und Ziele, die sich auf die Umgestaltung der Sammlungen auswirkten. Daß der Verweis auf das veränderte Publikum und sein verändertes Rezeptionsverhalten zu einem Standardargument der Reformdirektoren wurde, haben

---

222 Dazu unten Kapitel V.

223 Zu solchen ideologischen Vereinnahmungen etwa Daum: Wissenschaftspopularisierung (wie Anm. 14), S. 210–226 u. 300–324. – Zur Einordnung S. Maasen, E. Mendelsohn u. P. Weingart (Hrsg.): Biology as Society, Society as Biology: Metaphors. Dordrecht, Boston, London 1994.

224 Die wichtigste Literatur zur Arbeiterbildung unten in Kap. IV.1. – Darüber hinaus D. Langewiesche: Welche Wissensbestände vermittelten Volksbibliotheken und Volkshochschulen im späten Kaiserreich? In: Wissenskommunikation im 19. Jahrhundert. Stuttgart 2003, S. 213–240. – Für den weiteren Hintergrund P. Lundgreen: Die Eingliederung der Unterschichten in die bürgerliche Gesellschaft durch das Bildungswesen im 19. Jahrhundert. In: Internationales Archiv für Sozialgeschichte der Literatur 3 (1978), S. 87–107. – Zur Attraktivität gerade Naturhistorischer Museen T. Bennett: The Birth of the Museum. New York 1995. – Sh. Macdonald (Hrsg.): The Politics of Display. London 1998.

225 *Führungen von Arbeitern durch die Königlichen Museen in Berlin.* In: Zeitschrift der Centralstelle für Arbeiter-Wohlfahrtseinrichtungen 4 (1897), S. 171f.

226 Zur historischen Entwicklung der Besucherforschung knapp H.-J. Klein u. M. Bachmayer: Museum und Öffentlichkeit. Berlin 1981, S. 57–68.

wir bemerkt. Die Partizipation an der musealen Wissenskommunikation blieb für die große Öffentlichkeit so vielfach eine nur vermittelte. Zu den Akteuren in diesem Vermittlungsprozeß zählte insbesondere jene ‚organisierte Öffentlichkeit', wie sie für die Entstehung des Massenmarktes in der zweiten Hälfte des Jahrhunderts insgesamt kennzeichnend war.[227] Von dieser Öffentlichkeit soll daher zum Abschluß dieses Kapitels die Rede sein.

Als öffentliche Einrichtungen hatten sich Museen seit der Jahrhundertmitte in dem dichten Netz von Verbänden und Vereinen, von Parteien und Gewerkschaften zu positionieren, die mit Hilfe der Presse einen zunehmend differenzierten und zugleich einflußreichen Markt der Meinungen schufen. Auf ihm bewegten sich Gruppen, die als – wissenschaftliche oder politische – Akteure einen Einfluß auf die museale Kommunikation zu nehmen versuchten. Gerade die großen naturwissenschaftlichen Verbände, deren Geschichte noch kaum erforscht ist, erwiesen sich als geschickt operierende *pressure groups*, die gezielt Einfluß auf Museen, Ministerien und (Fach-)Publikum ausübten.

Im Jahre 1892 etwa versuchte Karl Möbius, eine wichtige Vogeleiersammlung (bestehend aus 2.500 Arten in 8.000 Exemplaren), die von der Witwe des Oberstabsarztes Kutter zum Preis von 10.000 Mark angeboten worden war, für das Berliner Museum für Naturkunde zu erwerben.[228] Allein, der Ankaufsetat des Hauses war erschöpft. Das preußische Kultusministerium lehnte den Kauf ab. In dieser Situation war es die Deutsche Ornithologische Gesellschaft, die – über beste Kontakte zum Museum verfügend – das Ministerium darauf hinwies, daß Berlin hinsichtlich der Vogelsammlung bereits hinter London, Paris, Wien und St. Petersburg zurückgefallen sei.[229] Die Sammlung etwa des Prinzen Max zu Wied-Neuwied sei ins Ausland gegangen, man müsse einem ‚Ausverkauf deutscher Sammlungen' begegnen.[230] Als sich das Ministerium selbst durch diese deutlichen Hinweise nicht zum Kauf der Kutterschen Sammlung entschließen mochte und Möbius 1893 registrieren mußte, daß die Witwe langsam die Geduld verlor und tatsächlich mit anderen europäischen Häusern verhandelte[231], lancierte die Deutsche Ornithologische Gesellschaft einen Brandartikel in der „Post", in dem sich das Museum, vor allem aber das preußische Kultusministerium scharfen Angriffen ausgesetzt sah: Deutschland laufe Gefahr, sein Kulturgut zu verschleudern.[232]

Die nationale Karte, die hier ausgespielt wurde, erwies sich als Trumpf. Das Ministerium sah sich öffentlich einem Rechtfertigungsdruck ausgesetzt, dem es nicht standzuhalten vermochte. Nachdem einzelne Berliner Bürger ihre Unterstützung für den Ankauf signalisiert

---

227 Hierzu und zum folgenden v.a. J. Requate: Öffentlichkeit und Medien als Gegenstände historischer Analyse. In: GuG 25 (1999), S. 5–32. – S. Seeling: Organisierte Interessen und öffentliche Kommunikation. Opladen 1996. – Eine gute Einführung bieten M. Bobrowsky u. W. R. Langenbucher (Hrsg.): Wege zur Kommunikationsgeschichte. München 1987. – Für einzelne Aspekte M. Kunczik: Geschichte der Öffentlichkeitsarbeit in Deutschland. Köln, Weimar, Wien 1997. – Hilfreich überdies U. Otto: Die Problematik des Begriffs der öffentlichen Meinung. In: Publizistik 11 (1966), S. 99–129.

228 Der gesamte Vorgang in GStA PK I.HA Rep. Va Sekt. 2 Tit. X Nr. 63 Bd. XIII.

229 Dt. Ornithologische Gesellschaft an Ministerium, Berlin, 30.3.1892. GStA PK I.HA Rep. Va Sekt. 2 Tit. X Nr. 63 Bd. XIII, fol. 79–81v.

230 Dt. Ornithologische Gesellschaft an Ministerium, Berlin, 30.3.1892. GStA PK I.HA Rep. Va Sekt. 2 Tit. X Nr. 63 Bd. XIII, fol. 79–81v.

231 Möbius an Ministerium, Berlin, 3.7.1893. GStA PK I.HA Rep. Va Sekt. 2 Tit. X Nr. 63 Bd. XIII, fol. 158–159.

232 „Die Post" v. 9.2.1894. – In den Ministerialakten GStA PK I.HA Rep. Va Sekt. 2 Tit. X Nr. 63 Bd. XIII, fol. 237.

hatten, gelang es dem Ministerium schließlich auch, den Kaiser zu einer Beteiligung aus den Mitteln des *Allerhöchsten Dispositionsfonds* zu bestimmen.[233] Durch eine konzertierte Aktion, die von der Deutschen Ornithologischen Gesellschaft organisiert, von der Museumsleitung unterderhand unterstützt und von der Presse in das große Publikum getragen worden war, hatte die ‚organisierte Öffentlichkeit' unverkennbaren Einfluß auf die Geschicke des Museums genommen.

Was wie ein Einzelfall wirken mochte, war nicht nur in Berlin, sondern auch in Frankfurt und Bremen, ja selbst in Karlsruhe an der Tagesordnung. Seit der Jahrhundertmitte nahmen – durch den sozioökonomischen Wandel und den Ausbau des Meinungsmarktes beschleunigt – immer mehr gesellschaftliche Gruppen Einfluß auf die museale Kultur des Wissens, auf die Sammlung der Objekte wie auf ihre jeweilige Präsentation. Denn was hier mit Blick auf eine gelehrte Vereinigung – die Ornithologische Gesellschaft – skizziert worden ist, wiederholte sich in vielen anderen Verbänden, etwa in Arbeiterbildungsvereinen.[234] Sie alle beanspruchten eine Mitsprache, die – mitunter unbewußt – den älteren Gedanken der Partizipation aufgriff, sie jedoch den Kommunikationsmöglichkeiten der modernen Massengesellschaft anglich.

Schon immer hatten Zeitungen und Zeitschriften eine wichtige Brücke zwischen Museum und Öffentlichkeit gebildet. Von den Anfängen des 19. Jahrhunderts an waren sie von den einzelnen Häusern konsequent genutzt worden, um das Publikum über die eigene Arbeit zu informieren, um öffentlich Dank abzustatten, auch um Bitten zu lancieren.[235] Aber die Presse war eben nicht nur Partnerin der Museen. Zeitungen und Zeitschriften verstanden sich vielmehr als Sprachrohr einer Öffentlichkeit, die den Museen durchaus kritisch verbunden war. Sie nahmen die Partizipation stellvertretend für die größere Öffentlichkeit wahr, indem sie die Museen beobachteten und kontrollierten.

Das galt etwa für besonders kostspielige und langwierige Baumaßnahmen. Als sich in der Residenzstadt Karlsruhe der 1865 begonnene Neubau des Sammlungsgebäudes, der dreimal unterbrochen worden war, weiter verzögerte, druckten die Karlsruher Nachrichten 1872 unter dem Titel „Wenn ich der Bey von Tunis wär'!" ein Spottgedicht, das für das großherzogliche Haus und seine Ministerien wenig schmeichelhaft war: „Wenn ich der Bey von Tunis wär', / Das ginge bei mir nimmermehr, Daß Einer mir ein Haus aufführt / Und ewig daran planisirt!"[236] Hier kanalisierte die Presse den Unmut der Publikums. Die in Gedichtform gegossene öffentliche Meinung setzte Museum und Verwaltung so sehr unter Druck, daß sie reagieren mußten: die Fertigstellung des Hauses am Karlsruher Erbprinzengarten wurde nun beschleunigt vorangetrieben.[237]

---

233 Ministerium an Ks. Wilhelm II., Sept. 1896 [Konzept]. GStA PK I.HA Rep. Va Sekt. 2 Tit. X Nr. 63 Bd. XV, fol. 58–65v.

234 Ein gutes Beispiel bei Kramer (wie Anm. 6), S. 366f.

235 Um Unterstützung für das Karlsruher Herbarium bat etwa A. Kneucker: Bitte. In: Mitteilungen des Badischen Landesvereins für Naturkunde 1909, S. 208. – Ders.: Mitteilung. In: Mitteilungen des Badischen Landesvereins für Naturkunde und Naturschutz 1915, S. 38f. – Vgl. oben Anm. 59.

236 In: „Karlsruher Nachrichten" v. 8.5.1872. – Der Gedichttitel persiflierte Kleists „Prinzen Friedrich von Homburg": „Wenn ich der Bey von Tunis wär, / Schlüg ich bei so zweideut'gem Vorfall Lärm."

237 Dazu S. Rietschel (Hrsg.): Vom Naturalienkabinett zum Naturkundemuseum 1785–1985. Karlsruhe 1985, S. 17f.

Ähnlich verhielt es sich im Fall des Berliner Hauses, dessen schleppende Öffnung 1889 etwa die „National-Zeitung" kritisierte. Nach der glanzvollen Eröffnungsfeier herrsche, so die Zeitung, „allgemeines Befremden" darüber, daß das Museum „dem Publikum immer noch verschlossen" bleibe. Dies sei auch deshalb nicht zu verstehen, weil es sich ja nur um „eine anderweitige Aufstellung der bereits in der Universität übersichtlich und systematisch geordnet gewesenen Sammlung" handele.[238] Die Museumsverwaltung verwies auf mangelndes Personal – reagierte aber prompt. Fortan wurde das Museum übergangsweise dem Publikum zumindest an den Montagen geöffnet, an denen das Personal der übrigen Königlichen Museen – durch den Schließtag bedingt – zur Verfügung stand.[239] Die öffentliche Meinung nahm so unmittelbaren Einfluß auf die museale Praxis. Sie wurde innerhalb der Institution sehr genau registriert. Als etwa 1888 in der „Norddeutschen Allgemeinen Zeitung" Vorwürfe gegen die Leitung des Berliner Museums für Naturkunde laut wurden, man habe ein seltenes Alk-Ei des Grafen von Rödern, eines Gerichtsassessors in Breslau, aus Kostengründen ins Ausland gehen lassen, sah sich Möbius unversehens vom Ministerium zur Stellungnahme aufgefordert.[240] Die publizierte Meinung forderte größere Transparenz.

Als eigene Kraft innerhalb dieser ‚organisierten Öffentlichkeit' erwiesen sich mehr und mehr die Parlamente. Das im Laufe des 19. Jahrhunderts verfestigte Budgetrecht garantierte ihnen allerorten ein entscheidendes Recht auf Mitsprache. Debatten über den Etat des Kultusministeriums und der entsprechenden Behörden wurden so, gerade im letzten Jahrhundertdrittel, auch zu Auseinandersetzungen über Museen, ihre Aufgaben und Strukturen. Stets waren es hierbei einzelne, persönlich an der Sache interessierte Abgeordnete wie etwa Karl Lotichius, der im Preußischen Abgeordnetenhaus immer wieder, so auch 1892, für die Einrichtung einer zusätzlichen Kustosstelle im Berliner Zoologischen Museum eintrat, die Ordnung und Bestimmung der Kolonialtiere als höchste Priorität benannte und ganz generell anmahnte, „eine mit Erläuterungen versehene zur allgemeinen Belehrung dienende Schausammlung aufzustellen".[241]

Die Reform der musealen Praxis, die zunächst durch neue wissenschaftliche Profilbildungen ausgelöst worden war, aber zugleich dem sozialen Wandel entgegenkam, wurde nun auch im politischen Raum eingefordert. Ein Musterbeispiel hierfür war das Engagement Hermann Pachnickes (1857–1935), der als Mitglied der Fortschrittspartei neben seinem Reichstagsmandat (1890–1918, 1920–1924) von 1907 bis 1918 auch einen Sitz im Preußischen Abgeordnetenhaus besaß und dort immer wieder für eine Reform des Berliner Naturhistorischen Museums im Sinne der Popularisierung eintrat. Pachnicke, der 1920 zum Vorsitzenden der Gesellschaft für Volksbildung in Berlin gewählt wurde, trat bereits im Kaiserreich mit Arbeiterbildungskonzepten hervor, die darauf zielten, die Klassengrenzen innerhalb der deutschen Gesellschaft durch einen gemeinsamen Kanon von Wissen und

---

238 „National-Zeitung" v. 3.1.1890.

239 „Norddeutsche Allgemeine Zeitung" v. 6.1.1890. – In dieser Angelegenheit auch bereits Beyrich an Ministerium, Berlin, 14.12.1889. GStA PK I.HA Rep. 76 Va Sekt. 2 Tit. X Nr. 127 Bd. II, fol. 133–135. – Ministerium dies erst auf öffentlichen Protest hin. Ministerium an Beyrich, Berlin, 12.1.1890 [Konzept]. Ebd., fol. 136–137.

240 „Norddeutsche Allgemeine Zeitung" v. 15.12.1888. – Dazu GStA PK I.HA Rep. Va Sekt. 2 Tit. X Nr. 63 Bd. XI, fol. 44–45.

241 *Verhandlungen des Hauses der Abgeordneten*, 27. Sitzung v. 8.3.1892, S. 727. – Dazu GStA PK I.HA Rep. 76 Va Sekt. 2 Tit. X Nr. 63 Bd. XII, fol. 323.

Werten zu lockern. 1912 forderte er im Abgeordnetenhaus ganz selbstbewußt zusätzliche Assistentenstellen für das Geologisch-Paläontologische Museum, erweiterte Besuchszeiten und einen populären „Leitfaden" durch die Sammlung.[242]

Nichts anderes verlangte 1910 im Badischen Landtag der sozialistische Abgeordnete Willi, der von der Regierung forderte, sie solle endlich für regelmäßige Führungen sorgen. Es sei nun einmal so, daß ein „Anschauungsunterricht, der in einem Naturalienkabinett gegeben wird, ein viel besserer sein kann wie in der Schule, wenn dieses und jenes aus der Naturgeschichte vorgetragen wird."[243] In Berlin, Karlsruhe und andernorts wurden – öffentlichkeitswirksam im Hohen Haus – Forderungen erhoben, denen sich das Museum als öffentliche und vor allem auch als öffentlich *finanzierte* Einrichtung nur schwer entziehen konnte. Wo Kritiker waren, fanden sich freilich auch Fürsprecher. In Berlin war es vor allem Friedrich von Heimburg (1859–1935), seit 1893 Landrat des Kreises Biedenkopf, von 1907 bis 1919 dann Landrat in Wiesbaden, der im Abgeordnetenhaus mehrfach zugunsten des Museums für Naturkunde intervenierte und auch hinter den Kulissen für das Haus wirkte. Dabei ging es um Personalangelegenheiten – etwa 1905 um die Leitung der Konchylienabteilung[244]– ebenso wie um Fragen der Besoldung von Präparatoren[245] und immer wieder um konkrete Kaufprojekte. Ein gutes Beispiel hierfür bietet die Auseinandersetzung um den Ankauf der seinerzeit berühmten Staudingerschen Schmetterlingssammlung 1906.[246] Staudingers Erben hatten diese international geschätzte Sammlung dem Berliner Museum für 300.000 Mark zum Kauf angeboten – ein Betrag, der manchem Parlamentarier exorbitant hoch erscheinen mußte. Heimburg nutzte seine Rede vor dem Abgeordnetenhaus dazu, über Bedeutung und Preis der Sammlung aufzuklären, ja geradezu über sie zu dozieren. Die Staudingersche Sammlung, so belehrte Heimburg seine Kollegen, umfasse etwa 70.–80.000 verschiedene Arten, der Händlerwert betrage gewiß eine Million Mark. Der wissenschaftliche Stellenwert der Sammlung hingegen sei kaum recht zu beziffern: Alle Forscher, die sich mit biologischen und tiergeographischen Fragen beschäftigten, hätten die Erforschung der Schmetterlinge nötig. „Denn keines von allen Tieren ist so in der Lage, sich anzupassen in Gestalt und Farbe an andere Tiere, an Pflanzen oder an anorganische Gegenstände; kein Tier ist so variabel, so empfänglich für den Aufenthalt, für die Nahrung, für die Wärmegrade, so daß in einem Buche, das vom philosophischen und naturwissenschaftlichen Standpunkte aus geschrieben ist, immer auf die Schmetterlinge als typische Beispiele für die Veränderungen der Arten hingewiesen wird."[247]

---

242 *Verhandlungen des Hauses der Abgeordneten*, 46. Sitzung v. 27.3.1912, Sp. 3639f. – GStA PK I.HA Rep. 76 Va Sekt. 2 Tit. X Nr. 21 Bd. XIX, fol. 249-250v.

243 *Amtliche Berichte über die Verhandlungen der Badischen Ständeversammlung*, Zweite Kammer, 31. Sitzung v. 5.2.1910. – Die Forderung nach systematischen Museumsführungen beherrschte – diesmal von der Fortschrittlichen Volkspartei vorgetragen – auch die Etatdebatte 1912. Vgl. *Amtliche Berichte über die Verhandlungen der Badischen Ständeversammlung*, Zweite Kammer, 23. Sitzung v. 21.2.1912, Sp. 1027ff.

244 Heimburg an Ministerium, Berlin, 14.2.1905. GStA PK I.HA Rep. 76 Va Sekt. 2 Tit. X Nr. 63 A, fol. 5f.

245 *Verhandlungen des Hauses der Abgeordneten*, 145. Sitzung v. 22.2.1905, Sp. 10342f. – GStA PK I.HA Rep. 76 Va Sekt. 2 Tit. X Nr. 63 Bd. XIX, fol. 104–104v.

246 Der gesamte Vorgang in GStA PK I.HA Rep. 76 Va Sekt. 2 Tit. X Nr. 63 Bd. XIX.

247 *Verhandlungen des Hauses der Abgeordneten*, 37. Sitzung v. 6.3.1906, Sp. 2719. – Dort auch die folgenden Zitate. – Vgl. auch GStA PK I.HA Rep. 76 Va Sekt. 2 Tit. X Nr. 63 Bd. XIX, fol. 270–270v.

Heimburgs Rede war nichts anderes als eine parlamentarische Biologiestunde. Sie verwies auf den wissenschaftlichen Rang der Sammlung – und zeigte so zugleich, daß gerade wissenschaftliches Prestige im öffentlichen Raum zählte. Dazu trat freilich einmal mehr das nationale Argument. Heimburg bezeichnete es nachgerade als „eine nationale Pflicht", daß „diese mit deutschem Fleiß, Intelligenz und Arbeitsamkeit in 30 Jahren zusammengetragene Sammlung auch Deutschland erhalten bleibt, daß sie nicht für billiges Geld schließlich ins Ausland wandert und das Ausland in die Lage versetzt wird, mit deutschem Fleiß und deutscher Wissenschaftlichkeit sich in der wissenschaftlichen Welt Geltung zu verschaffen." Wissenschaft und Nation waren hier eng aufeinander bezogen. Diese Verknüpfung erhöhte im letzten Jahrhundertdrittel ganz allgemein das Renommee des Naturhistorischen Museums, konfrontierte es aber zugleich mit neuen Erwartungen, ja Forderungen.[248] Im Fall der Staudingerschen Schmetterlingssammlung setzten sie sich – durch Heimburgs Auftreten in Kombination mit Presseberichten und Initiativen des Museums selbst – schließlich durch.[249] Die Sammlung wurde angekauft.

Diese Ankäufe, von deren Finanzierung im folgenden Kapitel noch ausführlicher zu handeln ist, bargen vielerlei Probleme in sich. Nicht selten – das Beispiel der Kutterschen Vogeleiersammlung hat es gezeigt – war der Ankaufsetat der Museen ausgesprochen schmal bemessen. Und da nicht in jeder Stadt eine bürgerliche Tradition des Schenkens und Stiftens herrschte, mußten Spenden gelegentlich gezielt organisiert werden. Auch in diesem Zusammenhang erwies sich ein Mann wie Heimburg als wichtiger ‚Strippenzieher'. Im Jahre 1906 stand in Berlin eine ostafrikanische Säugetiersammlung zum Verkauf, mit deren Erwerb man – so lockte Heimburg das Kultusministerium – imstande sei, sogar das Britische Museum „zu überflügeln".[250] Ein solches Konkurrenzdenken war den Museen von ihrer Gründung an nie fremd gewesen. Es war nicht ausschließlich eine Frucht des Imperialismus, und es herrschte unter deutschen Museen ebenso wie zwischen deutschen und europäischen beziehungsweise amerikanischen Häusern. Es bildete den eigentlichen Antrieb der *scientific community*, die sich – gerade im Falle der Naturkunde – stets als eine universale verstanden hat. Gleichwohl wurde das nationale Argument zu einem wichtigen Merkmal des Museumsdiskurses der Jahrhundertwende. Er folgte hierin der Nationalisierung der Öffentlichkeit und beförderte sie, ohne dies stets bewußt anzustreben. Heimburgs Argument war *das* Argument, das am leichtesten Gehör finden mußte.[251]

Im Falle der ostafrikanischen Sammlung erwies sich die Situation nun insofern als schwierig, als die staatlichen Mittel – wieder einmal – erschöpft waren. Heimburg empfahl dem Ministerium daraufhin Max Berger, einen Guts- und Brauereibesitzer in Merseburg, den Betreiber der zweitgrößten Privatbrauerei der Provinz Sachsen, der sich – mit einem Jahreseinkommen von 120.513 Mark – als freikonservativer Stadtrat und Inhaber kirchlicher

248 Zur Einordnung R. v. Bruch: Wissenschaft, Politik und öffentliche Meinung. Husum 1980. – Vgl. auch Ders.: Wissenschaftspolitik, Wissenschaftssystem und Nationalstaat im Deutschen Kaiserreich. In: Wirtschaft, Wissenschaft und Bildung in Preußen. Stuttgart 1998, S. 73–89. – Wichtige Hinweise bei C. Goschler: Wissenschaft und Öffentlichkeit in Berlin (1870–1930). In: Wissenschaft und Öffentlichkeit in Berlin, 1870–1930. Stuttgart 2000, S. 7–29.

249 *Eine deutsche Schmetterlingssammlung*. In: „National-Zeitung" v. 16.3.1906.

250 Heimburg an Ministerium, Berlin, 16.3.1906. GStA PK I.HA Rep. 76 Va Sekt. 2 Tit. X Nr. 63 Bd. XX, fol. 19–21v, hier fol. 19.

251 Vgl. dazu Kap. V.2.

Ehrenämter bereits vielfach um die Wohltätigkeit verdient gemacht hatte: durch die Gründung eines Spar- und Bauvereins in Merseburg, durch die Einrichtung einer Lungenheilanstalt und die Unterstützung des Vaterländischen Frauenvereins. Berger hatte – in typisch patriarchalisch-sorgender Manier – als guter Fabrikherr die Krankenkassenbeiträge für seine Arbeiter übernommen und schließlich eine Kinderbewahranstalt für die Arbeiter seiner Brauerei ins Leben gerufen. Nur eines fehlte ihm zu seinem vollen besitzbürgerlichen Glück: der Kommerzienratstitel.[252]

Und hier nun setzte Heimburg an: Ohne selbst ein Kenner der Naturkunde zu sein, sollte Berger die ostafrikanische Sammlung für das Berliner Museum für Naturkunde erwerben und im Gegenzuge mit dem Titel eines Kommerzienrats ausgestattet werden. Nicht kulturelles Kapital selbst, sondern allein die *Finanzierung* kulturellen Kapitals, sollte so in soziales Kapital, in Anerkennung und Prestige, verwandelt werden. Das Naturhistorische Museum erwies sich – wie viele andere Institutionen der Kultur und Wissenschaft – am Ausgang des Jahrhunderts als geeignetes Medium einer solchen Verwandlung. In ihrer konkreten Form widersprach sie dem alten partizipatorischen Anspruch, der in einer Zeit wurzelte, die noch keinen Unterschied zwischen Besitz und Bildung gekannt hatte. Der soziokulturelle Wandel innerhalb des Bürgertums hatte hier klare Grenzen gezogen. Wie die Bildung zur Ausbildung geworden war, so vollzog sich die Partizipation an der musealen Wissenskultur nun vielfach als eine stellvertretende. Die personellen Ressourcen, von denen hier – schon aufgrund der äußerst heiklen Quellenlage – aspekthaft die Rede war, befanden sich so in engstem Verhältnis zu den materiellen Ressourcen des Museums: zu seinen Sammlungen, dem Kaufen, Tauschen und Schenken von Objekten. Hiervon erzählt das folgende Kapitel.

252 Vgl. Nipperdey II, S. 394f.

Kapitel III

Strategien des Sammelns

Sammlungen allein bilden noch keine Kultur des Wissens. Aber sie sind eine ihrer Voraussetzungen. Neben den personellen waren es so gerade die materiellen Ressourcen, die für die Ausgestaltung der musealen Wissenskultur entscheidende Bedeutung erlangten. Sie formten gewissermaßen die Infrastruktur jener Kommunikation, die seit der Mitte des 19. Jahrhunderts mehr und mehr die Form der Popularisierung annahm. Die materiellen Ressourcen waren von Haus zu Haus durchaus verschieden. Ihre Qualität, die maßgeblich über Struktur und Erfolg dieser Kommunikation entschied, stand dabei in einem unmittelbaren Zusammenhang zur sozialen Plazierung des jeweiligen Museums. Sie war immer auch abhängig von der Dynamik und Leistungsfähigkeit des städtischen Aktionsraums, in dem sich das Museum bewegte.

Die Museumsleiter verfolgten nebeneinander stets verschiedene Sammelstrategien, deren Bedeutung sich im Laufe des 19. Jahrhunderts – nicht zuletzt durch die technischen Fortschritte des Verkehrs- und Nachrichtenwesens – im einzelnen erheblich wandelte. So war es vor allem die Durchführung wissenschaftlicher Reisen und Expeditionen, die neben Ankäufen, Tauschgeschäften und Schenkungen mit der Zeit immer wichtiger wurde und in der wilhelminischen Ära nicht selten zur Prestigefrage avancierte. Von den unterschiedlichen Strategien des Sammelns handelt dieses Kapitel. Es nimmt dabei nicht in Anspruch, ein lückenloses Bild zu entwerfen, das schon aufgrund der äußerst disparaten Quellenlage kaum zu gewinnen ist. Statt dessen präsentiert es wichtige Aspekte des Sammelns. Sie belegen, daß die museale Praxis von den materiellen Ressourcen abhängiger blieb, als es die scheinbar selbstverständlich inszenierten Sammlungsräume verraten mochten.

1. Kaufen

Eine vorausplanende, auf lange Fristen berechnete Ankaufspolitik hat kein Naturhistorisches Museum im 19. Jahrhundert betreiben können. Stets blieben die Häuser abhängig vom internationalen Naturalienmarkt, wie er – den Regeln von Angebot und Nachfrage gehorchend – schon am Anfang des Jahrhunderts bestand, im Laufe der Zeit indes mehr und mehr expandierte.[1] Naturhistorische Museen bewegten sich auf einem Markt, auf dem sowohl mit

1 Die Geschichte dieses Naturalienmarktes ist noch nicht geschrieben. Gerade für die erste Hälfte des Jahrhunderts fehlt es nahezu an allen Vorarbeiten und oftmals auch an den erforderlichen Quellen. – Hilfreich für unsere Untersuchung, die daher bewußt exemplarisch verfährt, sind Studien zum internationalen *Kunst*markt, der für die Zeit um 1800 ungleich besser erforscht ist. Vgl. etwa M. North u. D. Omrod (Hrsg.): Art markets in Europe, 1400–1800. Aldershot 1999. – M. Fantoni (Hrsg.): The art market in Italy. Modena 2003. – E. A. Honig: Panting & the market in early modern Antwerp. New Haven 1998. – Daneben haben sich insbesondere Untersuchungen zum Handel mit völkerkundlichen Gegenständen als methodologisch gewinn-

Objekten als auch mit Informationen gehandelt wurde. Seine Akteure stellten neben den Museumsleitern und Naturalienhändlern vor allem Diplomaten, Handelsherren und Offiziere. Sie knüpften ein transnationales Netz von Kontakten, dessen Knotenpunkte die Auktionen in den großen See- und Handelsstädten Europas, etwa in London und Amsterdam, bildeten.

Händler und Naturaliensammler bildeten eine durch gemeinsame Interessen verbundene internationale Allianz, in der man einander kannte, Dubletten und Konservierungsrezepte austauschte und sich über neueste Forschungsergebnisse gegenseitig auf dem laufenden hielt. Diese Allianz war weniger nach ständischen, konfessionellen oder politischen Gesichtspunkten organisiert als nach dem gemeinsamen Wissen – und dem Streben nach ihm. Ihre Existenz war die Voraussetzung für die materielle Ressourcenbildung, ohne die kein Museum arbeiten konnte. Im Februar 1770 etwa schrieb die badische Markgräfin Karoline Luise, von der im ersten Kapitel bereits ausführlich die Rede gewesen ist, an Gottlieb Heinrich Treuer, den badischen Residenten im Haag, sie habe gehört, eine kürzlich entdeckte Pantoffel-Muschel sei von einem gewissen Herrn Meyer in Amsterdam erworben worden. Sicher wisse nun Friedrich Christian Meuschen (1719–1799), der Herzoglich Hildburgische Legationssekretär am holländischen Hof, ein bekannter Muschelsammler, ob an dieser Nachricht etwas Wahres sei, was das besagte Stück gekostet habe und woher es stamme: „toutte nouvelle découverte est intéressante aux yeux de nous autres curieux."[2] Die Informationskanäle arbeiteten zuverlässig.[3]

Seltene Stücke, vor allem Versteinerungen, waren gesucht und umworben wie die kostbarsten Bilder niederländischer Meister auf dem Pariser Kunstmarkt. Friedrich Samuel Schmidt, vormals Direktor der markgräflichen Sammlungen, seit 1769 als *Ministre Résident* in Frankfurt am Main, berichtete Karoline Luise im November 1771 von einer bezeichnenden Begebenheit.[4] Zufällig habe er auf einer Reise von Mannheim nach Heidelberg Cosimo Collini (1727–1806) getroffen, den Leiter des Mannheimer Naturalienkabinetts. Collini hatte sich in größter Eile auf dem Weg nach Heilbronn befunden, um von der dortigen Posthalterin einige Raritäten zu erwerben, insbesondere das *Encrynium*, ein in der damaligen Fachwelt berühmtes, weil gut erhaltenes Exemplar einer versteinerten Seelilie. Ein weiterer Sammler, den Schmidt in einem Mannheimer Wirtshaus traf, zweifelte allerdings sehr am Erfolg von Collinis Reise. Falls er nicht hundert Dukaten für das *Encrynium* bieten könne

---

bringend erwiesen. Vgl. etwa G. Penny: Ethnology and Ethnographic Museums in Imperial Germany. Chapel Hill, London 2002, Kap. II. – Ders.: Science and Marketplace: The Creation of an Contenious Sale of the Museum Godeffroy. In: Pacific Arts 21/22 (2000), S. 1–18. – N. Thomas: Entangled Objects: Exchange, Material Culture, and Colonialism in the Pacific. Cambridge/Mass. 1991. – Zum Typus des Sammlers auch U.-V. Segeth: Sammler und Sammlungen. Braunschweig, Techn. Univ., Diss. 1989.

2 Zit. n. J. Lauts: Karoline Luise von Baden. Karlsruhe 1980, S. 219.

3 Zu diesen Kanälen vgl. u.a. G. Mayer: Fossilien- und Mineraliensammler im südlichen Baden und in der Schweiz als Lieferanten und Tauschpartner der Markgräfin Caroline Luise von Baden. In: Der Aufschluß 23 (1972), S. 342ff. – Ders.: Rudolph Erich Raspe, Naturalienlieferant der Markgräfin Caroline Luise von Baden. 1769. In: Zeitschrift des Vereins für hessische Geschichte und Landeskunde 85 (1975), S. 185ff. – Ders.: Der Ökonom Daniel Gottfried Schreber in Leipzig als Mineraliensammler und Tauschpartner der Markgräfin Caroline Luise von Baden (1768/69). In: Der Aufschluß 27 (1976), S. 325ff. – Ders.: Baron Hüpsch in Köln als Naturalienlieferant und Tauschpartner der Markgräfin Caroline Luise von Baden 1769–1783. In: Der Aufschluß 28 (1977), S. 261–264.

4 Das folgende nach Lauts (wie Anm. 2), S. 219f.

und bereit sei, der Dame auch die übrigen Sammlungsgegenstände abzukaufen, werde er kaum etwas ausrichten. Ohnehin stünden viele europäische Höfe mit der Heilbronner Postmeisterin in Verhandlungen. Man glaube zu wissen, auch Karlsruhe gehöre zu den Bietern, und er, Schmidt, habe sich deshalb heimlich mit Collini getroffen. Der Heidelberger Jesuitenpater Christian Mayer (1719–1783), ein international angesehener Astronom, unterhandle sehr geschickt für die Zarin, Graf Riaucour für den Pfälzer Hof und Baron von Gemmingen für Wien. Der Ausgang sei ungewiß.

Was sich hier – gleichsam im anekdotischen Detail – abzeichnete, war die Existenz eines regelrechten Naturalienmarktes. Dieser Markt folgte seinen eigenen Gesetzen, und sie entsprachen durchaus nicht immer den Vorstellungen der Museumsleiter. Die Preise nämlich folgten zwar der Nachfrage, die Nachfrage aber gehorchte nicht allein wissenschaftlichen Interessen, sondern auch *außer*wissenschaftlichen, kaum kalkulablen Vorlieben und Moden.[5] Da die Museen auf dem Markt nicht nur untereinander, sondern auch mit potenten Privatsammlern konkurrieren mußten, bestimmte nicht ausschließlich die wissenschaftliche Bedeutung, sondern auch die Schönheit und Seltenheit eines Objektes den Preis.

So blieben die Preise schwankend und kaum zu prognostizieren. Sie hatten ihre eigene Konjunktur, und diese Konjunktur folgte nicht selten Krieg und Frieden. Nach dem Wiener Kongreß 1814/15 etwa blickte nicht allein das Berliner Zoologische Museum mit größtem Interesse auf den Pariser Markt. Der leitende Gedanke lautete dabei, man müsse jetzt handeln, „da mit dem hergestellten Frieden ohne Zweifel die Neigung für dergleichen wissenschaftliche Sammlungen allgemeiner wieder erwachsen, und die sich mehrende Concurrenz ihren Preis unausbleiblich steigern wird".[6] Tatsächlich ließ der Minister Karl von Altenstein daraufhin durch Agenten verschiedene Sammlungen in Paris aufkaufen.[7] Für Hinrich Lichtenstein, den Direktor des Zoologischen Museums, waren dabei nicht nur die Objekte selbst, sondern auch die entsprechenden Preisinformationen von größtem Nutzen.[8] In komplizierten Berechnungen verglich er die Preise in Paris mit denen in Berlin und London, um den Wert der Berliner Dublettenbestände angemessen taxieren zu können. Akribisch kalkulierte er, welche Partien er möglicherweise in Paris, welche er in London auf den Markt bringen sollte. In späteren Jahren verwendete er – den Marktgesetzen folgend – in London, wo Vögel und Säugetiere höhere Preise erzielten als in Preußen, nicht den üblichen gedruckten Dublettenkatalog, „sondern ein eignes Verzeichniß mit ansehnlich erhöhten Preisen".[9] Als noch preistreibender als der Londoner erwies sich indes bald schon der Pariser Markt. Dort waren, wie Lichtenstein 1817 seufzte, die Preise „viel zu hoch [...], um weiter von dorther etwas gegen baares Geld beziehen zu können".[10] Rechnete man noch Frachtkosten, Provi-

5 Vgl. etwa Penny: Ethnology (wie Anm. 1) S. 69–79.

6 Hardenberg an Schuckmann, Berlin, 30.3.1817. GStA PK I.HA Rep. 76 Va Sekt. 2 Tit. X Nr. 15 Bd. III, fol. 64f., hier fol. 64.

7 Vgl. Lichtenstein an Ministerium, Berlin, 11.6.1817. GStA PK I.HA Rep. 76 Va Sekt. 2 Tit. X Nr. 15 Bd. III, fol. 103–106.

8 Vgl. ebd.

9 Lichtenstein an Ministerium, Amsterdam, 19.7.1819. GStA PK I.HA Rep. 76 Va Sekt. 2 Tit. X Nr. 15 Bd. V, fol. 79.

10 Lichtenstein an Ministerium, Berlin, 11.6.1817. GStA PK I.HA Rep. 76 Va Sekt. 2 Tit. X Nr. 15 Bd. III, fol. 103–106, hier fol. 105.

sionen und Spesen hinzu, so waren Kaufaktionen im Ausland – so unvermeidbar sie blieben – doch ein höchst kostspieliges Unterfangen.

Stets versuchten die Naturhistorischen Museen, sich einen günstigen Zugang zu jenen ausländischen Märkten zu verschaffen, die aufgrund des Seehandels über ein großes Angebot verfügten. Sie taten dies durch Mittelsmänner, bei denen es sich nicht selten um Diplomaten handelte. In Paris etwa wickelte die preußische Gesandtschaft diverse Ankäufe für das Berliner Zoologische Museum ab.[11] Und in Bordeaux war es der preußische Handelsresident, der den Markt beobachtete und nötigenfalls auf Weisung Ankäufe tätigte.[12] Die Museen in Frankfurt und Bremen hingegen nutzten vor allem die Handelsbeziehungen der jeweiligen Städte, wobei lokale Bindungen und familiäre Traditionen keine geringe Rolle spielten. Karl Mayer von Rothschild (1788–1855) etwa sandte 1823 eine Lieferung Naturalien von Neapel auf eigene Kosten auf „eine[m] unserer Schiffe" zu seinem Bruder nach London; von dort gelangte die Sendung nach Frankfurt.[13] Familienbande nutzte freilich auch Hinrich Lichtenstein, der über seinen Bruder, der als preußischer Konsul in Montpellier lebte, eine wichtige Sammlung von Mittelmeerfischen für das Berliner Haus erwerben ließ.[14] Daneben agierten mehr und mehr professionelle Mittelsmänner auf dem Markt, so etwa die Buchhandlung William Wesley & Son in London, die als offizielle Agentur der *Smithsonian Institution* in Washington auftrat.[15] Aber die Fähigkeiten solcher Mittelsmänner, zumal wenn sie nicht vom naturwissenschaftlichen Fach waren, hatten ihre Grenzen. Es gebe Aufträge, so befand etwa Lichtenstein, „die sich nicht wohl durch eine Mittelsperson und wäre sie noch so zuverlässig ausrichten lassen, wenn diese nicht zugleich die genaueste Kenntnis des ganzen Geschäfts und des Bedürfnisses in der bestimmtesten Vorstellung hat." Hierher aber gehöre „nun gerade der Eintausch von Naturalien".[16]

Statt dessen favorisierte Lichtenstein den persönlichen Kontakt zwischen den einzelnen Häusern, das freundschaftliche Gespräch also von Direktor zu Direktor. Es allein könne „die Vortheile geltend machen, die die persönliche Berührung gleich eifriger Naturfreunde allemal herbeiführt".[17] Und in der Tat knüpfte man vom Beginn des Jahrhunderts an vielerlei Kontakte und pflegte sie. Briefe wechselten von Berlin nach Paris, von Karlsruhe nach Amsterdam. Vor allem aber unternahm man Reisen.

11 Lichtenstein an Ministerium, Berlin, 3.5.1821. GStA PK I.HA Rep. 76 Va Sekt. 2 Tit. X Nr. 15 Bd. VII, fol. 55–59. – Zu Lichtensteins späteren Kontakten zum ägyptischen Vizekönig und dessen Plan einer Museumsgründung in Alexandria vgl. Lichtenstein an Ministerium, Berlin, 12.3.1840. GStA PK I.HA Rep. 76 Va Sekt. 2 Tit. X Nr. 15 Bd. XVI, fol. 14–16v.

12 Lichtenstein an Ministerium, Berlin, 3.5.1820. GStA PK I.HA Rep. 76 Va Sekt. 2 Tit. X Nr. 15 Bd. VI, fol. 36f.

13 Rothschild an SNG, Neapel, 14.8.1823. SNG Archiv Bd. 42, Nr. 10. – Zum Hintergrund v.a. N. Fergusson: Die Geschichte der Rothschilds. Bd. 1–2. Stuttgart 2002. – Zu Karl Mayer von Rothschild und der Rothschildschen Wohltätigkeit differenziert A. Hopp: Jüdisches Bürgertum in Frankfurt am Main im 19. Jahrhundert. Stuttgart 1997, S. 141.

14 Lichtenstein an Ministerium, Berlin 18.11.1817. GStA PK I.HA Rep. 76 Va Sekt. 2 Tit. X Nr. 15 Bd. III, fol. 227–233.

15 Vgl. Wesley & Son an Ministerium, London, 24.10.1890. GStA PK I.HA Rep. 76 Va Sekt. 2 Tit. X Nr. 63 Bd. XII, fol. 92–95.

16 Lichtenstein an Ministerium, Berlin, 16.5.1818. GStA PK I.HA Rep. 76 Va Sekt. 2 Tit. X Nr. 15 Bd. III, fol. 344–346, hier fol. 345.

17 Ebd., fol. 346.

Diese Reisen – Informationsfahrten durch deutsche und ausländische Häuser – gehörten von jeher zu den Hauptaufgaben der Museumsleiter, und nicht selten war in ihnen dienstliche Pflicht mit privatem Interesse vermengt.[18] Hinrich Lichtenstein etwa unternahm im Spätsommer 1815 eine Ferienreise durch deutsche Städte und die deutsche Provinz.[19] Durch den Harz reiste er zunächst nach Helmstedt, Braunschweig und Celle, um schließlich nach Bremen und Hamburg zu gelangen – „zur Bereicherung meines Wissens", wie er dem Ministerium mitteilte, „und zur Erweiterung des Tauschverkehrs für unser Museum".[20] In Helmstedt besichtigte er eine Sammlung, die bald zur Versteigerung gelangen sollte, in Schöningen bahnte er den Tauschverkehr mit einer Privatsammlung an. In Braunschweig besuchte er außer dem Herzoglichen Naturalienkabinett, „das aber, wie es scheint, vor der Hand weder durch Tausch noch durch Kauf vermehrt werden soll", mehrere Privatsammlungen.[21] In Bremen machte er die Bekanntschaft eines Naturalienhändlers, der zugleich auf das Ausstopfen von Vögeln spezialisiert war. In Celle inspizierte er die Sammlung des Predigers Roquemont, die dessen Erben „zu einem sehr mäßigen Preis" zu verkaufen suchten.[22] Aus Hamburg schließlich brachte er von Händlern und Apothekern eine beträchtliche Anzahl von Naturalien mit zurück nach Berlin, „theils geradezu als Geschenk, theils im Tausch".[23]

Diese Informationsreisen, die von allen Museumsdirektoren der Zeit mehr oder weniger regelmäßig unternommen wurden, hatten mitunter ganz konkrete Folgen. Das Berliner Haus etwa kaufte, kaum einen Monat nach Lichtensteins Rückkehr, Roquemonts Celler Sammlung an.[24] Vor allem aber schufen diese Reisen neue Kontakte. Sie trugen so zur Verfestigung eines Netzes bei, das sich zwischen den einzelnen Häusern – ungeachtet aller politischen und territorialen Grenzen – entspann. Der Information wie dem Ankauf dienten vor allem Lichtensteins Reisen zu den großen Auktionen in Paris und London. Diese Auktionen bildeten ein Forum des fachwissenschaftlichen Austausches, dessen Besuch auch dann nützlich war, wenn man, wie Lichtenstein, nur über begrenzte Geldmittel verfügte.[25]

Die Konkurrenz zwischen den einzelnen Museen stand gelegentlichen Absprachen dabei nicht im Wege. Um nicht durch ein gegenseitiges Überbieten die Preise unnötig in die Höhe zu treiben, traf Lichtenstein etwa bei einer Londoner Auktion im Sommer 1819 mit den Beauftragten der französischen und holländischen Regierung eine Vereinbarung, durch die

---

18 Auch die Geschichte dieser Reisen ist noch nicht geschrieben. – Zur Einordnung vorerst W. Griep (Hrsg.): Europäische Reisen im 18. und frühen 19. Jahrhundert. Heide i. H. 1991. – Ders. u. H.-W. Jäger (Hrsg.): Reisen im 18. Jahrhundert. Heidelberg 1986. – Diess.: Reise und soziale Realität am Ende des 18. Jahrhunderts. Heidelberg 1983. – H.-W. Jäger (Hrsg.): Europäisches Reisen im Zeitalter der Aufklärung. Heidelberg 1992.

19 Vgl. Lichtenstein an Ministerium, Berlin, 30.9.1815. GStA PK I.HA Rep. 76 Va Sekt. 2 Tit. X Nr. 15 Bd. II, fol. 146–152.

20 Ebd., fol. 146f.

21 Ebd., fol. 148.

22 Ebd., fol. 150.

23 Ebd., fol. 151f.

24 Vgl. Lichtenstein an Ministerium, Berlin, 1.10.1815. GStA PK I.HA Rep. 76 Va Sekt. 2 Tit. X Nr. 15 Bd. II, fol. 154–157. – Ministerium an Lichtenstein, Berlin, 5.10.1815 [Konzept], fol. 158.

25 Lichtenstein an Ministerium, London, 18.5.1819. GStA PK I.HA Rep. 76 Va Sekt. 2 Tit. X Nr. 15 Bd. V, fol. 29–33. – Ein reisehistorischer Hintergrund zu Lichtensteins Londonaufenthalt in M.-L. Spieckermann [Red.]: Deutsche Englandreisende des achtzehnten Jahrhunderts als Vermittler kultureller und technologischer Anregungen. Heidelberg 1983, S. 25–58.

er ihnen „manches seltene Stück überlassen mußte, damit sie mir andre Stücke, die für unser Museum von besondrer Wichtigkeit waren, nicht vertheuern möchten".[26] Eine andere Taktik, mit der man womöglich auch mit bescheidenen Mitteln zum Zuge kommen konnte, bestand darin, bewußt die ersten Auktionstage abzuwarten, da die Preise gegen Ende der Versteigerung in der Regel fielen.[27] Und schließlich konnte man sich in London auch jenseits der ausgetretenen Handelswege aufhalten und so unter Umständen in den „schmutzigsten Trödelbuden in den kleinen Winkelgassen der City" auf seine Kosten kommen.[28]

Der Naturalienmarkt wurde freilich nicht nur durch die Nachfrage bestimmt, sondern mehr noch durch das Angebot. Alle Naturhistorischen Museen erhielten stets unaufgefordert Kataloge und Hinweise.[29] Oft boten private Sammler ihre Schätze selbst zum Kauf an, mitunter taten es die Erben. Und solche Angebote waren nicht selten eine Bitte um Unterstützung. Anders als Gemälde und Statuen stiegen Naturalien in der Regel nämlich nicht im Preis; sie waren eine risikobehaftete Wertanlage. Schon ihrer Verderblichkeit wegen sahen sich viele Erben gezwungen, die Sammlungen, in die der verstorbene Besitzer ein Gutteil seines Vermögens investiert hatte, unter dem Kaufpreis zu veräußern. Im Jahre 1857 bot so etwa Nanette Hug, die Witwe eines badischen Bergrats in Kandern, dem Großherzoglichen Naturalienkabinett in Karlsruhe die von ihrem Mann „mit so vieler Sorgfalt und Kenntniß angelegte Mineralien-Sammlung" zum Kauf an.[30] Das Museum lehnte das Angebot ab: der Etat sei erschöpft. Diese Auskunft befriedigte die Witwe nicht. Es sei bekannt, so schrieb sie dem Großherzog persönlich, „wie wenig Liebhaber mit den nöthigen Mitteln sich zu solchen Erwerbungen herbeilassen, und daß Händler einer armen Wittwe diese Mineralien nur um Spottpreise abzudrücken versuchen würden".

Die Witwe bot die Sammlung, deren ursprüngliche Kosten sie mit 7.000 Gulden veranschlagte, dem Hof für 3.200 Gulden an, empfahl sie „vielleicht zur Aufstellung im Schlosse der Insel Mainau" oder für die Polytechnische Schule in Karlsruhe und wies darauf hin, daß diese Sammlung „fast das einzige Vermögen" sei, „welches mir mein seeliger Gatte zurückgelassen hat; denn die Erziehung von 10 Kindern – 4 Söhne und 6 Töchter – haben dessen Besoldung erschöpft." Der Erwerb der Sammlung durch den Großherzog sei für den Verstorbenen daher nichts weiter als „billige Anerkennung, dessen Relicten aber eine Wohltat und Entschädigung für die dargebrachten Opfer". Und der Großherzog willigte in diesem Falle in den Kauf ein.[31] Das Karlsruher Kabinett erwarb damit eine Sammlung, deren wissenschaftlicher Wert durchaus zweifelhaft war. Die landesherrliche Fürsorge regierte in die Ankaufspolitik hinein.

Gleichwohl war das Museum keine Wohltätigkeitsorganisation. Der Ausgleich von sozialen und wissenschaftlichen Interessen war prekär, folgte aber gewissen Prinzipien. Als

26 Lichtenstein an Ministerium, Brüssel, 27.6.1819. GStA PK I.HA Rep. 76 Va Sekt. 2 Tit. X Nr. 15 Bd. V, fol. 116–131, hier fol. 125.

27 Vgl. ebd., fol. 126.

28 Ebd., fol. 121.

29 Als Beispiel für viele: *Verkauf einer ausgezeichneten Fossilien-Sammlung zu Freyberg im Sächsischen Erzgebirge*. GStA PK I.HA Rep. 76 Va Sekt. 2 Tit. X Nr. 15 Bd. VII, fol. 80f. – Vgl. etwa auch Lichtenstein an Ministerium, Berlin, 9.6.1816. GStA PK I.HA Rep. 76 Va Sekt. 2 Tit. X Nr. 15 Bd. II, fol. 256–258.

30 Hug an Ghzg. Friedrich I., Freiburg, 23.4.1857. GLA Karlsruhe 56/1573. – Dort auch die folgenden Zitate.

31 Der Vorgang in GLA Karlsruhe 56/1573.

die Witwe des Grafen Eugen von Keyserling 1890 dem Berliner Museum zum Preis von 15.000 Mark eine Spinnensammlung anbot, die fast ihr ganzes Erbe darstellte, zugleich auf ihre „sorgenvolle Lage" verwies und überdies unterschwellig mit einem Verkauf ins Ausland drohte[32], ließ sich das Ministerium nicht erweichen. Trotz der Intervention von Möbius wurde das Angebot abgelehnt.[33] Der Etat war wieder einmal erschöpft.

Wie aber wurden überhaupt Ankäufe finanziert, wie das Geld für große und kleine Erwerbungen organisiert? Eine einfache Antwort auf diese Frage gibt es nicht. Die Finanzierungsmodelle veränderten sich ganz generell mit dem steigenden Finanzbedarf der Museen, sie unterschieden sich jedoch hinsichtlich des jeweiligen Museumstyps grundlegend. Die Häuser in Frankfurt und Bremen mochten hier als Beispiel eines gewissermaßen bürgerlichen Finanzierungsmodells gelten. Beim Ankauf der berühmten Meyerschen Vogelsammlung 1819/20 – ein typisches Beispiel aus der Frühzeit des Senckenberg-Museums – beteiligte sich der Frankfurter Senat mit 1.000 Gulden an der Gesamtsumme von 6.000 Gulden. Die übrigen 5.000 Gulden, die innerhalb von fünf Jahren an den Verkäufer entrichtet werden sollten, wurden durch eine Subskription aufgebracht, an der sich vor allem Vereinsmitglieder mit der Zeichnung von jährlich 100 Gulden beteiligten.[34]

Dieses Verfahren blieb typisch für Museen in Bürgerstädten. Hier wurden Erwerbungen durch das Bürgertum selbst finanziert; die öffentliche Hand trat – bis ins letzte Jahrhundertdrittel, das ganz grundsätzlich einen Machtzuwachs der Kommunen erlebte – allenfalls ergänzend hinzu.[35] Die Entscheidungswege waren entsprechend unbürokratisch, sie waren kurz und effektiv. Auch und gerade in materieller Hinsicht bewährte sich so die partizipatorische Kultur. Die Mitglieder der Vereine, die die Museen trugen, bearbeiteten die Sammlung und finanzierten sie zugleich. Daß es dabei durchaus zu Engpässen kam, war nicht zu übersehen. In Frankfurt waren es erst die großen Stiftungen der Gründerzeit, die dem Museum eine dauerhafte Handlungsfreiheit sicherten. In Bremen nahm die Entwicklung der Naturhistorischen Sammlungen sogar erst dann einen günstigen Verlauf, als Bürgertum und Senat gemeinsam agierten.[36] Auf das Ganze gesehen blieb hier aber doch die private Finanzierung der Ankäufe das prägende Moment.

Die Ankäufe der Museen in Berlin und Karlsruhe wurden hingegen in erster Linie aus den Etats der jeweiligen Ministerien bestritten. Da sich diese Museen – von ihrer Struktur als Universitäts- beziehungsweise Hofmuseen her – nicht von vornherein in einem bürgerlichen, dem gemeinen Wohl verpflichteten Raum bewegten, waren ihre Direktoren zunächst auf den regulären Ankaufsfonds verwiesen. Dessen Reserven waren aber in der Regel rasch erschöpft. Gerade im Karlsruher Fall drückte die Höhe dieses Fonds zudem die relative Wertschätzung des Kabinetts im höfischen Umfeld aus. In den 1830er Jahre standen dem Direktor des Naturalienkabinetts rund 300 Gulden für Ankäufe zur Verfügung, dem Direk-

32 Margarethe v. Keyserling an Ministerium, Ernsdorf bei Reichenbach in Schlesien, 11.2.1890. GStA PK I.HA Rep. 76 Va Sekt. 2 Tit. X Nr. 63 Bd. XII, fol. 1–4.

33 Vgl. Möbius an Ministerium, Berlin, 24.4.1890. GStA PK I.HA Rep. 76 Va Sekt. 2 Tit. X Nr. 63 Bd. XII, fol. 21f.

34 Vertrag zwischen der SNG und Meyer, Frankfurt/M., 7.7.1819. – Protokoll des Engeren Rats v. 3.9.1818. – Subskribentenliste auf Aufforderung der SNG v. 4.7.1819. SNG Archiv Bd. 19.

35 Zu diesem Machtzuwachs der Kommunen u.a. J. Reulecke: Geschichte der Urbanisierung in Deutschland. Frankfurt/M. 1985, S. 109–130.

36 Dazu oben Kap. I.1.4.

tor der Gemäldegalerie hingegen 1.200 Gulden.[37] Die Ankäufe blieben bescheiden, das Kabinett fiel zurück. Im Etat 1885 waren etwa 6.000 Mark, 1912 dann 7.200 Mark für den sachlichen Aufwand vorgesehen.[38] Mit solchen Summen war keine gezielte Ankaufspolitik möglich. Auch staatliche Museen blieben so auf Schenkungen und Stiftungen angewiesen.

Das galt in besonderem Maße für das Berliner Museum, in dem die Klagen über den mangelnden Etat nie ein Ende nahmen.[39] Karl Möbius rechnete dem Kultusministerium noch 1893 – zu einer Zeit also, als man längst beanspruchte, das führende Haus des Reiches zu sein – sehr genau vor, wo Berlin im internationalen Vergleich stehe: Das Londoner Naturhistorische Museum verfüge über einen Ankaufsetat von 30.450 Mark, Wien über 27.040 Mark, Cambridge über 20.750 Mark, Paris über 17.920 Mark, Berlin hingegen nur über 14.000 Mark.[40] Diese Summe erwies sich in der Tat als zu gering, um das Haus auf internationales Niveau zu heben. In dieser Situation boten sich der Direktion zwei Alternativen. Zum einen konnte sie versuchen, die bürgerliche Wohltätigkeit für das Museum fruchtbar zu machen. Und in der Tat war die Mischfinanzierung auch in staatlich geführten Häusern die Norm. Kein Naturhistorisches Museum vermochte seine Sammlungen ohne die finanzielle Hilfe Privater auszubauen. Die Beschaffung materieller Ressourcen blieb so in allen Museen – mit jeweils unterschiedlichen Akzenten – vom bürgerlichen Engagement abhängig. Und diese Abhängigkeit war durchaus wörtlich zu nehmen. Sie umschrieb die Grenzen der Autonomie der musealen Praxis. Wer Sammlungsankäufe finanzierte, verlangte auch das Recht auf Mitsprache.[41] Davon wird noch ausführlicher die Rede sein.

Zum anderen konnten die etatfinanzierten Häuser wie das Berliner Museum für Naturkunde hilfsweise auf Sonderfonds zurückgreifen, so etwa in Berlin auf die Mittel des *Allerhöchsten Dispositionsfonds*, deren Gewährung vom Einverständnis des Monarchen abhängig war. Dieser Fonds erwies sich über das ganze Jahrhundert hinweg als ein wichtiges Mittel der Finanzierung, zugleich aber auch als ein nicht eben verläßliches und zudem ausgesprochen kompliziertes Instrument. Nicht selten dauerte die Mittelbewilligung so lange, daß interessante Angebote bereits anderweitig verkauft waren, wenn die Entscheidung schließlich fiel.[42] Die Wege zwischen Museum, Ministerium und Zivilkabinett erwiesen sich als lang und unberechenbar. In einem – im Vergleich zur Praxis der Vereinsmuseen – geradezu umständlichen Verfahren mußte in jedem einzelnen Fall seitenlang neu begründet werden, warum der Erwerb des betreffenden Stücks eine Bereicherung der Sammlung bilden würde. Und hier gab es der Gründe viele: etwa den günstigen Preis, die „Seltenheit, Schönheit und

37 Vgl. Oberhofverwaltungsrat an Ghzg. Leopold, Karlsruhe, 6.8.1840. GLA Karlsruhe 56/1573.

38 Vgl. J. Otto: Unterricht und Kunst. In: Das Großherzogtum Baden in geographischer, naturwissenschaftlicher, geschichtlicher, wirtschaftlicher und staatlicher Hinsicht dargestellt. Karlsruhe 1885, S. 654–693. – F. Böhm: Pflege der Wissenschaft und der kulturellen Interessen. In: Das Großherzogtum Baden in allgemeiner, wirtschaftlicher und staatlicher Hinsicht dargestellt. 2. Aufl. Karlsruhe 1912, S. 312–328.

39 Statt vieler Belege: Peters an Kg. Wilhelm I., Berlin, 4.12.1867. GStA PK I.HA Rep. 76 Va Sekt. 2 Tit. X Nr. 63 Bd. VI, fol. 103–106v.

40 Möbius an Ministerium, Berlin, 14.1.1893. GStA PK I.HA Rep. 76 Va Sekt. 2 Tit. X Nr. 63 Bd. XIII, fol. 140–143, hier fol. 143.

41 Dies sehr deutlich etwa bei Penny: Ethnology (wie Anm.1), S. 135–143.

42 So etwa bei einem Vorgang des Jahres 1844. Vgl. Ministerium an Kg. Friedrich Wilhelm IV., Berlin, 12.1.1844. GStA PK I.HA Rep. 89 Nr. 21527, fol. 66f. – Ministerium an Kg. Friedrich Wilhelm IV., Berlin, 3.5.1844. GStA PK I.HA Rep. 89 Nr. 21527, fol. 68f.

Größe“[43] des Objektes, die patriotische Tat (mit der allein der Verkauf des Stücks ins Ausland abzuwenden sei), schließlich der vergleichende Blick auf andere Sammlungen. Wen wunderte es, wenn das Museum die Majestät mitunter vor vollendete Tatsachen stellte – und erst kaufte und anschließend, förmlich um Vergebung bittend, um die nachträgliche Bewilligung ersuchte?[44]

Der Wandel der Argumente, die in aller Ausführlichkeit dem Ministerium und dem König dargelegt werden mußten, spiegelte dabei die Veränderung wissenschaftlicher wie außerwissenschaftlicher Deutungsmuster. Hatte sich Hinrich Lichtenstein bei Kaufgesuchen in der Regel noch damit begnügt, auf den Stellenwert dieses oder jenes Tieres im zoologischen System hinzuweisen, und die lückenlose Darstellung dieses Systems als oberstes Ziel des Museums benannt, so traten seit der Jahrhundertmitte andere Argumente hinzu. Sie resultierten aus der Historisierung des Wissens von der Natur und markierten den Stellenwert, der evolutionstheoretischen Deutungen nun auch in der amtlichen Korrespondenz wie selbstverständlich zukam.

Als 1886 Mittel zum Ankauf der großen Konchyliensammlung Wilhelm Dunkers (1809–1885) – bestehend aus über 20.000 Arten in 119.000 Exemplaren – in Höhe von 10.000 Mark beantragt wurden, wies der zuständige Berliner Museumsleiter, Karl Eduard von Martens (1831–1904), ein Fachmann auf dem Gebiete der Mollusken und Krustazeen, in seinem Gutachten zunächst darauf hin, die Sammlung sei „sorgfältig, fast peinlich ausgesucht, vorzüglich erhalten, korrekt und kritisch bestimmt und genau geordnet“.[45] Noch wichtiger als dieses Zeugnis für die zuverlässige taxonomisch-systematische Ordnung erschien Martens freilich der Hinweis, daß verschiedene Exemplare „nach ihrer Entwicklung“ zusammengestellt seien.[46] Auch seien Objekte vorhanden, „die noch mit ihrem natürlichen wolligen, borstigen oder lederartigen Ueberzug versehen sind, wie sie lebend im Meere vorkommen“.[47] So träten in der Sammlung die „Wechselwirkungen mit anderen Wesen“ deutlich hervor. Martens rekurrierte hier auf die neuen biologischen, in Ansätzen sogar ökologischen Wissenschaftsprofile, die sich – ihrer sozialen Kontextualisierung wegen – im Denken der Zeit als überaus attraktiv erwiesen. Hinzu kam bei Martens noch die durchaus ernst gemeinte Warnung, man solle zusehen, „daß eine solche Sammlung nicht durch Verkauf an Private zersplittert werde, sondern der Wissenschaft dauernd in Deutschland erhalten bleibe.“[48] „In Deutschland“ – das hieß für den Berliner Gelehrten dabei wie selbstverständlich: das Museum für Naturkunde. Nur im Berliner Universitätsmuseum, das sich als Forschungseinrichtung begriff, sei, so Martens, diese Sammlung angemessen aufgehoben; nur hier könne mit ihrer Hilfe erforscht werden, „nach welchen Sätzen allmälig aus früheren Schöpfungen die gegenwärthige Thierwelt hervorgegangen ist.“[49]

Diese Argumentationskette, die sowohl dem Ministerium als auch dem Kaiser selbst wortreich vorgelegt wurde, war durchaus typisch. In einem bewußten Nebeneinander ver-

43 Ministerium an Kg. Wilhelm I., Berlin, 10.6.1861. GStA PK I.HA Rep. 89 Nr. 21527, fol. 108f.

44 Ministerium an Kg. Wilhelm I., Berlin, 11.9.1862. GStA PK I.HA Rep. 89 Nr. 21527, fol. 111.

45 Ministerium an Ks. Wilhelm I., Berlin, 22.5.1886. GStA PK I.HA Rep. 89 Nr. 21527, fol. 127–134, hier fol.128v.

46 Ebd.

47 Ebd., fol. 129. Dort auch das folgende Zitat.

48 Ebd., fol. 131.

49 Ebd., fol. 132v.

band sie dezidiert wissenschaftliche mit nationalen und museologischen Aspekten. Wissenschaftlicher Fortschrittsglaube und nationales Prestigedenken verbanden sich zu einem Argument, dessen suggestive Kraft ganz auf Ministerium und Zivilkabinett ausgerichtet war. Zweierlei ist dabei auffällig: Erstens wurde das *nationale* Argument nie isoliert verwendet. Noch am Ende des Jahrhunderts blieb es ein Hilfsargument und war als solches nicht selten ausschließlich auf die öffentliche Meinung berechnet.[50] Zweitens verschob sich die *wissenschaftliche* Argumentation nachhaltig. Sie spiegelte gewissermaßen den Wandel der naturkundlichen Profile, wie wir sie im ersten Kapitel skizziert haben.

Als das Museum für Naturkunde 1888 Verhandlungen mit Santiago Roth (1850–1924), einem Schweizer Naturforscher, über den Ankauf einer Sammlung fossiler Wirbeltiere aus Argentinien aufnahm, war es auch hier vor allem das evolutionstheoretische Argument, das Wilhelm Dames (1821–1898) dem preußischen Kultusministerium vortrug.[51] Nach einer Besichtigung der Sammlung in Zürich berichtete er, die Gürteltiere und Faultiere zeichneten sich dadurch aus, daß sie nicht aus verschiedenen Individuen zusammenmontiert seien (wie dies etwa in den Museen in Mailand, London und Buenos Aires der Fall war).[52] Darum zeige die Sammlung unverstellt die „Entwicklung der einen [Art] aus der anderen".[53] Sie gebe „ein richtiges [!] Bild der betreffenden Thiere". Das vergleichende Studium der Gürteltiere lasse sogar „manchen wichtigen Beitrag zu ihrer Osteologie und ihrem Verhältniß zu den jetzt lebenden Verwandten erwarten."[54] Die Ankäufe folgten sowohl der Logik des Marktes als auch der Logik der Wissenschaften. Beides war kaum voneinander zu trennen. Die großen Forschungsexpeditionen des letzten Jahrhundertdrittels brachten ein reiches, unbekanntes Material in Museen und Laboratorien. Seine Auswertung verstärkte die neuen, vor allem durch Darwin beeinflußten wissenschaftlichen Deutungsmuster. Deren Durchsetzung führte wiederum zu einer verstärkten Nachfrage gerade auch nach paläontologischen Objekten. Die Preise stiegen.

Ein anderes Beispiel zeigt freilich, daß nicht allein der wissenschaftliche Wert, sondern mindestens ebenso die visuelle Attraktivität bestimmter Objekte ein nützliches Argument sein konnte. Das galt insbesondere mit Blick auf Dinosaurier, die sich gegen Ende des Jahrhunderts zu Publikumsmagneten entwickelten.[55] Im Jahre 1894 kaufte etwa das Berliner Museum für 9.000 Mark einen Plesiosaurus und einen Ichthyosaurus an.[56] Dames, der das erforderliche Gutachten erstellte, wies zunächst darauf hin, der Plesiosaurus sei ungewöhnlich vollständig, sehr charakteristisch und gut präpariert. In evolutionsbiologischer Hinsicht sei es außerordentlich bedeutsam, daß dieses Exemplar über „noch niemals beobachtete

50 So auch Penny: Ethnology (wie Anm. 1), S. 11–14 u. 215–219.

51 Dames an Ministerium, Berlin, [1888]. GStA PK I.HA Rep. 76 Va Sekt. 2 Tit. X Nr. 21 Bd. XV, fol. 179–196v.

52 Vgl. ebd., fol. 181.

53 Ebd., fol. 180v. – Dort auch das folgende Zitat.

54 Ebd., fol. 192.

55 Diese ‚Dinomanie' schildert lebhaft D. Cadbury: Dinosaurierjäger. Reinbek bei Hamburg 2001. – Daneben H. S. Torrens: The Dinosaurs and Dinomania over 150 years. In: Modern Geology 18 (1993), S. 257–286. – Weiterführende Hinweise zum Aufstieg der evolutionistischen Paläontologie bei Jahn, S. 418–421. – Vgl. auch B. Ziegler: Kleine Geschichte der Paläontologie. Stuttgart 1984, S. 104–128.

56 Vgl. Ministerium an Ks. Wilhelm II., Berlin, 26.1.1894. GStA PK I.HA Rep. 89 Nr. 21527, fol. 184–190. – Gutachten Dames', Berlin, 20.10.1893. GStA PK I.HA Rep. 76 Va Sekt. 2 Tit. X Nr. 21 Bd. XVI, fol. 125–130v.

Hautreste, nämlich eine flossenartige Verbreiterung um das Schwanzende und an der rechten Vorderextremität" verfügte[57], was als Beweis für die evolutionstheoretisch interessante Nackthäutigkeit des Plesiosaurus galt. Vor allem aber betonte Dames, daß es sich bei diesem Stück um den ersten Fund in Deutschland überhaupt handelte. Es ging also, in seinen Worten, um die „Erwerbung eines deutschen Plesiosaurus", um „ein Unikum", um „ein Schaustück ersten Ranges", dem das Publikum „hohes Interesse entgegenbringen" werde.[58] Hier war – neben dem wissenschaftlichen und dem nationalen Aspekt – die Öffentlichkeit selbst zum Argument geworden. Das Interesse des Publikums, das sich gerade nicht aus der wissenschaftlichen Qualität, sondern aus der Aura, dem Geheimnisvoll-Lockenden des Objektes speiste, wurde zum zusätzlichen Kaufgrund erhoben. Der Massenmarkt machte die Masse selbst zum Argument.

Über solchen Argumentationsketten darf man freilich nicht das Ergebnis dieser Bittgesuche aus dem Auge verlieren. Der Plesiosaurus wurde in der Tat angekauft. Viele andere Anträge fanden jedoch keine Unterstützung durch den *Allerhöchsten Dispositionsfonds*. Der Direktor des Geologisch-Paläontologischen Museums, Wilhelm von Branca, mahnte 1901 dringend die Einrichtung einer Schausammlung an, verwies aber zugleich auf das Hindernis, „dass die Bereitstellung der Kaufsumme in der Regel an Monate lange Verhandlungen geknüpft ist".[59] Die langen Wege zwischen Museum, Ministerium und Zivilkabinett erwiesen sich als Hemmnis. Staatlich gelenkte Museen wie die Häuser in Berlin oder Karlsruhe galten auf dem internationalen Markt als wenig flexibel und kaum berechenbar. Der Ausgang der Verhandlungen etwa mit Santiago Roth, die aus finanziellen Gründen schließlich gescheitert waren, hatte in den Augen Brancas „das Vertrauen in die Verwirklichung unserer diesbezüglichen Unternehmungen im Ausland merklich herabgedrückt".[60] Die Berliner Valuta war gesunken. Branca wollte daher – wie viele andere Museumsleute – den Markt umgehen. Er bevorzugte einen „Einkauf an Ort und Stelle".[61] Ein solcher „Einkauf" meinte vor allem Expeditionen. Auch sie waren allein mit Mitteln der laufenden Etats indes kaum zu unternehmen. Das Finanzierungsproblem wurde so vom Kauf zur Reise verschoben. Wieder war es, wie wir noch sehen, vor allem das Bürgertum, das helfend einsprang. Sein finanzielles Engagement war dabei mehr als eine Kompensation fehlender Staatsmittel. In seiner materiellen Teilhabe an den Sammlungen drückte sich vielmehr immer auch sein Anspruch auf kulturelle Partizipation aus.

57 Ministerium an Ks. Wilhelm II., Berlin, 26.1.1894. GStA PK I.HA Rep. 89 Nr. 21527, fol. 184–190, hier fol. 185.
58 Ebd., fol. 186f.
59 Branca an Ministerium, Berlin, 7.2.1901. GStA PK I.HA Rep. 76 Va Sekt. 2 Tit. X Nr. 21 Bd. XVIII, fol. 63–68v, hier fol. 65.
60 Ebd., fol. 68.
61 Ebd., fol. 66v.

2. Tauschen

Neben dem Kaufen war das Tauschen stets eine wichtige Sammelstrategie. Auch sie setzte ein dichtes Kommunikationsnetz zwischen Museen, Sammlern und Privatkabinetten voraus. In ihr erwies sich das einzelne Museum als Teil einer übergeordneten *scientific community*. Gewiß: Erfunden wurde das Tauschen im 19. Jahrhundert nicht. Als kulturelle Praxis, die immer schon mit dem Sammeln verbunden gewesen war, war sie speziell den frühneuzeitlichen Naturalienkabinetten nicht fremd gewesen.[62] Seit etwa 1800 aber wurde der Tauschhandel – begünstigt durch die Fortschritte des Verkehrs- und Nachrichtenwesens, angetrieben auch von einer neuartig organisierten Öffentlichkeit, die sich in einem europäischen Netzwerk Naturkundlicher Vereine ausdrückte – entscheidend ausgebaut.

In Frankfurt etwa richteten Jakob Philipp Cretzschmar und Eduard Rüppell bereits seit 1817 einen regen Tauschverkehr ein. In der Festrede des Jahres 1821 konnte dem Publikum eröffnet werden, daß die Senckenbergische Naturforschende Gesellschaft mit vielen „auswärtigen öffentlichen u. Privat-Kabinetten in Tauschverhältniß" stehe und „ein lebhafter Verkehr [...] nach allen Weltgegenden hin eingerichtet sei".[63] Der kosmopolitische Zug, nicht die patriotische Phrase bestimmte das Selbstbild des Museums. Gerade die internationale Vernetzung erwies sich als wichtiger Gradmesser für den Status des Hauses. Er wurde mehr von der Weltläufigkeit als von einem *campanilismo* bestimmt. Die vielgeschmähte deutsche Provinz bezog ihr Selbstbewußtsein so *auch* aus der Teilhabe an der internationalen Wissenschaftsgemeinschaft.[64] Auf diese Teilhabe war man stolz.

Immer wieder verwies die Senckenbergische Naturforschende Gesellschaft in Reden und Berichten auf die große Anzahl von Museen, mit denen man sich im regelmäßigen Tauschkontakt befinde.[65] Und diese Kontakte nahmen im Laufe der Zeit mehr und mehr zu. Als sich in den 1830er Jahren in St. Louis (Missouri) die *Western Academy*, eine Naturhistorische Gesellschaft, nach dem Vorbild des Frankfurter Vereins bildete, verständigte man sich bald auf einen regelmäßigen Naturalienaustausch.[66] Sorgfältig registrierte man auch, daß der König von Portugal bei seinem Besuch in Frankfurt 1854 die Sammlungen „mit großer Befriedigung" besichtigt und sich ein Verzeichnis der Dubletten erbeten hatte.[67] Mit der berühmten Bergakademie in Freiberg befand man sich zu dieser Zeit ohnehin bereits im Tauschverkehr.[68] Was diese wenigen Beispiele zeigen, ist die Offenheit des Tauschhandels. An ihm hatten Museen wie Universitäten, Akademien wie Königshöfe, Vereine wie Privatpersonen in gleicher Weise teil. Der Instinkt des Sammlers überwandt viele Grenzen.

---

62 Kulturgeschichtliche Überlegungen zum Tauschwert der betreffenden Gegenstände bei K. Pomian: Der Ursprung des Museums. Berlin 1998, S. 17–19 u. 50–52.

63 J. M. Mappes: Festreden gehalten im naturgeschichtlichen Museum zu Frankfurt am Main. Frankfurt/M. 1842, S. 25.

64 So auch Penny: Ethnology (wie Anm. 1), S. 2–6.

65 Die Tauschbeziehungen nahmen in den Reden zu den „auswärtigen Verhältnissen" der Gesellschaft, wie sie seit der Gründung 1817 bei jedem Jahresfest üblich waren, einen prominenten Platz ein. – Seit 1850 erschien der „Bericht" der SNG im Druck, und auch er enthielt Jahr für Jahr eine Übersicht der Tauschkontakte. – Zum „Bericht" vgl. unten Kap. IV.4.

66 Reuss an SNG, St. Clair/Illinois, 20.5.1838. – Engelmann an SNG, St. Louis, 27.4.1838. SNG Archiv Bd. 42, Nr. 24a/b.

67 Protokoll der SNG v. 9.9.1854. SNG Archiv Bd. 5, fol. 6–8.

68 Protokoll der SNG v. 7.10.1854. SNG Archiv Bd. 5, fol. 8f.

Der Tauschhandel beruhte bei alledem auf einem einfachen Prinzip. Im Idealfall sollte jedes Naturhistorische Museum eine ausgewogene Sammlung besitzen, die das taxonomische System möglichst gleichmäßig und vollständig repräsentierte. In der Praxis jedoch besaß jedes Haus seine eigenen Schwerpunkte: Das Senckenberg-Museum etwa war – dank Rüppells Reisen – überreich mit nordafrikanischen Tieren ausgestattet. Das Karlsruher Kabinett hingegen setzte den Akzent – noch von der Sammelleidenschaft der Markgräfin Karoline Luise herrührend – auf mineralogische Exponate. Durch die Bildung solcher Schwerpunkte waren bestimmte Objekte nicht selten zwei- oder dreifach im Museum vertreten. Und diese Dubletten waren es nun, die zwischen den Häusern ausgetauscht werden konnten und so auf Dauer zu einem idealen Ausgleich der Sammlungen führen sollten. Erreicht wurde er nicht. Vielmehr veränderte die Dublette selbst im Laufe des 19. Jahrhunderts ihren Status. War sie zunächst bedenkenlos gegen andere Objekte eingetauscht worden, so besaß sie nach der Jahrhundertmitte nicht selten einen eigenen Wert. Gerade ihre *minimalen* Abweichungen machten sie zu einem wichtigen Gegenstand der evolutionstheoretischen Forschung, die eine möglichst große Anzahl ähnlicher Objekte benötigte, um in dem scheinbar Gleichen das Typische wie das Abweichende herauszustellen.[69]

Der Dublettenhandel war Ausdruck der internationalen Verflechtung der Museen. Er brachte Objekte und so auch Wissen in Umlauf. Aber er hatte doch auch seine Schattenseiten. Nicht überall waren sie so gravierend wie in Berlin. Weil jedoch dieser Fall von allgemeinem Interesse für den Zusammenhang von Sammelstrategien und musealer Praxis ist, soll er hier etwas ausführlicher behandelt werden. Nirgendwo wurde der Dublettenhandel kommerzieller betrieben, nirgendwo war er problematischer als im Berliner Zoologischen Museum der 1820er, 1830er Jahre.

Schon in seinem ersten Jahresbericht 1815 hatte es Hinrich Lichtenstein als „sehr dienlich" bezeichnet, einen „Doubletten-Katalog zum Behuf des Tauschhandels drucken zu lassen und zu versenden".[70] Tatsächlich erschien der *Verkauf* von Dubletten – der das Tauschsystem modifizierte – als ein probates Mittel der Sammlungspolitik. Unablässig, wir haben es im ersten Kapitel geschildert, trafen neue Sendungen ein; nicht selten waren es drittklassige Objekte, die auf den Gängen und Treppenstufen des Museums deponiert werden mußten. Eine Sendung aus Brasilien etwa, so berichtete Lichtenstein 1818 dem Ministerium schonungslos[71], habe das Museum in arge Bedrängnis gebracht: „Da sind wir nun wieder um mehr als 1000 Vögel und 11,000 Insecten reicher geworden, und ich habe nicht rühmen können, daß unter dieser Masse für das Museum selbst als Normalsammlung ein verhältnismäßiger Gewinn an <u>neuen</u>, der Sammlung einzuverleibenden Gegenständen enthalten wäre."[72]

Lichtenstein machte nun aus der Not eine Tugend. Immerhin, so argumentierte er nämlich, enthalte die Sendung „ein Material zum Tauschhandel". Damit war das Stichwort gefallen. „Einem Naturalienhändler", so lockte Lichtenstein das Ministerium, „müßte der

---

69 Dazu unten Kap. V.4.

70 Lichtenstein an Ministerium, Berlin, 3.4.1815. GStA PK I.HA Rep. 76 Va Sekt. 2 Tit. X Nr. 15 Bd. II, fol. 127. – Zum folgenden u.a. A. Brauer: Das zoologische Museum. In: Geschichte der Königlichen Friedrich-Wilhelms-Universität zu Berlin. Halle a.d.S. 1910, Bd. 3, S. 372–389, hier S. 376–378.

71 Lichtenstein an Ministerium, Berlin, 20.10.1818. GStA PK I.HA Rep. 76 Va Sekt. 2 Tit. X Nr. 15 Bd. IV, fol. 91–102.

72 Ebd., fol. 92. – Dort auch die folgenden Zitate.

Ueberfluß an Doubletten kostbarer und gesuchter Sachen, wenn er ihn zu dem Preise bekäme, den wir dafür zahlen, zu einem Capital gedeihen, das sich wenigstens mit hundert Procent verzinsen würde". Wer hätte einer solchen Lockung widerstehen können? Für das Ministerium schien sich hier eine Möglichkeit abzuzeichnen, Kosten zu sparen, indem die Sammlung mittels des Dublettenverkaufs künftig für ihren Etat selbst sorgen sollte. Freilich: Diese Konsequenz, die das Museum dem Geschäftserfolg auslieferte, hat Lichtenstein in den ersten Jahren kaum recht erkannt.

Und zunächst ließ sich die Sache auch überaus gut an. Da es in Berlin keinen Naturalienhändler gab, der über die nötigen Verbindungen verfügte, unternahm es das Haus Unter den Linden selbst, die Dubletten zur Auktion zu bringen. Der Katalog, so konnte Lichtenstein dem Ministerium melden, wurde „mit vielem Beifall" aufgenommen[73] – wobei den preußischen Universitäten in Halle, Breslau, Bonn und Greifswald ein Vorkaufsrecht eingeräumt war.[74] Über den Sinn und Zweck des gesamten Unternehmens äußerte sich Lichtenstein in einer Vorbemerkung zum gedruckten Preisverzeichnis des Jahres 1819.[75] Man wolle, so erklärte der Museumsdirektor darin, sowohl den nötigen Platz schaffen als auch liquide Mittel für Ankäufe besorgen, „zu einer Zeit, wo der Maaßstab für die Preise der Naturalien ganz verloren gegangen" sei[76], den Geldwert bestimmter Objekte am Markt herausfinden „und endlich den Liebhabern Gelegenheit verschaffen, auf eine leichte und wohlfeile Weise ihre Sammlungen zu erweitern".[77] Damit verband sich schließlich das Ziel, „gute, auf unmittelbare Anschauung gegründete Kenntnisse" zu verbreiten und „richtige Bestimmungen" in Umlauf zu setzen.[78] Auch hier erwies sich – wenn man so will – die museale Praxis als eine partizipatorische, und zwar in doppelter Hinsicht. Sowohl der Kauf von Naturalien *für* das Museum als auch der Kauf *vom* Museum waren Ausdruck einer Teilhabe an der Sammlung. Das Museum jedenfalls verband mit dem Verkauf von Dubletten die Absicht, mit den einzelnen Objekten auch ein genaueres Wissen – „richtige Bestimmungen" – in die Öffentlichkeit zu tragen. Der Dublettenhandel war so ein Multiplikator naturkundlichen Wissens.

Dieser Anspruch stieß rasch an seine Grenzen. Schon in den frühen 1820er Jahren wurden vermehrt minderwertige Stücke zur Auktion gebracht, „die gegenwärtig in unzähligen Exemplaren z.B. aus Brasilien nach Europa kommen".[79] Schließlich, so argumentierte Lichtenstein – die Logik des Marktes über das wissenschaftliche Ethos stellend – befanden sich

---

73 Ebd., fol. 94.

74 Vgl. Lichtenstein an Ministerium, Berlin, 13.9.1818. GStA PK I.HA Rep. 76 Va Sekt. 2 Tit. X Nr. 15 Bd. IV, fol. 56–67. – In der Folge erhielten die preußischen Universitäten sogar die Aushängebögen der Dublettenkataloge, um bereits vor der endgültigen Drucklegung ihre Wünsche anmelden zu können. Vgl. Lichtenstein an Ministerium, Berlin, 25.10.1823. GStA PK I.HA Rep. 76 Va Sekt. 2 Tit. X Nr. 15 Bd. VIII, fol. 191.

75 *Preis-Verzeichnisse der Säugethier- und Vögel-Doubletten des Zoologischen Museums der Universität zu Berlin.* Berlin 1819. – Bald schon wurde das zweite Verzeichnis „an alle unsre Correspondenten" verschickt. Lichtenstein an Ministerium, Berlin, 22.9.1820. GStA PK I.HA Rep. 76 Va Sekt. 2 Tit. X Nr. 15 Bd. VI, fol. 106–115.

76 *Preis-Verzeichnisse*, S. 5.

77 Ebd., S. 3.

78 Ebd., S. 4.

79 Lichtenstein an Ministerium, Berlin, 13.3.1822. GStA PK I.HA Rep. 76 Va Sekt. 2 Tit. X Nr. 15 Bd. VII, fol. 218–221, hier fol. 219.

„im Publicum Liebhaber genug", „die selbst für mittelmäßige Sachen dieser Art Geld anlegen".[80] Allerdings – und das war bezeichnend für die Sorge um das eigene Image – sollte diese Versteigerung nicht wie zuvor im Museum selbst stattfinden, sondern einem externen Auktionator anvertraut werden.

Im nachhinein mochte man diese Entscheidung als erstes Symptom einer Krise wahrnehmen. Noch 1822 schien die Rechnung allerdings aufzugehen. Lichtenstein betrachtete den Dublettenhandel im Rückblick auf die vergangenen Jahre als die einzige Möglichkeit, um „Vollständigkeit ohne großen Aufwand zu erreichen und zugleich die Sammlung durch sich selbst immer zu verjüngen, indem man jederzeit die abgängigen Exemplare gegen frische vertauscht."[81] Die Sammlung aus sich selbst heraus zu verjüngen – das war in der Tat ein verführerischer Gedanke. Im Sinne eines Kreislaufes hätten sich, so die Idealvorstellung, schließlich alle Naturalien der Welt gleichmäßig verteilen lassen. Die Mustersammlung wäre so zur Norm geworden, die museale Praxis einheitlich und universal verbindlich. Dieser Plan mußte freilich schon an dem Umstand scheitern, daß die verschiedenen Gegenstände des Naturreiches sich keineswegs gleichmäßig über die Erde verteilten. Es gab Raritäten und Kostbarkeiten, es gab Standortvorteile und Marktgesetze, es gab auch Widerstände im Museum selbst.

In Berlin war es der Direktor des Mineralogischen Museums, Christian Samuel Weiß, der sich 1822 entschieden gegen einen systematischen Dublettenverkauf aussprach.[82] Dabei wies er gegenüber dem indignierten Ministerium zum einen darauf hin, daß er zum Zwecke der chemischen Analyse einen großen Vorrat an identischen Mineralien benötige: Eine unterschiedliche Praxis – dort die zoologische Phänomenologie, hier die das Objekt letztlich zerstörende mineralogische Analyse – sprach Dubletten einen unterschiedlichen Status zu. Zum anderen betrachtete er einen regelrechten Dublettenverkauf als nicht mit der Würde des Hauses zu vereinbaren: „Merkantilischen Verkehr überhaupt zu treiben, müßte ich für meine Person ganz ablehnen."[83] Kein Museumsdirektor, so zeigt diese Episode, war wie der andere. Während Lichtenstein sich als pragmatischer, markterprobter Manager der Sammlung verstand, erwies sich Weiß in erster Linie als akademischer Forscher – und diese beiden Grundtypen standen im 19. Jahrhundert stets einander gegenüber.[84]

Das Ministerium, dem es um die Etatreduzierung zu tun war, ließ sich auf Weiß' Einwände freilich nicht ein.[85] Sicherlich könne man, so lautete der Beschluß, immer einen nützlichen Zweck für Dubletten finden. Da aber der Fonds nun einmal begrenzt sei, müsse man Doppeltes veräußern, um überhaupt Neues kaufen zu können.[86] Diese einfache Gleichung erwies sich als ‚Milchmädchenrechnung'. Denn zum einen waren die Erlöse der Auktionen durchaus schwankend. Und zum anderen verursachte der Dublettenhandel für das Museum

80 Ebd.
81 Lichtenstein an Ministerium, Berlin, 22.3.1822. GStA PK I.HA Rep. 76 Va Sekt. 2 Tit. X Nr. 15 Bd. VII, fol. 241–259, hier fol. 253.
82 Vgl. Weiß an Ministerium, Berlin, 10.4.1822. GStA PK I.HA Rep. 76 Va Sekt. 2 Tit. X Nr. 21 Bd. III, fol. 120–127v.
83 Ebd., fol. 123.
84 Vgl. unten Kapitel IV.
85 Ministerium an Weiß, Berlin, 23.5.1822 [Konzept]. GStA PK I.HA Rep. 76 Va Sekt. 2 Tit. X Nr. 21 Bd. III, fol. 130–135.
86 Vgl. ebd., fol. 131.

selbst hohe Kosten. Hatte man im Jahre 1818 bei der Versteigerung 2.341 Taler erlöst, so stieg diese Summe zwar bis 1824 auf 3.956 Taler an, fiel jedoch in der Folge – insbesondere nach 1830 – unter die Marge von 1.000 Talern und betrug schließlich 1841 nur mehr 265 Taler.[87] Das Ministerium hatte nach den ersten Erfolgen den Etat des Museums jedoch dauerhaft so zusammengestrichen, daß das Haus seine laufenden Kosten und Ankäufe zu großen Teilen aus den Einnahmen des Dublettengeschäfts zu bestreiten hatte. Diese Einnahmen sanken jedoch, ohne daß das Ministerium helfend eingegriffen hätte.[88]

Schon in seinen besseren Jahren stieß das System indes an Grenzen. 1823 etwa verbuchte Lichtenstein – die Einnahmen aus dem Vorjahr und die zu erwartenden Erlöse der kommenden Auktion addiert – Gesamterlöse in Höhe von 9.952 Talern.[89] Von dieser Summe blieb allerdings deshalb nichts übrig, weil weiterhin neues Material in das Museum kam, das geordnet, präpariert, beschriftet und verwaltet sein wollte. Weil der reguläre Ankaufsetat nur 300 Taler betrug, allein die Frachtkosten jedoch bereits doppelt so hoch waren, wies der Direktor fortan alle Kaufangebote ab, „selbst wenn sie unter den annehmlichsten Bedingungen dargeboten wurden".[90] Der Dublettenhandel ruinierte die Finanzen des Hauses gründlich. „Je fleissiger das Personal sich mit dem Praepariren und Aufstellen der Naturalien beschäftigt", erläuterte Lichtenstein, „desto mehr ist an Postamenten, Glasaugen, Materialien zum Ausstopfen, an Weingeist, Gläsern und Etiketten erforderlich."[91] Das Museum war in einen Teufelskreis geraten. Allein drei Säle mußten bis zur Decke mit Säugetieren gefüllt werden – ein Bild der „Mängel und Verlegenheiten".[92]

Unter einem solchen Eindruck versuchte Lichtenstein den Kreis zu durchbrechen. Schon 1823 – das Museum bestand gerade einmal zehn Jahre – erklärte er es zu seinem Ziel, „die Unternehmungen der Reisenden im Auslande nach und nach rückgängig zu machen, um dem Museum Zeit zu geben, die eingesammelten Schätze" zu verarbeiten.[93] Ansonsten häufe man nur „Doubletten auf Doubletten".[94] Lichtenstein wollte das Haus – zumindest in Teilen – vom Naturalienstrom abschneiden. Die Strategie des Sammelns war zu einer Taktik des *Nicht*-Sammelns geworden. Dieser Gedanke, der dem dynamischen Prinzip der musealen Praxis entschieden zuwiderlief, nahm seinen Ausgang vom älteren enzyklopädischen Modell des Sammelns. Das taxonomische System hatte gewissermaßen einen Setzkasten geschaffen, der der Idee nach lückenlos zu füllen war. Hatte man dies erreicht, durfte das System als vollständig repräsentiert gelten. Tatsächlich stellte Lichtenstein 1828 – die Dublettenerlöse hatten sich weiter verschlechtert – den förmlichen Antrag, die Sammlung „als geschlossen" zu erklären.[95] „Die glänzenden Zeiten unsers Doublettenhandels" seien vor-

87 *Zusammenstellung über den Ertrag des Doubletten-Verkaufs bei der Königl. Zoologischen Sammlung zu Berlin.* UA HU Berlin MfN Bd. 103.

88 Vgl. Lichtenstein an Ministerium, Berlin, 26.10.1825. GStA PK I.HA Rep. 76 Va Sekt. 2 Tit. X Nr. 15 Bd. IX, fol. 260–263.

89 Vgl. Lichtenstein an Ministerium, Berlin, 25.10.1823. GStA PK I.HA Rep. 76 Va Sekt. 2 Tit. X Nr. 15 Bd. VII, fol. 187–206.

90 Ebd., fol. 192–192v.

91 Ebd., fol.195.

92 Ebd.

93 Ebd., fol. 196.

94 Ebd., fol. 197.

95 Lichtenstein an Ministerium, Berlin, 23.11.1828. GStA PK I.HA Rep. 76 Va Sekt. 2 Tit. X Nr. 15 Bd. X, fol. 116–128v, hier fol. 128v.

über.[96] Die Konkurrenz sei zu groß, der Erlös zu niedrig. „Auch sind die Sammler seltener, mißtrauischer und schwieriger geworden, und doch bringt fast jedes Schiff von fernen Küsten Naturalien mit nach Europa.“[97] Das Berliner Museum benötige Ruhe.

Konnte es eine solche Auszeit überhaupt geben? War ein Anhalten der Wissenschaft denkbar? War es sinnvoll, die Sammlungen „als geschlossen“ zu erklären? Die weitere Entwicklung hat eine eindeutige Antwort auf solche Fragen formuliert. Das Museum konnte sich nicht abkoppeln vom Wandel – vom wissenschaftlichen ebensowenig wie vom sozialen. Von der „Beschränkung der zu starken Vermehrung unseres Museums“ hatte Lichtenstein bereits 1823 gesprochen.[98] Die Sammlungen wuchsen jedoch weiter. Auch wenn man die Verbindungen zu Händlern lockerte und die eigenen Sammler aus der fernen Welt zurückbeorderte – Geschenke konnte man schlechterdings kaum ablehnen. Und so blieb das Haus auch in der Folge „im höchsten Grade überfüllt“.[99]

Lichtensteins Idee, künftig allein mit der bereits erreichten Sammlung zu arbeiten und „das Museum in seiner inneren Anordnung dem Ideal eines auf lehrreiche Weise verkörperten Systems näher zu führen“[100], erwies sich als nicht praktikabel. Das Museum blieb in einem Maße mit Forschern, Naturfreunden, Händlern und Reisenden vernetzt, daß es sich nicht vom Prozeß der Wissenschaft abkapseln konnte. Die Logik der Sammlung war ihre Dynamik. Sie ließ sich aus finanziellen Gründen zwar abbremsen, nicht aber stoppen. Lichtenstein selbst hat das Jahre später erkannt. In seinem Generalbericht von 1841, in dem er die Entwicklung des Hauses auch und gerade mit Blick auf den leidigen Dublettenhandel Revue passieren ließ, hat er seine Strategie des *Nicht*-Sammelns revidiert.[101] Die Leitidee war jetzt nicht mehr eine künstliche, ohnehin kaum zu erreichende Abstinenz, sondern das *gezielte* Sammeln. Die Lücken, von denen 1828 keine Rede gewesen war, erschienen nun als „zahlreiche, sehr bedeutende und namhafte“. Die Märkte in Großbritannien und Holland sollten die Gelegenheit bieten, „durch klügliche Benutzung des Augenblicks“ hier Abhilfe zu schaffen. Allerdings müsse dabei alles „nur auf planmäßige Vervollständigung der Sammlung“ ausgerichtet bleiben. Aber – und das war der springende Punkt – die Sammlung war nun eben doch prinzipiell dynamisch konzipiert. Sie war nicht „abgeschlossen“. Wie in einem fernen Dialog mit sich selbst äußerte Lichtenstein jetzt, es sei nie zu fordern, „daß die Sammlung endlich einmal für vollständig erklärt und abgeschlossen werde. Denn die Natur ist unerschöpflich in ihren Erzeugnissen und eine Sammlung von denselben, wenn sie dem höheren Unterricht dienen soll, muß mit ihrem Inhalt auf der Höhe des Zeitalters bleiben. Jedes Stillstehn ist ein Rückwärtsschreiten in Betracht des fortschreitenden Entwicklungs-Ganges der Wissenschaft.“

Die materiellen Ressourcen, so sehen wir, bildeten für das Museum keine *quantité negligeable*. Sie waren nicht sich selbst überlassen, sondern wollten aktiv organisiert sein. Sie

96 Ebd., fol. 125.

97 Ebd., fol. 125–125v.

98 Lichtenstein an Ministerium, Berlin, 25.10.1823. GStA PK I.HA Rep. 76 Va Sekt. 2 Tit. X Nr. 15 Bd. VII, fol. 187–206, hier fol. 198.

99 Ebd., fol. 202.

100 Lichtenstein an Ministerium, Berlin, 23.11.1828. GStA PK I.HA Rep. 76 Va Sekt. 2 Tit. X Nr. 15 Bd. X, fol. 116–128v, hier fol. 128v.

101 Lichtenstein an Ministerium, 14.6.1841 [Konzept]. UA HU Berlin MfN Bd. 103. – Eine Reinschrift auch ebd. Bd 105. – Alle folgenden Zitate ebd.

formten die Infrastruktur des Museums und beeinflußten – durch die Seltenheit, die Überfülle, das Chaos der Objekte – immer auch die Wissenskommunikation. Besonders deutlich wurden diese Faktoren im Bereich des Schenkens und Stiftens.

3. Schenken und Stiften

Geschenke erhalten die Freundschaft. Sie stiften Achtung und Dankbarkeit. Sie verpflichten den Beschenkten. Sie verwandeln ökonomisches in „symbolisches Kapital" (Pierre Bourdieu). Der Akt der Schenkung, seit jeher festen Ritualen unterworfen, schafft ein Netz von Beziehungen. Nirgendwo war es bis zum Anbruch des 19. Jahrhunderts enger geknüpft als in der höfischen Welt. Im dynastischen Verkehr hatte das Geschenk seinen festen Platz und sein eigenes Zeremoniell. Es begleitete erst diplomatische Handlungen und wurde anschließend nicht selten in die Kunst- und Naturaliensammlung des jeweiligen Hofes überwiesen.

Die Geschichte des Karlsruher Naturalienkabinetts kennt hierfür viele Beispiele. Markgraf Karl Friedrich etwa gab seinem Minister Wilhelm von Edelsheim (1737–1793), als er ihn 1768 in diplomatischer Mission an den Wiener Hof sandte, eine Kollektion badischer Marmorsorten als repräsentatives Geschenk für die kaiserliche Sammlung mit.[102] Zugleich sollte Edelsheim in Wien den Wunsch vortragen, der Markgräfin eine Probe aller österreichischen Minerale und Erze zu beschaffen. Maria Theresia wollte dieser Bitte zunächst entsprechen, ließ aber schließlich nur siebenbürgische Stücke nach Karlsruhe schicken. Als Edelsheim deswegen nochmals vorstellig wurde, eröffnete man ihm, Wien könne nicht die ganze Welt beliefern und dürfe keinen Präzedenzfall schaffen. Woraufhin Edelsheim die Taktik wechselte, sich an Leopold Graf Kolowrat, den neu ernannten Minenverwalter, wandte und erreichte, daß Weihnachten 1777 schließlich doch eine vollständige Kollektion österreichischer Minerale und Erze in Karlsruhe eintraf.[103]

Nun war Karoline Luise als kundige Mineralogin gewiß eine Ausnahme unter den fürstlichen Sammlern; und auch die Hartnäckigkeit, mit der der Karlsruher Hof das Geschenk aus Wien erbat, war nicht die Regel. Gleichwohl gehörten Gegenstände der Natur – prunkvolle Kristalle oder seltene Tiere – zu den Gaben, wie sie üblicherweise nicht nur bei Monarchenbegegnungen ausgetauscht wurden.[104] Zar Alexander I. etwa schenkte dem badischen Erbprinzen Karl Ludwig 1801 eine Partie russischer Mineralien, insgesamt 2.300 Stück, darunter glänzende Halbedelsteine aus Transbajkalien. Und auch das Berliner Museum wurde – ganz im Sinne der preußischen Allianzpolitik – des öfteren vom Zarenhaus mit Gaben bedacht.[105]

Das bürgerliche Schenken – im Sprachgebrauch der Zeit oftmals mit dem Stiften in eins gesetzt –, wie es sich seit dem frühen 19. Jahrhundert auf dem Gebiet der Kunst und der Wissenschaft, immer freilich auch auf dem Feld der Sozialfürsorge, etablierte, verstand sich

102 Dazu Lauts (wie Anm. 2), S. 220f.

103 Vgl. G. Mayer: Mineralienlieferungen der Kaiserin Maria Theresia an die Markgräfin Caroline Luise von Baden (1769–1777). In: Aufschluß 23 (1972), S. 261–264.

104 Dazu grundlegend J. Paulmann: Monarchenbegegnungen in Europa zwischen Ancien Régime und Erstem Weltkrieg. Paderborn, München, Zürich, Wien 2000.

105 Vgl. Th. Liebisch: Das mineralogisch-petrographische Institut und Museum. In: Geschichte der Königlichen Friedrich-Wilhelms-Universität (wie Anm. 70), Bd. 3, S. 310–319, hier S. 317.

als Gegenmodell.[106] Hatte das fürstliche Geschenk vor allem die Repräsentation politischer Macht in der höfischen Öffentlichkeit bezweckt, so beanspruchte das bürgerliche Geschenk nun, ganz dem gemeinen Wohl zu dienen. Nicht immer war dieser Anspruch von der Wirklichkeit gedeckt, und mitunter war in der scharfen Abgrenzung von der Welt des Adels und ihren luxuriösen Gaben der polemische Unterton nicht zu überhören. Dennoch waren die Erfolge beachtlich.

Schon im ersten Jahresbericht, den Johann Michael Mappes, der bereits öfter erwähnte Sekretär des Vereins, 1820 auf der Hauptversammlung der Senckenbergischen Naturforschenden Gesellschaft erstattete, nahm der Dank für Geschenke einen beträchtlichen Raum ein.[107] Unter anderem hatte Simon Moritz von Bethmann isländische Mineralien geschenkt, Eduard Rüppell hatte aus Italien „einen sehr wohl erhaltenen versteinerten Hippopotamus" geschickt. Ein Medizinstudent aus Marburg hatte der Gesellschaft mehrere Stücke Braunkohle mit Pflanzenabdrücken zum Geschenk gemacht. Von einem Frankfurter Kürschnermeister waren dem Museum Tierhäute übereignet worden. Von einem auswärtigen Mitglied in Montpellier schließlich hatte es mehrere in Weingeist konservierte Weichtiere erhalten – und damit war nur ein Bruchteil der Geschenke benannt. Was dabei auffiel, war die breite soziale Streuung der Geschenkgeber. Der Staatsrat befand sich in einer Reihe mit dem Medizinstudenten. Gewiß gab jeder nach seinem Einkommen und Vermögen. Aber wichtiger als solche Unterschiede war doch das gemeinsame Engagement für die Sache. Und es blieb – gerade in den Vereinsmuseen – über das ganze Jahrhundert erhalten. Als man 1878 in Bremen die Geschenkgeber des zurückliegenden Jahres auflistete, befanden sich der Museumsdirektor Otto Finsch neben dem Museumsdiener Fritz Wiechmann, die Geographische Gesellschaft neben dem Naturwissenschaftlichen Verein, der Hamburger Großkaufmann Johann Cesar Godeffroy VI (1813–1885) neben Franz Buchenau, dem Schuldirektor.

Gewiß erwiesen sich Sammeln und Schenken immer auch als Strategien im Kampf um soziale und kulturelle Anerkennung – weshalb sie gerade unter Aufsteigern verbreitet waren.[108] Aber das Schenken diente durchaus nicht allein der Selbstdarstellung einer bürgerlichen Elite. In ihm vollzog sich die Teilhabe am Naturhistorischen Museum als Wert an sich. Schenken ermöglichte Vergemeinschaftung durch Handeln.

Diese Bemerkungen gelten im Grundsätzlichen. Im einzelnen wird man sorgfältig differenzieren müssen. Mit dem erhöhten Finanzbedarf der Museen wuchs gegen Ende des Jahrhunderts auch das Volumen der Geschenke. Der einzelne Großmäzen wurde wichtiger.[109] Vielerorts beherrschte nun der potente Industrielle die Szene. Er wird uns noch begegnen. Differenzieren muß man freilich auch hinsichtlich des jeweiligen sozialen Umfeldes. Hin-

106 Dazu M. Frey: Macht und Moral des Schenkens. Berlin 1999, S. 51–70. – Vgl. auch Th. W. Gaehtgens u. M. Schieder (Hrsg.): Mäzenatisches Handeln. Berlin 1998. – E. Mai u. P. Paret (Hrsg.): Sammler, Stifter und Museen. Köln, Weimar, Wien 1993. – Th. W. Gaehtgens: Der Bürger als Mäzen. Gerda Henkel Vorlesung am 31. Januar 1997, Opladen 1998. – Aus der Perspektive der Stadtbürgertumsforschung A. Schulz: Mäzenatentum und Wohltätigkeit – Ausdrucksformen bürgerlichen Gemeinsinns in der Neuzeit. In: Bürgerkultur und Mäzenatentum. Berlin 1998, S. 240–263.

107 *Erster Jahresbericht des ständigen Ausschusses von Dr. Mappes*, Frankfurt, 6.12.1820. SNG Archiv Bd. 37, Nr. 2.

108 Dazu u.a. Frey: Macht (wie Anm. 106), S. 93–102. – Vgl. auch P. Paret: Bemerkungen zum Thema: Jüdische Kunstsammler, Stifter und Kunsthändler. In: Sammler (wie Anm. 106), S. 173–185.

109 Ein Fallbeispiel O. Matthes: James Simon. Mäzen im Wilhelminischen Zeitalter. Berlin 2000.

sichtlich des Schenkverhaltens befanden sich Bürgerstädte, insbesondere wenn sie wie Frankfurt und Bremen ihren Wohlstand dem Handel verdankten, in einem deutlichen Vorteil. Sie verfügten über die Mittel, vor allem aber über ein entsprechendes Bewußtsein. Als Karl Kraepelin 1891 das neuerbaute Hamburger Naturhistorische Museum eröffnete, erwähnte er daher nicht von ungefähr „Hamburgs Söhne", die „in allen Erdtheilen, ja auf den entlegensten Inseln [...] geschäftig [seien], zum Ruhm der Vaterstadt, die Schätze dieses Hauses zu mehren".[110] Museen wurden geradezu zu einem Symbol des städtischen Gemeinwesens.

Ganz offensichtlich stand die Moral des Schenkens in einem engen Verhältnis zur Struktur der Stadt und ihres Bürgertums. Frankfurt, die ‚Stadt der Stiftungen', mag hier in mancher Beziehung durchaus eine Ausnahme darstellen.[111] Die Idee, mittels bürgerlicher Tugenden und Werte eine neue Gesellschaft zu errichten und die Institutionen dieser Gesellschaft dann auch selbst zu tragen und zu finanzieren, wurde in Frankfurt jedoch in einer geradezu idealtypischen Weise umgesetzt. Die Sammlungen der Senckenbergischen Naturforschenden Gesellschaft, der Bau ihres Museums, die Unterhaltung ihrer Räume – all das wurde durch Mitgliedsbeiträge, vor allem aber durch Geschenke und Stiftungen ermöglicht. In jeder Gabe drückte sich eine persönliche Beziehung zum Museum und zugleich auch eine Bindung an Frankfurt aus. Nicht anders verhielt es sich etwa bei den Stiftungen von Heinrich (Enrico) Mylius (1769–1854), einem begüterten, in Mailand lebenden Frankfurter Kaufmann, der die Senckenbergische Naturforschende Gesellschaft gleich mehrfach bedachte: mit Stiftungen für Vorlesungen[112], für das Gehalt eines Aufsehers[113], schließlich auch für die Unterhaltung der Bibliothek.[114]

Die Schenkmoral nahm auch dann nicht ab, als die kommunale Eingriffsverwaltung mächtiger wurde. Noch die Kosten für den Neubau des Senckenberg-Museums (1904–1907), über eine Million Mark, wurden – wie gesagt – ebenso im wesentlichen durch Spenden aufgebracht, wie es am Anfang des Jahrhunderts der Fall gewesen war.[115] Die Schenkungen für die Schausammlung, darunter ein afrikanischer Elefant und andere Großsäuger

---

110 Zit. n. „Hamburgischer Correspondent" v. 17.9.1891.

111 Vgl. immer noch B. Müller: Stiftungen für Frankfurt am Main. Frankfurt/M. 1958. – Ein neuerer Überblick bei U. Bartelsheim: Das Frankfurter Stiftungswesen im 19. Jahrhundert. In: Archiv für Frankfurts Geschichte und Kunst 64 (1998), S. 99–124. – Vgl. auch R. Roth: Stadt und Bürgertum in Frankfurt am Main. München 1996, S. 164–173. – Zu einem einzelnen Fall und darüber hinaus L. Gall: Städel und sein „Kunst"-„Institut". Frankfurt/M. 1992.

112 *Verordnung bezüglich einer durch gegenwärtige Urkunde begründeten Stiftung für die Honorirung regelmässig zu ertheilenden unentgeltlichen naturhistorischen Unterrichts in Frankfurt am Main*, Mailand, 5.4.1854 [Abschrift]. IfStG Frankfurt/M., Archiv der Dr. Senckenbergischen Stiftung 450. – Vgl. W. Kramer: Chronik der Senckenbergischen Naturforschenden Gesellschaft. Frankfurt/M. 1967, S. 304. – Zu Mylius vgl. C. Klems: Heinrich Mylius. In: Biographien bedeutender Senckenberger. Frankfurt/M. 1992, S. 391f.

113 Stiftungsvertrag, Frankfurt/M., 1.10.1839 [Abschrift]. IfStG Frankfurt/M., Archiv der Dr. Senckenbergischen Stiftung 450. – Vgl. Kramer (wie Anm. 112), S. 271.

114 Vgl. dazu [G. L. Kriegk:] Ueber die Senckenbergische naturforschende Gesellschaft und die Verdienste der hiesigen Einwohnerschaft um dieselbe seit ihrem Bestehen. In: „Frankfurter Gemeinnützige Chronik" v. Juni 1845. – Vgl. Kramer (wie Anm. 112), S. 289f.

115 Vgl. *Feier zur Eröffnung des neuerbauten Museums der Senckenbergischen Naturforschenden Gesellschaft*. In: „Intelligenz-Blatt der Stadt Frankfurt/M." (Frankfurter Journal). Montags-Ausgabe der „Frankfurter Nachrichten" v. 14.10.1907.

von Rudolf von Goldschmidt-Rothschild, ein Moschusochse von Alfred Lotichius, Mineralien und geologische Stufen von Arthur von Gwinner und eine Schnabelechse von Arthur von Weinberg, dokumentierten die Finanzkraft und Schenkfreude des Frankfurter Bürgertums.[116] Tatsächlich fand gerade der Neubau des Senckenberg-Museums, so berichteten die „Frankfurter Nachrichten“ 1912, das Interesse von „Forschern, Gelehrten, Jägern und sonstigen Gönnern, die fortgesetzt das Museum durch wertvolle Zuwendungen bereichern“. Der Wert der jährlichen Stiftungen bemaß sich „auf nahezu 100.000 Mark“.[117]

Während sich also die Frankfurter Verhältnisse in dieser Beziehung durch eine große Kontinuität auszeichneten, entwickelte sich in Bremen erst allmählich eine eigene Kultur des Schenkens, in die die Naturaliensammlung selbstverständlich eingebunden war. Trotz der günstigen Bremer Handelsbeziehungen gelangte das Kabinett der Gesellschaft „Museum“ – wir haben es im ersten Kapitel geschildert – bis ins letzte Jahrhundertdrittel nicht recht zur Blüte. Der Bildungsgedanke, der sich für die Frankfurter Arbeit als integrativ erwiesen hatte, vermochte sich in Bremen nicht in gleicher Weise zu entfalten. 1836 beklagte etwa Gustav Hartlaub, die Sammlungen seien vergleichsweise arm und gerade durch Schiffskapitäne, die doch in der Ferne beste Gelegenheiten zur Sammlung hätten, habe das Museum „bisher außerordentlich wenig erhalten“.[118]

Wohlgemerkt: Schenken war ein Geschäft auf Gegenseitigkeit. Den Bremer Reedern und Kaufleuten indes fehlte es bis weit ins 19. Jahrhundert an einer Gegengabe. Ihnen war das symbolische Kapital, in das sich ihr Geschenk in der Museumssammlung verwandeln sollte, zutiefst fremd. Der praktische Nutzen ihrer Gabe blieb ihnen verborgen – und keinem Naturforscher gelang es, hier Abhilfe zu schaffen. An Versuchen mangelte es gleichwohl nicht. 1878 sahen sich die „an überseeischen Plätzen lebenden Bremer“ etwa mit der Bitte konfrontiert, „ihre Theilnahme an dem Gedeihen der öffentlichen naturwissenschaftlichen und ethnographischen Sammlungen ihrer Vaterstadt durch reichliche Uebersendung geeigneter Objecte zu bethätigen“.[119] Allein, die Teilnahme blieb bescheiden. Gewiß gab es Ausnahmen. So etwa Philipp Bernhard Schmacker (1851–1896), ein Bremer Kaufmann, der als Teilhaber der Firma Carlowitz & Co. in Shanghai zu Geld gekommen war. In seinem Testament vom 9. Januar 1896 setzte er den Senat der Hansestadt zum Erben der Hälfte seines Vermögens ein.[120] Er knüpfte daran die Bedingung, die Zinsen zu wissenschaftlichen Zwekken, „ganz speciell zur Pflege der Conchyiologie und Malacozoologie durch einen im Museum anzustellenden wissenschaftlichen Beamten“ zu verwenden.[121] Zusätzlich sollten

116 Dazu *Festschrift zur Erinnerung an die Eröffnung des neuerbauten Museums der Senckenbergischen Naturforschenden Gesellschaft zu Frankfurt am Main am 13. Oktober 1907*. Frankfurt/M. 1907, S. 50f.

117 *Erweiterungsbau am Senckenbergischen Museum*. In: Beiblatt der „Frankfurter Nachrichten und Intelligenz-Blatt“ v. 31.10.1912.

118 G. Hartlaub: Das zoologische Museum in Bremen. In: Bremische Blätter 4 (1836), S. 17–21, hier S. 20. – Die Redaktion der „Bremischen Blätter“ verschärfte den Wink noch: „Die Vermehrung des Naturalien-Cabinetts zu befördern möchten wir besonders den Herren Schiffsrhedern, welche ja fast sämmtlich Mitglieder des Museum's sind, empfehlen. Eine von ihnen den Schiffscapitainen gegebene Andeutung würde sicherlich ersprießliche Resultate herbeiführen.“ Ebd.

119 [H. Gröning]: Die ethnographische Sammlung Bremens. In: „Weser-Zeitung“ v. 28.11.1878.

120 Vgl. das Testament Schmackers, Shanghai, 9.1.1896 [Abschrift v. 26.3.1896]. StA Bremen 3–N.5.No.46.

121 Ebd. – Zum folgenden auch H. Abel: Vom Raritätenkabinett zum Bremer Überseemuseum. Bremen 1970, S. 77.

Schmackers Sammlungen im geschätzten Wert von 15.000 Mark im Museum aufgestellt und eine wissenschaftliche Bearbeitung des Materials vorgenommen werden. Nach Verhandlungen zwischen Senator Barkhausen seitens der Behörde für das Städtische Museum und der Firma Carlowitz[122] erklärte sich die Bürgerschaft schließlich Anfang 1897 mit der Annahme der Sammlungen und des beträchtlichen Kapitals von rund 185.000 Mark einverstanden – „voll Dankgefühls für die von einem im fernen Auslande verstorbenen treuen Bürger seiner bremischen Heimat gemachte letztwillige Zuwendung, die ihm ein dauerndes ehrenvolles Gedenken sichert".[123]

Das Interesse an Fragen der Natur und die Bindung an die Vaterstadt hatten im Falle Schmackers zur Errichtung einer Stiftung geführt, in deren Zentrum wissenschaftliche Fragen standen. Ein solches Motiv war für die Bremer Verhältnisse jedoch eher untypisch. Es überwog vielmehr das unternehmerische Kalkül – und es verwundert kaum, daß sich eine regelrechte Schenkkultur erst nach dem geradezu sensationellen Publikumserfolg der Nordwestdeutschen Gewerbe- und Industrieausstellung, aus der das Städtische Museum ja hervorging, entwickelte.[124] Nur so war es verständlich, daß sich das Verzeichnis der Geschenkgeber bei der Eröffnung des neuen Hauses 1896 wie das Bremer Handelsadreßbuch las. Die Bremer Kaufmannschaft hatte in dem in jeder Hinsicht populären Museum ein adäquates Medium der Selbstdarstellung entdeckt. Indem man die eigenen Produkte – ob Kaffee, Tee, Reis oder Tabak – dem Museum schenkte, präsentierte man sie der großen Öffentlichkeit. Das Haus erwies sich so, zumindest partiell, als Schaufenster des Bremer Handels. Jetzt erst gelang – mit Hilfe der Kultureinrichtung Museum – die Verwandlung von ökonomischem in soziales Kapital. Schon 1901 war das Haus mit Geschenken überfüllt. Eine von der Bremer Firma Reidemeister & Ulrich geplante Ausstellung zum Weinhandel etwa konnte des Raummangels wegen nicht zur Ausführung gelangen.[125] Als das Museum nach seinem Umbau 1911 wieder eröffnet wurde, vermochte sich das Haus vor Gaben kaum zu retten – wobei es freilich weniger die Naturkundliche als die Handelskundliche Abteilung war, auf die sich diese materielle Partizipation richtete.[126]

Diese Partizipation umschloß nun – ganz anders als bis in die 1880er Jahre – wie selbstverständlich Kaufleute und Forscher, Behörden und Vereine. Besondere Bedeutung kam dabei dem Norddeutschen Lloyd zu, der immer wieder Sendungen frachtfrei transportierte und zu seinem 50. Jubiläum dem Bremer Museum eine wertvolle ostasiatische Sammlung

---

122 Vgl. Barkhausen an Fa. Carlowitz & Co, Bremen, 22.8.1896. – Fa. Carlowitz & Co. an Barkhausen, Hamburg, 25.8.1896. StA Bremen 3–N.5.No.46.

123 *Beschluß der Bürgerschaft* v. 6.1.1897. StA Bremen 3–N.5.No.46. – Zuvor: *Mitteilung des Senats* v. 29.12.1896, S. 693–695. – Im Jahre 1900 belief sich das Kapital der Stiftung auf annähernd 200.000 Mark. Abrechnungen erfolgten jeweils am Ende der gedruckten Jahresberichte. StA Bremen 3–N.5.No. 129.

124 Dazu Abel (wie Anm. 121), S. 57–80. – Vgl. auch oben Kap. I.1.4.

125 Vgl. Jahresbericht des Städtischen Museums für Natur-, Völker- und Handelskunde für 1902. In: *Mitteilung des Senats* v. 23.12.1902, S. 982. – Weitere Beispiele für abgelehnte Geschenke sind zahlreich. Vgl. etwa Jahresbericht des Städtischen Museums für Natur-, Völker- und Handelskunde für 1904. In: *Mitteilung des Senats* v. 3.1.1905, S. 6.

126 Vollständige Liste in: *Mitteilung des Senats* v. 19.7.1912, S. 1027–1038. – Das Netzwerk, das Schauinsland durch seine Kontakte zu Kaufleuten und Naturalienhändlern aufbaute, wird in der überlieferten Korrespondenz des Museums ansatzweise erkennbar. Vgl. etwa Archiv ÜM Bestand 1/1, 6, 14, 14, 19, 22, 45.

schenkte.[127] Die Reederei entsprach damit den Wünschen Hugo Schauinslands, dem es als einem geschickten Organisator leichtfiel, Geschenke einzuwerben. Bereits vor dem Lloyd-Jubiläum hatte Schauinsland im stillen drei ostasiatische Sammlungen für das Museum ausgesucht, die jedoch nicht aus eigenen Mitteln erworben werden konnten.[128] Mit Hilfe Barkhausens fädelte Schauinsland nun im Frühjahr 1907 die Transaktion mit dem Norddeutschen Lloyd ein. In mehreren Briefen wurde der Generaldirektor des Lloyds, Christoph Heinrich Wiegandt, gezielt darüber informiert, daß Bremen im Vergleich mit „Leipzig, Dresden, München, Stuttgart, ja selbst Freiburg i.B., Frankfurt, Cöln, Hannover etc." an ostasiatischen Stücken „so gut wie nichts" besitze.[129] Schon aus Prestigegründen konnte sich die Reederei dem unausgesprochenen Wunsch kaum entziehen. Im Juni 1907 durfte die Schenkung – deren Wert sich auf rund 50.000 Mark belief – als sicher gelten.[130] Am 21. August konnten Vorstand und Aufsichtsrat des Lloyds dem Senat mitteilen, daß man aus Anlaß des 50jährigen Bestehens, „sowie in dankbarer Anerkennung der uns von Seiten des bremischen Staates stets zuteil gewordenen bereitwilligen und entgegenkommenden Förderung unseres Unternehmens", dem Städtischen Museum eine Kollektion von 550 Gegenständen „zur Errichtung einer chinesisch-japanischen Abteilung" geschenkt habe.[131] Daß die Formel von der ‚entgegenkommenden Förderung' mehr auf das Morgen als auf das Gestern zielte, war für niemanden zu übersehen. Der Norddeutsche Lloyd konnte seine Gabe ruhigen Gewissens als Investition in die Zukunft betrachten. Der Präsident des Senats bedankte sich jedenfalls verbindlich für „das großartige Geschenk", nicht ohne zu betonen, es sei eine „besonders wertvolle Zierde des Museums".[132]

Die Residenzstadt Karlsruhe hingegen konnte nicht über jenes dichte Handelsnetz verfügen, von dem die Bürgerstädte Frankfurt und Bremen profitierten. Dieser Umstand blieb nicht ohne Folgen für das Schenken und Stiften. Das Großherzogliche Naturalienkabinett erhielt über das gesamte Jahrhundert hinweg signifikant weniger Geschenke als etwa die Häuser in Frankfurt und Bremen. Noch am Ende des Jahrhunderts, zwischen 1905 und 1914, verzeichnete etwa die Geologisch-Paläontologische Abteilung in keinem Jahr mehr als zehn Geschenke, nicht selten waren es nicht einmal vier pro Jahr.[133] Während die „Berichte" der Senckenbergischen Naturforschenden Gesellschaft seit den 1860er Jahren auf eng bedruckten Seiten Namen an Namen reihten, um Jahr für Jahr allen Geschenkgebern öffentlich den Dank des Vereins abzustatten, konnte sich das Karlsruher Naturalienkabinett mit sporadischen Zeitungsannoncen begnügen. Ganz offensichtlich fehlte das bürgerliche Ambiente. Es fehlte freilich auch die packende Inszenierung der Sammlung, das internatio-

---

127 Vgl. Jahresbericht des Städtischen Museums für Natur-, Völker- und Handelskunde für das Rechnungsjahr 1907. In: *Mitteilung des Senats* v. 17.7.1908, S. 841. – Zum Lloyd vgl. immer noch G. Bessell: Norddeutscher Lloyd 1857–1957. Bremen 1957. – Daneben nun H. J. Witthöft: Norddeutscher Lloyd. Hamburg 1997. – R. Thiel: Norddeutscher Lloyd. Bremen 2000.

128 Die Korrespondenz in StA Bremen 3–N.5.No. 70.

129 Schauinsland an Wiegandt, Bremen, 21.3.1907 [Abschrift]. StA Bremen 3–N.5.No. 70. – Zu Wiegandt BremBiogr I, S. 518–526.

130 Interner Vermerk Barkhausens v. 22.6.1907. StA Bremen 3–N.5.No. 70.

131 Norddeutscher Lloyd an Senat, 21.8.1907. StA Bremen 3–N.5.No. 70.

132 Präsident des Senats an Norddeutschen Lloyd, Bremen, 28.8.1907 [Konzept]. StA Bremen 3–N.5.No.70.

133 Vgl. die jährlichen Mitteilungen des Naturalienkabinetts an das Kultusministerium in GLA Karlsruhe 235/6666.

nale Renommee des Hauses. Ein Geschenk schien sich – aus bürgerlicher Perspektive – im Großherzoglichen Kabinett auf den ersten Blick kaum zu rentieren.

Das bedeutet nun freilich nicht, die Karlsruher Sammlungen seien völlig vom Geschenkfluß des 19. Jahrhunderts abgeschnitten gewesen. Auch Karlsruhe verfügte über Kontakte zu Diplomaten, zu Reisenden und Kapitänen. Ein gewisser Kapitän Ullmann etwa, in holländischen Diensten stehend, schenkte dem Haus in den 1860er Jahren mehrfach Naturalien aus Japan und China.[134] Solche Geschenke erfolgten meist aus einem ganz speziellen Motiv: Nicht selten rechneten die Geschenkgeber mit einer entsprechenden Ordensdekoration, die gerade in Kreisen der Handels- und Kriegsmarine geschätzt wurde und von bürgerlichen Museen nicht zu erlangen war. Auch Ullmann wurde mit einer Auszeichnung bedacht.[135] Noch häufiger erwiesen sich Geschenke jedoch als Bittstücke. Der Geschenkgeber empfahl sich durch sein Präsent dem Staat. 1845 etwa übereignete Eduard Keller, ein aus Freiburg stammender und nun in Brasilien lebender Arzt, dem Karlsruher Kabinett eine Sendung von Tieren aus Carcavellas (Provinz Bahia) und äußerte in seinem Begleitschreiben ausdrücklich den Wunsch, „mit der Hoffnung auf Anstellung in sein Vaterland zurückkehren zu können".[136] Das Geschenk war hier ganz auf Gegenseitigkeit berechnet.

Damit stehen wir – nach diesem knappen Überblick über die unterschiedlichen lokalen Schenkkulturen – nun bereits bei der Frage nach den inhaltlichen Motiven des Schenkens. Denn daß ein ökonomisches Kapital – durch kulturelle Veredelung – in ein soziales Kapital verwandelt wurde, ist bei näherem Hinsehen doch eine allzu grobe Umschreibung. Auch der Hinweis auf den gemeinen Nutzen, auf Bürgerstolz und Bürgersinn, hat zwar seine Berechtigung, läßt sich aber durchaus präzisieren. Im folgenden sollen daher drei Grundmotive des Schenkens – das Wissenschafts-, das Erinnerungs- und das Statusmotiv – untersucht werden. Diese Motive wirkten durch die geschenkten Objekte in das Museum hinein. Sie waren kulturelle Codes der Vergemeinschaftung.

Da die *scientific community* als eine außerständische, ja überständische Gemeinschaft konzipiert war, wirkte sich insbesondere das wissenschaftliche Motiv nicht nur auf bürgerliche Schenkungen aus. Als etwa der russische Generalkonsul in Brasilien, von Langsdorff, 1821, nach siebenjährigem Aufenthalt in Brasilien in das Zarenreich zurückkehrte, führte er eine kostbare Sammlung südamerikanischer Insekten mit sich, die bereits in Paris Aufmerksamkeit erregt hatte.[137] Ursprünglich zur Einschiffung nach Rußland bestimmt, entschloß sich Langsdorff nach einem Besuch im Zoologischen Museum in Berlin – „entzückt von der wahrhaft wissenschaftlich geordneten naturhistorischen Sammlung"[138] – dazu, seine Kollek-

---

134 Vgl. Ullmann an Intendanz der Civilliste, Frankfurt am Main, den 2.2.1869. GLA Karlsruhe 56/1626. – Ein anderer Karlsruher Mittelsmann war Hugo Friedländer in Rangoon, der unter anderem 1867 Naturalien nach Karlsruhe schickte. Vgl. Friedländer an Hoffinanzrat Weidel, Rangoon, 28.11.1867. GLA Karlsruhe 67/1632. – Zur Naturaliensendung des *Assistent-Resident* Johann Friedrich Riedel zu Gorondalo in Menado 1865 vgl. GLA Karlsruhe 56/1630.

135 Vgl. ebd.

136 Geh. Kabinett an Oberhofverwaltungsrat, Karlsruhe, 24.2.1845. GLA Karlsruhe 56/1573.

137 Vgl. Lichtenstein an Ministerium, Berlin, 7.12.1821. GStA PK I.HA Rep. 76 Va Sekt. 2 Tit. X Nr. 15 Bd. VII, fol. 169–174.

138 Langsdorff an Lichtenstein und Klug, Berlin, 22.8.1821 [Abschrift]. GStA PK I.HA Rep. 76 Va Sekt. 2 Tit. X Nr. 15 Bd. VII, fol. 175.

tion im Wert von etwa 5.000 Talern dem Berliner Haus zu schenken.[139] Hier sollte sie wissenschaftlich exakt bestimmt werden, hier sollte sie für die Öffentlichkeit zugänglich sein. Langsdorff wünschte sich eine professionelle Bearbeitung seiner Sammlung, und eine solche konnte am besten in einem öffentlichen Museum erfolgen. Gerade das tiefe wissenschaftliche Interesse an der eigenen Sammlung bestimmte ihn dazu, die Sammlung zu verschenken und sie so dem Fachpublikum wie der größeren Öffentlichkeit zugänglich zu machen.

Ein solches Verhalten war durchaus keine Ausnahme. Als Johann Friedrich Helm (1756–1829), einer der Stifter des Vereins, 1828 seine Konchyliensammlung der Senckenbergischen Naturforschenden Gesellschaft schenkte, machte er es dem Museum zur Hauptbedingung, „daß alle Conchilien mit Etiquetten versehen werden, die sich auf einen Gesammt Catalog beziehen“.[140] Und auch Adolf Schütt, Oberamtsrichter in Bruchsal, der in seinem Testament 1879 seine umfangreichen Sammlungen dem Badischen Naturalienkabinett übereignete, trieb die Sorge an, „daß sie seiner Zeit eine zweckmäßige Verwendung finden“.[141] Die Gewährung sozialer Anerkennung war auch bei solchen genuin wissenschaftlich motivierten Schenkungen voraussehbar – aber sie bildete nicht ihr treibendes Motiv. Als die Witwe des Kriegsrats Kirstein, eines bedeutenden Entomologen, dem Wunsch ihres Mannes entsprechend, 1820 die gesamte Sammlung dem Berliner Zoologischen Museum überließ, verlangte sie hierfür ausdrücklich keine Entschädigung: „Kränklich und auf jede Lebensfreude verzichtend, macht sie sogar keinen Anspruch auf öffentliche Anerkennung ihres Verdienstes.“[142]

Eine solche wissenschaftliche, im sozialen Sinne beinahe zweckfreie Schenkung war freilich die Ausnahme. In der Regel existierten soziale Motive – und häufig kreisten sie, die mittelalterliche Stiftungsidee fortführend, um den Gedanken der Memoria.[143] Mit ihren Objekten gewannen die Geschenkgeber einen Anteil am Museum, der durch den institutionellen Charakter der Sammlung über ihren Tod hinaus fortbestand. Ein Gang durch das Museum konnte so für den Wissenden gleichsam zu einer säkularisierten Form des Totengebets werden. Die Namen der Geschenkgeber waren in den Katalogen, wichtiger noch auf den Etiketten in unmittelbarer Nähe der Objekte präsent. 1879 etwa versicherte Senator Hermann Gröning namens der Behörde für das Städtische Museum einer Bremerin, die dem Museum die Sammlung ihres Schwiegervaters überlassen hatte, durch diese Gabe werde dem Verstorbenen „ein ehrenvolles Andenken“ gesichert.[144]

---

139 Vgl. Klug an Ministerium, Berlin, 30.3.1822 [Abschrift]. GStA PK I.HA Rep. 76 Va Sekt. 2 Tit. X Nr. 15 Bd. VII, fol. 223–225, hier fol. 223.

140 Helm an SNG, Frankfurt/M., 14.11.1828. SNG Archiv Bd. 42.

141 Schütt an Geh. Kabinett, Bruchsal, 23.11.1879. – Schütt an Geh. Kabinett, Bruchsal, 13.6.1887. GLA Karlsruhe 60/1266. – Schütts testamentarische Verfügung über die im Bruchsaler Schlosse untergebrachten Sammlungen in GLA 56/1864. – Dazu auch G. Mayer: Die Sammlungen des Oberamtsrichters Dr. Adolf Schütt (1810–1888) in Bruchsal. In: Badische Heimat 58 (1978), S. 135–138.

142 Lichtenstein an Ministerium, Berlin, 25.5.1820. GStA PK I.HA Rep. 76 Va Sekt. 2 Tit. X Nr. 15 Bd. VI, fol. 17–22, hier 21f.

143 Zu der Herkunft dieses Motivs, das in der neueren Stiftungsforschung nicht ganz den Platz erhalten hat, der ihm zukommt, instruktiv die Beiträge in M. Borgolte (Hrsg.): Stiftungen und Stiftungswirklichkeiten. Berlin 2000. – Vgl. auch K. Schmid u. J. Wollasch (Hrsg.): Memoria, der geschichtliche Zeugniswert des liturgischen Gedenkens im Mittelalter. München 1984.

144 Gröning an Fr. Broemel, Berlin, 22.11.1879 [Konzept]. StA Bremen 3–N.5.No. 13.

Das Fortleben in den Objekten war jedoch nur ein erster Aspekt der Memoria. Nicht selten wurden Teilsammlungen und Räume nach bedeutenden Geschenkgebern benannt. Häufig waren sie auch bildhaft – in Büsten, auf Gemälden und Tafeln – in der Sammlung lebendig. Das Museum erwies sich so als Ort der Erinnerung – und das Wissen als vergegenwärtigte Erinnerung. Als etwa Hofrat Gerresheim, ein bedeutender Schwammforscher, 1814 in Dresden starb, beantragte Hinrich Lichtenstein, um diesen „frühesten und ausgezeichnetsten Wohlthäter" des Berliner Zoologischen Museums zu ehren, sein Porträt im Zoophytensaal aufhängen zu dürfen.[145] Gerresheim habe „dieses Bild selbst für unser Museum bestimmt"[146] – ein Hinweis darauf, daß das Museum von Anfang an von Mäzenen bewußt als Ort der Erinnerung ausgewählt wurde. Denn nicht nur in Berlin erwiesen sich Bilder als ‚Medien der Präsenz'.[147] In Frankfurt etwa war es Heinrich Mylius, der erwähnte Stifter, der dem Senckenberg-Museum 1852 eine Rüppell-Büste von Pompeo Marchese, „dem zur Zeit berühmteste[n] Bildhauer Mailand's" schenkte[148] – wobei diese Büste offensichtlich schon zu Lebzeiten Rüppells im Museum aufgestellt wurde. Sie erhielt ihren Platz dort neben den Büsten Philipp Jakob Cretzschmars, Senckenbergs, Bethmanns, Neuburgs und Heinrich Mylius' selbst.[149]

Mitunter brachten die Wünsche der Geschenkgeber das Museum in eine heikle Situation. Es hatte abzuwägen zwischen seinem wissenschaftlichen Auftrag und seiner Funktion als Erinnerungsort. Wenn der Geschenkgeber zu großen Einfluß auf die museale Praxis zu nehmen drohte, mußte die Institution ihr Gleichgewicht neu herstellen. Ein illustratives Beispiel hierfür bietet ein Berliner Vorgang des Jahres 1889. Clara Rumpff, eine Unternehmerswitwe aus der Rheinprovinz, bot – von einem kundigen Rechtsanwalt beraten – dem Museum für Naturkunde die berühmte Mineraliensammlung des Erzherzogs Stephan Viktor von Österreich (1817–1867) zum Geschenk an, die ihr verstorbener Mann seinerzeit erworben hatte, um sie vor dem Verkauf ins Ausland zu bewahren.[150]

Im Zuge dieser Schenkung erhob die Witwe drei Bedingungen: Erstens sollte die Sammlung ungeteilt dem Publikum gezeigt werden. Zweitens sollte sie den Namen „Erzherzog Stephan-Rumpffsche-Sammlung" führen. Und drittens sollten in den entsprechenden Sälen die Porträts sowohl des Erzherzogs als auch ihres verstorbenen Mannes gezeigt werden, und zwar in Lebensgröße.[151] Alle drei Bedingungen bedeuteten einen erheblichen Eingriff in die museale Praxis. Immer wieder äußerten Geschenkgeber die Bedingung, ihre Sammlung ungeteilt aufzustellen – und immer wieder mußte diese Bedingung abgelehnt werden.

---

145 Lichtenstein an Departement, Berlin, 14.2.1814. GStA PK I.HA Rep. 76 Va Sekt. 2 Tit X Nr. 15 Bd. II, fol. 9.

146 Ebd., fol. 10.

147 Vgl. J. Fohrmann, A. Schütte u. W. Vosskamp (Hrsg.): Medien der Präsenz. Köln 2001. – Zu diesem Aspekt v.a. G. Bott: Museumsbauten als Stifterdenkmäler. In: Festschrift für Eduard Trier zum 60. Geburtstag. Berlin 1981, S. 343–359.

148 Mylius an SNG, Mailand, 17.4.1852. SNG Archiv Bd. 42, Nr. 67. – Vgl. Kramer (wie Anm. 112), S. 303. – Vgl. auch *Gusto e cultura europa nelle racolte d'arte di Enrico Mylius*. Vicenza 1999.

149 *Einladung zur Unterzeichnung für eine im Senckenbergischen Museum aufgestellte Büste Cretzschmar's*. SNG Archiv Bd. 42, Nr. 46. – Vgl. Kramer (wie Anm. 112), S. 335.

150 Der gesamte Vorgang in GStA PK I.HA Rep. 76 Va Sekt. 2 Tit. X Nr. 21 Bd. XV. – Vgl. Liebisch (wie Anm.105), S. 317f.

151 Clara Rumpff an Ministerium, Schloß Aprath, 7.7.1889. GStA PK I.HA Rep. 76 Va Sekt. 2 Tit. X Nr. 21 Bd. XV, fol. 11–12.

Die konsequente Systematik der musealen Ordnung gestattete keine Enklaven. Auch Clara Rumpff konnte sich mit dieser Bedingung nicht durchsetzen.[152] Nach eingehenden Verhandlungen im Sommer 1889 wurde vereinbart, die Schaustücke der Sammlung der Museumsschausammlung einzuverleiben und den entsprechenden Saal für den Fall, daß der Anteil der Rumpffschen Objekte an seinem Gesamtbestand mindestens ein Drittel betrage, mit dem Namen des Verstorbenen zu ehren. Tatsächlich lag der Anteil der Rumpffschen Schaustücke am Ende unter dieser Grenze. Das Museum aber erwies sich in diesem Punkt als entgegenkommend und betitelte den Saal als „Vereinigte Staats- und Erzherzog Stephan-Rumpffsche Sammlungen."[153]

Geschenke bereicherten so nicht nur die Sammlungen. Sie veränderten auch ihr Gesicht. Die Geschenkgeber nahmen Einfluß auf die Inszenierung, und die Museumsleitung kam ihnen dabei durchaus entgegen. Man war angewiesen auf Geschenke und handelte entsprechend. Zugleich waren Geschenke, zumal wertvolle Geschenke, immer auch ein Gradmesser für das Prestige eines Hauses. Der Hinweis auf Geschenke unterstrich den eigenen Status – und motivierte zugleich künftige Geschenkgeber. Um ihren Wünschen gerecht zu werden, verstand sich das Museum – auch in seiner baulichen Ausstattung – stets als ein Ort des Gedenkens.

In keinem Haus fehlten Tafeln und Inschriften, die die Namen verstorbener Gönner und Wohltäter nannten und so eine geradezu sakrale Aura schufen. Die Senckenbergische Naturforschende Gesellschaft etwa ließ 1854 eine „Tafel der ewigen Mitglieder" für das Museum anfertigen, in deren Titel schon das Versprechen von Erlösung und Heil mitklang.[154] Das Berliner Museum für Naturkunde gab 1892 „starke, einfache, helle Marmorplatten" in Auftrag[155], auf denen epitaphgleich die Namen der wichtigsten Geschenkgeber in den Räumen der Schausammlung verewigt werden sollten.[156] Die „Nationalzeitung" äußerte sich am 13. November 1892 zustimmend zu dem Plan, diese Namen nicht mehr nur in den „Archiven des Museums niederzulegen", sondern „den Besuchern des Museums noch besonders an geeigneten Stellen bekannt" zu machen.[157] Die Erwartung eines ewigen Gedenkens erwies sich über das gesamte Jahrhundert hinweg als zentrales Motiv des Schenkens und Stiftens. Da eine Schenkung in der Regel schon zu Lebzeiten erfolgte, war allerdings bei diesem Geschäft nicht nur mit einer *postumen* Gegenleistung zu rechnen. Vielmehr wirkte die Schenkung von Beginn an prestigefördernd und statussichernd.

Nicht von ungefähr wurde etwa Simon Moritz von Bethmann, in dem die Senckenbergische Naturforschende Gesellschaft „ihren Mecaen und Begründer" erkannte[158], schon 1818 zum „Ersten Ehrenmitgliede" der Gesellschaft erhoben. Durch Ehrenmitgliedschaften verteilte die Gesellschaft symbolisches Kapital an Freunde und Gönner. Deren Engagement

---

152 Aufzeichnung Althoffs, 20.7.1889. GStA PK I.HA Rep. 76 Va Sekt. 2 Tit. X Nr. 21 Bd. XV, fol. 16v.

153 Ministerium an Auswärtiges Amt, Berlin, 18.1.1890. GStA PK I.HA Rep. 76 Va Sekt. 2 Tit. X Nr. 21 Bd. XV, fol. 108–109v.

154 Dazu Protokoll der SNG v. 29.7.1854. SNG Archiv Bd. 5, fol. 4–6.

155 Ch. Linde an P. Küster, Berlin, 28.12.1891. UA HU Berlin MfN Bd. 97.

156 Namenslisten in UA HU Berlin MfN Bd. 97.

157 „Nationalzeitung" v. 13.11.1892.

158 Protokoll der SNG v. 30.7.1818. – SNG an Bethmann, Frankfurt/M., 6.8.1818 [Konzept]. SNG Archiv Bd.2, Nr. 16. – Zur Begrifflichkeit M. Frey: Zum Bedeutungswandel des Begriffs ‚Mäzen' in der Bürgerlichen Gesellschaft. In: Mäzenatisches Handeln (wie Anm. 106), S. 11–29.

wurde belohnt – zugleich wurde es aber auch erwartet. Dabei setzte man auf die Vorbildfunktion, wie sie einem geschätzten Manne wie Bethmann zweifellos zukam. Diese Funktion reklamierte etwa auch Eduard Rüppell für sich, der nach und nach fast sein gesamtes Vermögen für die Arbeit des Senckenberg-Museums opferte.[159] Nicht zu Unrecht rief Rüppell daher 1842, als Geld für einen Erweiterungsbau des Senckenberg-Museums gesammelt wurde, „diejenigen unserer Herren Mitglieder, welche ganz besonders in dem Besitz pecuniairer Glückszeiten sind", dazu auf, seinem Beispiel zu folgen.[160] Welche Wirkung solche Aufrufe hatten, läßt sich an den Einträgen im sogenannten „Kapitalienbuch" der Senckenbergischen Naturforschenden Gesellschaft ablesen, das 1831 – „von der Pflicht der Dankbarkeit" bestimmt – angelegt und fortan stets ergänzt wurde.[161] Dieses Buch wirkte als Gedächtnis des Vereins. Alle Geldgeschenke, vom ersten Museumsbau, über den Ankauf der Meyerschen Vogelsammlung bis hin zu der Millionenstiftung der Gräfin Bose 1882 waren hier sorgfältigst registriert.[162]

Der Dank wurde aber nicht nur intern formuliert, sondern auch in aller Öffentlichkeit ausgesprochen – und gerade dies erhöhte die Reputation des Geschenkgebers. Die Institution Museum bescheinigte ihm gleichsam die aktive Teilhabe. Und durch diese Teilhabe erwies sich der Betreffende sogleich als wichtiges Glied der bürgerlichen Gesellschaft – denn es waren vor allem die Häuser in Frankfurt und Bremen, die sich hier hervortaten. Die Senckenbergische Naturforschende Gesellschaft etwa nutzte von ihren Anfängen an konsequent die Möglichkeiten der Presse, um Geschenkgebern in eigenen Berichten zu danken und sich so für ihre Unterstützung zu revanchieren.[163] Neben Zeitungsartikeln waren es vor allem die Jahresberichte, die – nicht nur in mündlicher Form, sondern auch in gedruckter Fassung – die Geschenke benannten. In Bremen geschah dies nach der Verstaatlichung des Museums in den „Mittheilungen des Senats"[164], wodurch der Dank hier in eine amtliche Form gegossen war, in der sich nicht nur der Dank des Museums, sondern zugleich der Dank des gesamten Gemeinwesens ausdrückte. Die Museen fühlten sich der Öffentlichkeit verpflichtet. Ihr gaben sie Rechenschaft über die Entwicklung der Sammlung. Zugleich war diese Rechenschaft für die Geschenkgeber selbst attraktiv: Ihr Name wurde öffentlich mit der Kulturinstitution Museum verknüpft. Sie durften sich selbstbewußt als Akteure innerhalb der musealen Wissenskommunikation verstehen.

Diese Umwandlung von ökonomischem in symbolisches Kapital folgte den Regeln der bürgerlichen Gesellschaft. Es waren verläßliche, aber dezente Regeln. Die Gegenleistung, die das Museum in Form öffentlichen Dankes erbrachte, konnte nur verstehen, wer diese

---

159 Zu Rüppell oben Kap. I.

160 *Subskriptions-Liste zu Beiträgen für Deckung der Kosten für Bau des Jahres 1842*. SNG Archiv Bd. 42, Nr. 38.

161 Vgl. *Verzeichniß aller Geldgeschenke, welche der Senckenbergischen naturforschenden Gesellschaft gemacht worden sind, aus den officiellen Papieren bis zum 31. December 1845 zusammengestellt und der Gesellschaft als Geschenk überreicht von Dr. G.L. Kriegk, der Zeit erstem Director der Gesellschaft* [fortgeführt bis 1908]. SNG Archiv Bd. 18. – Eine ähnliche Praxis kannte die Bremer Gesellschaft Museum. StA Bremen 2–T.5.p.

162 Zu ihren Stiftungen jetzt M. Lemberg: Gräfin Louise Bose und das Schicksal ihrer Stiftungen und Vermächtnisse. Marburg 1998, S. 156-171. – Vgl. Kramer (wie Anm. 112), S. 343, 346, 351 u. 358.

163 Ein frühes Beispiel in: „Zeitung der freyen Stadt Frankfurt" v. 1.7.1823.

164 Vgl. etwa *Mittheilung des Senats* v. 22.1.1878, S. 11f.

Regeln kannte. Das symbolische Kapital selbst blieb unsichtbar. Je mehr sich die bürgerliche Gesellschaft in eine Klassengesellschaft verwandelte, je deutlicher Besitz über Bildung rangierte, desto brüchiger wurde dieses Regelwerk.[165] Im Kaiserreich suchten finanzstarke Unternehmer und Kaufleute, denen Bildung zum Gut geworden war, nach einem *sichtbaren* symbolischen Kapital. Sie fanden es in Titeln und Orden.[166]

Die Aussicht auf solche Gegengaben winkte potentiellen Geschenkgebern jedoch nicht in Frankfurt und Bremen, sondern etwa in Berlin und Karlsruhe. Jetzt gelang es diesen Häusern, ihren alten, durch den residenzstädtischen Hintergrund bedingten Standortnachteil in manchen Bereichen wettzumachen. Mit Ordensdekorationen wurde jedenfalls nicht gegeizt – und mitunter wurden sie vom Geschenkgeber geradezu verlangt. So zeigte etwa der Großherzogliche *Conservator der Alterthümer* 1880 dem Karlsruher Kultusministerium an, ein Kaufmann in Tokio wolle dem Haus eine Sammlung japanischer Gegenstände schenken, „wenn ihm dafür Seitens der Regierung eine Auszeichnung in Aussicht gestellt werden könnte".[167] Und der Kaufmann erhielt das Ritterkreuz I. Klasse. In der Tat blieb kaum ein Geschenkgeber undekoriert – sofern die Schenkung mit dem wissenschaftlichen Anspruch des Museums vereinbar war. Und diese Präzisierung war durchaus entscheidend. Das Museum öffnete sich den Erwartungen und Wünschen der Mäzene. Diese Öffnung fand aber ihre Grenzen in der wissenschaftlichen Relevanz des konkreten Geschenkes. Und über sie entschied allein das Museum.

Im Jahre 1913 schenkte der Kaiserliche Konsul in Brisbane (Australien), Eugen Hirschfeld (1866–1946), – auf Vermittlung des Geheimen Regierungsrats Krauss in Berlin – der Karlsruher Geologischen Sammlung eine Kollektion von australischen Erzen in über hundert Einzelstücken.[168] Offensichtlich hatte Krauss dem Konsul dieses Geschenk als Möglichkeit empfohlen, eine badische Ordensdekoration zu erlangen. Frühzeitig und ungefragt schaltete sich Krauss, der zur Erholung im Engadin weilte, im Januar 1913 aus dem Grand Hotel in St. Moritz in die Verhandlungen zwischen Hirschfeld und Ministerium ein, indem er *en passant* die Bemerkung fallen ließ, Hirschfeld sei ein untadeliger Mann und besitze bereits den Roten Adler-Orden IV. Klasse.[169]

Als die Auszeichnung jedoch auf sich warten ließ, wandte sich Krauss im Mai 1913 an den badischen Kultusminister persönlich und erkundigte sich nach dem Stand der Dinge. Wenn die Schenkung des Konsuls, so bemerkte Krauss in aller Offenheit, nicht derart gewesen sei, daß sie eine Ordensdekoration für den Moment zulasse, „so wäre es mir wohl ein Leichtes, Herrn Hirschfeld zu bestimmen, noch weiter für die badischen Museen zu sammeln".[170] In der Logik von Krauss, der mit den feinen Gesetzen des Schenkens im öffentlichen Raum offensichtlich nicht sonderlich gut vertraut war, sollte so *jede* Sammlung früher oder später die ersehnte Gegenleistung zur Folge haben. Der badische Kultusminister beschied ihm jedoch kühl, daß es nicht möglich sei, eine Auszeichnung anzuregen, da der Sammlung „nach dem Gutachten" der Museumsdirektion „kein sehr hoher Wert" zukomme

---

165 Dazu abgewogen Frey: Macht (wie Anm. 106), S. 71–79.

166 Vgl. etwa Nipperdey II, S. 389–395. – Vgl. auch S. Kuhrau: Der Einfluß großbürgerlicher Mäzene auf die Museumsreform. In: Museumsinszenierungen. Dresden 1995, S. 157–170.

167 *Conservator* an Ghzg. Friedrich I., Karlsruhe, 30.1.1880. GLA Karlsruhe 60/1265.

168 Vgl. Naturalienkabinett an Kultusministerium, Karlsruhe, 5.3.1913. GLA Karlsruhe 235/6666.

169 Vgl. Krauss an Kultusministerium, St. Moritz, 6.1.913. GLA Karlsruhe 235/6666.

170 Krauss an Kultusministerium, Berlin, 7.5.1913 [Abschrift]. GLA Karlsruhe 235/6666.

und die Erwerbung von Mineralien aus Queensland dem „Arbeitsgebiet des hiesigen Naturalienkabinetts“ allzu fernliege. Hirschfeld erhielt keine Ordensdekoration.

Gewiß war dieser Fall nicht typisch. Aber er zeigte doch, wie sehr das Museum bemüht blieb, seine Autonomie zu wahren. Nichts hätte dem Ansehen des Hauses mehr geschadet, als wenn es zu einer bloßen Verteilungsagentur sozialer Chancen und Auszeichnungen verkommen wäre. Der gestiegene Finanzbedarf der Museen, wie er im letzten Jahrhundertdrittel etwa durch Neubauprojekte, einen wachsenden Personalaufwand und den Erwerb großer Schaustücke verursacht wurde, erforderte geradezu ein großbürgerliches Mäzenatentum. Mit dem neuen Wirtschaftsbürgertum hatten sich neue Werte durchgesetzt, die durchaus im Sinne einer neuen Ethik des Geldausgebens interpretierbar waren.[171] Große Geschenke verlangten nun aber um so größere Gegengaben. Die Hersteller der Roten Adler-Orden konnten über eine mangelnde Nachfrage kaum klagen.

Ein klassisches Beispiel ist hier der Fall der Brüder Elwin und Hermann Paetel in Berlin. Ihr Vater, Friedrich Paetel, hatte eine Konchyliensammlung besessen, deren Wert auf mindestens 60.000 Mark geschätzt wurde. Die Söhne entschlossen sich nun nach dem Tod des Vaters 1888, diese Sammlung „zum bleibenden Andenken an ihren Schöpfer und früheren Besitzer“ dem Museum für Naturkunde zu schenken.[172] Die Bedingungen waren die geläufigen: Jedes Stück sollte gekennzeichnet werden „aus der Sammlung von Fr. Paetel“, kein Objekt sollte getauscht oder verkauft werden dürfen, die Sammlung sollte stets ungeteilt bleiben.[173] Da die Schenkung – wie üblich – der kaiserlichen Zustimmung bedurfte, äußerte sich Karl Möbius als Museumsdirektor in einem ausführlichen Gutachten.[174] In ihm unterstrich er die Bedeutung der Sammlung, die zu den vollständigsten weltweit zu rechnen war, lobte die wissenschaftliche Qualität von Paetels Arbeiten, bat um die Annahme der Schenkung und empfahl schließlich Paetels Söhne Hermann und Elwin, den Eigentümer der „Deutschen Rundschau“, der mit dieser Gabe „die reinste patriotische Gesinnung“ zeige, zur Ordensauszeichnung.[175] Tatsächlich wurden die Brüder, die beide bereits das Ritterkreuz II. Klasse besaßen, anläßlich der Eröffnung des Museums für Naturkunde 1889 mit einer Auszeichnung bedacht: dem Roten Adler-Orden IV. Klasse.[176]

Geschenke wurden so in ein symbolisches Kapital verwandelt, das in der ordensfixierten Gesellschaft des Kaiserreiches hohes Prestige besaß.[177] Dabei geriet die Ordensverleihung vielfach zu einer beinahe reflexartigen Äußerung des Dankes. Er galt vor allem den Eliten:

---

171 Vgl. Frey: Macht (wie Anm. 106), S. 74f. – Zu diesem Problemkreis auch W. Knopp: Kulturpolitik, Kunstförderung und Mäzenatentum im Kaiserreich. In: Mäzenatentum in Berlin. Berlin, New York 1993, S. 15–38.

172 Möbius an Ministerium, Berlin, 17.10.1888. GStA PK I.HA Rep. 76 Va Sekt. 2 Tit. X Nr. 63 Bd. XI, fol. 17–17v, hier fol. 17.

173 Elwin Paetel an Möbius, Berlin, 16.10.1888 [Abschrift]. GStA PK I.HA Rep. 76 Va Sekt. 2 Tit. X Nr. 63 Bd. XI, fol. 18-18v.

174 Vgl. Ministerium an Ks. Wilhelm II., Berlin, 19.2.1889. GStA PK I.HA Rep. 89 Nr. 21 527, fol. 139–146. – Möbius' Gutachten und ministerielle Entwürfe bei den Akten. GStA PK I.HA Rep. 76 Va Sekt. 2 Tit. X Nr. 63 Bd. XI, fol. 57–67v.

175 Ministerium an Ks. Wilhelm II., Berlin, 19.2.1889. GStA PK I.HA Rep. 89 Nr. 21 527, fol. 139–146, hier fol. 145.

176 Vgl. Ministerium an Ks. Wilhelm II., Berlin, 15.11.1889. GStA PK I.HA Rep. 89 Nr. 21527, fol. 156–160.

177 Zu den Hintergründen Nipperdey II, S. 389–395.

den Brüdern Paetel oder etwa Hans Meyer (1858–1929), dem Mitinhaber des Bibliographischen Instituts in Leipzig, der dem Museum für Naturkunde zunächst einen präparierten Riesengorilla, das dazugehörige Skelett sowie ein Menschenskelett – mit einem Wort: eine evolutionsbiologische Gruppe – schenkte und zum Dank mit dem Königlichen Kronenorden II. Klasse bedacht wurde.[178] Aber es waren nicht nur die Eliten, die dem Museum jetzt im Sinne des *do ut des*-Prinzips entgegentraten. Ein gewisser Paul Fromm etwa, Hauptmann a.D., hatte in seiner Dienstzeit in Deutsch-Ostafrika am südöstlichen Ufer des Tanganjika-Sees eine Kollektion von Tieren erbeutet: 467 Säugetiere, rund 1.000 Vögel, 240 Fische, über 3.500 Insekten. Diese Sammlung, die er 1911 dem Berliner Museum für Naturkunde schenkte, besaß ohne Zweifel hohen materiellen Wert: Ihr Preis lag bei etwa 24.000 Mark. Und da Fromm sie dezidiert angelegt hatte, um die „Variabilität der Tiere in den verschiedenen Gebieten unter dem Einflusse der verschiedenen Existenzbedingungen" zu erforschen, kam ihr zudem – im Unterschied etwa zur geologischen Sammlung des Konsuls Hirschfelds – genuin wissenschaftlicher Wert zu.[179] Erst dieser doppelte, der wissenschaftliche *und* materielle Wert machte sie zu einer Gabe, auf die das Museum reagieren mußte. Fromm wurde mit dem Roten Adlerorden III. Klasse ausgezeichnet.[180]

Bezeichnend für den Wandel der Gesellschaft und ihrer Wertordnung war es, daß im letzten Jahrhundertdrittel Orden und Auszeichnungen auch in die bürgerlichen Vereinsmuseen Einzug hielten. Der Attraktivität der Ordensdekoration, die für alle Welt sichtbar Leistungen belohnte, über die man in früheren Jahrzehnten vielleicht nie laut gesprochen hätte, konnte sich selbst die Senckenbergische Naturforschende Gesellschaft nicht entziehen. In der alten Reichsstadt, deren Eliten die Annexion durch Preußen 1866 als traumatisches Erlebnis durchlitten hatten, wurden 1907 – anläßlich der feierlichen Eröffnung des neuerrichteten Naturhistorischen Museums – die Orden über den führenden Mitgliedern der Gesellschaft geradezu ausgeschüttet, und unwillkommen waren sie nicht.[181]

In feiner sozialer Abstufung wurde etwa der Oberlehrer Heinrich Reichenbach mit dem Roten Adlerorden IV. Klasse bedacht, Wilhelm von Erlanger durfte sich über den Königlichen Kronenorden III. Klasse freuen. Den Königlichen Kronenorden IV. Klasse erhielt der Präparator August Koch. Das Allgemeine Ehrenzeichen wurde dem Sammlungsdiener Fahlberg überreicht. Über den Professorentitel durfte sich schließlich der Direktor der Gesellschaft, der Arzt August Knoblauch, freuen. Orden und Titel drückten sichtbar den Dank des Staates wie der Öffentlichkeit aus. Sie reagierten auf erbrachte Leistungen – und spornten die Empfänger zu weiteren Leistungen an. Zugleich führten sie ein sichtbares hierarchisches Element in die museale Praxis ein. Der unterschiedliche soziale Status der einzelnen Akteure, der für lange Zeit eher überdeckt worden war, wurde nun betont.

---

178 Vgl. Ministerium an Ks. Wilhelm II., Berlin, 19.1.1911. GStA PK I.HA Rep. 89 Nr. 21528, fol. 52f.
179 Ministerium an Ks. Wilhelm II., Berlin, 9.6.1911. GStA PK I.HA Rep. 89 Nr. 21528, fol. 58–62, hier fol. 58v.
180 Vgl. ebd.
181 Zum folgenden *Festschrift zur Erinnerung an die Eröffnung des neuerbauten Museums der Senckenbergischen Naturforschenden Gesellschaft zu Frankfurt am Main am 13. Oktober 1907*. Frankfurt/M. 1907, S. 26f. – Die Gesellschaft selbst ersuchte den Frankfurter Polizeipräsidenten Riess von Scheurnschloss um die Befürwortung der beim Kaiser erbetenen Ordensauszeichnungen. Vgl. SNG an Riess, Frankfurt/M., 24.9.1917. IfStG Frankfurt/M., S 1715 II.

Von dem steigenden Finanzbedarf der Naturhistorischen Museen gegen Ende des Jahrhunderts war bereits mehrfach die Rede. Der einzelne Geschenkgeber erwies sich – selbst wenn er über ein großes Vermögen verfügte – mehr und mehr als überfordert. Diese Situation führte zum einen zu einem verstärkten Zusammengehen von Privatleuten und Kommunalverwaltung – ein Modell, das dann in der Weimarer Republik Schule machen sollte.[182] Zum anderen bewirkte die Situation einen Zusammenschluß potentieller Geldgeber und Förderer, in dem das alte Ideal der gemeinschaftlichen Partizipation mit neuem Leben erfüllt wurde. Insbesondere um Kunsthistorische Museen herum gründeten sich nach 1900 erste Freundeskreise, Fördervereine also, die Schenkungen koordinierten und zum Teil erst ermöglichten.[183] Hugo Schauinsland, der Bremer Museumsdirektor, etwa wies die Senatsbehörde 1913 darauf hin, an mehreren deutschen Museen habe sich, „weil die ihnen regulär zur Verfügung stehenden Mittel zur Bestreitung von grösseren Ankäufen, Kosten für Expeditionen u.s.w. nicht ausreichen, ein Kreis von Museumsfreunden gebildet, um auf privatem Wege derartige ausserordentliche Aufwendungen zu ermöglichen".[184]

Auch dieses Finanzierungsmodell, das auf ältere Traditionen der Kunstvereine verweisen mochte, kam erst in den 1920er Jahren zu seiner vollen Blüte.[185] Allerdings existierten wichtige Vorläufer. Zu ihnen zählte etwa die Anthropologische Kommission in Bremen, eine gemeinsame Einrichtung der Historischen Gesellschaft, des Künstlervereins und des Naturwissenschaftlichen Vereins.[186] 1872 gegründet, erwies sie sich für die Städtischen Sammlungen als wichtiges Finanzierungsmittel. Immer wieder sprang sie helfend ein, wenn die regulären Etats des Hauses erschöpft waren. Mehrfach beteiligte sie sich am Kauf von Sammlungen und stattete die Museumsbibliothek mit Zeitschriften aus.[187] Auch andere Vereine beteiligten sich an der Erweiterung der Bremer Sammlungen. Das galt etwa für die Geographische Gesellschaft, die mehrfach Sammlungsreisen finanzierte und dem Museum 1877 grönländische Naturalien von der zweiten deutschen Polar-Expedition schenkte.[188]

---

182 Zu dieser ‚Sozialisierung des Mäzenats' vgl. Frey: Macht (wie Anm. 106), S. 125–151. – Vgl. auch K. Kessemeier: Bildende Kunst und Mäzenatentum aus der Sicht des preußischen Kultusministeriums in der Zeit der Weimarer Republik. In: Mäzenatisches Handeln (wie Anm. 106), S. 105–124.

183 Ein wichtiges Beispiel ist der 1896 gegründete Kaiser-Friedrich-Museums-Verein in Berlin. Zu ihm *100 Jahre Mäzenatentum. Die Kunstwerke des Kaiser-Friedrich-Museumsvereins Berlin*. Berlin 1997. – Vgl. auch Frey: Macht (wie Anm. 106), S. 112–118.

184 Schauinsland an Barkhausen, Bremen, 2.5.1913. StA Bremen 3–N. E.8.No. 24.

185 Zu den Kunstvereinen vgl. W. J. Mommsen: Kunst- und Museumsvereine in Deutschland 1820–1914. In: Bürgerliche Kultur und politische Ordnung. Frankfurt/M. 2000, S. 46–58. – Darüber hinaus Th. Schmitz: Die deutschen Kunstvereine im 19. und frühen 20. Jahrhundert. Neuried 2002.

186 Vgl. Statuten der Anthropologischen Commission, Bremen, 30.9./4.11.1872. StA Bremen 2–P.1. Nr. 280.

187 Geschenke: Spengel an Buchenau, Bremen, 1.7.1881; Poppe an Buchenau, Vegesack, 24.10.1891. StA Bremen 2–P.1.Nr. 280. Dort auch viele andere Beispiele. – Zeitschriften: Protokoll der Anthropologischen Kommission v. 16.11.1887. StA Bremen 2–P.1.Nr. 280.

188 Dazu StA Bremen 3–N.5.No. 6. – Die enge Verbundenheit zwischen den Städtischen Sammlungen und dem Naturwissenschaftlichen Verein drückt sich auch in dem warmen Glückwunschschreiben der *Senatskommission für die Städtischen Sammlungen für Naturgeschichte und Ethnographie* zum 25jährigen Jubiläum des Naturwissenschaftlichen Vereins aus: „Es ist dies nicht allein daraus ersichtlich, daß der Verein dem städtischen Museum eine große Anzahl oft sehr werthvolle [!] Geschenke überwiesen hat, sondern auch ganz vornehmlich daraus, daß er durch die Gewährung von Mitteln für die Anstellung von Assistenten eine um-

Wissenschaftliche Reisen wurden ohnedies immer wichtiger für Naturhistorische Museen. Sie schienen eine gezieltere Sammlungserweiterung zu erlauben als es die Annahme von Geschenken ermöglichte. Auf den Gegenstand eines Geschenkes konnte das Museum selten Einfluß nehmen, und oftmals mußte man neben ausgezeichneten Einzelstücken auch lästige Dubletten akzeptieren. Reisen sollten hingegen den ganz gezielten Erwerb einzelner, fehlender Objekte ermöglichen.

4. Reisen

Reisen gehörten seit dem frühen 19. Jahrhundert zu den wichtigsten Strategien des Sammelns. Angezogen von fernen Welten, durchstreiften Forscher und Abenteurer die Kontinente. Cooks Weltreisen (1768–1771, 1772–1775, 1776–1779) und Humboldts Südamerika-Expedition (1799–1804) – beides medial aufbereitete, literarisch verdichtete Großereignisse – übten eine spezielle Faszination aus.[189] Von Eduard Rüppell etwa, der in den 1820er Jahren auf eigene Kosten durch Ägypten und Abessinien reiste, war bereits im ersten Kapitel die Rede. Seine Reisen vor allem waren es, denen das Frankfurter Museum die frühe Blüte verdankte. Gewiß waren Transportkosten und Zölle, wie sie bei solchen Unternehmungen anfielen, nicht gering.[190] Aber die Reise erwies sich doch als eine Möglichkeit, vor Ort gezielt Naturalien zu erbeuten, die auf dem Markt kaum zu haben waren. Die Reise auf eigene Kosten, in der sich völlige Unabhängigkeit ausdrückte, blieb über das gesamte Jahrhundert ein Vorrecht des Adels und des wohlhabenden Bürgers. Das Senckenberg-Museum konnte immer wieder von solchen Reisen profitieren – speziell in Frankfurt waren sie ein Zeichen bürgerlichen Gemeinsinns. Ein Haus wie das Berliner Universitätsmuseum mußte andere Wege wählen: vor allem den des Vertrages.

Im Jahre 1814 schloß etwa Hinrich Lichtenstein mit einem seiner „fleißigsten Zuhörer" namens Carl Heinrich Bergius, der nach einem Medizinstudium für zunächst fünf Jahre als Gehilfe zur Apotheke Pallas & Polemann nach Kapstadt ging, einen Vertrag über künftige Sammlungen ab.[191] In ihm erkannte Bergius, wie es hieß, „die Verpflichtung gegen die vaterländischen Anstalten, denen er seine naturhistorische Bildung verdankt" an und erklärte sich bereit, „ihnen ausschließlich die Naturseltenheiten zuzuwenden, die er auf dieser Reise zu sammeln und zu beobachten Gelegenheit haben wird".[192] Dem Museum ging es um einen

fangreichere wissenschaftliche Durcharbeitung der Sammlungen ermöglicht hat [...]." Barkhausen an Buchenau, Bremen, 16.11.1889 [Konzept]. StA Bremen 3–N.5.No. 32a.

189 In der Reiseforschung werden die Forschungsreisen bislang eher am Rande behandelt. Vgl. aber C. Essner: Deutsche Afrikareisende im neunzehnten Jahrhundert. Stuttgart 1985. – St. Fisch: Forschungsreisen im 19. Jahrhundert. In: Der Reisebericht. Frankfurt/M. 1989, S. 383–405. – J. Osterhammel: Aspekte einer Literatur- und Erfahrungsgeschichte des überseeischen Reisens. In: Neue Impulse der Reiseforschung. Berlin 1999, S. 97–131. – Zur Humboldt-Rezeption jetzt N. A. Rupke: Die Popularisierung Alexander von Humboldts in der europäischen Zeitschriftenliteratur bis zur deutschen Reichsgründung. In: Popularisierung der Naturwissenschaften. Berlin, Diepholz 2002, S. 223–237.

190 Vgl. etwa Kramer (wie Anm. 112), S. 226.

191 Lichtenstein an Departement, Berlin, 21.10.1814. GStA PK I.HA Rep. 76 Va Sekt. 2 Tit. X Nr. 15 Bd. II, fol. 69–72, hier fol. 69.

192 Vgl. ebd., fol. 73–79, Zitat fol. 74.

Exklusivvertrag, dessen Erfüllung Bergius wiederum bei seiner Rückkehr eine Geldsumme garantierte, „um sich davon den Anfang einer bürgerlichen Subsistenz zu erleichtern oder seine Studien fortsetzen zu können“.[193] Darüber hinaus verpflichtete sich Lichtenstein, dafür zu sorgen, daß Bergius nach seiner Rückkehr „ein seinen Kenntnissen und Talenten angemessener Wirkungskreis für Verbreitung naturhistorischer Kenntnisse angewiesen werde.“[194]

Eine allgemeine Instruktion ordnete peinlich genau das Einsammeln, Verpacken und Versenden der Naturalien, während ein Zusatzprotokoll schließlich die Festsetzung der Preise regelte, die zwischen dem Museum und einem von Bergius benannten Vertrauensmann ermittelt werden sollten.[195] Damit war ein Modell für die Zukunft geschaffen.[196] Vorzugsweise junge, noch ungebundene Studenten wurden – mit Vorschüssen ausgestattet – in die Ferne geschickt. Dort sollten sie befristet für das Museum sammeln und schließlich bei ihrer Rückkehr mit den Erlösen ihrer Tätigkeit versehen werden, um sich, wie es hieß, eine bürgerliche Existenz aufzubauen. Die Reise kam dem Museum zugute, hatte aber bei entsprechenden Interessen auch für den jungen Mann ihre Vorzüge: Sie weitete den Blick, trug zum Wachstum einer prestigeträchtigen Institution, des Museums, bei und sicherte so dem Sammler selbst eine gewisse Aufmerksamkeit und Achtung.

Was aber waren solche ökonomischen, sozialen Überlegungen gegen die Lust an der Sache, gegen die Faszination ferner Kontinente, gegen das Abenteurertum, das sich doch stets auch mit diesen Reisen verband? Entscheidend blieb freilich der Umstand, daß die Reise zwar in die Ferne führte, ihr eigentliches Ziel jedoch in der Heimat hatte. Jeder Reisende sammelte – nicht immer exklusiv – für ein *bestimmtes* Museum. Zu ihm trat er in eine spezielle Beziehung.[197] Gerade durch seine Abwesenheit wurde der Reisende so zu einem wichtigen Akteur innerhalb der musealen Praxis. Die Reise begründete wechselseitige Verpflichtungen.

Adelbert von Chamisso etwa, der später durch bedeutende pflanzengeographische Forschungen hervortrat, nahm 1815 – als Student und „thätiger Gehülfe“ im Berliner Zoologischen Museum[198] – auf Lichtensteins Empfehlung und unter den Bergius gestellten Bedingungen – an einer russischen Meeresexpedition teil, auf der er allein 120 Vogelbälge, 200 bis 300 Muscheln und rund 600 Insekten erbeutete – der Gesamtwert betrug 1.000 Taler.[199] Chamisso jedoch wollte nur die Transportkosten von St. Petersburg nach Berlin ersetzt wissen und „diese Ausbeute seiner Reise, ohne weiter viel Aufhebens davon zu machen, den Königl. Sammlungen einverleiben, da er sich für seine künftige Lebenszeit den hiesigen

---

193 Ebd., fol. 74f.

194 Ebd., fol. 78.

195 Vgl. ebd., fol. 80–90.

196 Vgl. Ministerium an Lichtenstein, Berlin, 30.11.1814 [Konzept]. Ebd., fol. 91–93.

197 Ein aufschlußreiches Beispiel findet sich in den engen Verbindungen des Karlsruher Naturalienkabinetts zu Wilhelm Schimper, dem sogenannten Abessinien-Schimper. Vgl. GLA Karlsruhe 60/869. – Zu einzelnen Naturaliensendungen vgl. Oberhofverwaltungsrat an Ghzg. Leopold, Karlsruhe, 20.8.1840. GLA Karlsruhe 56/1573. Allein in dieser Sendung befanden sich 45 Säugetiere, 618 Vögel, 2 Amphibien.

198 Lichtenstein an Ministerium, Berlin, 28.6.1815 [Abschrift]. GStA PK I.HA Rep. 76 Va Sekt. 2 Tit. X Nr. 15 Bd. II, fol. 139f., hier 139.

199 Vgl. Lichtenstein an Ministerium, Berlin, 10.3.1819. GStA PK I.HA Rep. 76 Va Sekt. 2 Tit. X Nr. 15 Bd. V, fol. 15–21.

Naturwissenschaftlichen Anstalten anzuschließen wünscht."[200] Die Reise war so gewissermaßen das Entreebillet in die wissenschaftliche Welt. Chamisso verpflichtete sich dem Museum gegenüber; vor allem aber verpflichtete sich das Museum selbst – nämlich zu Dankbarkeit, wohl auch zu künftigen Leistungen.

Besondere Bindungen spielten auch im Falle von Georg Wilhelm Freyreiß (1789–1825) eine nicht zu unterschätzende Rolle.[201] Freyreiß etablierte sich durch seine gemeinsame Reise mit Maximilian zu Wied-Neuwied als einer der ersten professionellen deutschen Sammler in Südamerika.[202] Zwar besaß er „keine naturhistorischen Kenntnisse", war aber – nach verständigem Urteil – „als practischer Ornithologe ein guter Beobachter" und erwies sich in der Tat als „ein seltener, guter und geübter Praeparator und Sammler für die Thiere".[203]

Aufgrund dieser Fertigkeiten stand Freyreiß, der vor allem in Brasilien ein geradezu generalstabsmäßig organisiertes Sammeln betrieb, mit vielen Museen in Kontakt, fühlte sich aber seiner Vaterstadt Frankfurt in besonderer Weise verpflichtet – und diese Verpflichtung wurde von der Senckenbergischen Naturforschenden Gesellschaft gerne betont.[204] Die Stadt band ihre Bürger. Sie formte einen Aktionsraum aus, an dem die Bürger teilhatten – ob sie nun in ihrem Frankfurter Kontor saßen oder ferne Länder durchstreiften. In dieser Bindung, die sich jedenfalls im 19. Jahrhundert nicht verlor, lag ein struktureller Vorteil der florierenden Bürgerstädte – und die Museen setzten alles daran, diesen Vorteil auch zu nutzen. Freyreiß etwa erhielt 1818 von der Senckenbergischen Naturforschenden Gesellschaft den Hinweis, sie erwarte, „daß Sie bey Ihren ferneren Entdeckungsreisen auf Ihre Vaterstadt bedacht seyn möchten, und wünscht deßwegen alle von Ihnen neuentdeckten Gegenstände zu besitzen, um Ihrem Fleiß in unserer Mitte ein Denkmahl [!] errichten zu können".[205]

Auch hier war es also ein Geschäft auf Gegenseitigkeit, das die Gesellschaft zum Abschluß bringen wollte. Und Freyreiß, der die ungeschriebenen Regeln der bürgerlichen Welt kannte, erfüllte es. Als er 1819 seine erste Sendung nach Frankfurt schickte, sah er „den herrlichsten Wunsch" erfüllt, dem „naturhistorischen Museum meiner Vaterstadt" die ersten Objekte aus Brasilien zu liefern. Sein Ziel werde freilich erst dann ganz erreicht sein, „wenn Frankfurt's Museum so vollständig als möglich die Früchte meiner gesammten Reisen, dereinst aufzeigen kann."[206] Das waren edle Worte, aber sie besaßen ihren eigenen Sinn. In seinen Sammlungsobjekten hatte Freyreiß am Senckenberg-Museum Anteil. Seine Sammlung errichtete ihm tatsächlich ein „Denkmahl".

---

200 Ebd., fol. 20.

201 Zu ihm J. Löwenberg in ADB 7, S. 372f. – Vgl. auch oben Kap. I.1.3.

202 Vgl. G. W. Freyreiß an Ministerium, Berlin, 9.5.1817 [Abschrift]. GStA PK I.HA Rep. 76 Va Sekt. 2 Tit. X Nr. 15 Bd. III, fol. 178f. – Zu Freyreiß vgl. *Die Jahrhundertfeier der Senckenbergischen Naturforschenden Gesellschaft am 22. November 1917*. Frankfurt/M. 1919, S. 42f.

203 Prinz Max zu Wied-Neuwied an Lichtenstein, [o.O.], 15.9.1817. GStA PK I.HA Rep. 76 Va Sekt. 2 Tit. X Nr. 15 Bd. III, fol. 191–193, hier fol. 191.

204 Die SNG bat Freyreiß, ihr gegen eine Entlohnung in Höhe von 3.000 Gulden, „eine so weit als möglich vollständige aus den drey Reichen der Natur gebildete Sammlung brasilischer Naturalien zuzuschicken." SNG an Freyreiß, Frankfurt/M., 1.6.1818 [Konzept]. SNG Archiv Bd. 2, Nr. 13.

205 Ebd.

206 Freyreiß an Cretzschmar, Leopoldina, 12.7.1819. SNG Archiv Bd. 45, Nr. 4.

Die Beschaffung der materiellen Ressourcen wies so – wir haben es bereits für das Kaufen, mehr aber noch für das Schenken erfahren – einen kulturellen und sozialen Mehrwert auf. Sie trieb die Museumssammlungen voran und veränderte – in quantitativer wie qualitativer Hinsicht – *à la longue* auch die museale Praxis. Die Sammlungen repräsentierten nicht nur fremde Länder und Tiere, sondern immer auch den Sammler selbst. Wie der Geschenkgeber in den Archiven des Museums, vor allem aber auf Tafeln und Inschriften wortwörtlich ‚verewigt' wurde, so lebte auch der reisende Sammler in seinen Sammlungen weiter. In ihnen blieb er präsent, auch wenn er abwesend war – und hierin lag ein Zauber, dem man sich nur schwer entziehen konnte.

Eine Sonderrolle in diesem Geflecht aus wissenschaftlichen, ökonomischen, sozialen und kulturellen Motiven spielten die Händler – und ihre Rolle war gerade am Beginn des Jahrhunderts nicht selten eine doppelte. In Frankfurt etwa war Johann Menge als Inhaber eines Hanauer Mineralien-Kontors zugleich ordentliches Mitglied der Senckenbergischen Naturforschenden Gesellschaft – was zu einer eigenartigen Verquickung von Wissenschaft und Profit führte, von der sich das Museum letzthin distanzierte.[207] Dabei klang Menges Angebot zunächst außerordentlich verlockend. 1818 stellte er der Gesellschaft den Plan vor, ein großes „Naturalien-Handels-Institut" zu gründen, und zwar „ausschließlich zum Vortheile des zu errichtenden Musäums". Dabei verwies er – die Gesellschaft hörte es nicht ungern – auf den „ehrenvolle[n] Ruf der Stadt Frankfurt" und die „Geschäfts-Verbindungen ihrer soliden Kaufleute in allen Ländern".[208] Sie beabsichtigte Menge gezielt zu nutzen, um eine großangelegte Sammlungsbewegung zu initiieren. Reisende Frankfurter Kaufleute wollte er „auf das Sammeln instruiren [...] lassen". An Ideen mangelte es Menge dabei nicht. „Man unterrichte", so skizzierte er leichthin das Weitere, „hierzu junge, starke u. fähige Leute, wähle sich Spediteurs zu Commissionärs, welche das Einsammeln tageweise bezahlen. [...] Das ganze Geschäft kann unter der Gesellschaft kommissionsweise geschehen. Bei hinlänglicher Unterstützung könnten auch späterhin in anderen bedeutenden Städten Commissionslager von Naturalien errichtet werden."

Sammeln und Reisen hatten hier einen primär ökonomischen Zweck angenommen. Als erfahrener Mineralienhändler kannte Menge den expandierenden Markt des jungen Jahrhunderts und beabsichtigte nun seinerseits – in einer seltsamen Umkehrung der Spielregeln – die Senckenbergische Naturforschende Gesellschaft zur personellen und materiellen Ressource seines Geschäftsbetriebs zu machen. Keinen anderen Sinn verfolgte etwa die Reise nach Island, für die er 1819 immerhin 500 Gulden von der Gesellschaft erhielt.[209] Das Museum konnte diese Tendenz auf Dauer nicht hinnehmen. Um seinen Status als unabhängige Bildungseinrichtung zu wahren, wandte es sich in der Folge konsequent gegen Eingriffe von Händlern und Agenten.[210]

---

207 Zum folgenden Kramer (wie Anm. 112), S. 199 u. 210.

208 Menge an SNG [1818]. SNG Archiv Bd. 23, Nr. 3. – Dort auch die folgenden Zitate.

209 Protokoll der SNG v. 2.2.1819. SNG Archiv Bd. 2, Nr. 46. – Vgl. Menge an Cretzschmar, Reikjavik, 5.7.1819. SNG Archiv Bd. 23, Nr. 7.

210 Ein Beispiel hierfür ist der Versuch des Frankfurter Spenglermeisters Gabriel Koch, 1866 als arbeitendes Mitglied in die SNG aufgenommen zu werden: Da Koch einen Naturalienhandel betrieb, wurde sein Gesuch abgelehnt. Daraufhin entwickelte sich eine regelrechte Pressefehde. Vgl. E. Rüppell: Die Senckenbergische naturforschende Gesellschaft. In: „Frankfurter Reform" v. 9.5.1866, 13.5.1866, 16.5.1866, 18.5.1866. – Dazu Kramer (wie Anm. 112), S. 325.

Der einsame, finanziell völlig unabhängige Forschungsreisende blieb die große romantische Figur des 19. Jahrhunderts. Alexander von Humboldt, aber auch ein Mann wie Eduard Rüppell schufen hier Idealbilder. Sie standen auch einer viel jüngeren Generation vor Augen, die am Ende des Jahrhunderts, oftmals im Besitz großer Geldmittel, Sammelreisen unternahm und die Erträge der Reisen dann – wie etwa Carlo von Erlanger (1872–1904) – „mit der Ausdauer eines gründlichen Forschers" bearbeitete.[211] Und Erlanger, der 1897 nach Tunis und Algier reiste, um Vögel zu beobachten und zu sammeln, darüber vor der Deutschen Ornithologischen Gesellschaft referierte, seine Sammlung 1898/99 im Berliner Zoologischen Museum bearbeitete, die Ergebnisse in seinen „Beiträgen zur Avifauna Tunesiens" (1898–1900) veröffentlichte und die Sammlung – im Gesamtwert von 7.500 Mark – schließlich dem Haus an der Invalidenstraße schenkte, war durchaus keine Ausnahme.[212] Reisen, Sammeln, Forschen und Schenken waren die Methoden, mit denen zahlreiche Privatgelehrte an der musealen Kultur teilhatten. Sie prägten sie entscheidend mit.

Aber auch für die Museumsdirektoren selbst wurde die Forschungsreise zunehmend wichtiger. Sie diente dem gezielten Objekterwerb ‚vor Ort', war aber darüber hinaus zu einem regelrechten Professionalisierungsmerkmal geworden.[213] Wer eine Museumskarriere anstrebte, *mußte* gleichsam Forschungsreisen unternehmen. Und da für viele Museumsleiter Arbeit und Freizeit ohnehin nicht recht voneinander zu trennen waren, wurden diese Reisen nicht selten im Urlaub durchgeführt. Otto Finsch etwa, der Kustos der Bremer Sammlung, bereiste im Sommer 1873 Norwegen und Schweden, zu welchem Zweck ihm die Gesellschaft „Museum" einen längeren Urlaub und einen Zuschuß von 150 Mark genehmigte, da die Sammlungen von der Reise profitieren sollten.[214] Und auch 1876 erlangte Finsch einen mehrmonatigen Urlaub, diesmal um an einer Reise nach Sibirien teilnehmen zu können, deren „Resultate [...] den Sammlungen zu Gute kommen [würden]".[215]

Einen eigenen Reiseetat besaß zu diesem Zeitpunkt allerdings noch kein Haus. Karl Möbius beantragte 1889 erstmals 3.000 Mark, um mit Reisenden überhaupt Verträge abschließen und später auch eigene Reisen unternehmen zu können: Nur so erhalte man seltene Stücke.[216] Das Argument war berechtigt, zeitigte aber nur geringe Wirkung. Die Kassen des Ministeriums waren, wie stets, leer. Um so wichtiger wurden die Reisestiftungen, die etwa in Frankfurt und Karlsruhe Mitarbeitern des Museums verschiedentlich Stipendien gewährten.[217] Wieder einmal waren es private Mittel, die für die materielle Ressourcenbildung verwendet wurden. Frankfurter Bürger waren es, die 1870 – zum Gedenken an Eduard Rüppell – die Rüppell-Stiftung errichteten, deren Zinsertrag für die Veranstaltung wissenschaft-

211 Möbius an Ministerium, 25.3.1902. GStA PK I.HA Rep. 76 Va Sekt. 2 Tit. X Nr. 63 Bd. XVIII, fol. 30-30v, hier 30v.

212 Möbius an Ministerium, Berlin 8.3.1902. GStA PK I.HA Rep. 76 Va Sekt. 2 Tit. X Nr. 63 Bd. XVIII, fol. 32–32v. – Weitere Beispiele etwa bei Kramer (wie Anm. 112), S. 63–66.

213 Für die Ethnologie so Penny: Ethnology (wie Anm. 1), S. 79f. u. 80f.

214 Vgl. Protokoll der Direktionsversammlung v. 26.5.1873. – Protokoll der Direktionsversammlung v. 6.12.1873. StA Bremen 7,1067 Karton Nr. 1.

215 Protokoll der Direktionsversammlung v. 22.1.1876. StA Bremen 7, 1067 Karton Nr. 1.

216 Vgl. Möbius an Ministerium, Berlin, 24.6.1889. GStA PK I.HA Rep. 76 Va Sekt. 2 Tit. X Nr. 127 Bd. II, fol. 119–122v.

217 Hierzu und zum folgenden W. Schäfer: Geschichte des Senckenberg-Museums im Grundriß. Frankfurt/M. 1967, S. 44–68.

licher Reisen zur Verfügung stand, die dann in den folgenden Jahrzehnten tatsächlich beachtliche Sammlungen aus Neufundland und Norwegen, aus Südspanien und Nordafrika, aus Kleinasien, dem Kaukasus und Armenien, von Madagaskar und der Ostafrikanischen Küste, vom malayischen Archipel, den Sunda-Inseln und Borneo zusammenbrachten.[218]

In Karlsruhe waren es die Stipendien der 1890 begründeten von Kettnerschen-Stiftung, die es etwa dem Kustos Max Auerbach erlaubten, in den Jahren nach 1908 mehrfach nach Skandinavien zu reisen.[219] Mit dem Ziel, dort den Erreger der „in unseren Fischzuchtanstalten so gefürchteten Drehkrankheit der Forellen" zu entdecken[220], stand der gemeine Nutzen der Reise bereits außer Frage, noch bevor Fritjof Nansen sich dafür verbürgte, die Reise könne gar nicht verfehlen, „wichtige wissenschaftliche Resultate zu bringen".[221] 1908 erhielt Auerbach denn auch ein Stipendium in Höhe von 1.000 Mark aus der von Kettnerschen-Stiftung[222], im Jahre darauf für eine weitere Norwegenreise 1.200 Mark[223], 1913 schließlich zu einer Expedition in den Atlantik sogar 3.000 Mark.[224] Das badische Kultusministerium gewährte großzügigen Urlaub und beteiligte sich so auf seine Weise am Erfolg der Unternehmungen. Ebenso verhielt es sich bei Karl Futterers Reise nach Zentralasien, Nordost-Tibet und China 1899[225] oder – um ein weniger spektakuläres Beispiel zu wählen – bei der Studienreise, die Max Schwarzmann, den Kustos der Geologischen Abteilung, im Sommer 1904 ins Elsaß, nach Burgund, ins Pariser Becken und in die Bretagne führte.[226] Stets waren diese Reisen Gemeinschaftsprojekte. An ihrer Durchführung hatten private wie öffentliche Einrichtungen, Ministerien wie Stiftungen, Bürger wie Vereine, Forscher wie Museumspraktiker in gleicher Weise teil.

Diese konzertierten Aktionen besaßen je nach Ort und Zeit ihren jeweils eigenen Akzent. In Bremen, einer Metropole des Überseehandels, waren es am Ende des Jahrhunderts vor allem die Handelshäuser und Großreedereien, die die Reisen tatkräftig unterstützten. Hugo Schauinsland, der Direktor des Städtischen Museums für Natur-, Völker- und Handelskunde, unternahm gleich mehrfach Reisen in die Südsee.[227] 1896 erhielt er ein Stipendium der Preußischen Akademie der Wissenschaften zur Erforschung von Inseln im Stillen Ozean, zu welchem Zweck ihm der Senat – unmittelbar nach der Eröffnung des Hauses – einen immerhin elfmonatigen Urlaub ermöglichte.[228] 1905 reiste Schauinsland in die Südsee und

---

218 Vgl. Kramer (wie Anm. 112), S. 334. – Dazu auch Schäfer (wie Anm. 217), S. 63–65.

219 Vgl. Auerbach an Kultusministerium, Karlsruhe, 11.7.1907. GLA Karlsruhe 466/20607.

220 Auerbach: Plan und Zweck der Reise, Karlsruhe, 24.12.1907. GLA Karlsruhe 466/20607.

221 Nansen an Kultusministerium, London, 4.7.1907. GLA Karlsruhe 466/20607.

222 Vgl. Kultusministerium an Engler, Karlsruhe, 31.12.1907 [Konzept]. GLA Karlsruhe 466/20607.

223 Vgl. Auerbach an Kultusministerium, Karlsruhe, 23.10.1908; Kultusministerium an Auerbach, Karlsruhe, 30.9.1908 [Konzept]. GLA Karlsruhe 466/20607.

224 Vgl. Kultusministerium an Auerbach, 22.2.1913. GLA Karlsruhe 466/20607.

225 Vgl. Kultusministerium an Futterer, 24.2.1900. GLA Karlsruhe 235/6666.

226 Vgl. Schwarzmann an Kultusministerium, Karlsruhe, 29.12.1904. GLA Karlsruhe 235/6666.

227 Dazu H. Schauinsland: Unterwegs in Übersee. Bremen 1999. – Zum Hintergrund H. J. Hiery (Hrsg.): Die deutsche Südsee 1884–1914. 2. Aufl. Paderborn, München, Wien, Zürich 2002.

228 Vgl. Protokoll des Senats v. 24.1.1896. Dies und weiteres Material in StA Bremen 3–E.8.No. 24. – Ergänzende Korrespondenz in StA Bremen 3–B.4.M.3.a.No. 20.

nach Ostasien[229], 1907/08 – ausgestattet mit 15.000 Mark Spendengeldern – nach China und Japan[230], 1913/14 wiederum nach Ostasien und in die Südsee.[231]

Mehr als einmal machte sich der Generaldirektor des Norddeutschen Lloyds, Philipp Heineken, „ein Vergnügen daraus“, Schauinsland „freie Fahrt auf der angegebenen Route zu gewähren“.[232] Und der Lloyd beförderte nicht nur Schauinsland gratis, er beförderte auch die gesammelten Objekte frachtfrei nach Bremen. Die Reisen ließen jedoch nicht nur die Magazine des Museums überquellen. Sie erlaubten auch Beobachtungen in der freien Natur und trugen so zur Entstehung neuer Präsentationsformen bei. Auf seiner Reise 1896/97 etwa hielt sich Schauinsland ganze drei Monate im Vogelparadies auf der Koralleninsel Laysan auf, wo die Bremer Firma Hackfeld & Co., in Honolulu ansässig, seit 1890 Guano abbaute.[233] Die intensiven Studien vor Ort zeigten die Vögel in ihren Beziehungen zur Umwelt. Sie beförderten neue ökologische Einsichten, die nach Visualisierung geradezu verlangten. Noch auf der Insel fertigte Schauinsland erste Skizzen für eine mögliche Präsentation an und ließ schließlich in Bremen die Biologische Gruppe „Vogelwelt Laysans“ aufstellen, die als besonders authentische Inszenierung galt und zu einem Publikumsmagneten wurde.

Das Streben nach Authentizität wurde seit dem Ende des Jahrhunderts überhaupt zum eigenen Motiv des Reisens. Carl Georg Schillings (1865–1921), ein Bruder des 1912 geadelten Komponisten Max von Schillings, hatte seit den 1890er Jahren mehrfach Reisen nach Afrika unternommen und allein den Berliner Sammlungen Objekte im Wert von rund 150.000 Mark geschenkt.[234] 1906 bat er das preußische Kultusministerium, eine geplante Reise nach Indien und Afrika zu unterstützen, bei der er nicht in erster Linie sammeln, sondern Tiere photographieren wollte. Was Schauinsland auf Laysan mit konventionellen Zeichnungen verfolgt hatte, sollte nun mit der photographischen Methode perfektioniert werden. Sie allein, so Schillings, sei in der Lage, ein „einwandfreies, für alle Zeiten wertvolles Material an Beobachtungen und sichere Unterlagen für die richtige Wiedergabe und Aufstellung der Tiere in Büchern und Museen zu gewinnen.“[235] Viele Darstellungen in Museen seien schlichtweg falsch, seien kaum mehr als „Karrikaturen [!]“.[236] Nur eine Reise gleichsam mit „Blitzlicht und Büchse“ gewähre „ein objektives Bild von dem Leben der Tiere in der freien Natur“.[237]

229 Vgl. Schauinsland an Senatskommission für Reichs- und auswärtige Angelegenheiten. Bremen, 29.10.1905. StA Bremen 3–E.8.No. 24.

230 Vgl. Schauinsland an Barkhausen, Bremen, 3.7.1907. StA Bremen 3–E.8.No. 24.

231 Vgl. Schauinsland an Barkhausen, Bremen, 2.5.1913. StA Bremen 3–E.8.No. 24.

232 Heineken an Schauinsland, Bremen, 27.5.1913. StA Bremen 3–E.8.No. 24.

233 Hierzu und zum folgenden Abel (wie Anm. 121), S. 75f.

234 Vgl. Schillings an Ministerium, Berlin, 15.8.1906. GStA PK I.HA Rep. 76 Va Sekt. 2 Tit. X Nr. 63 Bd. XX, fol. 174–182.

235 Brauer an Ministerium, Berlin, 10.9.1906. GStA PK I.HA Rep. 76 Va Sekt. 2 Tit. X Nr. 63 Bd. XX, fol. 171–172v, hier fol. 171v.

236 Schillings an Ministerium, Berlin, 15.8.1906. GStA PK I.HA Rep. 76 Va Sekt. 2 Tit. X Nr. 63 Bd. XX fol. 174–177, hier fol. 174v.

237 Ebd., fol. 175. – Vgl. C. G. Schillings: Mit Blitzlicht und Büchse im Zauber des Elelescho. Leipzig 1905. – Von großer Bedeutung waren Schillings Beziehungen zu Paul Matschie (1861–1926), dem Kustos der Säugetiersammlung des Berliner Museums für Naturkunde. Zu ihm H. Pohle: Paul Matschies Schriften. In: Zeitschrift für Säugetierkunde 1 (1926), S. 91–110; Ders.: Paul Matschie. In: Mitteilungen aus

Tatsächlich schärften die Beobachtungen von Reisenden die biologischen und ökologischen Profile, wie wir sie im ersten Kapitel kennengelernt haben. Und mit den Profilen veränderten sich auch die Präsentationsstrategien. Als ein Ergebnis von Schauinslands Reisen wurden in Bremen nach der „Vogelwelt Laysans" in den folgenden Jahren so die „Vogelwelt der Chatham-Inseln" und die „Meeresfauna an der Küste einer Koralleninsel" biologisch inszeniert. Im Jahre 1900 hielt dann ein Moschusochse Einzug in die Sammlung. Dann wurde das Schaustück „Elefant im Kampf mit einem Tiger" realisiert – und dann war die Sammlung endgültig zugestellt.[238] Reisen ermöglichten mit neuen Objekten neue Perspektiven – und damit neue Deutungen der Objekte. Aber diese Deutungen drohten sich in den Unmengen von Sammlungsgegenständen zu verlieren. Das Museum versank in einem Chaos, das dem Zustand frühneuzeitlicher Wunderkammern nicht unähnlich war.[239]

Wie das Bremer Museum seit den 1890er Jahren seine Kontakte zur Handelsmarine pflegte, so hatte das Berliner Haus bereits in der Jahrhundertmitte – wenn auch ohne den allergrößten Erfolg – eine Zusammenarbeit mit der preußischen Kriegsmarine aufgebaut.[240] Auch diese von staatlichen Stellen gelenkte und kontrollierte Zusammenarbeit war als ein Geschäft auf Gegenseitigkeit angelegt: Das Museum profitierte von den Expeditionen der Marine, das Militär konnte seine Unternehmungen mit wissenschaftlichem Nutzen adeln. Als 1852 ein Geschwader – bestehend aus der Fregatte Gesion und der Korvette Amazone – zu einer Flottenübung nach Südamerika und in die Karibik auslief, wurde etwa der Kommodore angewiesen, die Offiziere und Ärzte an Bord zum naturkundlichen Sammeln anzuhalten, wozu sie mit einer eigenen Anleitung versehen wurden, die auch den Laien über die rechte Art des Jagens, Sammelns und Verpackens unterrichtete.[241] Lichtenstein freilich hätte die Beteiligung eines professionellen Naturforschers durchaus vorgezogen.[242] Tatsächlich verständigten sich Admiralität, Handels- und Kultusministerien in den folgenden Jahren darauf, bei der nächsten Expedition einen Zoologen mit an Bord zu nehmen.[243] Als im Frühjahr 1860 die Fregatte Thetis und die Korvette Arcona nach China und Japan ausliefen, nahm ein Naturforscher an der Reise teil, um – von der Preußischen Akademie der Wissenschaften mit detaillierten Instruktionen versehen[244] – zu ausgesprochen günstigen Bedingungen Sammlungen durchzuführen.[245] Wie die Militärexpedition selbst, sollten auch diese

---

dem Zoologischen Museum Berlin 14 (1928), S. 1–9. – [Anonym:] Zum Gedächtnis – Paul Matschie. In: Zeitschrift für das Forst- und Jagdwesen 58 (1926), S. 713f. – Zu Matschie auch Köstering, S. 199–203.

238 Vgl. Abel (wie Anm. 121), S. 77.

239 Vgl. Penny: Ethnology (wie Anm. 1), Kap. V.

240 Dazu u.a. H. Auerbach: Preußens Weg zur See. Berlin 1995. – W. A. Boelcke: Die preußisch-deutsche Kriegsmarine in Übersee 1822–1914. Frankfurt/M., Berlin, Wien 1981. – J. Duppler: Prinz Adalbert von Preußen: Gründer der deutschen Marine. Herford, Bonn 1986. – Als Erinnerungswerk ist jetzt zugänglich A. Mensing: An Bord der Gazelle nach Yokohama. Rostock 2000.

241 Vgl. Lichtenstein an Ministerium, Berlin, 19.10.1852. GStA PK I.HA Rep. 76 Vc Sekt. 1 Tit. XI Teil V A Nr. 2 Bd. 1, fol. 2f.

242 Vgl. Lichtenstein an Ministerium, Berlin, 7.12.1853. GStA PK I.HA Rep. 76 Vc Sekt. 1 Tit. XI Teil V A Nr. 2 Bd. 1, fol. 22f.

243 Vgl. Ministerium an Admiralität, Berlin, 15.3.1854 [Konzept]. GStA PK I.HA Rep. 76 Vc Sekt. 1 Tit. XI Teil V A Nr. 2 Bd. 1, fol. 28–30.

244 Vgl. Akademie an Ministerium, Berlin, 10.9.1859. GStA PK I.HA Rep. 76 Vc Sekt. 1 Tit. XI Teil V A Nr. 2 Bd. 1, fol. 100–125.

245 Dazu GStA PK I.HA Rep. 76 Vc Sekt. 1 Tit. XI Teil V A Nr. 2 Bd. 1, fol. 175–179v.

wissenschaftlichen Sammlungen – so umriß es die *Denkschrift betreffend die Expedition nach den ostasiatischen Gewässern* im Februar 1860 – das „nationale Selbstgefühl" heben, ja es zuallererst erzeugen.[246]

Der Charakter der Forschungsreise veränderte sich dadurch nicht unerheblich. Aus der wissenschaftlichen, durch Forscherdrang und Abenteuerlust motivierten Expedition war – zumindest partiell – eine nationale Tat geworden. Mit den Deutungsmustern von ‚Staat' und ‚Nation' veränderte sich auch der Aktionsrahmen der Museen. Ihre Handlungen gewannen eine neue Bedeutung. Das Sammeln von Objekten schien nun nicht länger mehr ein unschuldiges Privatvergnügen zu sein (das es freilich nie gewesen war), sondern wurde ganz dezidiert zur Inbesitznahme.[247] Die Objekte in den Museumssammlungen repräsentierten – im Bewußtsein vieler Betrachter – nun nicht mehr nur eine bestimmte Stelle im gleichsam sterilen, apolitischen taxonomischen System. Sie repräsentierten fremde Welten und konnten – in einem machtpolitischen Kontext – Beziehungen ausdrücken.[248] Der Besitz eines Minerals aus Kamerun konnte so leicht zum Symbol eines ganz anderen, tiefergehenden Besitzanspruchs werden. Wohlgemerkt, er *konnte* es; aber er mußte es nicht. Die Museen formten unterschiedliche Praktiken aus, und die Besucher verfügten über divergierende Deutungsmuster. Sie werden uns im fünften Kapitel beschäftigen.

Vom imperialistischen Gedanken, wie er die wilhelminische Ära prägte, profitierte am entschiedensten das Berliner Museum.[249] Es verfügte – nicht selten durch die Kolonialabteilung im Auswärtigen Amt (seit 1907 durch das Reichskolonialamt) vermittelt – über enge Kontakte zu Offizieren und Beamten, die in den Kolonien ihren Dienst taten. 1896 ließ das Zoologische Museum eine umfangreiche Sammelanleitung drucken, die durch das Auswärtige Amt gezielt in die Kolonien verschickt wurde.[250] Auf Wunsch konnten sich Reisende und Kolonialbeamte auch im Museum selbst im Sammeln, Konservieren und Verpacken von Naturalien unterrichten lassen.[251] Unter gewissen Bedingungen lieferte das Haus sogar spezielle Fanggeräte und Sammelbehälter. Das Museum nahm die Möglichkeiten, die ihm die Kolonialpolitik seit Mitte der 1880er Jahre eröffnete, wahr und griff sie aktiv auf. Damit wurde es *nolens volens* zu einem Träger des kolonialen Gedankens. Mit den Akteuren, die man in die museale Praxis integrierte – mit den Offizieren und Kolonialbeamten, mit den

---

246 Vgl. GStA PK I.HA Rep. 76 Va Sekt. 2 Tit. X Nr. 63 Bd. XIV, fol. 250.

247 Hierzu u.a. A. E. Coombes: Reinventing Africa: Museums, Material Culture, and Popular Imagination in Late Victorian and Edwardian England. New Haven 1994. – D. Cole: Captured Heritage: The Scramble for Northwest Coast Artifacts. Seattle 1985.

248 Dazu u.a. H.-H. Groppe u. Fr. Jürgensen (Hrsg.): Gegenstände der Fremdheit. Marburg 1989. – Vgl. auch Thomas (wie Anm. 1), S. 212–232.

249 Zum deutschen Imperialismus u.a. K. J. Bade (Hrsg.): Imperialismus und Kolonialismus. Wiesbaden 1982; H. Gründer: Geschichte der deutschen Kolonien. Paderborn 1985. – F. Schinzinger: Die Kolonien und das Deutsche Reich. Stuttgart 1984. – H. G. Steltzer: Die Deutschen und ihr Kolonialreich. Frankfurt/M. 1984. – Speziell zur Deutschen Kolonialgesellschaft als wichtiger *pressure group* E. Bendikat: Organisierte Kolonialbewegung in der Bismarck-Ära. Brazzaville, Heidelberg 1984. – I. J. Demhardt: Deutsche Kolonialgesellschaft 1888–1918. Wiesbaden 2002.

250 *Anleitung zum Sammeln, Konserviren und Verpacken von Thieren für die zoologische Sammlung des Museums für Naturkunde in Berlin.* Berlin 1896. – Möbius an Ministerium, Berlin, 27.3.1896. GStA PK I.HA Rep. 76 Va Sekt. 2 Tit. X Nr. 63 Bd. XIV, fol. 289.

251 Vgl. Kommando der Marinestation der Nordsee an Ministerium, Wilhelmshaven, 29.11.1899. GStA PK I.HA Rep. 76 Va Sekt. 2 Tit. X Nr. 63 Bd. XVI, fol. 305.

Handelsleuten und Glücksrittern, die in den Kolonien das große Geschäft witterten –, veränderte sich die Praxis selbst.[252]

Die Auswirkungen der Kolonialpolitik waren im Berliner Fall tatsächlich für niemanden zu übersehen. Erst die auf Kosten des Reiches unternommenen Expeditionen in die deutschen Kolonien verhalfen dem Museum für Naturkunde zu internationalem Ansehen. In Deutschland selbst wurde diese Entwicklung, die das Berliner Haus als Museum der Reichshauptstadt entschieden begünstigte, durchaus kritisch verfolgt. Dabei ging es um den Verteilungsmodus für die aus den Kolonien eingehenden Naturalien und völkerkundlichen Objekte.[253] Die Reichsbehörden hielten es für ausgemacht, daß „nur durch Vereinigung sämmtlicher Sammlungen dem deutschen Handels- und Gewerbestande eine anschauliche Kenntniß von dem Kulturstande der Schutzgebiete" gegeben werden könne und empfahlen daher die Konzentration der Kolonialsammlungen in der Reichshauptstadt – was den Interessen des preußischen Kultusministeriums entgegenkam.[254]

Auf Antrag Preußens beschloß der Bundesrat daher am 21. Februar 1889, die Sammlungen, die durch auf Reichskosten unternommene Expeditionen entstanden, künftig dem Berliner Museum für Naturkunde beziehungsweise dem dortigen Völkerkundemuseum zu überweisen. Die übrigen deutschen Museen sollten lediglich die Dubletten erwerben dürfen.[255] Dabei sollten wiederum die außerpreußischen Bundesstaaten bevorzugt werden.[256] Dieses System, das dem föderalen Charakter der deutschen Museumslandschaft fundamental widersprach, erwies sich als nicht funktionsfähig. In Berlin häuften sich die Naturalien aus den deutschen Kolonien. An Dubletten herrschte jedoch angeblich Mangel. Viele deutsche Museen gingen leer aus. Als etwa Hugo Schauinsland 1909 begann, eine Kolonialausstellung einzurichten, ließ er dem bremischen Bevollmächtigten im Bundesrat anzeigen, sein Museum habe „bis jetzt nichts oder so gut wie nichts erhalten".[257]

Und Unmut regte sich allerorten – auch in Berlin selbst, wo sich das Museum für Naturkunde mit seiner Funktion als einer Zentralstelle deutscher Kolonialsammlungen personell und materiell überfordert fühlte. Was nutzten die größten Sendungen, wenn sie nicht geordnet und präsentiert werden konnten? Auch in dieser Hinsicht waren die Kolonien nur bedingt ein Geschäft. Nach Beratungen über die Bestimmungen von 1889, die – sogar in der Wahrnehmung des Reichskolonialamtes – die Berliner Museen „zum Nachteil der übrigen deutschen Sammlungsstätten zu sehr begünstigen"[258], stellte Preußen daher im Mai 1911 im Bundesrat den Antrag, den ursprünglichen Verteilungsbeschluß aufzuheben.[259] Dies geschah im Monat darauf.

---

252 So auch Penny: Ethnology (wie Anm. 1), S. 12–16.

253 Dazu auch Köstering, S. 198f. – Penny: Ethnology (wie Anm. 1), S. 113.

254 *Promemoria, betreffend die Behandlung der aus den Schutzgebieten seitens der vom Reich ausgesandten Reisenden und Forscher eingehenden wissenschaftlichen Sammlungen*, Berlin, April 1888. StA Bremen 3–N.5.No. 32.

255 Protokoll des Bundesrats v. 21.2.1889. – *Erstes Verzeichniß der aus den Deutschen Schutzgebieten eingegangenen wissenschaftlichen Sendungen*. StA Bremen 3–N.5.No. 32.

256 *Anweisung, betreffend die Behandlung der aus den Deutschen Schutzgebieten eingehenden wissenschaftlichen Sendungen*, Berlin, 3.8.1889. StA Bremen 3–N.5.No. 32.

257 Schauinsland an Barkhausen, Bremen, 13.7.1909. StA Bremen 3–N.5.No. 32.

258 Reichskolonialamt an Senat, Berlin, 22.7.1909. StA Bremen 3–N.5.No. 32.

259 *Antrag Preußens, betreffend die Aufhebung des Beschlusses des Bundesrates vom 21. Februar 1889*, Berlin, 22.5.1911. StA Bremen 3–N.5.No. 32.

Der Erwerb von Kolonien, die großen Expeditionen des Reiches, die reichen Sammlungen, die nach Deutschland gelangten – all dies blieb für die Naturhistorischen Museen eine zwiespältige Angelegenheit. Manche Häuser waren von der Beute dieser Expeditionen und Reisen abgeschnitten – und sahen sich, wie etwa das Karlsruher Naturalienkabinett, vor allem auf das Sammeln in der Heimat, auf die badische Fauna und Flora also, verwiesen.[260] Für andere Häuser – und hier ist vor allem das Berliner Museum für Naturkunde zu nennen – erwiesen sich die immer größeren Kolonialsammlungen als Danaergeschenk. Die Sammlungen erhöhten das Prestige des Hauses, stellten das Museum jedoch vor kaum lösbare Probleme. Der Dynamik des Sammelns waren weder die Räumlichkeiten noch das Personal des Museums gewachsen. Tatsächlich führten gerade die Kolonialexpeditionen vielfach zu einer Überforderung des Museums. Und in dem Maße, in dem die wissenschaftliche Bearbeitbarkeit zurücktrat, hielten neue außerwissenschaftliche Deutungsmuster Einzug in das Museum. Die Sammlungen, die die Kustoden und Assistenten nur schleppend verzeichnen und erforschen konnten, wurden zum Objekt von Flotten- und Kolonialvereinen. Ein neues Publikum beanspruchte die Teilhabe an der musealen Praxis. Und es war gerade dieses Massenpublikum, durch das die Objekte aus einem älteren universalen System in einen neuen nationalen und machtpolitischen Kontext transferiert wurden.[261]

Diesem Transfer standen die Museumsleiter ambivalent gegenüber. Auf der einen Seite fürchteten sie um das wissenschaftliche Renommee ihres Hauses. Auf der anderen Seite waren sie lebhaft an dem sozialen Status interessiert, der ihnen im Zuge der massenhaften Kolonialbegeisterung zugeordnet wurde. Daß die Wissenschaft, so sie unter den Bedingungen der Moderne erfolgreich sein wollte, eine nationale sein mußte, war eine Formel, die vielerorts durchaus im Sinne eines Ausgleichs der Interessen geprägt wurde.[262] Und tatsächlich rückte manche nationale Großexpedition auch das Museum in das Blickfeld der Öffentlichkeit. Und über ein Zuviel an Öffentlichkeit wollte sich jedenfalls um die Jahrhundertwende kein Museumsdirektor ernstlich beklagen.

Ein treffendes Beispiel hierfür ist die sogenannte Tendaguru-Expedition, die sich – jedenfalls mit Blick auf die Naturkunde – durch ein neuartiges Zusammenspiel von Museum, Ministerialverwaltung, Reichskolonialamt und Öffentlichkeit auszeichnete.[263] Im Jahre 1906 waren im Hinterland von Lindi am Tendaguru, einem Berg in Deutsch-Ostafrika, durch Angestellte einer Schürfgesellschaft beträchtliche Mengen an Fossilien gefunden worden.[264] Der Stuttgarter Paläontologe Eberhard Fraas (1862–1915) hatte in ihnen Überreste sehr großer Dinosaurier erkannt und seinen Berliner Kollegen, Wilhelm von Branca, hiervon unterrichtet. Saurierfunde jedoch mußten in der Fachwelt wie in der größeren Öffentlichkeit

260 Vgl. unten Kap. V.1.

261 So sehr deutlich auch Penny: Ethnology (wie Anm. 1), S. 11–14.

262 Vgl. in diesem Zusammenhang u.a. R. v. Bruch: Wissenschaft, Politik und öffentliche Meinung. Husum 1980.

263 Als Hintergrund Ders. u. Rainer A. Müller (Hrsg.): Formen außerstaatlicher Wissenschaftsförderung im 19. und 20. Jahrhundert. Stuttgart 1990.

264 Das folgende nach den Akten in GStA PK I.HA Rep. 76 Va Sekt. 2 Tit. X Nr. 21 A Bd. I. – Knappe Hinweise zu der Expedition im Ausstellungskatalog *Theater der Natur und Kunst*. Berlin 2000, S. 293–296. – Vgl. auch R. Wild: Die Ostafrika-Reise von Eberhard Fraas und die Erforschung der Dinosaurier-Fundstelle Tendaguru. In: Aus der Geschichte des Stuttgarter Naturkundemuseums. Stuttgart 1991, S. 71–76.

begeisterte Reaktionen auslösen. Längst waren sie zu Hauptattraktionen der Naturhistorischen Museen geworden.[265] Ihr Besitz erschien mit Blick auf die Evolutionsforschung, mehr freilich noch mit Blick auf das Publikum, das sich von Dinosauriern geradezu fasziniert zeigte, erwünscht. Da die Riesenechsen jedoch nicht in Deutschland zu finden waren, sondern zu teuren Preisen etwa aus den Vereinigten Staaten, vor allem aus Wyoming, importiert werden mußten, so man sie nicht – wie in Berlin und Frankfurt – zum Geschenk erhielt, fanden die afrikanischen Funde rasch das Interesse des preußischen Kultusministeriums.[266]

Branca, der Direktor des Berliner Geologisch-Paläontologischen Museums, äußerte sich auf Anfrage des Ministeriums denn auch geradezu euphorisch über die Funde, die „das allergrößte wissenschaftliche Interesse" verdienten.[267] Die Erwartung, „ganze, zusammenhängende Skelette der riesigen Saurier" auszugraben und so mit ‚deutschen Riesensauriern' die USA zu übertrumpfen[268], begeisterte Branca, der alle künftigen Tendaguru-Funde bereits im voraus für sein eigenes Haus reklamierte. Da es wünschenswert sei, daß solche „infolge ihrer riesigen Grösse und auffallenden Gestalt das Interesse weitester Kreise erweckenden fossilen Tierformen" einem großen Publikum zugänglich gemacht würden[269], sei für sie einzig das Paläontologische Museum der Reichshauptstadt der richtige Platz. Ebenso habe schließlich auch Fraas gehandelt, der von einem „gewiss richtigen, bei einem Süddeutschen aber doppelt anerkennenswerten Gesichtspunkte aus" erkannt habe, „dass bei diesem grossen Unternehmen dem Museum der Reichshauptstadt der Vorrang gebühre."[270] Branca beantragte daher 50.000 Mark, die im Frühjahr 1909 für eine Expedition zur Verfügung stehen sollten.

Diese Summe, die in den folgenden Jahren immer weiter erhöht werden mußte, wurde jedoch nur zum geringsten Teil von der öffentlichen Hand aufgebracht. Durchführung und Finanzierung der Tendaguru-Expedition wurden vielmehr zu einer öffentlichen Sache erklärt, medial aufbereitet und beinahe zu einem virtuellen Nationaldenkmal stilisiert.[271] Dieser Prozeß, der eine geschickte Öffentlichkeitsarbeit voraussetzte, nahm seinen Ausgang in der Gründung eines Tendaguru-Komitees, das mit den Spitzen der Gesellschaft besetzt war. Als Ehrenvorsitzender amtierte Herzog Johann Albrecht zu Mecklenburg (1857–1920), der Präsident des Deutschen Kolonialvereins. Den geschäftsführenden Vorsitz übernahm Branca, der gemeinsam mit seinem Kustos Werner Janensch (1878–1969), der als Schriftführer fungierte, das Museum für Naturkunde zum eigentlichen Zentrum dieser Öffentlichkeitsarbeit machte. Neben dem Direktor des Zoologischen Museums, August Brauer, gehörten dem Komitee weiterhin an: Bernhard Dernburg (1865–1937), der Staatssekretär des 1907 eingerichteten Reichskolonialamts, Arthur von Gwinner, der Direktor der Deutschen Bank, Landrat von Heimburg, von dem bereits in anderem Zusammenhang die Rede war, sodann der

---

265 Zur ‚Dinomanie' oben Anm. 55.

266 Zu den Schenkungen für Frankfurt und Berlin unten Kap. V.2.

267 Branca an Ministerium, Berlin, 10.7.1908. GStA PK I.HA Rep. 76 Va Sekt. 2 Tit. X Nr. 21 A Bd. I, fol. 3–5v, hier fol. 3.

268 Ebd., fol. 4.

269 Ebd., fol. 4v.

270 Branca an Ministerium, Berlin, 10.7.1912. GStA PK I.HA Rep. 76 Va Sekt. 2 Tit. X Nr. 21 A Bd. I, fol. 182–183, hier fol. 182v.

271 Eine sehr ähnliche Strategie – in einem durchaus vergleichbaren Fall – analysiert minutiös B. Sösemann: Olympia als publizistisches National-Denkmal. In: Olympia 1875–2000. Mainz 2002, S. 49–84.

Rektor der Berliner Universität, der Jurist Wilhelm Kahl (1849–1932), und der zweite Vizepräsident des Reichstags, der Nationalökonom Hermann Paasche (1851–1925).[272] Dieses Komitee, dessen Mitglieder über exquisite Beziehungen im Bereich der Wissenschaft, der Politik, der Ministerialbürokratie und der Wirtschaft verfügten, rief nun – von zahllosen Zeitungen verbreitet – zur Unterstützung der Tendaguru-Expedition auf: Es sei eine „Ehrenpflicht", jene „im deutschen Boden Afrikas ruhenden wertvollen wissenschaftlichen Schätze für Deutschland baldigst zu retten."[273]

Diese Deutung erwies sich als plausibel. Im Laufe des Jahres 1909 wurden 108.760 Mark gesammelt.[274] Der Staat konzentrierte seine Unterstützung vor allem auf das Administrative. Das Ministerium gewährte den nach Afrika entsandten Museumsbeamten Urlaub; und das Reichskolonialamt erklärte den Tendaguru zum Kronland, um einen Rechtsboden zu schaffen, von dem aus „der Wettbewerb fremdländischer Staats- und Privatunternehmungen abgewehrt werden könnte".[275] Etwa 400 Arbeiter legten ab 1909 einen großen Schürfgraben an. Am Ende des folgenden Jahres waren in Deutschland insgesamt 135.000 Mark aufgebracht, in Afrika 320 Kisten mit 60.000 Kilogramm Saurierresten bestückt worden. Branca drängte nun – indem er erste Photographien der Ausgrabung präsentierte – das Ministerium auf Fortführung der Expedition.[276] Einmal mehr betonte das Komitee daher im Februar 1911, es sei die „Ehrenpflicht Deutschlands [...], einen solchen wissenschaftlichen Schatz allerersten Ranges zu heben".[277] Verstärkt wurden nun Presse und Parlament mobilisiert. Gleich mehrere Mitglieder des Preußischen Abgeordnetenhauses feierten in ihren Reden die Tendaguru-Expedition, „von der jetzt in der Öffentlichkeit mehr und mehr die Rede ist". Sie forderten für das Berliner Museum ein Schaustück, „um das die ganze Welt es zu beneiden hätte".[278]

Als man 1912 Bilanz zog, fiel das Ergebnis – nüchtern betrachtet – gemischt aus. Die Gesamtkosten der Expedition hatten 227.325,70 Mark betragen, wovon das Kultusministerium 50.000 Mark, die Preußische Akademie der Wissenschaften 19.000 Mark, die Berliner Gesellschaft der Naturforschenden Freunde 20.000 Mark und die Stadt Berlin 8.000 Mark getragen hatten. Der große Rest aber von 130.325,70 Mark war allein durch private Spenden aufgebracht worden.[279] Das nationale und das wissenschaftliche Argument hatten gerade in ihrer Verbindung motivierend gewirkt. Die Grabungsergebnisse blieben jedoch – worüber man nicht laut sprach – deutlich hinter den Erwartungen zurück. Von der größten Form des

---

272 Dazu „Tägliche Rundschau" v. 24.12.1908.

273 So der Wortlaut des entsprechenden Aufrufs. GStA PK I.HA Rep. 76 Va Sekt. 2 Tit. X Nr. 21 A Bd. I, fol. 20–20v.

274 Die Spenderliste in GStA PK I.HA Rep. 76 Va Sekt. 2 Tit. X Nr. 21 A Bd, I, fol. 46–47. – Die Endabrechnung mit weiterer Liste ebd., fol. 200–206.

275 Reichskolonialamt an Ministerium, Berlin, 29.11.1910. GStA PK I.HA Rep. 76 Va Sekt. 2 Tit. X Nr. 21 A Bd. I, fol. 60–60v, hier 60v.

276 Vgl. Branca an Ministerium, 27.11.1911. GStA PK I.HA Rep. 76 Va Sekt. 2 Tit. X Nr. 21 A, Bd. I, fol. 93–95v.

277 *Aufruf für weitere Fortsetzung der Tendaguru-Expedition.* GStA PK I.HA Rep. 76 Va Sekt. 2 Tit. X Nr. 21 A, Bd. I, fol. 75–76, hier fol. 76.

278 *Stenographischer Bericht der Sitzungen des Hauses der Abgeordneten*, 49. Sitzung v. 15.3.1911, Sp. 4077f.

279 *Uebersicht über die gestifteten Geldbeträge und sonstigen Einnahmen 1909–1912.* GStA PK I.HA Rep. 76 Va Sekt. 2 Tit. X Nr. 21 A, Bd. I, fol. 202.

Sauriers war nur ein einziges vollständiges Skelett ausgegraben worden, von der mittelgroßen Form nur „2 mangelhafte Skelette ohne Schädel, sodann von Stegosauriern 1 Skelett ohne Hals und Kopf, und 1 Skelett ohne Hals und ohne Füsse".[280]

Das Bild in der Öffentlichkeit war ein anderes. Die Expedition galt als großer Erfolg, ihre Durchführung als kultureller Beitrag zum Prozeß der Nationsbildung. Diese Sicht wurde durch jene bewußt populär gehaltenen Reden und Aufsätze verstärkt, wie sie im Umfeld der Expedition entstanden. An der Konstruktion dieser Deutung – in der vielleicht der größte Erfolg der Expedition lag – beteiligten sich insbesondere die Mitglieder des Komitees. In einer blumigen Rede handelte etwa Branca im November 1911 anläßlich der Präsentation von Saurierknochen im Berliner Museum „von diesen versteinerten Gebeinen, die sich gleich Monolithen hier erheben."[281] Im Plauderton erzählte er von den „gigantische[n] Reptilien", die „einst, in mittelalterlicher Zeit der Erdgeschichte, am heutigen Tendaguru-Berge in Deutsch-Ostafrika ihr Wesen trieben." Und er gab einen allgemeinverständlichen, dabei durchaus literarisch ambitionierten Überblick über die Erdgeschichte: „Wo Wasser einst am Tendaguru war, wird festes Land, entsteht ein Berg; der weiche Schlamm wird zu festem Gesteine; und langsam wandelt sich die Lebewelt in neue Formen u. Tertiärzeit zieht vorüber; und kalt und kälter wird es auf der Erde, ein Frösteln geht durch alle Kreatur und staunenden Auges blicken die Tiere gen Himmel, von dem bisher noch nie geschaute weisse Flocken niedersinken; mit weisser Decke deckt sich die Erde. Eiszeit ist da."

Und eine solche Popularisierung von Wissen – um nichts anderes handelte es sich bei Brancas Rede – entfaltete bald ihren ganz eigenen Sinn. David von Hansemann (1858–1920) etwa, ein Schüler Rudolf Virchows, seit 1906 Prosektor am Berliner Rudolf-Virchow-Krankenhaus und ebenfalls Mitglied des Tendaguru-Komitees, rühmte die allgemeinbildende Kraft der Expeditionssammlung. Es gebe keinen besseren Weg zur „ethischen Erziehung des Volkes", als wenn man in der Lage sei, „Kunstobjekte, seien es solche die von Menschenhand oder solche die von der Natur hervorgebracht sind, in leicht anschaulicher Weise vor Augen zu führen."[282] Den Museen wuchs damit eine Aufgabe zu, über die im Fach wie in der Öffentlichkeit bereits seit längerem diskutiert worden war: die Volksbildung. Sie wurde zum eigentlichen Argument für die Tendaguru-Expedition.

Für die Masse, die nun in die Museen strömte, erwiesen sich gerade Saurierfunde als eine Attraktion ersten Ranges: „Vor den grossen Gegenständen bleiben sie staunend stehen. Diese erwecken ihr Interesse. Von diesen erzählen sie in ihren Kreisen." Die öffentliche Begeisterung, die die Tendaguru-Expedition ausgelöst hatte, übertrug sich so auf die Institution Museum. Die Expedition hatte – in Hansemanns Perspektive, die freilich durchaus typisch war – „die Popularität [des Berliner] Museums und dadurch rückwirkend die Volksbildung sehr wesentlich gefördert." Auch die Tendaguru-Expedition leistete ihren Beitrag zur Popularisierung.

---

280 Branca an Ministerium, Berlin, 24.11.1911. GStA PK I.HA Rep. 76 Va Sekt. 2 Tit. X Nr. 63 Bd. XX, fol. 138–139, hier fol. 138–138v.

281 *Rede des Geheimen Bergrat Professor Dr. Branca.* GStA PK I.HA Rep. 76 Va Sekt. 2 Tit. X Nr. 21 A, Bd. I, fol. 96–104v, hier fol. 96. – Dort auch die folgenden Zitate.

282 *Rede des Herrn Geheimen Medizinalrat Professor Dr. von Hansemann.* GStA PK I.HA Rep. 76 Va Sekt. 2 Tit. X Nr. 21 A, Bd. I, fol. 105–106, hier fol. 106. – Dort auch die folgenden Zitate.

Kapitel IV

„Die Thiere bewegten sich" – Methoden und Medien der Popularisierung

Die Museumsobjekte schwiegen. Und je überfüllter das Naturhistorische Museum im Laufe des 19. Jahrhunderts wurde, desto komplizierter schien es, sie zum Sprechen zu bringen. Genau hierin lag jedoch die Aufgabe einer funktionierenden Wissenskommunikation – und ihre Schwierigkeit zugleich. Karl Kraepelin, der Direktor des Hamburger Naturhistorischen Museums, hat diese Schwierigkeit bei der Eröffnung des neu errichteten Hauses 1891 warnend umrissen. Das „Aufspeichern immer neuer Hunderttausende von Naturkörpern", so führte er vor dem Festpublikum mahnend aus, sei es nicht gewesen, „was unsere Väter als würdigen Zielpunkt vor Augen hatten."[1] Das Museum, so hieß das, sollte mehr als ein Archiv der Natur und ihrer Produkte sein. Denn: „Was nützt das todte Material und wäre es das reichste der Welt, wenn es nicht vom Geiste der Wissenschaft durchdrungen und beseelt wird?!"

Diese Durchdringung und Beseelung der Sammlung vollzog sich zunächst in jener Form der Forschung und Kommunikation, wie sie sich am Beginn des Jahrhunderts in den verschiedenen Museen etabliert hatte. In der hohen Zeit der Bildungsidee hatte sich die Kommunikation als eine partizipatorische Kultur des Wissens strukturiert – wir haben davon im ersten Kapitel berichtet. Die Naturhistorischen Museen blieben – in personeller wie materieller Hinsicht – auf die Teilhabe der Öffentlichkeit angewiesen. Diese Öffentlichkeit war jedoch – allen Idealen und Ansprüchen zum Trotz – zunächst eine durchaus eingeschränkte, sei es eine akademische wie in Berlin oder eine bürgerliche wie in Frankfurt am Main.

In der Senckenbergischen Naturforschenden Gesellschaft etwa fand die Wissenskommunikation bis weit in das 19. Jahrhundert in einem zwar öffentlichen, aber doch gut überschaubaren Raum statt. Er war umschrieben durch die langsame, teilweise sogar stagnierende Mitgliederentwicklung, die keineswegs der internationalen Bedeutung des Senckenberg-Museums entsprach.[2] Zwar schnellte die Zahl der Mitglieder nach der Vereinsgründung 1817 innerhalb von nur fünf Jahren auf 310 empor. Nachdem das Museum jedoch errichtet und funktionsfähig war, ging die Mitgliederzahl kontinuierlich zurück und betrug im Jahre 1858 nur mehr 207. Nach diesem Tiefstand konnte die Gesellschaft, trotz einzelner Rückschläge, schrittweise neue Mitglieder gewinnen, so daß ihre Zahl im Jahre 1880 bei immer-

---

1 Zit. n. „Hamburgischer Correspondent" v. 17.9.1891. – Dort auch das folgende Zitat.

2 Einen Eindruck von der Entwicklung der Mitgliederzahl mag folgende Auswahl vermitteln: 17 (1817), 32 (1818), 228 (1819), 251 (1820), 295 (1821), 310 (1822), 298 (1830), 262 (1840), 217 (1850), 207 (1858), 302 (1860), 258 (1865), 390 (1866), 371 (1870), 519 (1873), 501 (1880), 404 (1885), 300 (1890), 410 (1895), 494 (1900), 800 (1905), 1052 (1908), 1213 (1910), 1430 (1914), 1516 (1919), 4190 (1920), ca. 14000 (1923). Vgl. W. Kramer: Chronik der Senckenbergischen Naturforschenden Gesellschaft. Frankfurt/M. 1967, S. 192, 194, 199, 206, 212, 218, 251, 271, 298, 310, 314, 323, 325, 334, 336, 346, 353, 362, 370, 379, 392, 400, 404, 415, 431, 434 u. 439. – Dort auch Belege für die folgenden Angaben.

hin 501 lag. Nach rückläufigen Tendenzen vor der Jahrhundertwende setzten große Zuwächse jedoch erst nach 1900, also im Zusammenhang mit naturwissenschaftlicher Volksbildung und Museumsneubau, ein. Die Tausendergrenze wurde erstmals im Jahre 1908 überschritten, bei Kriegsausbruch 1914 verzeichnete man 1430 Mitglieder, während die Höchstwerte erst in der Weimarer Republik erreicht wurden, so etwa 14.000 Mitglieder im Jahr 1923.

Angesichts solch überschaubarer Mitgliederzahlen konnte das Wissen zwischen den Interessierten zunächst problemlos bei den offiziellen Sitzungen und informellen Treffen, ja, bei der täglichen Arbeit in der Sammlung ausgetauscht werden. Das Ideal einer aktiven Teilhabe schien durchaus erreichbar. In die Krise geriet es – seit der Jahrhundertmitte – zum einen durch eine immer stärkere Spezialisierung des naturkundlichen Wissens und zum anderen durch den Wandel der Öffentlichkeit, der die Vertreter unterbürgerlicher Schichten, zunächst der Arbeiterschaft, dann der Angestelltenschaft, zu potentiellen Akteuren der musealen Wissenskommunikation machte.

In dieser Krise erwies sich das traditionelle Kommunikationsmodell als überfordert. Die zumal in den bürgerlichen Vereinen gepflegte gleichberechtigte Teilhabe der Dilettanten wurde, wie wir im zweiten Kapitel gesehen haben, nun vermehrt mittels einer gleichsam stellvertretenden Partizipation durch professionelle Museumsleiter und Kustoden abgelöst. Diese neue Form der Teilhabe gefährdete jedoch den Status des Museums als einer genuin *öffentlichen* Einrichtung. Um ihn zu behaupten, bedurfte es einer auf das Massenpublikum ausgerichteten neuen Form der Kommunikation. Gerade die Naturhistorischen Museen fanden sie in der Popularisierung, also der massenhaften, interaktiven und dabei nicht selten handlungsleitenden Verbreitung von Wissen, die sich neuer – im Verständnis der Zeit – ‚moderner' Medien und Techniken bediente. Sie vollzog sich am deutlichsten in einer neuartigen Präsentation der Objekte, wie sie sich in der Trennung von Schau- und Studiensammlung, aber auch etwa durch Führer und Führungen, durch Publikationen und Vorträge konkretisierte. Ihre Voraussetzung aber bildete die Zugänglichkeit der Museen. Gerade am Wandel der Öffnungszeiten lassen sich die Umbrüche erkennen.

1. Öffnungszeiten

Zu Beginn des 19. Jahrhunderts hatte es regelrechte Öffnungszeiten kaum gegeben – und sie waren auch gar nicht nötig. Der Kreis der Besucher war überschaubar, und wer Einlaß in das Museum begehrte, sah sich selten abgewiesen. Der Zutritt wurde in den meisten Häusern in einer geradezu liberalen Weise gehandhabt. Die überschaubare Öffentlichkeit machte feste Eintrittszeiten, die mehr als eine einschränkende Norm gewirkt hätten, beinahe überflüssig – und zwar unabhängig von dem Umstand, ob es sich bei der Sammlung um ein Vereinsmuseum oder um ein höfisches Kabinett handelte. In Karlsruhe etwa konnten seit 1806 interessierte Besucher nach Absprache jederzeit das Naturalienkabinett besichtigen.[3] Erst als die

3 Bis zu diesem Zeitpunkt gab es keine festgesetzten Öffnungstage. Gmelin nahm „aber jeden Gebildeten von Kenntnissen mit zuvorkommender Gefälligkeit auf und [gab] ihm über die ausgezeichneten Producte eine so humane als belehrende Auskunft." Th. C. Hartleben: Statistisches Gemälde der Residenzstadt Karlsruhe. Karlsruhe 1815, S. 273. – So erhielt auch Johann Wolfgang von Goethe bei seinem Besuch im Oktober

Nachfrage des größeren Publikums wuchs und die Bürger der Residenzstadt vermehrt Einlaß in das Museum begehrten, verfügte der Großherzog 1831, das Naturalienkabinett fortan zu festen Zeiten für die Allgemeinheit zu öffnen, und zwar montags von 8 bis 12 und 15 bis 17 Uhr.[4]

Das war ein Modus, der sich kaum von demjenigen der Vereinsmuseen in Frankfurt und Bremen unterschied. In Bremen wurden die Naturhistorischen Sammlungen zunächst nur montags nachmittags einem größeren Publikum geöffnet. Allerdings war der von der Gesellschaft „Museum“ angestellte Konservator ermächtigt, auch zu anderen Zeiten die Sammlung „jedem Wißbegierigen vorzuzeigen und zu erklären“.[5] Seit 1832 wurde das Kabinett neben dem Montag auch am Donnerstag von 11 bis 1 Uhr „für den Besuch der Mitglieder geöffnet, wozu alsdann auch ein Fremder eingeführt werden darf“.[6] In Frankfurt wiederum hielt man das Museum schon 1821 für Mitglieder der Senckenbergischen Naturforschenden Gesellschaft und Durchreisende – auch hier nach Absprache – zu jeder Stunde des Tages geöffnet.[7] Für „das gesammte Publikum“ wurden feste Besuchszeiten zunächst am Montag und Freitag vormittag eingerichtet. Die Gesellschaft betrachtete diese Praxis als um so selbstverständlicher, als das „bloße Sammeln und Hinstellen“ nicht der Zweck des Vereins war.[8] Die Sammlungen, so erklärte Johann Michael Mappes 1821, sollten statt dessen „in recht Vielen den Sinn für die Naturkunde wecken, ihnen nur den Stoff zur Erweiterung ihrer Kenntnisse liefern und dem, der mit Talent und Neigung auch Muße besitzt, weiter zu drängen, Gelegenheit darbieten, die Wissenschaften selbst zu bereichern.“[9]

Indes: Die Öffnung des Hauses war zunächst begrenzt. Das Museum brauchte das Publikum, wollte jedoch zugleich über dessen Zusammensetzung bestimmen. Die Besuchszeiten bildeten am Anfang des Jahrhunderts, so liberal sie auch gehandhabt wurden, unsichtbare Schranken. Welcher Handwerker, welcher Tagelöhner gar konnte es sich erlauben, montags mittags durch ein Museum zu spazieren? Tatsächlich blieb das Naturhistorische Museum als Bildungseinrichtung ganz eine Institution der bürgerlichen Gesellschaft. Da sich das Bürgertum dabei nicht selten als ‚allgemeiner Stand‘ betrachtete, traten die skizzierten Auswirkungen der Öffnungspraxis im ersten Drittel des Jahrhunderts kaum je recht in das Bewußtsein der Akteure. Die bürgerliche Öffentlichkeit war für viele Museen *die* Öffentlichkeit schlechthin. Das galt zumindest für die Häuser in Frankfurt und Bremen. Im Berliner Universitätsmuseum sah sich die bürgerliche Öffentlichkeit jedoch von vornherein einer aka-

---

1815 „durch Geneigtheit des Herrn Gmelin eine zwar flüchtige, aber hinreichende Übersicht des höchst bedeutenden Kabinetts.“ – Dazu F. v. Biedenfeld: Ein paar Stunden mit Goethe in Karlsruhe. In: „Morgenblatt für die gebildeten Leser und Stände“ [Stuttgart] Jg. 1859, S. 443–445.

4 Geheimes Kabinett an Intendanz der Großherzoglichen Kunstkabinette, Karlsruhe, 7.9.1831. GLA Karlsruhe 56/1573. – *Reglement für den Besuch und die Benützung des Großherzoglichen Naturalien-Cabinets.* Karlsruhe, 30.3.1843. Abgedr. in: S. Rietschel (Hrsg.): Vom Naturalienkabinett zum Naturkundemuseum 1785–1985. Karlsruhe 1985, S. 12.

5 J. Achelis: Die Gesellschaft Museum in Bremen. [Bremen nach 1931.] [Mskrpt.], S. 76. StA Bremen 2–T.5.h.

6 *Gesetze der Gesellschaft Museum in Bremen.* Bremen 1832, S. 10. – In diesem Punkt identisch: *Gesetze der Gesellschaft Museum in Bremen.* Bremen 1847, S. 10.

7 Vgl. Kramer (wie Anm. 2), S. 217.

8 J. M. Mappes: Festreden gehalten im naturgeschichtlichen Museum zu Frankfurt am Main. Frankfurt/M. 1842, S. 20. – Vgl. auch ebd., S. 149.

9 Ebd., S. 20.

demischen Öffentlichkeit gegenüber. Das Berliner Museum bewegte sich in verschiedenen Kontexten, und die Öffnungszeiten versuchten, diese verschiedenen Kontexte – universitärer Raum hier, bürgerlicher Raum dort – fein auseinanderzuhalten. Gleichwohl blieben Konflikte nicht aus.

Als Hinrich Lichtenstein im April 1814 beim Ministerium den Antrag stellte, das Museum künftig der Öffentlichkeit zugänglich zu machen[10], benannte er drei Hauptzwecke der Sammlung. Erstens sollte sie der „Förderung der Wissenschaft durch Anhäufung und geordnete Nebeneinanderstellung der Naturseltenheiten" dienen, zweitens sollte sie dem universitären Unterricht nützlich sein und drittens für die „Allgemeine Verbreitung der Naturhistorischen Kenntnisse" Sorge tragen.[11] An die Öffnungszeiten richteten diese Zwecke ganz unterschiedliche Anforderungen. Scharfsinnig argumentierte Lichtenstein – ein Dilemma vieler Museen aussprechend –, der erste genannte Zweck werde am besten erreicht, „ohne daß wir unsere Sammlung öffnen". Die Forschung, so hieß das, brauche die Sammlung und Einsamkeit und Freiheit und vielerlei mehr – jedoch nicht das Publikum. Die Erreichung der beiden anderen Zwecke drängten, so Lichtenstein, jedoch geradezu auf eine möglichst weitgehende Öffnung des Hauses. Das war der Widerspruch, der die Öffnungspraxis seit dem frühesten 19. Jahrhundert kennzeichnete, der – in den Augen mancher Betrachter – schließlich durch Popularisierungsprozesse aufgelöst werden sollte, sich am Ende jedoch im Kern als unaufhebbar erwies.

Was nun die Öffentlichkeit anging, so klassifizierte Lichtenstein ihre verschiedenen Segmente und suchte sie mittels regulierter Öffnungszeiten zu lenken. Um den Erwartungen und Interessen der Studenten einerseits, des größeren Publikums andererseits Rechnung zu tragen, beantragte er die Einführung getrennter Öffnungszeiten. Zwar hatte er an der „Schaulust und Neugierde" des größeren Publikums im Grunde nichts auszusetzen, da sie „bey mangelnden vorgängigen Kenntnissen nichts anders seyn kann und sich bey der Würde des Gegenstandes, und wir dürfen wohl sagen, bey der Würde des Locals [...] sehr bald in ehrerbietiges Bewundern der Werke des Schöpfers verwandele".[12] Gleichwohl wollte er dieses Publikum von der Fachöffentlichkeit trennen – eine Idee, wie sie vielleicht nur in einem Universitätsmuseum geboren werden konnte. Der Fachgelehrte konnte die Sammlung „ganz nach seiner Muße" benutzen.[13] Die Studenten wurden auf die Abendstunden verwiesen. Für das größere Publikum war das Haus vom Mai 1814 an dienstags und freitags von 12 bis 14 Uhr geöffnet, wobei allerdings pro Öffnungstag zunächst lediglich 30 Einlaßkarten ausgegeben wurden.[14] Was dieses größere Publikum betraf, so hatte Lichtenstein klare Vorstellungen. Das Museum sollte in seinen Augen „weder Sammelplatz der schönen Welt, wie unsre Kunstausstellungen" sein, noch durfte „die untere Volksklasse und das Militär", wie

---

10 Vgl. Lichtenstein an Departement, Berlin, 2.4. 1814. GStA PK I.HA Rep. 76 Va Sekt. 2 Tit. X Nr. 15 Bd. II, fol. 23–29. – Darauf Departement an Lichtenstein, Berlin, 14.4.1814. Ebd., fol. 30–32 – Danach das folgende.

11 Ebd., fol. 23. – Dort auch das folgende Zitat.

12 Ebd., fol. 25.

13 Ebd., fol. 26.

14 Vgl. Lichtenstein an Departement, Berlin, 20.5.1814. GStA PK I.HA Rep. 76 Va Sekt. 2 Tit. X Nr. 15 Bd. II, fol. 42f. – Entwurf eines entsprechenden Reglements ebd., fol. 44–47; in ministerieller Fassung 48–53.

dies offensichtlich im vergangenen Jahre im Anatomisch-Zootomischen Museum der Universität der Fall gewesen war, das „gebildete Publikum verdrängen".[15]

Das „gebildete Publikum" erwies sich so, in Frankfurt wie in Berlin, als der eigentliche Adressat der öffentlichen Sammlung. Um dieses Publikum bemühte man sich; denn seinem Interesse, wie es sich im vielbeschworenen Bildungskanon artikulierte, verdankte das Museum den entsprechenden Rang in der Gesellschaft. Dieses Bemühen hatte dabei durchaus praktische Konsequenzen. 1816, nach zweijähriger Erfahrung, in der es „durch den großen Andrang immer beschwerlicher" geworden war, „die nöthige Contrôle zu führen"[16], knüpfte Lichtenstein die Verteilung der Eintrittskarten an die Bedingung einer vorangehenden *schriftlichen* Bestellung – eine Auflage, die bewußt als Hemmschwelle gedacht war. Durch die Regelung sollte verhindert werden, daß „die Leute aus den niedersten Ständen, die sich bisher bei der Austheilung immer vorzudrängen wußten, [...] die Oberhand gewinnen, was wir gewiß, sosehr die Anstalt öffentlichen Nutzen leisten muß [...] sehr zu fürchten haben."[17]

Lichtensteins Formulierung war durchaus typisch. Museen blieben auf die Öffentlichkeit angewiesen, aber sie fürchteten sie auch. 1840 echauffierte sich Lichtenstein über die „häufig vorkommende Zudringlichkeit des Publikums".[18] Und als das Berliner Museum im Jahre darauf nach einem Umbau wieder eröffnet wurde, beharrte er – gegen den Wunsch des Ministeriums – auf der Erforderlichkeit von (kostenfreien) Eintrittskarten.[19] Wollte man auf sie verzichten, so Lichtenstein, begäbe man sich jeglicher Kontrollmöglichkeit und hätte am Ende „so viele aus der niedersten Volksklasse" unter den Besuchern, „daß dem anständigen Publicum dadurch der Besuch verleidet würde".[20] Der gleichen Sorge begegnete auch der Hinweis des gedruckten *Besuchsreglements*, vom Ministerium am 18. März 1841 verfügt, daß „nur reinlich gekleidete Personen zugelassen" würden.[21]

Erst Wilhelm Peters, seit 1857 Lichtensteins Nachfolger, verzichtete nach Mißbräuchen – Lohndiener hatten Billets an Fremde verkauft – auf die Eintrittskarten. Studenten erhielten nun viermal in der Woche von 14 bis 16 Uhr, das übrige Publikum dienstags und freitags von 12 bis 14 Uhr die Gelegenheit zum Museumsbesuch.[22] Überhaupt nahmen die Öffnungszeiten der Museen seit der Jahrhundertmitte zu. Das Karlsruher Naturalienkabinett wurde in den 1870er Jahren zunächst sonntags und mittwochs von 11 bis 13 und 14 bis 16 Uhr, ab 1911 dann zu entsprechenden Zeiten an drei Wochentagen, nämlich sonntags, mittwochs und freitags, geöffnet.[23] Die Bremer Sammlungen waren seit 1877 im *Domsan-*

---

15 Ebd., fol. 25.

16 Lichtenstein an Ministerium, Berlin, 14.8.1816. GStA PK I.HA Rep. 76 Va Sekt. 2 Tit. X Nr. 15 Bd. II, fol. 274f., hier fol. 274.

17 Ebd., fol. 275.

18 Lichtenstein an Ministerium, Berlin, 29.7.1840. GStA PK I.HA Rep. 76 Va Sekt. 2 Tit. X Nr. 15 Bd. XVI, fol. 64v.

19 Vgl. Lichtenstein an Ministerium, Berlin, 11.2.1841. GStA PK I.HA Rep. 76 Va Sekt. 2 Tit. X Nr. 15 Bd. XVI, fol. 122–126v.

20 Ebd., fol. 123.

21 *Reglement für die Benutzung und den Besuch der Königlichen zoologischen Sammlung*. GStA PK I.HA Rep. 76 Va Sekt. 2 Tit. X Nr. 15 Bd. XVI, fol. 128v–129.

22 Vgl. Peters an Ministerium, Berlin, 18.1.1859. GStA PK I.HA Rep. 76 Va Sekt. 2 Tit. X Nr. 63 Bd. III, fol. 259–265, hier fol. 264–264v.

23 Vgl. Rietschel (wie Anm. 4), S. 18f.

bau ebenfalls bereits an drei Tagen – sonntags, dienstags und donnerstags – geöffnet.[24] Im neu errichteten Städtischen Museum für Natur-, Völker- und Handelskunde wurden die Öffnungszeiten weiter ausgebaut, nach dem Erweiterungsbau 1911 war das Museum schließlich an allen Wochentagen mit Ausnahme des Montags zugänglich. Das Stuttgarter Naturalienkabinett war bereits ab 1881 an allen Wochentagen von 10 bis 11 Uhr und 14 bis 15 Uhr geöffnet worden.[25] Das Altonaer Museum stand dem Publikum täglich außer montags sogar von 10 bis 16 Uhr offen. Das Berliner Museum für Naturkunde beantragte 1901 eine längere Öffnungszeit, die – wie überall – nicht unbeträchtliche Personalkosten verursachte.[26] Schließlich wurde das Haus an fünf Tagen in der Woche, auch sonntags, von 10 bis 18 Uhr geöffnet.[27]

Entscheidend für die Besucherzahlen, wie wir sie im zweiten Kapitel benannt haben, war jedoch nicht allein die Summe der Öffnungsstunden. Als wichtig erwiesen sich vielmehr zwei speziellere Fragen: einmal die Frage des möglichen Eintrittsgeldes, zum anderen die Frage nach der Sonntagsöffnung. Die Lösung dieser Fragen, die im Ermessen der einzelnen Museen lag, hatte erhebliche Konsequenzen für die tatsächliche Zugänglichkeit der Häuser.

Was zunächst das Eintrittsgeld betrifft, an das wir uns heute allenthalben gewöhnt haben, so war es im 19. Jahrhundert durchaus die Ausnahme. In der Regel wurde für den Besuch der Sammlungen keine Gebühr erhoben – und das hatte seinen Grund. Als der Bremer Senat 1911 dem Direktor des Städtischen Museums, das nach den Statuten ohnehin dazu verpflichtet war, seine Pforten an der Mehrzahl der Tage kostenlos zu öffnen und so nur für den Besuch am Dienstag und Freitag vormittag ein Eintrittsgeld verlangte, Mittwoch, Donnerstag und Sonntag jedoch unentgeltlich zu besichtigen war[28], mitteilte, man denke über eine Ausweitung der gebührenpflichtigen Öffnungstage nach, wiegelte Hugo Schauinsland ab: die zu erwartenden Einnahmen stünden in keinem Verhältnis „zu dem Odium, das das Museum durch diese Erschwerung des Zutritts auf sich lüde".[29] Das Museum verstand sich als ein öffentlicher Raum, dessen Besuch nicht – jedenfalls nicht in erster Linie – durch die Erhebung von Gebühren reglementiert werden sollte. Tatsächlich verlangten noch am Ausgang des Jahrhunderts weder das Berliner Museum für Naturkunde noch das Frankfurter Senckenberg-Museum und das Karlsruher Naturalienkabinett noch das Hamburger Naturhistorische Museum, das Altonaer Museum, das Zoologische Museum in Dresden, die Naturhistorische Staatssammlungen in München oder das Stuttgarter Naturalienkabinett entsprechende Eintrittsgelder.[30]

Als durchaus reglementierend erwies sich hingegen der Umgang mit der Frage nach der Öffnung am Sonntag, und zwar genauer gesagt am Sonntag *nachmittag*. Wer das Massen-

24 Vgl. Erster Bericht über die städtischen Sammlungen für Naturgeschichte, Bremen, 31.12.1877. StA Bremen 2–T.5.p.

25 Vgl. M. Warth u. B. Ziegler: Aus der Frühzeit des Naturalienkabinetts. In: Aus der Geschichte des Stuttgarter Naturkundemuseums. Stuttgart 1991, S. 5–20. – Dazu und zum folgenden auch Köstering, S. 248f.

26 Vgl. Möbius an Ministerium, Berlin, 23.4.1901. GStA PK I.HA Rep. 76 Va Sekt. 2 Tit. X Nr. 127 Bd. V, fol. 136.

27 Acta betr. die Organisation, Öffnungszeiten, Besichtigungen durch Vereine pp., 1899–1926. HUB, MfN, Historische Bild- und Schriftgutsammlungen, Bestand Zoologisches Museum, S II, Verwaltungsakten.

28 Vgl. Schauinsland an Barkhausen, Bremen, 25.7.1911. StA Bremen 4,36–III.6.11. – Vgl. Kap. I.1.4.

29 Schauinsland an Barkhausen, Bremen, 17.6.1911. StA Bremen 3–N.5.No. 93.

30 Vgl. *Mitteilung des Senats* v. 29.12.1911, S. 1331.

publikum – und das hieß auch und gerade die Arbeiterschaft – in das Museum holen wollte, mußte den Sonntag ganztägig zum Hauptbesuchstag des Museums ausbauen. Diese Einsicht setzte sich durch, auch wenn sie zunächst nicht unumstritten war. Immerhin beantragte im Jahre 1889 der Verwaltungsdirektor des Berliner Museums für Naturkunde, Ernst Beyrich, beim preußischen Kultusministerium, die Sammlungen künftig nicht nur montags und samstags, sondern auch sonntags zu öffnen, und zwar „mit Rücksicht darauf, daß einer großen Zahl von Personen, wie Beamten, Lehrern, Handwerkern u.s.w. selten anders als Sonntags Gelegenheit geboten sein dürfte“.[31] Die Sonntagsöffnung war ein Schritt auf das Massenpublikum zu, auch wenn Beyrich die Arbeiter bezeichnenderweise gerade nicht erwähnte, sondern sie in dem „u.s.w.“ nach den gewiß ehrbaren Handwerkern verbarg.

Gerade der Umgang mit der Industriearbeiterschaft, im letzten Jahrhundertdrittel das demographisch eigentlich dynamische Element der Gesellschaft, erwies sich zunächst als heikel.[32] Und da die Frage der ganztägigen Sonntagsöffnung immer auch – zumindest unausgesprochen – die Frage nach dem Verhältnis von Museum und unterbürgerlichen Klassen beinhaltete, war sie vielerorts hochgradig ideologisch aufgeladen. In der Diskussion um die Sonntagsöffnung ging es um nicht weniger als um den Ort des Museums in der Gesellschaft und so im letzten um das Schicksal der Museumsidee, wie sie sich – attraktiv und erfolgreich – am Anfang des Jahrhunderts entwickelt hatte. In einer Zeit, in der sich die Volksbildungsbestrebungen immer hörbarer artikulierten, befand sie sich auf dem Prüfstand.[33] Der Anspruch der Arbeiter, die sich in ihrer spärlichen Freizeit weiter-, fort-, ja emporbilden wollten,[34] ließ die Grenzen der bürgerlichen Integrationsbereitschaft deutlich hervortreten.

Sichtbar wurden sie im Jahre 1894 etwa bei der Senckenbergischen Naturforschenden Gesellschaft. Der Frankfurter Ausschuß für Volksvorlesungen hatte Anfang 1893 den schriftlichen Wunsch geäußert, man möge die Besuchsstunden an Sonntagen zugunsten der

31 Beyrich an Ministerium, Berlin, 27.1.1891. GStA PK PK I.HA Rep. 76 Va Sekt. 2 Tit. X Nr. 127 Bd. III, fol. 89–91, hier fol. 91.

32 Zu allgemeinen Tendenzen Nipperdey II, S. 291–334.

33 Zur Volksbildungsbewegung umfassend H. Dräger: Volksbildung in Deutschland im 19. Jahrhundert. Bd. 1. Braunschweig 1979; Bd. 2. Bad Heilbrunn/Obb. 1984. – Mit Blick auf Frankfurt vgl. W. Seitter: Volksbildung und educación popular. Systembildungsprozesse und Vereinskulturen in Barcelona und Frankfurt am Main zwischen 1850 und 1920. Bad Heilbrunn/Obb. 1993. – Zu einer entscheidenden Trägergruppe der Bewegung vgl. H. Dräger: Die Gesellschaft für Verbreitung der Volksbildung, Stuttgart 1975. – Den Bezug zur Arbeiterbewegung beleuchtet u.a. K. Birker: Die deutschen Arbeiterbildungsvereine 1840–1870. Berlin 1973. – Zum Hintergrund vgl. H. Blankertz: Bildung im Zeitalter der großen Industrie. Berlin, Darmstadt, Dortmund, Hannover 1969. – Zusammenfassend auch P. Röhrig: Erwachsenenbildung. In: Handbuch der deutschen Bildungsgeschichte, Bd. 4: 1870–1918, S. 441–471. – Der Zusammenhang von Volksbildungsbewegung und Museum bereits bei A. Kuntz: Das Museum als Volksbildungsstätte. Münster, New York 1996.

34 Zu diesem Komplex G. A. Ritter (Hrsg.): Arbeiterkultur. Königstein/Ts. 1979. – W. Ruppert (Hrsg.): Die Arbeiter. München 1986. – Zur Frage der Integration und Sozialisation vgl. E. Lerch: Kulturelle Sozialisation von Arbeitern im Kaiserreich. Frankfurt/M., Bern, New York 1985. – Als Einzelstudie wertvoll Chr. Wilkens: Bildung und Freizeit für Arbeiter während des Kaiserreiches. Hamburg, Univ., Diss. 1991. – Konzentriert auf das Leseverhalten der Arbeiter D. Langewiesche: Zur Freizeit des Arbeiters. Stuttgart 1979. – Zur Freizeitgestaltung auch G. Huck (Hrsg.): Sozialgeschichte der Freizeit. Wuppertal 1980.

interessierten Arbeiter erweitern.[35] Die Gesellschaft hatte daraufhin beschlossen, dem Ausschuß „an näher zu bestimmenden Sonntagen im Winter eine Änderung der Besuchsstunden an den Vormittagen" in Aussicht zu stellen.[36] Damit schien die Sache für das Museum vorerst erledigt zu sein.[37] Nicht so jedoch für den Ausschuß für Volksvorlesungen. In dessen Namen bat Johann Heinrich Roth, ein Kutschereibesitzer, der von 1881 bis 1896 der Frankfurter Stadtverordnetenversammlung angehörte, den Ersten Direktor der Senckenbergischen Naturforschenden Gesellschaft, Isaak Blum (1833–1903), mündlich um die weitergehende Öffnung des Museums sonntags nachmittags.[38] Dazu war man indes nicht bereit[39] – wobei zu bedenken ist, daß etwa in britischen Museen zu dieser Zeit bereits höchst erfolgreiche Abendöffnungszeiten bestanden, die dem Freizeitpotential der Arbeiter entgegenkamen.[40]

Nach einer neuerlichen Zuschrift des Ausschusses für Volksvorlesungen eskalierte das Problem der Sonntagsöffnung, das längst zu einer Prinzipienfrage geworden war, in der Verwaltungssitzung vom 17. März 1894. Da sich ein vergleichsweise ausführliches Protokoll dieser Sitzung erhalten hat, sind wir über den Verlauf der Diskussion, bei der sich die anwesenden dreizehn wirklichen Mitglieder in zwei Lager spalteten, ausnahmsweise recht gut unterrichtet.[41] Als Vorsitzender eröffnete Blum die Aussprache. Auf seine Anfrage hin, warum man partout auf einer Öffnung am Sonntag nachmittag bestehe, hatte ihm der Ausschuß für Volksvorlesungen erwidert, „daß die Arbeiter am Sonntag Vormittag durch kleine Flickarbeiten, Bereitung des Mittagsmahles etc. an das Haus gefesselt wären und erst am Nachmittage die Museen besuchen könnten."[42] Ein Entgegenkommen seitens der Senckenbergischen Naturforschenden Gesellschaft wurde allerdings durch zwei Umstände erschwert: zum einen durch die an Winternachmittagen unzureichende Beleuchtung des Mu-

35 Vgl. Sitzungsprotokoll, 25.2.1893. SNG Archiv Bd. 8, S. 22. – Zur Tätigkeit des Frankfurter Ausschusses für Volksvorlesungen, der seine Arbeit im Winterhalbjahr 1890/91 mit vier Vorlesungsreihen aufnahm und seit 1892 eine Kampagne für eine Ausdehnung der Öffnungszeiten der Museen sowie für die Einrichtung spezieller Volksvorstellungen in Oper und Theater entfachte, ausführlich W. Seitter: Volksbildung als Teilhabe. Frankfurt/M., Bern, New York, Paris 1990. – Vgl. Ders.: Volksbildung und educación (wie Anm. 33), S. 148–150, 195–202. – Eine Kurzfassung hiervon bei Dems.: Zur Bildungsarbeit des Frankfurter Ausschusses für Volksvorlesungen von 1890 bis 1920. In: Hessische Blätter für Volksbildung 1990, S. 151–159. – Hinweise auf die Museumskampagne auch in: Die Volksbildungsorganisationen in Deutschland. In: Volksbildungsarchiv 1 (1910), S. 510–534, hier S. 511. – Zum Problem der Sonntagsöffnung in englischen Museen vgl. G. Reising: Das Museum als Öffentlichkeitsform und Bildungsträger bürgerlicher Kultur. Darmstadt 1980, S. 87.

36 Sitzungsprotokoll, 25.2.1893. SNG Archiv Bd. 8, S. 22. – Die Öffnung am Sonntagvormittag war 1868 eingeführt worden. Vgl. Sitzungsprotokoll, 6.6.1868. SNG Archiv Bd. 5, S. 374.

37 Bei einer Besprechung mit den Direktoren der anderen Frankfurter Museen hatte sich der 1. Vorsitzende der SNG, Issak Blum, offensichtlich zu veränderten Öffnungszeiten an Sonntagvormittagen bereit erklärt. Vgl. Sitzungsprotokoll, 18.3.1893. SNG Archiv Bd. 8.

38 So die Mitteilung Blums bei der Verwaltungssitzung am 16.12.1893. SNG Archiv Bd. 8, S. 43–46, hier S. 44. – Zu Roth vgl. W. Klötzer (Hrsg.): Frankfurter Biographie. Bd. 2: M–Z. Frankfurt/M. 1996, S. 215. – Dort auch Hinweise zu Roths Engagement für Frankfurter Volksküchen und die Volksheilstätte für Lungenkranke in Falkenstein/Ts.

39 Vgl. Sitzungsprotokoll, 16.12.1893. SNG Archiv Bd. 8, S. 45.

40 Vgl. etwa K. Hudson: A Social History of Museums. London 1975, S. 70.

41 Vgl. Sitzungsprotokoll, 17.3.1894. SNG Archiv Bd. 8, S. 50–52. – Auszüge hieraus bereits bei Kramer (wie Anm. 2), S. 366f., dort allerdings irrtümlich unter dem Datum des 12.3.1893.

42 Sitzungsprotokoll, 17.3.1894. SNG Archiv Bd. 8, S. 50. – Hier auch die folgenden Zitate.

seums, zum anderen durch die Befürchtung, man werde die Museumsaufseher für den Sonntagsnachmittags-Dienst erst motivieren und dann entsprechend vergüten müssen. Aus diesen Überlegungen heraus schlug Blum der Versammlung vor, dem Ausschuß zu antworten, daß man „gerne bereit wäre, die Führung von Vereinen durch die Räume des Museums zu übernehmen, wie dies bereits öfter geschehen sei; auch wolle die Gesellschaft mit der Zeit populär gehaltene Cataloge und dergleichen für die einzelnen Sammlungsabtheilungen herstellen lassen; dahingegen sei die Oeffnung des Museums an den Sonntag Nachmittagen unter den gegebenen Verhältnissen leider nicht zu ermöglichen."

Allein, dieser mittlere Weg fand keinesfalls den Beifall der Anwesenden. Als entschiedener Gegner der Arbeiterforderungen profilierte sich dabei Heinrich Reichenbach, der bereits erwähnte Frankfurter Gymnasiallehrer. Er sei, so Reichenbach, „aus prinzipiellen Gründen" gegen jedes Entgegenkommen. Habe man nämlich „erst in dem einen Punkt nachgegeben, so kämen andere Forderungen (populäre Vorlesungen, Führer, Cataloge u.s.w. u.s.w.) hinterher."[43] Man mache sich so – und damit sprach Reichenbach sein eigentliches Motiv aus – zum Opfer der „sozialistischen Agitation"[44], die sich in Wahrheit hinter den Forderungen verberge.

Dem widersprach Ernst Blumenthal (1846–1911), ein Frankfurter Arzt. Mit einer gewissen Schärfe gab er zu Protokoll, daß er nicht bereit sei, ein „Bildungsmonopol der besitzenden Klassen" anzuerkennen.[45] Da das „Interesse der Arbeiter an wissenschaftlicher Belehrung" zweifelsfrei vorhanden sei, solle man jetzt „daran mitarbeiten, die sozialen Schranken zwischen den einzelnen Gesellschaftsklassen niederzureißen".[46] Während Martin Möbius (1859–1946), der Bibliothekar der Gesellschaft, einen Kompromißvorschlag ins Gespräch brachte, dem zufolge das Museum an *einem* Sonntag im Monat statt von 11 bis 1 Uhr vormittags von 14 bis 16 Uhr nachmittags geöffnet werden sollte, beharrte Reichenbach auf seiner Position. Er sei nun einmal nicht, wie Blumenthal, für die „Popularisierung der Naturwissenschaften", zumal eine Ausdehnung der Öffnungszeiten schon wegen der „Sonntagsruhe der Custoden" nicht in Frage komme.[47]

Blumenthal, der die Bildungsbestrebungen des Ausschusses offensichtlich ernster nahm als Reichenbach, konterte hierauf, es sei besser, den Arbeitern Gelegenheit zu geben, sich zu bilden, als sie „in's Wirtshaus" zu treiben.[48] Deshalb schloß er sich dem vermittelnden Vorschlag von Möbius an, den daraufhin auch Isaak Blum zur Annahme empfahl. Als jedoch zur Abstimmung geschritten wurde, sprach sich die Mehrheit dafür aus, die Öffnungszeiten an Sonntagen wie bisher auf den Vormittag zu beschränken.[49] Offensichtlich befürchtete diese Mehrheit, daß eine bequemere Zugänglichkeit der Sammlungen nicht nur der durchaus

43 Ebd. – Reichenbach sprach sich damit indirekt auch gegen die Konzessionen aus, zu denen sich Blum bereit erklären wollte, also etwa die Veröffentlichung allgemeinverständlicher Kataloge.

44 Ebd.

45 Ebd., S. 51.

46 Ebd., S. 50.

47 Ebd., S. 51.

48 Ebd.

49 Ebd., S. 52. – Der Ausschuß für Volksvorlesungen unternahm im Frühjahr 1895 einen weiteren Vorstoß, um die Sonntagsnachmittags-Öffnung doch noch durchzusetzen. Auch dieses Mal wurde sein Rundschreiben von der SNG jedoch negativ beantwortet. Vgl. Sitzungsprotokoll, 27.4.1895. SNG Archiv Bd. 8, S. 81–84, hier S. 83.

gewünschten Wissensverbreitung dienen, sondern auch jener ‚Demokratisierung von Kultur' Vorschub leisten könnte, die man als Bedrohung empfand. Erst im neuen Senckenberg-Museum an der Victoria-Allee sollte sich, unter veränderten äußeren und inneren Bedingungen, die Öffnung der Schausammlung am Sonntagnachmittag durchsetzen.

Der Frankfurter Fall spiegelt die Krise, in die das Museum durch den sozialen Wandel vielerorts geraten war. In dieser Krise verschufen sich Stimmen Gehör, die – gleichsam Lichtensteins alte Idee der Publikumssteuerung aufnehmend – die Öffentlichkeit zu trennen suchten und weiterhin das ‚gebildete Publikum' zum eigentlichen Adressaten des Naturhistorischen Museums erklärten. Ein Mittel hierzu fanden sie in der Reglementierung der Öffnungszeiten, ihr eigentliches Ziel war jedoch die Behauptung einer ehedem höchst fortschrittlichen, bürgerlichen Museumskonzeption, die unter den Bedingungen der Zeit freilich immer beharrendere Tendenzen offenbarte. Die Kräfte der Beharrung, die ihr Feindbild in der von Reichenbach benannten „Popularisierung der Naturwissenschaften" entdeckt hatten, befanden sich jedoch bereits in der Defensive. Die Popularisierung erwies sich – nach der Jahrhundertwende übrigens auch in Frankfurt, wie wir noch sehen werden – als die beherrschende Form der Wissenskommunikation. Ihren weithin sichtbaren Ausdruck fand dieses neue Kommunikationsideal in den prachtvollen Museumsneubauten, die im letzten Drittel des 19. Jahrhunderts nicht nur in Berlin, Bremen, Frankfurt oder Karlsruhe entstanden und sich durch eine neue Inszenierungspraxis auszeichneten: die Schausammlung.

2. Schausammlungen

Als Alexander Braun im Jahre 1841 nach langem, zunächst erfolglosem Bitten schließlich doch drei weitere Zimmer für das ihm unterstellte Karlsruher Naturalienkabinett angewiesen wurden, wußte er sogleich, was mit ihnen zu tun sei. Gedacht waren sie als Arbeitszimmer für den Direktor und den Präparator des Kabinetts. Da die eigentlichen Ausstellungsräume jedoch vor lauter Naturalien kaum mehr atmen konnten, verfrachtete Braun schließlich in die neuen, abgelegeneren Arbeitszimmer jene Objekte, „welche sich weniger für das Auge des größeren Publicums eignen".[50]

Tatsächlich war die Trennung von Sammlungen, wie sie seit den 1880er Jahren dann mehr und mehr Schule machen sollte, den Museen nie ganz fremd gewesen. Stets hatte es Sammlungsbestandteile gegeben, die für das Publikum regelrecht inszeniert worden waren; und stets hatte es Objekte gegeben, die in den Schubladen verschlossener Arbeitsräume nur selten das Licht des Tages erblickten. Schon früh hatte man darüber hinaus – nicht nur im Berliner Universitätsmuseum – damit begonnen, separate Studien- und Lehrsammlungen anzulegen, um den Interessierten, wie Lichtenstein 1828 ausführte, die Möglichkeit zu geben, „das, was sie in den Vorlesungen schon gesehen und worüber sie gehört haben, für sich noch einmal und genauer zu betrachten".[51] Die Ordnung strukturierte sich nach den Erfordernissen des jeweiligen Museums – und das hieß immer auch: nach den Wünschen und Zielen des Publikums. Nicht nur in den bereits im ersten Kapitel erwähnten Sammlungen

---

50 Braun an Oberhofverwaltungsrat, Karlsruhe, 10.12.1841. GLA Karlsruhe 56/1573.

51 Lichtenstein an Ministerium, Berlin, 16.1.1828. GStA PK I.HA Rep. 76 Va Sekt. 2 Tit. X Nr. 15 Bd. XI, fol. 1–4v, hier 3v.

des Mannheimer Naturkundlichen Vereins war bereits 1835 – um die Gegenstände „für den Beobachter lehrreicher, und zum Unterrichte geeigneter zu machen“ – bei „allen Zweigen auf systematische Anordnung vorzüglicher Bedacht genommen“ worden.[52]

Eben hierin lag freilich der ganze Unterschied. Hatte in der ersten Hälfte des Jahrhunderts die „systematische Anordnung“ die Struktur der Sammlung bestimmt, so waren es – im Sinne der neuen wissenschaftlichen Profile – seit den 1860er Jahren zunehmend biologische Aspekte, die die Sammlung gliederten. Dieser Umbruch, den man als Wandel vom ‚System‘ zum ‚Leben‘ deuten kann, hatte für die Ordnung der Sammlung einschneidende Konsequenzen. Es konnte nun nicht mehr genügen, *einzelne* Objekte zu separieren oder kleinere didaktische Lehrsammlungen anzulegen. Die Hauptsammlung selbst, die durch immer neue Zugänge förmlich explodierte und so rein *systematisch* nicht länger beherrschbar war, erforderte eine grundlegende Neuordnung. Angesichts der Masse der Objekte war eine *Auswahl* des zu Inszenierenden kaum mehr zu vermeiden. Und die Inszenierung selbst folgte den neuen biologischen, den tiergeographischen oder ökologischen Parametern. Beides – die unkontrollierte Expansion der Sammlung wie ihre neuartige Präsentation – erforderte neue Museumsbauten.

2.1. Architektur und Sammlung

Daß Bauwerke wie die – nicht selten im Geschmack der Zeit historistisch ausgeführten – Naturhistorischen Museen immer auch Selbstaussagen der jeweiligen Institution beinhalten, ist bekannt.[53] In ihrer Monumentalität – das Berliner Museum für Naturkunde war bei seiner Fertigstellung 1887, wie erwähnt, das größte Gebäude Berlins – dokumentierte sich nach *außen* ihr wissenschaftliches und soziales Prestige. Aber auch nach *innen* schufen die Bauwerke eigene Wirklichkeiten. Der Raum ermöglichte nicht nur die museale Praxis, er strukturierte sie auch.[54] Er traf wichtige Vorentscheidungen über die Ordnung der Sammlung, über ihre mögliche Trennung – und damit auch über die Partizipationschancen einer größeren Öffentlichkeit.

Zunächst blieb diese Ordnung vor allem wissenschaftlichen Kriterien verpflichtet. Naturhistorische Museen verstanden sich als Archive der Natur, und entsprechend kleinteilig waren sie strukturiert. Es war die englische Diskussion, in der diese Ordnung – auch architektonisch – erstmals in Zweifel gezogen wurde, und zwar nun nicht mehr allein aus wissenschaftlichen, sondern aus publikumsbezogenen, mithin aus sozialen Gründen.[55] In Großbritannien entdeckten die Museen – ausgelöst durch die frühere Industrialisierung und den durch sie verursachten Anstieg der Industriearbeiterschaft – bereits zur Jahrhundertmitte ein

52 Zweiter Jahresbericht des Mannheimer Vereins für Naturkunde. [Mannheim] 1835, S. 5.

53 Vgl. etwa S. Forgan: A Preliminary Enquiry into the Architecture of Scientific Societies. In: The British Journal for the History of Science 19 (1986), S. 89–113. – Dies.: The Architecture of Display. In: History of Science 32 (1994), S. 139–162. – Zum zeitgenössischen Hintergrund Nipperdey II, S. 715–733.

54 Dazu D. Outram: New Spaces in Natural History. In: Cultures of Natural History. Cambridge 1996, S. 249–265.

55 Zu diesen Motiven ausführlich Reising (wie Anm. 35), S. 36–58. – Die Einflüsse auf die Museumsarchitektur bei C. Yanni: Victorian Science and the Architecture of Display. London 1999. – Zum folgenden auch ausführlich Köstering, S. 43–46.

neues Publikum. Im Jahre 1858 schlugen englische Botaniker und Zoologen in einer Denkschrift vor, die Naturhistorischen Sammlungen im geplanten Neubau des *British Museum for Natural History* in London – der besseren Anschaulichkeit wegen – in eine Forschungssammlung und eine öffentliche Schausammlung zu trennen.[56] Diese Forderung blieb zwar zunächst unerfüllt, wurde jedoch von John Edward Gray, dem Kurator der Zoologischen Sammlungen des Britischen Museums, 1864 in seiner Rede auf der 34. Versammlung der *British Association for the Advancement of Science* aufgegriffen.[57]

Die Reform des Naturhistorischen Museums, wie sie Gray skizzierte, war als eine Sozialreform konzipiert.[58] Das Museum wurde erstmals als Massenmedium ernst genommen, die Öffentlichkeit drastisch erweitert. Arbeiter sollten an der musealen Wissenskommunikation teilhaben, um so in die bürgerliche Gesellschaft integriert zu werden. Gewiß waren die Arbeiter in einer solchen Konzeption vor allem *Objekte* der Kommunikation. Aber mit dem Begriff der Disziplinierung ist diese Kommunikation gleichwohl nur unzureichend umschrieben.[59] Sie *verordnete* zwar Bildungschancen, aber sie *eröffnete* sie doch überhaupt auch erst. Und gerade das erklärte die große und keineswegs ‚gelenkte' Nachfrage, die der Museumsbesuch in den unterbürgerlichen Schichten auslöste. Die Idee der Sammlungstrennung, die sogenannte „New Museum Idea", wie sie dann erstmals im *British Museum for Natural History* in den 1880er Jahren erfüllt wurde, strahlte aus – auf den Kontinent und beinahe mehr noch in die USA.[60] Sie verdichtete sich – aufgrund des engen Netzes zwischen den einzelnen Häusern und ihren Leitern – zu einem regelrechten Programm, das lebhaft diskutiert wurde.[61] Das Naturhistorische Museum gewann in dieser Diskussion die Rolle eines Vorreiters; es setzte die Sammlungstrennung ein gutes Jahrzehnt *vor* den Kunstmuseen um.[62]

Diese Diskussion mußte auch dem Direktor des Berliner Zoologischen Museums, Wilhelm Peters, vertraut sein, als man in den 1870er Jahren daran ging, einen Neubau für die Naturhistorischen Universitätsmuseen an der Invalidenstraße zu errichten. Das Berliner Haus setzte 1887/89 als erstes großes deutsches Museum die Trennung von Haupt- und

---

56 Vgl. *Copy of Memorial addressed to the Right Honourable the Chancellor of the Exchequer*. In: Natur 2 (1858), S. 57f.

57 Vgl. J. E. Gray: Address to the zoological and botanical section at the opening of the thirty-fourth meeting of the British Association in Bath, September 15, 1864. Bath 1864. – Vgl. Ders.: Notes on zoological museums. London 1868. – Vgl. auch *List of the books, memoirs and miscellanous papers by Dr. John Edward Gray*. London 1872.

58 Vgl. A. R. Wallace: Museums for the People. In: Macmillans Magazine 1869, S. 244–250. – Die gleiche Konzeption bei Ph. L. Sclater: On certain principles to be observed in the establishment of a national museum of natural history. In: Nature 2 (1870), S. 97f.

59 So jedoch etwa T. Bennett: The Birth of Museum. New York 1995. – Ders.: Museums, Legibility and the Social Order. In: The Politics of Display. London 1998, S. 25–35. – E. Hooper-Greenhill: Museums and the Shaping of Knowledge. London, New York 1994, S. 167–190.

60 Dazu auch Köstering, S. 45f.

61 Vgl. W. Flower: Essays on Museums and other Subjects connected with Natural History. London 1898. – G. B. Goode: Museum-History and Museums of History. New York 1889. – Ders.: The Museums of the Future. In: Annual Report of the U.S. National Museum for 1888/89 (1891), S. 427–445. – Ders.: The Principles of Museum Administration. New York 1895.

62 Zur Entwicklung in den Kunsthistorischen Museen v.a. A. Joachimides: Die Museumsreformbewegung in Deutschland und die Entstehung des modernen Museums 1880–1940. Dresden 2001, bes. S. 99–113. – Zum Hintergrund immer noch V. Plagemann: Das deutsche Kunstmuseum 1790–1870. München 1967.

Schausammlung um. Allerdings entsprach diese Trennung nicht den ursprünglichen Plänen, und sie folgte – anders als die englische Idee – auch keinen sozialen Motiven. Die Berliner Sammlungstrennung entsprang vielmehr – dem akademischen Charakter des Hauses verpflichtet – genuin wissenschaftlichen Erwägungen. Allerdings wurde sie *beschleunigt* durch den Gedanken der Volksbildung. Beides wirkte zusammen und schuf mit einer neuen musealen Praxis auch einen neuen Museumsraum. Wie es dazu kam, soll im folgenden dargestellt werden.

Im Jahre 1873 wurde der Staatsarchitekt August Tiede (1834–1911) mit dem Projekt eines „Gebäudes für die naturwissenschaftlichen Sammlungen der Universität" beauftragt, das – wie im ersten Kapitel erwähnt – auf dem Grundstück der ehemaligen Königlichen Eisengießerei an der Invalidenstraße, zwischen der Bergakademie und der Landwirtschaftlichen Hochschule – errichtet werden sollte. Tiede, Referent für Museumsbauten in der Berliner *Ministerialbaukommission*, dem zentralen Gremium der Hauptstadtplanung, hatte sich insbesondere durch eine neue Lichtberechnungsformel empfohlen, die er für die Oberlichtsäle des Alten Museums erstellt hatte.[63] Gleichwohl benötigte Tiede, ein Theoretiker des Museumsbaus, fünf Entwürfe und zehn Jahre, bis schließlich 1883 mit dem Bau des Museums begonnen werden konnte.

Die Auseinandersetzung um Tiedes erste Entwürfe der Jahre 1875/77 spiegelten die unterschiedlichen Vorstellungen über Aufgabe und Struktur eines Naturhistorischen Museums, wie sie vom preußischen Kultusministerium, von den beteiligten Museumsdirektoren, schließlich von Tiede selbst vertreten wurden.[64] Tiedes erster Entwurf, 1876 nach einer Denkschrift des Vorjahres angefertigt, zitierte die Bauform des Archivs und der Bibliothek (Abb. 5).[65] Er skizzierte ein rechtwinkliges Netz von Räumen, das sich – ohne Zwischendecken – platzsparend durch drei Stockwerke erstreckte: ein großdimensioniertes Magazin für wissenschaftliche Sammlungen. Getrennt hiervon plante Tiede – einem Lesesaal gleich – drei Schausammlungsräume, darunter einen eckigen Lichthof sowie einen ovalen Raum, der das Motiv des Anatomischen Theaters zitierte.[66]

Eine solche Sammlungstrennung, wie sie in der Öffentlichkeit bereits diskutiert wurde – Rudolf Virchow etwa plädierte als Mitglied des Preußischen Herrenhauses sogar für die Trennung in zwei verschiedene Museen: in ein Akademisches Museum an der Invalidenstraße und ein „Naturhistorisches Nationalmuseum" im Stadtzentrum[67] –, stieß bei Wilhelm Peters auf Ablehnung. Für den Direktor des Zoologischen Museums setzte ein idealer Museumsbau die Gelegenheit voraus, in ihm „möglichst vollständige Reihen aller Tiere aus allen

---

63 Vgl. H. Dorgerloh: Die Nationalgalerie in Berlin. Berlin 1999, S. 89–94.

64 Dazu jetzt ausführlich Köstering, S. 48–63. – Vgl. auch R. Graefrath: Zur Entwurfs- und Baugeschichte des Museums für Naturkunde der Universität Berlin. In: Wissenschaftliche Zeitschrift der Humboldt-Universität. Math.-naturwiss. Reihe 38 (1989), S. 279–285. – I. Jahn: Der neue Museumsbau und die Entwicklung neuer museologischer Konzeptionen und Aktivitäten seit 1890. In: Ebd., S. 287–307. – Vgl. auch S. Köstering: Museumsbau und Museumsreform. In: Repräsentationsformen in den biologischen Wissenschaften. Berlin 1999, S. 159–175.

65 Denkschrift Tiedes, 23.8.1875. GStA PK I.HA Rep. 76 Va Sekt. 2 Tit. XIX Nr. 19, Bd. 1.

66 Spezielles Vorbild waren die Magazinräume, die Tiede 1875 in der von Henri Labrouste entworfenen Pariser Nationalbibliothek gesehen hatte. – Tiedes Aufzeichnungen über diese Dienstreise v. 10.11.1875 in GStA PK I.HA Rep. 76 Va Sekt. 2 Tit. XIX Nr. 19, Bd. 1.

67 *Verhandlungen des Hauses der Abgeordneten*, 13.3.1875. – Hierzu bes. Köstering, S. 51f. – Kein Hinweis darauf bei C. Goschler: Rudolf Virchow. Köln, Weimar, Wien 2002.

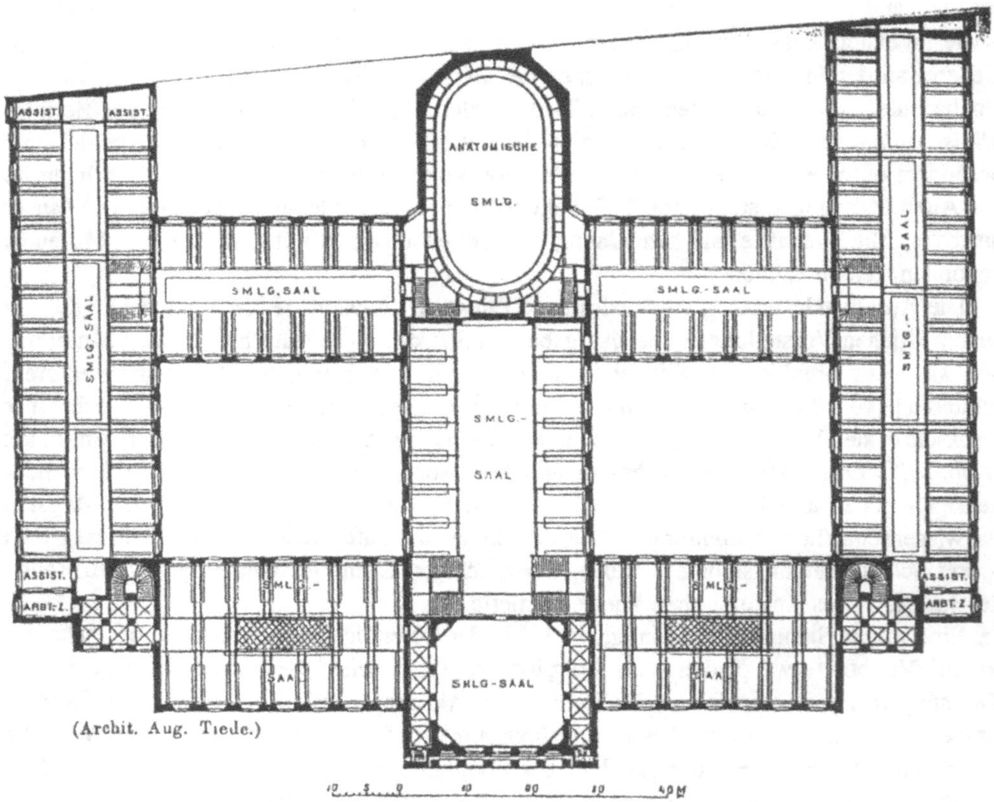

Abb. 5
Museum für Naturkunde, Berlin
Erster Entwurf August Tiedes (1876)

Weltgegenden in allen ihren äußeren und inneren Theilen und Entwickelungsstufen untereinander und mit den Resten der ausgestorbenen Tierwelt" vergleichen zu können.[68] Peters, Herr über rund 590.000 Objekte, wandte sich so gegen eine Trennung der Sammlung. Alles sollte weiterhin sichtbar bleiben, alles „zur Anschauung gebracht werde[n], was seiner Natur nach dazu überhaupt geeignet ist".

Dieser Standpunkt resultierte aus der Logik des taxonomischen Systems. Sie erforderte die lückenlose Präsentation aller Objekte; eine strikte Sammlungstrennung, wie sie Tiedes Plan eines ‚Museumsarchivs' mit angegliederten Schausälen bedeutet hätte, hätte das System zerstört und damit die alte Ordnung des Wissens in Frage gestellt. Hiervor schreckte auch das Kultusministerium zurück. Mochte sich Tiede noch so sehr auf jene Bibliotheks- und Archivbauten in England, Holland, Belgien und Frankreich berufen, die er Ende 1875 besucht hatte[69] – Adalbert Falk, der preußische Kultusminister persönlich, beschied Tiede bei der Begutachtung seines Entwurfs von 1876, verlangt sei nun einmal ein „Museum zur Beschauung von Körpern! und nicht [ein] Magazin zur Bergung von Gegenständen".[70] Und als Tiede fragend bemerkte, warum die Trennung in ‚Archiv' und ‚Lesesaal', wie er sie insbesondere in Bibliotheksgebäuden in Paris und London studiert hatte, nicht auch für andere wissenschaftliche Sammlungen anwendbar sein sollte, „die unzweifelhaft die Bezeichnung wissenschaftliche Archive verdienen", konterte der Minister in einem Randvermerk: „Nein! Das ist es eben! Museum! und nicht Archiv!"

Damit schien das letzte Wort gesprochen: Tiedes Schlußentwurf sah die öffentliche Präsentation aller Sammlungsobjekte vor (Abb. 6). Das Gebäude, das schließlich bis 1889 errichtet wurde, gruppierte die Sammlungssäle großzügig und repräsentativ um einen Lichthof. Sie sollten für das Publikum ebenso geöffnet sein wie die Räume der beiden oberen Stockwerke, die durch imposante Treppenhäuser zu erreichen waren.[71] Indes, Tiedes steingewordenes Wort erwies sich nur als vorletztes. Das allerletzte sprach Karl Möbius, Peters' Nachfolger, der schon in seiner Kieler Zeit als Verfechter der Sammlungstrennung hervorgetreten war. Nach seinem Amtsantritt 1887 führte er schließlich doch die von Tiede – freilich anders – beabsichtigte Trennung herbei. Er tat dies in einem Gebäude, das nun überhaupt nicht zu diesem Zweck errichtet worden war, legte daher – aus pragmatischen Gründen – eine Schausammlung im Erdgeschoß an, ließ die oberen beiden Stockwerke mit der Hauptsammlung ausstatten und für das Publikum schließen. Am Ende war so alles anders gekommen. Ein einzelner Mann wie Möbius hatte – nach langen Jahren der Baudiskussion – die Dinge radikal neu gestaltet. Die Trennung von Haupt- und Schausammlung, die er

68 Gutachten Peters, 23.8.1875. GStA PK I.HA Rep. 76 Va Sekt. 2 Tit. XIX Nr. 19, Bd. 1. – Dort auch das folgende Zitat.

69 Tiede besuchte u.a. die Naturhistorische Sammlung im *Palais de l'industrie* Brüssel, das Naturhistorische Reichsmuseum in Leiden, das Naturhistorische Museum in Haarlem, das Museum der Naturforschenden Gesellschaft „Natura Artis Magistra" in Amsterdam, das Britische Museum in London sowie die dortigen Sammlungen des *Royal College of Surgeons*, der *School of Mines*, des *University College*, schließlich auch das *University Museum* in Oxford, das Naturhistorische Museum in Liverpool und verschiedene Museen und Bibliotheken in Paris. Vgl. Tiedes Reisebericht v. 10.11.1875. GStA PK I.HA Rep. 76 Va Sekt. 2 Tit. XIX Nr. 19, Bd. 1.

70 Projektentwurf, 25.7.1876. GStA PK I.HA Rep. 76 Va Sekt. 2 Tit. XIX Nr. 19, Bd. 2. – Dort auch das folgende Zitat.

71 Hierzu u.a. F. Kleinwächter: Das Museum für Naturkunde der Universität Berlin. In: Zeitschrift für Bauwesen 41 (1891), S. 2–12, hier S. 4f.

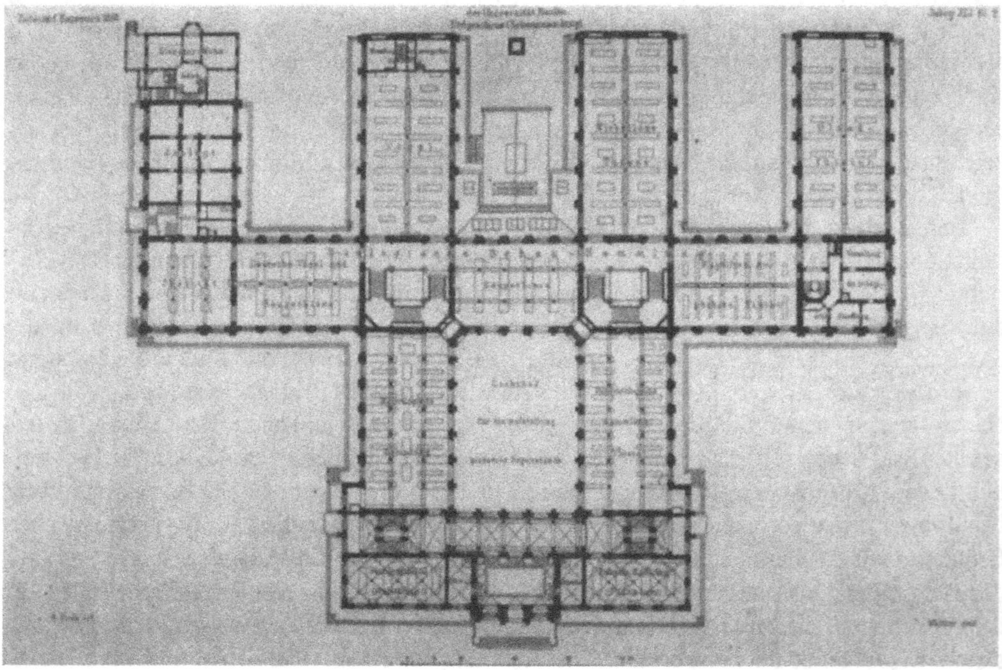

Abb. 6
Museum für Naturkunde, Berlin
Grundriß des Erdgeschosses (1889)

vornahm, paßte freilich in den wissenschaftlichen Horizont der Zeit. Sie bezweckte weniger die Öffnung der Schausammlung als vielmehr die Schließung der Hauptsammlung.[72] In ihr sollte künftig die spezialisierte und professionalisierte Forschung stattfinden. Sie sollte gleichsam zum wissenschaftlichen Zentrum des Museums werden, das erst so in Konkurrenz treten konnte zu den Forschungslaboratorien, die – gerade weil sie sich von der Öffentlichkeit abschlossen – im Bewußtsein vieler Beobachter zu den eigentlichen Trägern des naturwissenschaftlichen Fortschritts geworden waren.[73] Die Einrichtung der Hauptsammlung – mit Arbeitsplätzen, Mikroskoptischen und Laboratorien – vollzog den Umschwung von der beschreibenden zur experimentellen Forschung nach.

Dieser Nachvollzug drückte sich auch in der baulichen Ausgestaltung des Museums aus. Im *Neben*einander von Haupt- und Schausammlung, das freilich nie ein einfaches *Gegen*einander war, hatte das durchaus prekäre Verhältnis von Wissenschaft und Bildung, Forschung und Lehre, ‚Experten' und ‚Laien' architektonische Gestalt angenommen. In diesem Verhältnis lag im Berliner Fall – anders als in der von vornherein auf Volksbildung und Massenpartizipation zielenden englischen Museumsreform – die eigentliche Voraussetzung der Sammlungstrennung. Sie hatte erhebliche und noch dazu paradoxe Konsequenzen für die museale Praxis. Erst mit der Schausammlung eroberte das Museum die große Öffentlichkeit, zugleich aber wurde die Öffentlichkeit auf diese Weise gespalten – und zwar gründlicher als zuvor. Denn je transparenter die Lichthöfe wurden, desto undurchsichtiger erschienen die Arbeitszimmer. Das Zutrittsrecht zu bestimmten Räumen teilte das Publikum praktisch in ‚Experten' und ‚Laien'.

Diese architektonisch aufgerissene Kluft zu überbrücken, wurde zur eigentlichen Aufgabe der Popularisierung, mit deren Hilfe eine neue Form der Kommunikation erprobt wurde. Sie sprach den Schausammlungen, die – überspitzt formuliert – zunächst einmal ein *Neben*produkt dieser Trennung bildeten, erst Sinn und Ordnung zu, in wissenschaftlicher und schließlich auch in sozialpolitischer Hinsicht. Ihr Erfolg hatte so eine Sammlungstrennung zur Voraussetzung, deren Überwindung ihr eigentliches Ziel bildete.

2.2. Strategien der Präsentation

Es waren, wie gesagt, die Naturhistorischen Museen, die seit den 1880er Jahren die konzeptionelle Trennung von wissenschaftlicher Haupt- und öffentlicher Studiensammlung zuerst vollzogen. Ihre Sammlungen – und als solche wurden von der Öffentlichkeit künftig beinahe nur mehr die Schausammlungen wahrgenommen – erhielten ein neues Gesicht. Sie folgten damit der bereits mehrfach erwähnten Wendung vom ‚System' zum ‚Leben'. Zugleich jedoch reagierten sie auf eine neue Kultur des Sehens; mit Hilfe moderner Techniken entwickelten sie neue visuelle Konzepte.[74]

72 So dezidiert auch Köstering, S. 60f.

73 Zu den hier wirksamen Prozessen ausführlich B. Latour: Science in Action. Cambridge 1987. – Vgl. als Fallbeispiel auch Ders.: Der Pedologenfaden von Boa Vista. In: Räume des Wissens. Berlin 1997, S. 213–263.

74 Hierzu maßgeblich J. Crary: Sehen und Moderne im 19. Jahrhundert. Dresden 1996. – Eine Zusammenfassung bei Dems.: Attention and Modernity in the Nineteenth Century. In: Picturing Science – Producing

Diese Konzepte veränderten den Status der einzelnen Museumsobjekte und beeinflußten so auch die Kommunikation. Neue visuelle Konzepte vermittelten ein neues Wissen. Die Präsentation produzierte es unablässig neu – und diese Produktionsleistung wurde zum bestimmenden Element des Popularisierungsprozesses. Er bediente sich der Inszenierung einzelner Objekte durch Dioramen und Biologische Gruppen ebenso wie unterschiedlicher ‚Sehhilfen' in Form von Wandbildern, Beschriftungen, Modellen, Photographien oder Diagrammen. Mit ihrer Hilfe erzeugte er nicht nur genauere, sondern – in der Wahrnehmung der Betrachter – vor allem auch authentischere Bilder. Die Authentizität, die ‚Naturwahrheit', von der bereits im Zusammenhang mit der Entstehung der Dermoplastik ausführlich die Rede gewesen ist, wurde so zum entscheidenden Anknüpfungspunkt jeder Wissenskommunikation – und mitunter zugleich ihr eigentlicher Gehalt.

Otto Lehmann, der 1901 im Altonaer Museum große Biologische Gruppen frei in den Raum stellen ließ, hat diesen Bezug von Wissenschaft und ‚Wahrheit', Wissen und ‚Naturtreue' auch in der Folge immer wieder betont.[75] Und tatsächlich erlebte ein Besucher des Altonaer Museums „Bilder, die uns glauben lassen, wir wären draußen in der freien Natur und nicht in einem Museum, wo sonst alles schön regelmäßig hinter Glas und Rahmen angeordnet ist."[76] Wölfe und Elche etwa sah er, durch die Hand des Präparators gestaltet, im Kampf auf Leben und Tod. Die Natur war hier ganz Kunst – und gerade darum zum eigentlichen Leben geworden. Dieses gewissermaßen radikale visuelle Konzept, das alles Wissen in der intuitiven, nicht weiter erklärungsbedürftigen ‚Anschauung' aufhob, erwies sich freilich nicht überall als das dominante. Die Unterschiede zwischen den einzelnen Schausammlungen waren groß. Die Strategien der Präsentation reichten von der distanzierten, geradezu abstrakten Systematik des Berliner Museums für Naturkunde mit seinen endlosen Reihen von Schränken und Vitrinen bis zu der suggestiven, ganz auf Ensemblewirkung berechneten Anschaulichkeit des Bremer Museums für Natur-, Völker- und Handelskunde. Von diesen unterschiedlichen Präsentationen, die von dem Charakter des jeweiligen Hauses – seinem Verhältnis zu Wissenschaft und Öffentlichkeit – abhingen, wird auf den nächsten Seiten zu berichten sein.

2.2.1. Berlin

Als Karl Möbius 1887 nach Berlin berufen wurde, standen die Dinge im Universitätsmuseum nicht zum besten. Der Kustos Franz Hilgendorf (1839–1904), der die Entwicklung der Sammlung über Jahrzehnte verfolgt hatte, sprach intern von der dringenden Notwendigkeit einer neuen Präsentation, da „seit vielleicht 40 Jahren die hier in Frage kommende ästhetische und didaktische Seite wegen Mangel an Raum, Geldmitteln und Arbeitskräften sehr

---

Art. London 1998, S. 475–499. – Vgl. auch B. Latour: Visualization and Cognition: Thinking with Eyes and Hands. In: Knowledge and Society 6 (1986), S. 1–40. – Zum folgenden auch Köstering, Kap. 3.

75 Vgl. etwa O. Lehmann: Festschrift zur Eröffnung des Altonaer Museums. Altona 1901. – Ders.: Führer durch den Raum des Altonaer Museums auf der 3. Deutschen Kunstgewerbe-Ausstellung Dresden 1906. Dresden 1906. – Ders.: Die Aufgabe der Museen. In: Zoologischer Anzeiger 31 (1907), S. 87–93.

76 L. Reh: Provinzial-Museen als Volksbildungsstätten. In: Natur und Schule 2 (1903), S. 263–271, hier S. 265.

stark in den Hintergrund gekommen war. Man erstrebte bei der Aufstellung mehr eine sichere Conservation [...] als eine bequeme Betrachtung seitens der Besucher."[77] Auch Möbius traf nach einer ersten Inspektion der Sammlungen ein Urteil, das für seine Vorgänger nicht eben schmeichelhaft war.[78] „Viele Skelette", so berichtete er 1887 dem Ministerium, seien „unvollkommen entfettet und gebleicht, naturwidrig ohne Beachtung der einfachsten Schönheitsregeln aufgestellt und mit Schmutz bedeckt."[79] Die meisten Säugetiere und Vögel seien unzureichend ausgestopft und hätten „widerlich vortretende Glotzaugen".[80] Zudem seien alle Schränke „vom Fußboden an bis hoch über Augenhöhe hinauf mit dicht aneinander stoßenden Thierformen angefüllt. Zwischenräume mit erklärenden Namenschildern fehlen oder sind nur spärlich vorhanden." Die Folgen einer solchen Präsentation lagen auf der Hand. Die meisten Besucher verließen das Museum, „ohne mehr gewonnen zu haben, als ein dummes Staunen, daß es so viele Vögel, so viele Schlangen, Eidechsen, Fische, Muscheln und Würmer giebt".[81] So lautete Möbius' sarkastisches, aber gewiß nicht ganz falsches Urteil. Die Realität des Berliner Museums – und es stellte hier alles andere als einen Einzelfall dar – war für den Nichtfachmann ein undurchschaubares Chaos, dem Effekt frühneuzeitlicher Wunderkammern durchaus nicht fern.[82]

Daher bedurfte es einer entschieden anderen Ordnung. Das „Museum der Thierhüllen", so hat Möbius 1887 diesen Wandlungsprozeß eindrücklich umrissen, sollte „umgebildet werden zu einem vergleichend morphologischen und biologischen Museum der ganzen Thierwelt".[83] Diese Umbildung hat Möbius im Frühjahr 1887 beinahe akribisch skizziert.[84] In seinem großen Entwurf vom 31. Mai jenes Jahres beantragte er – neben der systematischen Hauptsammlung, die stets „die breiteste und sicherste Grundlage [des] zoologischen Museums bilden muß"[85] – die Einrichtung einer „abgesonderte[n] Schausammlung", „in der alle wichtigeren Lehren der Systematik, der vergleichenden Anatomie, der Embryologie, der Geographie und allgemeinen Biologie durch gute Beispiele aus allen Gebieten des Thierreichs vorgeführt werden."[86] In dieser Schausammlung sollte das große Publikum „alle Gesetze des Baues und Lebens der Thierwelt" vollkommener erfahren, als es „die besten Beschreibungen und Bilder" zu leisten vermochten.[87] Die positiven Auswirkungen auf das Publikum führte Möbius dabei bewußt als zentrales Argument an. Eine reformierte Schausammlung, so gab er dem Ministerium zu bedenken, werde „den Werth der zoologischen

77 HUB, MfN, Zoologisches Museum, Abt. II, Acta betr. die Jahresberichte über die zoologischen Sammlungen, Bd. 1 (1861–1909), Bericht für 1887/89.

78 Möbius an Ministerium, Berlin, 31.5.1887. GStA PK I.HA Rep. 76 Va Sekt. 2 Tit. X Nr. 127 Bd. I, fol. 43–57v.

79 Ebd., fol. 53–53v.

80 Ebd., fol. 53v. – Dort auch das folgende Zitat.

81 Ebd., fol. 53v–54.

82 Diesen Aspekt betont – für Völkerkundemuseen – auch G. Penny: Ethnology and Ethnographic Museums in Imperial Germany. Chapel Hill, London 2002, bes. S. 196f.

83 Möbius an Ministerium, Berlin, 31.5.1887. GStA PK I.HA Rep. 76 Va Sekt. 2 Tit. X Nr. 127 Bd. I, fol. 43–57v.

84 Vgl. Möbius' Aufzeichnungen aus dem Frühjahr 1887 in UAHU Berlin MfN Bd. 65.

85 Möbius an Ministerium, Berlin, 31.5.1887. GStA PK I.HA Rep. 76 Va Sekt. 2 Tit. X Nr. 127 Bd. I, fol. 43–57v, hier fol. 45v.

86 Ebd., fol. 45v–46.

87 Ebd., fol. 52.

Systematik für die biologischen Wissenschaften deutlich machen"; es werde „der Land-, Forst- und Gartenwirthschaft, der Fischerei und dem Kolonialwesen schneller, eingehender und offenbarer Dienste leisten, als in seinem alten Zustande"; es werde „dem Kunsthandwerk eine Menge in Künstlerkreisen unbekannter Formen für neue Schmuckmotive enthüllen" und schließlich „den Sinn für Naturgenuß verbreiten und vertiefen und daher wie die Kunstmuseen auch ethisch bildend wirken".[88]

Nicht anders hatte Johann Michael Mappes, der Sekretär der Senckenbergischen Naturforschenden Gesellschaft, in den 1820er Jahren die Aufgaben und Ziele eines Naturhistorischen Museums definiert.[89] In der Tat existierte im 19. Jahrhundert hinsichtlich der Motive der musealen Arbeit eine unübersehbare Kontinuität. Der aufgeklärte Zug, die Kombination von Wissensstreben und Nützlichkeitserwägung, nach 1800 durch Humboldts Bildungsidee veredelt, blieb dem Naturhistorischen Museum stets eingeschrieben. Was sich jedoch wandelte, und zwar durchaus radikal wandelte, waren die Methoden, die zur Erreichung dieser Aufgaben und Ziele eingesetzt wurden. In *dieser* Hinsicht veränderte sich die museale Praxis beträchtlich. Und ein wesentlicher Aspekt war hierbei die Trennung der Sammlung, um die es Möbius 1887 ging.

Noch freilich waren die Diskussionen im Schwange. Möbius befragte vor der Einrichtung des Museums ausführlich seine Mitarbeiter und erhielt dabei durchaus unterschiedliche Antworten. Hinsichtlich der Einrichtung der entomologischen Abteilung etwa gingen die Meinungen weit auseinander. Während ein Kustos die Auffassung äußerte, eine Schausammlung sei bereits vorhanden „und nur zu vergrößern"[90], ein anderer hingegen die Meinung vertrat, für die noch einzurichtende Schausammlung genüge „wahrscheinlich ein kleiner Saal"[91], bezeichnete ein dritter die Einrichtung einer solchen Sammlung schon deshalb als wünschenswert, weil dadurch die wissenschaftlichen Beamten entlastet würden und das Publikum leichter zufriedengestellt werden könne: Eine Schausammlung dürfe nicht systematisch angelegt sein, sondern müsse „Jedem verständliche, Jeden anregende und fesselnde Gruppen von Bildern darstellen".[92]

Und das Publikum war in der Tat zufrieden. Die Zeitungsberichte zur Eröffnung des Hauses 1889 rühmten die „vornehme Einfachheit der Einrichtung" und lobten die Trennung der Sammlungen aus „praktisch-wissenschaftlichen Zwecken". Jetzt erst entdeckte man „eine herrliche Fülle des Kostbarsten": „Nein, wir besaßen Alles, was unseren Blicken sich darstellt, wir wußten es bloß nicht."[93] Und auch die wissenschaftliche Welt erkannte rasch das Neue der Berliner Präsentation. Ernst Wagner etwa, der Direktor der *Großherzoglichen Alterthümersammlung* in Karlsruhe, also gerade *kein* Zoologe, besichtigte 1889 anläßlich einer Studienreise zu den Berliner Museen auch das noch in der Einrichtung befindliche Museum für Naturkunde. Sein besonderes Interesse, so informierte Wagner das badische Kultusministerium, erregte dabei „ein hier durchgeführtes ganz neues Princip der Aufstellung; die Sammlung wird in 2 große Abtheilungen getheilt; die eine, nur im unteren Stock,

---

88 Ebd., fol. 54v–55.

89 Vgl. oben Kap. I.2.

90 Derwitz an Möbius, Berlin, 1.5.1887. UAHU Berlin MfN Bd. 65.

91 Kolbe an Möbius, Berlin, 2.5.1887. UAHU Berlin MfN Bd. 65.

92 Karsch an Möbius, Berlin, 12.5.1887. UAHU Berlin MfN Bd. 65.

93 Alle Zitate aus der „Täglichen Rundschau" v. 12.10.1889. – Vgl. auch etwa „Königsberger Hartungsche Zeitung" v. 14.10.1889; „Deutsches Tageblatt" v. 12.10.1889.

ist Schausammlung für das Publikum, enthält nur die wichtigsten Repräsentanten der Gattungen mit möglichst zweckmäßig u. reich beigefügtem Beschrieb [...].“ In „modificirter Weise“ könne „dieses Princip“ in den Großherzoglichen Sammlungen „mit Nutzen Beachtung finden“.[94]

Worin genau bestand nun dieses Prinzip? Welche Strategie verfolgte die Berliner Präsentation? Möbius selbst hat in einem Akademievortrag des Jahres 1898 die Absichten und Methoden seiner Schausammlungsinszenierung benannt. Sie sollte, so sagte er, dem „gebildeten Publikum die Mannigfaltigkeit der Formen, den inneren Bau, die Lebensweise, Eintheilung und geographische Verbreitung der Thiere [...] vorführen.“[95] Diese Absicht war nur durch Konzentration auf das Wesentliche, durch Selektion also, zu erfüllen. Während in der Hauptsammlung beileibe nicht alle Objekte ausgestopft waren – und so neben 28.000 präparierten Vögeln weitere 17.000 Bälge in Schubkästen aufbewahrt wurden –, setzte die Schausammlung in sieben großen Sälen auf erstklassige Präparationen und eine großzügige Raumgestaltung: Kein Gegenstand verdeckte den anderen, „jeder kann den Blick des Beschauers als etwas Besonderes fesseln“.[96] Die Objekte selbst aber waren „in systematisch absteigender Stufenreihe nach unten und rechts“ geordnet.

In dieser Ordnung lag das bestimmende „Princip“ der Berliner Präsentation. Sie gab dem Betrachter die Blickrichtung – und damit letzthin die Richtung des gesamten Rundganges vor – und zwang ihn gleichsam zur Aufmerksamkeit.[97] Denn wie das Lesen eines Buches die Wahrnehmung jedes einzelnen Wortes erfordert und allenfalls der geübte Leser es wagen darf, einzelnes zu überspringen und ‚kursiv‘ zu lesen, so mußte sich auch der Museumsbesucher – erst recht der naturwissenschaftliche ‚Analphabet‘ – dem Eigensinn der Sammlung anvertrauen. Der Besucher sollte den Blick nicht frei durch den Raum schweifen lassen, sondern – ein alter Gedanke Hinrich Lichtensteins – der der Sammlung inhärenten Ordnung folgen. „Die Thiere aller Klassen“, so sagte es Möbius, „sind so angeordnet, daß die höchst entwickelten Formen in ihrem Behälter links oben stehen und daß die anderen in systematisch absteigender Stufenreihe nach unten und rechts nachfolgen. Wer die Thiere einer Gruppe, von den höheren zu den niederen Formen gehend, besichtigen will, hat ihnen daher in derselben Richtung zu folgen wie den Worten beim Lesen eines Buches.“[98]

Möbius’ Strategie, die wohl viele Besucher überforderte – auch hierin mag ein Grund für das Ausbleiben eines raschen Publikumserfolges liegen, wie wir ihn im zweiten Kapitel registriert haben – setzte nicht auf Anschaulichkeit, sondern auf Erkenntnis. Sein Ideal war eine gleichsam selbständige Wissensaneignung, die pädagogisch zwar zu begründen war und sich überdies bestens mit dem Status eines *Universitäts*museums vertrug, tatsächlich

---

94 Wagner an Kultusministerium, Karlsruhe, 3.6.1889. GLA Karlsruhe 235/40406.

95 K. Möbius: Über den Umfang und die Einrichtung des Zoologischen Museums zu Berlin. In: Sitzungsberichte der Königlich Preußischen Akademie der Wissenschaften zu Berlin 29 (1898), S. 363–374, hier S. 365. – Zu diesem Akademievortrag vgl. auch „Vossische Zeitung“ v. 25.6.1898. – Auch im Kultusministerium wurde Möbius’ Auftritt genau verfolgt. Vgl. GStA PK I.HA Rep. 76 Va Sekt. 2 Tit. X Nr. 63 Bd. XVI, fol. 64–79v.

96 Möbius: Über den Umfang (wie Anm. 95), S. 370. – Dort auch die folgenden Zitate.

97 Zur kulturgeschichtlichen Einordnung vgl. L. Daston: Eine kurze Geschichte der wissenschaftlichen Aufmerksamkeit. München 2000.

98 Möbius: Über den Umfang (wie Anm. 95), S. 370. – Vgl. auch die offizielle Broschüre *Das Museum für Naturkunde der Königlichen Friedrich-Wilhelms-Universität in Berlin*. Berlin 1889.

aber doch wohl mehr *Vor*wissen voraussetzte, als Möbius bewußt war. Der Museumsbesuch verstand sich nicht als Freizeitentspannung, sondern als intellektuelle Herausforderung.[99] Die Sammlung war lesbar, aber das ‚Lesen' selbst – und noch dazu das ‚Lesen' eines komplexen wissenschaftlichen Buches mit seinem Haupttext, seinen Anmerkungen und Anhängen, wie es das Museum mit all den Schränken, Vitrinen, Tafeln und Modellen darstellte – erwies sich als ausgesprochen anspruchsvoll. Möbius hatte diesen Anspruch bewußt gewählt: Seine Präsentation sollte auch eine Schule des Sehens sein, wollte Beziehungen zwischen den aufeinanderfolgenden Objekten herstellen, wollte zur Auseinandersetzung zwingen.[100]

So ging es der Berliner Präsentation weder um einzelne Bildwirkungen noch um die Gestaltung malerischer Szenen. Sie schickte den Besucher vielmehr auf einen Weg durch die Sammlungsräume, der ihn zugleich durch die wesentlichen Stationen der zoologischen Systematik führte: von den Primaten hinab bis zu den Einzellern. Diesem Zweck waren alle Aspekte der Inszenierung untergeordnet. Die Frage der Hintergrundfarbe etwa – in anderen Naturhistorischen Museen ausschließlich ein Aspekt der Raumästhetik – wurde für Möbius zu einem wissenschaftlichen Problem. Um die Farbe zu finden, die die Aufmerksamkeit des Betrachters am meisten förderte, ließ er in umfangreichen Experimenten „große Kartonbogen mit verschiedenen Farben bestreichen und vor sie Vögel und Insekten stellen". Dann wählte er „diejenige Farbe aus, vor welcher [er] alle Objekte, schwarze und weiße, braune, gelbe, grüne, blaue, bunte am angenehmsten und besten ohne Ermüdung sah".[101] Es war ein trübes Graugelb, das Sir William Flower, der Direktor des *British Museum for Natural History*, nach einem Besuch in der Invalidenstraße etwas abschätzig als „uniform drab colour" bezeichnete.[102] Möbius selbst freilich hatte nicht nur alle Schrankhintergründe, sondern auch alle Raumwände, ja selbst die Vitrinensockel in dem bewußten Graugelb streichen lassen und pries diese Farbe anderen Museen zur Nachahmung an.[103]

Die Farbe – das zeigt dieses Beispiel – besaß keine ästhetische Qualität, sondern war ein experimentell getestetes Instrument zur Erzielung von Aufmerksamkeit. Diese Aufmerksamkeit wiederum besaß im psychologischen Diskurs der Zeit ihre eigene Bedeutung. Wilhelm Wundt (1832–1920), Theodor Lipps (1851–1914) oder Gustav Theodor Fechner (1801–1887) etwa beschäftigten sich eingehend mit der Lenkung der Wahrnehmung.[104] Durch physiologische Mechanismen – zu denen Möbius' Graugelb gehörte – sollten Ermüdung vermieden, die Nerven geschont und Konzentration erreicht werden. Diesem Zweck dienten auch die Hilfsmittel, die in die Berliner Sammlung integriert waren, also etwa Gra-

99 Dazu und zum folgenden auch Köstering, S. 183–197. – Vgl. auch Dies.: Die zoologische Schausammlung des Berliner Museums für Naturkunde, 1889. In: Dahlemer Archivgespräche Bd. 7. Berlin 2001, S. 46–71.

100 Dieser Gedanke prägt auch K. Möbius: Die zweckmäßige Einrichtung großer Museen. In: Deutsche Rundschau 17 (1891), S. 352–360.

101 Möbius: Über den Umfang (wie Anm. 95), S. 372.

102 W. H. Flower: Modern Museums. In: Essays on Museums and other subjcets connected with Natural History. London 1898, S. 47.

103 Vgl. die entsprechende Korrespondenz in HUB, MfN, Historische Bild- und Schriftgutsammlungen, Zoologisches Museum, S II, Osterloh 1888–1903.

104 Dazu ausführlich Crary: Attention and Modernity (wie Anm. 74), S. 480–489.

fiken und Karten, Erläuterungen und Präparate.[105] Sie unterstützten den Besucher auf seinem Weg durch die Sammlung, indem sie einzelne Objekte mit zusätzlichen Informationen versahen. Bei den afrikanischen Insekten etwa wurden zusätzlich zu den präparierten Stechmücken noch anatomische Zeichnungen, Verbreitungskarten sowie Namensetiketten mit einer speziellen Farbcodierung (hier: blau für südlich der Sahara) gezeigt.[106]

In der Berliner Inszenierung spielten Texte ein große Rolle. Während andere Häuser notwendige Erläuterungen gerne möglichst weit entfernt vom betreffenden Objekt plazierten, um die Anschaulichkeit des Gegenstandes nicht zu gefährden, waren im Museum für Naturkunde die Etiketten möglichst nah an den Objekten angebracht.[107] Die Praxis der Etikettierung war im 19. Jahrhundert zunächst eine durchaus uneinheitliche gewesen. Seit den 1850er Jahren hatten deutsche Namen – auch das eine Folge sozialen Wandels – nach und nach die lateinischen Fachtermini verdrängt. Die Nennung des Herkunftsorts und des Sammlers waren üblich, aber nicht zwingend erforderlich. Das Berliner Haus folgte nun auch in dieser Hinsicht seiner wissenschaftlich ausgerichteten Didaktik, die auf Erkenntnis und Aufmerksamkeit zielte, und konfrontierte den Besucher systematisch – Raum für Raum – mit drei beziehungsweise vier Textebenen: erstens mit der Etikette, die den deutschen und den lateinischen Namen, den Fundort, die farblich markierte tiergeographische Region, den jeweiligen Sammler, Geschenkgeber oder Händler sowie den genauen Zeitpunkt der Übergabe und der Aufstellung nannte; zweitens mit sogenannten zoologisch-systematischen Gruppendiagnosen, die die taxonomischen Merkmale auf anatomischer und physiologischer Grundlage erklärten; drittens mit den Überschriften der Schränke, die den Namen der jeweiligen Tiergruppe zeigten; viertens schließlich mit den Erläuterungen des gedruckten Museumsführers.[108]

Was aber sah nun der Betrachter *in* den Schränken? Die Objekte, die ihm dort begegneten, illustrierten gleichsam das taxonomische System in historisch-genetischer Perspektive. Die Objekte verstanden sich als Illustrationen eines virtuellen Textes, der sich im Kopf des Besuchers beim Gang durch die Schausammlung zusammensetzen sollte. Unter den Säugetieren etwa erblickte man ausgestopfte Arten aller Familien – es fehlten jedoch Dioramen und Biologische Gruppen. Und wo sich biologische Zusammenstellungen fanden, erfüllten sie vorrangig einen anatomischen oder physiologischen und damit letzthin einen systematischen Zweck. Ein ungeschulter Betrachter mochte etwa in der Abteilung „Vaterländischer Säugetiere und Vögel" auf den ersten Blick eine Gruppe von Vögeln beim Jagen sehen. Tatsächlich sollte das Objekt jedoch ein und denselben Raubvogel beim Greifen einer Maus in verschiedenen Stadien zeigen.[109] Das Exponat war mithin keine Biologische Gruppe, sondern eine Visualisierung von Handlungs- und Bewegungsabläufen, dem ein filmisches

105 Vgl. Möbius: Über den Umfang (wie Anm. 95), S. 375f.

106 Die Methode einer solchen Codierung war keineswegs neu. Bereits 1841 war etwa im Großherzoglichen Naturalienkabinett in Karlsruhe eine bestimmte afrikanische Objektgruppe nach geographischen Kriterien „durch Etiquetten von besonderer Farbe ausgezeichnet, so daß diese Sammlung, auch bei Einordnung unter die übrige, stets unterscheidbar" blieb. Braun an Oberhofverwaltungsrat, Karlsruhe, 10.12.1841. GLA Karlsruhe 56/1573.

107 Vgl. die Protokolle des Jahres 1887 in HUB, MfN, Historische Bild- und Schriftgutsammlungen, Zool. Museum S II, Acta betreffend die Protokolle der Sitzungen der wissenschaftlichen Beamten (1887–1892).

108 Vgl. *Führer durch die zoologische Schausammlung des Museums für Naturkunde*. Berlin 1899.

109 Vgl. Möbius: Über den Umfang (wie Anm. 95), S. 378.

Element innewohnte.[110] Die Szene erwies sich als eine Lernhilfe, die beträchtliches Abstraktionsvermögen voraussetzte. Gleiches galt für die Visualisierung des Vogelfluges anhand von zehn Wachsmodellen, die der berühmte Pariser Physiologe Étienne-Jules Marey (1830–1904) nach Momentaufnahmen der Sturmmöwe hergestellt und dem Museum für Naturkunde zum Geschenk gemacht hatte.[111]

Ähnlich verhielt es sich mit zwei flachen Glasvitrinen, in denen Meerestiere der Nordsee und des Indischen Ozeans gezeigt wurden, eine Austernbank und ein Korallenriff. Sie vermochten aufgrund ihrer lebensvollen Präsentation, unmittelbar Aufmerksamkeit zu erregen, verstanden sich jedoch zunächst als Visualisierungen von Biozönosen, also ökologischen ‚Lebensgemeinschaften', und verwiesen den Besucher auf die Lektüre ausführlicher Erklärungstexte.[112] Und schließlich waren auch die Leuckart'schen Zoologischen Wandtafeln, die anatomischen Präparate und die sogenannten Biologien, die Tiere wie Frösche oder Maikäfer mit ihren Wohn- und Nährpflanzen darstellten, in erster Linie ‚Lesehilfen'. Sie machten – etwa durch Modelle zur Entwicklung von Herz und Lunge bei verschiedenen Tieren – anatomische Vergleiche möglich und vertieften so den taxonomisch-systematischen Zusammenhang (Abb. 7).[113] In dem Einsatz von Biologien und Präparaten erwies sich die Berliner Präsentation zweifellos als fortschrittlich. Zudem arbeitete Möbius eng mit der Berliner Lehrmittelhandlung *Linnaea* zusammen, einem damals noch jungen Unternehmen, das seinen Aufstieg nicht zuletzt den Aufträgen des Museums für Naturkunde zu verdanken hatte.[114] Insgesamt jedoch folgte die Präsentation der Logik eines akademischen Buches. Lehrmittel waren fußnotengleich in den Sammlungstext integriert, hatten funktionellen Charakter. Die Inszenierung entsprach dem wissenschaftlichen Profil des Hauses.

Diese akademisch-nüchterne, vorgeblich selbstreferentielle Präsentation blieb nicht unumstritten. Gewiß, auch Fritz Römer, der bereits erwähnte erste hauptamtliche Direktor des Frankfurter Senckenberg-Museums, sprach sich noch 1907 für eine Leseanordnung von Sammlungen aus.[115] Und auch Benno Wandolleck, Kustos am Dresdner Zoologischen Museum, wollte in der Schausammlung „nichts anderes als ein *populäres* Buch" erkennen, das „statt der Abbildungen die Objekte selbst enthält".[116] Mit der Popularität des Museums für Naturkunde stand es jedoch nicht zum besten. August Brauer, Möbius' Nachfolger, unterzog die Präsentation 1906 einer Fundamentalkritik.[117] Die Schausammlung sei so sehr vernach-

---

110 Zum Wandel der Sehgewohnheiten vgl. etwa Crary: Sehen und Moderne im 19. Jahrhundert (wie Anm. 74), S. 35–57. – Zur Bedeutung von Zeiterfahrung und Bewegung vgl. etwa A. Braun: Eine Kunst- und Kulturgeschichte der Geschwindigkeit im 19. Jahrhundert. Frankfurt/M. 2001.

111 Dazu Möbius: Über den Umfang (wie Anm. 95), S. 374.

112 Vgl. L. Nyhart: Civic and Economic Zoology in Nineteenth-Century Germany. The "Living Communities" of Karl Möbius. In: Isis 89 (1998), S. 605–630.

113 Vgl. Möbius: Über den Umfang (wie Anm. 95), S. 376.

114 Die intensive Zusammenarbeit ist dokumentiert im Schriftverkehr des Museums. HUB, MfN, Historische Bild- und Schriftgutsammlungen, Bestand Zoologisches Museum S II, Linnaea, Vol. I–II. – Vgl. auch Köstering, S. 196f.

115 Vgl. F. Römer: Die Entwicklung naturhistorischer Museen. In: Museumskunde 3 (1907), S. 25–35.

116 B. Wandolleck: Die Aufgabe der Museen. In: Zoologischer Anzeiger 30 (1906), S. 638–653, hier S. 643. – Hervorhebung vom Verf.

117 Vgl. Brauer an Ministerium, Berlin, 12.6.1906. GStA PK I.HA Rep. 76 Va Sekt. 2 Tit. X Nr. 63 Bd. XX, fol. 88–106.

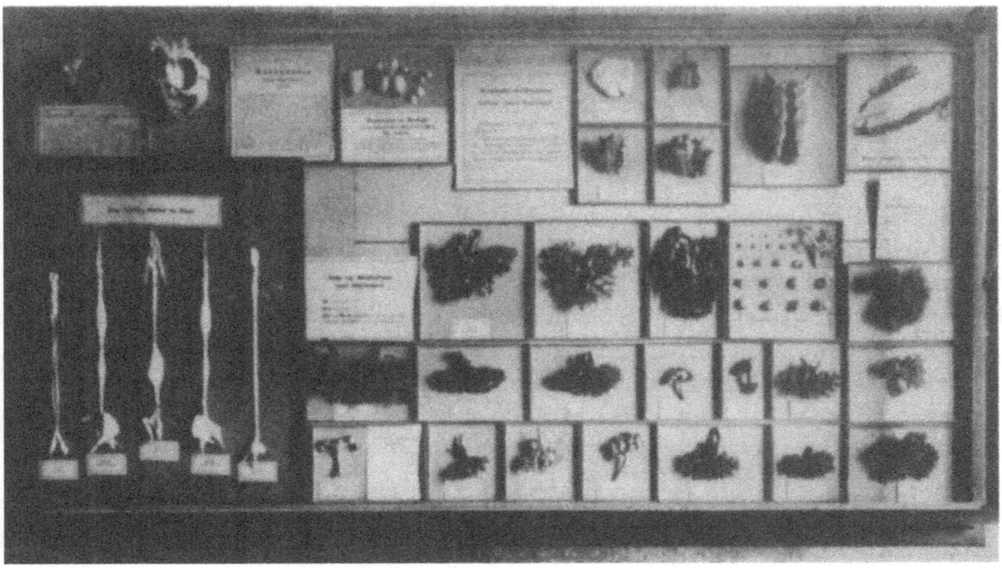

Abb. 7
Museum für Naturkunde, Berlin
Anatomische Zusammenstellung: Lungen und Herzen (1893)

lässigt worden, „dass von einem fast völligen Stillstand geredet werden muss".[118] Vier Jahre darauf präzisierte Brauer – mittlerweile war 1907 das Frankfurter Senckenberg-Museum eingeweiht worden, das neue Inszenierungsmaßstäbe setzte – seine Vorwürfe: Wenn eine Schausammlung ihre Hauptaufgabe, nämlich „eine Unterrichtsanstalt für das Volk zu sein", erfüllen sollte, so genüge es „nicht mehr wie in früherer Zeit Objekte auszustopfen und mit einer Etikette zu versehen, sondern bei der Auswahl und Aufstellung muß eine sorgfältige Prüfung des didaktischen Wertes erfolgen und der biologische Gesichtspunkt neben dem systematischen zur Geltung gebracht werden."[119]

In der Tat war die taxonomisch-systematische, ganz auf Erkenntnis und Aufmerksamkeit zielende Präsentation mittlerweile altmodisch geworden. Berlin hatte hier nicht mit anderen Häusern Schritt gehalten. 1910 erst wurde eine Biologische Gruppe („Tierleben in der Antarktis") im Haus an der Invalidenstraße eingerichtet.[120] Und erst nach 1923 wurde durch Carl Zimmer (1873–1950), dem ehemaligen Direktor der Staatssammlungen in München, ein eigener „Biologischer Saal" mit rund 90 Tierensembles geschaffen. Erst jetzt hielt die dermoplastische Methode ihren Einzug in Berlin. Das Museum für Naturkunde, bei seiner Gründung gewiß eines der ambitioniertesten und fortschrittlichsten Häuser Deutschlands, war hinsichtlich der Präsentation innerhalb einer Generation hinter die Museen in Bremen und Frankfurt zurückgefallen.

2.2.2. Bremen

War das Berliner Museum für Naturkunde eine akademische Institution, so durfte das Städtische Museum für Natur-, Völker- und Handelskunde in Bremen ganz und gar als ein Produkt des Ausstellungszeitalters gelten. Das Museum, schon rasch nach seiner Eröffnung 1896 im Volksmund nur mehr „Handelsmuseum" genannt, war – in materieller wie ideeller Hinsicht – das Produkt der *Handelshalle*, wie sie 1890 auf der Nordwestdeutschen Gewerbe- und Industrieausstellung in Bremen präsentiert worden war.[121]

Ganz allgemein befanden sich Naturhistorische Museen in der zweiten Hälfte des 19. Jahrhunderts in einer immer größeren Konkurrenz zu Ausstellungen – seien es die spektakulären Weltausstellungen in Paris und London oder geringer dimensionierte, auf regionale Identitäten fokussierte Veranstaltungen wie etwa die Bremer Ausstellung des Jahres 1890.[122] Hier wie dort kultivierten die Ausstellungen eine Form der Präsentation, die mittels

118 Ebd., fol. 92.

119 Brauer an Ministerium, Berlin, Juli 1909 [Konzept]. UAHU Berlin MfN Bd. 53.

120 Dazu unten Kap. V.

121 Vgl. Kap. I.1.4.

122 Zur Bremer Ausstellung vgl. O. Korn: Hanseatische Gewerbeausstellungen im 19. Jahrhundert. Opladen 1999, S. 138–154. – H. Abel: Vom Raritätenkabinett zum Bremer Überseemuseum. Bremen 1970, S. 57–64. – Die Literatur zu den Weltausstellungen des 19. Jahrhunderts ist ausgesprochen reich. Vgl. u.a. Chr. Beutler (Hrsg.): Weltausstellungen im 19. Jahrhundert. München 1973. – E. Fuchs (Hrsg.): Weltausstellungen im 19. Jahrhundert. Leipzig 2000. – U. Haltern: Die Londoner Weltausstellung von 1851. Münster 1971. – Ders.: Die Welt als Schaustellung. In: VSWG 60 (1973), S. 1–40. – W. Kretschmer: Geschichte der Weltausstellungen. Frankfurt, New York 1999. – E. Mattie: Weltausstellungen. Stuttgart, Zürich 1998. – A. v. Plato: Ausstellungskultur und Massenpublikum im Frankreich des 19. Jahrhunderts. Frankfurt, New York 2001. – W. Plum: Weltausstellungen im 19. Jahrhundert. Bonn-Bad Godesberg 1975. – M. Wörner: Volks-

neuer Medien wie Dioramen oder Panoramen, durch Spektakel und Illusion eine größere Anschaulichkeit ermöglichte. Nicht Erkenntnis und Aufmerksamkeit, sondern Erlebnis und Unterhaltung bezeichneten die Ziele dieser Präsentationsstrategie. Kaum ein Museum hat sie so erfolgreich adaptiert wie das Bremer Handelsmuseum. Der Popularisierung als typischer Form der Wissenskommunikation im Massenzeitalter kam dies – gerade im Vergleich zum Berliner Haus – deutlich entgegen.

Die Bremer Strategie beruhte, wie gesagt, auf den Erfahrungen der Gewerbe- und Industrieausstellung. Die *Handelshalle*, ein Hauptanziehungspunkt dieser Ausstellung, hatte – das war das erklärte Ziel der Bremer Kaufleute, denen es um die rechte Präsentation ihrer Waren und damit immer auch um das Geschäft ging – von vornherein mehr als ein „Warenmusterlager" sein sollen, da ein solches „bekanntermaßen die große Menge völlig kalt" ließ und gerade für sie das Unternehmen doch „erfreulich und lehrreich" sein sollte.[123] Die horazische Wendung des *prodesse et delectare*, deren zwei Einzelteile sich ursprünglich in einem gewissermaßen komplementären Verhältnis zueinander befunden hatten, drohte hier in einen Zwiespalt zu geraten. Und dem Bremer Ausstellungskomitee stand diese Gefahr deutlich vor Augen. Dem Publikum „etwas zu bieten, daß ihm Spaß macht" sei ganz leicht: „braucht es doch nur bunt und lustig zu sein, zumal wenn das exotische Lustre von selbst dazu kommt". Um so wichtiger erschien es, den „vornehme[n] Ernst des Unternehmens" zu wahren. Dieses Austarieren von „Spaß" und „Ernst" – im übertragenen Sinne von anschaulicher Präsentation und wissenschaftlicher Seriosität – blieb eine der vornehmsten Aufgaben der Ausstellungsmacher.

1890 ging es der *Handelshalle* zunächst um eine neue Qualität der Anschaulichkeit. Frühere Versuche einer Handelsschau hatten, nach Einschätzung der Bremer Kaufleute, noch an einer „Müdigkeit auf Seiten des Publikums" gelitten. Dieses Desinteresse resultierte aus der systematischen Präsentation der Objekte, wie sie ja – wir haben es gerade für den Berliner Fall gesehen – in Naturhistorischen Museen zu dieser Zeit noch als durchaus fortschrittlich gelten durfte. Bislang, so argumentierten die Ausstellungsmacher, sei die Angelegenheit für den Besucher unerfreulich gewesen: „woher die Waare stammt, sagt ihm allenfalls eine todte Etikette; das Charakteristische ihrer Entstehung, Gewinnung, Behandlung wird ihm nicht vor Augen gebracht."[124] Die Bremer Losung lautete denn auch schlicht: „Weg mit dem todten Probenmaterial!" Nicht mehr einzelne Objekte sollten gezeigt werden, sondern „voll durchgeführte Bilder von der Cultur ganzer Länder". Die Ware sollte möglichst „von ihrer Aussaat oder ihrer ersten Rohgewinnung an bis zum Uebergang in den Welthandel" präsentiert werden. Die Sektion „Kaffee" etwa zeigte 1890 neben der Probenausstellung eine „Einordnung des Caffees in die Culturen der einzelnen Ursprungsländer" und kombinierte dies mit „verschiedenerwärts aufgestellten lebenden Pflanzen". Natur und Kultur wurden so – auch dies eines der Hauptcharakteristika des späteren Handelsmuseum – wechselseitig aufeinander bezogen und zu effektvollen Szenen komponiert.

---

kultur auf den Weltausstellungen 1851–1900. München, Berlin 1999. – Zur Unterhaltungskultur dieser Zeit u.a. K. Maase: Ordnungen des Vergnügens um 1900. In: Schund und Schönheit. Köln, Weimar, Wien 2001, S. 9–28.

123 *Die Handels-Ausstellung*. In: „Ausstellungs-Zeitung" v. 10.6.1890. – Dort auch die folgenden Zitate.

124 *Die Handels-Ausstellung I*. In: „Ausstellungs-Zeitung" v. 19.8.1890. – Dort auch die folgenden Zitate.

Schauplatz dieser Präsentation war die von Johann Georg Poppe im Stile eines alten Hansahauses errichtete *Handelshalle* im Bremer Bürgerpark. Sie erinnerte mit ihrer „Mittelhalle und zwei Seitenschiffe[n]" an einen basilikalen Kirchenraum und atmete tatsächlich sakrale Aura.[125] Die Mittelhalle diente „zur räumlichen wie geistigen Sammlung des Publikums; plätschernde Wasser empfangen den Eintretenden, dessen Blick sogleich auf die imposante aus dem feuchten Elemente aufsteigende Gruppe inmitten der Halle fällt: Atlas, die Weltkugel auf seinem Rücken tragend." Und wohin der Besucher auch sah, stets öffneten sich „weite Perspektiven, Einblicke in fremdländische Kulturen, fremde Klimate". Nicht Aufmerksamkeit, sondern Erlebnis; nicht Verstehen, sondern Überwältigen waren die Muster, die diese Präsentation kennzeichneten. Anders als Möbius' Konzept, das auf rationales Erfassen setzte und zu diesem Zweck ein beträchtliches Vorwissen voraussetzte, war die Bremer Strategie auf einen emotionalen Zugang ausgerichtet. Suggestion und Intuition bestimmten eine Ausstellungspraxis, die den Bedürfnissen des Massenpublikums entgegenkam.

Betrat man den Innenraum der Halle, so wurde man „in eine fremde Welt versetzt", eine „wunderprächtige Märchenwelt, welche als schönes Gewand für die wirthschaftliche Prosa des Welthandels und die wissenschaftliche Prosa der Ethnographie dient".[126] Und welche Stapelgüter hier auch präsentiert wurden, überall dominierte das „künstlerische Arrangement".[127] Die Sektion „Baumwolle", gestaltet von der Bremer Baumwollbörse, zeigte so die Produktion von der Ernte an: „Ein Feld mit (künstlichen) Baumwollsträuchern ist gerade zur Ernte reif. Neger sind mit dem Pflücken der aus den Samenkapseln hervorbrechenden Flokken beschäftigt; die Pflanzen und die Menschen sind wenig unter Lebensgröße. Ein Bild an der Rückwand läßt unsern Blick auf die baumwollziehenden Mississippiufer streichen."[128]

Durch ihre Unmittelbarkeit und Anschaulichkeit schufen solche Szenen neue Perspektiven. Und diese lockten den Besucher. Das galt auch für Miniaturmodelle wie die „Straße der Stadt Agra"[129], die mit Figuren aus gebranntem Ton das geschäftige Treiben der ostindischen Baumwollmetropole nachstellte. Mit dem „ganzen Gewimmel der bunten Menge" wirkte dieses Modell auf nicht wenige Betrachter „beredter als viele dickleibige Bücher."[130] Mit einem Wort: Die Bremer Ausstellung war – in einem Vergleich zum Berliner Naturhistorischen Museum, der insofern ungerecht sein mag, als das Genre vielleicht doch zu verschieden war – gerade nicht als Buch konzipiert. Ihre Strategie war nicht die ‚Lesbarkeit', sondern die Anschaulichkeit. Und diese Strategie übertrug sich auf das Städtische Museum für Natur-, Völker- und Handelskunde.

Gleichwohl stand dieses Museum – so es ein Museum und keine Ausstellung zu sein beanspruchte – unter leicht modifizierten Voraussetzungen. Von dem durchaus prekären Verhältnis des *prodesse et delectare* haben wir bereits gesprochen. Tatsächlich befand sich gerade das Bremer Museum im Widerstreit zwischen öffentlichem Nutzen und wissenschaftlichem Anspruch. Die Voraussetzung der musealen Praxis, so erklärte Hugo Schauinsland denn auch 1891 gleich in der ersten Denkschrift, die sich mit einem Museumsneubau

---

125 *Die Handels-Ausstellung*. In: „Ausstellungs-Zeitung" v. 10.6.1890. – Dort auch die folgenden Zitate.
126 *Die Handels-Ausstellung I*. In: „Ausstellungs-Zeitung" v. 19.8.1890.
127 *Die Handels-Ausstellung*. In: „Ausstellungs-Zeitung" v. 10.6.1890.
128 *Die Handels-Ausstellung IV*. In: „Ausstellungs-Zeitung" v. 9.9.1890.
129 *Die Handels-Ausstellung II*. In: „Ausstellungs-Zeitung" v. 26.8.1890.
130 Ebd.

beschäftigte, müsse stets die „wissenschaftliche Grundlage" sein.[131] Ein Museum, dem es mit seinem Status als Bildungsinstitution ernst sei, so hieß das, könne nicht von der eigenständigen Forschung absehen. Andererseits dürfe freilich in einer Stadt wie Bremen „die wissenschaftliche Seite nicht zu einseitig betont werden". Das Museum solle sich im Gegenteil „zielbewußt an der Volksbildung beteiligen, eine öffentliche Bildungsanstalt werden". Ein „Schaumuseum im besten Sinne des Wortes" habe sich nun aber immer auch um eine „geschmackvolle Anordnung" zu bemühen.

Wie eine solche Anordnung aussehen konnte, erläuterte Schauinsland dann eingehend anhand der Handelsausstellung. Grundsätzlich unterschied er dabei zwei Arten von Objekten. Die ethnologischen Objekte waren relativ leicht mit den existierenden Städtischen Sammlungen zu einer Art Völkerkundemuseum zu vereinigen. Ihre Anordnung sollte – man denke an die zeitgenössische Tier*geographie* – nach geographischen Kriterien erfolgen, wobei es Schauinsland „vorläufig dahin gestellt sein lassen" wollte, ob eine Aufstellung in Schränken oder „des malerischen Eindrucks wegen vielleicht in Glasgallerien [!] empfehlenswerter" war. Die Handelsprodukte wiederum sollten ebenfalls geographisch aufgestellt werden („bei dem betreffenden Lande"), und zwar so, daß „der Beschauer sich zunächst durch die ethnologischen Gegenstände über die Kultur desselben, durch die Handelsartikel über seine Produktionsfähigkeit resp. seinen Export-Handel orientieren kann". Im Ergebnis sollten sich die ethnographischen Objekte und die Handelsprodukte zu einem „Gesamtbilde des Landes ergänzen (das sich vielleicht noch verstärken läßt durch passende Thier- und Pflanzen-Gruppen, die den Charakter und das Klima des Landes noch mehr veranschaulichen)."

Soweit der eine Teil der Objekte. Für den anderen Teil, die Naturkundliche Sammlung, machte Schauinsland, von Hause aus Zoologe, die Trennungslösung zur Pflicht. Allerdings folgte die Bremer Trennung – anders als die Berliner – nicht dem taxonomisch-systematischen, sondern dem biologischen und ökologischen Profil. So sollte der eine Teil „von hohem wissenschaftlichen Wert", vor allem die Vogelsammlung der Gesellschaft „Museum", weiterhin systematisch aufgestellt werden. Der andere Teil hingegen sollte „mit Rücksicht auf die allgemeine öffentliche Belehrung und Anregung" biologisch strukturiert werden. Hier ging es darum, die Beziehungen der Tiere „zu der übrigen Natur und zum Menschen klar zu legen, ihre Biologie und Anatomie mit in den Kreis der Betrachtung zu ziehen." Eine solche Perspektive konnte – anders als in Berlin – nur umgesetzt werden durch „eine möglichst lebenswahre Aufstellung, durch Hervorhebung der nützlichen und schädlichen Tiere, oder solcher, die sich sonst in irgend einer Weise z.B. durch Nestbau, durch Farbenpracht, durch Brutpflege, durch Nachäffung niederer Lebewesen (Mimicry) bemerkbar machen." Eine solche Präsentation maß auch den anatomischen Präparaten, Modellen und Abbildungen einen *eigenen* Wert zu. Anders als in Berlin wurden sie zu selbständigen Medien der musealen Wissenskommunikation. „Die Aufstellung von einigen Mikroskopen mit von Zeit zu Zeit wechselnden Präparaten aus dem Tier- und Pflanzenreich" zielte bewußt auf die aktive Teilnahme der Besucher. Ihr diente auch die Einrichtung eines Hörsaals für Demonstrationen und „populäre Vorträge".

Die besondere Herausforderung für diese Präsentationsstrategie bildete – neben dem Verhältnis von Wissenschaft und Unterhaltung – wie in so vielen Mehrspartenhäusern die

131 Schauinsland an Barkhausen, Bremen, 8.10.1891. StA Bremen 2–T.5.p. – Dort die folgenden Zitate.

Integration der „verschiedenartigsten Disziplinen“ unter einem Dach.[132] Zoologie und vergleichende Anatomie, Prähistorik und Anthropologie, Botanik und Mineralogie, Geologie, Ethnologie und Handelsausstellung, schließlich die Fischereiausstellung mitsamt Aquarium – einen gemeinsamen Nenner für diese auf den ersten Blick doch disparaten Sammlungsbestände zu entdecken, mochte für Außenstehende nicht einfach sein. Schauinsland freilich unternahm, wie er anläßlich der Eröffnung des Hauses am 15. Januar 1896 betonte, den Versuch, „von einer Stelle aus alle diese Sammlungen nach einem einheitlichen Prinzip aufzustellen, gleichsam zu einem Ganzen zu verweben“[133] – und er fand dieses Prinzip in Bremen und seinem Handel. Unter solchen Bedingungen wurde der Museumsbesuch Teil der Bremer Identitätspolitik. Was das bedeutet, wird im nächsten Kapitel zu klären sein.

Gerade mit Blick auf Fragen der Identität erwies sich die Bremer Präsentationsstrategie als angemessene Form der Popularisierung. Von den bisherigen Museen, so Schauinsland, habe „der Durchschnittsbesucher“ bislang „verhältnismäßig geringen Nutzen“, „da er in ihnen meistens nur staunt, ohne zu begreifen und aus Mangel an eigener Vorbildung durch das ihm darin Gebotene nicht genügend belehrt wird.“[134] Karl Möbius war 1887, wir haben es zitiert, zu einer ganz ähnlichen Einschätzung gekommen. Seine Lösungsansätze hatten aber weniger auf den „Durchschnittsbesucher“ als auf das gebildete Publikum gezielt. Mit diesem war in Bremen jedoch nur in begrenztem Maße zu rechnen. Das Ziel des Bremer Hauses bestand vielmehr darin, unter „Beibehaltung des wissenschaftlichen Ernstes [...] eine auch dem Auge gefällige Aufstellung zu erreichen [...], die es auch dem Nichtfachmann ermöglicht, in Gebiete einzudringen, welche ihm bis dahin ferner lagen.“ Die heimische Flora etwa war, nach Schauinslands Urteil, „derart aufgestellt, daß es auch dem jüngsten Schüler ermöglicht wird, jeden Augenblick sich mit ihr bekannt zu machen.“

„Eine Schausammlung“, so hat es Schauinsland 1911 einmal in aller Deutlichkeit umrissen, „die auch heute nur durch das starre Objekt allein nach der alten sogenannten [!] streng wissenschaftlichen Aufstellung Einfluß auf das größere Publikum in nennenswerter Weise erlangen“ wolle, werde „des erhofften Erfolges bar sein und schließlich nicht viel mehr wie nur die Domäne der Museumsbeamten allein darstellen.“[135] Das Bremer Museum dagegen wolle „belehren mit jedem der Museumstechnik nur zugänglichen Mittel. Unser Museum soll für jedermann verständlich sein.“ Dieser Anspruch auf Verständlichkeit, der sich auf eine suggestive Anschaulichkeit, nicht auf eine kognitive Lesbarkeit gründete, kennzeichnete insbesondere die naturkundlichen Dioramen, die „nicht etwa nur als Dekorations-Beiwerk“ zu betrachten waren.[136] Die Aufstellung der heimischen Tierwelt, „in ihrer natürlichen Umgebung oder vielmehr in einer möglichst naturgetreuen Nachbildung derselben zu ‚Lebensgemeinschaften‘ miteinander vereint“, beabsichtigte – und hier trat der handlungsleitende, appellative Charakter des Popularisierungsprozesses sehr klar in den Vordergrund –

132 So Schauinsland in seiner Rede anläßlich der Einweihung des Museums am 15. Januar 1896. Zit. n. dem Abdruck in der Festschrift *Zur Geschichte des Städtischen Museums für Natur-, Völker- und Handelskunde zu Bremen*. Bremen 1928, S. 16.

133 Ebd.

134 Ebd., S. 17. – Dort auch die folgenden Zitate.

135 So Schauinsland in seiner Rede anläßlich der Wiedereröffnung des Museums am 8. Juli 1911. Zit. n. *Zur Geschichte* (wie Anm. 132), S. 33.

136 Ebd., S. 18 [Festrede 1896]. – Dort auch die folgenden Zitate.

Abb. 8
Städtisches Museum für Natur-, Völker- und Handelskunde, Bremen
Blick in den Lichthof (1900)

„zunächst unsere Jugend zur eigenen sinnigen Betrachtung der Natur anzuregen und die daraus entspringende Liebe zu ihr zu erwirken."

Tatsächlich setzte das Museum alles daran, die Präsentation der Schausammlung weiter zu perfektionieren. Nach dem Umbau 1908/11 kam so eine große Biologische Gruppe „Vogelleben an der Nordsee" hinzu, die sämtliche „auf unseren Nordseeinseln" heimischen Wasservögel umfaßte, dargestellt „sowohl beim Brutgeschäfte als auch beim Aufziehen der Jungen."[137] Ähnlich anschaulich war die Präsentation der „Entwicklung des Maikäfers", der „Biologie des Kiefernspinners und Kiefernschwärmers", der „Biologie des Ameisenlöwen". Weithin bekannt wurde die Bremer Sammlung von Bienen- und Wespennestern und – in diesem Kontext – einiger lebend im Museum gehaltener Insekten, die „lebhaftes Interesse beim Publikum fanden".[138] Das galt etwa für den Bau der großen Waldameise „in vollem Betrieb".[139] Ein Mehr an ‚Lebensnähe' war nicht zu erwarten. Das Museum wurde zur zweiten, für nicht wenige Besucher wohl auch zur eigentlichen Natur.

Mittels seines ökologischen Profils und seiner an der Ästhetik der Ausstellungen geschulten Präsentationsstrategie gelang es dem Bremer Museum, neue Perspektiven und neue Zusammenhänge zu konstruieren. Diese Zusammenhänge – von Kultur und Natur, von Handel und Jagd, von Ferne und Heimat – prägten eine museale Praxis, die eng mit den antizipierten Bedürfnissen und Interessen des großen Publikums verbunden war. Und daß diese Praxis Erfolg hatte, zeigen die im zweiten Kapitel genannten Besucherzahlen, die diejenigen Berlins um mehr als das Doppelte übertrafen. Das Bremer Museum entwarf *Bilder*, nicht Texte. Es setzte auf Suggestion, nicht auf Aufmerksamkeit. Es bediente die neuen Sehgewohnheiten der Jahrhundertwende und besaß als Folge von alldem „eine merkwürdige Eigenschaft: es redet. [...] alle Dinge in ihm leben. Sie tun, als ob sie zu Hause wären."[140]

2.2.3. Frankfurt am Main

Als das neue Bremer Museum 1896 der Öffentlichkeit übergeben wurde, befanden sich die Sammlungen der Senckenbergischen Naturforschenden Gesellschaft noch in ihrem Haus am Eschenheimer Tor. Was der Besucher dort sah, waren die im 19. Jahrhundert üblichen, heillos überfrachteten, magazinartigen Ausstellungsräume (Abb. 9). Sie mochten imponierend wirken; zum tieferen Verständnis der ausgestellten Objekte trugen sie nicht bei – selbst wenn wir über die Wirkungen und Erfolge dieser Präsentationsweise auch im Frankfurter Fall nicht hinreichend orientiert sind.[141] Gewiß gab es im alten Senckenberg-Museum erste Formen einer didaktischen Aufbereitung der Objekte. So war – zumindest mit Blick auf die

137 Jahresbericht des Städtischen Museums für Natur-, Völker- und Handelskunde für das Rechnungsjahr 1912. In: *Mitteilung des Senats* v. 26.6.1913, S. 1098f.

138 Jahresbericht des Städtischen Museums für Natur-, Völker- und Handelskunde für die Rechnungsjahre 1909/1911. In: *Mitteilung des Senats* v. 19.7.1912, S. 1022.

139 Ebd., S. 1023.

140 L. Rehbein: Ein neues Museum. In: „Deutschland", Jg. 1912, S. 58.

141 Einen Eindruck vermittelt jedoch H. Möbius: Jugenderinnerungen an das alte Senckenbergianum. In: Medizinhistorisches Journal 7 (1972), S. 186–196.

Abb. 9
Altes Senckenberg-Museum, Frankfurt/M.
Vogelsaal (1906)

überbordende Muschel- und Schneckenabteilung – bereits eine erste Trennung in Schau- und Studiensammlung vorgenommen worden.[142] Und Eduard Rüppell wies schon 1866 darauf hin, daß einzelne Blätter des wissenschaftlichen Kataloges „zur Bequemlichkeit des Publikums hinter der Glasscheibe des entsprechenden Schrankes aufgeheftet" waren.[143] Auch existierten bereits einzelne Modelle, die etwa geologische Vorgänge visualisierten.[144] Dem gleichen Zweck dienten Karten und Bilder, die die Veränderung der Erdoberfläche, die Wirkungsweise von Erosion oder Brandung etwa, thematisierten.[145] Und schließlich waren bereits einige Photographien vorhanden, die den Betrachter mit Hintergrundwissen versorgten.[146]

Von einer regelrechten *Strategie* der Präsentation konnte hier jedoch noch nicht die Rede sein. Sie fand sich erst in der attraktiven, ganz auf spektakuläre Einzelexponate zielenden Inszenierung des 1907 eröffneten Senckenberg-Museums an der Frankfurter Victoria-Allee.[147] Im Erdgeschoß des neuen Gebäudes, das die mittlerweile üblich gewordene Sammlungstrennung vollzog, befanden sich die Schausammlungen der Mineralogie, der Geologie und der Paläontologie, in deren Bereich der gewaltige, 18 Meter lange Diplodocus gehörte, der – im glasüberdachten Hof ins rechte Licht gesetzt – rasch zum Markenzeichen des Hauses wurde. Im Hauptgeschoß befand sich die systematische Schausammlung der Wirbeltiere und der heimischen Arten. Im ersten Obergeschoß setzte sich die Schausammlung mit den Wirbellosen fort. Und schließlich war dort wie im zweiten Stockwerk noch die magazinartige Hauptsammlung untergebracht.

Wie in Berlin, so war auch in der Frankfurter Präsentation das systematische Element das beherrschende. Fritz Römer, von dem bereits verschiedentlich die Rede war, betonte bei der Eröffnung des Hauses 1907 denn auch die Bedeutung dieser modernen Systematik.[148] Während bei den Nachfolgern Linnés vor lauter Lust an der Klassifikation gelegentlich „das tiefere Ziel der Forschung, in das Wesen eines Organismus einzudringen" verloren gegangen sei, habe sich die Systematik nun zu einer blühenden, stammesgeschichtlichen Wissenschaft entwickelt, die zur Charakterisierung der Art die Anatomie und Entwicklungsgeschichte ebenso heranzieht wie die Paläontologie, die Biologie und die geographische Verbreitung."[149] Aus diesem im Kern *biologischen* Profil, auf das bereits im ersten Kapitel hingewiesen worden ist, resultierte die Sammlungstrennung. Biologische Studien verlangten eben „nicht nur sorgfältig konservierte Objekte mit genauester Notierung aller nur mögli-

142 Vgl. *Führer durch das Museum der Senckenbergischen naturforschenden Gesellschaft in Frankfurt am Main*, Frankfurt/M. 1896, S. 121f.

143 E. Rüppell: Die Senckenbergische naturforschende Gesellschaft. In: „Frankfurter Reform" v. 13.5.1866.

144 Dargestellt waren Steinküste und Dünen, eine Vulkaninsel, ein Wildbach und ein Gletscher. Vgl. *Führer durch das Museum* (wie Anm. 142), S. 42. – Zur Visualisierung im Naturhistorischen Museum, speziell mit Blick auf Frankfurt, ausführlich W. Schäfer: Objekt & Bild. Frankfurt/M. 1974.

145 Vgl. *Führer durch das Museum* (wie Anm. 142), S. 32f.

146 Das galt etwa für die geologischen Grabungen im Frankfurter Hafen oder die seinerzeit berühmte Pyramideneiche von Harreshausen. Vgl. ebd., S. 42 u. 115. – Hierzu ausführlich I. Blum: Die Pyramideneiche bei Harreshausen (Großherzogtum Hessen). In: Bericht 1895, S. 93–102.

147 Zum folgenden vgl. die *Festschrift zur Erinnerung an die Eröffnung des neuerbauten Museums der Senckenbergischen Naturforschenden Gesellschaft zu Frankfurt am Main am 13. Oktober 1907*. Frankfurt/M. 1907, S. 2f. – Vgl. auch Kramer (wie Anm. 2), S. 398–400.

148 Römers Festrede ist abgedruckt in *Festschrift zur Erinnerung* (wie Anm. 147), S. 18–24.

149 Ebd., S. 20.

che[n] biologische[n] Einzelheiten, sondern auch ein großes Material, und gerade wieder die Systematik fordert zur Erkennung des Artbildes und seiner Variationsbreite von jeder Art Individuenmassen, die man in früheren Zeiten als Ballast der Museen ansah und möglichst schnell als sogenannte Dubletten abgab."[150] Die Dublette – hier schloß sich ein Kreis zu der Berliner Diskussion der 1820er Jahre – war nun endgültig ins Recht gesetzt worden. Diese umfangreichen Serien, die das wissenschaftliche Studium verlangte, so schlußfolgerte Römer, würden dem Museumsbesucher jedoch „wohl Bewunderung über die Reichhaltigkeit und Schönheit entlocken, aber ein tieferes Eindringen unmöglich machen".

Bis zu diesem Punkt hätte ihm Karl Möbius gewiß zugestimmt. Römers Diagnose erinnerte sehr genau an die Analyse, die Möbius selbst 1887 bei der Einrichtung des Berliner Museums formuliert hatte. Und auch Hugo Schauinsland hatte sich, wie gezeigt, 1891 über die Wirkung der älteren Museen ähnlich geäußert. Soweit die Gemeinsamkeiten. Was die Frankfurter Präsentation jedoch von der Berliner abhob, war die Einsicht, „daß eine der modernen Systematik folgende Anordnung der Schausammlung auch der Biologie genügend Berücksichtigung" einräumen müsse. Zu diesem Zweck sollte die Ordnung gerade „auch künstlerische und ästhetische Eindrücke" evozieren. Die Tiere sollten „in lebenswahren Darstellungen, in ihrer natürlichen Umgebung und ihren Lebensgewohnheiten" sichtbar werden.

Eben hierin lag der entscheidende Unterschied: Während das Berliner Haus – seinem wissenschaftlichen Profil und wohl auch seinem akademischen Publikum entsprechend – das taxonomische System zur Basis einer Präsentation gemacht hatte, die ganz auf Lesbarkeit und Aufmerksamkeit fokussiert war, entwickelte das Senckenberg-Museum – seinem biologischen Profil folgend – eine Präsentation, die auf der Darstellung der diachronen und synchronen Beziehungen zwischen den einzelnen Lebewesen beruhte und dabei, dem Bremer Haus ähnlich, auf Authentizität und Naturtreue setzte. Diese biologische Ausrichtung des Hauses war in der Tat kaum zu übersehen. Die Anpassungserscheinungen an die Umgebung (beispielsweise Mimikry), aber auch die Phänomene von Parasitismus und Symbiose boten so Anschauungsstoff für Darwins Lehre von der Entstehung der Arten. Die genetische Perspektive, wie sie der Evolutionstheorie zu eigen war, drückte sich darüber hinaus auch in den mineralogischen und geologischen Sammlungen aus, die dem Besucher etwa die Veränderungen in der Erdrinde vor Augen führten. Die Paläontologie schließlich sollte, in den Worten Römers, einen „Einblick in die Vorgeschichte der heutigen Lebewelt und ihren historischen Zusammenhang mit den ausgestorbenen Formen gestatten, über die mannigfachen Umbildungen, welche die Formen in den aufeinanderfolgenden Perioden erlitten, und über die fortschreitende Entwicklung, die sich in der Differenzierung der Arten ausspricht, berichten."[151]

Ein Rundgang durch das Frankfurter Haus diente so nicht in erster Linie, wie dies in Berlin der Fall war, einer Rekapitulation des taxonomischen Systems. Das Senckenberg-Museum folgte vielmehr einer historisierenden und eben darum auch dynamischen Perspektive. Es erzählte gleichsam die Geschichte des Lebens – und es erzählte sie in bewußten Spannungskurven. Höhepunkte waren dabei die attraktiven Großexponate, die den Besucher

150 Ebd., S. 21. – Dort auch die folgenden Zitate.
151 Ebd., S. 22f.

gefangen nahmen.[152] Im Lichthof, dem zentralen Raum des Museums, war etwa der bereits erwähnte Diplodocus zu bestaunen, das erste aus Originalknochen zusammengesetzte Skelett dieses Riesensauriers in einem deutschen Museum überhaupt, ein Geschenk von Morris K. Jesup, dem Präsidenten des *American Museum of Natural History* in New York (Abb. 10). Attraktionen waren auch der Afrikanische Elefant, das Nashorn und das Nilpferd, die gleichsam als zoologisches Triumvirat den Besucher ebenfalls im Lichthof in Empfang nahmen. Und auch hier war es neben der Seltenheit der Tiere – alle drei galten um 1910 als ausgerottet – vor allem die Monumentalität, die beeindrucken sollte. Schließlich, so vermerkte die Senckenbergische Naturforschende Gesellschaft stolz, war etwa der Elefant „an der Schulter 3,28 Meter hoch, eine Höhe, die von dem berühmten Riesenelefanten des Londoner Museum um nur 17 Zentimeter übertroffen wird [...].“[153]

Als nicht minder attraktiv erwies sich die – gleich im ersten Schrank der Säugetierabteilung aufgestellte – Gorillafamilie, eine dermoplastische Arbeit des bereits im zweiten Kapitel erwähnten Stuttgarter Präparators Friedrich Kerz. Und auch die Löwenfamilie, die Adam und August Koch, die beiden Konservatoren des Senckenberg-Museums geschaffen hatten, zog Blicke auf sich.[154] Diese „Politik der visuellen Höhepunkte“[155], wie sie das Frankfurter Haus verfolgte, war keine neue Erfindung. Immer schon waren in Sammlungen Trophäen – und um solche handelte es sich letztlich etwa bei Löwen und Gorillas – inszeniert worden. Diese Jagdtrophäen durften als Erbe der alten fürstlichen Sammlungen gelten, die ganz auf Repräsentation hin angelegt gewesen waren. Nun wurden sie in einem anderen Zusammenhang gezeigt. Im neuen Kontext verloren diese Trophäen nichts von ihrer repräsentativen Ausstrahlung. Und gerade das machte sie für Sammler und Geschenkgeber interessant. Gewiß erzählten die Frankfurter Trophäen, ob Löwe oder Gorilla, – in wissenschaftlich-biologischer Perspektive – einen Ausschnitt der Geschichte von der Entwicklung der Arten. Darüber hinaus erzählten sie freilich noch eine ganz andere Geschichte: die Geschichte nämlich von Abenteuer und Gefahr, von Tropenjagd und Lagerfeuer.[156] Und diese Geschichte sprach den Großwildjägern, die ihre Beutestücke auf eigene Kosten hatten präparieren lassen, um sie schließlich dem Museum zu übereignen, großes Prestige zu.[157]

Die Trophäen *konnten* so jedenfalls auch Wagemut, Macht und Geld repräsentieren – und auch diese Eigenschaft machte sie für ein Haus wie das Frankfurter Senckenberg-Museum, das seine Bedeutung fast ausschließlich Geschenken und Stiftungen verdankte, attraktiv.[158] Die Trophäen erwiesen sich als Objekte, auf die der Geschenkgeber leicht soziale Hypotheken aufnehmen konnte – von solchen Mechanismen war bereits im dritten Kapi-

152 Diesen Akzent setzte nicht nur die *Festschrift zur Erinnerung* (wie Anm. 147), S. 50f. – Vgl. etwa die Berichte in „Frankfurter Nachrichten“ v. 9.8.1908; „Frankfurter Neueste Nachrichten“ v. 15.8.1908; „Frankfurter Nachrichten“ v. 22.8.1908; „Frankfurter Zeitung“ v. 20.8.1909; „Frankfurter Zeitung“ v. 8.4.1911.

153 So die Formulierung im Bericht 1910, S. 174.

154 Vgl. *Festschrift zur Erinnerung* (wie Anm. 147), S. 51.

155 So treffend Köstering, S. 197.

156 Diese und andere Klischees werden analysiert in M. Flitner (Hrsg.): Der deutsche Tropenwald. Frankfurt/M., New York 2000. – Vgl. auch A. E. Coombes: Reinventing Africa: Museums, Material Culture, and Popular Imagination in Late Victorian and Edwardian England. New Haven, London 1994.

157 Zu diesem Aspekt maßgeblich D. Haraway: Taxidermy in the Garden of Eden, New York City, 1908–1936. In: Social Text 11 (1984/85), S. 20–64. – Vgl. auch unten Kap. V.5.

158 So auch Köstering, S. 197 u. 208f. – Zu Schenkungen vgl. oben Kapitel III.3.

Abb. 10
Senckenberg-Museum, Frankfurt/M.
Der ,Diplodocus'

tel ausführlich die Rede. Das Senckenberg-Museum erwies sich mit seinen „herrliche[n] Schaustücke[n] in vorzüglicher Montierung“ nicht nur als eine Präsentation der biologischen Wissenschaft[159], sondern auch als eine Selbstinszenierung des finanzstarken Frankfurter Bürgertums. Der Besucher durchschritt ein ganz auf den Effekt berechnetes Haus, dessen Ausstellungsschränke allein 250.000 Mark gekostet hatten.[160] Anders als in Berlin, wo die sogenannte Fischgrätaufstellung dem Betrachter einen objektbezogenen, konzentrierten Blick aufzwang, konnte der Besucher in Frankfurt durch breite Mittelgänge schlendern, seinen Blick schweifen lassen und den Aufenthalt genießen.

Die Frankfurter Strategie der Präsentation setzte nicht auf Aufmerksamkeit, sondern auf das unangestrengte, gleichsam mühelose Erlebnis. Es versprach dem Besucher – ganz im Unterschied zu der beinahe sterilen Berliner Präsentation – „ein Eindringen in das Geheimnis des Lebens mit seinen tausendfältigen Äußerungen“.[161] Und wie inszenierte man dieses „Geheimnis des Lebens“? Indem man das Leben gleichsam neu erschuf! Nichts anderes geschah in den Frankfurter Dioramen, also jenen plastisch wirkenden, dreidimensionalen Schaubildern, die wir nun schon mehrfach erwähnt haben.[162] Sie waren Meisterwerke der Präparatorenkunst; sie bildeten die Natur nach und übertrafen sie bisweilen sogar. Als Vorbild hatte hierbei das Hessische Staatsmuseum in Darmstadt gewirkt, dessen Leiter, Gottlieb von Koch, nach den Methoden Philipp Leopold Martins neben Tiergeographischen Gruppen auch suggestive Dioramen geschaffen hatte.[163] Von Darmstadt waren diese ‚neuen Medien‘ nach Frankfurt gelangt, wo 1907 im Senckenberg-Museum eine eigene „Biologische Galerie“ eingerichtet wurde. In ihr wurde, wie etwa in der von Rudolf von Goldschmidt-Rothschild finanzierten „Nordischen Koje“[164], das Tierleben mit Hilfe künstlerischer Effekte inszeniert.

Mit ihrem Akzent auf dem *Sozial*leben der Tiere reflektierten die Dioramen den Übergang von der älteren Taxonomie zu Biologie und Ökologie. Sie waren *wissenschaftlich* legitimiert, verfolgten jedoch darüber hinaus eigene *visuelle*, auf den Publikumsgeschmack berechnete Zwecke. Gerade die ästhetische Überhöhung der Natur, in der man einen Reflex auf die Zivilisationskritik der Jahrhundertwende erkennen mochte, erwies sich als Massen-

159 So M. Möbius: [Rundgang durch das Senckenberg-Museum]. In: Naturwissenschaftliche Wochenschrift N.F. 11 (1912), S. 473–475.

160 Vgl. SNG Archiv Nr. 142 „Val. Hammeran (1903–1910)“; Nr. 143 „Schränke (1905)“; Nr. 152–154 „A. Kühnscherf & S. (1903–1919)“.

161 Römer: Festrede (wie Anm. 148), S. 23.

162 Hierzu v.a. K. Wonders: Habitat Dioramas. Uppsala 1993. – Aus weiterer Perspektive H. Buddemeier: Panorama, Diorama, Photographie. München 1970. – Vgl. auch G. Hess: Panorama und Denkmal. In: Literatur in der sozialen Bewegung. Tübingen 1977, S. 130–206. – Immer noch unverzichtbar D. Sternberger: Panorama oder Ansichten vom 19. Jahrhundert. Frankfurt/M. 1974. – Neuere Perspektiven in *Sehsucht. Das Panorama als Massenunterhaltung im 19. Jahrhundert*. Basel, Frankfurt/M. 1993. – In museumspraktischer Sicht K. O. Meyer: Panoramen und Dioramen. In: Museum aktuell 1999, Nr. 49, S. 1903–1908.

163 Vgl. G. v. Koch: Über naturgeschichtliche Sammlungen. Darmstadt 1892. – Ders.: Die Aufstellung der Tiere im neuen Museum zu Darmstadt. Leipzig 1899. – Ders.: Die zoologischen Sammlungen des Landesmuseums in Darmstadt. Teil 3: Tiergeographische Gruppen. In: Museumskunde 6 (1910), S. 92–113. – Zum Haus W. Beeh: Das Darmstädter Landesmuseum von Alfred Messel. Darmstadt 1987.

164 Zu diesem Arktis-Diorama knapp Kramer (wie Anm. 2), S. 402. – Vgl. auch den anschaulichen Bericht von R. v. Goldschmidt-Rothschild: Im Grönländischen Eismeer. In: Bericht 1910, S. 241–253.

attraktion.[165] Sie nahm Bezug auf die neuen Sehgewohnheiten der Menschen, wie sie sich durch Ausstellungsinszenierungen, aber auch durch Photographie und Theatereffekte herausgebildet hatten.[166] Durch die Ausrichtung auf Dioramen veränderte sich die museale Praxis tiefgreifend. Sie begab sich in die Nähe der Ausstellung, und gerade hierin lag – wir haben bereits im Bremer Fall darauf hingewiesen – durchaus eine Gefahr für das Museum.

Die Herausforderung bestand darin, eine Balance zwischen den Erfordernissen der Wissenschaftlichkeit und den Chancen der populären Inszenierung zu finden. Möbius hatte sich in Berlin für das Vorrecht des Wissenschaftlichen entschieden. Dioramen, die mit dem Odium des bloß Unterhaltsamen, ja Seichten versehen waren, fehlten im Haus an der Invalidenstraße zunächst vollständig. Das Senckenberg-Museum griff – und hierin erwies es sich im Zeitalter der Massen gewiß als das innovativere Haus – das neue Medium Diorama hingegen offensiv auf. Damit gelangte ein ästhetisches Moment in die Sammlung, das dem wissenschaftlichen Kalkül gegenüberstand – ein Problem, das Philipp Leopold Martin bereits in der Mitte des Jahrhunderts beschäftigt hatte.[167]

Biologische Gruppen wurden seitdem, gerne in „pyramidale[r] Form“, in Wandnischen, sogenannten „Coulissen“ mit Oberlicht, eingebaut.[168] Die Objektbeschreibungen, in Berlin integraler Bestandteil der ‚lesbaren‘ Präsentation, wurden an den Rand gedrängt, am liebsten sogar im Katalog versteckt. Nichts sollte das ‚wahre‘ Bild der Natur stören. Die Farbe des Hintergrunds – für Möbius, wie gesagt, eine Frage der Physiologie – folgte in diesem Kontext allein der Ästhetik des Gesamteindrucks. Als „allgemeine Hintergrundfarbe“ hatte bereits Martin ein „zartes Himmelblau“ empfohlen. Dieses konnte „bei fast allen ausgestopften Thieren den Horizont vertreten und darum naturgemäß wirken“.[169] Für Fische, Korallen und Algen bevorzugte man hingegen „Meergrün“; für Insekten, Muscheln und Mineralien ein „Lichtgrau“. Die Ensemblewirkung bestimmte das Detail, der harmonische Gesamteindruck überdeckte wissenschaftliche Einzelinformationen. Suggestion übertrumpfte die Aufmerksamkeit.

Da sich das Prestige eines Naturhistorischen Museums jedoch nicht allein von der anschaulichen Pracht seiner Inszenierung, sondern auch von seinem wissenschaftlichen Renommee herleitete, hütete sich die Frankfurter Präsentation vor dem allzu Extremen. Auf das Ganze gesehen verfolgte sie einen Mittelweg zwischen jenen systematischen Reihen, die ‚gelesen‘ werden wollten, und den ganz auf Schaueffekte zielenden Präparaten etwa eines Hermann Ploucquets (1810–1878), der – zunächst Konservator am Stuttgarter Naturalienkabinett – 1857 ein Privatmuseum in Stuttgart eröffnete, das in Konkurrenz zu Tierschauen

165 Hierzu u.a. A. W. Daum: Wissenschaftspopularisierung im 19. Jahrhundert. München 1998, bes. S. 322f. – Zur ideengeschichtlichen Einordnung L. Gall: Natur und Geschichte – eine spezifische Antinomie des 20. Jahrhunderts? In: Bürgertum, liberale Bewegung und Nation. München 1996, S. 373–388, bes. S. 379f.

166 Zeitgenössisch: O. Anschütz: Einige allgemeine Erläuterungen über die Aufnahme wilder Tiere. In: Photographische Mitteilungen 1889, S. 307f. – Ders.: Die Photographie im Hause. Berlin 1901. – Zu Anschütz, einem der Wegbereiter der modernen Photographie, vgl. H. Kummer: Ottomar Anschütz. München 1983. – Zur kulturgeschichtlichen Einordnung des Phänomens u.a. G. Plumpe: Fotografie als Präsenzmedium. In: Medien der Präsenz. Köln 2001, S. 70–86.

167 Vgl. oben Kap. II.2.

168 Ph. L. Martin: Die Praxis der Naturgeschichte. Bd. 2. 2. Aufl. Weimar 1880, S. 58.

169 Ebd., S. 222. – Dort auch die folgenden Zitate.

und Zoologischen Gärten ganz auf den dramatischen, aber unrealistischen Effekt setzte, auf Darstellungen etwa von „zwei Ameisenbären, einer von einer Riesenschlange umwunden [...].“[170]

Gegen eine solche Ästhetik des Jahrmarkts hat sich das Museum stets zur Wehr setzen müssen. Die Popularisierung durfte – darauf lief die Klärung des Konfliktes hinaus – nie hinter die gesicherten Erkenntnisse der Forschung zurückfallen. Sie durfte diese Erkenntnisse vereinfachen, sie durfte sie anschaulich machen, sie durfte sie auch spannend inszenieren. Was sie aber – mit Blick auf den Status des Museums – *nicht* durfte, war, um des Effektes willen, wissenschaftliche Plausibilitäten zu mißachten. Eduard Rüppell, der streitbare Mitbegründer der Senckenbergischen Naturforschenden Gesellschaft, hat diese Abgrenzung bereits 1858, das Ausstellungszeitalter hatte gerade begonnen, unmißverständlich formuliert. Scharf wandte er sich gegen ein Zooplastisches Kabinett, das für seine Exponate mit dem Prädikat „wissenschaftlich“ warb, „welches freilich“, wie Rüppell zu Recht betonte, „ein so elastisches Wort ist, daß es gewissermaßen auf alle Sättel paßt“.[171] Tatsächlich waren in diesem Kabinett, einer „Art von permanenten Meßbude“, – noch dazu gegen Eintrittsgebühren – vor allem „als Caricaturen verzerrte bizarre, trappirte verschiedene Thiere“ zu sehen, nämlich unter anderem „Schnepfen als Studenten bei einem Trinkgelage, junge Katzen als Frauenzimmer um einen Caffétisch vereinigt, sich duellirende Eichhörnchen“.

Gleichwohl geriet das Naturhistorische Museum – ob es nun wollte oder nicht – in Konkurrenz zu diesen Unternehmungen, die ihrerseits beanspruchten, ‚wahre‘ Bilder der Natur zu entwerfen – ein Anspruch, der vom Gros des Publikums, das leicht der Suggestivität von Inszenierungen erlag, nicht immer nachgeprüft werden konnte. Wer die Wissenschaftlichkeit der musealen Praxis akzentuierte, argumentierte daher nicht selten aus der Defensive. Das galt zunächst auch für das Verhältnis zu den Mitte des Jahrhunderts gegründeten Zoologischen Gärten, denen wiederum Rüppell vorwarf, sie seien „nichts als Wein- und Bierwirtschaften, wo ein Paar armselige Thiere, die am Hungertuch nagen, durch ihr erbärmliches Gehäul und ekelhaften Geruch Mitleid erregen“.

Tatsächlich gestalteten sich die Beziehungen zwischen Museen und Zoologischen Gärten durchaus ambivalent.[172] Die Zoodirektoren wurden im Laufe der Zeit in verschiedener Weise zu Akteuren der musealen Wissenskultur. Ein Mann wie Hinrich Lichtenstein etwa verband, wir haben bereits im ersten Kapitel darauf hingewiesen, wie selbstverständlich das Amt des Berliner Museumsdirektors mit der Leitung des Berliner Zoologischen Gartens. Verstorbene Zootiere – auch dies ein Hinweis auf die engen Kontakte zwischen Zoologischen Gärten und Naturhistorischen Museen – wurden häufig in die Präparationsateliers von

170 K. Büchele: Stuttgart und seine Umgebung für Einheimische und Freunde. Stuttgart 1858, S. 137f.

171 E. Rüppell: Ueber die Thiere & Pflanzen der verschiedenen Schöpfungs-Perioden. Vortrag bei der Feier des Stiftungsfestes der Senckenb. naturforschenden Gesellschaft am 30. Mai 1858 [Mskrpt.]. SNG Archiv Bd. 76. – Dort auch die folgenden Zitate.

172 Speziell zu Frankfurt vgl. Chr. Scherpner: 125 Jahre Zoologischer Garten Frankfurt am Main. Frankfurt/M. 1983. – Zum Verhältnis der beiden Institutionen I. Jahn: Zoologische Gärten – Zoologische Museen. In: Bongo 24 (1994), S. 7–30. – Darüber hinaus auch E. Baratay u. E. Hardouin-Fugier: Zoo. Berlin 2000. – A. Rieke-Müller u. L. Dittrich: Die Gründung Zoologischer Gärten im deutschsprachigen Raum 1833–1869. Köln, Weimar, Wien 1998.

Museen geschafft, mitunter auch ohne Rechnung.[173] Gleichwohl übte der Zoologische Garten mit seinem weiten Raum, seiner Unmittelbarkeit und der (freilich ebenfalls nur fingierten) Naturtreue einen gewissen Druck auf die museale Wissenskultur aus. Wollte sie den Prozeß der Popularisierung mitgestalten, so bedurfte es einer Präsentationsstrategie, die mit dem Zoo konkurrieren konnte. Auch das verhalf den Dioramen zu ihrem Erfolg.

Im ganzen erwies sich die Strategie des Frankfurter Senckenberg-Museums als ausgesprochen erfolgreich. Ihr gelang es, Wissenschaft und Öffentlichkeit in Beziehung zueinander zu bringen. Ihre auf Erlebnis und Attraktion ausgerichtete Inszenierung verknüpfte biologisches Profil und Publikumsinteresse. Die Dioramen galten so als Inbegriff einer modernen biologischen Präsentation – und kamen zugleich den Sehgewohnheiten des Massenpublikums entgegen. August Brauer, der sich als Möbius' Nachfolger bereits kritisch über die Berliner Schausammlung geäußert hatte, sprach anläßlich der Eröffnung des Senckenberg-Museums geradezu emphatisch von dem neuen Haus. In ihm, so Brauer, war es endlich gelungen, die Schausammlung als „Unterrichtssammlung großen Stils" zu konzipieren, bei deren Ordnung – neben dem systematischen Aspekt – die biologische, lebensnahe Perspektive akzentuiert wurde, „ohne daß die wissenschaftliche Basis verloren geht".[174] Nur so, lautete Brauers Fazit, konnte das Naturhistorische Museum zur „Unterrichts- und Bildungsanstalt für das Volk", zur „Volkshochschule im besten Sinne des Wortes", werden.[175]

2.2.4. Karlsruhe

Von allen hier vorgestellten Naturhistorischen Museen war das Karlsruher Naturalienkabinett das kleinste. Seine Mittel waren begrenzt, und begrenzt blieb auch der Raum, den es im Großherzoglichen Sammlungsgebäude am Erbprinzengarten, einem Mehrspartenhaus, beanspruchen durfte. Eine Provinzsammlung im schlechten Sinne des Wortes war dieses Museum freilich nicht. Es hatte – schon durch die Existenz der Großherzoglichen Technischen Hochschule – teil an den Fortschritten der Naturwissenschaft, und es blieb auch vom sozialen Wandel nicht ausgeschlossen, selbst wenn er in Karlsruhe schleppender verlaufen mochte als andernorts.

Sehr genau verfolgte das Karlsruher Kabinett die Entwicklungen der übrigen Naturhistorischen Museen. Man plante und experimentierte, richtete schließlich 1905 – etwa zur gleichen Zeit wie in Frankfurt – eine Schausammlung ein und strukturierte sie nach jenen tiergeographischen Kriterien, wie wir sie im ersten Kapitel betrachtet haben. Über die Strategie dieser Präsentation informieren insbesondere die „Plaudereien über die Karlsruher naturwissenschaftlichen Sammlungen", in denen Max Auerbach, der eigentliche Schöpfer der Zoologischen Schausammlung, 1914 gleichsam die Summe der tiergeographisch geordneten Inszenierung zog. Dabei erinnert Auerbachs Standpunkt zunächst ganz und gar an die Einschätzungen, mit denen Möbius, Schauinsland und Römer der älteren Präsentationsweise begegnet waren. In früheren Zeiten war es, so argumentierte auch Auerbach, der Ehrgeiz der

173 Vgl. etwa H. Landsberg: Die Gründung des Zoologischen Gartens und dessen Bedeutung für die Sammlungen des Zoologischen Museums der Berliner Universität. In: Bongo 24 (1994), S. 85–106.
174 Zit. n. *Festschrift zur Erinnerung* (wie Anm. 147), S. 33.
175 Ebd.

Direktoren gewesen, dem Publikum „eine möglichst reichhaltige und vollständige Sammlung aller Tierklassen, Ordnungen usw." zu zeigen.[176] Dem Betrachter jedoch sei angesichts der Fülle des Gebotenen nicht selten „angst und bang" geworden. Die wenigsten besaßen die Kenntnisse des Spezialisten, „die meisten gingen flüchtig durch die Säle hindurch und nahmen einen total verworrenen Eindruck mit nach Hause, was es doch für viele seltsame Tiere gäbe".

„Heute", so belehrte Auerbach sein Publikum, „trennen wir bei jedem *gut geleiteten* Museum die ganzen Bestände in eine Schausammlung und in eine wissenschaftliche Sammlung."[177] Die Einrichtung einer Schausammlung wurde so zum eigentlichen Gütesiegel eines Hauses. Dabei unterschied sich die Karlsruher Praxis zunächst nicht von derjenigen in Berlin, Bremen oder Frankfurt. In der wissenschaftlichen Sammlung wurden die Objekte so konserviert, daß sie der Forschung in allen Teilen möglichst leicht zugänglich waren.[178] Tiere wurden dementsprechend überhaupt nicht ausgestopft, sondern in Form von Fellen und Bälgen aufgehängt, in Schubladen gesperrt, in Alkohol oder Formol eingelegt.

Im Zuge der Forschung wurde – wir haben es bereits gehört – auch die Dublette aufgewertet. Je mehr Varietäten einer Art dokumentiert werden konnten, um so genauer fielen die Forschungsergebnisse aus. Während es für fast alle Besucher genügte, „wenn beispielsweise ein Pärchen unserer heimischen, gewöhnlichen Eichhörnchen zusammen mit ihrem Nest und den Jungen" ausgestellt waren, benötigte der Spezialist „zu seinen Studien große Reihen von Tieren in allen Altersstadien, aus den verschiedensten Gegenden". Diese Objektreihen fanden sich in der Hauptsammlung, die für das große Publikum gesperrt blieb. Allerdings, so Auerbach, war der „Prozentsatz derer, die wirklich Interesse an diesen Sachen haben, ein verschwindend kleiner". Der Naturforscher war in der musealen Massengesellschaft beinahe zum Außenseiter geworden. Die Kommunikation hatte, so hieß das implizit, nicht auf die selbsttätige Erkenntnis des Museumsbesuchers zu setzen, sondern auf die Popularisierung von Wissen. Ihren Raum fand sie in den Sälen der Schausammlung.

Für die Karlsruher Schausammlung galt der Grundsatz: „Nicht zu viel bieten; aber das Gegebene in guten Stücken darstellen und stets einen ganz bestimmten Zweck und ein zu erstrebendes Ziel im Auge haben." Nicht zu viel zu bieten, war ein didaktisches Prinzip, das nicht in allen Häusern beherzigt wurde.[179] Der Besucher der Berliner Schausammlung konnte sich in den Massen der systematisch geordneten Objekte beinahe verlieren. Die Bremer Schausammlung war bereits um die Jahrhundertwende rettungslos überfüllt. Karlsruhe verfügte hingegen – gerade auch im Unterschied zu Frankfurt – von vornherein über nicht sonderlich viele attraktive Großexponate. Und aus dieser Not machte Auerbach eine didaktische Tugend. Man solle, so hieß der vernünftige Grundsatz der Selbstbeschränkung, nicht mit den großen Häusern konkurrieren. Man wollte daher „nicht zu viel bieten" – aber man konnte es auch gar nicht. Für die Präsentation mußte dieser Mangel durchaus kein Nachteil sein, denn die Aufnahmefähigkeit des Publikums war begrenzt. Der Mangel konnte sich sogar als

---

176 M. Auerbach: Plaudereien über die Karlsruher naturwissenschaftlichen Sammlungen I. In: Sonntags-Zeitung des Karlsruher Tagblatts v. 15.2.1914. – Dort auch die folgenden Zitate.

177 Hervorhebung v. Verf.

178 Vgl. M. Auerbach: Plaudereien über die Karlsruher naturwissenschaftlichen Sammlungen II. In: Sonntags-Zeitung des Karlsruher Tagblatts v. 1.3.1914. – Hier auch das folgende Zitat.

179 Vgl. Penny (wie Anm. 82), S. 163–214. – Dazu auch Köstering, S. 250f.

Vorteil erweisen, wenn es dem Museum gelang, tatsächlich einen „ganz bestimmten Zweck" durch die Sammlung zu erreichen, der Inszenierung also ein leitendes Prinzip zu geben.

Im Karlsruher Fall hieß dieses Prinzip – bei einer zentralen Landessammlung um 1900 nicht erstaunlich – ‚Heimat'. „Unser Museum", so erklärte Auerbach, sollte „in erster Linie der Heimatkunde dienen." Die „Pflege der heimatlichen Tierwelt" war das eigentliche Ziel der Inszenierung – und nur „in Ergänzung und als Vergleich hierzu" spielte die „kurze aber typische Charakterisierung der übrigen Teile der Erde" eine Rolle. Die Dynamik und Beharrungskraft regionaler Identitäten, die von der Forschung in der vergangenen Zeit gerade mit Blick auf das Kaiserreich – das zuvor nicht selten als nationaler Zentralstaat mißinterpretiert worden war – betont worden ist, erwies sich so auch im Karlsruher Naturalienkabinett als das bestimmende Element.[180] Die Präsentation zielte darauf, zunächst die Tiere „unserer engeren Heimat", nämlich des Großherzogtums Baden, erst „anschließend diejenige[n] Deutschlands und später vielleicht Europas" vollständig zu zeigen. Die erklärte Absicht der Schausammlung bestand darin, die Besucher „zunächst einmal mit der Lebenswelt der Heimat, ihren Formen und Gewohnheiten bekannt zu machen". Was Bremen der Handel, bedeutete Baden die Naturschönheit. Nicht anders lautete die Botschaft des „badischen Saals".

Nun hatte Karlsruhe freilich, wie Auerbach einräumte, „von früheren Zeiten her" noch eine Wirbeltiersammlung aus anderen Erdteilen. Sie mußte in „den Aufgabenkreis des Institutes" integriert werden. Allerdings wollte man – aus Mangel an materiellen Ressourcen wie aus der Orientierung an der ‚Heimat'-Strategie – dem Betrachter bewußt „nur einen *Einblick* in die Tierwelt der anderen Länder und Erdteile gewähren."[181] Einer solchen Selektion kam die Aufstellung nach tiergeographischen Aspekten entgegen, da in ihr nur solche Tiere auszustellen waren, die für die betreffenden Gegenden „ganz besonders charakteristisch sind".[182] Die Präsentation zielte dabei nicht auf Aufmerksamkeit oder Lesbarkeit. Sie wollte vielmehr Bilder evozieren – und sie tat dies mit Hilfe künstlerisch gestalteter tiergeographischer Gruppen.[183] Sie ließen unterschiedliche Wahrnehmungen bewußt zu. Die Wirkung entstand im Auge des Betrachters. Jeder, so Auerbach, sollte sich in müheloser Weise ein Bild gestalten, „welche Tierwelt für die einzelnen Regionen unserer Erde besonders typisch ist". Alles war – wie in den anschaulichen Inszenierungen in Bremen und Frankfurt – auf den „bleibenden Eindruck ausgerichtet".

Die Heimatabteilung wählte zu diesem Zweck Biologische Gruppen, also Tierensembles, die auf Naturnähe und Effekt setzten, wie wir sie bereits mehrfach kennengelernt haben. In den Jahren 1911/12 schuf der Umbau der Sammlung neuen Platz für weitere didaktische Möglichkeiten. Es entstand eine Präsentation, die den Besucher „mit vielen bekannten biologischen Fragen" konfrontieren sollte, wie etwa „dem Einfluss der Bewegungsart auf den Bau des Tierkörpers; dem Einfluss des Wassers auf die Tierformen, [...] Bau und Entwicklung der Hautgebilde der Wirbeltiere (Haare, Hufe, Nägel, Hörner, Federn, Schnäbel, Krallen)".[184]

---

180 Dazu ausführlich unten Kap. V.1.

181 Hervorhebung v. Verf.

182 Auerbach: Plaudereien I (wie Anm. 176). – Dort auch die folgenden Zitate.

183 Hierzu v.a. Koch: Die naturgeschichtlichen Sammlungen (wie Anm. 163). – Vgl. auch oben Kap I.2.2.

184 [M. Auerbach:] Fernere Entwicklungsmöglichkeiten der Zoologischen Sammlungen nur unter Ausnützung der schon vorhandenen Räume [Entwurf, Karlsruhe 1911]. GLA Karlsruhe 235/6664.

Aber auch in der Geologischen Abteilung, die seit den Tagen der Markgräfin Karoline Luise den bedeutendsten Teil der Karlsruher Sammlung bildete, setzten sich mit einer neuen Präsentation 1905 auch ‚neue Medien' durch. Ein Bericht des „Pfälzer Boten" 1907 lobte etwa die „Tendenz, aus der archivmäßigen Aufstapelung unzähliger Einzelobjekte eine leicht verständliche und übersichtliche Einführung des ‚Laien' in die betreffenden Wissensgebiete zu schaffen [...]."[185] Gleich im ersten Saal der Geologischen Abteilung waren Tafeln und Karten zu sehen, die die Objekte kontextualisierten und dabei selbst zu Objekten wurden. In einer Fensternische gewährte eine Sedimentprobe den Blick in „das Innere des Materials". Während der Besucher sich vormals in der Sammlung „fast nur an schönen Farben und Formen freuen" konnte, wurde er jetzt durch die Bereitstellung von Mikroskopen und Präparaten in die museale Praxis aktiv einbezogen. Partizipation, das Zauberwort vom Jahrhundertbeginn, hatte hier einen neuen Klang erhalten.

Wie in der Zoologischen, so war es auch in der Geologischen Abteilung der Gedanke der Heimat, dem die Strategie der Präsentation folgte. Die „Geologische Sammlung von Baden" bot dem unbefangenen Besucher „ein schönes Bild von der Geschichte, die uns die Lagerungsverhältnisse, Gesteine und Versteinerungen von unserer Heimat berichten. Wer vom hohen Schwarzwald kommt, findet seine heimatlichen Gneiße und Granite, und entnimmt eine Nachricht von ihrem Alter und ihren Erlebnissen aus den Profilen." Auch diese Inszenierung war – schon aus dem eigenen Interesse der Sammlung – darauf ausgerichtet, den Besucher zur Teilhabe, und das hieß zunächst einmal zum Sammeln, zu animieren. Die geologische Abteilung sollte den Betrachter davon unterrichten, welche Versteinerungen er in seiner heimatlichen Umgebung „wohl leicht finden kann [...]." Und tatsächlich waren nicht wenige Schaustücke des Karlsruher Kabinetts Funde solcher heimatlicher Sammelstreifzüge.[186]

3. Führer und Führungen

Der gedruckte Führer, ein mehr oder weniger übersichtlicher Leitfaden, der den Besucher bei seinem Gang durch die Sammlungsräume begleitete, war ein Produkt des späten 19. Jahrhunderts. Das Bedürfnis nach einem solchen Vademekum existierte freilich in Ansätzen bereits am Beginn des Jahrhunderts. Der wissenschaftliche Katalog, wie er in allen Museen mehr oder weniger sorgfältig gepflegt wurde, eignete sich dabei kaum als Vorlage für einen solchen Führer, dem es um *allgemeinverständliche* Erläuterungen zu tun sein mußte. Für das „größere Publicum", das, nach Hinrich Lichtensteins Beobachtung, solche Verzeichnisse beim Besuche der Sammlung zu kaufen wünschte, waren wissenschaftliche Kataloge „viel zu trocken", da sie nichts enthielten, „als was an den Etiketten auch gelesen

185 [Anonym:] *Vom Großherzoglichen Naturalienkabinett in Karlsruhe*. In: „Pfälzer Bote für Stadt und Land" v. 5. u. 7.1.1907. Danach die folgenden Zitate. – Zur Neuaufstellung der Geologisch-Mineralogischen Sammlung auch ein ungezeichneter Artikel in der „Badischen Presse" v. 19.10.1907. – Vgl. auch *Karlsruhe 1911. Festschrift der 83. Versammlung Deutscher Naturforscher und Ärzte*. Karlsruhe 1911, S. 462–467.

186 An den Objekten befanden sich Vermerke wie etwa: „Gesammelt auf einem Klassenausfluge der Oberrealschule." Vgl. *Vom Großherzoglichen Naturalienkabinett in Karlsruhe* (wie Anm. 185).

werden kann".[187] Lichtenstein selbst entwarf daher eine kleine Übersicht über das Berliner Zoologische Museum, die als Vorläufer späterer Führer betrachtet werden kann, jedoch nur eine geringe Verbreitung fand.[188]

Die überschaubare Öffentlichkeit, die dazu nicht selten über einschlägige Vorkenntnisse verfügte, machte populär gehaltene Führer noch bis weit in das 19. Jahrhundert hinein entbehrlich. Die Kommunikation vollzog sich durch die gemeinsame Arbeit an der Sammlung, Hintergrundinformationen waren in wissenschaftlichen Publikationen verfügbar, die Sammlung erklärte sich – der Logik des taxonomischen Systems folgend – scheinbar von selbst. Tatsächlich entstand der erste Führer durch das Berliner Zoologische Museum denn auch, vom Kultusministerium bezuschußt, erst 1899.[189] Er war – wie angesichts der Berliner Präsentationsstrategie nicht anders zu erwarten – systematisch gegliedert und wie ein Lehrbuch angelegt. Zwar bot er Hinweise auf biologische Zusammenhänge und das Verhalten der Tiere, doch beanspruchte die Schausammlung, in Möbius' Worten, nach wie vor, im Prinzip „selbstführend" aufgebaut zu sein. Eine „Führung", so las der mit dem Führer gewappnete Museumsbesucher erstaunt, habe er im Grunde nicht nötig, da „alle aufgestellten Gegenstände [...] benannt und mit sonst noch erforderlichen Erklärungen und Zeichnungen versehen [seien], aus denen jeder, der sie betrachten will, die nötigsten Belehrungen entnehmen kann."[190] Der erste „Führer durch die geologisch-paläontologische Sammlung" erschien hingegen erst 1910, war jedoch von Emil Philippi, einem Privatdozenten für Geologie und Paläontologie, wesentlich anschaulicher und populärer gestaltet worden.[191] Er war – hier machte sich wohl auch ein Generationsunterschied bemerkbar – ganz dezidiert ein Produkt der Volksbildungsbewegung. Er wollte kein Lehrbuch mehr sein, sondern eine „Anleitung zum Sehen".[192]

In beiden Fällen lag der Verkauf der Führer bei insgesamt etwa 1.200 Exemplaren, die meisten von ihnen wurden – nach Ausweis der Verlagsabrechnungen – an den Sonntagen erworben, an denen vor allem mit dem interessierten, aber nicht weiter vorgebildeten Massenpublikum zu rechnen war.[193] Allerdings hielt sich der Absatz auch an diesen Tagen in einem engen Rahmen. Kaum je wurden an einem einzelnen Sonntag mehr als fünf Führer verkauft – bei durchschnittlich 500 Besuchern am Tag keine hohe Quote. Die Hemmung, mit einem voraussichtlich schwer verständlichen Büchlein die Sammlung zu durchlaufen, war offensichtlich nicht gering.[194]

---

187 Lichtenstein an Ministerium, Berlin, 22.3.1822. GStA PK I.HA Rep. 76 Va Sekt. 2 Tit. X Nr. 15 Bd. VII, fol. 256.

188 Vgl. Lichtenstein an Ministerium, Berlin, 7.8.1816. GStA PK I.HA Rep. 76 Va Sekt. 2 Tit. X Nr. 15 Bd. II, fol. 272. – Vgl. H. Lichtenstein: Das Zoologische Museum der Universität zu Berlin. Berlin 1816.

189 *Führer durch die Zoologische Schausammlung des Berliner Museums für Naturkunde*. Berlin 1899. (2. Aufl. 1902; 3. Aufl. 1907). – Zu den Zuschüssen vgl. etwa Möbius an Ministerium, Berlin, 1.3.1902. GStA PK I.HA Rep. 76 Va Sekt. 2 Tit. V Nr. 63 Bd. XVIII, fol. 7.

190 *Führer durch die Zoologische Schausammlung* (wie Anm. 189), 2. Aufl., Vorwort. – Dazu Jahn: Der neue Museumsbau (wie Anm. 64), S. 294.

191 *Führer durch die Schausammlung des Museums für Naturkunde zu Berlin. Geologisch-paläontologische Schausammlung*. Berlin 1910.

192 So Jahn: Der neue Museumsbau (wie Anm. 64), S. 296.

193 Diese Angaben nach den Verkaufslisten in UAHU Berlin MfN Bd. 27.

194 Bezeichnend ist das kritische Resümee von W. v. Branca: Geologisch-paläontologisches Institut und Museum. In: Geschichte der Königlichen Friedrich-Wilhelms-Universität zu Berlin. Halle a.d.S. 1910,

In einem engeren Rahmen bewegte sich auch der Absatz der beiden Führer durch das Badische Naturalienkabinett. 1904 erschien der von Max Auerbach verfaßte Führer durch die Zoologische Abteilung in einer Auflage von 1.000 Exemplaren zum Preis von 30 Pfennig. Gut 200 Exemplare wurden von vornherein für den Tausch mit anderen Museen und Institutionen von der Gesamtauflage abgezweigt.[195] Der Verkauf selbst hielt sich in Grenzen[196], obwohl der Führer den Versuch unternahm, ebenso ausführlich wie allgemeinverständlich die Grundprinzipien der Tiergeographie zu erklären und dem Besucher einen Schlüssel zum Verständnis der Sammlung in die Hand zu geben.[197]

Auch im Karlsruher Fall blieb der Führer stets ein Zuschußgeschäft. Als 1906 der von Max Schwarzmann verantwortete Führer durch die mineralogisch-geologische Abteilung entstand, beliefen sich die Herstellungskosten auf 1.460 Mark.[198] Der Verkaufserlös betrug jedoch (bei einer Auflage von 1.000 Exemplaren zum Preis von 50 Pfennig) weniger als 400 Mark, da das Museum wiederum über 200 Führer kostenfrei an Ministerien, Museen und wissenschaftliche Einrichtungen abzugeben hatte.[199] Im Bewußtsein der Museumsbeamten hatte sich der Führer durchaus als wichtiges Medium der Wissenspopularisierung *und* der Selbstdarstellung etabliert, auch wenn der Absatz gering blieb. Er erweiterte sich im übrigen auch im 20. Jahrhundert nur zögernd.[200]

Nicht unerwähnt darf für den Karlsruher Fall schließlich das Projekt eines Spezialführers bleiben, das Max Auerbach 1914 dem Kultusministerium gegenüber skizzierte, auch wenn es aus unbekannten Gründen schließlich nicht realisiert wurde. Auerbach schwebte ein Führer für die Sammlung der heimischen Wirbeltiere vor, der „nicht ein Catalog unserer Sammlung" sein, sondern zugleich „eine Landesfauna darstellen" sollte.[201] Das erklärte Ziel des Projektes – das gut zur Karlsruher Präsentationsstrategie paßte – bestand darin, es „jedem nur etwas Vorgebildeten" zu ermöglichen, heimische Tiere selbst zu bestimmen. Mit dem so forcierten „Interesse an der Tierwelt der Heimat" sollte auch der Sammlung „mancher freiwillige Mitarbeiter gewonnen werden". Museum und Öffentlichkeit waren wechselseitig aufeinander verwiesen. Der Führer popularisierte das Sammlungsideal.

S. 319–343, hier S. 330: „Die erwähnten erläuternden Texte, Karten und Abbildungen sollen einen sogenannten ‚Führer' durch das geologisch-paläontologische Museum ergänzen. Sie sollen zugleich aber auch wirksamer sein als ein solcher, der vom Publikum erst gekauft werden muß, daher vielfach nicht gekauft wird; der aber vollends beim nächsten Besuche meist gar nicht erst mitgebracht wird. Ein solcher ‚Führer' verfehlt daher leicht mehr oder weniger seinen Zweck."

195 Vgl. Auerbach an Ministerium, Karlsruhe, 14.4.1904. – Ministerium an Auerbach, Karlsruhe, 4.2.1905. GLA Karlsruhe 235/6652.

196 Verkauft wurden 1905: 74 Exemplare, 1906: 90 Exemplare, 1908: 55 Exemplare. Zahlen nach den Abrechnungen in GLA Karlsruhe 235/6652.

197 Vgl. M. Auerbach: Führer durch das Großherzoglich Badische Naturalien-Kabinett zu Karlsruhe. Zoologische Abteilung. Karlsruhe 1904, S. 4 u. 9.

198 Vgl. Schwarzmann an Kultusministerium, Karlsruhe, 1.10.1906. GLA Karlsruhe 235/6651.

199 Vgl. Schwarzmann an Kultusministerium, Karlsruhe, 29.1.1906. – Ministerium an Schwarzmann, Karlsruhe, 5.2.1906 [Konzept]. – Vertrag zwischen dem Naturalienkabinett (Mineralogisch-Geologisch Abteilung) und der Braun'schen Hofbuchdruckerei, Karlsruhe, 13.2.1906. GLA Karlsruhe 235/6651.

200 Dazu u.a. H.-J. Klein u. M. Bachmayer: Museum und Öffentlichkeit. Berlin 1981, S. 27–30.

201 Auerbach an Kultusministerium, Karlsruhe, 26.5.1914. GLA Karlsruhe 235/6652. – Hier auch die folgenden Zitate.

Das Bedürfnis nach einem Führer wuchs mit der Unübersichtlichkeit der Sammlungen. In Berlin hatte sich das Interesse an einem Führer, wie gesagt, bereits am Beginn des Jahrhunderts artikuliert, war jedoch letzthin erfolglos geblieben. Ebenso verhielt es sich im Falle des Frankfurter Museums. Schon 1832 erklärte etwa Johann Michael Mappes, daß die Senckenbergische Naturforschende Gesellschaft „das Besuchen und Benützen der Sammlungen durch ein geeignetes Hülfsmittel Jedem" erleichtern wolle.[202] Zu diesem Zweck sollte „möglichst bald ein gedruckter Wegweiser erscheinen, in welchem der Inhalt jedes Saales, die Art, wie die Gegenstände aufgestellt und die Reihenfolge, in welcher sie am zweckmäßigsten zu betrachten, angegeben sind [...]." Der Verein reagierte damit offensichtlich auf entsprechende Bitten des Publikums. „Früher schon", so Mappes, hätte man den „darnach ausgesprochenen Wünschen gerne entsprochen." Allein, die tagtägliche Arbeit in den Sammlungen, ihre ständige Umstrukturierung durch neu eingehende Sendungen hatte dies vereitelt. Und die Unordnung, die trotz aller Anstrengung das Museum auch weiterhin kennzeichnete, verhinderte schließlich die Umsetzung des Projektes.

In der Tat setzte der gedruckte Führer – wenn er seinen Zweck erfüllen sollte – abgeschlossene Sammlungen voraus, Räume also, die nicht immer wieder neu geordnet werden mußten. Sollte der Führer als Wegweiser durch das Museum taugen, so durften sich die Wege nicht alle Jahre ändern. Hierin lag der Hauptgrund dafür, daß die Mehrzahl der Führer erst *nach* der Einrichtung von Schausammlungen veröffentlicht wurden. Die Schausammlungen *galten* zumindest als Orte, die von der Dynamik der wissenschaftlichen Hauptsammlung mittelfristig abgetrennt waren. Eine Ausnahme von dieser Regel stellte freilich der Führer dar, den das Senckenberg-Museum seit 1896 – also noch im alten Haus am Eschenheimer Tor – dem Publikum offerierte.[203] Dieser erste Führer diente zugleich – das war der eigentliche Grund seines Entstehens – als Festgabe der Senckenbergischen Naturforschenden Gesellschaft für die Versammlung Deutscher Naturforscher und Ärzte 1896 in Frankfurt am Main und fand deswegen wohl weitere Verbreitung.[204]

Wilhelm Kobelt (1840–1916), der ‚rote Kobelt', wie man den engagierten Sozialpolitiker nannte[205], lud mit diesem handlichen und ansprechend bebilderten, 125 Seiten starken Führer ein durchaus gemischtes Publikum zum Rundgang durch das Museum ein. Zwar verzichtete der Führer auf einen Lageplan der Sammlung, doch erlaubte er mit seiner genauen Beschreibung der Räume, der präzisen Numerierung, seinen Kolumnentiteln und verschiedenen Drucktypen eine rasche und gründliche Orientierung. Ausgehend vom Entree mit den achtungsgebietenden Büsten Charles Darwins, Alexander von Humboldts und Eduard Rüppells wurde der Besucher in der „Wir"-Form an einer Auswahl der bedeutendsten, seltensten

202 Mappes: Festreden (wie Anm. 8), S. 148f. – Ebd. die folgenden Zitate.

203 Vgl. *Führer durch das Museum* (wie Anm. 142). – Vgl. Kramer (wie Anm. 2), S. 372.

204 Vgl. *Frankfurt am Main. Führer durch die Stadt. Mit besonderer Berücksichtigung der naturwissenschaftlichen, ärztlichen und hygienischen Anstalten und Einrichtungen.* [...] Bearb. v. [Gustav] A[dolf] Spiess. Frankfurt/M. 1896, S. 46f. u. 179f. – Hinweise auch im Sitzungsprotokoll, 21.1.1896. SNG Archiv Bd. 8, S. 97–100, hier S. 99f.

205 Zu Kobelts sozialpolitischen Zielen vgl. R. Janssen: Wilhelm Kobelt. In: Biographien bedeutender Senckenberger. Frankfurt/M. 1992, S. 297–299.

und auffälligsten Exponate, freilich auch an den besonders hervorgehobenen „Tieren unserer Heimat" entlanggeleitet.[206]

Zu den wichtigsten Objekten fanden sich anschauliche Beschreibungen, Hintergrundinformationen zu Lebensweise und Stammbaum und gelegentlich – als Auflockerung – ästhetische Wertungen. So etwa, wenn es über den Guereza hieß, er sei „wohl der schönste Affe, schwarz mit einem langen, weißen Behang, der ihm das Ansehen giebt, als habe er eine Mantille mit seidenen Fransen an"[207], wohingegen von den Pavianen gesagt wurde, sie erregten „besondere Aufmerksamkeit durch ihre Häßlichkeit".[208] Alles in allem: Kobelts Führer, der behutsam die Waage zwischen Wissenschaft und Populärem hielt, war ein solider Begleiter durch das Museum. Allerdings konnte er seinen Dienst nur ein knappes Jahrzehnt erfüllen. Das neue Haus an der Victoria-Allee erhielt erst 1935 einen eigenen Führer.[209] Das war angesichts der populären Präsentation des Senckenberg-Museums auffällig, paßte jedoch zu dem Verhalten des Bremer Museums, das ebenfalls erst in den 1930er Jahren einen gedruckten Führer vorlegte.[210]

Ihre Funktion erhielten die Führer durch die jeweils verschiedene lokale Praxis. Das Berliner Zoologische Museum etwa gab – der Präsentation der Sammlung entsprechend – 1899 zunächst einen eher akademisch gehaltenen Führer heraus. Das alte Senckenberg-Museum veröffentlichte hingegen – durch Kobelts sozialpolitisches, volksbildnerisches Engagement verstärkt – einen nach Ton und Stil eher populären Führer. Tatsächlich bewegten sich die Führer der verschiedenen Häuser in unterschiedlichen Kommunikationskreisen, die durch den Charakter des jeweiligen Hauses strukturiert wurden. Der Dresdner Führer etwa wandte sich bewußt an „Gelehrte und wissenschaftliche Liebhaber".[211] Die Tiere wurden in ihm systematisch geordnet sowie mit deutschen, lateinischen und französischen Namen benannt. Die Kommentare waren elaboriert und ließen stets den wissenschaftlichen Diskurs im Hintergrund erkennen: Der Führer verwies auf offene Fragen, auf andere Sammlungen, auf anatomische, physiologische und biologische Charakteristika, schließlich auf weiterführende Literatur. So setzte er ein nicht unerhebliches Vorwissen voraus, das durch den Museumsbesuch allein gerade *nicht* vermittelt werden konnte. Der aktive, mitdenkende und selbsttätige Besucher, der ausdrücklich um Korrekturhinweise und Verbesserungsvorschläge gebeten war, wurde so zum autonomen Akteur der musealen Wissenskommunikation.[212]

Der Stuttgarter Führer, von Kurt Lampert verfaßt, wies hingegen einen betont didaktischen Zug auf: Der Leser wurde hier zum Schüler degradiert. Von einer gleichberechtigten Teilhabe konnte nicht die Rede sein – was durchaus zur Konzeption der bürgerlichen Volksbildungsbewegung paßte, die mit dem ‚Bilden' immer auch ein ‚Emporbilden' meinte.

---

206 Zu diesem Aspekt vgl. *Führer durch das Museum* (wie Anm. 142), S. 104–106. – Vgl. auch unten Kap. V.

207 Ebd., S. 18.

208 Ebd., S. 19.

209 Vgl. *Eine Stunde im Natur-Museum „Senckenberg"*. Frankfurt/M. 1935. – Vorausgegangen war ein Kurzführer, der im Auftrag des Frankfurter Arbeiterbildungs-Ausschuß veröffentlicht wurde: E. Graf: Entwicklungsgeschichtliche Streifzüge im Senckenberg-Museum zu Frankfurt a.M. Frankfurt/M. 1914. – Hierzu ausführlich unten Kap. V.4.

210 Vgl. *Führer durch das Städtische Museum für Natur-, Völker- und Handelskunde*. Bremen [o.J.].

211 A. B. Meyer: Führer durch das Königliche Zoologische Museum zu Dresden. Dresden 1881, Einleitung.

212 Hierzu und zum folgenden auch Köstering, S. 252–255.

Der Duktus des Führers sprach bereits für sich: „Wir können die Säugethiere charakterisieren als warmblütige Wirbelthiere [...] Die Zugehörigkeit zu den Wirbelthieren bedingt den Besitz eines inneren Skeletts. [...] Wir beginnen mit den Affen.“[213] In didaktischer Abstufung wurde hier *ex cathedra* naturkundliches Basiswissen vermittelt. Das Museum wurde zum Klassenzimmer. Hintergrundinformationen, wissenschaftliche Darlegungen, schließlich Spezialliteratur – all das bot der Stuttgarter Führer nicht. „Es würde“, so beschied Lampert dem Besucher, „zu sehr ins Detail gehen, wenn wir Schrank für Schrank durchsprechen wollten, da ein genaueres Studium nur für den Fachmann Interesse hat.“[214] Die Selektion des Wichtigen war hier bereits im Vorfeld für den Besucher entschieden worden. Interaktion bedeutete in diesem Kontext allenfalls Nachvollzug. An die Stelle der Popularisierung trat die bloße Instruktion.

Die gleiche konzeptionelle Grundspannung läßt sich für die Führungen beobachten: Auch sie verstanden das Publikum einmal als autonomes *Subjekt*, dann wieder als lenkungsbedürftiges *Objekt* des Kommunikationsprozesses. Unbeschadet dessen durfte es am Ausgang unseres Untersuchungszeitraumes, im Jahre 1914, durchaus als *communis opinio* gelten, daß die Naturhistorischen Museen – so der Direktor des Berliner Geologisch-Paläontologischen Museums, Wilhelm von Branca – nicht allein dazu bestimmt seien, dem einzelnen Besucher Gelegenheit zu bieten, „sein eigenes Wissen durch persönliche Anschauung zu mehren“, sondern daß sie darüber hinaus dazu dienen sollten, „durch Führungen durch Museumsbeamte oder andere Sachverständige [...] einem grösseren Kreise Belehrung“ zu verschaffen.[215] Im *kleinen* Kreise waren Führungen durchaus schon in der ersten Hälfte des Jahrhunderts bekannt gewesen. Hinrich Lichtenstein etwa bot 1814 dem Ministerium an, an den Öffnungstagen dafür Sorge zu tragen, daß „in jedem Saale einer meiner Gehülfen oder Zuhörer als Führer und Aufseher sich aufhielte“, um dem Publikum bei seinem Gang durch das Museum behilflich zu sein.[216] Aber solche frühen Formen, zu denen etwa auch die Führungen zählten, die Alexander Braun in den 1840er Jahren im Karlsruher Naturalienkabinett abhielt[217], hatten mit den Gruppenführungen des letzten Jahrhundertdrittels nur bedingt etwas zu tun. Allerdings konnten die organisierten Führungen, wie sie in den 1890er Jahren aufgenommen wurden, möglicherweise von früheren Erfahrungen profitieren. Im Kern gehörten sie jedoch zu den neuen Kommunikationsformen, wie sie seit der Einrichtung der Schausammlungen erprobt wurden. Ihren Ausgang nahmen sie nicht von ungefähr von der Volksbildungsbewegung, die immer auch eine administrativ geförderte Veranstaltung war.[218]

In Berlin war es etwa das preußische Kultusministerium, das – im Verein mit der *Centralstelle für Arbeiter-Wohlfahrtseinrichtungen* (seit 1906: für Volkswohlfahrt) – die Initiative übernahm. Im Jahre 1893 hatte das Ministerium die Verlängerung der Besuchszeiten

213 K. Lampert: Führer durch die Kgl. Naturaliensammlung zu Stuttgart. Die zoologische Sammlung. Stuttgart 1906, S. 4 u. 6.

214 Ebd., S. 9.

215 Branca an Ministerium, Berlin, 24.4.1914. GStA PK I.HA Rep. 76 Va Sekt. 2 Tit. X Nr. 21 Bd. XX, fol. 129v.

216 Lichtenstein an Departement, Berlin, 2.4.1814. GStA PK I.HA Rep. 76 Va Sekt. 2 Tit. X Nr. 15 Bd. II, fol. 29.

217 Vgl. Rietschel (wie Anm. 4), S. 16.

218 Die wichtigste Forschungsliteratur oben Anm. 33.

von staatlichen Sammlungen an Sonn- und Feiertagen angeordnet. Diese Anordnung hatte jedoch, wie man sich 1896 eingestehen mußte, „nicht ganz denjenigen Erfolg gehabt, welchen man seinerzeit glaubte davon erwarten zu dürfen".[219] Gerade die Arbeiter- und Angestelltenschaft, deren Integration die Neuregelung der Öffnungszeiten ja bezweckte, fühlte sich durch die stummen Museumssammlungen vielfach überfordert. Die Idee eines gleichsam selbstführenden Museums erwies sich als Utopie. Wollte man tatsächlich in eine Kommunikation eintreten, so bedurfte es weiterer Erklärungen und Erläuterungen. All dies stellte das Ministerium nun fest und verwies in einem Rundschreiben an die Berliner Museen zugleich auf einen Versuch der *Centralstelle*, spezielle Arbeiterführungen anzubieten, der durchaus geglückt war. Tatsächlich hatte die *Centralstelle für Arbeiter-Wohlfahrtseinrichtungen*, ein Zusammenschluß von sozialpolitischen Vereinen, Wohlfahrtsverbänden und preußischen Ministerien – der 1891 als halbstaatlicher Verband gegründet worden war, in dem Arbeitervereine zwar Mitglied werden konnten, jedoch über kein Stimmrecht verfügten – seit 1896/97 sogenannte Arbeiterführungen durch Natur- und Kunstmuseen in Berlin organisiert.[220]

Die erforderlichen Führungskarten wurden von den sozialdemokratischen Gewerkschaften ausgegeben, formal wie inhaltlich blieben die Führungen jedoch – wie nicht anders zu erwarten – eine Domäne der halb staatlichen, halb bürgerlichen Arbeiterbildung. Möbius selbst hatte sich an diesem Experiment beteiligt. Die Besucher, die größtenteils dem Berliner Spar- und Bauverein angehörten, also nicht dem Proletariat zuzurechnen waren, das ohnehin – aller Partizipationsrhetorik zum Trotz – nie in den engeren Sichtkreis der Museen geriet, zeigten sich, nach dem Urteil des Kultusministeriums, „erfreut und befriedigt" und bekundeten den Wunsch, die Besichtigungen in Zukunft planmäßig stattfinden zu lassen.[221] In der Tat stieg die Zahl der Teilnehmer an diesen bald institutionalisierten Berliner Arbeiterführungen von 600 im Jahre 1896/97 auf 4.854 im Jahre 1901/02.[222]

Das Ministerium, das in einem typischen, zugleich jedoch merkwürdig zeitfremden Idealismus durch forcierte Bildungsanstrengungen gewissermaßen die Harmonisierung der deutschen Klassengesellschaft erreichen wollte, versprach sich von einem regelrechten Führungsprogramm eine breitere Wirkung. Die Teilnehmer der Arbeiterführungen, so lautete die Rechnung, sollten zu Multiplikatoren des Wissens, sollten selbst „zu Führern für ihre Genossen" durch die Museen werden. Möbius erklärte sich daraufhin bereit, noch vor der offiziellen Öffnung des Hauses für das Publikum in Verbindung mit seinen Kustoden regelmäßig an Sonntag Vormittagen eine Anzahl von Arbeitervereinen, jeweils dreißig Personen, durch die Sammlungen zu führen.[223]

In der Tat erwiesen sich gerade die Führungen durch das Naturhistorische Museum – im Vergleich etwa zu solchen durch Kunsthistorische Museen – als besonders attraktiv für Arbeitergruppen. In ihrer Denkschrift zu *Massnahmen gegen den Missbrauch der Sonntags-*

---

219 Ministerium an Möbius, Berlin, 5.9.1896. UAHU Berlin MfN Bd. 131.

220 Zur Geschichte der *Centralstelle* vgl. R. Kaerger: Die Zentralstelle für Arbeiter-Wohlfahrtseinrichtungen (Zentralstelle für Volkswohlfahrt). Frankfurt/M. 1996. – Vgl. auch R. v. Erdberg: Der Zentralstelle für Volkswohlfahrt zu ihrem fünfundzwanzigjährigen Bestehen. Berlin 1917.

221 Ministerium an Möbius, Berlin, 5.9.1896. UAHU Berlin MfN Bd. 131.

222 Vgl. *Bericht über die Tätigkeit der Centralstelle für Arbeiter-Wohlfahrtseinrichtungen für das Jahr 1899/1900*. In: Zeitschrift der Centralstelle für Arbeiter-Wohlfahrtseinrichtungen 7 (1900), S. 104f.

223 Möbius an Ministerium, Berlin 29.9.1896 [Konzept]. UAHU Berlin MfN Bd. 131.

ruhe junger Leute[224], die Diskussionen aufgriff, wie sie uns im Zusammenhang mit der Frage der Sonntagsöffnung bereits begegnet sind, wurde die Bedeutung gerade des Naturhistorischen Museums für die „Unterhaltung und Belehrung der unbemittelten Bevölkerungsklassen" betont.[225] In der Tat wollte der Sonntag seit Mitte der 1890er Jahre für immer mehr Menschen gestaltet sein. 1891/95 war das Verbot der Sonntagsarbeit für alle Nicht-Schichtbetriebe in der Gewerbeordnung festgeschrieben worden.[226] Der Sonntag brachte jetzt vielen Arbeitern Freizeit. Dies freilich ließ die *Centralstelle* – in einem recht bürgerlichen Tugenddenken – sofort vor den „grossen Gefahren des Missbrauchs der gewonnenen Sonntagsmusse" warnen.[227]

Auch das Preußische Herrenhaus hatte sich 1899 bereits mit dem Problem beschäftigt, ein „Erholungsmittel ausfindig zu machen, welches hebend und veredelnd auf die jungen Leute wirkt, ihnen zugleich aber ein so grosses Vergnügen bereitet, dass es in erfolgreiche Concurrenz mit den verwerflichen Erholungsmitteln zu treten vermag".[228] Man fand dieses Mittel der Erholung im Museum, zumal im Naturhistorischen Museum, das von allen Häusern „dem Verständniss der Arbeiterbevölkerung am nächsten" war.[229] Und in der Tat erwiesen sich die Objekte des Museums für Naturkunde als attraktiv, sei es aufgrund ihrer Fremdheit (etwa bei exotischen Tieren), sei es aufgrund ihrer Bekanntheit (etwa bei heimischen Pflanzen). Ob die Sammlungen tatsächlich ein „Erholungsmittel" waren, steht auf einem anderen Blatt. Daß sie überhaupt als ein solches betrachtet werden konnten, sagt allerdings viel über den schleichenden Wandel des Museumsimage aus: Zumindest partiell war das Museum nun auch im amtlichen Diskurs von einer Bildungsinstitution zu einer Erholungseinrichtung geworden – auch wenn die hier angestrebte Erholung noch deutlich den Akzent des Bildungsdenkens trug.

Die Arbeiterführungen durch das Berliner Museum für Naturkunde erwiesen sich als Erfolg. In höchsten Tönen sprach die *Centralstelle* davon, wie dem Besucher hier das „Thierleben gerade in denjenigen Theilen, die es besonders anziehend machen" präsentiert werde: Man sehe zum Beispiel, wie „der Ameisenlöwe sich eine Fanggrube herstellt, wie er sich in diese vergräbt, nur die Fangarme emporstreckt, um mit denselben den herankriechenden Opfern Sand in die Augen zu schleudern, damit sie herabtaumeln, um von ihm ergriffen, ausgesogen und dann wieder aus der Grube hervorgeschleudert zu werden."[230] Dem Besucher werde „die Lust erweckt, nun selbst im Grunewald – woher die Vorführungen ent-

224 Eine Abschrift dieser Denkschrift befindet sich in den Ministerialakten. GStA PK I.HA Rep. 76 Va Sekt. 2 Tit. X Nr. 127 Bd. V, fol. 111–113v.

225 Handelsministerium an Kultusministerium, Berlin, 20.7.1900. GStA PK I.HA Rep. 76 Va Sekt. 2 Tit. X Nr. 127 Bd. V, fol. 180. – Vgl. die frühe rezeptionsgeschichtliche Untersuchung von E. Biram-Bodenheimer: Die Industriestadt als Boden neuer Kunstentwicklung. Jena 1919. – Dazu Köstering, S. 273f.

226 Dazu knapp Nipperdey II, S. 303.

227 Denkschrift zu *Massnahmen gegen den Missbrauch der Sonntagsruhe junger Leute*. GStA PK I.HA Rep. 76 Va Sekt. 2 Tit. X Nr. 127 Bd. V, fol. 111–113v, hier fol. 111.

228 Ebd., fol. 111v.

229 Handelsministerium an Kultusministerium, Berlin, 20.7.1900. GStA PK I.HA Rep. 76 Va Sekt. 2 Tit. X Nr. 127 Bd. V, fol. 180.

230 Denkschrift zu *Massnahmen gegen den Missbrauch der Sonntagsruhe junger Leute*. GStA PK I.HA Rep. 76 Va Sekt. 2 Tit. X Nr. 127 Bd. V, fol. 111–113v, hier fol. 112.

nommen sind – dem Leben des Thieres nachzugehen, er wird zum Beobachten und damit zum rechten Naturgenuss angeregt."[231]

Zu diesem Genuß bedurfte es jedoch der Führung. Trotz einer guten Etikettierung und eines gedruckten Wegweisers erwies sich „das Auffinden der Gegenstände und das Zurechtfinden unter denselben" für den Besucher nämlich als „äusserst schwierig".[232] Die große Bedeutung von Führungen stand an der Wende zum 20. Jahrhundert außer Frage. Wollte man gezielt naturkundliches Wissen verbreiten, konnte man das Massenpublikum nicht unbegleitet durch das Haus streifen lassen. Wollte man die Deutung bestimmter Objekte nicht aus der Hand geben, mußte man eigene Führungen veranstalten. Allein, es war wie stets: Die Museen schienen überlastet, und das Geld war knapp. In Frankfurt fanden im 19. Jahrhundert Führungen selten und zudem ausschließlich unter der Regie von Arbeiterbildungsvereinen statt.[233] In Karlsruhe – wo die Arbeiterfrage weniger dringlich war – wurden noch 1914 keine festen Führungen veranstaltet – trotz des Drucks, wie er etwa durch einzelne Abgeordnete im Badischen Landtag formuliert wurde.[234] Nur „von Zeit zu Zeit" fanden Führungen für Vereine und Schulen statt.[235]

Hugo Schauinsland, einer der großen Volksbildner unter den Museumsdirektoren des späten 19. Jahrhunderts, empfahl hingegen 1903 dringend, „‚F ü h r u n g e n' für Erwachsene" ins Auge zu fassen.[236] Und in der Tat führte Schauinsland persönlich bereits 1905 verschiedene Gruppen an 18 Tagen des Jahres für jeweils zwei Stunden durch die Bremer Sammlungen, wobei er bemüht war, „anhand der ausgestellten Gegenstände in längeren Vorträgen seine Zuhörer etwas tiefer in die im Museum behandelten Wissensgebiete einzuführen".[237] Der Erfolg schien „recht befriedigend". Allerdings mußte in der Folge die Teilnehmerzahl begrenzt werden, da kaum „mehr als fünfzig Personen gleichzeitig irgend ein Objekt betrachten" konnten. Die Nachfrage war also nicht gering.

Diesen „Führungen für Erwachsene" waren bereits Schulführungen vorausgegangen – und von ihnen hatte man in verschiedener Hinsicht gelernt. Als erste *Gruppe* hatte die Schulklasse das Museum erobert. In Bremen war, wir haben im zweiten Kapitel davon erzählt, der Museumsbesuch schon früh zu einer Pflichtveranstaltung der Volksschulen erklärt worden – und diese Entscheidung ließ sich durchaus im Lichte einer bremischen Identitätspolitik interpretieren.[238] Zunächst waren es die Volksschulen selbst, die aktiv wurden. Die *Konferenz bremischer Volksschullehrer* wandte sich noch Ende 1896 – das Museum war erst kürzlich eröffnet worden – an die Inspektion der Volksschulen. Sie wollte die anschauliche und ebendarum didaktische Präsentation des neuen Hauses für die Zwecke des Schul-

231 Ebd.

232 Ebd., 112v.

233 Dazu W. Klausewitz: Senckenbergische Museumspädagogik – einst und jetzt. In: Natur und Museum 109 (1979), S. 139–148.

234 Vgl. Kap. II.3.4.

235 Vgl. Auerbach: Plaudereien I (wie Anm. 176).

236 Jahresbericht des Städtischen Museums für Natur-, Völker- und Handelskunde für das Jahr 1903. In: *Mitteilung des Senats* v. 22.12.1903, S. 969.

237 Jahresbericht des Städtischen Museums für Natur-, Völker- und Handelskunde für das Jahr 1905. In: *Mitteilung des Senats* v. 29.12.1905, S. 1108.

238 Vgl. H. Schauinsland: Das Städtische Museum für Natur-, Völker- und Handelskunde in Bremen. In: *Die Museen als Volksbildungsstätten*. Berlin 1904, S. 27–35, bes. S. 34.

unterrichts nutzbar machen. Das Museum, so argumentierte die Konferenz, biete „Darstellungen aus der Tierwelt, in denen nicht nur das einzelne Objekt an sich, sondern auch die Beziehungen desselben zu seiner Umgebung in Form sogen[annter] ‚Lebensgemeinschaften‘ in ausgezeichneter Weise zur Anschauung gebracht werden.“[239] Man hatte die Strategie der Präsentation verstanden; jetzt wollte man sie für die Schule fruchtbar machen.

Nach eingehender Beratung zwischen Museum und Schulbehörde wurden schließlich bereits 1897 die beiden oberen Klassen aller bremischen Volksschulen nach einem festen Plan zu jenen Museumsbesuchen verpflichtet, von denen bereits die Rede war.[240] Nach 1900 kamen zu den vereinbarten Zeiten bis zu 600 Schüler pro Tag in die Sammlung.[241] Die Besuche blieben naturgemäß nicht ohne Zwischenfälle. Beschwerden über den „Unfug der Schüler“ waren durchaus nicht selten. Die Disziplin ließ, so Schauinsland, mitunter „sehr zu wünschen übrig“.[242] Manche Kinder liefen unbeaufsichtigt hin und her und plünderten die Biologischen Gruppen. Viele Lehrer mußten sich überfordert fühlen – denn dem Lehrer, nicht etwa einem Museumsangestellten waren diese Schulführungen anvertraut. Und nicht jeder Lehrer konnte hierzu fachwissenschaftlich und didaktisch in der Lage sein – erst recht nicht unter den kritischen Augen der Museumsleitung.

Konflikte zwischen Lehrern und Museum blieben daher nicht aus. Und gelegentlich haben sie ihren Weg sogar in die Akten gefunden. Im Frühjahr 1903 etwa sah sich ein Lehrer der zweiten Bremer Mädchenschule, Heinrich Schweers, bei seinem Besuch mit der Klasse vor den Ohren der Schüler von Schauinslands Assistenten Wackwitz belehrt, er habe im Museum gefälligst zu unterrichten. Tatsächlich hatte Schweers, wie er in seinem Beschwerdebrief einräumte, *nicht* unterrichtet, „weil das bei einer Zahl von 56 Schülerinnen, deren Führung und Beaufsichtigung mir allein oblag, überhaupt nicht möglich ist“.[243] Wackwitz wiederum, der die Schülerinnen beim „Haschen oder Verstecken“ beobachtet hatte, beharrte auf dem Standpunkt, ein Museumsbesuch sei eine Unterrichtsstunde, keine „Spielstunde“.[244] Dem schloß sich auch Schauinsland an. Seiner Erfahrung nach brachte ein „einstündiger Spaziergang durch das Museum“ kaum Nutzen, während „ein ausführliches Durchnehmen einiger weniger Punkte“ einen befriedigenden Erfolg zeitige.[245]

Zu diesem „ausführliche[n] Durchnehmen“ fehlte es freilich nicht nur Schweers an der nötigen Schulung. Die Museumsinszenierung hielt, ganz wie die Volksschullehrerkonferenz 1896 betont hatte, eine Vielzahl didaktischer Möglichkeiten bereit. Aber viele Lehrer waren nicht in der Lage, mit ihnen zu arbeiten. Die Sammlungen blieben so, trotz der Führungen, tot. Das Museum machte Angebote – aber sie mußten genutzt werden. Und diese Nutzung setzte wiederum ein entsprechendes Vorwissen voraus. Der Bremer Schulbehörde stand

---

239 Schäfer an Oelrichs, Bremen, 16.12.1896. StA Bremen 4,36–III.6.11.

240 Vgl. Köppe an Oelrichs, Bremen, 27.2.1897. – Oelrichs an Schulvorsteher, Bremen, 9.3.897. StA Bremen 4,36–III.6.11. – Dort auch der detaillierte Besuchsplan.

241 Zahlen nach handschriftlichen Einträgen im *Plan für den Besuch des Museums seitens der bremischen Volksschulen im Sommerhalbjahre 1907*. – Vgl. Schauinsland an Barkhausen, Bremen, 21.12.1911. StA Bremen 4,36–III.6.11.

242 Schauinsland an Barkhausen, Bremen, 6.6.1913. – Weißenborn an Hartnacke, Bremen, 3.5.1913. StA Bremen 4,36–III.6.11.

243 Schweers an Oelrichs, Bremen, 27.5.1903. StA Bremen 3–N.5.No. 131.

244 Wackwitz an Schauinsland, Bremen, 29.5.1903. StA Bremen 3–N.5.No. 131.

245 Schauinsland an Barkhausen, Bremen, 29.5.1903. StA Bremen 3–N.5.No. 131.

dieses Problem durchaus vor Augen. Schulinspektor Köppe etwa führte im Oktober 1903 vor der Konferenz stadtbremischer Volksschulvorsteher aus, die führenden Lehrer hätten „unter allen Umständen auf Ruhe und Ordnung" zu achten.[246] Wenngleich ein „regelrechter Unterricht" im Museum kaum möglich sei, müsse doch alles darangesetzt werden, daß die Museumsbesuche „recht fruchtbringend" gestaltet würden. Allerdings mußte Köppe einräumen, daß den Lehrern das Anschauungsmaterial des Museums „in seiner Fülle und Zusammengehörigkeit" nicht genügend bekannt war.[247]

Hier Abhilfe zu schaffen, hatte Köppe bereits im Oktober 1900 einen kleinen Kreis von Schulvorstehern um sich versammelt, um den Lehrern zur Vorbereitung des Museumsbesuches eine Handreichung zu geben und „das in Betracht kommende Material in unterrichtlicher Hinsicht litterarisch zu bearbeiten".[248] Das erklärte Ziel dieser didaktischen Hilfen, die als *Materialien für Museumsbesuche der Volksschulen* freilich erst 1906 in einer Auflage von 500 Stück gratis an die Bremer Volksschulen verteilt wurden, bestand darin, von einer „schulgemäßen Darstellung des Stoffes abzusehen" und vielmehr bestimmte Einzelgruppen herauszugreifen und sie knapp, aber anschaulich zu präsentieren.[249] In der Naturhistorischen Abteilung galt dies für die Biologischen Gruppen des Fuchses, des Bären und des Spechts – also gezielt für Tiere der Heimat.[250]

Die Bremer *Materialien* erwiesen sich als Muster einer populären und bewußt popularisierenden Wissenspräsentation. Der Abschnitt über „Die Fuchsfamilie" etwa setzte gleichsam mit einer Regieanweisung ein, die einem Hauptmann-Drama hätte entnommen sein können: „Ein abgelegenes Plätzchen am Waldrande, das mit Gebüsch, gebildet aus dem kräftigen Stockausschlage von Weide, Eiche und Birke, befangen ist." Das war die Kulisse. Den ersten Auftritt hatte, aus einem versteckten Eingang des Fuchsbaus kommend, „ein junges Füchslein".[251] „Seine Brüder" – so hieß es, das Familienschema zitierend, weiter – seien „bereits damit beschäftigt, ihren Anteil an der Jagdbeute des Vaters, einer am Boden liegenden Ente, in Sicherheit zu bringen". Während der Vater wie selbstverständlich die Ernährerrolle übernahm, erwies sich – ganz dem bürgerlichen Klischee entsprechend – die Mutter als der ruhende Pol: „Ruhig sitzt die alte Füchsin dabei und schaut mit Wohlgefallen dem Treiben ihrer Sprößlinge zu."

Nach diesem dem Erfahrungskreis der Schüler mehr oder weniger vertrauten Familienmodell wandte sich der Artikel sodann den physiognomischen Merkmalen des Fuchses zu. Er erwähnte den schlanken Körperbau, das rotbraune Fell, das – ein Hinweis auf biologische Anpassungserscheinungen – „mit der Bodenfärbung vielfach übereinstimmt", er erwähnte den spitzen Kopf, die „kurzen, aufrecht stehenden Ohren", die „gespannt auf das leiseste Geräusch horchen" – was den vielbeschworenen Räuber evozieren sollte. Und schließlich wurde – nach solchen anatomischen Feinheiten – noch der Schönheit des Fuchses gedacht,

246 Auszug aus dem Protokoll der Konferenz stadtbremischer Volksschulvorsteher v. 29.10.1903 [Abschrift]. StA Bremen 3–N.5.No. 131. – Dort auch das folgende Zitat.

247 Köppe an Inspektion der Volksschulen, Bremen, 14.7.1902. StA Bremen 4,36–III.6.11.

248 Protokoll über die 1. Besprechung, betreffend die litterarische Bearbeitung des Unterrichtsmaterials unseres städtischen Museums, Bremen, 17.10.1900. StA Bremen 4,36–III.6.11.

249 Senatskommission für das Unterrichtswesen an Volksschulen, 12.3.1906. StA Bremen 4,36–III.6.11. – Vgl. *Materialien für Museumsbesuche der Volksschulen.* Bremen 1906.

250 Protokoll über die 5. Besprechung, Bremen, 6.12.1901. StA Bremen 4,36–III.6.11.

251 *Materialien* (wie Anm. 249), S. 5. – Dort auch die folgenden Zitate.

nämlich vor allem seines buschigen Schwanzes, der „Siegesfahne" der großen Tierschlacht, von der das Grimmsche Märchen „Der Zaunkönig und der Bär" erzähle. Hier hatte sich der Kreis von Natur und Kultur kindgerecht geschlossen. Familienbilder, biologische Informationen, der deutsche Märchenschatz – die verschiedensten Elemente wurden hier bemüht, um die Präsentation möglichst eingängig und effektvoll zu gestalten.[252]

Am effektvollsten jedoch war die Geschichte, die die *Materialien* um die Fuchsgruppe herum entwarfen. Sie hatte nichts mit ‚Wahrheit' zu tun, wohl aber mit Anschaulichkeit. Die Objekte sollten nicht nur für sich selbst stehen, sondern die Phantasie anregen, Bilder evozieren. Von links, so setzte der Artikel wieder an, „erscheint, begrüßt von zwei Jungen, der alte Fuchs mit seiner Jagdbeute, einem Rebhuhn, das im Feld oder auf der Heide von dem Räuber überrascht worden ist".[253] „Vielleicht [!] saß das reizende, aschgraue, mit braunen Punkten und Strichen übersäete Tier – es ist ein Weibchen, das Männchen hat an der Unterseite einen großen hufeisenförmigen Fleck – auf seinen Eiern, als die kräftigen, spitzen Zähne es packten." In diesem einen Satz steckte das Geheimnis aller Popularisierung: Er verknüpfte gesicherte Informationen („es ist ein Weibchen") mit phantasieanregenden Eventualitäten („Vielleicht saß [...]") und anschaulichen, packenden Formulierungen („die kräftigen, spitzen Zähne"). Zu guter Letzt verband sich dieser suggestive Stil noch mit dem Aspekt der besonderen Lebensnähe. Im Sinne des Heimatgedankens, der sich als Anknüpfung gerade im Kontext der Bremer Präsentation empfahl, wurde das künstliche Naturensemble „Die Fuchsfamilie" dezidiert mit dem Erfahrungsraum der Lehrer und Schüler verknüpft: „In unserer Gegend hat die Zahl der Füchse in den letzten Jahrzehnten immer mehr abgenommen. Auf der Vegesacker und Oldenburger Geest kommt er noch mehrfach vor."

Wir haben uns deshalb etwas mehr Zeit genommen für die Geschichte der Museumsbesuche durch Bremer Volksschulen, weil sie über den Fall hinaus von Interesse sind – und zwar nicht nur für Schulführungen, sondern auch für Arbeiterführungen. Auch sie nämlich mußten – anders war es bei der Vorbildung des Publikums kaum möglich – auf Volksschulniveau stattfinden. Sie folgten daher zunächst der Logik des ‚Frontalunterrichts' und übertrugen so die Schulpraxis des späten 19. Jahrhunderts auf die museale Wissenskommunikation – was nicht unbedingt adäquat war. Nicht selten entpuppten sich Führungen als ausformulierte Vorträge, als Kathederreden, die mehr oder minder folgenlos über die Köpfe des Publikums hinweggingen. Ihre Abfolge – Führungen fanden häufig in Reihen statt – gehorchte einem gewissermaßen curricularen Prinzip. Lehrpläne wurden aufgestellt, die dann in ganzen Führungszyklen durchgenommen wurden, die der Besucher nur *en bloc* belegen konnte – auch dies keine sehr flexible Lösung.[254] In Stuttgart etwa fanden Führungen statt, die – sich freilich vor allem an Lehrer wendend – nach einem detaillierten Plan innerhalb von zwei Jahren die gesamte Sammlung systematisch durchnahmen: im ersten Halbjahr Wirbeltiere (ohne Säugetiere und Vögel), im zweiten Insekten, im dritten Wirbellose, im vierten dann Säugetiere und Vögel.[255]

---

252 Zu diesen Strategien ausführlich Daum: Wissenschaftspopularisierung (wie Anm. 165), S. 237–264. – Vgl. auch A. Schwarz: Wissenschaftspopularisierung in Großbritannien und Deutschland im Übergang zur Moderne (ca. 1870–1914). Stuttgart 1999, S. 241–251.

253 *Materialien*, S. 6. – Dort auch die folgenden Zitate.

254 Vgl. W. Schäfer: Geschichte des Senckenberg-Museums im Grundriß. Frankfurt/M. 1967, S. 135f.

255 Das Stuttgarter Beispiel nach Köstering, S. 257.

Welche Wirkungen solche und andere Führungen hatten, inwiefern sie bewußt auf Partizipation setzten, welche Kommunikationsformen in ihnen entstanden – diese Fragen lassen sich leichter stellen als beantworten. Auch hier schweigen die Quellen vielfach, nennen allenfalls Titel und Teilnehmerzahlen von Führungen – und auch dies nicht immer. Von größtem Interesse ist daher eine Umfrage, die die *Centralstelle* 1903 unter Museumsleuten veranstaltete, die regelmäßig Arbeiterführungen leiteten.[256] Sie äußerten sich vor allem darüber, wie sie selbst die Führungen gestalteten; gelegentlich gingen sie jedoch auch auf die Reaktionen des Publikums ein. Die Ergebnisse dieser Umfrage lassen zumindest in Ansätzen die Strukturen der Kommunikation erkennen, wie sie sich um 1900 ausbildeten. Diese Strukturen waren von entscheidender Bedeutung für Wirkung und Erfolg des Popularisierungsprozesses insgesamt. Daher sollen diese Einschätzungen der „führenden Herren", zu denen allerdings nicht nur Mitarbeiter *Naturhistorischer* Museen gehörten, am Ende dieses Teilkapitels stehen.

Unisono wurde den Teilnehmern an den Führungen attestiert, sie seien „stets sehr geduldig, sehr aufmerksam und stark interessiert"[257]; das Publikum mache „durchweg einen günstigen Eindruck" und sei von einem „nicht oberflächliche[n], opferbereite[n] Bildungsbedürfnis" durchdrungen.[258] Ob hier die Erwartungshaltung der Museumsführer, die sich stets auch als bürgerliche Sozialreformer verstehen durften, die Wirklichkeit verzerrte, ist schwer zu entscheiden. Das Interesse an Museumsbesuchen war jedoch in der Arbeiterschaft tatsächlich sehr ausgeprägt.[259] Und über das ganz auf den Kanon fixierte Bildungsstreben der Arbeiterschaft ist bereits oft genug gehandelt worden.[260] Die Wertungen der „führenden Herren" mochten also durchaus zutreffend sein, zumal sie ja von dem – in ihren Augen – ohnehin bildungsresistenten Proletariat weitgehend verschont blieben.

Die Führer besaßen dabei durchaus einen Blick für die Reaktion des Publikums. Karl Möbius etwa schloß „nicht nur aus der Aufmerksamkeit und dem Gesichtsausdruck, sondern auch aus Fragen, die an mich gerichtet wurden", daß „die Belehrungen [!] verstanden wurden".[261] Andere fanden „die Aufmerksamkeit bei Männern und Frauen gleich ungeteilt und das Verständnis überraschend gut".[262] Manche „Fragen verrieten nicht selten überraschend eindringendes Verständnis des Fragers".[263] Und daß solche Fragen überhaupt zugelassen wurden, daß sie bisweilen sogar erwünscht waren, spricht in vielen Fällen für eine wenn nicht interaktive, so doch zumindest offene Form der Kommunikation.

Gewiß existierten auch Probleme, wie sie in allen Popularisierungsprozessen auftreten. Die eigentliche Schwierigkeit, so erklärte etwa ein Führer, liege in dem „Sichanpassen, Hinabsteigen zu den tabulae rasae der Hörer".[264] Das Problem bestehe darin, das Publikum in seiner eigenen Lebenspraxis anzusprechen, es mit Beispielen aus *seinem* Lebensbereich

---

256 *Urteile der führenden Herren über die Führungen.* In: *Die Museen als Volksbildungsstätten* (wie Anm. 238), S. 154–184. – Vgl. auch R. v. Erdberg: Führungen durch Museen. In: Ebd., S. 147–153.

257 Ebd., S. 159.

258 Ebd., S. 177 u. 170.

259 Vgl. etwa Erdberg: Führungen (wie Anm. 256), S. 150–152.

260 Dazu oben Anm. 34.

261 *Urteile* (wie Anm. 256), S. 177. – Dazu auch Köstering, S. 260f.

262 Ebd., S. 168. – Ähnlich auch ebd., S. 168, 175f., 180 u.ö.

263 Ebd., S. 170. – Zur didaktischen Funktion der Nachfrage vgl. ebd., S. 174.

264 Ebd., S. 162. – Ähnlich auch ebd., S. 173f., 183 u.ö.

zu konfrontieren, „um nicht unverständlich, langweilig zu werden und damit den Zweck der Sache zu verfehlen".[265] Schon diese Erkenntnis mußte erhebliche Konsequenzen haben. Bis weit in die 1880er Jahre hatten sich die Museen mit den Interessen und Bedürfnissen der *unter*bürgerlichen Schichten – allen schönen Worten von der ‚großen Öffentlichkeit' zum Trotz – nicht recht auseinandergesetzt. Erst nachdem die Museumsreform zunehmend als Sozialreform gedeutet wurde, ließen sich die Mitarbeiter verstärkt auf diese Besuchergruppen ein. Und dies gelang nur, wenn man den wissenschaftlichen Anspruch zurückschraubte und die Erläuterungen in einfacher, aber bildhafter Sprache auf die wesentlichen Dinge reduzierte.

Typisch für diese adressatenbezogene Kommunikation war das Geständnis eines „führenden Herrn", der sich nach eigenen Worten nicht gescheut hatte, „den Lauf brutal zu regulieren, der wissenschaftlich mäandrisch erscheint, wenn nur die innere Wahrheit damit zu ihrem Rechte kommt".[266] „Im Ausdruck und Inhalt", so ergänzte ein anderer Museumsbediensteter, befleißige er sich „größter Einfachheit, obgleich man sich wohl hüten muß, die Arbeiter dadurch zu verletzen, daß man sie als große Kinder behandelt".[267] Und hierin lag in der Tat eine Gefahr der Führungen. Wo sollte man ansetzen, wollte man die Arbeiter ernst nehmen, ihnen also das Gefühl vermitteln, gleichberechtigte Partner in einem Dialog zu sein, dessen monologische Struktur erst allmählich aufgehoben werden konnte?

Die Strategien waren hier durchaus verschieden. Manche Museumsleute setzten sich ganz dezidiert mit den Interessen und Erfahrungen der Teilnehmer auseinander, mit Arbeitswelt und Freizeitverhalten, mit dem Leben in der Großstadt und den Ausflügen in die Natur. Eduard von Martens etwa, ein ausgewiesener Spezialist auf dem Gebiet der Molluskenforschung, eröffnete seine Führungen durch die Schnecken- und Muschelsammlung des Berliner Museums für Naturkunde, indem er daran erinnerte, „was der einzelne etwa schon selbst in Garten und Feld oder bei einer Sommerfrische an der See wahrscheinlicherweise gesehen haben konnte".[268] Daneben knüpfte er an die wirtschaftliche Verwertbarkeit bestimmter Tiere an, etwa hinsichtlich der ‚Austernbank' oder der kunsthandwerklichen Verarbeitung von Schnecken und Muscheln (Perlmutt, Perlen, Münzen, Farbstoffe). Die Präsentation geologischer Exponate wiederum ließ sich etwa durch den Hinweis auf die Gewinnung von Brenn- und Baustoffen anknüpfungsfähig gestalten: Die Steinkohle war keinem Arbeiter fremd.[269]

Andere Führer wie etwa Franz Doflein (1873–1924), seit 1902 Konservator an der Zoologischen Staatssammlung in München, benutzten zeittypische Deutungsmuster, um ihre Darlegungen für ein breites Publikum plausibel zu machen. Die Gliederung eines Walkörpers verglich Doflein – auf den populären Bereich der maritimen Rüstung anspielend – etwa mit dem Aufbau eines Torpedos; Wüstentiere trugen für ihn – eine Umschreibung der Mimikry – Khakiuniformen.[270] Daneben boten, wie wir bereits am Bremer und Karlsruher Fall gesehen haben, die Vorstellungen von der ‚Heimat' vielfältige Anknüpfungspunkte für die

---

265 Ebd., S. 162.
266 Ebd., S. 169f.
267 Ebd., S. 174.
268 Ebd., S. 176.
269 Vgl. ebd., S. 175, 178 u. 181.
270 Fr. Doflein: Sechs Wanderungen durch die zoologische Staatssammlung in München. München 1904, S. 21f. u. 48.

museale Kommunikation. Das gleiche galt im übrigen für spektakuläre Ereignisse und Katastrophen wie Erdbeben, Vulkanausbrüche oder Überflutungen.[271]

In der allgemeinen Tendenz setzte sich bei den Führungen etwa seit der Jahrhundertwende immer mehr ein dialogisches Prinzip durch. Es richtete die Kommunikation zwischen Museum und Öffentlichkeit neu aus und bestimmte so auch den Prozeß der Wissenspopularisierung. Mit dieser Neuausrichtung war ein didaktischer Wechsel von der deduktiven zur induktiven Methode verbunden. Museumsmitarbeiter, die – wie ein am Berliner Museum für Naturkunde tätiger Geologe – ihre Führungen mit einem zunächst einmal einstündigen Vortrag eröffneten, bevor sie überhaupt mit dem Rundgang durch die Sammlung begannen[272], vertraten noch ganz den deduktiven Standpunkt. Er beherrschte auch die Führungen von Eberhard Fraas, dem Entdecker der Tendaguru-Saurier, der die geologische Sammlung des Stuttgarter Naturalienkabinetts von einem erhöhtem Standort, einem Podest, aus durchging. Auch hier wurde die Führung zum Kathedervortrag.[273]

Wegbereiter für die Durchsetzung der induktiven Methode waren – im Kontext des Naturhistorischen Museums – nicht die Systematiker, sondern die Tiergeographen, die Biologen und Ökologen. Da in ihren wissenschaftlichen Profilen das einzelne Objekt ohnehin stets in seinen Beziehungen zur Umwelt betrachtet wurde, war es für diese Fächer und ihre Führer leichter, das naturkundliche Wissen zu kontextualisieren. Aus dieser Kontextbezogenheit resultierte schließlich eine neue Art der Führung, die mittels Transferaufgaben und Abstraktionen bewußt das eigene Denken der Teilnehmer schulen wollte.[274] Hier schloß sich – unter den Bedingungen der Massengesellschaft – ein Kreis zu jenem Bildungsideal, wie es die museale Praxis im frühen 19. Jahrhundert geprägt hatte. Der Besuch des Museums sollte – jetzt unter professioneller Anleitung – die allseitige Entwicklung des Menschen fördern und ihm vor allem das eigene Denken ermöglichen. Das Naturhistorische Museum versuchte so am Ausgang des Jahrhunderts, die Autonomie des Menschen wiederherzustellen. Sie bildete das Ziel der nicht wenigen Sozialreformer unter den deutschen Museumsleuten.

4. Publikationen

Von der Macht der veröffentlichten Meinung war bereits an anderer Stelle die Rede.[275] Immer wieder sahen sich Naturhistorische Museen im 19. Jahrhundert publizistischen Angriffen ausgesetzt. Immer wieder nutzten sie freilich auch die Möglichkeiten und Chancen der Medien für ihre eigenen Zwecke – die Inszenierung der Tendaguru-Expedition 1909/12 darf hier als wichtiges Beispiel gelten.

Die Bedeutung des gedruckten Wortes war den Museen bereits am Beginn des Jahrhunderts bewußt. Seit ihrer Gründung 1817 hatte etwa die Senckenbergische Naturforschende Gesellschaft stets ein öffentliches Interesse befriedigen müssen. Über Eduard Rüppells Afri-

271 Vgl. *Urteile* (wie Anm. 256), S. 175 u.181.
272 Vgl. ebd., S. 175f.
273 Vgl. ebd., S. 196–199.
274 Vgl. ebd., S. 176.
275 Vgl. Kap. II.3.4.

kareisen wurde das Publikum so unter anderem durch eine neunteilige Zeitschriftenserie aus der Feder Philipp Jakob Cretzschmars unterrichtet.[276] Für den kontinuierlichen Wissensfluß zwischen der Gesellschaft, ihren Mitgliedern und der weiteren Öffentlichkeit erwiesen sich jedoch, nach einigen Bedenken, *eigene* Publikationsorgane als das geeignete Medium.[277] So wurden zunächst einzelne Arbeitsergebnisse 1837, 1843 und 1845 unter dem Titel „Museum Senckenbergianum" der, wohlgemerkt, wissenschaftlichen Öffentlichkeit vorgestellt, woraufhin sich ein ausgedehnter Schriftenaustausch mit naturforschenden Institutionen in und außerhalb Deutschlands entspann.[278] Seit 1854 erschienen dann, in majestätischem Quartformat, unregelmäßig weitere „Abhandlungen", die sich innerhalb der Naturwissenschaften als renommiertes Publikationsorgan etablieren konnten.[279] Wissenstransfer war in diesem Rahmen allerdings nur im horizontalen Sinne möglich, Popularisierung kaum erreichbar.

Ähnlich verhielt es sich beim Berliner Universitätsmuseum, das freilich noch am Ende der 1880er Jahren für publizistische Zwecke nur über sehr begrenzte finanzielle Mittel verfügte. Bis 1889 betrug der jährliche Druckkostenetat ganze 200 Mark – ein Betrag, von dem man noch nicht einmal die Kosten für die Herstellung von Lithographien bestreiten konnte, wie sie in keinem naturwissenschaftlichen Werk fehlen durften.[280] Karl Möbius beantragte schließlich 1889 die Summe von 3.000 Mark für wissenschaftliche Publikationen, nicht ohne zu betonen, daß den Museen in Cambridge und London 20.000, aber auch in Leiden und Wien pro Jahr bereits umgerechnet 17.000 Mark für Veröffentlichungen zur Verfügung standen.[281] Diesen Rückstand konnte das Berliner Haus nicht aufholen. Noch 1905 urteilte ein externer Gutachter, die Berliner Publikationen könnten einem Vergleich mit den Veröffentlichungen britischer und amerikanischer Museen nicht standhalten.[282]

276 Vgl. *Nachrichten von der Senkenbergischen* [!] *naturforschenden Gesellschaft. Einleitung.* In: „Iris. Unterhaltungsblatt für Freunde des Schönen u. Nützlichen", Nr. 235, 26.11.1825, S. 937. – *Eduard Rüppell, als Naturforscher und Mitglied der Senkenbergischen naturforschenden Gesellschaft.* In: Ebd., S. 938–940. – *Fortgesetzte Mittheilungen über Eduard Rüppell's (Mitgl. dieser Gesellschaft) Reisen in Italien und Africa.* In: „Iris", Nr. 240, 3.12.1825, S. 957–960; Nr. 245, 10.12.1825, S. 977–980; Nr. 249, 16.12.1825, S. 993–996. – *Fortgesetzte Mittheilungen über Eduard Rüppell's (Mitgl. dieser Gesellschaft) Reisen in Egypten und Nubien.* In: „Iris", Nr. 255, 24.12.1825, S. 1017–1020; Nr. 260, 31.12.1825, S. 1037–1040; Nr. 5, 7.1.1826, S. 17–20; Nr. 10, 14.1.1826, S. 37–40; Nr. 25, 4.2.1826, S. 97–100; Nr. 40, 25.2.1826, S. 157–160.

277 Zu den Diskussionen über die Einführung eigener Zeitschriften und Abhandlungen vgl. Schäfer (wie Anm. 254), S. 84f. – Hinweise auch bei Kramer (wie Anm. 2), S. 212.

278 Hierzu und zum folgenden vgl. Schäfer (wie Anm. 254), S. 89f. – In der zweiten Jahrhunderthälfte besaß die SNG über 100 Tauschpartner, von der Naturforschenden Gesellschaft des Osterlandes in Altenburg bis zur Naturforschenden Gesellschaft in Zürich, darunter Museen und Vereine in Bologna, Boston, Cambridge/Mass., Genf, Lissabon, London, Moskau, Neapel, St. Petersburg, Stockholm, Wien. Vgl. SNG Archiv, Bd. 17.

279 Vgl. die Sitzungsberichte des Redaktions-Ausschusses, die für den Zeitraum von 1854 bis 1913 überliefert sind. SNG Archiv Bd. 33. – Die Auflage der „Abhandlungen" betrug zunächst 80, ab 1875 dann 125 Exemplare. Sie gingen fast ausschließlich an wissenschaftliche Institutionen, so daß die Zahl der Leser weit über der Auflagenhöhe gelegen haben dürfte. Zu den Zahlen vgl. Kramer (wie Anm. 2), S. 340.

280 Vgl. Möbius an Ministerium, Berlin, 24.6.1889. GStA PK PK I.HA Rep. 76 Va Sekt. 2 Tit. X Nr. 127 Bd. II, fol. 119–122v.

281 Vgl. ebd., fol. 121–121v.

282 Vgl. C. Chun: Vorschläge für die Organisation des Museums für Naturkunde zu Berlin. [1905]. GStA PK I.HA Rep. 76 Va Sekt. 2 Tit. X Nr. 63 A, fol. 13–23, hier fol. 22f. – Dazu ausführlich oben Kap. II.1.

Dabei existierten zu dieser Zeit bereits die „Mitteilungen aus dem Zoologischen Museum“, eine 1898 gegründete Zeitschrift, die den Mitarbeitern des Berliner Hauses die Präsentation eigener Forschungsergebnisse in der wissenschaftlichen Öffentlichkeit erlauben sollte. Diese Absicht war jedoch nur teilweise von Erfolg gekrönt. Die meisten Museumsmitarbeiter veröffentlichten ihre Aufsätze, wie August Brauer 1906 bekannte, lieber weiterhin in den renommierteren Organen ihres jeweiligen Spezialfaches.[283] Überdies stellte das schmale Budget, das bei einer Beigabe von zwei Lithographien nicht ausreichte, um ein Heft von fünf bis sechs Druckbögen, also rund 180 Seiten jährlich, zu finanzieren, die „Mitteilungen“ vor erhebliche Probleme. Immerhin ermöglichte ihre Veröffentlichung den internationalen Schriftentausch mit etwa 130 Einrichtungen.[284] Der Verkauf, der über die Berliner Buchhandlung Friedländer & Sohn abgewickelt wurde, hielt sich jedoch in engen Grenzen: In den Handel gelangten nicht mehr als jeweils fünfzig Exemplare, kaum einmal wurden mehr als fünfzehn von ihnen verkauft.[285] Für die Popularisierung von Wissen spielten die „Mitteilungen“ keine Rolle.

Die „Anleitung zum Sammeln, Konservieren und Verpacken von Tieren“, die manchem Naturfreund als praktischer Leitfaden dienen mochte, brachte es – in mehreren Auflagen – immerhin auf etwa fünfzig verkaufte Exemplare im Jahr.[286] Aber eine relevante Größe war auch das nicht. Der handlungsmotivierende Aspekt, wie er keiner Popularisierung fremd ist, kennzeichnete schließlich auch „Die Fauna der deutschen Kolonien“, eine spezielle Schriftenreihe, die vom Museum für Naturkunde in Zusammenarbeit mit dem Reichskolonialamt seit 1908 herausgegeben wurde.[287] Nach der Vorstellung Brauers sollte in dieser auf 24 bis 28 Hefte angelegten Reihe das Material präsentiert werden, das durch die Sammeltätigkeit vieler Beamter, Offiziere und Forscher aus den deutschen Kolonien in das Berliner Haus floß. Dabei sollte es ausdrücklich um die „Verbreitung der Kenntnis der Thierwelt unserer Kolonien in weitere Kreise“ gehen. Einzelne Hefte sollten – tiergeographischen Mustern folgend – jeweils eine bestimmte Tiergruppe vorstellen. Die Beschreibungen sollten so gestaltet sein, „daß sie für jeden Laien verständlich sind, aber auch alles enthalten, was zur Bestimmung, zur Kenntnis der Lebensweise und Verbreitung, zum Unterricht über Schaden oder Nutzen u.a. wichtig ist.“ Brauers Plan ging dahin, die einzelnen Hefte kostenlos an Beamte, Offiziere und Farmer in den Kolonien abzugeben, um sie zur Mitarbeit an den Berliner Sammlungen zu motivieren.

Allein, der Erfolg war nicht ungeteilt. 1908 begann man die Reihe, die mit Mitteln des Ostafrikafonds des Reichskolonialamts finanziert wurde[288]; bis Ende 1913 lagen dreizehn Hefte vor. Allerdings hatte man schon nach den ersten beiden Jahren die Auflage von 200 auf nur mehr 100 Exemplare senken müssen. Seinen Grund hatte dies in einem nicht unwichtigen Detail. Anders als es von Brauer ursprünglich beabsichtigt worden war, wurden

283 Vgl. Brauer an Ministerium, Berlin, 12.6.1906. GStA PK I.HA Rep. 76 Va Sekt. 2 Tit. X Nr. 63 Bd. XX, fol. 88–106, hier 103–104v.

284 Vgl. ebd., fol. 103v.

285 Diese Angaben nach verschiedenen Abrechnungen mit der Fa. Friedländer & Sohn in UAHU Berlin MfN Bd. 64.

286 Vgl. ebd.

287 Brauer an Reichskolonialamt, Berlin, 27.4.1908 [Konzept]. UAHU Berlin MfN Bd. 99. – Dort die folgenden Zitate.

288 Vgl. Reichskolonialamt an Brauer, Berlin, 10.11.1908. UAHU Berlin MfN Bd. 99.

die Hefte nicht kostenlos und unaufgefordert an Sammler in den Kolonien verschickt. Das Reichskolonialamt hatte aus Kostengründen auf dem *Verkauf* der Hefte bestanden, die im Buchhandel je nach Umfang bis zu 2,50 Mark kosteten.[289] In dieser Regelung lagen verschiedene Hürden. Die Hefte *kaufen* zu müssen, knüpfte die Popularisierung – selbst wo der Kauf*preis* nicht ins Gewicht fiel, an eine zusätzliche Bedingung. Noch dazu war den eigentlichen Adressaten der Reihe, den in den Kolonien lebenden Sammlern, der Zugang zum deutschen Buch- und Zeitschriftenmarkt nur erschwert möglich. Die Vertriebspraxis hemmte so einen Popularisierungsprozeß, der ansonsten unter durchaus günstigen Bedingungen stattfand.

Nur über einen eingeschränkten Schriftentausch verfügte das Bremer Museum für Natur-, Völker- und Handelskunde. Als Schaumuseum, das sich erst in zweiter Linie als wissenschaftliche Forschungseinrichtung verstand, tauschte das Haus am Ausgang des Jahrhunderts, 1914, seine Veröffentlichungen weltweit mit nur 33 Institutionen, unter denen sich bezeichnenderweise kein einziges Naturhistorisches Museum befand, statt dessen jedoch Handels- und Kolonialmuseen sowie Völkerkundemuseen.[290] Über eine eigene Hauszeitschrift verfügte das Museum nicht. Seit 1908 erschien statt dessen das „Jahrbuch der bremischen Sammlungen“, eine Gemeinschaftspublikation der Bremer Museen, in deren erster Ausgabe auch Beiträge der Assistenten des Handelsmuseums vertreten waren.[291] Der Stil war auf ein größeres Publikum ausgerichtet, der Ton populär, der Duktus erzählend. Hier war ein Medium der Popularisierung im Entstehen begriffen. Erst in den zwanziger Jahren sollte es seine eigentliche Gestalt finden.

In Frankfurt hatte sich ein solches Organ bereits früher etabliert. Daß es für die Überwindung des Wissensgefälles zwischen Museum und Öffentlichkeit, für die Verständlichmachung neuer Erkenntnisse, eines eigenen Publikationstyps bedurfte, stellte im bürgerlichen Raum des Senckenberg-Museums – anders als im akademischen Milieu Berlins – keine Frage dar. Die Textsorten folgten dem sozialen Kontext. Gedruckte Mitteilungen der Direktion an die Mitglieder der Senckenbergischen Naturforschenden Gesellschaft hatte es vereinzelt bereits in den 1830er, 1840er Jahren gegeben – und ihre Drucklegung spiegelte den Strukturwandel der Öffentlichkeit.[292] Eine regelmäßig erscheinende Publikation wurde dann jedoch 1850 begründet. Unter dem Titel „Bericht über die Senckenbergische naturforschende Gesellschaft“ informierte sie die Öffentlichkeit zunächst über rein Administratives: über die Mitgliederentwicklung, über finanzielle Zuwendungen und Buchgeschenke, über den Schriftenaustausch und den Erwerb neuer Naturalien, nicht zuletzt auch über den Kassenstand.[293] Schon durch diese Vereinsinformationen stiftete sie – man denke an die Nennung der Geschenkgeber – Gemeinschaft und Erinnerung. Eine weiterführende, das natur-

---

289 Vgl. Reichskolonialamt an Brauer, Berlin, 15.3.1909. UAHU Berlin MfN Bd. 99.

290 Vgl. Jahresbericht des Städtischen Museums für Natur-, Völker- und Handelskunde für die Rechnungsjahre 1912 und 1914. In: *Mitteilung des Senats* v. 14.9.1915, S. 584.

291 Vgl. J. Weissenborn: Der Totempfahl der Haida im Städtischen Museum für Natur-, Völker- und Handelskunde. In: Jb. der bremischen Sammlungen 1 (1908), 1. Halbbd., S. 18–25. – L. Cohn: Ein Alligator sinensis im Städtischen Museum. In: Jb. der bremischen Sammlungen 1 (1908), 2. Halbbd., S. 1–7.

292 Hierzu und zum weiteren Schäfer (wie Anm. 254), S. 86–88.

293 Vgl. die Berichte 1850–1868. – Die Auflagenhöhe ist nicht genau zu beziffern. Gegen Ende des 19. Jahrhunderts lag sie bei 950 Exemplaren. Vgl. Kramer (wie Anm. 2), S. 390.

kundliche Wissen selbst umschließende Kommunikation war allerdings auch auf dieser Grundlage nur in einem sehr eingeschränkten Sinne möglich.

Das änderte sich schlagartig mit dem „Bericht" des Jahres 1869, in dem erstmals ein wissenschaftlicher Vortrag abgedruckt wurde.[294] In der Folge nahmen die Mitteilungen aus den wissenschaftlichen Sitzungen der Gesellschaft sowie weitere Vorträge und Aufsätze dann beinahe drei Viertel des Heftumfangs ein. Mit der Zeit gesellten sich zahlreiche Abbildungen hinzu, gelegentlich sogar relativ kostspielige Buntlithographien. Was das Profil dieses „Berichts" betrifft, so beinhaltete er – je länger, desto mehr – neben streng wissenschaftlichen auch allgemeinverständliche, speziell auf das Vorwissen des Amateurs, ja des ‚Laien' abgestimmte Beiträge. Das galt *erstens* für zahlreiche Reisebeschreibungen, die sich zwar vorrangig naturkundlichen Fragen widmeten, zugleich jedoch erstaunliches erzählerisches Talent verrieten und neben fesselnden Landschaftsschilderungen auch Informationen zum politischen und kulturellen Hintergrund des betreffenden Landes enthielten. Als exemplarisch darf etwa die Reisebeschreibung „Nach den Säulen des Herkules" von Wilhelm Kobelt gelten, die gleich in zwei Berichten (1882 und 1883) breiten Raum einnahm.[295] Lokalkolorit atmete auch etwa Friedrich Carl Nolls Schilderung eines „Besuch[s] auf dem Montserrat"[296], die Erlebnisbericht und Stimmungsbild in einem war. Und farbig, ja, grell mußten schließlich Adolf Strubells „Reiseerinnerungen aus dem malayischen Archipel" auf jeden Daheimgebliebenen wirken.[297]

Ein *zweites* – und durchaus typisches – Objekt populärwissenschaftlicher Aufbereitung war, in Opposition zum Exotischen, die Erkundung der heimatlichen Umgebung, also mit Vorliebe Frankfurts, des Taunus' und des Mainzer Beckens.[298] Daneben fanden sich *drittens* kulturgeschichtlich grundierte Betrachtungen, wie etwa eine Untersuchung über „Die Gestalt des Mittelmeeres und ihr Einfluß auf Handel und Geschichte im Altertum".[299] Nicht zuletzt wurden *viertens* auch tagesaktuelle Fragen, populäre Themen aufgegriffen. Das galt für Aspekte der Kolonialfrage[300] ebenso wie für die Selektionstheorie[301], für die Hirnfor-

---

294 Vgl. Fr. C. Noll: Unsere Flußmuscheln (Najaden). In: Bericht 1869, S. 33–38.

295 Kobelt hatte über diese Reise nach Südspanien und Marokko, die er im Auftrage der SNG ausgeführt hatte, zunächst in wissenschaftlichen Sitzungen berichtet. Vgl. Bericht 1882, S. 8. – Literarisch ambitioniert auch W. Kobelt: Aus der Puglia petrosa. In: Bericht 1873, S. 77–103. – Ders.: Siciliana. In: Bericht 1880, S. 220–240.

296 Bericht 1872, S. 109–117.

297 Bericht 1891, S. 3–20; fortgesetzt in: Bericht 1892, S. 109–130.

298 Vgl. u.a. Fr. Kinkelin: Die nutzbaren Gesteine und Mineralien zwischen Taunus und Spessart. In: Bericht 1888, S. 135–180. – Ders.: Erläuterungen zu den geologischen Übersichtskarten der Gegend zwischen Taunus und Spessart. In: Bericht 1889, S. 323–349. – Ders.: Die Schleusenkammer in Frankfurt-Niederrad und ihre Fauna. In: Bericht 1884, S. 219–257. – A. Knoblauch: Beiträge zur Kenntnis der Fauna der Umgegend von Frankfurt a.M. In: Bericht 1903, S. 113–116. – M. Möbius: Geschichte und Beschreibung des botanischen Gartens in Frankfurt a.M. In: Bericht 1903, S. 117–154. – E. Philippi: Ein neues Vorkommen von Mikroklin im Spessart. In: Bericht 1896, S. 125–134. – A. v. Reinach: Geologisches aus der unteren Maingegend. In: Bericht 1890, S. 125–130. – Fr. Ritter: Zur Geognosie des Taunus. In: Bericht 1887, S. 108–124. – Ders.: Ueber neue Mineralfunde im Taunus. In: Bericht 1884, S. 281–297.

299 W. Kobelt: Die Gestalt des Mittelmeeres und ihr Einfluß auf Handel und Geschichte im Altertum. In: Bericht 1896, S. 3–26.

300 So u.a. bei B. Hagen: Die Eingeborenen von Deutsch-Neu-Guinea. In: Bericht 1898, S. CVI–CVIII.

schung[302] ebenso wie für Genetik und Rassentheorie.[303] Daneben wurden etwa physiologische Fragen aufgegriffen, die – wie der Zusammenhang von Stoffwechsel und Ernährung – die Lebenspraxis ganz konkret betrafen.[304] Anliegen der aufsteigenden Bakteriologie wurden auf populäre Weise verdeutlicht.[305] Das Problem der Trinkwasseraufbereitung, in einer Großstadt wie Frankfurt stets akut, schien auf.[306] Der Kampf gegen den Alkoholismus – ein zentrales Thema der Zeit – wurde allgemeinverständlich geführt.[307] Und zu Fragen der „Anthropologie des Verbrechers"[308] bezog schließlich Alois Alzheimer (1864–1915) Stellung. Daneben behauptete sich ein abseitiges, gleichwohl relevantes Wissen, das auch in industrialisierten Zeiten eifrig nachgefragt wurde. Es galt Abnormem, ja, Monströsem wie jenen ‚bärtigen Frauen', über die sich Wilhelm Stricker, ein Frankfurter Arzt, samt Anschauungsmaterial verbreitete.[309]

Den Schritt hin zu einer tatsächlich populären Wirkung tat der „Bericht" – das paßt zu unseren bisherigen Befunden – allerdings erst im Jahre 1910. Unter der Regie Fritz Drevermanns (1875–1932), eines Mitarbeiters Otto zur Strassens, wurde das wissenschaftliche Element in den „Berichten", bei deutlich gesteigertem Umfang und häufigerer Erscheinungsweise, zugunsten „populär-wissenschaftlicher Aufsätze" zwar nicht beseitigt, aber doch zurückgedrängt.[310] Künftig, so hieß es programmatisch im Vorwort zum Bericht des Jahres 1910, werde man in erster Linie die Schausammlung des Senckenberg-Museums „in Wort und Bild beschreiben, einen Einblick in unsere Werkstätten und Laboratorien [...] gewähren und zugleich Anleitungen zum Sammeln und Konservieren der verschiedenen Tiergruppen und Pflanzenarten, von Mineralien und Petrefakten geben".[311]

---

301 Vgl. u.a. O. Bütschli: Ueber die Bedeutung der Entwicklungsgeschichte für die Stammesgeschichte der Thiere, vorgetragen in den wissenschaftlichen Sitzungen am 8. und 29. Januar 1876. In: Bericht 1876, S. 105–123.

302 Vgl. B. Lachmann: Ergebnisse moderner Hirnforschung. In: Bericht 1887, S. 175–177. – In diesem Zusammenhang auch A. Knoblauch: Über die psychischen Funktionen der Grosshirnrinde. In: Bericht 1894, S. 205–225.

303 So etwa bei B. Hagen: Vorführung von Gesichtstypen ostasiatischer und melaneischer Völker in Lichtbildern. In: Bericht 1900, S. CXXXIX–CXLI. – L. Laqueur: Ärztliche Vererbungsprobleme. In: Bericht 1909, S. 115*–117*.

304 Vgl. etwa Fr. Kinkelin: Ueber Stoffwechsel und Ernährung im menschlichen und thierischen Körper. In: Bericht 1875, S. 300–337.

305 Beispielsweise F. Blum: Die Lehre von der Immunität. In: Bericht 1895, S. 123–125. – E. Marx: Schutzimpfung bei Cholera, Typhus, Pest und Pocken. In: Bericht 1901, S. 126–128. – M. Neisser: Die Bedeutung der Bakteriologie für Naturwissenschaft und Medizin. In: Bericht 1902, S. 157–161.

306 Beispielsweise E. Marx: Trinkwasser und Trinkwasserversorgung. In: Bericht 1909, S. 99*–101*.

307 Beispielsweise A. Knoblauch: Die wissenschaftliche Grundlage der Alkoholbekämpfung. In: Bericht 1896, S. 45–71.

308 Vgl. A. Alzheimer: Zur Anthropologie des Verbrechers. In: Bericht 1900, S. CXLI–CXLIV.

309 W. Stricker: Ueber die sogen. Haarmenschen (Hypertrichosis universalis) und insbesondere die bärtigen Frauen, vorgetragen in der wissenschaftlichen Sitzung am 25. Nov. 1876. In: Bericht 1877, S. 94–100. – Zu Stricker vgl. DBE Bd. 9, S. 586.

310 Vgl. Bericht 1910, S. III.

311 Ebd. – Man reagierte damit auf Bedürfnisse, die bei Naturfreunden bereits seit langem vorhanden waren. Vgl. Daum: Wissenschaftspopularisierung (wie Anm. 165), S. 337–376.

Damit war ein Kommunikationsmodell skizziert, das verstärkt auf Interaktion setzte: Es erlaubte den Blick ‚hinter die Kulissen' und animierte zugleich zum eigenständigen Sammeln – und damit letzthin zur Teilhabe an der musealen Praxis. Konkret gesprochen, bedeutete das, daß unter der Rubrik „Neues aus der Schausammlung" fortan heftweise besondere Attraktionen des Museums – samt ganzseitigen photographischen Reproduktionen – kurz und pointiert vorgestellt und überhaupt der Bildanteil des „Berichts" vervielfacht wurde. Der „Bericht" unterstützte so die auf Spannung und Anschaulichkeit ausgerichtete Strategie der Frankfurter Inszenierung. Printmedium und Ausstellungspräsentation verstärkten sich gegenseitig.

Neben dieser forcierten Visualisierung setzte man verstärkt auf die textuelle Aufbereitung komplexer naturwissenschaftlicher Zusammenhänge.[312] Dies galt insbesondere für die Erklärung der neuen, publikumswirksamen Dioramen und Dinosaurierskelette, wobei mit Hintergrundinformationen über den Erwerb, den Transport und die Präparation der einzelnen Objekte nicht gegeizt wurde.[313] Das ließ den Leser und Betrachter am musealen Wissen in einer bis dahin unbekannten Weise teilnehmen und untermauerte gleichzeitig die schon immer gepflegte Identität der ‚Senckenberger'. Was das thematische Profil des „Berichts" betraf, so blieb es nach 1910, von manchen Zuspitzungen abgesehen, weitgehend unverändert. Das Reisegenre war etwa mit einem packenden Bericht Rudolf von Goldschmidt-Rothschilds über „Eine Elefantenjagd im Sudan" glänzend vertreten[314]; ein Beitrag über den „Industriehafen im Frankfurter Osthafengebiet" spiegelte aktuelle Lokalinteressen[315]; Arthur von Weinberg – nicht nur Teilhaber der Firma Casella, die 1904 mit der Hoechst AG fusioniert war, sondern auch Gründer des Vollblutgestüts Waldfried – betrachtete, ganz im Sinne Darwins, das „Vollblutpferd als Produkt systematischer Zuchtwahl"[316]; in Wilhelm Kobelts Betrachtungen zum Schwanheimer Wald samt einer Karte und 47 Abbildungen kam sodann die Heimat zu ihrem Recht[317]; kolonialen und tropenmedizinischen Fragen widmete sich schließlich ein Beitrag zur Bekämpfung der Schlafkrankheit.[318]

Die Reichweite dieses „Berichts" – er verfügte über eine Auflage von knapp tausend Exemplaren – blieb freilich begrenzt. Er diente zunächst, im alten Sinne des Vereins, der Kommunikation zwischen den Mitgliedern der Naturforschenden Senckenbergischen Gesellschaft. Gewiß wirkte er – schon durch den Schriftentausch – auch über diesen engen Rahmen hinaus. Seinen eigentlichen Raum aber fand er in der Stadt und ihrem Naturhistorischen Museum.

312 Vgl. etwa P. Prior: Die Diamanten Deutsch-Südwestafrikas. In: Bericht 1910, S. 133–141.

313 So etwa bei Fr. Drevermann: Der Diplodocus. In: Bericht 1911, S. 272–282. – R. v. Goldschmidt-Rothschild: Im Grönländischen Eismeer. Zur Erläuterung der „Arktischen Gruppe". In: Bericht 1910, S. 241–253. – Vgl. oben Anm. 164.

314 Bericht 1911, S. 87–93.

315 Ebd., S. 196–210.

316 Ebd., S. 145–174.

317 Vgl. W. Kobelt: Der Schwanheimer Wald. In: Bericht 1912, S. 72–103, 156–188 u. 255–323.

318 W. Dönitz: Die Bekämpfung der Schlafkrankheit. In: Bericht 1912, S. 295–323.

5. Vorlesungen und Vorträge

Das gesprochene Wort – der Vortrag und die Vorlesung – gehörte von Beginn an zu den Hauptelementen der musealen Wissenskommunikation. In Karlsruhe etwa war der Direktor des Naturalienkabinetts verpflichtet, Vorlesungen im Gymnasium, später an der Polytechnischen Schule zu halten.[319] Und auch der Direktor des Berliner Museums hielt stets Vorlesungen vor den Studenten der Universität, auch wenn er – wie Lichtenstein – kein Lehrstuhlinhaber war. Mit Popularisierung hatten solche Vorlesungen freilich nur bedingt zu tun. Sowohl in Karlsruhe als auch in Berlin hielt ein Akademiker einen akademischen Vortrag vor einem akademischen Publikum. Die größere Öffentlichkeit hatte an dieser Wissensvermittlung keinen Anteil.

Anders verhielten sich die Dinge in Bremen, wo die Gesellschaft „Museum" – wie jeder bürgerliche Verein – regelmäßig allgemeinbildende, auch naturkundliche Vorträge veranstaltete, insbesondere aber in Frankfurt.[320] Und hiervon vor allem soll im folgenden die Rede sein. Im Unterschied zu den hauseigenen Publikationen, die ihre Wirkung erst im Kaiserreich voll entfalteten, war die Senckenbergische Naturforschende Gesellschaft mit öffentlichen Vorlesungen bereits seit den 1820er Jahren in Erscheinung getreten. Diese Vorträge waren geeignet, naturkundliches Wissen gezielt in die Öffentlichkeit zu transportieren und konnten gerade in einer Stadt ohne eigene Universität mit lebhaftem Interesse rechnen. „Der Grundstein zu dem Gebäude des Museums war noch nicht gelegt", so erinnerte sich der Arzt Philipp Jakob Cretzschmar später, „als ich im Herbste des Jahres 1818 die ersten Vorlesungen über Zoologie in dem Saale des chemischen Laboratoriums eröffnete."[321] Aber solche Vorlesungen waren nicht etwa allein die Domäne von kundigen Ärzten. Der bereits erwähnte Schneidermeister Johann Christoph Fritz etwa, ein Stifter der Gesellschaft, erteilte, schon kurz nach der Vollendung des ersten Museumsbaus, sonntags Unterricht in den Vereinssammlungen.[322]

Mit Hilfe eines städtischen Zuschusses in Höhe von 1.500 Gulden jährlich konnte die Gesellschaft dann ab 1826 regelmäßige Vorlesungen in Zoologie und vergleichender Anatomie anbieten, die für lange Zeit von Cretzschmar gehalten wurden.[323] Sie verstanden sich als Medium einer Wissenskommunikation, die bewußt über den Verein hinausreichen sollte. Erst durch diese Vorlesungen konnten die Sammlungen „gemeinnützigen Werth für das ganze Publikum" erhalten.[324] Ihr Besuch war denn auch für die Mitglieder sowie die Lehrer und Schüler Frankfurter Schulen kostenfrei.[325] Ein Blick in die teilweise überlieferten Mitschriften dieser Vorlesungen zeigt – im Stile der Zeit – streng systematisch konzipierte

---

319 Mit Blick etwa auf Alexander Braun: Oberhofverwaltungsrat an Ghzg. Leopold, Karlsruhe, 17.8.1837. GLA Karlsruhe 56/1573. – Zu Gmelins Lehrtätigkeit GLA Karlsruhe 76/10333. – Vgl. oben Kap. I.1.1.

320 Zu Bremen vgl. oben Kap. I.1.4.

321 *Bericht über meine ursprüngliche Beziehung zu der seit 15 Jahren von mir bekleideten Anstellung als Lehrer der Naturgeschichte am Museum der Senkenbergischen* [!] *naturforschenden Gesellschaft von med. Dr. Cretzschmar.* SNG Archiv Bd. 46, Nr. 17.

322 Vgl. Kramer (wie Anm. 2), S. 239.

323 Vgl. SNG an Senat, Frankfurt/M., 17.12.1824 [Konzept]. SNG Archiv Bd. 20, Nr. 8/1–3.

324 Ebd.

325 Vgl. Mappes an Consistorien-, Kirchen- und Schulkommission, Frankfurt/M., 15.5.1826 [Konzept]. SNG Archiv Bd. 20, Nr. 11.

Abhandlungen, die sich jedenfalls nicht durchgängig um eine größere Anschaulichkeit bemühten.[326] Ihre Wirkung war gleichwohl beträchtlich. Erst diese Vorlesungen, so konstatierte man im Jahre 1840, hatten „die starren – wenn auch noch so zweckmäßig und anmutig aufgestellten Sammlungen" belebt: „Die Thiere bewegten sich."[327]

Einen weiteren Aufschwung nahmen diese Lehrvorträge, als die Gesellschaft, nach der hierfür bestimmten Stiftung von 8.000 Gulden von Heinrich (Enrico) Mylius[328], einem in Mailand lebenden Frankfurter Kaufmann, in die Lage versetzt wurde, öffentlich honorierte Vorlesungen anzubieten, die in einem dreiteiligen Zyklus die Geologie sowie die Zoologie der niederen und höheren Tiere behandelten. Der Stiftungsvertrag sah den Zweck dieser Einrichtung vor allem darin, die „Liebe zum naturwissenschaftlichen Studium im Allgemeinen zu verbreiten".[329] Und diese Verbreitung der „Liebe zum naturwissenschaftlichen Studium im Allgemeinen" meinte immer auch ihre *allgemeine* Verbreitung, ihre Popularisierung also. Nicht anders war Mylius' Stiftungsauflage zu verstehen, den Schülern der oberen Klassen des Gymnasiums und der Frankfurter Musterschule sowie allen Lehrern, die „in Frankfurter Erziehungsanstalten oder bei Privatleuten angestellt sind", den kostenfreien Besuch dieser Vorlesungen zu ermöglichen. Neben der Schuljugend sollten so vor allem Lehrer als Multiplikatoren von den Vorlesungen profitieren.

Im Archiv der Senckenbergischen Naturforschenden Gesellschaft haben sich einzelne Teilnehmerlisten dieser Vorlesungen seit den 1860er Jahren erhalten.[330] Bei aller Vorsicht lassen sie allgemeine Tendenzen erkennen. So setzte eine verstärkte Nachfrage in allen Fächern erst nach 1900 – unter dem Eindruck der neuen Leitwissenschaft Biologie – ein. Hatten sich zuvor etwa für zoologische Lehrveranstaltungen selten über 60 Teilnehmer eingeschrieben, so besuchten in den Jahren 1911 und 1913 über 200 Hörer die Vorlesungen.[331] Das 1907 eröffnete Senckenberg-Museum bot mit seinen beiden Hörsälen für 132 beziehungsweise 226 Personen hierfür eine günstige Infrastruktur. Die beste Bedingung für den Erfolg dieser Vorlesungen bestand jedoch in der aufsehenerregenden Präsentation der Schausammlung, die Interesse weckte und Fragen provozierte. Im Verein mit der Vorlesung und dem „Bericht" schuf sie eine museale Praxis, die das Publikum zum Akteur machte.[332] Als Kommunikationsform etablierte sich die Popularisierung, und in keinem der hier

326 Vgl. *Vorträge über Ornithologie, gehalten im Sommer 1831 [bis 1834] von Dr. med. Cretzschmar.* Nachgeschrieben von Alex[ander] Friedleben. StUB Frankfurt/M. 8° Hs 58. – *Vorträge über das Thierreich angefangen am 27ten May 1836 von Dr. Cretzschmar.* Nachgeschrieben von Alex[ander] Friedleben. StUB Frankfurt/M. 8° Hs 114. – Vgl. Kramer (wie Anm. 2), S. 259.

327 Kommissionsbericht v. 8.10.1840. SNG Archiv Bd. 46, Nr. 16.

328 Zu ihm C. Klems: Heinrich Mylius (1769–1854). In: *Biographien* (wie Anm. 205), S. 391f. – Zur Stiftung u.a. Sitzungsprotokoll, 29.7.1854. SNG Archiv Bd. 5, S. 4–6. – Dazu auch oben Kap. III.3.

329 *Verordnung bezüglich einer durch gegenwärtige Urkunde begründeten Stiftung für die Honorirung regelmässig zu ertheilenden unentgeltlichen naturhistorischen Unterrichts in Frankfurt am Main*, Mailand, 5.4.1854 [Abschrift]. IfStG Frankfurt/M., Archiv der Dr. Senckenbergischen Stiftung 450. – Dort auch die folgenden Zitate.

330 Zoologische Vorlesungen. SNG Archiv Bd. 56, 57 u. 58. – Mineralogische und geologische Vorlesungen. SNG Archiv Bd. 62 u. 64. – Vergleichende Anatomie. SNG Archiv Bd. 63.

331 Vgl. SNG Archiv Bd. 57.

332 Die Vorlesungen schufen dabei „einen geistigen Zusammenhang zwischen Dozenten und Hörern [...], der von der größten Bedeutung für die Ausgestaltung der Sammlungen gewesen ist." Römer: Festrede (wie Anm. 148), S. 23.

untersuchten Museen war sie so erfolgreich wie in Frankfurt. Wissenschaftliches Profil und bürgerliches Gemeinschaftsideal wirkten hier in außergewöhnlicher Weise zusammen.

Was nun die Vorlesungen angeht, so war die Zusammensetzung des Publikums gemischt, seinen Schwerpunkt hatte es jedoch – ganz wie von Mylius beabsichtigt – bei Lehrern und fortgeschrittenen Schülern.[333] Der Anteil der Frauen stieg seit den 1890er Jahren kontinuierlich und lag kurz vor Ausbruch des Ersten Weltkrieges teilweise bei beachtlichen 40 Prozent.[334] Die Fluktuation innerhalb der Zuhörerschaft war jedoch eher gering; es entwickelte sich vielmehr ein Stammpublikum, das über mehrere Jahre hinweg kontinuierlich die Vorlesungen besuchte. Deren Erfolg hing nicht zuletzt vom Vortragsgeschick, wohl auch vom Charisma des betreffenden Lehrers ab. Gerade in ihrer mündlichen Form ist die Popularisierung stets an die Ausstrahlung, die Überzeugungskraft, die Aura einer Person, ihre rhetorischen Gaben und Geheimnisse gebunden. Für Otto Volger (1822–1897) etwa, der 1856 zum Dozenten der Mineralogie und Geologie berufen wurde und später als Gründer des Freien Deutschen Hochstiftes hervortrat, ist das evident.[335]

Zur Vorlesung traten nach der Jahrhundertwende – im Zuge einer Spezialisierung – seit 1911/12 eigene Jugendkurse[336] sowie das Zoologische Praktikum, das in einem zweisemestrigen Kursus auch dem Erlernen des Mikroskopierens und Sezierens diente.[337] Mit Unterstützung der Georg und Franziska-Speyer'schen Studienstiftung konnte eine Zusatzausstattung erworben werden, mit der die Kurse, auch in der technischen Übung, auf wissenschaftliches Niveau gehoben wurden. Das Zoologische Seminar für Fortgeschrittene, das Fritz Römer im Mai 1908 – ein Jahr vor seinem frühen Tod – abhielt, ist der beste Beleg hierfür.[338] Substantiell wie personell wurden diese Veranstaltungen nach 1914 in das Lehrangebot der Frankfurter Stiftungsuniversität übernommen.[339]

Von Anfang an wurden solche Vorlesungszyklen durch einzelne Vorträge ergänzt. Sie fanden – in Frankfurt, aber auch etwa in Bremen – in jener Form statt, wie sie für die Vereinskultur des 19. Jahrhunderts insgesamt typisch war: in Form nämlich von Reden anläß-

333 Diese Aussage beruht auf der Durchsicht sämtlicher erhaltener Teilnehmerlisten. Die disparate Überlieferungssituation läßt keine statistische Auswertung des Materials zu.

334 Vgl. beispielsweise die Teilnehmerliste für 1911/12. SNG Archiv 57. – Zum Hintergrund detailliert Chr. Klausmann: Politik und Kultur der Frauenbewegung im Kaiserreich. Frankfurt/M., New York 1997. – Speziell zur Stellung von Frauen innerhalb der Frankfurter Vereine R. Roth: Das Vereinswesen in Frankfurt am Main als Beispiel einer nichtstaatlichen Bildungsstruktur. In: Archiv für Frankfurts Geschichte und Kunst 64 (1998), S. 143–210, hier S. 173–176.

335 Zur Berufung Volgers vgl. Sitzungsprotokoll, 30.8.1856. SNG Archiv Bd. 3, S. 64. – Zu Volgers problembehaftetem Verhältnis zur SNG vgl. die Schriftstücke des Konvoluts *Volgeriana*. SNG Archiv Bd. 35. – Programmatisch zur Gründung des Freien Deutschen Hochstifts G. H. O. Volger: Das Freie Deutsche Hochstift für Wissenschaften, Künste und allgemeine Bildung zu Frankfurt am Main. Frankfurt/M. 1859. – Vgl. immer noch Fr. Adler: Das Freie Deutsche Hochstift. Frankfurt/M. 1959. – Hinweise auch bei A. Hansert: Bürgerkultur und Kulturpolitik in Frankfurt am Main. Frankfurt/M. 1992, S. 94–96.

336 Vgl. SNG Archiv Bd. 65.

337 Auch hierzu sind Teilnehmerlisten erhalten. SNG Archiv Bd. 59 u. 60. – Vgl. Schäfer (wie Anm. 254), S. 136. – Ab 1910 wurde ein eigener Jugend-Kursus eingerichtet. Vgl. SNG Archiv Bd. 65.

338 Kurzprotokolle dieser Lehrveranstaltung haben sich erhalten. SNG Archiv Bd. 61. – Vgl. Schäfer (wie Anm. 254), S. 140. – Zu Römer vgl. oben Kap. II.1.

339 Zur Universitätsgründung maßgeblich N. Hammerstein: Die Johann Wolfgang Goethe-Universität Frankfurt am Main. Bd. 1: 1914 bis 1950. Neuwied, Frankfurt/M. 1989, S. 17–36.

lich verschiedener Preisverleihungen und Jubiläen[340], vor allem aber anläßlich der Vereinsfeste. Bei solchen Festen, wie sie die Senckenbergische Naturforschende Gesellschaft zunächst im Museum, dann im Frankfurter Forsthaus, später schließlich im eleganten Gesellschaftshaus des Palmengartens veranstaltete, feierte der Verein sich selbst – und legte dabei entschiedenen Wert auf eine öffentlichkeitswirksame Inszenierung. In Frankfurt bildeten die Jahresfeste den Rahmen für die Rechenschaftsberichte der Direktion, die nicht nur die Vereinsmitglieder über die Fortschritte der Sammlungen unterrichteten.[341] Vielmehr legte die Gesellschaft von Beginn an größten Wert auf eine entsprechende Berichterstattung in den öffentlichen Blättern, etwa der „Frankfurter Gemeinnützigen Chronik" oder den „Frankfurter Jahrbüchern".[342] Die Jahresfeste dienten so – nach außen – der Selbstdarstellung des Vereins im öffentlichen Raum. Nach innen trugen sie, in geselliger Runde, bei Wein und Gesang, zur Vergemeinschaftung bei.[343] Bei solchen Festen durften sich auch die passiven, nicht wissenschaftlich tätigen Mitglieder als Teilhaber des Vereins verstehen, und dieser Verein war – etwa im obligatorischen Loblied auf die „die Königin am Maine" – ganz auf den gemeinsamen Lebens- und Erfahrungsraum der Stadt bezogen.[344]

Dabei war es – im sozial umschriebenen Raum der Festversammlung – vor allem eine Vergemeinschaftung durch Wissen, die hier wirksam wurde. Die Jahresfeste dienten in verschiedener Weise der Kommunikation: Zum einen ermöglichten sie das zwanglose Gespräch zwischen den Vereinsmitgliedern und damit einen Gedankenaustausch, der über den engeren Kreis der Naturkunde hinausführen konnte – und sollte. Zum anderen dienten sie der allgemeinverständlichen Präsentation eines Fachwissens, dessen Kenntnis für jedes Vereinsmitglied – und damit eben für den gebildeten Bürger schlechthin – als unerläßlich betrachtet wurde. Diese Präsentation fand nun vorzugsweise in jenen Festreden statt, die

---

340 Vgl. beispielsweise *Nachricht von dem fünfzigjährigen Doktorjubiläum des Herrn Sam[uel] Thom[as] von Soemmerring [...] gefeiert in Frankfurt am Main am 7. April 1828*, Frankfurt/M. [1828]. – *Bericht über das fünfzigjährige Doctor-Jubiläum des Herrn Friedrich Tiedemann [...] gefeiert zu Frankfurt am Main am 10. März 1854*. Frankfurt/M. [1854].

341 *Jahresberichte des ständigen Ausschusses und der Direction an die Gesellschaft am sogenannten Maifeste und andere öffentliche Berichte über die Thätigkeit der Gesellschaft*. SNG Archiv Bd. 37.

342 Vgl. etwa [G. L.] Kriegk: Ueber die Senckenbergische naturforschende Gesellschaft und die Verdienste der hiesigen Einwohnerschaft um dieselbe seit ihrem Bestehen. In: „Frankfurter Gemeinnützige Chronik" v. Juni 1845. – J. Chr. G. Lucae: Ueber das Studium der Zoologie in Frankfurt/M. In: „Frankfurter Gemeinnützige Chronik" v. 7. September 1847, S. 148–151. – Vgl. auch etwa die Berichte in den „Frankfurter Jahrbücher" v. 3.6.1834 u. 16.5.1835.

343 Ein Indiz für die reiche, typisch bürgerliche Festkultur der SNG sind die überlieferten Tisch- und Trinklieder. So beispielsweise *Gesänge zum festlichen Mahle bei der Jahresfeier der Senkenbergischen naturforschenden Gesellschaft am 5. Mai 1824*. Frankfurt/M. [1824]. – *Tafellieder bei der Jahresfeier der Senckenbergischen naturforschenden Gesellschaft am 4. Mai 1845*. [Frankfurt/M. 1845]. – *Tisch-Lieder zur Jubiläums-Feier des Herrn Professor Dr. J[ohann] Ch[ristian] G[ustav] Lucae zu Frankfurt/M., Freitag, den 18. August 1876*. [Frankfurt/M. 1876.] – Eine Auswahl dieser Liederhefte wird im Archiv der SNG verwahrt. Vgl. SNG Archiv Bd. 37, Nr. 56–61.

344 „Wer kennt sie nicht die f r e i e S t a d t, / Die Königin am Maine? / Gleich ihr sich keine andere hat / Im deutschen Lande Lande, keine; / So altersgrau und doch so neu; / So goldgewiegt und doch so treu; / So reich an Ruhm und Ehren, / An Liedern und an Mären." *Festlieder, gesungen am Stiftungsfeste der Dr. Senckenbergischen Naturforschenden Gesellschaft, Sonntag den 20. Mai 1860*. [Frankfurt/M. 1860.]

über das ganze Jahrhundert hinweg gehalten und dokumentiert wurden.[345] Stets deckten sie ein weites Spektrum ab. Im Jahre 1855 etwa waren auf dem Jahresfest der Senckenbergischen Naturforschenden Gesellschaft gleich mehrere solcher Reden zu hören. Sie beschäftigten sich – von Vereinsmitgliedern für Vereinsmitglieder gehalten – mit der „Statistischen Behandlung der Naturwissenschaften und deren Bedeutung für den Staat", mit den „Gebietsgrenzen der Naturwissenschaften", mit dem Verhältnis von „Naturforschung und religiöse[m] Glauben" und schließlich mit dem „Neuen Sprudel in Nauheim".[346]

Allgemeine Probleme der Erkenntnistheorie standen hier problemlos neben speziellen Fragen der Gegenwart. Diese verschiedenen Aspekte verbanden sich zu einem Kommunikationszusammenhang, der von der bürgerlichen Bildungsidee erst ermöglicht worden war. Die Festreden, über deren Inhalte hernach – bei einem guten Glas Rheingauer Riesling – diskutiert werden konnte, transportierten Wissen und förderten seinen Austausch.[347] In ihm hatte nicht nur das Wissen von der Natur seinen Platz. Die Jahresfeste schufen – medial verstärkt – einen öffentlichen Raum, der durchaus politisierbar war. Zumal im Jahrzehnt nach 1848 trug er – wie viele andere bürgerliche Kommunikationsorte – mitunter den Charakter eines politischen Ersatzraumes und diente immer auch der Auseinandersetzung zwischen verschiedenen sozialen Gruppen.[348] Ein streitbarer Mann wie Eduard Rüppell hat diese Auseinandersetzung nie gescheut. Zwischen 1835 und 1858 handelte er in seinen beinahe jährlichen Festreden, die zum Teil im Druck erschienen und auch so zur Popularisierung beitrugen, nicht nur von naturkundlichen Dingen.[349] Vielmehr berichtete er auch anschaulich von seinen afrikanischen Reisen (1835 „Ueber den Nilstrom", 1836 „Physiognomik der Landschaft Abyssiniens"). Daneben prangerte er jedoch auch „Misbräuche bei der Verwaltung der Bibliothek der medicinischen Institute" an und geriet 1858 – dem nicht von ungefähr letzten Jahr seiner Auftritte – in Konflikt mit verschiedenen Gruppen der Gesellschaft, vor allem mit Kirchen und Juden.

Unter dem vermeintlich harmlosen Titel „Ueber die Thiere und Pflanzen der verschiedenen Schöpfungsperioden" bekämpfte Rüppell in dieser Rede zunächst einmal – ohne Rücksicht auf mögliche Friktionen innerhalb des Vereins – gewisse geologische Deutungen des bereits erwähnten Otto Volger, wobei Rüppell – ganz wissenschaftlich – immerhin konzedierte, „daß meine in diesem Punkte von Herrn Volger divergirenden Ansichten rein individuel sind".[350] Allein, diese Ansichten wurden nun eben in einer größeren Öffentlichkeit vorgetragen. Zusätzliches Gewicht erhielten sie durch den Umstand, daß sie die biblische Schöpfungsgeschichte – die im naturhistorischen Diskurs des 19. Jahrhunderts durchaus nicht überall in Zweifel gezogen wurde – einem fundamentalen Angriff aussetzten.[351] Der

345 Vgl. SNG Archiv Bd. 76. – Zum Hintergrund Daum: Wissenschaftspopularisierung (wie Anm. 165), S. 103–118.

346 Protokoll der öffentlichen Sitzung v. 21.5.1855. SNG Archiv, Bd. 5, fol. 31f.

347 Zur Vereinskultur vgl. oben Kap. I.1.2.

348 Mit Blick auf Naturkundliche Vereine Daum: Wissenschaftspopularisierung (wie Anm. 165), S. 468–471. – Vgl. etwa auch W. Siemann: Gesellschaft im Aufbruch. Deutschland 1849–1871. Frankfurt/M., S. 261–264.

349 Die Manuskripte in SNG Archiv Bd. 76.

350 Rüppell: *Ueber die Thiere* (wie Anm. 171).

351 Dazu u.a. A. Kelly: The Descent of Darwin. Chapel Hill 1981. – Instruktiv J. H. Roberts: Darwinism and the Divine in America. Protestant Intellectuals and Organic Revolution, 1859–1900. Madison 1988. –

entscheidende Punkt lag darin, daß Volgers geologische Theorien – auf die hier nicht weiter einzugehen ist – eine *gleichzeitige* Erschaffung aller Tiere und Pflanzen voraussetzte. Rüppell hingegen sprach sich – gegen den Wortlaut der Genesis und noch *vor* Erscheinen von Darwins einflußreicher Studie über die Entstehung der Arten – „für die Annahme verschiedener Schöpfungsperioden“ aus.[352]

Diese zunächst innerwissenschaftliche Auseinandersetzung wurde in Rüppells Rede nun aber in einen größeren Kontext gestellt, der die Frage der Schöpfungsperioden in den säkularen Konflikt zwischen Religion und Naturwissenschaft, Glaube und Vernunft einordnete und damit in einem weiteren politischen Sinne für Zündstoff sorgte. Rüppell, der erklärte Liberale, nahm für seinen Standpunkt in der Auseinandersetzung mit Volger jene Haltung des „denkenden Naturforscher[s]“ für sich in Anspruch, „der seinem Geiste nicht durch Glaubensmisterien [!] Schranken setzen läßt, durch welche die verschiedenen Religions-Dogmatiker die Menschen abhängig zu machen bemühet sind“. Der Raum des Jahresfestes wurde hier zum Ort einer ebenso fortschrittlichen wie scharfen Ideologiekritik. Der Naturforscher – so polemisierte Rüppell 1858, nur vier Jahre nach der feierlichen Proklamation des Dogmas von der Unbefleckten Empfängnis – beschäftige sich „nie mit Grübeleien über die Accessonien bei Himmel oder Höllenfahrten, über das Wunder der unbefleckten Empfängnis oder des Trockenlegens eines Weltmeerarmes Behufs des Durchgangs eines flüchtigen Volksstammes, denn das sind Sachen des Glaubens und dogmatische Lehren, die keine logischen Erklärungen gestatten.“

Rüppell hingegen sprach sich – in seinem Kampf gegen eine *einheitliche* Schöpfungsgeschichte – für „die Annahme periodischer Revolutionen“ aus, „welche die vorhandene Thier- und Pflanzenschöpfung störten“ – und wer Ohren hatte zu hören, mochte die Wendung von den ‚periodischen‘, gleichsam naturnotwendigen Revolutionen durchaus auf die Ereignisse der Jahre 1848/49 beziehen, die zumal in Frankfurt noch außerordentlich präsent waren.[353] Und einem Mann wie Rüppell, der ein erklärter Republikaner war und schließlich 1867 den Frankfurter Behörden – aus Protest gegen die im Jahre zuvor erfolgte Annexion der Stadt – aus seinem Schweizer Exil den „Austritt aus dem Bürgerverband“ anzeigte[354], waren solche rhetorischen Transfers, die naturkundliches Wissen beinahe unmerklich in politische Deutung verwandelten, jedenfalls nicht fremd.

Zugleich verband Rüppell diese Interpretation, die eine bewußte Popularisierungsleistung darstellte, mit Attacken gegen den im Entstehen begriffenen Zoologischen Garten – und insofern auch gegen die Frankfurter Juden.[355] Der Zoo – zu dieser Zeit, wie bereits

---

Zum Zusammenhang von Feireligiösen und Darwinismus ausführlich Daum: Wissenschaftspopularisierung (wie Anm. 165), S. 193–209.

352 Rüppell: *Ueber die Thiere* (wie Anm. 171). – Dort auch die folgenden Zitate. – Zum Hintergrund Kramer (wie Anm. 2), S. 310–312. – Zu Rüppells weltanschaulichem Standpunkt vgl. W. Klausewitz: Eduard Rüppells religiöse Einstellung. In: Natur und Museum 129 (1999), S. 249–253.

353 Hierzu u.a. R. Roth: Stadt und Bürgertum in Frankfurt am Main. München 1998, S. 464–470. – Vgl. auch Chr. Klausmann u. U. Ruttmann: Die Tradition der Märzrevolution. In: *1848. Aufbruch zur Freiheit.* Berlin 1998, S. 159–163, bes. S. 160.

354 *Heimathschein für unverheirathete Personen*, Basel, 4.5.1867. SNG Archiv Bd. 78.

355 Zur Gründung des Frankfurter Zoologischen Gartens vgl. oben Anm. 173. – Darüber hinaus auch Roth: Stadt und Bürgertum (wie Anm. 353), S. 459f. – Zur Stellung der Juden im Frankfurter Vereinsnetz vgl. A. Hopp: Jüdisches Bürgertum in Frankfurt am Main. Stuttgart 1997, S. 99–120.

gesagt, ein gefürchteter Konkurrent der Naturhistorischen Museen –, der für weite Teile des Publikums aufgrund seiner lebendigen Anschaulichkeit und vermeintlichen Authentizität ausgesprochen attraktiv war, galt dem Redner im Grunde nur als eine bessere Schankwirtschaft. Den Frankfurter Bürgern, die Aktien gezeichnet hatten, mit deren Hilfe der Zoologische Garten errichtet werden sollte, sei – so Rüppells Polemik – durch die Züchtung und den Verkauf „auch junge[r] Hunde und schöne[m] Federvieh", wie er durch den Zoologischen Garten angeblich betrieben werden sollte, ein „erkleckliche[r] Gewinn" in Aussicht gestellt worden.[356] Solche „Actienschwindeleien" seien jedoch „eine Hauptliebhaberei der gegenwärtigen Generation, besonders bei einer gewissen Glaubensgenossenschaft, die in Frankfurt sehr zahlreich vorhanden ist."

Damit war Rüppell nun zum Schicksal jenes ‚flüchtigen Volksstammes' zurückgekehrt, der in seiner Rede bereits zuvor eine äußerst zweifelhafte Rolle gespielt hatte. Bei den Juden, die die Einrichtung eines Zoologischen Gartens in Frankfurt unterstützten, fand jedenfalls Rüppell „auch nicht de[n] entfernteste[n] Trieb die Naturwissenschaften zu fördern". Dies gedachte er durch den Hinweis zu belegen, „daß von dieser durch Religions-Cultus von den alten Frankfurter Bürgern verschiedenen Einwohner-Classe, obgleich sie anerkanntermaßen jetzt den bei weitem größten Theil des Wohlstandes unsers Staates an sich gebracht [!] hat, bei unserer gemeinnützigen, wissenschaftlich sich so vortheilhaft auszeichnenden naturforschenden Gesellschaft unter den 24 ewig beitragenden Mitgliedern nur durch <u>Einen</u> vertreten ist, während sich unter den 210 übrigen Mitgliedern [...] nicht einmal 7 pro Cent befinden!!"

Das antijüdische, hier scheinbar objektiv-statistische Argument, das für den Zuhörer 1858 nicht unmittelbar nachprüfbar war, wurde so in einen komplexen, von Rüppell bewußt simplifizierten Zusammenhang gestellt: Tatsächlich ging es in der Festrede des Jahres 1858 um nichts Geringeres als um die grundlegende Struktur der musealen Wissenskultur. Sollte sich diese Kultur, so lautete dabei die implizite Frage, den attraktiven, auf Effekt hin angelegten Inszenierungen Zoologischer Gärten annähern, oder sollte sie weiterhin vor allem als eine Einrichtung der Forschung, der gebildeten Kommunikation wirken? Die Beantwortung dieser Frage hat das Senckenberg-Museum – wie viele andere Häuser – von Anfang an in ein Dilemma zwischen wissenschaftlichem Anspruch und öffentlicher Wirkungsabsicht gebracht – und es ist nicht von der Hand zu weisen, daß gerade aus diesem Dilemma, das wir vielleicht besser als eine Grundspannung bezeichnen sollten, das eigentlich kreative Potential der Museen resultierte.

Diese kreativen Lösungsversuche entwickelten sich im Prozeß der Popularisierung, der in Rüppells Festrede des Jahres 1858 eine ganz eigene Kontur gewann. In seinen Ausfällen gegen die Frankfurter Juden – die allerdings nur im Zusammenhang mit einer gewissen Angst vor der Zoogründung recht zu verstehen sind – machte Rüppell den Raum des Museums dezidiert zu einem Ort der sozialen und so immer auch der politischen Auseinandersetzung. Diese Auseinandersetzung, die in vielen anderen Fällen einen Kommunikationszusammenhang zwischen den Vereinsmitgliedern und der Öffentlichkeit gerade erst herstellte, sorgte hier unweigerlich für Spannungen.[357] Er beförderte die Vergemeinschaftung nicht, sondern stellte sie in Frage. Das öffentliche Bild des Vereins, aber auch sein innerer Zu-

---

356 Rüppell: *Ueber die Thiere* (wie Anm. 171). – Dort auch die folgenden Zitate.
357 Hierzu und zum folgenden Kramer (wie Anm. 2), S. 311f.

sammenhang drohten beschädigt zu werden. Die Direktion der Senckenbergischen Naturforschenden Gesellschaft untersagte Rüppell – dem zentralen Mann des Vereins – jede weitere Festrede. Durch Elemente der Popularisierung durfte die museale Praxis zwar in den sozialen Kontext gestellt und insofern politisiert werden. Niemals jedoch durfte sie selbst politisch, im wissenschaftlichen Sinne unseriös werden, wollte sie ihren Status bewahren.

Diesem Grundsatz blieben auch – darauf sei am Schluß dieses Abschnitts zumindest hingewiesen – die vielen Vorträge verpflichtet, zu denen die Senckenbergische Naturforschende Gesellschaft im Laufe des Jahrhunderts immer wieder auswärtige Gelehrte nach Frankfurt einlud, wo sie sich einem größeren, über den Kreis der Gesellschaft hinausreichenden Publikum präsentierten. Unter den Referenten fanden sich dabei klangvolle Namen der zeitgenössischen Wissenschaftspopularisierung. So hielt etwa der bereits erwähnte Emil Adolf Roßmäßler, nach seiner Zeit als Abgeordneter der Frankfurter Paulskirche zum korrespondierenden Mitglied ernannt,[358] für die Senckenbergische Naturforschende Gesellschaft vielbeachtete Vorträge, die – durch ihren rhetorischen Gestus und ihre Untermalung mit Präparaten und Wandtafeln – als Inbegriff einer populären Naturwissenschaft gelten durften.[359] Anfragen, die auf das *nur* Populäre, wenn nicht gar auf das Spektakuläre zielten, wurden jedoch, wie etwa im Falle des Frankfurter Suggestionisten Albin Krause oder des ‚Fakirs' Soliman Ben Aïssa aus Nürnberg, regelmäßig abgelehnt.[360] Auch hier hatte das Museum einen Ruf zu verteidigen.

Der größeren Anschaulichkeit der Vorträge und Vorlesungen, wie wir sie hier am Beispiel des Frankfurter Hauses – das als Vereinsmuseum in mancher Hinsicht singulär war, in seiner Verbindung der verschiedenen Methoden des Popularisierungsprozesses jedoch als besonders typisch gelten darf – vorgestellt haben, dienten spezielle Medien. Mittel der Visualisierung, wie sie Roßmäßler etwa in Form von Präparaten und Wandtafeln benutzte, waren keine Ausnahme. Am Ende des Jahrhunderts verfügte das Senckenberg-Museum über eigene Lehr- und Studiensammlungen, wie sie bereits zuvor in akademischen Häusern wie etwa dem Berliner Universitätsmuseum gebräuchlich gewesen waren.[361] Als eine zusätzliche Möglichkeit, Wissen anschaulich und damit zugleich plausibel zu präsentieren, etablierte sich die Exkursion, der gemeinsame Studienaufenthalt in der freien Natur also, wie er in Verbindung mit Vorlesungen durch verschiedene Häuser angeboten wurde.

---

358 Dazu Sitzungsprotokoll, 21.4.1849. SNG Archiv Bd. 4, S. 126.

359 Vgl. Sitzungsprotokoll, 27.12.1849. SNG Archiv Bd. 4, S. 137. – Roßmäßlers eigene Schilderung in: E. A. Roßmäßler: Mein Leben und Streben im Verkehr mit der Natur und dem Volke. Hannover 1874, S. 148f. – Biographische Hinweise bei Daum: Wissenschaftspopularisierung (wie Anm. 165), S. 507f.

360 Zu beiden vgl. Sitzungsprotokoll, 25.2.1893. SNG Archiv Bd. 8, S. 21.

361 Vgl. etwa Römer: Festrede (wie Anm. 148), S. 24. – Zur Veranschaulichung von Vorlesungen über dynamische Geologie wurde etwa 1892 in Berlin der Kauf verschiedener Lehrmittel (beispielsweise Modelle von Gletschern, Steilküsten, Vulkaninseln und Erosionsschluchten) beantragt und genehmigt. Beyrich an Ministerium, Berlin, 18.2.1892. GStA PK I.HA Rep. 76 Va Sekt. 2 Tit. X Nr. 21 Bd. XV, fol. 305–308.

6. Exkursionen

Die Wände des Museums schlossen die Sammlungen von der Außenwelt ab. Transparent wurden sie jedoch insbesondere durch Exkursionen, die einen unmittelbaren Bezug zwischen den Museumsobjekten und der Natur selbst herstellten. Sie schulten – unter Anleitung – den Blick des Besuchers, weiteten seine Perspektive und machten ihn nun ganz zum beobachtenden Forscher.[362]

Während der Besuch eines Museums die Inszenierung von Natur zeigte, versprach die Exkursion das Erlebnis der ‚Natur selbst'. Dieses Versprechen war – angesichts der domestizierten Kulturlandschaften, in die sich ‚die Natur' seit Jahrhunderten verwandelt hatten, – eine Fiktion.[363] Allerdings besaß sie hohe Plausibilität. Die Exkursionen vermochten daher nicht nur Bekanntes zu rekapitulieren, sondern es neu zu thematisieren. Sie bildeten – das muß gegen manche, im einzelnen gewiß nicht unberechtigte zivilisationskritische Deutungen betont werden – nicht den Schwanengesang auf die Natur in einer vermeintlich feindlichen Welt der Industrialisierung, sondern konturierten Natur und Heimat – und so vor allem die heimische Natur – zuallererst als eigenen Raum des Wissens, den es aufmerksam und durchaus neugierig zu erkunden galt.[364] Lehrausflüge dienten daher dem übergeordneten „Interesse der geologischen und biologischen Heimatkunde"[365] – wobei von dem durchaus schillernden Charakter des Deutungsmusters ‚Heimat' im nächsten Kapitel noch zu handeln sein wird.

Museumssammlung und Exkursion – so läßt sich der Zusammenhang auf den Punkt bringen – verhielten sich komplementär zueinander. Während die biologische Gruppierung, die man bei Exkursionen kennenlernte, dem Teilnehmer – etwa mit Blick auf Phänomene der Evolutionstheorie – „die augenblicklichen Anpassungen" vor Augen führte, zeigte das Museum die Anpassungen „früherer Generationen".[366] Gegenwart und Vergangenheit wurden in einen Zusammenhang gebracht, der die Perspektive des Betrachters erweiterte – und zugleich verfeinerte. Exkursionen – die Expeditionen des kleinen Mannes – veranschaulichten das taxonomische System und trugen so ihrerseits zum Wechsel vom ‚System' zum ‚Leben' bei.

In Frankfurt etwa wurden – in Ergänzung zu den Gesellschaftsvorlesungen – schon seit den frühen 1880er Jahren verschiedene Tagesexkursionen angeboten.[367] In Berlin verfügte

---

362 Hierzu und zum folgenden Köstering, S. 267–272.

363 Hierzu R. P. Sieferle: Opposition gegen Technik und Industrie von der Romantik bis zur Gegenwart. München 1984. – Ders.: Rückblick auf die Natur. München 1997.

364 Diese Deutung exemplarisch bei C. Applegate: A Nation of Provincials. Berkeley, Los Angeles, Oxford 1990, S. 63–78. – Vgl. auch Köstering, S. 370. – Zur Lebensreformbewegung und ihrem Naturbild vgl. immer noch W. R. Krabbe: Gesellschaftsveränderung durch Lebensreform. Göttingen 1974. – Ein Überblick über einzelne Strömungen bei D. Kerbs u. J. Reulecke (Hrsg.): Handbuch der deutschen Reformbewegungen 1880–1933. Wuppertal 1998.

365 K. Fricke: Biologische Heimatkunde in der Schule. Bremen 1909, S. 7.

366 Fr. Dahl: Das zoologische Museum als Mittel zur Volksbelehrung. In: Museumskunde 5 (1909), S. 90–96, hier S. 96.

367 Die Titel der Veranstaltungen lauteten etwa: „Ueberblick über die geologischen Verhältnisse der Umgegend Frankfurts mit Excursionen", „Die Geologie des Mainzer Beckens und seiner Ufer. Exkursionen am Samstag oder Sonntag", „Einführung in die Mineralogie, verbunden mit Excursionen nach den benachbarten Gebirgen". SNG Archiv Bd. 62.

das Museum für Naturkunde seit 1901 über einen eigenen Exkursionsfonds, der allerdings – hier erwies sich einmal mehr der akademische Rahmen als entscheidend – in erster Linie für Studenten gedacht war. Immerhin konnten so bereits 1901/02 sechs verschiedene geologisch-paläontologische Exkursionen veranstaltet werden, die in der Regel etwa fünfzehn Teilnehmer in die sächsische Schweiz, in den Harz oder andere deutsche Mittelgebirge führten.[368]

Während diese Exkursionen genuin fachwissenschaftliche Veranstaltungen blieben, richteten sich die von Friedrich Dahl, dem Berliner Kustos, geleiteten Exkursionen in die nächste Umgebung bewußt an die größere Öffentlichkeit. Im Rahmen der von der *Centralstelle für Arbeiter-Wohlfahrtseinrichtungen* organisierten Museumsführungen bot Dahl seit 1898 mehrfach je zwei Vorträge mit einem obligatorischen „Ausflug in den Grunewald" an.[369] Sein Interesse an Exkursionen resultierte dabei aus ganz praktischen, didaktischen Überlegungen. Schon als junger Dozent an der Universität Kiel war Dahl zu der Auffassung gelangt, daß Studenten sich abstrakte taxonomische Einheiten besser merken konnten, wenn sie durch Veranschaulichung ‚nachvollziehbar', ja ‚plausibel' gemacht wurden.[370] Eben diese Veranschaulichung vermochten Exkursionen zu leisten, die den einzelnen Gegenstand – die taxonomische Einheit also – in seinem natürlichen Kontext zeigten und ihn auf diese Weise erklärten. Der Wechsel von der deduktiven zur induktiven Methode, von dem wir bereits sprachen, prägte auch die Exkursionen. Sie wollten einen „Einblick in den inneren Zusammenhang der Naturerscheinungen" vermitteln und so zugleich das „Verständnis für die uns umgebende Natur" entwickeln.[371]

Der *handlungsleitende* Aspekt der Exkursion, die Förderung des Heimatgedankens, stand den Zeitgenossen mehr oder weniger deutlich vor Augen. Die Exkursion wollte allerdings nicht nur Einstellungen und Handlungen evozieren, sie *war* auch bereits Handlung, sie war Bewegung. Das Publikum, der Arbeiter wie die Hausfrau, der Volksschullehrer wie der Student, er*wanderte* sich nun das Wissen – und das Wandern spielte in dieser Zeit – nicht nur im Kontext der sich formierenden Jugendbewegung – seine ganz besondere Rolle.[372] Ja, es wirkte sogar auf den Museumsbesuch selbst zurück. Franz Doflein etwa bot seinen gedruckten Führer durch die Münchner Staatssammlungen als „Sechs Wanderungen" an[373], und auch Heinrich Lenz gab seinen Museumsüberblick als „Wanderung" aus.[374]

In solchen Wanderungen – auf Exkursionen, aber auch in Sammlungsführungen – suchte das Museum den Anschluß an die Erfahrungswelt seines Publikums. Wie erfolgreich sich das Wandern um 1900 als Freizeitbeschäftigung etablierte, wie sehr es sich dabei mit Ausflügen, Liedern und Festen als eigene Praxis einrichtete und in welchem Maße es den Ge-

368 Jaekel an Ministerium, Berlin, 27.3.1902. GStA PK I.HA Rep. 76 Va Sekt. 2 Tit. X Nr. 21 Bd. XVIII, fol. 107–108v.

369 Fr. Dahl: Das Tierleben im Grunewald. Jena 1902, Vorwort.

370 Vgl. ders.: Wie ist der Studierende in die Kenntnis der einheimischen Tiere einzuführen? In: Natur und Schule 6 (1907), S. 552–558.

371 Fricke (wie Anm. 365), S. 60.

372 Vgl. etwa Applegate (wie Anm. 364), S. 77. – Als Fallstudie: S. Falk: Der Sauerländische Gebirgsverein. Bonn 1990, bes. S. 40–68.

373 Vgl. Doflein (wie Anm. 270). – Eine „Wanderung" durch das Museum auch bei Lampert (wie Anm. 213), S. 107.

374 H. Lenz: Eine Wanderung durch deutsche und ausländische Museen. Lübeck 1903.

danken der Heimatpflege und des Heimatschutzes transportierte, ist bekannt.[375] Auf der Wanderung eroberte sich der Massenmensch gleichsam die Natur zurück. Insofern war das Wandern durchaus eine Kompensationserscheinung der Moderne, es drückte Zivilisationskritik aus – und verdrängte sie zugleich. Die Natur, die dabei vermeintlich zurückerobert wurde, war freilich bereits in hohem Maße selbst das Produkt der Zivilisation. Die großstädtischen Naherholungsgebiete, bequem durch die Stadtbahn erreichbar, mit Aussichtstürmen und Ausflugslokalen durchsetzt, von eigens angelegten Wanderwegen durchzogen, waren der Ausdruck eines Bildes von der Natur, das – in einer typischen Ambivalenz – modern und anti-modern zugleich war.[376]

Gerade diese Ambivalenz gilt es zu betonen: Das Wandern war nicht allein eine Flucht aus der Wirklichkeit der modernen Industriegesellschaft, sondern mehr noch und vor allem eine spezielle Form ihrer Aneignung. Es unterzog Natur und Landschaft einer Neubewertung, es formte die Natur in neuer Weise zu einem eigenen Erkenntnis- und Erlebnisraum. Und wie das sonntägliche Wandern in der Familie, der Gruppe und dem Verein stets auch den Zusammenhalt zwischen den einzelnen Teilnehmern stärkte, so erwies sich auch die Exkursion als Form einer Vergemeinschaftung, die durch geteiltes Wissen und gemeinsames Erleben entstand. Die Exkursion war so die gemeinsame Suche nach Orientierung in einer immer unübersichtlicheren Welt, war Teil des alten, allseitig ausgerichteten Bildungsprogramms der ‚Wanderjahre', der *années de pèlerinage*, und insofern immer auch ein Pilgerzug in die Natur.

7. Vom ‚Forschungsmuseum' zum ‚Volksmuseum'? – Der Stand der Popularisierungsdebatte am Ende des Jahrhunderts

Der Prozeß der Popularisierung, der die Trennung von Haupt- und Schausammlung zur Voraussetzung hatte und sich seit dem letzten Jahrhundertdrittel verschiedener Medien wie Führern und Führungen, Publikationen, Vorträgen und Exkursionen bediente, resultierte, wie wir gesehen haben, in Deutschland zunächst aus wissenschaftsimmanenten Entwicklungen. Erst am Ende des Jahrhunderts wurde die Reform des Naturhistorischen Museums verstärkt als Sozialreform interpretiert. Der Kreis der Akteure innerhalb der musealen Kultur des Wissens erweiterte sich – und damit gewann zugleich die alte Frage nach der spezifischen Ausrichtung dieser Kultur, nach dem Verhältnis also von Wissenschaftsanspruch und Öffentlichkeitsbezug, eine neue Bedeutung.

Dabei ist diese Frage im 19. Jahrhundert – wie auch später – nicht abschließend beantwortet worden. Die Antworten fielen von Haus zu Haus recht unterschiedlich aus. Sie waren abhängig vom wissenschaftlichen Profil des Museums, von seiner Trägerschicht wie von seinen Mitarbeitern, mithin von jenen personellen und materiellen Ressourcen, von denen

---

375 Zum Heimatschutz v.a. A. Knaut: Die Wurzeln der Ökologiebewegung. Greven 1993. – Der geistesgeschichtliche Hintergrund bei Nipperdey II, S. 182–186.

376 Vgl. etwa V. Drehsen u. W. Sparn: Die Moderne: Kulturkrise und Konstruktionsgeist. In: Vom Weltbildwandel zur Weltanschauungsanalyse. Berlin 1996, S. 11–30. – Zur Zivilisationskritik im Kaiserreich u.a. B. Besslich: Wege in den Kulturkrieg. Darmstadt 2000. – Für den Bereich der Kunst: C. Hepp: Avantgarde. München 1987. – W. J. Mommsen: Bürgerliche Kultur und künstlerische Avantgarde. Frankfurt/M., Berlin 1994.

im zweiten und dritten Kapitel die Rede war. Die verschiedenen Standpunkte, die sich mit den oftmals polemisch akzentuierten Schlagworten ‚Forschungsmuseum' und ‚Volksmuseum' verbanden, wurden überdeutlich in den Diskussionen anläßlich der 1903 in Mannheim ausgerichteten Konferenz „Museen als Volksbildungsstätten". Von ihnen soll nun zum Schluß dieses Kapitels berichtet werden.[377]

Nicht von ungefähr fand die Konferenz – die erste deutsche Museumsfachtagung überhaupt – als Veranstaltung der *Centralstelle für Arbeiter-Wohlfahrtseinrichtungen* statt, die uns bereits mehrfach als Teil der Volksbildungsbewegung begegnet ist. So standen vor allem praktische Fragen der Volks- und Arbeiterbildung, nicht theoretische Entwürfe im Zentrum der Konferenz. Die Idee zur Durchführung dieser Veranstaltung hatten der Leiter der *Centralstelle*, der Vortragende Rat im preußischen Handelsministerium, Post, und sein Mitarbeiter Heinrich Sohnrey bei einem Besuch des 1901 neueröffneten Altonaer Museums gewonnen, das unter der Direktion des bereits mehrfach erwähnten Otto Lehmann geradezu zu einem Modell, ja Paradigma eines volksbildenden Museums geworden war.[378] Und Lehmann, der sich in seinem Haus ganz für ein biologisches Profil entschieden und eine für das Publikum außerordentlich attraktive, auf Anschaulichkeit und Dekor zielende Sammlungspräsentation geschaffen hatte, wurde schließlich in der Tat zur dominierenden Figur der Mannheimer Tagung, die freilich nicht allein *Naturhistorischen* Museen gewidmet war.

Die Tagung wurde von insgesamt 180 Teilnehmern besucht, unter denen sich allein 70 interessierte Mannheimer Bürger, zahlreiche Vertreter von Behörden und Verwaltungen, Abgesandte von Vereinen und Verbänden, Lobbyisten der Sozial- und Kulturarbeit, indes nur vierzehn Vertreter Naturhistorischer Museen befanden – unter ihnen Hugo Schauinsland und Karl Möbius.[379] Die Referate der Tagung erhoben die Entwicklung der öffentlichen Sammlungen zu einer Geschichte des wissenschaftlichen Fortschritts und so zugleich zum Beleg des permanenten Fortschreitens bürgerlicher Ideen und Werte überhaupt.[380] Sie boten – im Kontext der Volksbildungsidee – gewissermaßen eine internationale Leistungsschau der Museen, wobei Beispiele aus Skandinavien, Großbritannien und den USA nicht fehlten. In der Diskussion über die bestmögliche Einrichtung der Museen, über Präsentationsstrategien und Popularisierungsmedien, ließ man noch einmal die unterschiedlichen Ansätze Revue passieren: die Inszenierung Biologischer Gruppen und Heimatensembles, die Vorzüge und Nachteile des sogenannten Fischgrätsystems, die Idee des konzentrierten Betrachtens, die Bedeutung der Hintergrundfarbe (hinsichtlich derer Möbius einmal mehr für sein Graugelb warb), die Psychologie und Physiologie des Blicks.[381]

---

377 Zur *Centralstelle* vgl. oben Anm. 221. – Zum folgenden vgl. Köstering, S. 226–237. – Hinweise auf die Mannheimer Tagung auch bereits bei J. Schuster: Geschichte und Idee des naturwissenschaftlichen Museums. In: Archiv für Geschichte der Mathematik, Naturwissenschaft und Technik 11 (1928), S. 178–192. – Zur *Centralstelle* im Kontext der Museumsreform auch Kuntz (wie Anm. 33), S. 31f. u. 108–124.

378 *Vorberichte für die 12. Konferenz am 21. und 22. September 1903 in Mannheim.* Hrsg. v. d. Centralstelle für Arbeiter-Wohlfahrtseinrichtungen. Berlin 1903. – Material zum folgenden auch in UAHU Berlin MfN Bd. 131.

379 Eine Aufstellung der Teilnehmer in UAHU Berlin MfN Bd. 131.

380 Vgl. etwa A. Lichtwark: Museen als Bildungsstätten. In: *Die Museen als Volksbildungsstätten* (wie Anm. 238), S. 6–12.

381 Vgl. ebd., S. 131–133, bes. S. 132.

Dabei war nicht zu verkennen, daß sich Möbius' Strategie der ‚Lesbarkeit' der Sammlung kaum noch gegen das neue Dogma der Anschaulichkeit behaupten konnte. Biologische Gruppen und Dioramen – ‚lebenswahr' und ‚authentisch' präsentiert – dominierten die Szene.[382] Die Mannheimer Tagung hat diese Dominanz nicht ausgelöst, wohl aber befördert. Tatsächlich wandelten sich nach 1903 – im Zuge der Um- und Neubauten vieler Häuser – die Sammlungsinszenierungen so, wie es in den Mannheimer Diskussionen gefordert worden war. Die Tagung leistete ihren Beitrag im übergreifenden Prozeß der Biologisierung der musealen Praxis. Nicht immer äußerte er sich so unmittelbar wie in der Stadt Mannheim selbst, wo der Verein für Naturkunde mit Hilfe einer Spende Karl Friedrich Reiß' gleich 1904 bei Heinrich Sander in Köln, dem ‚Hauspräparator' des Altonaer Museums, verschiedene Biologische Gruppen in Auftrag gab.[383] Aber auch die Impulse für das Karlsruher Naturalienkabinett, das 1910 eine biologische Vogelsammlung eröffnete und in der Folge bis 1935 die gesamte tiergeographische in eine biologische Präsentation umwandelte, waren nicht zu übersehen.[384] Schließlich zeigte etwa auch das Wiesbadener Naturhistorische Museum seit 1905 erste Biologische Gruppen[385], das Hamburger Haus vermehrte ihre Anzahl zwischen 1903 und 1914 ganz beträchtlich[386], das Mainzer Naturhistorische Museum präsentierte bei seiner Eröffnung 1910 gleich 17 Biologische Gruppen.[387] Von der Frankfurter Entwicklung war bereits ausführlich die Rede.

Diese neue visuelle Kultur, die in vielen Museen der Zeit ihren Einzug hielt, konnte dabei durchaus als Versuch verstanden werden, „den Beschauer", in den Worten Hugo Schauinslands, der in Mannheim ein Grundsatzreferat hielt, „zur ästhetischen Betrachtung der Natur anzuregen, ihm das Auge zu öffnen und ihm die Fähigkeit zu erschließen, durch liebevolle Beobachtung der ihn überall in so unendlicher Fülle umgebenden Welt der Organismen, wieder wahren Naturgenuß, Freude und Erholung zu finden."[388] Die Ziele, deren Erreichung der Umgang mit Natur versprach – Genuß, Freude, Erholung – hatten sich seit dem Beginn des Jahrhunderts kaum verändert.[389] Was sich jedoch fundamental gewandelt hatte, waren die Strategien, mit deren Hilfe diese Ziele verfolgt wurden. Statt ‚Aufmerksamkeit' und rationalem Erfassen setzte die museale Kommunikation im Zeitalter der Massen auf ‚Anschauung' und ‚ästhetische Betrachtung'.

Dieser Widerstreit, in dem sich zugleich der tiefere Konflikt um den Primat zwischen Forschung und Präsentation abzeichnete, gewann in Mannheim an Brisanz. Otto Lehmann, auf dessen Affinität zu Jugendstil und Kunstgewerbebewegung wir im zweiten Kapitel be-

---

382 Vgl. etwa K. Lampert: Die naturhistorischen Museen. In: Ebd., S. 20–26, hier S. 24.

383 Vgl. Jb. des Mannheimer Vereins für Naturkunde 1906, S. 112.

384 Hierzu R. Angst: Kurze Geschichte der Zoologischen Abteilung. In: Rietschel (wie Anm. 4), S. 49–64. – Vgl. auch G. Mayer: Beiträge zur Geschichte der Badischen Landessammlungen für Naturkunde in Karlsruhe. Teil 13: Von Dienern und Präparatoren des Naturalienkabinetts. In: Carolinea 40 (1982), S. 113–124, hier S. 120f.

385 Vgl. Fr. Heineck: Geschichte des Nassauischen Vereins für Naturkunde und des Naturhistorischen Museums der Stadt Wiesbaden. In: Jb. des Nassauischen Vereins für Naturkunde 80 (1929), S. 3–40.

386 Vgl. *Führer durch das Naturhistorische Museum (Zoologisches Museum) zu Hamburg*. Hamburg 1914, S. 3f.

387 Dazu Fr. O. Neuffer: Geschichte des Naturhistorischen Museums und seiner Sammlungen. In: Lebendiges Rheinland-Pfalz 21 (1984), S. 129–138. – 75 Jahre Naturhistorisches Museum Mainz. [o.O. 1986].

388 H. Schauinsland: Das Städtische Museum (wie Anm. 238), S. 30.

389 Vgl. oben Kap. I.2.

reits hingewiesen haben, plädierte für eine radikal ästhetische Präsentationsweise, die nicht mehr das einzelne Naturobjekt – etwa als Repräsentant des taxonomischen Systems –, sondern vielmehr die ‚Natur selbst' zeigen wollte.[390] Nicht mehr die einzelne Information, sondern das Bild des Ganzen sollte vorherrschen; nicht das Detail, sondern der Gesamt*eindruck* sollte – was beinahe impressionistisch wirkte – entscheidend sein. Wo das Museum bislang allenfalls Ausschnitte gezeigt hatte, bot die Natur vermeintlich das ‚ganze Bild' – und dieses sollte nun auch im Museum entstehen, und zwar nicht wie bisher durch Analyse, sondern mittels einer Synthese.[391]

Das Beispiel, das Lehmann in diesem Zusammenhang präsentierte, nahm so in vielem die geistesgeschichtlichen Schlüsselkategorien wie ‚Ganzheit', ‚Totalität' und ‚Erlebnis' vorweg. „Ein Spaziergänger", so ging die Geschichte, gerät „auf einsamem Waldwege an einen Fuchsbau, vor dem das Geheck sich spielend balgt. Er bleibt ganz gewiß stehen. Ihn interessiert zunächst dabei nicht die Gestalt der einzelnen Tiere, nicht ihre Farbe, nicht die täppischen Bewegungen, nicht die Bauart der Höhle – die Einzelheiten verschwinden, das Bild im Ganzen aber, die Höhle mit ihrer Umgebung und die Tiere davor, ist von der nachhaltigsten Wirkung."[392] Dieses ‚totale' Bild war im Museum nur als Illusion, als Glitzerwerk der Kunst, zu denken. Nur sie, so Lehmann, schaffe „bleibende, dauernde, wertvolle Eindrücke".[393] Es ging nicht mehr um wissenschaftliche Erklärungen einzelner Gegenstände, sondern um „lebendige, fruchtbare Anschauungen von der Natur".[394]

Die Kultur des Visuellen, wie sie sich nach der Jahrhundertmitte zunächst aus wissenschaftlichen Gründen – durch den Wechsel von der Systematik zur Biologie – etabliert hatte, gewann an Dynamik und formte eine eigene Logik aus. Die Anschaulichkeit, die den Bedürfnissen des nicht weiter vorgebildeten Massenpublikums entgegenkam, gewann Macht über die Sammlung.[395] Die ‚Anschauung', das gleichsam intuitive, voraussetzungslose Schauen, wurde – nicht nur in Frankfurt und Bremen – zur dominierenden Form der musealen Kommunikation. Für die Kultur des Wissens hatte dies einschneidende Konsequenzen. Sie zeichnete sich – zumindest in der Lehmannschen Konzeption – nun mehr durch Unmittelbarkeit als durch Reflexion, mehr durch Werte- als durch Wissensvermittlung aus.

Unwidersprochen blieb dies nicht. Nicht zufällig waren es dabei gerade die Vertreter der akademischen Welt, die gegen diese neue Strategie der Präsentation protestierten. Karl Möbius etwa, ein Vertreter der Universität und überdies einer älteren Generation angehörend, rügte die Inszenierung des Altonaer Museums als Zusammenballung „ästhetisch widerwärtige[r] Panoptikumsgruppen"[396] und plädierte – den Massengeschmack außer acht lassend – einmal mehr für die Berliner Präsentationsstrategie. Angesichts dieser Fronten mochte es manchem folgerichtig erscheinen, die Museen hinsichtlich ihres Beitrags zur Volksbildung künftig schärfer voneinander zu unterscheiden, sie in ‚Forschungsmuseen' einerseits,

390 Zu Lehmann oben Kap. II.1.

391 Diese Deutung auch bei Köstering, S. 231f.

392 O. Lehmann: Das Altonaer Museum. In: *Die Museen als Volksbildungsstätten* (wie Anm. 238), S. 36–45, hier S. 37.

393 Ebd., S. 39.

394 Ebd., S. 37. Dieses Zitat auch bei Köstering, S. 232.

395 Vgl. dazu oben Kap. IV.2.2.2.

396 K. Möbius: Diskussionsbeitrag. In: *Die Museen als Volksbildungsstätten* (wie Anm. 238), S. 131–133, hier S. 132.

,Volksmuseen' andererseits zu trennen und damit die alte Einheit der musealen Praxis von Forschung *und* Lehre aufzugeben. Robert von Erdberg(-Krczenciewski) (1866–1929) etwa, der umtriebige stellvertretende Geschäftsführer der *Centralstelle*, Gründer des „Volksbildungsarchivs" (1909ff.) und nach 1919 Leiter der Abteilung Erwachsenenbildung im preußischen Kultusministerium, forderte ganz unverblümt die Einrichtung eigener ,Volksmuseen', die nach skandinavischem Muster als Stadt- und Provinzialmuseen von den großen staatlichen, ja nationalen Forschungssammlungen abgekoppelt werden sollten.[397] Ein solcher Plan mochte auf dem Reißbrett der Volksbildung durchaus attraktiv wirken. An der Realität der musealen Arbeit, die von jeher immer beides, Forschung *und* Öffentlichkeitswirkung, vereinen mußte, ging er vorbei.

Tatsächlich waren es in Mannheim gerade die Vertreter der großen Häuser, die sich gegen eine funktionale Spaltung innerhalb der Naturhistorischen Museen aussprachen. Neben Möbius war es vor allem Adolph Bernhard Meyer, der Direktor des Dresdner Zoologischen Museums, der – auf die USA verweisend – die Untrennbarkeit von Großforschung und Popularisierung reklamierte.[398] In den Vereinigten Staaten, die aus deutscher Perspektive in mancherlei Hinsicht als das Musterland der Volksbildung gelten durften, waren es gerade die großen renommierten Häuser, die ,Forschungsmuseen' also, die sich als ,Volksmuseen' bewährten. Das Beispiel der Naturhistorischen Museen in New York und Washington, die neben öffentlichen Vorträgen, Museumsjournalen, Flugblättern und Wanderausstellungen sogar regelrechte Kinderabteilungen anboten, demonstrierte es: Nur wer die Forschung ernst nahm, konnte auch dem Prozeß der Popularisierung angemessen begegnen. Und diese Einsicht blieb in den deutschen Naturhistorischen Museen über das 19. Jahrhundert hinaus prägend.[399]

Die Grundspannung zwischen exklusiver Forschung und Massenpräsentation erwies sich als unauflösbar. Der Streit um die ,richtige' Inszenierung des Wissens, der immer auch eine Debatte um die ,rechte' Ausrichtung der Wissenskultur war, verstummte nach 1903 nicht. Im Gegenteil gewann er im Zuge der Genese der Museologie als eigenständige Disziplin, wie sie sich etwa in der Gründung der Zeitschrift „Museumskunde" 1905 ausdrückte, noch an Schärfe. Tatsächlich war es ein Beitrag für die „Museumskunde", in dem Otto Lehmann 1907 – seine Mannheimer Position zuspitzend – die Notwendigkeit von Forschung an Naturhistorischen Museen nun überhaupt in Zweifel zog. Dieser Frontalangriff auf das traditionelle Selbstverständnis der Museen, der durch die Altonaer Besucherzahlen, die seit 1901 in die Hunderttausende gingen, wenigstens teilweise gedeckt war, löste eine heftige Kontroverse zwischen Vertretern von ,Wissenschafts'- und ,Volksmuseen' aus.[400]

---

397 Dazu H. Aall: Die norwegischen Museen. In: Ebd., S. 68–70. – R. v. Erdberg: Die englischen Volksmuseen, insbesondere das „Manchester Art Museum". In: Ebd., S. 86–92.

398 Vgl. A. B. Meyer: Das Bestreben der amerikanischen naturwissenschaftlichen Museen, breiteren Schichten des Volkes zu dienen. In: Ebd., S. 93–96.

399 Zu dieser Bedingung ausführlich Schwarz (wie Anm. 252), S. 198–219.

400 Vgl. O. Lehmann: Biologische Museen. In: Museumskunde 2 (1906), S. 61–66. – B. Wandolleck: Die Aufgabe der Museen. In: Zoologischer Anzeiger 30 (1907), S. 638–653. – O. Lehmann: Die Aufgabe der Museen. In: Zoologischer Anzeiger 31 (1907), S. 87–93. – A. Fritze: Biologische Gruppen. In: Jb. des Provinzial-Museums zu Hannover 1907/08, S. 35–38. – Fr. Dahl: Das zoologische Museum (wie Anm. 366), S. 90–96. – Dazu auch Köstering, S. 238–245.

Zwar sollte – nach Lehmanns Vorstellung – ein Museum nicht restlos auf wissenschaftliche Arbeiten verzichten. „Zunächst und vor allen Dingen“ aber habe es „dem Volk zu dienen, diesem die Wissenschaft zu übermitteln.“[401] Forschung stand hier ganz unter dem Primat der Popularisierung – zweifelsohne ein radikaler Entwurf. Benno Wandolleck, der bereits erwähnte Kustos am Dresdner Haus, vertrat denn auch – freilich nicht weniger extrem – die entgegensetzte Position: die Museen seien „der Wissenschaft wegen da, und die Wissenschaft ist Selbstzweck“. Eben dies müsse das Volk „in erster Linie einsehen lernen“.[402] Die „Achtung vor der Wissenschaft, die ihr Heim in den Museen hat, und ihren Jüngern, die in erster Linie forschen, ist die Grundlage für die Erziehung des Publikums zur Wissenschaft.“[403] Das war eine *pro domo*-Argumentation, die die museale Kultur des Wissens nun wiederum ganz auf eine numinose Wissenschaft und ihren Priester, den Museumsleiter, ausrichten wollte.

Das Humboldtsche Maß, wenn es je existiert hatte, – hier war es verlorengegangen. Sowohl bei Lehmann als auch bei Wandolleck hatte die museale Praxis jenen integrativen Charakter verloren, der für ihren Erfolg maßgeblich gewesen war. Durchsetzen konnte sich am Ende keine der beiden Extrempositionen. Die Balance zwischen Forschung und Popularisierung immer wieder neu auszuhandeln, blieb die Hauptaufgabe der musealen Praxis. Sie hatte den Konsens zu ermöglichen, wie er etwa von Karl Kraepelin, dem bereits erwähnten Direktor des Hamburger Naturhistorischen Museums, 1906 geradezu klassisch formuliert worden war: ein Museum müsse stets sowohl sammeln und bewahren als auch forschen und präsentieren.[404] Das Wissenschaftliche und das Soziale, so hieß das, müsse Hand in Hand gehen. Immerhin war damit, wie auch immer man den Akzent setzte, das Soziale endgültig zu einer eigenen und mitunter durchaus dominierenden Kategorie geworden. Und wenn etwa Friedrich Dahl, der erwähnte Berliner Kustos, die *vorrangige* Aufgabe des Naturhistorischen Museums darin sah, „das Publikum zu unterrichten und anzuregen, das Interesse [...] zu erwecken und die Liebe zur Natur [...] anzuregen und zu stärken“[405], so zeigte es genau dies. Die Schausammlung gewann am Ende des Jahrhunderts eine neue Bedeutung. War sie in den 1880er Jahren ursprünglich eingerichtet worden, um die Hauptsammlung für das Publikum schließen und so die Forschung besser vorantreiben zu können, besaß sie nun – im Kontext der Volksbildungsdebatte – eigenes Gewicht. Sie wurde zum Inbegriff der Popularisierung, ihr Symbol und Medium zugleich.

---

401 Lehmann, Biologische Museen (wie Anm. 400), S. 61.

402 Wandolleck: Die Aufgabe der Museen (wie Anm. 400), S. 641.

403 Ebd.

404 Vgl. K. Kraepelin: Naturwissenschaftliche Museen. Berlin 1906. In: *Die Kultur der Gegenwart*. Berlin 1906, S. 372–389.

405 Dahl: Das zoologische Museum (wie Anm. 366), S. 37.

Kapitel V

Das Auge des Betrachters – Muster und Deutungen

Die Entwicklung des Naturhistorischen Museums kam auch weiterhin zu keinem Ende. Gewiß schien die Popularisierung, wie sie seit dem letzten Jahrhundertdrittel aus wissenschaftlichen *und* sozialen Gründen zur beherrschenden Form der musealen Kommunikation aufstieg, eine neue – und wie viele meinten: endgültige – Ordnung der Sammlung erreichen zu können. Die museale Praxis galt am Ende des Jahrhunderts vielerorts als professioneller, verständlicher, transparenter. Tatsächlich erwies sich auch die neue Ordnung als vorläufig. Die Sammlungen kamen nicht zur Ruhe. Sie drohten erneut in Unordnung zu geraten.[1]

Noch 1914 war etwa die Schausammlung des Geologisch-Paläontologischen Museums in Berlin – das nach der spektakulären Tendaguru-Expedition als erstes Haus im Reich galt – „relativ winzig und so vollgestopft, dass eine Führung hier ganz unmöglich ist".[2] So lautete jedenfalls das Urteil Wilhelm von Brancas, der die Probleme seines Hauses nur zu genau kannte: Konnten die Dinosaurier immerhin im Lichthof gebührend inszeniert werden, waren alle Säugetiere in einem einzigen Raum versammelt, und die botanische Abteilung, diese „herrliche Sammlung", mußte aus Platznot gar „in sechs grossen Schränken in dem Korridor vor dem Lichthofe" aufgestellt werden.[3] Für die Hauptsammlung schließlich war nirgends ein eigener Raum vorhanden, so daß sie „teils auf finsteren Korridoren, teils in Schränken unter den Schauvitrinen der geologischen Schausammlung, in den Arbeitsräumen des Instituts, im Keller und im Schuppen, teils auch auf dem Boden" untergebracht worden war.[4]

Auch dies war – allen Mannheimer Parolen von 1903 zum Trotz – eine Realität des Naturhistorischen Museums. Die ungeheure Dynamik, mit der sich die personellen und materiellen Ressourcen des Museums veränderten, versahen alle Strategien der Präsentation mit deutlichen Vorbehalten. Ihre Wirkung war – auch wenn es manche Museumsleiter anders sahen – kaum recht vorherzubestimmen, geschweige denn zu kontrollieren.[5] Wo neue, ‚anschauliche' Inszenierungen gelangen, entstand ein Netz von Bedeutungen, das für keinen Akteur innerhalb der Kommunikation mehr ganz zu überblicken war. Je stärker die Präsentation sich – mit Rücksicht auf die Massenattraktivität – notgedrungen für simplifizierende

1 Dies sehr anschaulich bei G. Penny: Ethnology and Ethnographic Museums. Chapel Hill, London 2002, S. 163–214.

2 Branca an Ministerium, Berlin, 24.4.1914. GStA PK I.HA Rep. 76 Va Sekt. 2 Tit. X Nr. 21. Bd. XX, fol. 124–131, hier fol. 130v.

3 Ebd., fol. 127.

4 Ebd., fol. 127v.

5 Dies gegen T. Bennett: The Birth of Museum. London 1995, bes. S. 63–69 u. 95–99. – E. Hooper-Greenhill: Museum and the Shaping of Knowledge. London, New York 1992, S. 167–190. – A. E. Coombes: Reinventing Africa: Museums, Material Culture, and Popular Imagination in Late Victorian and Edwardian England. New Haven 1994. – R. W. Rydell: Visions of Empire at American International Expositions, 1876–1916. Chicago 1984. – Zu diesem Aspekt auch Penny (wie Anm. 1), S. 206.

Veranschaulichungen komplexer naturwissenschaftlicher Zusammenhänge entschied, desto mehr Bilder evozierte sie, in Biologischen Gruppen wie in Dioramen. Je mehr Bilder sie freilich schuf, desto größer wurde der Interpretationsspielraum des Betrachters.

Immer schon waren museale Inszenierungen vor allem Repräsentationen gewesen.[6] Ihre Objekte besaßen Verweischarakter. Sie *waren* kein Wissen, sondern sie projizierten es. Diese Projektion war jedoch abhängig von der Erfahrung und dem Wissen, über das der einzelne Betrachter verfügte, und Erfahrung und Wissen waren – anders als in der überschaubaren Museumsöffentlichkeit um 1800 – in dem Massenpublikum, das seit den 1880er Jahren in die Museen strömte, zu disparat, als daß die eine, einheitliche Perspektive, das ein für allemal verbindliche Deutungsmuster hätte entstehen können.[7] Ganz in diesem Sinne erinnerte Hugo Schauinsland schon bei der feierlichen Eröffnung des Bremer Museums für Natur-, Völker- und Handelskunde die Besucher daran, „daß das, was Sie in zahlreichen Schränken des Museums aufgereiht sehen, nicht etwa bereits der Inhalt der Wissenschaft an sich ist".[8] Kein Objekt stand für sich allein. Jedes war durch seine Präsentation in bestimmte Zusammenhänge gestellt, und gerade diese Zusammenhänge ließen unterschiedliche Perspektiven zu, die vom kritischen Blick bis zum bloßen Gaffen reichten.

Adolph Knop, der Direktor des Badischen Naturalienkabinetts, etwa hatte 1884 auf den Umstand aufmerksam gemacht, daß sein Haus „den Culturzustand des Landes in der Residenz mit zu repraesentiren" habe und die Sammlungen daher „als Lehrmittel für alle Schulen der Stadt, von der technischen Hochschule, Künstlerschule etc. bis zur Bürgerschule, Volksschule, zu dienen bestimmt sind, daß sie ferner dazu dienen, den Gebildeten das sachliche Material in der Weise zugänglich zu machen [...], daß sie zu Untersuchungen auf wissenschaftlichem Gebiete anregen und endlich mit dazu beitragen eine Versöhnung des Kulturlebens der Menschen mit dem Naturleben anzubahnen [...]."[9] Die Interessen und Prägungen des Publikums divergierten tatsächlich in einem Maße, daß es dem Museum kaum mehr gelingen konnte, universale, für jeden Besucher gleichermaßen gültige Bedeutungen herzustellen. „Der gähnende Museumsdiener, der bädekerbewaffnete Fremde, der verlegen herumirrende Provinzler" waren mehr als „immer wiederkehrende Witzblattfiguren"[10] – sie waren Akteure der musealen Wissenskommunikation, die sich über das Verbindende und damit Verbindliche dieser Kommunikation immer schwieriger verständigen konnten.

6 Zu diesem Begriff M. Hagner: Zwei Anmerkungen zur Repräsentation in der Wissenschaftsgeschichte. In: Räume des Wissens. Berlin 1997, S. 339–355. – In diesem Zusammenhang vgl. auch K. Pomian: Der Ursprung des Museums. Berlin 1998.

7 Zur Analyse von Deutungsmustern maßgeblich U. Oevermann: Zur Analyse der Struktur von sozialen Deutungsmustern. [Mskrpt.] Frankfurt/M. 1973. – Ders.: Die Struktur sozialer Deutungsmuster – Versuch einer Aktualisierung. In: Sozialer Sinn 1 (2001), S. 3–33. – Dazu C. Honegger: Deutungsmusteranalyse *reconsidered*. In: Materialität des Geistes. Weilerswist 2001, S. 107–136. – Zur Analyse der Bedeutung von Sammlungsobjekten vgl. insbesondere die Beiträge in S. M. Pearce (Hrsg.): Interpreting Objects and Collections. London, New York 1994.

8 Zit. n. *Zur Geschichte des Städtischen Museums für Natur-, Völker- und Handelskunde zu Bremen*. Bremen 1928, S. 18.

9 Knop an Kultusministerium, Karlsruhe, 8.2.1884. GLA Karlsruhe 235/6666.

10 E. Graf: Entwicklungsgeschichtliche Streifzüge im Senckenberg-Museum zu Frankfurt a.M. Frankfurt/M. 1914, S. 5.

In der Tat kamen diese und andere Besucher, wie es Fritz Römer, der Frankfurter Museumsdirektor 1907 umschrieb, stets „mit bestimmten Vorstellungen und Gedanken in die Sammlungen“[11]; und diese Vorstellungen und Gedanken waren es, mit deren Hilfe die Bedeutungen der Objekte erst konstruiert wurden. Als „Veranschaulichungsmittel“ waren die Naturhistorischen Museen, jedenfalls für führende Vertreter der Volksbildungsbewegung, „dasselbe, was bei einem Vortrag die Lichtbilder, in einem wissenschaftlichen Buch die Illustrationen sind“. Für sich genommen waren sie – anders als Karl Möbius es in seiner Berliner Präsentation intendiert hatte – nicht ‚lesbar‘. Den Text, den sie repräsentierten, mußte sich der Besucher vielmehr „selbst mitbringen, entweder als Wissen in seinem Kopf oder als gedruckten Leitfaden“.[12]

Von diesem ‚Wissen im Kopf‘ müssen wir schweigen. Es ist mit den Mitteln der historischen Analyse nicht hinreichend rekonstruierbar. Es blieb abhängig von der kulturellen und sozialen Prägung des jeweiligen Besuchers, von seiner Erziehung, seiner Schulbildung, seinem familiären Hintergrund, seinem wissenschaftlichen Interesse, seinen Sehgewohnheiten. Von den Hunderttausenden an Objekten, die ein Museum speicherte, von den personellen und materiellen Ressourcen des Hauses, von seinen wissenschaftlichen Profilen, von den Naturalienmärkten und ihren Mechanismen, von der Kunst des Präparators – von alldem wußte der ‚Normalbesucher‘, den es so freilich nicht gab, kaum etwas. In der virtuellen Welt der Schausammlung mit ihren Heimatabteilungen und Gorillafamilien erhielt der Betrachter letzthin nur Antworten auf die Fragen, die er zu formulieren imstande war. Und so wurden durch die Bedeutungen, die auf diese Weise in die Objekte hineingelegt wurden, nicht allein, ja noch nicht einmal in erster Linie Bilder von der Natur, sondern von der Gesellschaft entworfen.[13] In ihnen drückten sich die Hoffnungen und Ängste der Zeit aus. Ihre Deutung wandelte sich daher unablässig. Als am Ende des Jahrhunderts das Verhältnis von Fortschrittsoptimismus und Zukunftsangst ein eigentümliches, den Lauf der Dinge vielfach beeinflussendes Krisenbewußtsein heraufführte, verfestigten sich diese Deutungen zu unterscheidbaren Mustern.[14] Und von diesen Mustern soll nun – soweit es die Quellen erlauben – die Rede sein.

---

11 Fr. Römer: [Festrede zur Eröffnung des Senckenberg-Museums.] In: *Festschrift zur Erinnerung an die Eröffnung des neuerbauten Museums der Senckenbergischen Naturforschenden Gesellschaft zu Frankfurt am Main am 13. Oktober 1907*. Frankfurt/M. 1907, S. 18–24, hier S. 24.

12 So Graf (wie Anm. 10), S. 6.

13 Hierzu anregend L. Jordanova: Objects of Knowledge. In: The New Museology. London 1989, S. 22–40. – Zur identitätsstiftenden Funktion des Museums vgl. auch die Beiträge in F. E. S. Kaplan (Hrsg.): Museums and the Making of "Ourselves". London, New York 1994. – Zu Naturhistorischen Museen speziell Sh. Macdonald (Hrsg.): Museums, Science, Culture. London 1998. – Vgl. auch Köstering, S. 275–281.

14 Zum Krisenbewußtsein um die Jahrhundertwende vgl. bes. die Beiträge in V. Drehsen u. W. Sparn (Hrsg.): Vom Weltbildwandel zur Weltanschauungskrise. Berlin 1996. – Ein ganzes Panoptikum der Zeit bietet U. Mölk (Hrsg.): Wissenschaften, Literatur und Kunst um 1900. – Vgl. daneben auch etwa K. Hildebrand: „Was das 19. Jahrhundert alles brachte“ oder „Die gute neue Zeit“. In: Das Jahrtausend im Spiegel der Jahrhundertwenden. Berlin 1999, S. 343–378. – U. Wolff-Thomsen: Weltende oder Zeiten(w)ende? In: Jahrhundertwenden. Göttingen 1999, S. 327–347.

1. ‚Heimat' und ‚Fremde'

Stets war ‚die Natur' im Museum eine ganz bestimmte Natur – in erster Linie die Fauna und Flora der engeren Umgebung. Diese Akzentuierung hatte zunächst einmal ganz praktische Gründe. Schon 1821 bemerkte der Jahresbericht der Senckenbergischen Naturforschenden Gesellschaft, an „jede naturhistorische Gesellschaft" – und das galt *cum grano salis* auch für öffentliche Museen – könne und müsse man die Forderung richten, „daß sie eine möglichst vollständige Sammlung aller in ihrer Gegend vorkommenden Naturkörper aus allen Reichen und Kenntniß von ihrem Vorkommen besitze um als Authorität in der Beschreibung und Kenntniß derselben auftreten [...] zu können."[15]

Das Museum, so hieß das, fand seinen ‚natürlichen' Sammlungsraum in seiner nächsten Umgebung, in den Wäldern und Feldern, an die die Stadt grenzte. Indem man Objekte aus diesem Raum in das Museum brachte, ergriff man – noch lange vor dem zivilisationskritischen ‚Heimat'-Diskurs des späten 19. Jahrhunderts – symbolisch Besitz von der eigenen Umwelt. Die Sammlungen repräsentierten so – in den Naturgegenständen – die jeweilige Stadt und ihr Weichbild. Gerade für traditionsbewußte Freie Städte wie Frankfurt oder Bremen enthielt eine solche Repräsentation wichtige Identifikationsangebote. Mehr noch machten sie sich freilich zu Beginn des Jahrhunderts, nach dem Ende des Alten Reiches, in den größeren staatlichen Sammlungen bemerkbar. In ihnen konnten Territorialsammlungen den Charakter einer symbolischen Landnahme annehmen.

König Wilhelm I. (1781–1864) von Württemberg etwa gründete 1817 – das Herzogtum war zum Königreich erhoben worden und hatte sein Staatsgebiet dabei beinahe verdoppelt – einen Landwirtschaftlichen Verein, dessen Aufgabe in der Förderung von Landwirtschaft und Gewerbe bestehen sollte.[16] Zu diesem Zweck legte er, in enger Abstimmung mit dem regierenden Haus, auch eine Württembergische Naturaliensammlung an, die in ihren Objekten gleichsam das neue Königreich abbilden und so die Konstruktion einer württembergischen Identität befördern sollte. 1850 ging die Sammlung, dem Trend zur Spezialisierung folgend, an den bereits sechs Jahre zuvor gegründeten Verein für Vaterländische Naturkunde in Württemberg und wurde schließlich 1863, als „Württembergische Sammlung", regulärer Bestandteil des Stuttgarter Naturalienkabinetts.[17]

Ganz ähnlich hatten sich die Dinge in Karlsruhe entwickelt. Der erste Direktor des dortigen Naturalienkabinetts, Karl Christian Gmelin, erhielt bereits früh den Auftrag, „die badischen Lande, nach allen Richtungen, Bergen und Thälern, in physikalischer, naturhistorischer, botanischer und mineralogisch-geognostischer Hinsicht zu bereisen, das Material zu einer <u>badischen</u> möglichst <u>vollständigen</u> lang gewünschten Flora und zu einer <u>geognosti-</u>

15 *Zweyter Jahresbericht des ständigen Ausschusses an die allgemeine Versammlung der Senkenbergischen* [!] *naturforschenden Gesellschaft.* SNG Archiv Bd. 37, Nr. 4.

16 Dazu K. Lampert: Pflege der Naturkunde. In: Württemberg unter der Regierung König Wilhelms II. Stuttgart 1916, S. 731–748. – Vgl. auch M. Warth u. B. Ziegler: Aus der Frühzeit des Naturalienkabinetts. In: Aus der Geschichte des Stuttgarter Naturkundemuseums. Stuttgart 1991, S. 5–20, hier S. 14–16. – M. Warth: 150 Jahre Gesellschaft für Naturkunde in Württemberg. In: Jahreshefte der Gesellschaft für Naturkunde Württembergs 149 (1994), S. 9–59.

17 Vgl. K. Lampert: Die naturhistorischen Museen. In: *Die Museen als Volksbildungsstätten.* Berlin 1904, S. 20–27.

schen Mineralogie zu sammeln."[18] Naturkunde und Kameralistik gingen Hand in Hand. Das Großherzogtum – auch dieser Staat eine Neuschöpfung – wurde durchmessen und anschließend symbolisch in seinen Einzelteilen in den Karlsruher Sammlungen archiviert.[19]

Tatsächlich erwiesen sich gerade im Karlsruher Fall der Staat, die Region, die Heimat als dominante Deutungsmuster.[20] 1838 etwa empfahl Alexander Braun, Gmelins Nachfolger, dem Ministerium nachdrücklich eine Muschelsammlung zum Kauf, da sie „von besonderem Interesse für die vaterländische Natur-Geschichte" sei und sie „die badischen Land- und Süßwasser-Conchilien vollständiger, als sie in irgend einer anderen Sammlung zu finden sind, enthält".[21] Und nicht von ungefähr – Identitätsbildung erfordert stets die sichtbare Abgrenzung von anderen – ließ wiederum Brauns Nachfolger, Moritz Seubert, anläßlich der Versammlung Deutscher Naturforscher und Ärzte 1858, eine „reiche und belehrende Suite der merkwürdigeren einheimischen Vorkommnisse" als „badische Sammlung" im Sitzungszimmer der geologischen und mineralogischen Sektion im Ständehaus aufstellen und jedem Teilnehmer eine Dublette, gleichsam als bedeutungsträchtiges badisches Souvenir, mit nach Hause geben.[22]

In der Tat waren in den Heimatsammlungen des 19. Jahrhunderts naturwissenschaftliche und politische, pragmatische und ideelle Motive nie eindeutig voneinander zu unterscheiden. Der Raum der ‚Heimat' blieb in erster Linie das Gebiet des jeweiligen *Einzel*territoriums, wobei die politischen mitunter durch natürliche Grenzen ersetzt wurden. So zeigte etwa das Bremer Museum bereits 1877 im *Domsanbau* eine „Separat-Aufstellung" der Vögel Norddeutschlands.[23] Die gleiche Praxis wurde bei Amphibien angewandt, „so daß nach und nach die ganze Fauna Nord-Deutschlands resp. Bremens zusammenkommen wird".[24] Otto Finsch sprach im Jahre darauf bereits von der Anlage weiterer „vaterländische[r] Separatsammlungen"[25] – womit wohlgemerkt ein ‚norddeutsches Vaterland' gemeint war –, und das neu errichtete Städtische Museum zeigte dann seit 1896 tatsächlich alle möglichen „Charakterbilder der heimischen Tierwelt".[26]

Der gemeinsame Lebens- und Erfahrungsraum, wie er in diesen Sammlungen repräsentiert wurde, sollte sich als Ort der Vergemeinschaftung erweisen. Dieser Ort war – noch am Ende des Jahrhunderts – nicht primär die Nation.[27] 1911 etwa wurde nachdrücklich das

18 Gmelin an Oberhofmarschallamt, Karlsruhe, 27.11.1783. GLA Karlsruhe 56/1573.

19 Vgl. dazu oben Kap. I.1.1.

20 Vgl. Kap. IV.2.4.

21 Oberhofverwaltungsrat an Ghzg. Leopold, Karlsruhe, 10.5.1838. GLA Karlsruhe 56/1573.

22 Seubert an Intendanz der Großherzoglichen Hofdomänen, Karlsruhe, 28.5.1858 [Abschrift]. – Intendanz der Großherzoglichen Hofdomänen an Ghzg. Friedrich I., Karlsruhe, 28.5.1858. GLA Karlsruhe 56/1573.

23 Erster Bericht über die städtischen Sammlungen für Naturgeschichte, Bremen, 31.12.1877. StA Bremen 2–T.5.p.

24 Ebd.

25 Zweiter Bericht über die Städtischen Sammlungen für Naturgeschichte, 31.8.1878. StA Bremen 2–T.5.p.

26 *Zur Geschichte des Städtischen Museums* (wie Anm. 8), S. 28.

27 Dies hat die neuere Forschung bislang vor allem mit Blick auf Vereine, noch kaum jedoch für Museen gezeigt. Vgl. u.a. C. Applegate: A Nation of Provincials. Oxford 1990. – A. Confino: The Nation as Local Metaphor. Chapel Hill, London 1997. – G. Kunz: Regionales Geschichtsbewußtsein in den deutschen Historischen Vereinen des 19. Jahrhunderts. Göttingen 2000. – D. Langewiesche: Föderativer Nationalismus als Erbe der deutschen Reichsnation. In: Nation, Nationalismus, Nationalstaat in Deutschland und Europa.

Studium der „Bremischen Insekten“ – einer Biologischen Gruppe – empfohlen, um „weiteren Kreisen, vor allem auch der Jugend, Gelegenheit zu geben, die heimische Insektenwelt kennen zu lernen und sich mit ihr zu beschäftigen und so auf besonderem Gebiet Heimatkunde zu treiben.“[28] Wissenskommunikation, wie sie hier entworfen war, provozierte die Partizipation, das eigene Sammeln in der Natur. Dieses Sammeln aber erstreckte sich – schon aus praktischen Gründen – ebenfalls auf den lokalen und regionalen Raum. Er blieb auch im Kaiserreich der primäre Ort der Vergemeinschaftung durch naturkundliches Wissen. Entsprechende Beispiele lassen sich leicht anführen.

So zeigte bereits das alte Senckenberg-Museum Frankfurt seit 1896 Tiere der näheren Umgebung, des Taunus.[29] In der 1904 reformierten Schausammlung des Mannheimer Naturhistorischen Museums war es die „Tierwelt unseres Neckarauer Waldes“, die sich zum Publikumsliebling entwickelte.[30] Durch Biologische Gruppen zeichnete sich zur gleichen Zeit auch die Sammlung hessischer Tiere des Darmstädter Haus aus.[31] Und das Hamburger Naturhistorische Museum zeigte neben „Tieren des Niederelbgebietes“ auch „Lebensbilder vom Grunde der Ost- und Nordsee“, große Unterwasserlandschaften, die in Glaskästen eine Seegraswiese der Kieler Bucht, eine Felsenpartie aus dem Kattegat mit Seenelken, eine holsteinische Austernbank, das Wattenmeer bei Cuxhaven, schließlich Klippenrand und Steingrund bei Helgoland zeigten.[32] Nur das Berliner Museum, das sich in seinem Neubau ab 1889 durchaus als Reichsmuseum begriff, zeigte bewußt alle deutschen (!) Tiere und überließ die ursprünglich geplante Märkische Landessammlung schließlich dem Märkischen Provinzialmuseum, das bereits 1874 gegründet worden war.[33] Dieser vorrangige Rekurs auf die Nation blieb jedoch die Ausnahme und ist ohnehin nur im Kontext der Imagepflege der expandierenden Reichshauptstadt zu verstehen.[34]

Typischer ist hier abermals der Karlsruher Fall. Er dokumentiert auch, wie sehr das Deutungsmuster ‚Heimat‘ und das biologische Profil, wie sehr also Inhalt und Präsentation der Sammlung zusammengehörten. Im Jahre 1899 beantragte der Direktor des Kabinetts, Otto

---

München 2000, S. 55–79. – Zum Konstruktcharakter nationaler Bilder vgl. B. Anderson: Imagined Communities. London 1991.

28 Jahresbericht des Städtischen Museums für Natur-, Völker- und Handelskunde für die Rechnungsjahre 1909/1911. In: *Mitteilung des Senats* v. 19.7.1912, S. 1021.

29 Vgl. *Führer durch das Museum der Senckenbergischen Naturforschenden Gesellschaft*. Frankfurt/M. 1896, S. 104–106. – Die Taunusgruppe im Naturhistorischen Museum in Wiesbaden wurde allerdings erst nach dem Ersten Weltkrieg verwirklicht. Vgl. Fr. Heineck: Geschichte des Nassauischen Vereins für Naturkunde und des Naturhistorischen Museums der Stadt Wiesbaden. In: Jb. des Nassauischen Vereins für Naturkunde 80 (1929), S. 3–40, hier S. 32.

30 Dazu K. Baumann: Volkstümliche Museen. In: Mannheimer Geschichtsblätter 4 (1903), S. 237–243.

31 Vgl. G. v. Koch: Führer durch die Sammlung hessischer Tiere. Darmstadt 1913.

32 *Führer durch das Naturhistorische Museum zu Hamburg*. Hamburg 1914, S. 34f. – Dazu auch Köstering, S. 117f.

33 Vgl. Protokoll der Verwaltungssitzung, 3.5.1887. HUB, MfN, Historische Bild- und Schriftgutsammlungen, Zoologisches Museum. S II, Verwaltungsakte. – Vgl. M. Engel: Das Märkische Provinzialmuseum. In: Museumsinszenierungen. Dresden 1995, S. 122–141.

34 Eine Studie zur Bedeutung der Hauptstadtfunktion Berlins fehlt. Vgl. vorerst M. Erbe: Berlin im Kaiserreich (1871–1918). In: Geschichte Berlins. Bd. 2. München 1987, S. 691–797.

Nüsslin, die Neuaufstellung der Sammlung.[35] Dabei war „ebenso wohl die Art der Aufstellung, als der auszuwählende Stoff zu berücksichtigen“. Die Objekte sollten – damit kommen wir auf die Ergebnisse des vierten Kapitels zurück – „für Alle, welche Belehrung suchen, in anregender und das Verständniß erleichternder Form in kleineren Gruppen zur Aufstellung gebracht werden.“ Zugleich sollte aber auch „das aesthetische Moment des Geschmacks nicht vernachlässigt“ sein. „Inbezug auf den Stoff“ – und das ist der springende Punkt – mußte dabei, so Nüsslin, „auf eine möglichst vollständige Vertretung der heimischen Fauna hingestrebt werden und sollen auch die Lebensmomente und Entwickelungsphasen der Thiere zur Anschauung gebracht werden.“ Das Medium der Anschaulichkeit war so die Biologische Gruppe, ihr Objekt jedoch das Tier der Heimat. Und in der Tat bot die Heimatfauna die besten Anknüpfungsmöglichkeiten für den nicht weiter vorgebildeten Besucher – und verstärkte zugleich dessen Bezug zu seinem eigenen Lebensraum.

In eben diesem Sinne bezeichnete es Max Auerbach 1914 als wichtigstes Ziel des Karlsruher Naturalienkabinetts, dem Besucher „einen Begriff von der Fauna unseres engeren Vaterlandes zu geben, und zwar in möglichst klarer und übersichtlicher Weise“.[36] Die didaktische Wirkung sollte dabei – hier spielten ‚Erlebnis‘ und ‚Anmutung‘ eine wichtige Rolle – von der Authentizität der Objekte abhängen.[37] Nur dann konnten die Sammlungen „einen wirklich wissenschaftlichen Wert“ haben, wenn die „in ihnen ausgestellten Stücke auch tatsächlich aus dem Großherzogtum“ stammten.[38] Alle Objekte – so bemerkte Auerbach, einem rigorosen Authentizitätskult verpflichtet – sollten allein aus Baden kommen, und „wo es uns bisher unmöglich war, ein badisches Exemplar zu erhalten, haben wir lieber den betr. Platz leer gelassen.“

Das Streben nach ‚lebenswahrer Darstellung‘ ging in Karlsruhe freilich noch weiter. Auerbach vertrat den Grundsatz, in einer Biologischen Gruppe, „wenn irgend möglich, auch eine draußen tatsächlich zusammengehörige Familie zu zeigen.“ Die „alten Vögel“ seien also – man beachte die Verbürgerlichung der Natur – in den meisten Fällen „wirklich Ehegatten“; die Jungen oder Eier gehörten „tatsächlich als Nachkommen zu den ausgestellten alten Tieren und diese haben auch das vorgezeigte Nest gebaut“; endlich sei auch die landschaftliche Umgebung ganz der Wirklichkeit nachgebildet; „so standen bei den Nestern der kleinen Bodenbrüter genau jene Pflanzen, die man auch jetzt dort sieht usw.“ Die Gruppen, so resümierte Auerbach, waren also „keine aus allen möglichen Ländern zusammengesuchten Konglomerate“, sondern „wirkliche Familien eines bestimmten Ortes, und dazu kommt nun noch, daß die dargestellten Lebensmomente auch dem wirklichen Leben abgelauscht sind.“ Heimatidee und biologisches Denken, Lebens*nähe* und Lebens*wahrheit* verstärkten sich gegenseitig und mochten gerade in einer Zeit beschleunigten Wandels Sinn und Halt vermitteln.[39]

---

35 Nüsslin an Kultusministerium, Karlsruhe, 7.7.1899. GLA Karlsruhe 235/6664. – Dort auch die folgenden Zitate.

36 M. Auerbach: Plaudereien über die Karlsruher naturwissenschaftlichen Sammlungen. III. Die Sammlungen heimatlicher Tiere. In: „Sonntags-Zeitung“ des „Karlsruher Tagblatts“ v. 29.3.1914.

37 Dazu in anderem Kontext V. Vahrson: Die Berliner Abgußsammlung zwischen Enzyklopädie und Aura. In: Museumsinszenierungen (wie Anm. 33), S. 81–91.

38 Auerbach: Plaudereien (wie Anm. 36). – Hier auch die folgenden Zitate.

39 Vgl. etwa Applegate (wie Anm. 27), S. 4–19 u. 63–78. – Speziell zur Verbindung von Heimat und Natur auch Confino (wie Anm. 27), S. 177–179. – Vgl. auch M. Roth: Heimatmuseum. Berlin 1990.

Gerade in einer solchen Kompensationsfunktion lag eine wichtige Aufgabe des Museums. „In steigender Progression", so hat es etwa Karl Kraepelin 1891 bei der Eröffnung des Hamburger Naturhistorischen Museums umschrieben, schwinde „dem Sohn der Großstadt die Kenntniß der verbreitetsten Geschöpfe und ihrer Bedeutung im Haushalte der Natur".[40] Wo Straßenzüge sich endlos dehnten, wo Fabrikschornsteine rauchten, da sei kein Platz für die Tiere des Waldes, „kein Ort für die Beobachtung des so vielgestaltigen, mit tausendfältigen Ueberraschungen uns fesselnden organischen Lebens, kein Sinn für den reinen, veredelnden Genuß, den das Studium der Natur und ihrer Wunderwerke zu schaffen vermag."

Damit war nun – in der Tradition der idealistischen Naturbetrachtung des früheren 19. Jahrhunderts – ein weiterer Vorzug der Heimatsammlungen benannt. Ihre Objekte dienten nicht nur der politisch-sozialen, sondern auch der sozio*kulturellen* Identitätskonstruktion, also der ‚Versittlichung' des Menschen, der allseitigen Entfaltung seiner Persönlichkeit. Einmal mehr wurde hier die Natur als Bildungswelt entdeckt – und es war die *heimische* Natur, der aufgrund ihrer unmittelbaren Anschaulichkeit eine besondere Rolle zufiel. So gilt auch hier, was wir bereits für die Exkursionen festgestellt haben, die sich ja ebenfalls als „Entgrenzung des naturhistorischen Museums"[41] verstehen ließen: Sie weckten das Verständnis für die Lebenswelt – und so für den „Haushalt der Natur" überhaupt.[42] Durch sie sollte der Betrachter zu eigenen Beobachtungen angeregt werden und schließlich „zu der damit verknüpften Freude und Liebe zur Natur" gelangen[43] – eine Liebe, die sich gerade im Schulunterricht in eine „Liebe zur Heimat" verwandeln konnte.[44]

Mit diesem Gedanken verband sich am Ende des Jahrhunderts – im Kontext von Technikfeindschaft und Zivilisationskritik – die Idee des *Schutzes* von Heimat und Natur, und auch diese Idee taugte zum Muster für manche Sammlungsdeutung.[45] Die Museumsleiter selbst waren mit der sich formierenden Heimatschutzbewegung auf die eine oder andere Weise verbunden. Das preußische Kultusministerium etwa bat im Jahre 1900 Wilhelm von Branca um eine gutachterliche Äußerung zu dem – bereits im Preußischen Herrenhaus diskutierten – Vorhaben, künftig die „besonders charakteristische[n] Erscheinungen auf dem Gebiete der Thier- und Pflanzenwelt wie in der Oberflächengestaltung der Erde als Denkmäler der Entwickelungsgeschichte unserer heimischen Natur" zu schützen, um sie „vor Vernichtung" zu bewahren.[46] Im Kontext des Museums durfte so die ‚Rettung' der Natur als Legitimation für ihre Ausbeutung dienen. Die Museumsinszenierung ‚verewigte' die im Umbruch begriffene Naturlandschaft des Industriezeitalters und konnte letzthin den Anspruch erheben, die Natur nicht mehr nur zu repräsentieren, sondern sie im wahrsten Sinne

---

40 Zit. n. „Hamburgischer Correspondent" v. 17.9.1891. – Dort auch das folgende Zitat. – Vgl. auch oben Kap. IV.6.

41 So H. Lübbe: Der Fortschritt und das Museum. In: Die Aufdringlichkeit der Geschichte. Graz, Wien, Köln 1989, S. 11–29, hier S. 19.

42 Schauinsland an Barkhausen, Bremen, 8.10.1891. StA Bremen 2–T.5.p.

43 Ebd.

44 K. Fricke: Biologische Heimatkunde in der Schule. Bremen 1909, S. 62. – Vgl. auch K. Kraepelin: Über den Unterricht in den beschreibenden Naturwissenschaften. Leipzig 1876.

45 Zur Heimatschutzbewegung ausführlich A. Knaut: Die Wurzeln der Ökologiebewegung. Greven 1993. – Vgl. auch R.-P. Sieferle: Heimatschutz und das Ende der romantischen Utopie. In: archplus 81 (1985), S. 38–42.

46 Ministerium an Branca, Berlin, 3.2.1900. UA HU Berlin MfN Bd. 126. – Zur Einordnung M. Wettengel: Staat und Naturschutz 1906–1945. In: HZ 213 (1993), S. 355–399.

des Wortes zu konservieren – ein Gedanke, der uns bereits bei manchem Dermoplastiker begegnet ist und aus dem – noch leise, aber wohl vernehmlich – der Machbarkeitswahn einer nicht mehr allzu fernen Zeit herübertönte.

In der inszenierten ‚Konserven'-Natur der Lokalfaunen drückte sich die Unvergänglichkeitsverheißung aller Heimatbilder aus. Im Museum waren sie – im Sinne des tiergeographischen Profils – geprägt durch die Visualisierung bestimmter charakteristischer Tiere: durch Hase, Fuchs und Igel etwa, durch Hirsche und Rehe. Die Tiere, die zu Emblemen der Heimat stilisiert wurden, suggerierten in ästhetisch komponierten Gruppen eine heile, harmonische Natur, die in vielem als das bewußte Gegenbild zur Stadt- und Fabriklandschaft konzipiert war. Naturhistorische Museen wurden so – wie die Heimatmuseen, die sich freilich von vornherein in einem anderen, gerade *nicht* großstädtischen Kontext bewegten – inmitten der sozialen Umbrüche der Jahrhundertwende zu Garanten einer homogenen, wohl gefährdeten, aber zumindest in ihrer medialen Präsenz scheinbar unwandelbaren Heimat.[47] Das war das eine Muster.

Das andere Muster betonte weniger die Unwandelbarkeit der Heimatvorstellung als vielmehr ihre soziale Determiniertheit, mithin ihren Konstruktcharakter. Heimat war hier als Summe dessen verstanden, was die Stadt wachsend und wuchernd umgab, war als ‚Umwelt' gefaßt und so immer auch zum Gestaltungsraum, zum gestaltbaren Raum, erklärt. Heimat erwies sich in dieser Perspektive als eine scheinbar naturwissenschaftlich legitimierte, vor allem jedoch sozial konstruierte Wirklichkeit.

Diese unterschiedlichen Muster bestanden nebeneinander, sie schlossen sich nicht gegenseitig aus – und gerade in dieser Offenheit lag ein Vorteil der musealen Inszenierung.[48] Sie integrierte das ‚Heimat'-Muster ebenso wie das vielleicht gerade für die Masse attraktivste Deutungsmuster der Zeit überhaupt, den kolonialen Gedanken, wie er im Imperialismus des Kaiserreichs seinen lärmigen Ausdruck fand: Als Branca 1914 die „Aufstellung einer, die Geologie der Mark Brandenburg darstellenden H e i m a t s a m m l u n g" beim Ministerium in Anregung brachte, die „den Wünschen vieler Besucher" entgegenkommen werde, regte er zugleich – mit ähnlicher Verve – die Einrichtung einer weiteren Sonderabteilung an: einer geologischen Schausammlung der deutschen Kolonien.[49] Heimat und Ferne schlossen sich nicht aus, sondern verhielten sich komplementär zueinander.

Im Karlsruher Naturalienkabinett hat man diesen komplementären Charakter deutlich erkannt. Max Auerbach begründete die Einrichtung einer umfangreichen Kolonialabteilung im Rückblick 1914 gerade mit dem Interesse der Heimat – hier freilich im übertragenen Sinne. Es wanderten, so Auerbach, so viele Menschen „auch aus unserer Heimat" in die Kolonien aus, daß „sie und ihre Angehörigen, die zu Hause bleiben" vielfach das größte Interesse daran hätten, „sich zu unterrichten, was für eine Tierwelt jene ferne Gegenden

---

47 Zu dieser Heimatkonzeption u.a. Applegate (wie Anm. 27), S. 126–129. – Ähnlich auch Confino (wie Anm. 27), S. 108–115.

48 Die Komplexität dieser Deutungsmuster korrespondierte mit der Unübersichtlichkeit der modernen Lebenswelt. Sie führte vielfach multiple Identitäten herauf, die je nach Situation und Kontext wandelbar waren und so auch Disparates zusammenfügen konnten. Hierzu grundlegend T. v. Rahden: Die situative Ethnizität der deutschen Juden im Kaiserreich in vergleichender Perspektive. In: Religion im Kaiserreich. Gütersloh 1996, S. 409–434.

49 Branca an Ministerium, Berlin, 24.4.1914. GStA PK I.HA Rep. 76 Va Sekt. 2 Tit. X Nr. 21 Bd. XX, fol. 124–131, hier fol. 130v.

bevölkert".[50] Heimat und Ferne waren eng aufeinander bezogen. Das Museum diente, im eigenen Verständnis, der Kommunikation zwischen Reich und Kolonien.

Dabei war es unverkennbar, daß die Akzente in den einzelnen Häusern durchaus unterschiedlich gesetzt wurden. Ja, sie wurden gelegentlich sogar in ein und demselben Haus durch die Vorlieben der wechselnden Akteure unterschiedlich gesetzt. Ferdinand Krauss etwa hatte der Zoologischen Abteilung des Stuttgarter Naturalienkabinetts in der Mitte des 19. Jahrhunderts durch eine entsprechende Ankaufspolitik ein exotisches Profil verliehen.[51] Sein Kollege Oscar Fraas, dem die geologisch-paläontologische Abteilung unterstand, hatte jedoch, „den Hammer in der Hand, die vielgestaltige Heimat von den Keuperhöhen des Unterlandes bis zur höhlendurchzogenen Alb" für das Museum förmlich abgearbeitet.[52] Eine Generation später sammelte Fraas' Sohn Eberhard hingegen Saurierreste für das Stuttgarter Haus in Deutsch-Ostafrika (wovon bereits im Zusammenhang mit der Tendaguru-Expedition die Rede war), während Krauss' Nachfolger Kurt Lampert sich nun bevorzugt der schwäbischen Süßwasserfauna widmete.

Trotz solcher Konjunkturen war es für niemanden zu übersehen, daß sich der Imperialismus in der Wilhelminischen Ära als hoheitlich forcierte Deutungsmaxime etabliert hatte und in den Museen – mehr noch den Ethnologischen als den Naturhistorischen – neue Deutungsmuster zuließ und sie beförderte.[53] Ihnen konnte sich auch das Senckenberg-Museum nicht entziehen, profitierte es doch entschieden von den Expeditionen dieser Zeit: so etwa von der zweiten deutschen Inner-Afrika-Expedition 1910/11, die von Herzog Adolf Friedrich zu Mecklenburg geleitet wurde, der der Senckenbergischen Naturforschenden Gesellschaft persönlich verbunden war[54]; oder von der Hanseatischen Südsee-Expedition 1909, an der sich der damalige Kustos der Gesellschaft, Eugen Wolf, beteiligte. Im Gegenzug diente das Museum beinahe als Bilderbuch der deutschen Kolonien. So war gleich eine der ersten Gruppen in der Schausammlung des neuen Hauses der Fauna und Flora Deutsch-Ostafrikas gewidmet. Mit dem ‚höchsten deutschen Berg', dem Kilimandscharo, im Hintergrund durfte dieses Diorama in der Tat als „eine der wirkungsvollsten und volkstümlichsten Veranschaulichungen des Kolonialgedankens" gelten.[55] Aber dieses Deutungsmuster blieb stets nur eines unter mehreren. Das Frankfurter Museum *konnte* als Bilderbuch der deutschen Kolonien durchmustert werden, *mußte* es aber nicht.

Ganz entziehen vermochten sich die Museen der imperialistischen Idee freilich kaum – und eine solche Abstinenz wäre von der Öffentlichkeit auch nicht verstanden worden. In Bremen, wo die Kaufmannschaft durchaus Bilanzen lesen konnte und daher wußte, was der Handel mit den deutschen Kolonien tatsächlich einbrachte, plante man bei der Erweiterung

---

50 M. Auerbach: Plaudereien über die Karlsruher naturwissenschaftlichen Sammlungen I. In: Sonntags-Zeitung des „Karlsruher Tagblatts" v. 15.2.1914.

51 Zum folgenden Köstering, S. 33.

52 K. Lampert: Zur Geschichte des Kgl. Naturalienkabinetts in Stuttgart. Stuttgart 1906, S. 21.

53 Einen – in vieler Hinsicht bezeichnenden – Sonderfall untersucht G. Schneider: Das Deutsche Kolonialmuseum Berlin und seine Bedeutung im Rahmen der preußischen Schulreform um die Jahrhundertwende. In: Die Zukunft beginnt in der Vergangenheit. Frankfurt/M. 1982, S. 155–199.

54 Der Herzog berichtete von seiner Expedition im Februar 1912 vor ca. 5.000 Zuhörern im Frankfurter Schumann-Theater. Vgl. Bericht 1912, S. 151–155.

55 R. Richter: Das Natur-Museum Senckenberg und die deutschen Kolonien. In: „Frankfurter Wochenschau" v. 4.4.1937, S. 163f., hier S. 164.

des Hauses nach 1908 den Ausbau der Abteilung „Deutsche Kolonien". Unterstützt von der Bremer Abteilung der Deutschen Kolonialgesellschaft und anderen Kreisen, sollte hier „ein einigermaßen getreues Bild der wirtschaftlichen Leistungsfähigkeit unserer Kolonien in Afrika und der Südsee, sowie des Schutzgebietes Kiautschou" vorgeführt werden.[56] In Rundschreiben an Kolonialvereine und Handelshäuser warb das Bremer Museum um Unterstützung und konnte am Ende tatsächlich neben einer kolonialwirtschaftlichen auch eine eigene *naturkundliche* Kolonialabteilung einrichten, zu welchem Zweck neben Sammlungen aus Togo, Kamerun, Deutsch-Südwestafrika und Neu-Guinea ein „reiches Abbildungs- und Kartenmaterial herangezogen sowie die Aufstellung von Dioramen und Stereoscopen vorgenommen" wurde.[57] Völker- und Naturkundliche Museen etablierten sich so – neben speziellen Kolonialausstellungen und Völkerschauen – als zentrale Medien des wilhelminischen Imperialismus-Diskurses.[58]

Konrad Bartling, ein Lehrer am Bremer Lehrerseminar, der als wissenschaftlicher Hilfsarbeiter die Handelsabteilung des Museums betreute, unternahm 1927 den späten, nun ganz unter dem Eindruck des *Verlustes* der Kolonien im Versailler Vertrag stehenden Versuch einer Würdigung der Bremer Kolonialabteilung, die sich als Beleg für die Nachhaltigkeit – und der Neukonturierung! – jener Deutungsmuster lesen läßt, wie sie sich in den Jahren um 1900 ausgeformt hatten. So betrachtete Bartling die Sammlung als Ausdruck der „kolonialen Leistungen und Erfolge unseres Volkes".[59] In einer selbstgefälligen, aber nicht untypischen Strategie der Rechtfertigung hielt er es dem Reich zugute, „daß unsere Kolonialpolitik sich fernhielt von jeder Ausbeutung zugunsten des Mutterlandes, daß sie vielmehr ihre wichtigste Aufgabe darin sah, die Völker und Stämme unserer Schutzgebiete intellektuell und moralisch zu erziehen, um ihnen behilflich zu sein, zu höheren Entwicklungsstufen emporzusteigen."

In einer solchen Deutung war aus der ehemals durchaus chauvinistisch argumentierenden, die eigene Überlegenheit erweisenden Kolonialidee endgültig eine Art von ‚Entwicklungshilfe' geworden. Die deutsche Politik und der deutsche Handel hatten – in Bartlings Sicht, die er auch als Verfasser des Bremer Museumsführers popularisierte – allein

56 Jahresbericht des Städtischen Museums für Natur-, Völker- und Handelskunde für das Rechnungsjahr 1908. In: *Mitteilung des Senats* v. 29.6.1909, S. 798.

57 Jahresbericht des Städtischen Museums für Natur-, Völker- und Handelskunde für die Rechnungsjahre 1909/1911. In: *Mitteilungen des Senats* v. 19.7.1912, S. 1024.

58 Dazu u.a. Penny (wie Anm. 1). – A. Zimmerman: Anthropology and Antihumanism in Imperial Germany. Chicago 2001. – Ders.: Science and Schaulust in the Berlin Museum of Ethnology. In: Wissenschaft und Öffentlichkeit in Berlin, 1870–1930. Stuttgart 2000, S. 65–88. – Zu Völkerschauen u.a. S. Goldmann: Zur Rezeption von Völkerausstellungen um 1900. In: Exotische Welten – Europäische Phantasien. [Stuttgart] 1987, S. 88–93. – Vgl. auch C. Hagenbeck: Von Tieren und Menschen. Düsseldorf 1950, S. 54–78. – Dazu L. Dittrich u. A. Rieke-Müller: Carl Hagenbeck (1844–1913). Frankfurt/M., Berlin, Bern, New York, Paris, Wien 1998. – Im größeren Rahmen U. Bitterli: Die Wilden und die Zivilisierten. München 1982. – R. Corbey: Ethnographic showcases, 1870–1930. In: The Decolonization of Imagination. London, New Jersey 1995, S. 57–80. – R. Debusmann u. J. Riesz (Hrsg.): Kolonialausstellungen – Begegnungen mit Afrika? Frankfurt/M. 1995. – Th. Koebner u. G. Pickerodt (Hrsg.): Studien zum Exotismus. Frankfurt 1987. – Fr. Kramer: Zur imaginären Ethnographie des 19. Jahrhunderts. Frankfurt/M. 1977. – P. Martin: Afrikaner in Bewußtsein und Geschichte der Deutschen. Hamburg 1993.

59 K. Bartling: Das Städtische Museum in Bremen im Dienste der kaufmännischen Bildung. In: *Festschrift zum 70. Geburtstage [...] des Herrn Professor [...] Schauinsland [...]*. Bremen 1927, S. 70–90, hier S. 79. – Dort auch das folgende Zitat.

der wirtschaftlichen Förderung der Kolonien gedient; ebendies zeigten ja „die zahlreichen Proben wichtiger Ausfuhrartikel, Darstellungen der Gewinnung und weiteren Verarbeitung der kolonialen Rohstoffe, Karten und Statistiken, Bilder und Photographien von wirtschaftlichen Anlagen in Pflanzungen [...]."

Diese Interpretation hatte – im Kontext der zwanziger Jahre – entlastenden Charakter. Zugleich jedoch formulierte sie eine Forderung, in der das eigentliche Moment dieses Deutungsmusters aufschien. Das deutsche Volk, so lautete sie, habe durch die wirtschaftliche Förderung der Kolonien den „vollständigsten Beweis seiner kolonialen Fähigkeiten erbracht". Darum habe es „einen Anspruch darauf, an der Erziehung unentwickelter Rassen und Völker und an der Verbreitung europäischer Zivilisation mitzuarbeiten". Mit anderen Worten: Bartling verlangte „unsere Kolonien zurück!" Sie seien – und hier verbanden sich unterschwellig die Erfahrungen der Hyperinflation 1923 mit den kolonisatorischen Spielereien eines Hermann Grimm – im übrigen Deutschland „bitter not", da „unser kleiner Lebensraum" nicht ausreiche „für die Betätigung und Ernährung eines 65-Millionen-Volkes. Die Kolonien sollen uns Arbeit schaffen für unsere Arbeitslosen, sollen uns Rohstoffe liefern für unsere Industrie, sollen Absatzgebiete werden für unsere Industriegüter." Nichts schien Bartling so geeignet, diesen Gedanken, der ein ganzes Programm beinhaltete, wachzuhalten, als die „lebendige Anschauung", wie sie das Bremer Museum bot. Wissenschaft war endgültig in Praxis umgeschlagen. Die 1911 eröffnete Kolonialabteilung war in einem ursprünglich ganz und gar unvorhersehbaren Ausmaß zum Argument des politischen Revisionismus geworden.

2. Nation und *scientific community*

Forschung – zumal die naturwissenschaftliche Forschung – besaß im 19. Jahrhundert nationales Prestige. Es übertrug sich ebenfalls auf die Naturhistorischen Museen, die neben Universitätsinstituten und Laboratorien – in jeweils unterschiedlicher Weise – an den Fortschritten dieser Forschung teilhatten. Im Wettstreit zwischen den Nationen erfüllte das Museum eine wichtige Funktion. Und in weiten Teilen der deutschen Öffentlichkeit wurde von den Museen geradezu erwartet, daß sie diese Funktion erfüllten.[60]

Friedrich von Heimburg etwa, der Wiesbadener Landrat, hat diese Erwartung 1905 im Preußischen Abgeordnetenhaus unverhohlen ausgesprochen. Das Museum für Naturkunde, so erklärte er kurzerhand, müsse die „Führung in der wissenschaftlichen Welt" beanspruchen.[61] Er drückte seinen Stolz darüber aus, daß das Haus – was keineswegs in jeder Hinsicht als unumstritten gelten durfte – das erste Naturhistorische Museum Preußens und Deutschlands sei, „wie sich das für ein Museum in Berlin gehört". Zugleich dankte er – das Berliner Haus profitierte, wie bereits gesagt, erheblich von Sendungen aus den Kolonien – den Offizieren, „die in ernsten Momenten, auf der Feldwache, auf Patrouillenritten, ja, wie es vorgekommen ist, auch noch kurze Zeit vor ihrem Heldentode an die Förderung des Zoologischen Museums gedacht haben, und deren Sammlungen nachher eingeschickt worden

60 Hierzu grundlegend R. v. Bruch: Wissenschaft, Politik und öffentliche Meinung. Husum 1980.
61 *Stenographische Verhandlungen des Hauses der Abgeordneten*, 145. Sitzung v. 22.2.1905, Sp. 10342.

sind."[62] Kurzum, die Devise lautete: „Preußen in Deutschland voran und Deutschland in der Welt voran."[63]

Der Fall ist typisch und bedarf keiner weiteren Belege. Tatsächlich erwies sich am Ende des Jahrhunderts auch die ‚Nation' – neben ‚Heimat' und ‚Ferne' – als ein Muster, das die Deutung der Museumssammlungen prägte. Ein interessantes Beispiel bietet hier eines der wenigen Berliner Dioramen dieser Zeit. Das „Tierleben in der Antarktis" (Abb. 11), 1907 aufgestellt, zeigte im Vordergrund auf Fels und Eis verschiedene Robben, Pinguine und Vögel. Im Hintergrund erblickte der Betrachter das weite, rauhe Meer – und die Gauß, das Forschungsschiff der deutschen Südpolarexpedition von 1901/03. Deren Besatzung hatte während des rund einjährigen Aufenthalts an der „Kaiser-Wilhelm II.-Küste" Tiere erbeutet[64], die von Carl Knuth, dem Schweriner Hofpräparator, ursprünglich für die deutsche Abteilung der Internationalen Ausstellung für Meereskunde und Seefischerei in Marseille 1906 aufbereitet worden waren.[65] Dort hatte sich das Reich – im internationalen Wettbewerb – als eine hochtechnisierte Industrienation präsentiert, der alles erreichbar schien: die Tiefen des Meeres ebenso wie die Weiten der Antarktis. In Marseille hatte sich das Deutsche Reich als Forschungsweltmacht inszeniert – und folgerichtig hatte das Diorama 1906 noch den Titel „Schiff Gauß in der Posadowskibay" geführt.[66] Dieser nationale Anspruch war – im Kontext der Museumssammlung – in der neutralen Überschrift „Tierleben in der Antarktis" nun zwar verdeckt, blieb jedoch für den unterrichteten Besucher durch die Gauß nach wie vor präsent. Auch hier war die Anwendung eines bestimmten Deutungsmusters ganz von dem Vorwissen und der Intention des jeweiligen Betrachters abhängig: Er *konnte* das Diorama als Ausweis nationalen Prestiges verstehen, *mußte* es aber nicht. Das Objekt selbst ließ unterschiedliche Perspektiven zu.

Daß das nationale und mitunter auch nationalistische Element in der musealen Praxis eine beträchtliche Rolle spielte, kann dabei gar nicht bestritten werden. Allerdings ist stets nach der genauen Funktion zu fragen, die dieses Element jeweils erfüllte. Wilhelm Peters etwa, der Direktor des Berliner Zoologischen Museums, sprach 1861 – die preußische Kriegsmarine befand sich noch in den Anfängen – von der Pflicht des Museums, „ungeachtet des Mangels einer großen Flotte und überseeischer Besitzungen [...] durch Fleiß und Eifer auch in diesem Zweige der Wissenschaft zum Ruhme Preußens mit andern großen Staaten concurriren zu können".[67] Tatsächlich konkurrierte ein Haus wie das Berliner mit Paris, London und Wien – und nicht selten wurden Anträge auf finanzielle Unterstützung der Sammlung mit einem nationalen Stempel versehen. Die Museen benutzten das nationale Argument gerne, um zusätzliche Mittel zu erhalten.[68]

---

62 *Stenographische Verhandlungen des Hauses der Abgeordneten*, 37. Sitzung v. 6.3.1906, Sp. 2718.

63 Ebd., Sp. 2720.

64 Vgl. *Führer durch die Zoologische Schausammlung des Museums für Naturkunde*. Berlin 1910, S. 46.

65 Vgl. *Amtlicher Führer durch die deutsche Abteilung der Internationalen Ausstellung für Meereskunde und Seefischerei in Marseille*. [o.O. 1906]. – Dazu R. Seemann: Der Großherzoglich-mecklenburgische Hofconservator Carl Knuth. In: Der Präparator 44 (1998), S. 59f.

66 Vgl.Köstering, S. 106f.

67 Peters an Ministerium, Berlin, 30.1.1861. GStA PK I.HA Rep. 76 Va Sekt. 2 Tit. X Nr. 63 Bd. IV, fol. 9–15, hier 14v–15.

68 Ein gutes Beispiel bietet hier die Tendaguru-Expedition. Vgl. oben Kap. III.4.

Abb. 11
Museum für Naturkunde, Berlin
Diorama „Tierleben in der Arktis“ (1910)

Gleichwohl entstand im Reich kein Naturhistorisches *National*museum. Das Berliner Haus, das diese Rolle gerne beanspruchte, konnte sie nicht ausfüllen. Die Tradition der deutschen Kulturnation, die immer eine föderale gewesen war, stand dem entgegen. Die Naturhistorischen Museen in Hamburg, Frankfurt, Dresden, Stuttgart, München, auch in Wien verhinderten eine Berliner Dominanz. Das bedeutet nun freilich nicht, daß Kaiser und Reich außerhalb Berlins keine Rolle gespielt hätten. Sie taten es am Ende des Jahrhunderts vielmehr sogar in Häusern, die stets auf ihre *lokale* Tradition, auf Bürgersinn und Autonomie, gepocht hatten. Und der Wandel der Deutungsmuster, der sich in einem solchen Umschwung ausdrückte, war symptomatisch für die – im Sinne der Identitätsfindung des jungen Reiches ja durchaus erforderliche – Nationalisierung der deutschen Öffentlichkeit.[69]

Ein gutes Beispiel hierfür war die Einweihung des neu errichteten Senckenberg-Museums am 13. Oktober 1907. Sie fand als „Akademische Feier" im Lichthof des Hauses statt, der, mit „herbstliche[m] Eichenlaub und Lorbeergewinde[n]" geschmückt, den spektakulären Diplodocus präsentierte.[70] Anwesend waren jedoch – in guter Vereinstradition – nicht nur die beitragenden, ewigen, korrespondierenden und Ehrenmitglieder, die Vertreter gelehrter Korporationen, von Universitäten, Akademien und Vereinigungen, sowie Abgesandte der übrigen deutschen Naturhistorischen Museen. Anwesend waren auch die Landgräfin von Hessen sowie Prinz Friedrich Karl von Hessen und seine Gemahlin – letztere als Vertreter der Kaiserin, während der – wegen eines Jagdaufenthaltes auf Schloß Hubertusstock dringend verhinderte – Monarch durch den preußischen Kultusminister, Ludwig Holle, vertreten wurde. Gleichwohl war das Kaiserpaar auch in eigener Person im Museum anwesend: In der Mitte des Lichthofes stand – auch dies in bester Vereinstradition – das Modell einer Goethebüste (überdies ein Geschenk Auguste Viktorias), die beiden Mittelpfeiler indes waren geschmückt mit den Büsten des Kaiserpaares selbst.

Bürgerstolz und Kaiserhoch verbanden sich zu einer neuen, freilich durchaus zeittypischen Allianz.[71] Die Senckenbergische Naturforschende Gesellschaft feierte sich selbst, pries die Tradition – und brach doch zugleich mit ihr. Nicht von der Gunst eines Fürsten abhängig sein zu müssen – das war von allem Anfang an das Credo des Vereins gewesen. Und noch sprach man es bei feierlichen Anlässen bedenkenlos vor sich hin. August Knoblauch, der Direktor der Gesellschaft, handelte in seiner Festansprache ausführlich von dieser Tradition, zitierte Goethe und pries Rüppell.[72] Das Jahr 1866 – ein tiefer Einschnitt in der Geschichte der Freien Reichsstadt – habe, so lautete Knoblauchs bezeichnende Kompromißformel, „unserer Vaterstadt wohl den schmerzlichen Verlust der Freiheit gebracht, zugleich aber auch hinübergeleitet [...] in die große Zeit der Jahre 1870/71."[73] Damals habe Frankfurt „mit Bewunderung und mit begeistertem Stolze [...] seine Söhne siegen sehen auf

---

69 Zu diesem Prozeß Nipperdey III, S. 595–609. – Vgl. etwa auch O. Dann: Nation und Nationalismus in Deutschland 1770–1990. München 1996, S. 196–218, bes. S. 197–210.

70 *Festschrift zur Erinnerung* (wie Anm. 11), S. 11.

71 Vgl. etwa Nipperdey II, S. 394f. – Das Phänomen sehr deutlich auch bei W. Hardtwig: Bürgertum, Staatssymbolik und Staatsbewußtsein im Deutschen Kaiserreich 1871–1914. In: GuG 16 (1990), S. 269–290. – Vgl. auch Ders.: Denkmal und Fest im Kaiserreich. In: Geschichtskultur und Wissenschaft. München 1990, S. 264–301.

72 A. Knoblauch: [Festrede]. In: *Festschrift zur Erinnerung* (wie Anm. 11), S. 12–18.

73 Ebd., S. 16. – Dort auch das folgende Zitat.

den Schlachtfeldern jenseits der Vogesen, auf denen aus Blut und Eisen die deutsche Kaiserkrone geschmiedet wurde."

Freiheit als Preis für die Einheit – so lautete, überspitzt formuliert – diese Deutung, die der prosperierenden Stadt und ihrem Bürgertum, damit aber auch dem Verein und seinem Museum, einen zentralen Platz in der Nation zuwies. Und gerade dieser Platz – und hier kam das nationale Muster zum Zuge – erwies sich für das Museum als wertvolle Legitimationsstrategie. „Darum", so schloß Knoblauch im Stile der Zeit, „blicken wir dankerfüllt auf zu dem Oberhaupte unseres Staatswesens, das die Krone als Symbol der Macht und Größe des Reiches ehrfürchtig und selbstlos trägt, dessen milde Hand das Szepter mit Stärke und Gerechtigkeit führt zur Wahrung des Friedens. Möge unsere Senckenbergische Naturforschende Gesellschaft blühen im Genusse dieses Friedens, eine echte Pflegestätte naturwissenschaftlicher Forschung, in unwandelbarer Treue zu Kaiser und Reich!"[74]

Kein Wunsch hätte den alten Grundsätzen des Vereins unangemessener sein können – keiner freilich war 1907 auch so selbstverständlich. Noch immer existierte das Frankfurter Haus ganz durch die Beteiligung und Teilhabe des Frankfurter Bürgertums, das ja gerade erst die Mittel für den prächtigen Neubau aufgebracht hatte. Das Haus selbst aber war bereits in einem neuen Kontext errichtet worden. Ein Blick vom Balkon hinab in den Lichthof vermochte hier rasch Klarheit zu verschaffen: Uniformen und Ordensbänder beherrschten die Szene, die Begrüßungsfanfare schmetterte das 2. Nassauische Feldartillerie-Regiment Nr. 63 Frankfurt. „Die Königin vom Maine" war verstummt.[75]

Allein, auch hier vermochte sich das Deutungsmuster nie restlos durchzusetzen; immer gab es konkurrierende, ja vielfach komplementäre Perspektiven. Für das Muster der ‚Nation' galt dies in gleich zweierlei Hinsicht. Zum einen befand es sich in einem produktiven Spannungsverhältnis zum Gedanken der ‚Heimat', wie wir ihn oben kennengelernt haben. Lokale Traditionen *und* nationaler Rahmen hatten im Kaiserreich ihren Anteil an jenem dynamischen Selbstfindungsprozeß, der sich in der Konstruktion situativer, ganz kontextbezogener Identitäten äußerte.[76] In der Situation des öffentlichkeitswirksamen Festaktes 1907 überwog so der nationale Anspruch, ohne die stadtbürgerlichen Traditionen vollständig zu überdekken.[77] Die ‚Wir'-Identitäten blieben komplex.

Zum anderen stand das Muster der ‚Nation' in einem Spannungsverhältnis zu dem einer *scientific community*, der die Senckenbergische Naturforschende Gesellschaft immer schon angehört hatte. Diese internationale, in einem älteren Sinne durchaus kosmopolitische, weltoffene Ausrichtung des Museums nahm, für jedermann sichtbar, in dem bereits mehrfach erwähnten Diplodocus Gestalt an, einem Geschenk des Präsidenten des *American Museums*

---

74 Ebd., S. 17.

75 Nicht von ungefähr kulminierte dieser Prozeß der Nationalisierung der SNG, als der Verein im Kriegsjahr 1917 sein hundertjähriges Bestehen feierte. Das Jubiläumsfest, das in einer umfangreichen Festschrift dokumentiert ist, lohnte eine genauere Untersuchung. Vgl. *Die Jahrhundertfeier der Senckenbergischen Naturforschenden Gesellschaft am 22. November 1917*. Frankfurt/M. 1918 [1919]. – Dazu P. Sack: Zur Jahrhundertfeier der Senckenbergischen Naturforschenden Gesellschaft. In: „Frankfurter Nachrichten" v. 21.11.1917. – Vgl. unten Anm. 115.

76 Vgl. oben Anm. 48.

77 So sprach etwa der Frankfurter Bürgermeister Grimm (in Vertretung des Oberbürgermeisters Adickes) von dem „oft bewährte[m] Gemeinsinn unserer Bürgerschaft" und dem „berechtigtem Frankfurter Lokalpatriotismus[...]." Zit. n. *Festschrift zur Erinnerung* (wie Anm. 11), S. 29.

of Natural History in New York, Morris K. Jesup (1830–1908); der Direktor dieses Hauses, Hermon Bumpus, war 1907 unter den Frankfurter Festgästen und hielt eine Ansprache, die ganz auf den transkontinentalen Wissenschaftsaustausch abhob. Und es war ebenfalls 1907, als das Berliner Museum für Naturkunde eine ähnliche Gabe – die Replik eines Diplodocus – in Empfang nehmen durfte, die Andrew Carnegie (1835–1919), der amerikanische Industrielle, einer der größten Stifter seiner Zeit, dem Kaiser persönlich zum Geschenk gemacht hatte.[78]

Tatsächlich blieb der grenzüberschreitende Charakter – insbesondere der universal konzipierten Naturwissenschaft – der musealen Praxis auch im Zeitalter der Nationalstaaten eingeschrieben. Stadt, Nation und *scientific community* erwiesen sich – gewiß mit wechselnder Intensität – allesamt als Handlungsraum des Naturhistorischen Museums. Gerade die *internationalen* Kontakte versahen es dabei mit einem Renommee, das dem Prestige des Hauses auch im lokalen und nationalen Rahmen förderlich war. Und nicht selten war es gerade die oftmals belächelte deutsche Provinz, die in besonderer Weise an der internationalen Wissenskommunikation partizipierte.[79] Die Senckenbergische Naturforschende Gesellschaft etwa spann ihre Fäden beinahe um die ganze Welt.[80] Von dem sich so entwickelnden Netz handelten die immer ausführlicheren Jahresberichte über die „Auswärtigen Angelegenheiten" des Museums.[81] Sie dokumentierten die engen Kontakte zu anderen Sammlungen und Vereinen, in denen sich – über alle lokalen, regionalen und nationalen Differenzen hinweg – das gemeinsame Interesse an der Natur ausdrückte. Diese Kontakte nahmen ihren Ausgang in der eigenen Stadt, wo man etwa 1836 dem Geographischen Verein die Mitbenutzung des Museumshörsaals gestattete[82]; sie führten weiter zu den Naturkundlichen Vereinen der näheren und ferneren Umgebung, etwa nach Offenbach, Wiesbaden, Mannheim, Mainz, Fulda oder Kassel; sie reichten darüber hinaus bis nach München und Wien[83]; und schließlich wurden sie auch über die deutschen Grenzen hinweg geknüpft, zur *Accademia*

---

78 Holland an Ministerium, Pittsburgh, 12.4.1907. GStA PK I.HA Rep. 89 Nr. 21528, fol. 36f. – Ministerium an Geh. Zivilkabinett, Berlin, 20.7.1907. Ebd., fol. 35.

79 So auch Penny (wie Anm. 1), S. 17–23. – Zu dieser eigentümlichen Verschränkung von wissenschaftlichem Kosmopolitismus und nationalem Bekenntnis vgl. immer noch T. Schieder: Das Deutsche Kaiserreich von 1871 als Nationalstaat. 2. Aufl. Göttingen 1992, bes. S. 71. – Zum transkontinentalen Wissenschaftsaustausch vor dem Ersten Weltkrieg vgl. etwa E. Shills: Die Beziehungen zwischen deutschen und amerikanischen Universitäten. In: Deutschlands Weg in die Moderne. München 1993, S. 185–199. – S. G. Kohlstedt: International Exchange and National Style. In: Scientific Colonialism. Washington 1987, S. 167–190. – Speziell mit Blick auf die Beziehungen zwischen deutschen und amerikanischen Museen Dies.: German Ideas and Practice in American Natural History Museums. In: German Influences on Education in the United States to 1917. Washington, Cambridge 1995, S. 103–114.

80 Zum Schriftentausch SNG Archiv Bd. 17.

81 *Vgl. etwa Vte Oeffentliche Sitzung der Senkenbergischen naturforschenden Gesellschaft zu Frankfurt a/m gehalten am 1t May 1826. Dr. Cretzschmar über die Auswärtigen Angelegenheiten der Gesellschaft.* SNG Archiv Bd. 37, Nr. 13b. – Dort noch weitere Berichte über die „auswärtigen Angelegenheiten". – Vgl. auch oben Kap. IV.4.

82 Vgl. W. Kramer: Chronik der Senckenbergischen Naturforschenden Gesellschaft. Frankfurt/M. 1967, S. 264.

83 Die entsprechende Korrespondenz für die Jahre 1817 bis 1867 in SNG Archiv Bd. 27. – Zu diesem Netz Naturkundlicher Vereine ausführlich A. W. Daum: Wissenschaftspopularisierung im 19. Jahrhundert. München 1998, S. 89–103.

Giovenia di Catania wie zur *Smithsonian Institution* in Washington, nach Lissabon wie nach St. Petersburg.[84]

Persönliche Kontakte, der Austausch von Zeitschriften und Journalen, der Besuch von Versammlungen und Konferenzen schufen hier wie andernorts internationale Verbindungen. Sie beförderten die Wissenskommunikation und ermöglichten die Integration des jeweiligen Museums im supranationalen Raum der *scientific community*. Die Entwicklung der anderen Häuser wurde – im Sinne einer Konkurrenz, wie sie Wissenschaft und Forschung nie fremd ist – aufmerksam beobachtet. Hinrich Lichtenstein etwa entwickelte 1822 einen systematischen Vergleich zwischen den großen Naturhistorischen Museen Europas.[85] Das Pariser Haus etwa, so Lichtenstein, dürfe bei Säugetieren, Amphibien, Muscheln und Weichtieren den Vortritt beanspruchen. Hinsichtlich der Vögel und Fische freilich liege Berlin gleichauf, „wiewohl uns noch viele der großen Prachtstücke abgehen, die die dortige Sammlung zieren".[86] Führend sei das eigene Haus indes bei Krustazeen, Insekten und Zoophyten. Das Britische Museum stehe – mit der allerdings wichtigen Ausnahme großer Säugetiere – „weit hinter dem unsrigen". Das Wiener Haus hingegen sei „so ungemein reich ausgestattet, daß wir uns damit nicht messen können"[87], das Münchener Museum werde gerade erst recht eigentlich gegründet, die Sammlungen in St. Petersburg befänden sich „ohne systematische Aufstellung".[88]

Das beste Mittel der Informationsbeschaffung, wie sie einem solchen Vergleich – der bezeichnenderweise die außer- *und* innerdeutsche Konkurrenz berücksichtigte – vorauszugehen hatte, bildete zweifellos die eigene Anschauung. Seit dem Jahrhundertbeginn unternahmen die Museumsleiter daher immer wieder Reisen zu Häusern in Deutschland, aber auch in Großbritannien, Holland und Frankreich.[89] Diese Reisen informierten über neue Tendenzen der Präsentation, über Marktverhalten und Sammlungsstrategie.[90] So sorgten sie vielfach für Anregung. Karl Möbius etwa verwendete seine Impressionen aus dem *British Natural History Museum* 1896 als zusätzliches Argument bei der Begründung seiner Etatforderung.[91] Er hatte, so berichtete er dem preußischen Kultusministerium, bei seinem Besuch im Londoner Haus, geführt von Sir William Flower, „sehr viele nachahmenswerthe Präparate" gefunden „z.B. die nebeneinander gestellten Skelette eines Pferdes und Menschen mit den Namen aller Knochen, um die verschiedene Form homologer Glieder beider

84 Dazu SNG Archiv Bd. 46.

85 Lichtenstein an Ministerium, Berlin, 22.3.1822. GStA PK I.HA Rep. 76 Va Sekt. 2 Tit. X Nr. 15 Bd. VII, fol. 241–259.

86 Ebd., fol. 249. – Dort auch das folgende Zitat.

87 Ebd., fol. 240.

88 Ebd., fol. 241.

89 Ein Beispiel für viele ist die Reise des Karlsruher Sammlungsleiters Auerbach 1904 – im Jahre der Neuaufstellung der Schausammlung – nach London. Vgl. Kultusministerium an Naturalienkabinett, Karlsruhe, 27.6.1904 [Konzept]. GLA Karlsruhe 466/20607. – Vgl. auch Kap. III.1.

90 Immer wieder trafen in den Museen die Anfragen ausländischer Regierungen ein. Zwei Beispiele: Frz. Gesandtschaft an das Ministerium des Großherzoglichen Hauses und der auswärtigen Angelegenheiten, Karlsruhe, 26.11.1855 [Abschrift]. GLA Karlsruhe 235/19760. – Auswärtiges Amt an Senat der freien Hansestadt Bremen, Berlin, 31.12.1898. StA Bremen 3–N.5.No. 49.

91 Vgl. Möbius an Ministerium, 24.7.1896. GStA PK I.HA Rep. 76 Va Sekt. 2 Tit. X Nr. 63 Bd. XV, fol. 17–18v.

verständlich zu machen“[92], daneben aber auch etwa Zusammenstellungen von weißen Tieren auf winterlichem Schnee, von Wüstentieren auf Sandboden.

Möbius hatte sich vom didaktischen Wert solcher biologischer Präparate und Gruppen in London überzeugen lassen und versuchte nun, ihre Integration in die taxonomisch-systematisch ausgerichtete Berliner Schausammlung zu forcieren. Dabei vergaß er nicht, dem Ministerium gegenüber zu erwähnen, daß Flower weitaus größere Finanzmittel zur Verfügung stünden als dem Berliner Haus.[93] Der internationale Vergleich hatte hier appellativen Charakter. Wollte das Museum der Reichshauptstadt in diesem Punkt mit London konkurrieren – so ließ sich der Subtext des Berichts verstehen – so waren Etaterhöhungen unumgänglich. Möbius rekurrierte auf die Konkurrenz innerhalb der *scientific community*, spielte aber – Kultusbürokratie und Öffentlichkeit vor Augen – zugleich mit dem Argument des nationalen Prestiges. Auch hier standen sich die entsprechenden Deutungsmuster spannungsvoll gegenüber.

3. Bremer Stolz

Bei unserer Betrachtung zu den Führungen haben wir bereits im vierten Kapitel auf die verschiedenen Möglichkeiten der Plausibilisierung hingewiesen, wie sie den ‚führenden Herren‘ zur Verfügung standen. Eine wesentliche Möglichkeit lag in der Anknüpfung an Phänomene der Arbeits- und Lebenswelt, insbesondere an solche des Handels und der Industrie. In diesem Sinne äußerte sich etwa die *Centralstelle für Arbeiter-Wohlfahrtseinrichtungen* im Jahre 1900 anerkennend über die „Vorführung der Herkunft, Gewinnung und zum Theil auch der Verarbeitung der Rohstoffe, welche das Thierreich den Gewerben liefert“[94], wie sie im Berliner Museum für Naturkunde an den Beispielen von Fischbein, Purpur oder Perlmutt demonstriert wurden.

Das Haus, das von vornherein und in erster Linie diesem Gedanken des Handels und der Warenproduktion verpflichtet war und so spezielle Deutungsmuster zuließ, war das 1896 eröffnete Bremer Museum für Natur-, Völker- und Handelskunde, das sich gleichsam als ein Schaufenster des Bremer Handels verstand. Nicht zu Unrecht jedenfalls seufzte Franz Buchenau, der Bremer Schulleiter und Naturforscher, 1898, in Bremen sei „Alles das durchzuführen [...], wofür sich die Kaufmannschaft interessiert (während andere nützliche Bestrebungen sich abquälen müssen und vielfach unbeachtet zu Boden sinken).“[95] Und in der Tat: Hugo Schauinsland, der Museumsdirektor, legte den allergrößten Wert darauf, daß „die Kaufmannschaft in steter Fühlung mit dem Museum“ stand, da es nur so möglich sei, ein lückenloses Bild des bremischen Handels zu geben: „Mögen daher besonders bei Einführung neuer Produkte die betreffenden Firmen stets unseres Museums gedenken.“[96]

---

92 Ebd., fol. 17–17v.

93 Vgl. ebd.

94 *Massnahmen gegen den Missbrauch der Sonntagsruhe junger Leute* [Denkschrift der *Centralstelle* 1900]. GStA PK I.HA Rep. 76 Va Sekt. 2 Tit. X Nr. 127 Bd. V, fol. 112v. – Dazu oben Kap. IV.3.

95 Fr. Buchenau: Memoiren [Mskrpt.], S. 121. StA Bremen 7, 61. – Vgl. oben Kap. I.1.4.

96 Jahresbericht des Städtischen Museums für Natur-, Völker- und Handelskunde für die Rechnungsjahre 1909/1911. In: *Mitteilung des Senats* v. 19.7.1912, S. 1026.

Nach außen hin wirkte das Museum so tatsächlich wie eine Institution zur Produktwerbung; unverkennbar diente das Haus der Imagepflege. Nach innen konnte es – als ,Ruhmeshalle des Bremer Handels' – die bremische Identität mitgestalten. Museale Wissenskommunikation hatte hier einen ganz praktischen Zweck. Diesen Zweck hat kaum jemand so deutlich benannt wie der bereits erwähnte Konrad Bartling, der sich als verantwortlicher wissenschaftlicher Hilfsarbeiter der Handelsabteilung – freilich erst 1927, aber doch mit spürbarem Bezug zu der Einrichtung von 1896 und 1911 – ausführlich zur Aufgabe des Bremer Museums „im Dienste der kaufmännischen Bildung" äußerte.[97] An sich lag bereits in dieser ,kaufmännischen Bildung' ein bezeichnender Widerspruch. Denn die Bildung hatte ihrem ursprünglichen Sinne nach ja nie das Spezielle, sondern immer das Allgemeine verfolgt. Nicht den Kaufmann, sondern den Menschen hatte sie entwickeln wollen, und zwar allseitig und zweckfrei. Bartlings Formulierung spiegelte den bereits vollzogenen Übergang von dieser älteren Bildungsidee hin zur Ausbildung.[98] Zugleich waren in dieser Formulierung jedoch Reste des Ursprünglichen vorhanden. Das Museum, um dessen Rolle es hinsichtlich der „kaufmännischen Bildung" ging, wurde von Bartling bewußt als „Bildungsanstalt von hoher wissenschaftlicher, pädagogischer und wirtschaftlicher Bedeutung" vorgeführt.[99]

Wissenschaft, Pädagogik und Wirtschaft – drei entscheidende Deutungsmuster innerhalb der Bremer Praxis – wurden so ins Verhältnis gesetzt. Die Sammlungen dienten der Wissenschaft, wirkten „dem Scheinwissen und der Oberflächlichkeit des Urteils" entgegen und gaben – in der Sicht Bartlings – „auch dem Laien reiche Gelegenheit [...], seine Kenntnisse auf den verschiedenen Gebieten der Naturwissenschaften zu mehren." Damit war die klassische Position des Naturhistorischen Museums formuliert. Zugleich jedoch stellte sich das Bremer Haus dezidiert „in den Dienst der Wirtschaft". Keinen Zweifel ließ Bartling daran, daß die Museumspräsentation vor allem das Wissen von den Bedingungen und Strukturen des Handels befördern sollte. Die Voraussetzung eines erfolgreichen Überseehandels bestand für ihn darin, die Kulturen der fremden Völker „in ihren Grundlagen und Entwicklungen, ihren Leistungen und Bedürfnissen" genau zu kennen.[100] Ebendiese Kenntnis vermittelte das Museum durch die Aufstellung „lebensvoller Gruppen", durch die ganz auf Authentizität ausgerichtete Präsentation also von Landesprodukten in Vitrinen, durch Modelle und Dioramen, durch Bilder und Karten. Durch diese Präsentation wurde das Material, so Bartling, „nach allen Seiten hin ergänzt, zusammengeschlossen und erläutert, so daß dem aufmerksamen Besucher die fremden Welten nach der Eigenart ihrer Völker, deren kultureller und wirtschaftlicher Entwicklung in geradezu lückenloser Darstellung erschlossen werden." Die Präsentation sollte durch ihre ,Lebenswahrheit' „unvoreingenommen auf unsere Sinne wirken" und so ein Bild des Bremer Handels entwerfen, das im Kontext der Hansestadt vergemeinschaftenden Charakter besaß.[101] Auch hier verstärkten sich – wie bereits bei der ,Heimat' – Präsentationsstrategie und Deutungsmuster wechselseitig.

Sodann nahm Bartling den Leser auf einen virtuellen Rundgang durch die Sammlungen mit und breitete vor seinen Augen, zunächst in der ostasiatischen Abteilung, *en passant* eine

---

97 Bartling (wie Anm. 59).

98 Dazu oben Kap. I.2.

99 Bartling (wie Anm. 59), S. 70. – Hier auch die folgenden Zitate.

100 Ebd., S. 71. – Dort die weiteren Zitate.

101 Zu dieser Vergemeinschaftungsfunktion, wie sie jede Museumsarbeit kennzeichnet, vgl. u.a. I. Karp, Chr. Kreamer u. St. D. Lavine (Hrsg.): Museums and Communities. Washington, London 1992.

Fülle des Wissens aus. Er plauderte davon, wie schmerzhaft der Verlust Tsingtaos als Ein- und Ausfuhrhafen für die deutsche Wirtschaft gewesen sei, daß China als „Schöpfer und Träger einer hohen, uralten Kultur" den Anspruch auf „völlige Gleichstellung mit den Kulturvölkern des Abendlandes" habe, und nicht zuletzt sprach er abschätzig von der japanischen Industrie.[102] Ihre Produkte, so Bartling 1927, zeigten zugleich „die Stärke und die Schwäche des gefürchteten ostasiatischen Konkurrenten". Seine Stärke liege „offenbar in der verblüffenden Geschicklichkeit im Nachahmen europäischer Formen und in der Herstellung von billiger Massenware", seine Schwäche jedoch „in der vorläufig noch mangelnden Qualität". Hier wurden Deutungen formuliert, die nachhaltig als Muster wirkten. Die Praxis des Handelsmuseums beförderte so eine auf den Handel fokussierte bremische Identität, die der Kenntnis fremder Kulturen bedurfte, sich von fremden Produkten jedoch abgrenzte und sich in dieser Abgrenzung zugleich ihrer selbst versicherte.[103]

Daneben ging es Bartling – im Hauptberuf, wie gesagt, Lehrer am Bremer Seminar – um die Funktion und Aufgabe von Handel und Industrie überhaupt. Es ging gewissermaßen um die Idee ‚hinter dem Handel' und damit um seine Veredelung wie um seine Legitimation. Die Ausstellung erwies Bartling zufolge Natur und Mensch als „Grundbedingungen aller materiellen Produktion".[104] Der „aktive Produktionsfaktor" jedoch sei stets der Mensch allein. Er erst schaffe die Wirtschaft, „indem er durch seine körperliche und geistige Arbeit die Naturstoffe und -kräfte in seinen Dienst zwingt". In diachronen Längsschnitten zeigte das Museum, wie die fortschreitende Wirtschaft dabei den Menschen „zu höherer Gesittung erzieht, also kulturfördernd wirkt".

Bartling präsentierte – in bewußter Konturierung des ‚Handels'-Musters – die Wirtschaft als Faktor der Kultur und wertete damit zugleich die bremische Identität gegen alle „Pfeffersack"-Polemik auf. Die Wirtschaft lehre den Menschen, „auf die Natur zu achten, die Stoffe auf ihre Brauchbarkeit zu prüfen, die Naturkräfte und -gesetze zu erforschen, um sie zur Arbeitsleistung auszunutzen." Sie entwickele Körper- und Geisteskräfte, lehre „den Segen der Vergesellschaftung und staatlichen Ordnung erkennen" und führe „in immer weitergehender Arbeitsteilung von der primitiven Einzel- und Familienwirtschaft zu den Wirtschaftsstufen großer Gemeinschaften, also zur Stammes-, Stadt- und Staatswirtschaft, um schließlich zur Weltwirtschaft fortzuschreiten." Indem nun der junge Kaufmann diese Zusammenhänge im Museum erfaßte – so lautete Bartlings Fazit, das den handlungsleitenden Charakter des zugrundeliegenden Deutungsmusters betonte – lerne er „seine eigene Berufstätigkeit in ihrer wirtschaftlichen und kulturellen Bedeutung richtig einschätzen". Daß gerade in diesem missionarischen Motiv von vornherein ein wesentliches Anliegen des Museums für Natur-, Völker- und Handelskunde bestand, entging auch dem Prinzen Heinrich von Preußen nicht, als er am 25. März 1900 dem Haus seinen Besuch abstattete. Hier sehe man, bemerkte der hohe Herr ebenso knapp wie treffend, „wie Bremen seine Söhne zum Welthandel erzieht".[105]

---

102 Bartling (wie Anm. 59), S. 74. – Dort auch die folgenden Zitate.

103 In diesem Zusammenhang erhellend E. Fuchs: Nationale Repräsentation, kulturelle Identität und imperiale Hegemonie auf den Weltausstellungen. In: Comparativ 9 (1999), S. 8–14.

104 Bartling (wie Anm.59), S. 80. – Dort auch die folgenden Zitate.

105 Zit. nach H. Abel: Vom Raritätenkabinett zum Bremer Überseemuseum. Bremen 1970, S. 74.

4. Evolutionstheorie und Darwinismus

Bereits bei der Vorstellung der verschiedenen wissenschaftlichen Profile im ersten Kapitel haben wir gesehen, daß das Tier*system* infolge der Selektionstheorie nicht vollständig aus dem Blick geriet. Das Interesse galt seit den 1860er Jahren jedoch verstärkt biologischen und ökologischen Fragen, zu deren Beantwortung die Museen nach immer neuen Objekten strebten. Die Theorie von der Verwandtschaft der Arten bedurfte eines möglichst umfassenden und vielfältigen Materials, das auf zahlreichen Expeditionen gesammelt wurde und den Museen nach 1870 einen bislang ungeahnten Reichtum an Naturalien eintrug. Die Sammlungen explodierten – das war die erste Folge der Darwinschen Theorie.[106] Die zweite Folge bestand in der Historisierung und Kontextualisierung des Wissens von der Natur, wie sie sich im biologischen und ökologischen Profil ausdrückte. Die dritte Folge bildete schließlich die Umsetzung dieser Profile in neuen, auf ‚Lebensnähe' und Anschaulichkeit bedachten Präsentationen.

Die Popularisierung der Selektionstheorie, die immer mehr *sozial*darwinistische Züge annahm, spielte in der musealen Praxis jedoch nur bedingt eine Rolle. Das Museum, das sich als eine gleichsam dem Tageskampf enthobene Institution der Bildung verstand, war nicht der primäre Schauplatz von Auseinandersetzungen zwischen Materialismus und christlichem Glauben, wie sie etwa in Zeitungen und Zeitschriften unerbittlich geführt wurden.[107] Darwin, so meinte etwa der Frankfurter Museumsleiter Fritz Römer 1907, habe „uns von dem Dogma der Konstanz der Arten" befreit – beschränkte diese Befreiung jedoch ganz auf den genuin wissenschaftlichen Bereich.[108] Weltanschauungskonflikte suchte man hingegen zu vermeiden. Als die Bremer Sammlungen 1878 Hubert Ludwig (1852–1913), einen Assistenten am Naturwissenschaftlichen Museum der Universität Göttingen, als neuen Kustos zu gewinnen trachteten[109], durfte der Senat mit Beruhigung registrieren, daß der Bewerber – nach dem Urteil seines Göttinger Vorgesetzten – „weder politische noch religiöse Agitation" betrieben habe und „gewiß kein „crasser Atheist" sei.[110]

In seiner weitgehend auf Partizipation hin angelegten Wissenskommunikation mußte das Museum stets auf Ausgleich bedacht sein. Auch deshalb hatten extreme Positionen, wie etwa der Materialismus und der Monismus – die noch dazu nicht selten von Außenseitern des Fachs vertreten wurden –, keine Aussicht, in die museale Praxis integriert zu werden.[111] Nicht nur in der Senckenbergischen Naturforschenden Gesellschaft wurde der Darwinismus, der in anderen Kreisen rasch den Status einer Weltanschauung errang, allenfalls verhalten

---

106 Dazu etwa W. Schäfer: Geschichte des Senckenberg-Museums im Grundriß. Frankfurt/M. 1967, S. 40–42.

107 Vgl. etwa A. Berentsen: Zum Problem der Popularisierung der Naturwissenschaften in der deutschen Literatur (1880–1910). Berlin 1986. – A. Kelly: The Descent of Darwin. Chapel Hill 1981. – Aus wissenschaftshistorischer Perspektive S. Maasen, E. Mendelsohn u. P. Weingart (Hrsg.). Biology as Society, Society as Biology: Metaphors. Dordrecht, Boston, London 1995. – Die beste Übersicht bei Daum (wie Anm. 83), S. 71–83 u. 300–323.

108 Römer (wie Anm. 11), S. 18f.

109 Ludwig an Senat, Bremen, 9.8.1878. StA Bremen 3–B.4.M.3.a.No.2.

110 Ehlers an Gröning, Göttingen, 11.8.1878. StA Bremen 3–B.4.M.3.a.No.2.

111 Zu den ‚Materialisten' etwa Daum (wie Anm. 83), S. 210–225. – Vgl. auch A. Schwarz: Wissenschaftspopularisierung in Großbritannien und Deutschland im Übergang zur Moderne (ca. 1870–1914). Stuttgart 1999, S. 285–291.

rezipiert.[112] Zwar ernannte man Darwin mit Urkunde vom 28. April 1873 zum korrespondierenden Mitglied.[113] Was die Theorie der Entstehung der Arten betraf, so war die Gesellschaft jedoch in zwei Lager gespalten. Während sich etwa Heinrich Reichenbach, von dem im vierten Kapitel bereits die Rede war, als überzeugter Darwin-Anhänger zu erkennen gab und bei Gelegenheit des 80. Vereinsjubiläums das Loblied der Selektionstheorie sang, wetterte Johann Christian Gustav Lucae (1814–1885), seit 1851 Direktor der Dr. Senckenbergischen Anatomie, gegen verfrühte „Dogmatisierung und unzeitige Popularisierung im Stile und mit der Phantasie Ernst Haeckels".[114] Selbst wenn man die Feierstunde bedenkt, die die Gesellschaft zu Darwins 100. Geburtstag am 13. Februar 1909 ausrichtete; selbst wenn man den vehementen Darwinismus berücksichtigt, wie ihn Otto zur Strassen, seit 1909 hauptamtlicher Museumsdirektor, in seiner Festrede über „Moral und Krieg im Lichte der Biologie" von 1917 vertrat[115] – letztlich blieb die Reaktion auf den Darwinismus gespalten. Vor allem vermochte er zu keiner Zeit einen nennenswerten Einfluß auf Sammlungskonzeption und Ausstellungspraxis geltend zu machen – womit das interessierte Publikum auf andere Wissensquellen, speziell auf populärwissenschaftliche Darstellungen und Vorträge, verwiesen blieb. Das Museum gab so die Deutungsmacht zum Teil aus der Hand.

Dies war der Hintergrund, vor dem 1914 – im Auftrag des Frankfurter Arbeiter-Bildungsausschusses – ein Führer durch das Senckenberg-Museum entstand, der gleich zwei Dinge kompensieren sollte: das Fehlen eines Museumsführers im allgemeinen (der 1896 vorgelegte Führer durch das alte Museum hatte, wie erwähnt, noch keinen Nachfolger gefunden) und das Fehlen allgemeinverständlicher *entwicklungsgeschichtlicher* Analysen im besonderen. Der von Engelbert Graf (1881–1952), einem der großen sozialdemokratischen Volksbildner, verfaßte Führer trug der Beobachtung Rechnung, daß „viele Besucher bei einem Rundgang durch die Museumsräume nicht ganz auf ihre Rechnung" kamen, da ihnen „meist der innere Zusammenhang der nach Tausenden zählenden Anschauungsobjekte" fehlte.[116] Dieser innere Zusammenhang wurde nun durch eine evolutionsbiologische Deutung hergestellt, wie sie der Präsentation zwar ohnehin zugrunde lag, die durch die attraktiven Großobjekte aber mehr verdeckt als profiliert wurde.

Nach bezeichnenden Literaturhinweisen (genannt wurden Titel von Wilhelm Bölsche, Ernst Haeckel, Carus Sterne – allesamt ‚Großpopularisierer'[117]) führte die „systematische Wanderung" durch das Museum – mittels geeigneter Objekte und unterstützt durch verschiedene Tabellen und Stammbäume zur Entwicklungsgeschichte – in die Grundprinzipien der Selektion, in Zuchtwahl, Symbiose und Arbeitsteilung ein.[118] Die Saurier wurden als Ahnen der Vögel präsentiert, die Bildungsprozesse der Lunge erklärt, anhand von Biologischen Gruppen schließlich gewisse Anpassungserscheinungen vorgeführt. Das Ziel der Entwicklung: der Mensch war nicht zu übersehen. Die „vorspringende Schnauze der Halbaf-

---

112 Zum folgenden Schäfer: (wie Anm. 106), S. 109–111.

113 Vgl. Kramer (wie Anm. 82), S. 338.

114 Zit. nach Schäfer (wie Anm. 106), S. 109f.

115 Vgl. *Jahrhundertfeier* (wie Anm. 75), S. 92–120. – Biographische Hinweise bei D. St. Peters: Otto zur Strassen. In: Biographien bedeutender Senckenberger. Frankfurt/M. 1992, S. 325–330.

116 Graf (wie Anm. 10), S. 3.

117 Zu ihnen Hinweise bei Daum (wie Anm. 83), S. 476, 480 u. 490.

118 Graf (wie Anm. 10), S. 29. – Dort auch die folgenden Zitate.

fen" mache, so der Führer, „je weiter wir fortschreiten, einem immer mehr menschenähnlichen Gesicht Platz."

Der Mensch selbst war schließlich in der Sammlung präsent – und zwar schon allein in der Anwesenheit des Betrachters. Menschen als regelrechte *Exponate* fanden sich jedoch nur in wenigen Naturhistorischen Museen. Immerhin hatte etwa die Senckenbergische Naturforschende Gesellschaft im alten Museum noch 130 „Rassenschädel" ausgestellt[119], auch in Karlsruhe zeigte man noch nach 1900 eine entsprechende Sammlung[120], und im Naturhistorischen Museum Lübeck waren bis 1899 Wachsmodelle zum Vergleich der Gehirne von Primaten, Negern und Europäern zu sehen.[121] Das Zoologische Museum der Leipziger Universität hatte in den 1860er Jahren die berühmte *Carus'sche Anatomische und Craniologische Sammlung* präsentiert.[122] Erst Karl Chun hatte sie aus dem Museum entfernt und sie dem neu errichteten Ordinariat für Anthropologie überwiesen, das die Sammlung seit 1905 in eigenen Räumen ausstellte. Diese Trennung, die ein Ausdruck der weiteren Spezialisierung, der Disziplingenese der Anthropologie, war, setzte sich seit dem letzten Jahrhundertdrittel durch.[123] Nur in Mehrspartenhäusern wurden auch in der Folge noch Mensch, Natur und Kultur im Zusammenhang präsentiert.

Was es freilich – und damit kehren wir zum darwinistischen Muster zurück – allenthalben gab, waren menschliche Skelette, die zum vergleichenden Studium gedacht waren. In Frankfurt hatte man bereits im Museum am Eschenheimer Tor das Skelett eines „ausgewachsenen männlichen Gorillas" neben einem menschlichen Skelett positioniert.[124] In Bremen wurde 1911 sogar eine „geschlossene Abteilung: Mensch und Menschenaffe" zusammengestellt, die allerdings nicht mit einem einzigen Wort den Namen Darwin erwähnte.[125] Nur ein einziges deutsches Haus, das Phyletische Museum in Jena, begriff sich dezidiert als Museum der Evolutionsbiologie.[126] Von Haeckel begründet, wurde es 1912 unter Ludwig Plate eröffnet und präsentierte fortan eine Inszenierung, die ganz auf den Zusammenhang von Biologie und Abstammungslehre setzte und die Abstammung des Menschen zum zentralen Muster der Deutung machte.

Einen solchen Primat des ‚Darwinismus' hat es in keinem anderen deutschen Naturhistorischen Museum gegeben. In allen anderen Fällen versuchten die Sammlungspräsentationen unterschiedliche Perspektiven *nebeneinander* zuzulassen, sich vor allzu eindeutigen Festlegungen im darwinistischen Sinne aber zu hüten. In diesem Sinne wandte sich etwa Hugo Schauinsland in seiner großen Rede anläßlich der Eröffnung des Bremer Museums am

119 *Führer durch das Museum* (wie Anm. 29), S. 23.

120 Vgl. M. Auerbach: Führer durch das Großherzoglich-Badische Naturalien-Kabinett zu Karlsruhe. Karlsruhe 1904, S. 61f.

121 *Führer durch das Museum zu Lübeck.* 3. Aufl. Lübeck 1899, S. 58.

122 Dazu Köstering, S. 84f.

123 Zu diesem Komplex grundsätzlich D. Jenkins: Museum Exhibitions and the Making of American Anthropology. In: Comparative Studies in Society and History 36 (1994), S. 242–270. – Zu einer einzelnen Präsentation speziell R. Hirte: Eine Ausstellung in Weimar und das Menschenbild der naturwissenschaftlichen Anthropologie. In: Historische Anthropologie 8 (2000), S. 272–290.

124 Heyden an Schmidt[-Metzler], Frankfurt/M., 21.1.1895. – Jassoy an Stiftungsadministration, Frankfurt/M., 1.2.1895. IfStG Frankfurt/M., Archiv der Dr. Senckenbergischen Stiftung 1.

125 Jahresbericht des Städtischen Museums für Natur-, Völker- und Handelskunde für die Rechnungsjahre 1909/1911. In: *Mitteilung des Senats* v. 19.7.1912, S. 1021.

126 Hierzu L. Plate: Das Phyletische Museum der Universität Jena. In: Kosmos 8 (1911), S. 44–48.

15. Januar 1896 zunächst gegen weltanschauliche Vorurteile, wie sie der Evolutionslehre entgegenstanden:[127] Sei die Welt nicht an den Entdeckungen eines Kopernikus und Newton zugrunde gegangen, so werde sie auch nicht am Lehrgebäude Darwins scheitern. Zugleich jedoch wandte er sich entschieden gegen eine „zu weitgehende Verallgemeinerung wissenschaftlicher Spekulation", also gegen jene Formen populärdarwinistischer Agitation, die „den Laien, der sich mit Vorliebe das aneignet, was ihm am meisten paradox klingt und [...] das am schönsten findet, was er gar nicht recht versteht", zu einseitigen Vorstellungen von Natur und Welt, mithin zur Ideologie treibe.[128]

Die Museen wehrten sich gegen die Monopolisierung einzelner, noch dazu strittiger Deutungsmuster, die im Falle des Darwinismus durch eine entsprechende Präsentation die Sammlung unter Umständen zum Schauplatz von sozialen Großkonflikten, ja von Klassenkämpfen machen konnten.[129] Das Naturhistorische Museum verstand sich – vielleicht mit Ausnahme des Jenaer Hauses – nicht als Weltanschauungsinstanz. Die museale Kommunikation sollte, gerade im Zeitalter der Massen, als plurale verfaßt sein.

Ein Beitrag der „Karlsruher Zeitung" wies etwa anläßlich eines virtuellen Rundgangs durch das Badische Naturalienkabinett 1911 darauf hin, daß der Archäopteryx, der zugleich Merkmale des Vogels und des Reptils aufweist, „im Lichte der Descendenz- oder Abstammungslehre betrachtet" zu der „logischen Annahme" führe, daß „die heutige Vogelklasse sich aus einem Reptilienstamm in Urzeiten herausentwickelt hat".[130] Diese Deutung war – in der gewählten Formulierung – bewußt keine Schlußfolgerung, sondern nur eine, wenn auch ‚logische', „Annahme" – und sie galt ohnehin nur für den Fall, daß der Besucher das Objekt „im Lichte der Descendenz- oder Abstammungslehre" betrachtete. Eben dies war jedoch keineswegs verpflichtend. Der Darwinismus war ein wichtiges Deutungsmuster in der musealen Wissenskommunikation des späten 19. Jahrhunderts – aber er war nicht ihr einziges und vielleicht noch nicht einmal ihr wichtigstes. Die Museen wollten sich nicht in weltanschauliche Probleme verwickeln lassen. Sie verstanden sich nicht als Orte zur Austragung gesellschaftlicher Konflikte, sondern bildeten, ihrem Anspruch nach, „inmitten des rastlosen Drängens und Kämpfens der Großstadt eine Stätte des Friedens".[131]

---

127 Vgl. *Zur Geschichte des Städtischen Museums* (wie Anm. 8), S. 14–23.

128 Ebd., S. 22.

129 Hierzu u.a. M. Hammond: Anthropology as a weapon of social combat in late 19th century France. In: Journal of the History of Behavorial Sciences 16 (1980), S. 118–132. – P. J. Bowler: Social Metaphors in Evolutionary Biology, 1870–1930. In: Biology as Society (wie Anm. 107), S. 107–126.

130 H. W. Behm: Urweltliche Fauna im Großherzoglichen Badischen Naturalienkabinett. In: „Karlsruher Zeitung" v. 24.2.1911.

131 Zit. n. „Hamburgischer Correspondent" v. 17.9.1891.

5. Familienszenen

Eine andere Stätte des Friedens bildete, jedenfalls in der romantischen Idealvorstellung, die bürgerliche Familie.[132] Sie war immer schon in naturhistorischen Zusammenhängen als Exempel benutzt worden[133], hatte jedoch durch den Aufstieg der Dermoplastik mit ihren handlungsorientierten Gruppenbildern zusätzliches Gewicht erhalten. Die Bedeutung von „Tierfamilien" ließ sich dabei zunächst evolutionstheoretisch begründen: In der Familie ruhte der Ursprung des Lebens. „Die Familiengruppe", so erklärte etwa Philipp Leopold Martin, war deshalb eine „Hauptaufgabe unserer Darstellung, weil wir durch dieselbe eine ganze Kette natürlicher Verhältnisse vor dem Auge des Beschauers aufzurollen im Stande sind."[134] Zugleich jedoch wurde aus der ‚natürlichen' Kategorie der Familie (die ihrerseits im Kern bereits ein Konstrukt war) eine eigene soziale Wirklichkeit, die mit bürgerlichen Werten, mit Heim und Herd, mit Liebe und Fürsorge, konnotiert war. Wir sind hierauf bereits bei der Behandlung der „Fuchsfamilie" in den Bremer *Unterrichtsmaterialien* eingegangen und führen den Gedanken nun fort.

Die soziale Wirklichkeit der Familie war am Ende des Jahrhunderts im Umbruch begriffen.[135] Für mehr als die Hälfte der Erwerbstätigen bildete sie nach 1900 nicht länger eine Produktionseinheit. Die Einführung der Sozialversicherungen hatte das Verhältnis zwischen den Generationen auf eine abstraktere Ebene gebracht, die engen Familienbande lockerten sich schon durch die zunehmende Mobilität erheblich. Zugleich wurde die Familie – der Heimat ähnlich – innerhalb der unübersichtlichen Massengesellschaft freilich zu einem ideal konzipierten Refugium überhöht.

Dieses kulturelle Muster, als Stereotyp selbst ein Produkt nicht zuletzt der Massenpresse, wurde auch auf die museale Präsentation übertragen. Die Rollenverteilung zwischen Mann und Frau, Eltern und Kindern, wie sie sich in der bürgerlichen Gesellschaft des 19. Jahrhunderts entwickelt hatte, formte den Blick des Museumsbesuchers. So konnte er etwa das Diorama „Unser Reh zur Sommerzeit" im Altonaer Museum – ein Beispiel für viele – als Repräsentation dieses Familienideals begreifen: „Der starke Bock sichert, der junge Bock schlägt sein Geweih an Faulbaumruten [...] und scharrt die Erde übermütig mit den Hufen, so daß auf dem Boden die charakteristischen Plätzstellen entstehen. Die Ricke im Vordergrunde wendet sich nach dem ‚fiependen' Jungen um, während die übrigen Tiere ruhig weiteräsen [...] ein liebliches Bild."[136]

132 Zu den gängigen Klischees Y. Schütze: Elternrollen in der bürgerlichen Familie des 19. Jahrhunderts. In: Bürgerinnen und Bürger. Göttingen 1988, S. 118–133. – Ein reiches Material bei M. Maurer: Die Biographie des Bürgers. Göttingen 1996, S. 518–539. – Als Überblick D. Schwab: Art. Familie. In: GG Bd. 2, S. 253–301. – Vgl. auch K. Hausen: Familie als Gegenstand Historischer Sozialwissenschaft. In: GuG 1 (1975), S. 171–209. – Zur Forschungsdiskussion A. Gestrich: Geschichte der Familie im 19. und 20. Jahrhunderts. München 1999, S. 56–72. – Den weiteren Rahmen berücksichtigt M. Perrot (Hrsg.): Geschichte des privaten Lebens. Bd. 4. Frankfurt/M. 1992, S. 97–127.

133 Vgl. u.a. Lampert: Zur Geschichte (wie Anm. 52), S. 21–23. – R. Krause: Zur Geschichte der zoologischen Abteilung des Hessischen Landesmuseums in Darmstadt 1795–1914. Darmstadt 1972, S. 35f.

134 Ph. L. Martin: Die Praxis der Naturgeschichte. Bd. 2. 1. Aufl. Weimar 1870, S. 65.

135 Vgl. oben Anm. 48.

136 O. Lehmann: Festschrift zur Eröffnung des Altonaer Museums, zugleich ein Führer durch die Sammlungen. Altona 1901, S. 19.

Gewiß schufen Dioramen in solchen ‚lieblichen Bildern‘ vor allem *künstliche* Welten. Gerade sie jedoch stellten wichtige Identitätsangebote zur Verfügung. Das galt für Familiengruppen, aber auch für einzelne, imposante Trophäen, die mit Hilfe der Präparationskunst meist *noch* imposanter – und damit, dem eigenen Anspruch widersprechend – ‚unnatürlicher‘ gestaltet wurden. Gorillas etwa wurden in der Regel auf die Hinterbeine gestellt und künstlich geradegebogen, damit sie größer und gefährlicher wirkten.[137] Und die Hamburger Präparationswerkstatt Umlauff warb, als sie 1906 einen „Riesengorilla“ zum Verkauf anbot, überdies mit dem Hinweis, daß drei Menschen bei der Jagd nach diesem Gorilla ums Leben gekommen seien.[138] Die Drohgebärde des Tieres sollte so den Mut, die Unerschrockenheit, kurz: die Männlichkeit des Jägers evozieren.

An diese *gender*-Überlegungen anknüpfend hat Donna Haraway die künstliche Produktion solcher Exponate als Ausdruck des Wunsches einer männlich dominierten bürgerlichen Gesellschaft interpretiert, das Leben unter Kontrolle zu bringen und ihm zugleich Ewigkeit zu verleihen.[139] Eine solche Interpretation – die manches für sich hat – übersieht jedoch dreierlei – und wir deuten dies an, weil sich auch hier zeigt, wie begrenzt ein isoliertes Deutungsmuster bleibt. Erstens existierten neben den erwähnten, bewußt aggressiv gestalteten, künstlich verlängerten „Riesengorillas“ auch andere Gorillapräparationen, die das Tier – so etwa in Stuttgart, einer Arbeit von Friedrich Kerz – zwar aufgerichtet, aber nicht geradegebogen, sondern schräg, an einer Baumgabel hangelnd, zeigten.[140] Zweitens gab es – so etwa in Frankfurt – auch Gorilla*gruppen*, genauer eine „Gorilla-Familie“ (Abb. 12), die nun wiederum mehr dem Deutungsmuster ‚Familie‘ zuneigte: „Mutter und Kind spielen in friedlicher Ruhe, während der Vater eine Gefahr zu wittern scheint und sich angriffsbereit erhoben hat.“[141] Und drittens wurde nach 1900 nicht mehr nur das vermeintlich authentische Tier, sondern seine Inszenierung selbst präsentiert – zwar nicht in der Schausammlung, wohl aber in entsprechenden populären Publikationen. Der „Bericht“ der Senckenbergischen Naturforschenden Gesellschaft etwa dokumentierte 1911 den Diplodocus, die Hauptattraktion des Hauses, nicht in erster Linie als authentisches Originalexemplar, sondern als bewußtes Produkt der Manipulation: Mittels Photographien gewährte er Einblicke in die Präparationswerkstätten und zeigte die Montage des Exponates, samt Holzgerüst und künstlichem Stein. Die Präparation selbst war zum Gegenstand der Inszenierung geworden. Die Fiktion wurde als Fiktion gezeigt. Alle Deutung war so potentiell kritisch gebrochen.

---

137 Dazu und zum folgenden Köstering, S. 204f.

138 Vgl. HUB, MfN, Historische Bild- und Schriftgutsammlungen, Bestand Zoologisches Museum, Umlauff, Bd. 2. – Dazu auch H. Thode-Arora: Die Familie „Umlauff“ und ihre Firmen. In: Mitteilungen aus dem Museum für Völkerkunde Hamburg 22 (1992), S. 143–158.

139 D. Haraway: Taxidermy in the Garden of Eden, New York City, 1908–1936. In: Social Text 11 (1984/85), S. 20–64, bes. S. 58.

140 K. Lampert: Führer durch die Kgl. Naturaliensammlung zu Stuttgart. Stuttgart 1906.

141 SNG Archiv Nr. 172 „An Zeitschriften, Zeitungen eingesandte Artikel und Correspondenzen mit Zeitungen (1904–1912).“

Abb. 12
Senckenberg-Museum, Frankfurt/M.
Gorillagruppe (1907)

Die Fülle der Perspektiven, die die museale Praxis zuließ, war nicht begrenzt. Die Deutungsmuster, wie wir sie am Beispiel von ‚Heimat' und ‚Ferne', ‚Nation' und *‚scientific community'*, ‚Darwinismus' und ‚Familienideal' kennengelernt haben, standen in einem spannungsvollen, nicht jedoch in einem antagonistischen Verhältnis zueinander. Ihre Auswahl konnte – wie etwa im Bremer Handelsmuseum – durch eine entsprechende Inszenierung beeinflußt werden. Kontrollierbar war sie jedoch nicht. Naturhistorische Museen bildeten keine Instanzen der Sozialdisziplinierung, wie sie die Forschung mitunter in ihnen sehen wollte.[142] Dazu waren die sozialen Einflüsse, denen sie ausgesetzt waren, zu vielfältig. Mit den neuen Ordnungen, die die Naturhistorischen Museen entwarfen, schufen sie immer auch eine neue Wirklichkeit. In ihr hatten Wissensbestände Platz, die als Identifikationsangebote sowohl den lokalen als auch den nationalen Raum prägen konnten. Diese Multiperspektivität erwies sich als struktureller Vorteil einer potentiell offenen, dynamischen und flexiblen musealen Kommunikation. Durch sie wurde das Wissen bei jedem Museumsbesuch neu geschaffen. Die Bilder, die die Museumsobjekte evozierten, waren nicht fixiert. Sie entstanden im Auge des Betrachters.

---

142 Vgl. Anm. 5.

Naturhistorische Museen und gesellschaftlicher Wandel – ein Resümee

Die Naturhistorischen Museen in Karlsruhe, Berlin, Frankfurt am Main und Bremen verstanden sich – ungeachtet der unterschiedlichen Sozialstruktur ihrer Trägerschicht – seit ihrer Begründung weniger als dezidiert private oder staatliche, sondern zunächst und vor allem als genuin *öffentliche* Einrichtungen. Der Öffentlichkeitsbezug blieb über das gesamte Jahrhundert hinweg ihr prägendes Element, auch und gerade weil ‚die Öffentlichkeit' im Laufe der Zeit fundamentalen Wandlungsprozessen unterworfen war. Zu dieser sozialen Dynamik trat die Dynamik der Naturwissenschaften. Und auch sie prägte – an der zunehmenden Spezialisierung der Sammlungen ist dies ebenso abzulesen wie an der kaum zu übersehenden Tendenz zur Professionalisierung ihrer Bearbeitung – die museale Praxis. In wissenschaftlicher Hinsicht war sie von Haus zu Haus verschieden.

Während die Inszenierung des Berliner Universitätsmuseums bis zum Ende des Jahrhunderts ganz der akademisch sanktionierten taxonomischen Systematik verpflichtet blieb und infolgedessen die Sammlung als ‚lesbaren Text', nicht als suggestiv-anschauliche Bildcollage gestaltete, entwickelte sich das Karlsruher Naturalienkabinett seit 1900 zur Domäne der Tiergeographie, die mittels neuer, geographisch strukturierter Objektanordnungen auch neue Bedeutungszusammenhänge schuf. Eine noch weitergehende Kontextualisierung leistete das Frankfurter Senckenberg-Museum, das durch seine vermeintlich ‚lebensechten' Dioramen ein spezielles biologisches Profil entwickelte, während das Bremer Museum in seinen – an der Ästhetik der Weltausstellungen orientierten – Ensembles aus Handelsgütern und Naturobjekten eine ökologische, die Interdependenzen von Natur und Kultur betonende Perspektive wählte.

Inhaltlich führte beides – die soziale wie die wissenschaftliche Dynamik – zu einer zunehmenden Historisierung des naturkundlichen Wissens. Seine *Ver*zeitlichung, in der sich – biologiehistorisch – der Übergang vom ‚System' zum ‚Leben' ausdrückte, erzwang neue Inszenierungsstrategien, die ihrerseits wiederum durch die gleichsam auratische Präsentation bestimmter Objekte eine *Ent*zeitlichung des Wissens beförderten. Das eine wie das andere korrespondierte mit den Erwartungen und Wünschen, vermehrt auch mit den Forderungen eines Publikums, das – durch den phasenweise rapiden sozialen Wandel überfordert und verunsichert – nach Orientierung suchte. Den Naturhistorischen Museen kam so, in einer Zeit nicht selten blinder Wissenschaftsgläubigkeit, eine wichtige Ordnungsfunktion innerhalb der mehr und mehr segmentierten Gesellschaft zu.

Die Museen erfüllten diese Funktion in sehr verschiedener Weise. Je nach den Interessen der beteiligten Akteure entstanden unterschiedliche Kultur*en* des Wissens, die speziell in den Handelsstädten Frankfurt und Bremen, eingeschränkt auch in Karlsruhe und Berlin, ihren eigentlichen Radius im Aktionsraum der jeweiligen Stadt und ihres Bürgertums fanden. Das verbindende Element zwischen diesen Kulturen des Wissens, wie es in Konzeption und Programm der verschiedenen Häuser greifbar wird, bestand in der Entdeckung der Natur als Bildungswelt. Die Idee, auch durch Naturhistorische Museen der Bildung des Individuums zu dienen und durch diese Bildung des Individuums zugleich die gesamte Gesellschaft zu reformieren, war eine Vorstellung, die am Anfang des 19. Jahrhunderts zumal in den neugegründeten bürgerlichen Museen vertreten wurde. Sie vor allem verstanden sich als Indikator und Faktor des sozialen Wandels. In unzähligen Festreden, mehr aber noch in der täglichen Arbeit im Vereinsmuseum konkretisierte sich das Ideal einer neuen Form von Vergemeinschaftung.

Je erfolgreicher dieses bürgerliche Emanzipationsmodell wurde, desto attraktiver wirkte es. Und je attraktiver der bürgerliche Wissenskanon wurde, desto exklusiver geriet seine Handhabung. Als nach der Jahrhundertmitte verstärkt unterbürgerliche Schichten die Partizipationschancen nutzen wollten, drohte auch in Naturhistorischen Museen die alte Idee der Allgemeinbildung, die immer auch eine allgemeine Bildung hatte sein wollen, in bloße Ideologie umzuschlagen. Die museale Wissenskultur sah sich erheblichen Belastungen ausgesetzt. In dieser Krise erwies sich die Popularisierung als eine Form der Kommunikation, die Teilhabe auch unter den Bedingungen der Massengesellschaft ermöglichen konnte.

Der Erfolg dieser Kommunikation war abhängig von den personellen und materiellen Ressourcen des jeweiligen Museums. Gerade in der Bildung dieser Ressourcen wurde dabei der *Handlungs*aspekt kultureller Phänomene – die ja stets als ‚handlungsleitende Deutungssysteme' (Clifford Geertz) wirken – manifest. Ungeachtet bemerkenswerter Unterschiede zwischen den einzelnen Häusern, etablierten sich die Naturhistorischen Museen im 19. Jahrhundert als Interaktionsraum, an dem Direktoren und Präparatoren, die jeweilige Trägerschicht, aber auch das größere Publikum teilhatten. In der Interaktion dieser Gruppen wurde die Kultur des Wissens konkret gestaltet. So organisierten etwa Direktoren bestimmte Wissensfelder, indem sie Mäzene in zum Teil langwierigen Verhandlungen dazu bestimmten, gewisse Objekte für das Museum zu erwerben. Präparatoren wiederum, die im 19. Jahrhundert von ungelernten Hilfsarbeitern zu hochspezialisierten Kunsthandwerkern aufstiegen, schufen mit Hilfe neuer technischer Möglichkeiten wie der Dermoplastik seit der Mitte des Jahrhunderts eine künstliche Natur, die in ihrer fingierten ‚Lebenswahrheit' auf veränderte Sehgewohnheiten reagierte, wie sie etwa durch die Konkurrenz von Panoramen, Dioramen und Zoologischen Gärten entstanden war. Möglichkeiten und Grenzen der Partizipation ließen sich vor allem für das größere Publikum beobachten, zu dem neben kundigen Amateurforschern, Lehrern und Schülern seit dem letzten Jahrhundertdrittel auch jenes Massenpublikum trat, das kaum über ein Vorwissen verfügte.

Eine besondere Bedeutung entfaltete der Handlungsaspekt von Kultur bei der Gewinnung der materiellen Museumsressourcen. Er spielte für alle Sammelstrategien – für das Kaufen ebenso wie für das Tauschen, vor allem aber für das Schenken und Stiften – eine dominante Rolle. Es war der bürgerliche Aktionsraum der Handelsstädte Frankfurt und Bremen, der hierfür die besten Voraussetzungen bot, indem er das Schenken und Stiften als Ausdruck einer ‚symbolischen Ökonomie' interpretierte: Die Schenkung war ein Geschäft auf Gegenseitigkeit, dessen Erfüllung den Geschenkgeber des ausdrücklichen, öffentlich ausgesprochenen Dankes der Institution Museum versicherte und mit diesem Dank zugleich auch soziale Reputation verknüpfte. Daneben versprachen die Museen – auch hierdurch gewissermaßen ‚Kirchen des Bürgertums' – dem Geschenkgeber durch Anbringung entsprechender Namenstafeln ein ewiges Gedenken, eine säkularisierte Form der Memoria.

Ohne Frage hatten die politischen und technischen Umbrüche des 19. Jahrhunderts einschneidende Folgen für die Beschaffung der materiellen Ressourcen: Neben die klassische Forschungsreise des frühen 19. Jahrhunderts trat seit dem letzten Jahrhundertdrittel mehr und mehr die Kolonialexpedition. Der Wettlauf um die Welt erwies sich so auch als ein Wettlauf um die Naturschätze. In ihrem Besitz konnte sich – neben aller Faszination und wissenschaftlichem Interesse – nicht zuletzt ein machtpolitischer Anspruch ausdrücken. Die Finanzierung entsprechender Expeditionen, die ungeheure Geldsummen erforderten, beschleunigte den Wandel des Stiftungsverhaltens insgesamt. Attraktive Ordensdekorationen und Titelverleihungen gewannen nun an Bedeutung und brachten so etwa ein Haus wie das Königliche Museum für Naturkunde in Berlin in eine vorteilhaftere Position. Die Partizipation an der musealen Kultur des Wissens diente dort mitunter nur mehr der Anhäufung ‚sozialen Kapitals'.

Die personellen und materiellen Ressourcen garantierten die Infrastruktur der musealen Kultur des Wissens. Ihren praktischen Ausdruck jedoch fand sie in den Prozessen der Popularisierung. Die Voraussetzung hierfür war die Zugänglichkeit der Museen, die durch die Einführung fester Öffnungszeiten partiell schon vor der Mitte des Jahrhunderts verbindlich geregelt wurde. Als architektonisch einschneidendes Zeichen des Wandels erwies sich die neue Bauform des Lichthofes, mit dessen Durchsetzung im letzten Jahrhundertdrittel auch die aus Großbritannien übernommene Trennung von Studien- und Schausammlung verbunden war, bei der die Naturhistorischen Museen den Kunsthistorischen vorausgingen.

In dieser Trennung – die gemeinhin als Öffnung des Museums begrüßt wurde, im Grunde aber seine Teilschließung bedeutete – drückte sich ein Wandel der musealen Wissenskultur aus. Die oft auf ästhetische Reize, auf gleichsam künstlerische Arrangements zielende Schausammlung beschränkte die Partizipationsmöglichkeiten – und erweiterte sie zugleich. Sie holte die große Öffentlichkeit zuallererst in das neue ‚Schaumuseum' hinein, schloß sie aber zugleich von der wissenschaftlichen Arbeit des Hauses aus. Der eigentliche Prozeß der naturwissenschaftlichen Forschung, die – gemessen am Ideal des frühen 19. Jahrhunderts – interaktiv, also durch die gemeinschaftliche Arbeit in der Sammlung, geschehen sollte, war nun hinter undurchdringlichen Mauern verborgen: in den Studiensammlungen, den Arbeitsräumen der Kustoden, vor allem aber in den modernen Laboratorien, die sich als wissenschaftliche Konkurrenten des Museums erwiesen.

Den Herausforderungen der populären Konkurrenz, den Zoologischen Gärten und Ausstellungen, begegneten die Museen mit einer Veränderung der musealen Praxis. Am entschiedensten fiel sie in Frankfurt und Bremen aus, wo – im Unterschied zu Berlin – weniger Vorbehalte gegen eine Präsentation existierten, die die endlosen Schrankreihen wissenschaftlich-gelehrter Systematik durchbrach. Das 1907 eröffnete Senckenberg-Museum inszenierte in seinen Dioramen die Natur auf eine neue Weise. Damit erreichte es eine Anschaulichkeit, die den kulturellen Codes (also etwa ‚Familie', ‚Heimat', ‚Nation') hinter den sogenannten Biologischen Gruppen suggestive Plausibilität zusprach. Diese Anschaulichkeit prägte auch andere Methoden und Medien der Popularisierung wie Führungen, Exkursionen, Vorträge und Publikationen.

Jeder lokale Kontext formte dabei seine eigene museale Praxis. Ein einzelnes Objekt konnte vielfältig deutbar sein: Ein Walskelett etwa – ein Beispiel unter vielen – mochte im Berliner Museum willkommenes Anschauungsmaterial für die vergleichende Anatomie liefern, in Frankfurt eine diffuse Stimmung von Fremde und Abenteuer evozieren und in Bremen handfestes handelskundliches Wissen (über die Gewinnung und Vermarktung von Lebertran etwa) vermitteln. Ein Museumsobjekt an sich war also noch kein Wissen. Es *repräsentierte* vielmehr Wissen, und zwar nicht ein einheitliches, sondern ein – je nach Perspektive und Vorwissen des Betrachters – höchst unterschiedliches. Darin lag ganz offensichtlich ein Schlüssel zum Erfolg des Naturhistorischen Museums im 19. Jahrhundert. Museumsobjekte konnten disparate Bedeutungen nebeneinander repräsentieren und so gleichzeitig verschiedenen Publikumsinteressen dienen. Das Museum schuf Inszenierungen. Die Bilder jedoch entstanden im Auge des Betrachters.

Mit Blick auf das Deutungsmuster ‚Nation' etwa existierten durchaus divergierende Entwürfe. Der *primäre* Raum der Vergemeinschaftung jedoch blieb über das gesamte Jahrhundert hinweg die Stadt und die Region. Darüber hinausgreifend war für viele Museen – schon aufgrund des universalen, im Humboldtschen Sinne kosmopolitischen Anspruchs der Naturwissenschaften – die internationale Vernetzung mindestens ebenso wichtig wie der nationale Verbund. Noch dazu erwies sich, auch und gerade im Kaiserreich, die Nation immer auch als ein Raum der Konkurrenz zwischen den einzelnen deutschen Museen. Die Gründung eines nationalen Naturhistorischen Museums hat daher nie ernsthaft zur Debatte gestanden. Das Bremer Handelsmuseum präsentierte die nordwestdeutsche, das Karlsruher Naturalienkabinett die badische Flora und Fauna. Objekte aus den deutschen Kolonien fügten den Sammlungen seit den 1880er Jahren eine neue Facette hinzu, ohne doch das Gesamtmuster entscheidend zu verändern. Der imperialistische Gedanke wurde in die Kultur des Wissens integriert, ohne sie zu dominieren. Die museale Praxis blieb vieldeutig. Ihre Kontrolle – ein alter Traum der disziplinierenden Volksaufklärung – erwies sich als unmöglich. Verbindliche Lesarten konnten so immer nur bedingt entstehen.

Die *eine* verbindliche Kultur des Wissens hat es in Naturhistorischen Museen im 19. Jahrhundert nicht gegeben. Und sie *konnte* es – angesichts eines ungehemmten Wachstums sowohl der Sammlungen als auch des Publikums – auch gar nicht geben. In allen Museen häuften sich, bedingt durch die stetigen Fortschritte der Naturwissenschaft, immer mehr Objekte an, die für den einzelnen, den gebildeten Dilettanten allein kaum noch bearbeitbar waren. Sie machten eine Spezialisierung und Professionalisierung erforderlich, die das Verhältnis zwischen Museum und Öffentlichkeit nachhaltig beeinflußte. Die alte Idee, durch Bildung eine neue, klassenlose Gesellschaft zu formen, erwies sich so schrittweise als Utopie. Selbst die immer raffinierteren Methoden der Popularisierung konnten die Wissenslücken zwischen Experten und Laien nicht vollständig schließen. Infolgedessen drohte der Museumsbesuch mehr und mehr zum bloßen Habitus, zu einem jener ‚feinen Unterschiede' (Pierre Bourdieu) zu werden, die über die Zugehörigkeit zur bürgerlichen Welt Auskunft gaben.

Trotz alledem wird man die Rolle des Museums im 19. Jahrhundert schließlich nicht überschätzen dürfen. Es konkurrierte mit anderen staatlichen und privaten Wissensträgern und erreichte letzthin immer nur einen Ausschnitt der Bevölkerung. Aufgrund seiner einzigartigen Anschaulichkeit vermochte es freilich, nicht nur ein streng wissenschaftliches, sondern auch und gerade ein breites Kulturwissen zu kanonisieren und zu popularisieren. Insbesondere das Frankfurter und das Bremer Museum vermittelten so nicht nur die Grundlagen naturkundlicher Bildung, sondern hielten darüber hinaus ein Orientierungs- und Alltagswissen parat, an dem in der differenzierten Lebenswelt des 19. Jahrhunderts reges Interesse bestand. Mit Sozialdisziplinierung und Untertanenerziehung hatte das nur bedingt zu tun.

In gewisser Weise läßt sich die im fortschreitenden 19. Jahrhundert allenthalben feststellbare Tendenz zur Musealisierung so als notwendiges Korrelat eines immer schnelleren sozialen Wandels begreifen. Es war durchaus kein Zufall, daß sich das Museumsspektrum an der Schwelle zum 20. Jahrhundert vorbildlos erweiterte: Die museale Entzeitlichung des Wissens erwies sich als Reaktion auf die Dynamisierung weiter Bereiche des Lebens. Freilich diente diese „progressive Musealisierung“ nicht allein der Kompensation eines „kulturellen Vertrautheitsschwundes“ (Hermann Lübbe). Die Museen schufen darüber hinaus *neue* Vertrautheiten. Im Prozeß der Popularisierung behaupteten sich gerade die Naturhistorischen Museen als Ort einer Kommunikation, an der immer mehr Menschen teilhatten. Sie rangen um eine neue Vergemeinschaftung durch Wissen.

Nachwort

Bei der vorliegenden Studie handelt es sich um die geringfügig überarbeitete Fassung meiner Dissertation, die im Sommersemester 2004 vom Fachbereich Philosophie und Geschichtswissenschaften der Johann Wolfgang Goethe-Universität Frankfurt am Main angenommen worden ist.

Während der Arbeit habe ich von unterschiedlichster Seite immer wieder Hilfe und Unterstützung erfahren. Ein herzlicher Dank gilt zunächst meinem akademischen Lehrer, Herrn Professor Dr. Lothar Gall, der mich stets wohlwollend und vertrauensvoll gefördert hat und in allen Fragen ein verläßlicher Ratgeber gewesen ist. Der Dank gilt ferner Herrn Professor Dr. Ulrich Muhlack, der meiner Arbeit großes Interesse entgegengebracht und schließlich das Korreferat übernommen hat, sowie Herrn Professor em. Dr. Notker Hammerstein, der sich der Mühe unterzogen hat, das dritte Gutachten zu verfassen.

Angesichts einer lückenhaften Überlieferungssituation habe ich bei meinen Quellenstudien nur zu gerne die Hilfe von Archiven, Bibliotheken und Museen in Anspruch genommen. Stellvertretend für viele sage ich Frau Frauke Christians (Archiv des Überseemuseums, Bremen), Frau Dr. Hannelore Landsberg (Museum für Naturkunde der Humboldt-Universität zu Berlin), Frau Britta Wiese (Archiv der Humboldt-Universität zu Berlin) und Herrn Dr. Konrad Klemmer (Naturmuseum Senckenberg, Frankfurt/M.) nachdrücklich Dank.

Keine Dissertation resultiert aus sich selbst. Diese ist im Frankfurter Forschungskolleg „Wissenskultur und gesellschaftlicher Wandel“ entstanden. Besonders zu danken habe ich der Deutschen Forschungsgemeinschaft, die die materiellen und wissenschaftlichen Voraussetzungen dafür geschaffen hat, daß diese Studie – von den ersten Recherchen bis zur Drucklegung – möglich geworden ist. Nicht minder dankbar weiß ich mich den Kollegen und Freunden im Forschungskolleg verbunden, die meinen Weg mit Herz und Verstand begleitet haben – nicht zuletzt bei vielen Gesprächen in der *Eisenhower Rotunda*: allen voran Dr. Henning Pahl, sodann Lisa Becker, Dr. Thomas Kailer, Dr. Lars Hendrik Riemer, Priv.-Doz. Dr. Peter Scholz und *last but by no means least* Pia Antolic, die am Zustandekommen dieser Arbeit einen größeren Anteil hat, als ihr mitunter bewußt sein mag.

Für ihren Rat wie für ihre Hilfe bin ich den Kollegen am Frankfurter Lehrstuhl für Neuere Geschichte, Dr. Barbara Wolbring, Professor Dr. Dieter Hein, Priv.-Doz. Dr. Jürgen Müller, Professor Dr. Andreas Schulz sowie Dr. Eckhardt Treichel, außerordentlich dankbar. Thomas Gampp (Bonn), Hendrik Hellersberg (Heidelberg), Dr. Marcus Pyka (Cambridge/Mass.) und Jürgen Peter Schmied (Bonn) schulde ich für ihre kritische Durchsicht des Manuskripts großen Dank. Er gilt auch und gerade Monika Hahn, die sich des Textes in der letzten Phase intensiv angenommen hat.

Daß keine Dissertation aus sich selbst resultiert, gilt freilich noch in anderer Hinsicht. Die faszinierende Welt der Museen ist mir zuerst von meinen Eltern erschlossen worden. Nicht nur dafür bin ich ihnen von Herzen dankbar.

Stuttgart, den 26. Oktober 2005 *C. K.*

Verzeichnis der Abkürzungen und Siglen

Abt.	Abteilung
ADB	Allgemeine Deutsche Biographie
Anm.	Anmerkung
Art.	Artikel
Bd.	Band
Beih.	Beiheft
Bericht	Bericht der Senckenbergischen Naturforschenden Gesellschaft
BremBiogr I	Bremische Biographie des neunzehnten Jahrhunderts. Hrsg. v. d. Historischen Gesellschaft des Künstlervereins. Bremen 1912.
BremBiogr II	Bremische Biographie 1912–1962. Hrsg. v. d. Historischen Gesellschaft zu Bremen und dem Staatsarchiv Bremen. In Verbindung mit Fritz Peters u. Karl H. Schwebel bearb. v. Wilhelm Lührs. Bremen 1969.
DBE	Deutsche Biographische Enzyklopädie
EA	Erstausgabe
Ebd.	Ebendort
FamA	Markgräflich Badisches Familienarchiv
fol.	folio
GLA Karlsruhe	Badisches Generallandesarchiv Karlsruhe
GG	Geschichtliche Grundbegriffe
Ghzg.	Großherzog
GuG	Geschichte und Gesellschaft
GWU	Geschichte in Wissenschaft und Unterricht
GStA PK	Geheimes Staatsarchiv Preußischer Kulturbesitz Berlin
HA	Hauptabteilung
HUB	Humboldt-Universität zu Berlin
HZ	Historische Zeitschrift
IfStG	Institut für Stadtgeschichte Franfurt/M.
Jahn	Ilse Jahn: Grundzüge der Biologiegeschichte. Jena 1990 (= Uni-Taschenbücher, Bd. 1534).
Jb.	Jahrbuch
Jg.	Jahrgang
Kg.	König
Köstering	Köstering, Susanne: Natur zum Anschauen. Das Naturkundemuseum des deutschen Kaiserreichs 1871–1914. Köln, Weimar, Wien 2003.
Ks.	Kaiser
MfN	Museum für Naturkunde
Mskrpt.	Manuskript
NDB	Neue Deutsche Biographie
N. F.	Neue Folge

Nipperdey I	Nipperdey, Thomas: Deutsche Geschichte 1800–1866. Bürgerwelt und starker Staat. 5. Aufl. München 1991 [EA 1983].
Nipperdey II	Nipperdey, Thomas: Deutsche Geschichte 1866–1918. Bd. 1: Arbeitswelt und Bürgergeist. München 1994 [EA 1990].
Nipperdey III	Nipperdey, Thomas: Deutsche Geschichte 1866–1918. Bd. 2: Machtstaat vor der Demokratie. München 2. Aufl. 1993 [EA 1992].
NL	Nachlaß
Rep.	Repositur
Sekt.	Sektion
SNG	Senckenbergische Naturforschende Gesellschaft
SNG Archiv	Archiv der Senckenbergischen Naturforschenden Gesellschaft
StA Bremen	Staatsarchiv Bremen
StUB	Stadt- und Universitätsbibliothek
Tit.	Titel
UAHU	Archiv der Humboldt-Universität zu Berlin
VSWG	Vierteljahrsschrift für Sozial- und Wirtschaftsgeschichte

Quellen- und Literaturverzeichnis

Das Literaturverzeichnis enthält die herangezogene und zitierte Literatur vollständig und führt gelegentlich über das in den Anmerkungen genannte Schrifttum hinaus. Zur Entlastung des Anmerkungsapparates sind die bibliographischen Angaben dort auf das Wesentliche beschränkt. Bei mehreren Titeln wird dort nur der Haupttitel genannt. An seine Stelle tritt der Untertitel, wenn er das eigentliche Thema bezeichnet. Mehrfach nach- und neugedruckte Aufsätze werden in der Regel nach dem Erstdruck, Monographien nach der letzten Auflage zitiert. Die vollständigen Nachweise (mit Verfasservornamen, Herausgebernamen bei Sammelwerken, Zier-, Unter- und Reihentiteln sowie Angaben zu Neuauflagen, Nach- und Neudrucken) finden sich im Literaturverzeichnis.

1. Archivalische Quellen

Geheimes Staatsarchiv Preußischer Kulturbesitz, Berlin (GStA PK)

I. HA Rep. 76 Va Sekt. 2 Tit. X Nr. 15 Bd. I–XVI	Zoologisches Museum
I. HA Rep. 76 Va Sekt. 2 Tit. X Nr. 21 Bd. I–XXI	Mineralog.-Geolog. Museum
I. HA Rep. 76 Va Sekt. 2 Tit. X Nr. 21 adhib. A Ka2A	Tendaguru-Expedition
I. HA Rep. 76 Va Sekt. 2 Tit. X Nr. 22	Mammutfund Sangerhausen
I. HA Rep. 76 Va Sekt. 2 Tit. X Nr. 24 Bd. I–III	Schutzgebiete
I. HA Rep. 76 Va Sekt. 2 Tit. X Nr. 49	Lichtensteins Englandreise
I. HA Rep. 76 Va Sekt. 2 Tit. X Nr. 63 Bd. I–XXIII	Zoologische Sammlung
I. HA Rep. 76 Va Sekt. 2 Tit. X Nr. 63A	Verwaltungsreform
I. HA Rep. 76 Va Sekt. 2 Tit. X Nr. 127 Bd. I–VII	Museum für Naturkunde
I. HA Rep. 76 Vc Sekt. 1 Tit. XI Teil VA Nr. 2 Bd. I	Kriegsmarine, Expeditionen
I. HA Rep. 76 Vc Sekt. 2 Tit. XXIII Lit. A Nr. 2 Bd. I–II	Reiseprojekte
I. HA Rep. 89 Nr. 19909–19912	Förderung der Naturwissenschaften
I. HA Rep. 89 Nr. 20530	Diverse Schenkungen
I. HA Rep. 89 Nr. 20533	Schenkung Sack
I. HA Rep. 89 Nr. 21527	Zoologisches Museum I
I. HA Rep. 89 Nr. 21528	Zoologisches Museum II
I. HA Rep. 93B Nr. 2307	Bau eines naturhistorischen Museums

Humboldt-Universität zu Berlin, Museum für Naturkunde (HUB, MfN) Historische Bild- und Schriftgutsammlung

Zoologisches Museum, S II, Verwaltungsakten

- Protokolle der Sitzungen der wissenschaftlichen Beamten (1887–1892)
- Aufstellung der Sammlungsobjekte, Schausammlung (1887–1921)
- Benennung des Museums (1887–1910)
- Jahresberichte (1861–1909)
- Organisation, Öffnungszeiten, Besichtigungen durch Vereine (1899–1926, 1931)

Zoologisches Museum, S II
Schriftwechsel mit Karl Möbius (1853–1886)
Deutsche Südpolar-Expedition (1901–1906)
Speditionsbelege (1863–1908)
Linnaea Naturhistorisches Institut
Schriftwechsel mit verschiedenen Personen (1888–1903)
Deutsche Schutzgebiete (1889–1896)
Erlanger, Carlo von

Zoologisches Museum, S III
Fa. Umlauff in Hamburg (1872–1930)
Herzog Adolf Friedrich zu Mecklenburg
Meyer, Hans
Schillings, Carl Georg

Humboldt-Universität zu Berlin, Universitätsarchiv (UAHU Berlin)

Philosophische Fakultät, Dekanat 1810–1845
Nr. 59 (Zoologisches Museum)
Nr. 72 (Museum für Naturkunde)

Universitätskurator
Nr. 298 (Museum für Naturkunde)

Universitäts-Registratur, Personalakten
Nr. 42 (Karl Möbius)

Bestand Museum für Naturkunde

Bd. 6	Personalien der Beamten. Vol. I (1885–1918)
Bd. 12	Jahrbücher der zoologischen Sammlung (1861–1909)
Bd. 31	Besuchsstatistik
Bd. 32-35	Bittschreiben um Einlaßkarten zum Museum. Vol. I–IV.
Bd. 32 [!]	Vereidigungen. Vol. I (1861–1911)
Bd. 33 [!]	Allgemeine Vorschriften. Vol. I (1895–1925)
Bd. 34 [!]	Allgemeine Verordnungen über Beamtenverhältnisse. Vol. I (1888–1917)
Bd. 35 [!]	Verordnungen über Beamtenverhältnisse. Vol. II (1918–1933)
Bd. 36	Verordnungen über Beamtenverhältnisse. Vol. I (1900–1937)
Bd. 37	Versicherungssachen. Vol. I (1907–1934)
Bd. 38	Unfallversicherung. Vol. II (1909–1933)
Bd. 39	Bauliche Anlagen. Vol. VI (1925–1933)
Bd. 40	Erweiterungsbau des Museums. Vol. I (1906–1925)
Bd. 41	Innere Einrichtung. Vol. III (1904–1936)
Bd. 43	Bauliche Anlagen. Vol. V (1913–1925)
Bd. 44	Bauliche Anlagen. Vol. VI (1934–1936)
Bd. 45	Vereidigungen. Vol. I (1888–1898)
Bd. 46	Anstellung von Beamten. Vol. I (1860–1937)
Bd. 47	Bewerbungen. Vol. IV (1914–1928)
Bd. 48	Anstellung von Beamten bei der allgemeinen Verwaltung. Vol. III (1913–1937)
Bd. 49	Personalnachweisungen der Beamten. Vol. I (1888–1936)
Bd. 50	Rundschreiben an Kustoden und Assistenten. Vol. I (1887–1905)
Bd. 51	Besoldung und Remuneration. Vol. I (1859–1899)
Bd. 52	Bewerbung Kustoden/Assistenten. Vol. I (1900–1937)

Bd. 53 Etats- und Kassen-Sachen. Vol. IV (1908–1917)
Bd. 54 Etats- und Kassen-Sachen. Vol. VI (1930–1937)
Bd. 55 Bewerbung um Dienerstellen. Vol. I (1888–1931)
Bd. 56 Annahme von Militäranwärtern als Bureaudiener. Vol. I (1890–1901)
Bd. 57 Ausübung des Nachtwachtdienstes. Vol. II (1907–1935)
Bd. 60 Heizerpersonal. Vol. II (1909–1934)
Bd. 61 Personal-Nachweisungen. Vol. I (1888–1940)
Bd. 62 Allg. Bestimmungen über die Anstellung von Beamten (1875–1918)
Bd. 63 Steuerabzug von Gehalt und Lohn. Vol. I (1920–1937)
Bd. 64 Herausgabe und Druck einer Sammelanweisung. Vol. II (1909–1933)
Bd. 65 Innere Einrichtung der Räume. Vol. I (1884–1896)
Bd. 66 Personalien der Beamten Vol. VI (1930–1935)
Bd. 66 [!] Aufstellung des Etats (1906–1932)
Bd. 67 Bauliche Anlagen. Vol. II (1892–1897)
Bd. 68 Bestimmungen über Bausachen allgemeinen Inhalts. Vol. I (1889–1896, 1911)
Bd. 69 Bauliche sowie innere Einrichtung der Sammlungsräume. Vol. I (1887–1928)
Bd. 70 Bauliche Anlagen. Vol. II (1904–1912)
Bd. 71 Innere Einrichtung der Räume. Vol. II (1897–1903)
Bd. 72 Invaliditäts- und Altersversorgung. Vol. I (1890–1937)
Bd. 75 Allgemeine Rechnungsakten der entomologischen Abteilung (1856/57)
Bd. 76 Forstliche Prüfungen (1902–1904)
Bd. 77 Naturpfad. Vol. I (1929–1940)
Bd. 78 Schriftwechsel mit Rektor. Vol. I (1865–1888)
Bd. 79 Schränke (1859–1861)
Bd. 80 Unfallversicherung (1925–1936)
Bd. 81 Krankenversicherungen. Vol. I (1888–1898)
Bd. 82 Abhaltung von Ferienkursen (1891–1900)
Bd. 83 Offizielle Führungen. Vol. I (1911–1934)
Bd. 84 Unfallversicherung. Vol. I (1897–1909)
Bd. 87 Anstellung von Beamten bei der allgemeinen Verwaltung. Vol. I (1890–1896)
Bd. 88 Ernennung des Verwaltungsdirektors, Befugnisse. Vol. I (1888–1899)
Bd. 89 Ernennung des Verwaltungsdirektors, Befugnisse. Vol. II (1900–1934)
Bd. 90 Wiss. Hilfsarbeiterinnen
Bd. 92 Bewerbungen um Präparatorenstellen. Vol. II (1934–1936)
Bd. 93 Ausbildung der technischen Hilfsarbeiter. Vol. I (1856–1937)
Bd. 96 Beteiligung der zoologischen Sammlung an Vereinen. Vol. I (1896–1910)
Bd. 97 Anbringung von Gedenktafeln im Museum für Naturkunde. Vol. I (1890–1898)
Bd. 98 Beteiligung bei Ausstellungen aller Art. Vol. I (1892–1930)
Bd. 99 Das Werk „Fauna der deutschen Kolonien“. Vol. I (1908–1927)
Bd. 100 Erhebung von Praktikantengebühren. Vol. I (1885–1899)
Bd. 101 Steuerfreier Spiritus
Bd. 102 Rechnungs-Wesen. Vol. I (1872–1917, 1934)
Bd. 103 Etats- und Kassen-Sachen. Vol. I (1864–1899)
Bd. 104 Steuer/Porto-Angelegenheiten
Bd. 105 Etat-Auszüge (1842–1897)
Bd. 106 Etats- und Kassen-Sachen. Vol. II (1890–1897)
Bd. 107 Etats- und Kassensachen. Vol. III (1898–1908)
Bd. 108 Steuerfreie Verwendung von Spiritus. Vol. I (1887–1932)
Bd. 109 Abrechnung mit der Buchhandlung Friedländer & Sohn. Vol. I (1883–1900)
Bd. 110 Bewerbungen um Präparatorenstellen. Vol. I (1887–1933)
Bd. 111 Urlaubserteilung. Vol. I (1888ff.)
Bd. 112 Dienstreisen. Vol. I (1919–1936)

Bd. 113	Rundschreiben an die Beamten. Vol. III (1930–1936)
Bd. 114	Anstellung von Beamten bei der allgemeinen Verwaltung. Vol. II (1897–1912)
Bd. 115	Besoldung. Vol. II (1900–1932)
Bd. 116	Beamten-Ausschuß. Vol. I (1918–1932, 1945)
Bd. 117	Bauliche Anlagen. Vol. III (1898–1903)
Bd. 120	Instruktionen, Reglements. Vol. I (1814, 1852–1932)
Bd. 121	Bau-Sachen specialia. Vol. I (1888-1917, 1926–1927)
Bd. 122	Krankenversicherung. Vol. II (1899–1936)
Bd. 123	Abgabe ausrangierter Gegenstände an Schulen. Vol. I (1888–1936, 1947)
Bd. 124	Errichtung der geologisch-paläontologischen Sammlung. Vol. I (1887–1927)
Bd. 125	Überweisung wissenschaftlicher Werke. Vol. I (1888–1916)
Bd. 126	Abgabe von Gutachten über wissenschaftliche Werke. Vol. I (1888–1917)
Bd. 127	Personalnachweisungen der Beamten (1887–1921)
Bd. 128	Benennung des Museums und der Sammlungen. Organisation. Öffnungszeiten. Besichtigungen durch Vereine. Vol. I (1888–1898)
Bd. 129	Herausgabe und Druck einer Sammelanweisung. Vol. I (1895–1908)
Bd. 130	Vorarbeiten zum Neubau. Vol. I (1863–1878)
Bd. 131	Benutzung der Sammlung zu Studienzwecken. Vol. I (1839, 1877-1911)
Bd. 132	Dienstwohnungen der Beamten. Vol. I (1888–1909)
Bd. 133	Verteilung und Übergabe der Dienstwohnungen. Vol. I (1888–1933)
Bd. 135	Übergabe und Unterhaltung der Dienstwohnungen. Vol. I (1863–1871)
Bd. 136	Bauliche Anlagen. Vol. I (1888–1891)
Bd. 138	Benutzung der Sammlungen zu Studienzwecken. Vol. II (1911–1920)
Bd. 139	Ausgabebuch
Bd. 140	Belege zur Rechnung über die Verwaltung der Kasse 1849
K	Angebote von Werkzeugen. Vol. I (1888ff.)
K	Angebote für Lithographien. Vol. I (1888)
K	Rechnungsakten. Vol. I (1885ff.)
K	Angebote von Chemikalien. Vol. I (1888)

Staatsarchiv Bremen (StA Bremen)

2.–P.1.11	Anthropologische Kommission
2–S.1.I.c.2.i.	Nordwestdeutsche Gewerbe- und Industrieausstellung (1890)
2–T.5.p.	Physikalische Gesellschaft
2–T.5.p.1.	Naturwissenschaftliche Sammlungen
3–N.5.No.6	Polarexpedition
3–N.5.No.13	Schenkung einer Mineraliensammlung (1879)
3–N.5.No.14	Schränke
3–N.5.No.23	Öffnungszeiten (1884)
3–N.5.No.24	Walfisch-Ausstellung (1884/85)
3–N.5.No.26a	Beihilfen
3–N.5.No.32	Bundesratsbeschluß (1889ff.)
3–N.5.No.32a	Glückwunschschreiben
3–N.5.No.34a	Anleitung zum Botanisieren (1893)
3–N.5.No.46	Nachlaß Schmacker (1896ff.)
3–N.5.No.49	Belgische Gesandtschaft (1898–1903)
3–N.5.No. 59	Sachverständiger Beirat (1877)

3–N.5.No.50	Behörde für das Städtische Museum
3–N.5.No.57	Erweiterungsbau (1911)
3–N.5.No.59	Beirat der Behörde für das Städtische Museum
3–N.5.No.60	Protokolle der Behörde für das Städtische Museum
3–N.5.No.63	Institut für Meereskunde, Berlin
3–N.5.No.69	Südpolarexpedition
3–N.5.No.70	Schenkung Norddeutscher Lloyd (1907)
3–N.5.No.72	Verhandlungen mit der japanischen Regierung
3–N.5.No.92	Modelle der Hafenanlagen
3–N.5.No.93	Eintrittsgeld (1911/12)
3–N.5.No.95	Schülerbesuche
3–N.5.No.122	Dublettenverkauf
3–N.5.No.129	Jahresberichte
3–N.5.No.131	Museumsbesuche
3–N.5.No.132	Hörsaal
3–N.5.No.135	Alkoholismus-Ausstellung
3–N.5.No.139	Öffnungszeiten (1911–1915)
3–N.5.No.140	Auswanderer
3–N.5.No.143	Besichtigung durch das Schulschiff
3–N.5.No.144	Kinder
3–N.5.No.152	Eintrittsgeld (1922)
3–N.5.No.206	Instandsetzung des Museums (1914ff.)
3–n.5.No.221	Aquarium (1913)
3–S.1.a.No.82	Hilfskräfte (1905–1922)
4,1/4	Personalakte Ludwig
4,1/4	Personalakte Spengel
4,1/4	Personalakte Küsthardt
4,1/4	Personalakte Schauinsland
4,1/4	Personalakte Weißenborn
4,36 – 447	Museumsbesuche
4,36 – 455	Botanisch-biologischer Unterricht
4,36 – III.6.11	Museumsbesuche
4,36 – V 6,15	Unterhaltungsabende an höheren Schulen
7,1067	Club zu Bremen
7,5190	Naturwissenschaftlicher Verein
7,61	Franz Buchenau: Autobiographische Aufzeichnungen mit Anlagen [1898]

Archiv des Übersee-Museums, Bremen (ÜM Bremen)

Bestand 1 (Korrespondenzen)

1	Alexander, Eugen (1909)
4	Antworten auf Anfragen (Öffnungszeiten) (1920–1927)
6	Boschen (1911)
9	Bamberger, Julius (1915/16)
14	Dolmetsch (1909–1917)
21	Fabricius, A. (1913)
22	Fritsche, Ernst

26 Gewerbe- und Industrieausstellung (1890)
29 Hofer (1909–1915)
36 Japanisch-britische Ausstellung (1910)
45 Krantz (1910ff.)
62 Norddeutscher Lloyd
89 Umlauff

Bestand 2 (Einzelfallakten)
112 Melchers & Co. (1905–1909)
118 Paläontologische Objekte (1912/13)

Bestand 6 (Zeitungsausschnitte)
Bestand 18 (Rechnungen)
Bestand 25 (unverzeichnete Korrespondenz)
Bestand 28 (unverzeichnete Aktenordner Schauinsland)

Archiv der Handelskammer, Bremen (HaKa Bremen)

C 5 „Union" Kaufmännischer Verein
D 9 Museum für Natur-, Völker- und Handelskunde (1891–971)
H I 45c Einladungen für die Ausstellungsbesichtigung (1890)

Institut für Stadtgeschichte, Frankfurt/M. (IfStG)

Magistratsakten
S 1671 Senckenbergische Naturforschende Gesellschaft (1912–1915)
S 1715 Senckenbergische Naturforschende Gesellschaft (1868–1929)
S 2305 VDNA 1896
S 2725 Ausschuß für Volksvorlesungen (1890–1913)

Archiv der Dr. Senckenbergischen Stiftung
1 Senckenbergische Naturforschende Gesellschaft I (1885–1899)
2 Senckenbergische Naturforschende Gesellschaft II (1899–1906)
3 Senckenbergische Naturforschende Gesellschaft III (1906–1924)
27 Teilnachlaß Berg
288 Universitätsinstitute
450 Stiftungen Mylius
451 Soemmering-Preis
560 VNDA 1896
624 VDNA 1896
760 Mikroskopischer Verein (1856–1858)
789 VDNA 1896
885 Benutzung des Hörsaals
891 Glückwunschadressen

Vereine
V 14 Käwwernschachtel

Archiv der Senckenbergischen Naturforschenden Gesellschaft, Frankfurt/M. (SNG Archiv)

Bd. 1–11 Protokollbücher (1817–1926)
Bd. 15 Protokollbuch Generalversammlungen (1841–1910)
Bd. 17 Schriftentausch
Bd. 18 Geldgeschenke
Bd. 19 Ankauf der Meyerschen Vogelsammlung (1819–1822)
Bd. 20 Korrespondenz mit Behörden
Bd. 21 Korrespondenz mit der Dr. Senckenbergischen Stiftungsadministration
Bd. 22 Mohrhardt (1827–1868)
Bd. 23 Jahresfeste
Bd. 25 Doktorjubiläum Tiedemann
Bd. 26 Korrespondierende Mitglieder
Bd. 27 Korrespondenz (Einladungen)
Bd. 32 Direktoriumssitzungen (1907–1911)
Bd. 33 Redaktionsausschuß
Bd. 35 Volgeriana (1859–1886)
Bd. 37 Jahresberichte
Bd. 38 Bibliothek
Bd. 42 Geschenke und Vermächtnisse
Bd. 45 Georg Wilhelm Freyreiß
Bd. 47 Bauwesen
Bd. 51 Protokoll der Museumskommission
Bd. 56 Vorlesungen Zoologie (1861–1907)
Bd. 57 Vorlesungen Zoologie (1907–1923)
Bd. 59 Zoologisches Praktikum (1902–1907)
Bd. 60 Zoologisches Praktikum (1908–1923)
Bd. 61 Zoologisches Seminar (1908/09)
Bd. 62 Vorlesungen Mineralogie (1862–1906)
Bd. 63 Vorlesungen Geologie (1862–1907)
Bd. 64 Vorlesungen Geologie (1907–1922)
Bd. 65 Jugend-Kursus (1911–1914)
Bd. 67 Verzeichnis der ordentlichen Mitglieder
Bd. 68 Verzeichnis der korrespondierenden Mitglieder
Bd. 71 Verzeichnis der Ehrenmitglieder
Bd. 76 Vortrag Jahresfest 1837
Bd. 78 Doktorjubiläum Rüppell
Bd. 80 Zeitungsausschnittssammlung
Bd. 114 Heizung und Beleuchtung
Bd. 124 Vorhänge
Bd. 127 Beschaffung von Geldmitteln für den Neubau
Bd. 128 Schenkungen für den Museumsneubau
Bd. 130 Innere Einrichtung
Bd. 132 Genehmigte Pläne für den Hauptbau
Bd. 133 Baukommission (1907–1912)
Bd. 135 Baukommission (1905–1907)
Bd. 138 Projekt Museumsumbau
Bd. 139 Grundsteinlegung (1904)
Bd. 141 Grundsteinlegung (1913)
Bd. 142 Val. Hammeran
Bd. 143 Schränke
Bd. 152 A. Kühnscherf I

Bd. 153	A. Kühnscherf II
Bd. 154	A. Kühnscherf III
Bd. 165	Diverse Geschenke
Bd. 167	C. Hagenbeck
Bd. 172	Artikel und Korrespondenzen mit Zeitungen I
Bd. 188	Geschenke (Zoologie)
Bd. 189	J. Umlauff
Bd. 224	Artikel und Korrespondenzen mit Zeitungen II
Bd. 234	Herzog Adolf Friedrich-Expedition I
Bd. 241	Bittbriefe um bestimmte Objekte
Bd. 325	Konservatoren
Bd. 335	Briefe zur Einweihung
Bd. 355	Besucherzahlen
Bd. 444	Zeitungsausschnitte
Bd. 493	Reisebericht Römer
Bd. 586	Neubauten und Erweiterungsbau
Bd. 628	Zeitungsnotizen

Badisches Generallandesarchiv, Karlsruhe (GLA Karlsruhe)

47/707	Nachlaß (Straußenei)
47/709	Nachlaß Markgraf Georg von Baden-Baden
47/1957	Naturalienkabinett Meersburg (1803)
47/1992	Kosten für Bibliothek und Naturalienkabinett (1808–1814)
47/2030	Naturalienkabinett Basel
47/2031	Schatzkammer Rastatt (1771)
54/5	Bauprojekt (1840)
54/76	Anstellung der Hof-Steinschleifer (1784–1837)
56/226	Alexander Braun (1833/37)
56/1567	Administration des Naturalienkabinetts (1814–1837)
56/1568	Unterhaltung des Naturalienkabinetts (1817–1835)
56/1573	Anstellung Brauns als Direktor (1837/38, 1823–1880)
56/1581	Kabinett an Mannheimer Verein (1834–1857)
56/1618	Schenkung Carl Gustav Schüler I (1858)
56/1619	Sammlung Carl Gustav Schüler II (1858)
56/1620	Sammlung Friedrich Reiß (1859)
56/1623	Mexikanische Sammlung (1860)
56/1626	Ethnographica (Kapitän Willmann) (1863–70)
56/1630	Einsendung naturhistorischer Gegenstände durch Johann Riedel (1865/67)
56/1632	Naturalien aus Rangoon
56/1638	Überweisung der Hofbibliothek an den Staat (1871–1900)
56/1640	Überweisung des Herbariums an den Staat (1874-1881)
56/1828	Naturalienkabinett Mannheim (1809–1832)
56/1835	Katalog des Naturhistorischen Museums Mannheim (1835)
56/1836	Physikalisches Kabinett Karlsruhe (1819–1861)
56/1837	Naturalienkabinett Mannheim I (1825–1832)
56/1838	Naturalienkabinett Mannheim II (1825–1832)
56/1839	Naturalienkabinett Mannheim (1834)
56/1864	Testamentarische Verfügung Adolf Schütts (1879)
56/3075	Bau des Sammlungsgebäudes I

56/3078	Bau des Sammlungsgebäudes II
56/3081	Bau des Sammlungsgebäudes III
56/3340	Einlogierung des Hofgärtners Hartweg jun. (1809–1822)
56/4132	Verzeichnis der Mineralien von Gmelin (1785–1823)
60/253	Einsendungen Knops (1872–1892)
60/864	Ksl. Leopoldinisch-Carolinische Akademie Jena (1859–1914)
60/865	Korrespondenz mit Karl Friedrich Schimper
60/869	G. H. Wilhelm Schimper (1868–1870)
60/891	Kunstsammlungen Haberer
60/944	Abhaltung wissenschaftlicher Vorträge im Schloß (1895–1904)
60/1265	Erwerbung ethnographischer Sammlungen (1870–1889)
60/1266	Geschenke und Erwerbungen (1871–1890)
60/1270	Sammlung Friedrich Hirth (1882–1889)
60/1271	Sammlung F. v. Faber (1882)
60/1272	Sammlung J.A. Aeckerlin (1884/85)
60/1273	Sammlung Joh. F. Snellemann (1885)
60/1666	Naturwissenschaftlicher Verein Karlsruhe (1879–1916)
76/1230	Bürgerlin (1868–1909)
76/2062	Carl Friedrich Erhard (1780–1807)
76/2063	Carl Friedrich Erhard (1763–1780)
76/2554	Karl Futterer
76/2832	Karl Christian Gmelin (1786–1837)
76/5648	Otto Nüßlin
76/9925	Adolph Knop
76/10143	Leutz (1830–1903)
76/10144	Leutz (1854–1910)
76/10188	Karl Futterer
76/10333	Karl Christian Gmelin (1808)
181/14	Mineralien und Fossilien (1801–1807)
206/147	Hofapotheke (1719–1802)
206/860	Naturwissenschaftlicher Unterricht (1784–1802)
206/927	Polytechnikum (1846–1878)
206/2477	Naturalienkabinett Karlsruhe (1809)
206/2531	Examen Gmelin und Eisenlohr (1784–1795)
206/3069	Bibliothek, Instrumente, Naturalien beim Gymnasium (1754–1801)
206/3099	Chemieunterricht am Gymnasium Karlsruhe (1778–1787)
206/3099	Naturwissenschaftliche Vorlesungen am Gymnasium (1778–1794/1831)
206/3100	Medizinische und Chirurgische Kollegien am Gymnasium Karlsruhe (1778)
206/3101	Naturwissenschaftliche Vorlesungen (1776–1794)
206/3113	Botanische Vorlesungen am Gymnasium Karlsruhe
206/3145	Gmelin (1804-1808)
206/3167	Errichtung der Polytechnischen Schule (1825)
206/8069	Naturaliensammlung des Gymnasiums Karlsruhe (1754–1801)
220/496	Witwe Erhard (1811)
229/103503	Gedanken über den Bergbau
229/117405	Das Bad zu Zaisenhausen

233/31626	Naturalienkabinett und Verein (1835–1918)
233/31664	Naturkundliche Durchforschung Badens (1854–1868)
233/33151	Errichtung Polytechnikum (1820–1914)
233/33186	Korrespondenz VDNA (1828–1872)
235/1479	Frentzen
235/1587	Schwarzmann
235/1878	Debold
235/2301	May
235/2351	Nüßlin
235/2509	Schwarzmann
235/4445	Zuschuß an Naturwissenschaftlichen Verein, Karlsruhe (1906–1949)
235/5987f.	Verein für Naturkunde, Mannheim
235/6012	Internationaler Präparatorenverein
235/6541	Tagegelder, Reisekosten (1891–1930)
235/6646f.	Allgemeiner sachlicher Aufwand (1900–1935)
235/6649	Anstellung Präparatoren (1870–1938)
235/6650	Offenhalten der Sammlungen (1920–1934)
235/6651	Herausgabe eines Führers Mineralogie (1906–1941)
235/6652	Herausgabe eines Führers Zoologie (1904–1937)
235/6653	Ausleihen, Dubletten (1876–1941)
235/6654	Rechnungswesen Naturalienkabinett (1900–1924)
235/6661	Entwendungen (1877–1922)
235/6663	Versicherung (1873–1931)
235/6664	Einrichtung (1883–1938)
235/6665	Bibliothek (1907–1943)
235/6666	Erwerbungen Mineralogie (1878–1943)
235/6667	Benutzung durch der Sammlungen (1894/95)
235/6668	Vorstandsstellen, Kustoden, Dienstvorschriften (1911–1944)
235/6671	Saalaufsicht (1908–1939)
235/6672	Reinhaltung
235/6924	Kneucker
235/6925	Meinzer
235/6926	Oberdörfer
235/6927	Reiser
235/9206f.	Auerbach
235/30947	Herbarium (1872–1949)
235/30952	Schenkungen Daub (1917–1948)
235/30953	Erwerbungen und Schenkungen Zoologie (1912–1952)
235/30954	Planetarium Mannheim (1897–1947)
235/30963	Reisekosten (1876–1899)
235/30964	Reisekosten (1900–1930)
235/30982	Schmetterlingssammlung Daubs (1917–1948)
235/38225	Freudenberg
235/38302	Hilger
235/40406	Errichtung von Museen (1875–1943)
235/40407	Ortsmuseen, Bezirksamtsberichte (1914)
235/40418	Eintrittsgelder, Öffentlichkeit
235/40420f.	Besuch von Museen (1890–1941)
235/40424	Deutscher Museumsbund (1898–1937)
235/40469	Kgl. Museen Berlin (1890–1930)

235/40483	Philadelphia (1895ff.)
235/40486	Australische Museen
235/40549	Errichtung Hygiene-Museum (1912)
235/43015	Becker
237/130	Gmelins Dienstreisen durch Baden (1805–1820)
237/4784	Das Gipsgebirge bei Hasmersheim (1807–1818)
237/8794–237/8801	Erbauung eines Gebäudes für die Sammlungen (1862–1875)
237/18911f.	Erbauung eines Gebäudes für die Sammlungen (1875–1896)
391/14231	Erdmannshöhle
403/813f.	Kalksteinbrüche
466/6126	Ruhegehalt Bürgerlin
466/11673	Ruhegehalt Leutz
466/17126	Ruhegehalt Schwarzmann
466/20607	Ruhegehalt Auerbach
598	Altakten des Naturalienkabinetts (unverzeichnet)

Markgräfliches Badisches Familienarchiv, Karlsruhe (FamA)

5A	Karoline Luise
Corr. 10–15	Savants
Corr. 18	Gelehrte Gesellschaften
Corr. 35–37	Treuer
Corr. 107–115	Histoire naturelle

2. Gedruckte Quellen

[Anonym:] Feier zur Eröffnung des neuerbauten Museums der Senckenbergischen Naturforschenden Gesellschaft. In: Intelligenz-Blatt der Stadt Frankfurt a.M. (Frankfurter Journal). Montags-Ausgabe der Frankfurter Nachrichten v. 14.10.1907.

[Anonym:] Das Museum der Senckenbergischen Naturforschenden Gesellschaft. In: Festzeitung zum 17. Deutschen Bundes- und Goldenen Jubiläums-Schießen 1912, Nr. 6, 3.7.1912, S. 13–17.

[Anonym:] Das Museum für Naturkunde in Berlin. In: Illustrierte Zeitung 1 (1891), S. 2–3.

[Anonym:] Vom Großherzoglichen Naturalienkabinett in Karlsruhe. In: Pfälzer Bote für Stadt und Land v. 5. u. 7.1.1907.

[Anonym:] Ueber das Senckenbergianum zu Frankfurt a.M. In: Stadt-Anzeiger und Fremdenblatt v. 28.2.1877.

[Anonym:] Die Volksbildungsorganisationen in Deutschland. In: Volksbildungsarchiv 1 (1910), S. 510–534.

Aall, Hans: Die norwegischen Museen. In: Die Museen als Volksbildungsstätten. Ergebnisse der 12. Konferenz der Centralstelle für Arbeiter-Wohlfahrtseinrichtungen. Berlin 1904 (= Schriften der Centralstelle für Arbeiter-Wohlfahrtseinrichtungen, Nr. 25), S. 68–70.

Achelis, Johannes: Die Gesellschaft Museum in Bremen. Bearbeitet nach deren Archiv. [Bremen nach 1931]. [Ungedr. Mskrpt.]

Allgemeiner Führer durch die deutsche Abteilung der Internationalen Ausstellung für Meereskunde und Seefischerei in Marseille 1906 [o.O. 1906].

Allgemeiner Führer durch die Sammlungen des Roemer-Museums in Hildesheim. Hildesheim 1904.

Alzheimer, Alois: Zur Anthropologie des Verbrechers. In: Bericht 1900, S. CXLI–CXLIV.

An Frankfurts verehrtes Publikum. [Frankfurt/M. 1818.]

Anleitung zum Sammeln, Konservieren und Verpacken von Tieren für die zoologische Sammlung des Museums für Naturkunde in Berlin. Berlin 1896. 2. Aufl. 1907.

Kurze Anleitung zum Sammeln naturhistorischer, vorzüglich zoologischer Gegenstände, in Übereinstimmung mit H[ermann] Plouquet bearbeitet von L[eopold] Martin, Präparatoren in Stuttgart. Lemgo 1863.

Anschütz, Ottomar: Einige allgemeine Erläuterungen über die Aufnahme wilder Tiere. In: Photographische Mitteilungen 1889, S. 307f.

Ders.: Die Photographie im Hause. Berlin 1901.

Arndt, W.: Dermoplastik einst und jetzt. In: Museumskunde. N. F. 6 (1934), S. 15–18.

Auer, Ludwig: Volksbildung, Schulfrage, Schulstreit. Donauwörth 1881.

Auerbach, Max: Ein Desinfektionskasten und ein Transportgefäß für naturwissenschaftliche Museen. In: Museumskunde 2 (1906), S. 143–150.

Ders.: Führer durch das Großherzoglich-Badische Naturalien-Kabinett zu Karlsruhe. Karlsruhe 1904.

Ders.: Plaudereien über die Karlsruher naturwissenschaftlichen Sammlungen. I.–III. In: Sonntags-Zeitung des Karlsruher Tagblatts v. 15.2., 1.3. u. 29.3.1914.

Ders.: Prof. Dr. Max Schwarzmann [Nachruf]. In: Beiträge zur naturkundlichen Forschung in Südwestdeutschland 8 (1943/49), S. 199–213.

Bade, Ernst: Aus dem Reiche der Natur. Bd. 1: Mineralreich und Geschichte der Erde. Bd. 2: Zoologie. Bd. 3: Das Pflanzenreich. Berlin 1903.

Ders.: Handbuch für Naturaliensammler. Eine Praxis der Naturgeschichte. Berlin 1913.

Ders.: Naturwissenschaftliche Sammlungen. Das Sammeln, Pflegen und Präparieren von Naturkörpern. Berlin 1899.

Bartling, Konrad: Das Städtische Museum in Bremen im Dienst der kaufmännischen Bildung. In: Festschrift zum 70. Geburtstage (30. Mai 1927) und 40jährigen Dienstjubiläum (31. Mai 1927) des Herrn Professor Dr. H. H. Schauinsland, Direktor des Städtischen Museums für Natur-, Völker- und Handelskunde zu Bremen. Bremen 1927, S. 70–90.

Baumann, Karl: Volkstümliche Museen. In: Mannheimer Geschichtsblätter 4 (1903), S. 237–243.

Behm, H. W.: Urweltliche Fauna im Großherzoglichen Badischen Naturalienkabinett. In: Karlsruher Zeitung v. 24.2.1911.

Bericht über das fünfzigjährige Doctor-Jubiläum des Herrn Dr. Friedrich Tiedemann [...] gefeiert zu Frankfurt am Main am 10. März 1854. Frankfurt/M. [1854].

Berwerth, Friedrich: Welche Farbe soll man als Hintergrund für Mineralschaustellungen wählen? In: Museumskunde 2 (1906), S. 140–143.

Biedenfeld, F. v.: Aus meiner Pilgertasche. Ein paar Stunden mit Goethe in Karlsruhe. In: Morgenblatt für die gebildeten Leser und Stände (Stuttgart), Jg. 1859, S. 443–445.

Biram-Bodenheimer, Else: Die Industriestadt als Boden neuer Kunstentwicklung. Jena 1919.

Björnstahl, Jacob Jonas: Briefe auf seinen ausländischen Reisen an den Königlichen Bibliothekar C. C. Gjörwell in Stockholm. Bd. 3/1. Leipzig, Rostock 1779.

Blasius, Wilhelm: Öffentliche Anstalten für Naturgeschichte und Alterthumskunde in Holland und dem nordwestlichen Theile von Deutschland. Braunschweig 1880.

Ders.: Die Neuaufstellung des Herzoglich-Naturhistorischen Museums zu Braunschweig. Braunschweig 1879.

Blum, Ferdinand: Die Lehre von der Immunität. In: Bericht 1895, S. 123–125.

Blum, Isaak: Die Pyramideneiche bei Harreshausen (Großhezogtum Hessen). In: Bericht 1895, S. 93–102.

Böckmann, J[ohannes]: Welche Fortschritte machten Mathematick und Naturlehre in den badischen Ländern. Carlsruhe 1787.

Böhm, Friedrich: Pflege der Wissenschaft und der kulturellen Interessen. In: Ders.: Das Großherzogtum Baden in allgemeiner, wirtschaftlicher und staatlicher Hinsicht dargestellt. 2. Aufl. Karlsruhe 1912, S. 312–328.

Boitard, W[ilhelm]: Die Kunst, Tiere auszustopfen und Pflanzen und Mineralien aufzubewahren. Quedlinburg 1835.

Bolau, Heinrich: 1837–1887. Zur Geschichte des naturwissenschaftlichen Vereins Hamburg. In: Abhandlungen auf dem Gebiete der Naturwissenschaften 10 (1887), S. 2–32.

Branca, Wilhelm von: Das geologisch-paläontologische Institut und Museum. In: Max Lenz (Hrsg.): Geschichte der Königlichen Friedrich-Wilhelms-Universität zu Berlin. Bd. 3: Wissenschaftliche Anstalten. Spruchkollegium. Statistik. Halle a.d.S. 1910, S. 319–343.

Brauer, August: Das zoologische Museum. In: Max Lenz (Hrsg.): Geschichte der Königlichen Friedrich-Wilhelms-Universität zu Berlin. Bd. 3: Wissenschaftliche Anstalten. Spruchkollegium. Statistik. Halle a.d.S. 1910, S. 372–389.

Braune, Kurt: Das Naturkundliche Heimatmuseum des Leipziger Lehrervereins. Leipzig 1930.

Brehm, Alfred Edmund: Brehms Tierleben. Allgemeine Kunde des Tierreichs. 4. Aufl. Hrsg. v. Otto zur Strassen. Bd. 1–13. Leipzig 1911–1918.

Brehm, Christian Ludwig: Die Kunst Vögel aus Bälgen zu bereiten, auszustopfen, aufzustellen und aufzubewahren. Nebst einer kurzen Anleitung, Schmetterlinge und Käfer zu fangen, zu präparieren, aufzustellen und aufzubewahren. Weimar 1842.

Bronn, Heinrich Georg: Gedrängte Anleitung zum Sammeln, Aufbereiten und Verpacken von Tieren, Pflanzen und Mineralien für naturhistorische Museen, bearbeitet für Reisende und fernländische Sammler. Heidelberg 1838.

Ders.: Notiz über das Naturalien-Kabinett in Karlsruhe. In: Neues Jb. für Mineralogie, Jg. 1831, S. 416–419.

Browne, Montagu: Practical Taxidermy. A Manual of Instruction to the Amateur in Collecting, Preserving, and Setting up Natural History Specimens of all Kind. London 1884.

Brunn, Max von: Ein Beitrag zur Museumstechnik. Hamburg 1895.

Buch, Richard: Das Leipziger naturkundliche Heimatmuseum. Wesen und Gestaltung. Berlin 1927.

Ders.: Ein naturkundliches Volksmuseum. In: Museumskunde 12 (1916), S. 68–90.

Buchenau, Franz: Zur Geschichte des Naturwissenschaftlichen Vereins. In Festschrift zur Feier des fünfundzwanzigjährigen Bestehens des Naturwissenschaftlichen Vereins zu Bremen. Bremen 1889, S. 171–187.

Büchele, Karl: Stuttgart und seine Umgebung für Einheimische und Fremde. Stuttgart 1858.

Bütschli, Otto: Ueber die Bedeutung der Entwicklungsgeschichte für die Stammesgeschichte der Thiere, vorgetragen in den wissenschaftlichen Sitzungen am 8. und 29. Januar 1876. In: Bericht 1876, S. 105–123.

Burger, Alexander: Die Rhein-Mainische Volksakademie. Eine Einführung in die wichtigsten Fragen des Volksbildungswesens. Leipzig 1907 (= Die Volkskultur, Nr. 3/5).

Ders.: Die dritte Rhein-Mainische Volksakademie. Leipzig 1911 (= Die Volkskultur, Nr. 12).

Büsing, Erna: Biologische Gruppen. Berlin 1932.

Dies.: Schausäle der Scheusale. Berlin 1932.

Cathiau, Theodor: Die Grossherzogliche Haupt- und residenzstadt [!] Karlsruhe. Ein Führer durch Stadt und Umgebung. Karlsruhe [1882].

Chun, Carl: Aus den Tiefen des Weltmeeres. Schilderungen von der deutschen Tiefsee-Expedition. Jena 1900.

Ders.: Die Resultate der Tiefseeforschung und die Aufgabe einer Deutschen Tiefsee-Forschung. In: Verhandlungen der Gesellschaft deutscher Naturforscher und Ärzte. 69. Versammlung zu Braunschweig 1897. Leipzig 1898, S. 3–16.

Cohn, Ludwig: Ein Alligator sinensis im Städtischen Museum. In: Jb. der bremischen Sammlungen 1 (1908), 2. Halbbd., S. 1–7.

Commissions-Bericht über eine eventuelle Ausscheidung der Sammlungen und der Bibliothek des Museums. Bremen 1871.

Cretzschmar, Philipp Jakob: Fortgesetzte Mittheilungen über Eduard Rüppell's (Mitglied dieser Gesellschaft) Reisen in Italien und Africa. In: Iris, Nr. 240, 3.12.1825, S. 957–960; Nr. 245, 10.12.1825, S. 977–980; Nr. 249, 16.12.1825, S. 993–996; Nr. 255, 24.12.1825, S. 1017–1020; Nr. 260, S. 1037–1040; Nr. 5, 7.1.1826; Nr. 10, 14.1.1826, S. 37–40; Nr. 25, 4.2.1826, S. 97–100; Nr. 40, 25.2.1826, S. 157–160.

Ders.: Nachrichten von der Senkenbergischen [!] naturforschenden Gesellschaft. Einleitung. In: Iris. Unterhaltungsblatt für Freunde des Schönen und Nützlichen, Nr. 235, 26.11.1825, S. 937.

Ders.: Vortrag in der öffentlichen Sitzung zur Jahresfeier am 6. Mai 1827. In: Iris. Unterhaltungsblatt für Freunde des Schönen und Nützlichen v. 23.5.1827.

Ders.: Vorträge über das Thierreich angefangen am 27ten May 1836. Nachgeschrieben von Alexander Friedleben. StUB Frankfurt/M. 8° Hs 114.

Ders.: Vorträge über Ornithologie, gehalten im Sommer 1821. Nachgeschrieben v. Alexander Friedleben. StUB Frankfurt/M. 8° Hs 58.

Dahl, Friedrich: Anleitung zu zoologischen Beobachtungen. Leipzig 1910.

Ders.: Kurze Anleitung zum wissenschaftlichen Sammeln und zum Konservieren von Tieren. 2., gänzlich umgearb. Aufl. Jena 1908.

Ders.: Grundlagen einer ökologischen Tiergeographie. Jena 1921.

Ders.: Grundsätze und Grundbegriffe der biocönotischen Forschung. In: Zoologischer Anzeiger 33 (1908), S. 349–353.

Ders.: Wie ist der Lehramts-Kandidat auf der Universität für seinen Beruf in Zoologie vorzubereiten? In: Naturwissenschaftliche Wochenschrift N. F. 2 (1902/03), S. 85–91.

Ders.: Die Methodik im zoologischen Unterricht an Universitäten. In: Hochschul-Nachrichten 17 (1907), S. 141–145.

Ders.: Das zoologische Museum als Mittel der Volksbelehrung. In: Museumskunde 5 (1909), S. 90–96.

Ders.: Wie ist der Studierende in die Kenntnis der einheimischen Tiere einzuführen? In: Natur und Schule 6 (1908), S. 552–558.

Ders.: Das Tierleben im Grunewald. Jena 1902.

Darwin, Charles: Über die Entstehung der Arten im Thier- und Pflanzenreich durch natürliche Züchtung, der Erhaltung der vervollkommneten Rassen im Kampfe ums Dasein. Stuttgart 1860.

Dewitz, Hermann: Die Aufgaben großer zoologischer Landesmuseen. In: Zoologischer Anzeiger 11 (1888), S. 317–320.

Ders.: Die großen zoologischen Landesmuseen. In: Biologisches Zentralblatt 8 (1909), S. 447–450.

Dönitz, W.: Die Bekämpfung der Schlafkrankheit. In: Bericht 1912, S. 295–323.

Doflein, Franz: Das ozeanographische Museum in Monaco. Jena 1910.

Ders.: Sechs Wanderungen durch die Zoologische Staatssammlung in München. München 1904.

Drais, Karl Wilhelm Friedrich Ludwig von: Gemälde aus dem Leben Karl Friederichs [!], des ersten Großherzogs von Baden. Mannheim 1829.

Ders.: Geschichte der Regierung und Bildung von Baden unter Carl Friederich [!]. Bd.1–2. Carlsruhe 1816–1818.

Drevermann, Fritz: Der Diplodocus. In: Bericht 42 (1911), S. 272–282.

Ders.: Museum und Gegenwart. Frankfurt/M. 1931.

Ders.: Naturerkenntnis. Vom Gegenstand der Naturwissenschaften. Potsdam, Zürich [1928].

Ders.: Naturkundliche Schausammlungen. Frankfurt/M. 1926.

Eidmann, Heinrich: Heimatmuseum, Schule und Volksbildung. Leipzig1909 (= Die Volkskultur, Nr. 11).

Eine Stunde im Natur-Museum „Senckenberg". Frankfurt/M. [1935].

Entwurfskizze zum Bau eines naturhistorischen Museums auf dem Grundstück der ehemaligen königlichen Eisengießerei in Berlin. Gutachten der Königlichen Akademie des Bauwesens. In: Zentralblatt der Bauverwaltung 2 (1882), S. 475–476.

Erdberg, Robert von: Fünfzig Jahre freies Volksbildungswesen. Ein Beitrag zur Geschichte der Volksbildungsbewegung. Berlin 1924.

Ders.: Die englischen Volksmuseen, insbesondere das „Manchester Art Museum". In: Die Museen als Volksbildungsstätten. Ergebnisse der 12. Konferenz der Centralstelle für Arbeiter-Wohlfahrtseinrichtungen. Berlin 1904 (= Schriften der Centralstelle für Arbeiter-Wohlfahrtseinrichtungen, Nr. 25), S. 86–92.

Ders.: Der Zentralstelle für Volkswohlfahrt zu ihrem fünfundzwanzigjährigen Bestehen. Berlin 1917.

Ders. u. Theodor Bäuerle: Volksbildung. Ihr Gedanke und ihr Verhältnis zum Staate. Zwei Vorträge. Berlin 1918.

Erste Nachricht von dem Zustande der Senkenbergischen [!] naturforschenden Gesellschaft. [Frankfurt 1821.]

Fecht, Karl Gustav: Geschichte der Haupt- und Residenzstadt Karlsruhe. Karlsruhe 1887. Ndr. 1976.

Festlieder, gesungen am Stiftungsfeste der Dr. Senckenbergischen naturforschenden Gesellschaft, Sonntag den 20. Mai 1860. [Frankfurt/M. 1860.]

Festschrift zum achtzigsten Geburtstage des Herrn Geheimen Rats Prof. Dr. Karl Möbius in Berlin. Jena 1905 (= Zoologische Jahrbücher, Supplement 8).

Festschrift zur 29. Hauptversammlung des Deutschen Vereins zur Förderung des mathematischen und naturwissenschaftlichen Unterrichts zu Frankfurt a.M. vom 10.–14. April 1927. Im Auftrage der Ortsgruppe Frankfurt am Main hrsg. v. Ludwig Friedrich. Frankfurt/M., Leipzig [1927].

Festschrift zur Erinnerung an die Eröffnung des neuerbauten Museums der Senckenbergischen Naturforschenden Gesellschaft zu Frankfurt am Main am 13. Oktober 1907. Frankfurt/M. 1907.

Finsch, Otto: Das Reichs-Museum für Naturgeschichte in Leiden und seine Umgestaltung in ein Ideal-Museum. In: Museumskunde 2 (1906), S. 29–40.

Ders.: Verzeichniss der literarischen Arbeiten. 1859–1876. Nebst einem biographischen Anhang. Als Manuscript gedruckt. Bremen 1876.

Fischer, Kuno: Das Verhältniß zwischen Willen und Verstand im Menschen. Vortrag in Gegenwart der Höchsten Herrschaften gehalten im Residenzschloß zu Karlsruhe am 28. März 1896. Als Manuscript gedruckt. Heidelberg [1896].

Floericke, Curt: Praktische Anweisung zum Ausstopfen der Säugetiere für alle Freunde der Naturkunde. Leipzig 1897.

Flower, William: Essays on Museums and other Subjects connected with Natural History. London 1898.

Ders.: Miscellaneous Notes on Zoological Institutes recently visited in Europe. London 1911.

Focke, Wilhelm Olbers: Gottfried Reinhold Treviranus. In: Abhandlungen des naturwissenschaftlichen Vereins zu Bremen 6 (1880), S. 11–49.

Ders.: Rückblick auf die Geschichte der Naturforschung in Bremen. In: Abhandlungen des naturwissenschaftlichen Vereins zu Bremen 11 (1889), S. 1–39.

Fraas, Eberhard: Führer durch das Kgl. Naturalienkabinett zu Stuttgart. Die geognostische Sammlung Württembergs. Stuttgart 1903. 2. Aufl. 1906.

Fricke, Kurt: Biologische Heimatkunde in der Schule. Ein Beitrag zur Methode des naturgeschichtlichen Unterrichts in den oberen Klassen der höheren Lehranstalten. Bremen 1909 (= Beilage zum Jahresbericht der Oberrealschule zu Bremen).

Fritze, Adolf: Biologische Gruppen. In: Jb. des Provinzial-Museums zu Hannover 1907/08, S. 35–38.

Führer durch das Altonaer Museum. Teil 1–5. Altona [1910–1915].

Führer durch das Museum der Senckenbergischen Naturforschenden Gesellschaft in Frankfurt am Main. Frankfurt/M. 1896.

Führer durch das Naturhistorische Museum zu Hamburg. Hamburg 1893.

Führer durch das Städtische Museum für Natur-, Völker- und Handelskunde in Bremen. Bearb. v. Konrad Bartling. Bremen [o.J.].

Führer durch das Zoologische und Anthropologische Museum in Dresden. Dresden 1896.

Führer durch die Schausammlung des Museums für Naturkunde in Berlin. Geologisch-paläontologische Schausammlung. Berlin 1910.

Führer durch die zoologische Schausammlung des Museums für Naturkunde in Berlin. Berlin 1889. 2. Aufl. 1902. 3. Aufl. 1907.

Fürbringer, Max: Gottlieb von Koch. 1849–1914. In: Leopoldina 57 (1915), S. 67–72.

Ders.: Untersuchungen zur Morphologie und Systematik der Vögel. Amsterdam 1888.

Gesänge bei der Liedertafel bei der Versammlung der deutschen Naturforscher und Ärzte am 23. September 1828. Berlin 1828.

Gesänge zum festlichen Mahle bei der Jahresfeier der Senkenbergischen [!] naturforschenden Gesellschaft am 5. Mai 1824. Frankfurt/M. [1824].

Gesetze der Gesellschaft Museum in Bremen. Bremen 1832.

Gesetze der Gesellschaft Museum in Bremen. Bremen 1847.

Gesetze der Gesellschaft Museum in Bremen. Mit den Vorschlägen der Direktion. Bremen 1872.

Die nordwestdeutsche Gewerbe-, Industrie-, Handels-, Marine-, Hochseefischerei- und Kunst-Ausstellung 1890. Bremen 1890.

Goethe, Johann Wolfgang von: Kunst und Altertum am Rhein und Main. Frankfurt. In: Goethes poetische Werke. Bd. 10: Autobiographische Schriften. Dritter Teil. Stuttgart 1954, S. 650–675.

Goldschmidt-Rothschild, Rudolf: Im Grönländischen Eismeer. Zur Erläuterung der „Arktischen Gruppe". In: Bericht 1910, S. 241–253.

Ders.: Eine Elefantenjagd im Sudan. In: Bericht 1911, S. 87–93.

Goode, George Brown: Museum-History and Museums of History. New York 1889.

Ders.: The Museums of the Future. In: Annual Report of the U.S. National Museum for 1888/89 [1891], S. 427–445.

Ders.: The Principles of Museum Administration. New York 1895.

Graf, G[eorg] Engelbert: Entwicklungsgeschichtliche Streifzüge im Senckenberg-Museum zu Frankfurt am Main. Hrsg. v. Arbeiter-Bildungs-Ausschuß zu Frankfurt a.M. Frankfurt/M. 1914 (= Entwicklungsgeschichtliche Studien).

Gray, John Edward: Address to the zoological and botanical Section at the Opening of the thirty-fourth Meeting of the British Association in Bath, September 15, 1864. Bath 1864.

Ders.: Notes on zoological museums. London 1868.

Grosser, Richard: Neuer Katalog des Gymnasial-Museums zu Wittstock. Wittstock 1893.

Haeckel, Ernst: Kunstformen der Natur. Erste Sammlung. Fünfzig Illustrationstafeln mit beschreibendem Text. Leipzig 1889.

Ders.: Kunstformen der Natur. Supplement-Heft. Allgemeine Erläuterungen und systematische Übersicht. Leipzig 1904.

Ders.: Das Phyletische Museum in Jena. In: Kosmos 4 (1907), S. 356–359.

Hagen, Bernhard: Die Eingeborenen von Deutsch-Neu-Guinea. In: Bericht 1898, S. CVI–CVIII.

Ders.: Vorführung von Gesichtstypen ostasiatischer und melaneischer Völker in Lichtbildern. In: Bericht 1900, S. CXXXIX–CXLI.

Hagenbeck, Carl: Von Tieren und Menschen. Erlebnisse und Erfahrungen. Durchges. u. neubearb. v. Lorenz Hagenbeck. Düsseldorf 1950.

Die Handelsausstellung I–IV. In: Ausstellungs-Zeitung v. 10.6.1890, 19.8.1890, 26.8.1890, 9.9.1890.

Hartlaub, Gustav: Das zoologische Museum in Bremen. In: Bremische Blätter 4 (1836), S. 17–21.

Hartleben, Th. C.: Statistisches Gemälde der Residenzstadt Karlsruhe. Karlsruhe 1815.

Hase, Albrecht: Aufgaben, Einrichtung und Ziele des Phyletischen Museums der Universität Jena. Leipzig 1915.

Heineck, Friedrich: Hundert Jahre Verein und Museum. Geschichte des Nassauischen Vereins für Naturkunde und des Naturhistorischen Museums der Stadt Wiesbaden. In: Jb. des Nassauischen Vereins für Naturkunde 80 (1929), S. 3–40.

Held, Alexander: Demonstrative Naturgeschichte oder Erfahrungen und Belehrungen über das Sammeln, Präparieren, Klassifizieren, Aufstellen, Bewahren und Demonstrieren der Naturkörper aller drei Reiche, nebst Beschreibung der Lebensweise der Tiere sowie ihrer Körperhaltung bei allen Bewegungen. Stuttgart 1845.

Hertwig, Richard: Zur Frage der Organisation des zoologischen Unterrichts an den höheren Schulen. In: Natur und Schule 3 (1904), S. 481–491.

Hesse, Richard: Tiergeographie auf ökologischer Grundlage. Jena 1924.

Hilgendorf, Franz: Eine Methode zur Aufstellung halbmikroskopischer Objekte. Berlin 1885.

Hinterwaldner, Max: Wegweiser für Naturaliensammler. Eine Anleitung zum Sammeln und Conservieren von Thieren, Pflanzen und Mineralien jeder Art sowie zur rationellen Anlage und Pflege von Terrarien, Aquarien, Volieren etc. Wien 1889.

Hirschfeld, Gustav: Zur Entwickelungsgeschichte von Kunstsammlungen. In: Nord und Süd 52 (1890), S. 55–76.

Hirsching, Friedrich: Nachrichten von sehenswürdigen Gemälde- und Kupferstichsammlungen, Münz-, Gemmen-, Kunst- und naturalienkabineten [!], Sammlungen von Modellen, Maschinen, physikalischen und mathematischen Instrumenten, anatomischen Präparaten und botanischen Gärten in Teutschland nach alphabetischer Ordnung der Oerter. Erlangen 1792.

Hübner, Max: Die deutschen Schulmuseen. Breslau 1904 (= Veröffentlichungen des Städtischen Schulmuseums zu Breslau, Nr. 5).

Hundt, Rudolf: Die geologische, paläontologische, mineralogische und vorgeschichtliche Sammlung im städtischen Museum zu Gera. In: Museumskunde 11 (1915), S. 128–134.

Die Jahrhundertfeier der Senckenbergischen Naturforschenden Gesellschaft am 22. November 1917. Frankfurt/M. 1918 [1919].

Junge, Friedrich: Der Dorfteich als Lebensgemeinschaft. Naturgeschichte in der Volksschule. 1. Aufl. Kiel 1885.

Karlsruhe 1911. Festschrift der 83. Versammlung Deutscher Naturforscher und Ärzte. Gewidmet von dem Stadtrat der Haupt- und Residenzstadt Karlsruhe. Karlsruhe i.B. 1911.

Kerz, Friedrich: Das Sammeln, Präparieren und Aufstellen der Wirbeltiere. Eine gemeinverständliche Anleitung. Stuttgart 1912.

Kinkelin, Friedrich: Erläuterungen zu den geologischen Übersichtskarten der Gegend zwischen Taunus und Spessart. In: Bericht 1889, S. 323–349.

Ders.: Die nutzbaren Gesteine und Mineralien zwischen Taunus und Spessart. In: Bericht 1888, S. 135–180.

Ders.: Die Schleusenkammer in Frankfurt-Niederrad und ihre Fauna. In: Bericht 1884, S. 219–257.

Ders.: Ueber Stoffwechsel und Ernährung im menschlichen und thierischen Körper. In: Bericht 1875, S. 300–337.

Kleinwächter, Friedrich: Das Museum für Naturkunde der Universität Berlin. In: Zeitschrift für Bauwesen 41 (1891), S. 2–12.

Klemm, Gustav: Fantasie über ein Museum für die Kulturgeschichte der Menschheit. Dresden 1843.

Ders.: Zur Geschichte der Sammlungen für Wissenschaft und Kunst in Deutschland. Zerbst 1838.

Kneucker, Andreas: Bitte. In: Mitteilungen des Badischen Landesvereins für Naturkunde 1909, S. 208.

Ders.: Mitteilung. In: Mitteilungen des Badischen Landesvereins für Naturkunde und Naturschutz 1915, S. 38f.

Knoblauch, August: Beiträge zur Kenntnis der Fauna der Umgegend von Frankfurt a.M. Über das Vorkommen des Feuersalamanders, *Salamandra maculosa* Laur., im Frankfurter Stadtwalde. In: Bericht 1903, S. 113–116.

Ders.: Die wissenschaftliche Grundlage der Alkoholbekämpfung. In: Bericht 1896, S. 45–71.

Ders.: Ueber die psychischen Funktionen der Großhirnrinde. In: Bericht 1894, S. 205–225.

Knop, Adolph: System der Anorganographie, als Grundlage für Vorträge an Hochschulen. Leipzig 1876.

Kobelt, Wilhelm: Aus der Puglia petrosa. In: Bericht 1873, S. 77–103.

Ders.: Die Gestalt des Mittelmeeres und ihr Einfluß auf Handel und Geschichte im Altertum. In: Bericht 1896, S. 3–26.

Ders.: Reiseerinnerungen aus Algier und Tunis. Frankfurt/M. 1885.

Ders.: Siciliana. In: Bericht 1880, S. 220–240.

Ders.: Der Schwanheimer Wald. In: Bericht 1912, S. 72–103, 156–188 u. 255–323.

Koch, Gottlieb von: Die Aufstellung der Tiere im neuen Museum zu Darmstadt. Leipzig 1899.

Ders.: Führer durch die Sammlung hessischer Tiere. Darmstadt 1913.

Ders.: Grundriß der Zoologie. Für Studierende bearbeitet. Jena 1876.

Ders.: Über die Modellierung künstlicher Körper für die dermatoplastische Darstellung von Wirbeltieren. In: Museumskunde 1 (1905), S. 43–55.

Ders.: Die zoologischen Sammlungen des Landesmuseums in Darmstadt. Allgemeine Beschreibung. In: Museumskunde 3 (1908), S. 201–205.

Ders.: Die zoologischen Sammlungen des Landesmuseums in Darmstadt. Teil 2: Darstellung des Systems der Vögel. In: Museumskunde 4 (1908), S. 24–33.

Ders.: Die zoologischen Sammlungen des Landesmuseums in Darmstadt. Teil 3: Tiergeographische Gruppen. In: Museumskunde 6 (1910), S. 92–113.

Ders.: Über naturgeschichtliche Sammlungen. Darmstadt 1892.

Ders.: Die Stellungen der Vögel. Für Präparatoren, Ausstopfer und Freunde der Vögel. Bd. 1–2. Heidelberg 1871/72.

Ders.: Über Versuche mit Zellon bei zoologischen und paläontologischen Präparationen sowie einige Worte über Gipsabgüsse. In: Museumskunde 9 (1913), S. 216–219.

Ders.: Einige Worte über den Bau der Vögel als Begleitung zu den Darstellungen von Fink, Gans und Huhn in den Jung-Koch-Quentell'schen Wandtafeln. Darmstadt 1913.

Kraepelin, Karl: Die Bedeutung der naturhistorischen, insonderheit der zoologischen Museen. In: Naturwissenschaftliche Wochenschrift 3 (1888), S. 74–76, 85–86 u. 90–93.

Ders.: Biologie und Schule. In: Der Lotse. Hamburgische Wochenschrift für deutsche Kultur 5 (1912), S. 219–222.

Ders.: Einführung in die Biologie. Zum Gebrauch an den höheren Schulen. Leipzig 1909.

Ders.: Leitfaden für den zoologischen Unterricht. 5. Aufl. Leipzig 1907.

Ders.: Naturstudien im Garten. Plaudereien am Sonntag-Nachmittag. Leipzig 1901.

Ders.: Naturstudien im Hause. Plaudereien in der Dämmerstunde. 2. Aufl. 1901.

Ders.: Naturwissenschaftliche Museen. Berlin 1906. In: Die Kultur der Gegenwart. Teil 1: Die allgemeinen Grundlagen der Kultur der Gegenwart. Berlin 1906, S. 372–389.

Ders.: Über den Unterricht in den beschreibenden Naturwissenschaften. Leipzig 1876 (= Pädagogische Zeitfragen, I. Serie, Heft 3).

Kriegk, Georg Ludwig: Der Gemeinsinn der Frankfurter Bürger in früheren Zeiten. In: Didaskalia. Blätter für Geist, Gemüth und Publicität, Nr. 249/250, 8.9.1868.

Ders.: Geschichte von Frankfurt am Main in ausgewählten Darstellungen. Frankfurt/M. 1871.

Ders.: Ueber die Senckenbergische naturforschende Gesellschaft und die Verdienste der hiesigen Einwohnerschaft um dieselbe seit ihrem Bestehen. (Ein Auszug aus dem Vortrage, welchen der gegenwärtige erste Direktor dieser Gesellschaft, Hr. Dr. Kriegk, bei ihrer diesjährigen Jahresfeier, am 4. Mai, gehalten hat.) In: Frankfurter Gemeinnützige Chronik v. Juni 1845.

Ders.: Aus meiner Jugendzeit. Bearb. v. Karl Esselhorn. Darmstadt 1938 (= Hessische Volksbücher, Bd. 98–100).

Kuhlgatz, Theodor: Das Kgl. Zoologische Museum in Berlin. Berlin 1907.

Kükenthal, Willy: Die Entwicklung des Zoologischen Museums und Instituts der Universität Breslau. Breslau 1904.

Ders.: Leitfaden für das zoologische Praktikum. Jena 1905.

Ders.: Das Berliner Zoologische Museum. Berlin 1918.

Ders.: Das Zoologische Museum der Breslauer Universität. In: Museumskunde 1 (1905), S. 216–226.

Lachmann, Bernhard: Ergebnisse moderner Hirnforschung. In: Bericht 1887, S. 175–177.

Lampert, Kurt: Führer durch die Kgl. Naturaliensammlung zu Stuttgart. Die zoologische Sammlung. Stuttgart 1906.

Ders.: Zur Geschichte des Kgl. Naturalienkabinetts in Stuttgart. Stuttgart 1906.

Ders.: Die naturhistorischen Museen. In: Die Museen als Volksbildungsstätten. Ergebnisse der 12. Konferenz der Centralstelle für Arbeiter-Wohlfahrtseinrichtungen. Berlin 1904 (= Schriften der Centralstelle für Arbeiter-Wohlfahrtseinrichtungen, Nr. 25), S. 20–27.

Ders.: Pflege der Naturkunde. In: Viktor Bruns (Hrsg.): Württemberg unter der Regierung König Wilhelms II. Stuttgart 1916, S. 731–748.

Landois, Hermann: Die Lehr- und Lernmittel-Ausstellung auf dem Gebiete der Zoologie zu Münster i.W. in der Pfingstwoche vom 20. bis 27. Mai 1877. In: Der Österreichische Schulbote 27 (1877), S. 430–438.

Lehmann, Otto: Die Aufgabe der Museen. Erwiderung. In: Zoologischer Anzeiger 31 (1907), S. 87–93.

Ders.: Der Erweiterungsbau des Altonaer Museums. In: Museumskunde 13/14 (1917/18), S. 93–134.
Ders.: Festschrift zur Eröffnung des Altonaer Museums. Zugleich ein Führer durch die Sammlungen. Altona 1901.
Ders.: Führer durch den Raum des Altonaer Museums auf der 3. Deutschen Kunstgewerbe-Ausstellung Dresden 1906. Dresden 1906.
Ders.: Biologische Museen. In: Museumskunde 2 (1906), S. 61–66.
Ders.: Das Altonaer Museum. In: Die Museen als Volksbildungsstätten. Ergebnisse der 12. Konferenz der Centralstelle für Arbeiter-Wohlfahrtseinrichtungen. Berlin 1904 (= Schriften der Centralstelle für Arbeiter-Wohlfahrtseinrichtungen, Nr. 25), S. 36–45.
Lenz, Heinrich: Geschichte des naturhistorischen Museums zu Lübeck. Lübeck 1889.
Ders.: Museumsplaudereien und Ernsteres. Eine Wanderung durch deutsche und ausländische Museen. Herrenabende der Gesellschaft zur Beförderung gemeinnütziger Tätigkeit am 25. August und 20. Oktober 1903. Lübeck 1903.
Lenz, Max [Hrsg.]: Geschichte der Königlichen Friedrich-Wilhelms-Universität zu Berlin. Bd. 3: Wissenschaftliche Anstalten, Spruchkollegium, Statistik. Halle a.d.S. 1910.
Lichtenstein, Hinrich: Das zoologische Museum der Universität zu Berlin. Bd. 1–2. Berlin 1816, 1818.
Lichtwark, Alfred: Museen als Bildungsstätten. In: Die Museen als Volksbildungsstätten. Ergebnisse der 12. Konferenz der Centralstelle für Arbeiter-Wohlfahrtseinrichtungen. Berlin 1904 (= Schriften der Centralstelle für Arbeiter-Wohlfahrtseinrichtungen, Nr. 25), S. 6–12.
Liebig, Justus von: Chemische Briefe. Heidelberg 1844.
Liebisch, [Theodor]: Das mineralogisch-petrographische Institut und Museum. In: Max Lenz (Hrsg.): Geschichte der Königlichen Friedrich-Wilhelms-Universität zu Berlin. Bd. 3: Wissenschaftliche Anstalten. Spruchkollegium. Statistik. Halle a.d.S. 1910, S. 310–319.
Loew, Ernst: The Inductive Method in Installation. In: Museumskunde 2 (1906), S. 84–87.
Lucae, Johann Christian Gustav: Ueber das Studium der Zoologie in Frankfurt a.M. In: Frankfurter Gemeinnützige Chronik 7 (1847), S. 148–151.
Lutz, Karl G.: Der Volksschullehrer als Naturaliensammler. Eine Anleitung zur Herstellung von Naturalien-Sammlungen für den Unterricht in Volks-, Mittel- und Bürgerschulen. Stuttgart 1887.
Mann, Thomas: Bekenntnisse des Hochstaplers Felix Krull. Der Memoiren erster Teil. Nachwort von Hans Wysling. Frankfurt/M. 1985 (= Frankfurter Ausgabe).
Mappes, J[ohann] M[ichael]: Festreden gehalten im naturgeschichtlichen Museum zu Frankfurt am Main. Frankfurt/M. 1842.
Martin, Philipp Leopold: Das Museum der Urwelt bis zur Gegenwart im Nill'schen Thiergarten in Stuttgart. In: Der Zoologische Garten 15 (1874), S. 473.
Ders.: Die Praxis der Naturgeschichte. Bd. 1: Taxidermie oder die Lehre vom Präparieren, Konservieren. Weimar 1869. 2. Aufl. 1886.
Ders.: Die Praxis der Naturgeschichte. Bd. 2: Dermoplastik und Museologie. Weimar 1870. 2. Aufl. 1880. 3. Aufl. 1898.
Ders.: Die Praxis der Naturgeschichte. Bd. 3.1: Naturstudien. Weimar 1878.
Ders.: Die Praxis der Naturgeschichte. Bd. 3.2: Atlas. Weimar 1886.
Marx, Ernst: Fritz Römer, sein Leben und sein Wirken. In: Bericht 1909, S. 9*–29*.
Ders.: Schutzimpfung bei Cholera, Typhus, Pest und Pocken. In: Bericht 1901, S. 126–128.
Ders.: Trinkwasser und Trinkwasserversorgung. In: Bericht 1909, S. 99*–101*.
Materialien für den Museumsbesuch der Volksschulen. Bremen 1906.
Matschie, Paul: Bilder aus dem Tierleben. Eine Sammlung von Schilderungen aus der Tierwelt aller Erdteile. Stuttgart 1903/04.
Matzdorff, Carl: Zur Erinnerung an Carl Möbius. In: Monatshefte für den naturwissenschaftlichen Unterricht aller Schulgattungen 2 (1909), S. 433–448.
May, Walther: Zur Geschichte des Großherzoglich-Badischen Naturalienkabinetts in Karlsruhe (1751–1878). In: Verhandlungen des Naturwissenschaftlichen Vereins Karlsruhe 19 (1906), S. 1–19.
Mayer, Martin: Betrachtungen eines Bautechnikers über die Einrichtung von Schausammlungen. In: Museumskunde 6 (1910), S. 160–173.

Mensing, Adolf: An Bord der Gazelle nach Yokohama. Ein preußischer Marineoffizier erinnert sich. Bearb. u. hrsg. v. Horst Auerbach. Rostock 2000.

Mettenius, Cecile: Alexander Braun's Leben nach seinem handschriftlichen Nachlaß. Berlin 1882.

Meyer, Adolph Bernhard: Das Bestreben der amerikanischen naturwissenschaftlichen Museen, breiteren Schichten des Volkes zu dienen. In: Die Museen als Volksbildungsstätten. Ergebnisse der 12. Konferenz der Centralstelle für Arbeiter-Wohlfahrtseinrichtungen. Berlin 1904 (= Schriften der Centralstelle für Arbeiter-Wohlfahrtseinrichtungen, Nr. 25), S. 93–96.

Ders.: Führer durch das Königliche Zoologische Museum zu Dresden. Dresden 1881.

Ders.: Über Museen des Ostens der Vereinigten Staaten von Amerika. Bd. 1–2. Berlin 1900/01.

Ders.: Studies of the Museums and Kindred Institutions of New York, Albany, Buffalo, and Chicago, with Notes on Some European Institutions. Washington 1905.

Meyer, Friedrich Ludwig: Die Haupt- und Residenzstadt Karlsruhe. Karlsruhe 1898. Neuaufl. 1905.

Mielke, Robert: Museen und Sammlungen. Ein Beitrag zu ihrer weiteren Entwicklung. Berlin 1903.

Den Mitgliedern der Senckenbergischen Naturforschenden Gesellschaft zum fünfzigjährigen Stiftungsfeste am 22. November 1867 dargebracht von Sebastian Alexander Scheidel. [Frankfurt/M. 1867.]

Möbius, Hans: Jugenderinnerungen an das alte Senckenbergianum. In: Medizinhistorisches Journal 7 (1972), S. 186–196.

Möbius, Karl: Ästhetik der Tierwelt. Jena 1908.

Ders.: Die Auster und die Austernwirtschaft. Kiel 1877.

Ders.: Die ästhetische Betrachtung der Tiere. In: Sitzungsberichte der Kgl. Preußischen Akademie der Wissenschaften zu Berlin 26 (1895), S. 1005–1015.

Ders.: Die Bewegungen der Tiere und ihr psychischer Horizont. Populärer Vortrag gehalten im Februar 1872 in der Harmonie in Kiel. In: Schriften des naturwissenschaftlichen Vereins für Schleswig-Holstein 1 (1873), S. 113–130.

Ders.: Die zweckmäßige Einrichtung großer Museen. In: Deutsche Rundschau 17 (1891), S. 352–360.

Ders.: Über die Grundlagen der ästhetischen Beurteilung der Säugetiere. In: Sitzungsberichte der Kgl. Preußischen Akademie der Wissenschaften zu Berlin 31 (1900), S. 164–182.

Ders.: Das neue Zoologische Institut der Universität Kiel. In: Zoologischer Anzeiger 4 (1881), S. 673–676.

Ders.: Die Lebensgemeinschaften im naturkundlichen Unterrichte. In: Natur und Schule 3 (1904), S. 289–292.

Ders.: Ratschläge für den Bau und die innere Einrichtung zoologischer Museen. In: Zoologischer Anzeiger 7 (1884), S. 378–383.

Ders.: Das Thierleben am Boden der deutschen Ost- und Nordsee. Vortrag, gehalten am 26. Nov. 1870 im Saale der Harmonie in Kiel. Berlin 1871.

Ders.: Die Tiergebiete der Erde, ihre kartographische Abgrenzung und museologische Bezeichnung. In: Archiv für Naturgeschichte 57 (1891), S. 277–291.

Ders.: Die Tierwelt der Erde. In: Albert Scobel (Hrsg.): Geographisches Handbuch. Bd. 6. Bielefeld 1899, S. 322–348,

Ders.: Über den Umfang und die Einrichtung des zoologischen Museums in Berlin. In: Sitzungsberichte der Kgl. Preußischen Akademie der Wissenschaften zu Berlin 29 (1898), S. 363–374.

Ders. u. Heinrich Adolph Meyer: Kurzer Überblick über die in der Kieler Bucht von uns beobachteten Tiere. Hamburg 1862.

Möbius, Martin: Geschichte und Beschreibung des botanischen Gartens in Frankfurt a.M. In: Bericht 1903, S. 117–154.

Ders.: [Rundgang durch das Senckenberg-Museum.] In: Naturwissenschaftliche Wochenschrift. N. F. 11 (1912), S. 470–475.

Die Museen als Volksbildungsstätten. Ergebnisse der 12. Konferenz der Centralstelle für Arbeiter-Wohlfahrtseinrichtungen. Berlin 1904 (= Schriften der Centralstelle für Arbeiter-Wohlfahrtseinrichtungen, Nr. 25).

Das Museum für Naturkunde der Königlichen Friedrich-Wilhelms-Universität in Berlin. Zur Eröffnungsfeier. Berlin 1889.

Nachricht von dem fünfzigjährigen Doktorjubiläum des Herrn Sam. Thom. von Soemmerring [...] gefeiert in Frankfurt am Main am 7. April 1828. Frankfurt/M. [1828].

Naumann, Johann Friedrich: Taxidermie oder die Lehre Thiere aller Klassen am einfachsten und zweckmäßigsten für Kabinette auszustopfen und aufzubewahren. 1. Aufl. Halle 1815. 2. Aufl. Weimar 1848.

Nebenius, Carl Friedrich: Karl Friedrich von Baden. Aus dessen Nachlaß hrsg. v. Friedrich von Weech. Karlsruhe 1868.

Neher, Ludwig: Der Neubau der wissenschaftlichen Institute, insbesondere des Senckenbergischen Naturhistorischen Museums an der Viktoria-Allee. In: Bericht 1904, S. 27–39.

Ders.: Der projektierte Neubau des Senckenbergischen Naturhistorischen Museums zu Frankfurt am Main. In: Bericht 1901, S. 91–110.

Neisser, M.: Die Bedeutung der Bakteriologie für Naturwissenschaft und Medizin. In: Bericht 1902, S. 157–161.

Noll, Friedrich Carl: Unsere Flußmuscheln (Najaden). Ihre Entwicklung und ihre Beziehungen zur übrigen Thierwelt. Vortrag, gehalten am 9. October 1869. In: Bericht 1869, S. 33–38.

Otto, J.: Unterricht und Kunst. In: Ders.: Das Großherzogtum Baden in geographischer, naturwissenschaftlicher, geschichtlicher, wirtschaftlicher und staatlicher Hinsicht dargestellt. Karlsruhe 1885, S. 654–693.

Paetel, Friedrich: Die bisher veröffentlichten Familien- und Gattungsnamen der Mollusken. Berlin 1875.

Panning, Albert: Über die Verwaltung der wissenschaftlichen Sammlungen in den naturwissenschaftlichen Museen. In: Museumskunde N. F. 5 (1933), S. 12–17.

Pauli, [Alfred]: Geschichte des Museum. Vortrag, gehalten beim hundertjährigen Stiftungsfest der Museums-Gesellschaft am 15. December 1883. Bremen 1883.

Peters, Wilhelm: Die Entstehungsgeschichte des Kgl. Zoologischen Museums in Berlin. In: Der Bär 3 (1877), S. 101–105.

Philippi, Emil: Geologisch-Paläontologische Sammlung im Museum für Naturkunde. [Berlin 1898.]

Ders.: Ein neues Vorkommen von Mikroklin im Spessart. In: Bericht 1896, S. 125–134.

Pistorius, Georg: Anleitung zum Ausstopfen und Aufbewahren der Vögel und Säugetiere. Aus eigenen Erfahrungen und sachkundigen Männern geschöpft. Darmstadt 1799.

Plate, Ludwig: Führer durch das Museum für Abstammungslehre (Phyletisches Museum) der Universität Jena. Jena 1933.

Ders.: Das Phyletische Museum in Jena. In: Kosmos 8 (1911), S. 44–48.

Prior, Paul: Die Diamanten Deutsch-Südwestafrikas. In: Bericht 1910, S. 133–141.

Ramme, Willy: Die neuen Tierdioramen des Berliner Zoologischen Museums. Berlin 1925.

Rauther, Max: Zum 150jährigen Bestehen der Württembergischen Naturaliensammlung in Stuttgart. Stuttgart 1941.

Reh, Ludwig: Provinzial-Museen als Volksbildungsstätten. In: Natur und Schule 2 (1903), S. 263–271.

Rehbein, Ludwig: Ein neues Museum. In: Deutschland, Jg. 1912, S. 58.

Reimann, Karl: Die Volksbildungsbestrebungen der Gegenwart und ihre Bedeutung. Minden 1910.

Reinach, Albert von: Geologisches aus der unteren Maingegend. In: Bericht 1890, S. 125–130.

Richter, Rud[olf]: Das Natur-Museum Senckenberg und die deutschen Kolonien. In: Frankfurter Wochenschau v. 4.4.1937, S. 163–164.

Ritter, Franz: Zur Geognosie des Taunus. In: Bericht 1887, S. 108–124.

Ders.: Ueber neue Mineralfunde im Taunus. In: Bericht 1884, S. 281–297.

Römer, Fritz: Die Entwicklung naturhistorischer Museen. In: Museumskunde 3 (1907), S. 25–35.

Rose, Gustav u. A. Sadebeck: Das Mineralogische Museum der Universität Berlin. Systematisches Verzeichnis und Beschreibung seiner Schausammlungen. Berlin 1874.

Roßmäßler, E[mil] A[dolf]: Mein Leben und Streben im Verkehr mit der Natur und dem Volke. Nach dem Tode des Verfassers hrsg. v. Karl Russ. Hannover 1874.

Ders.: Der naturgeschichtliche Unterricht. Gedanken und Vorschläge zu einer Umgestaltung desselben. Leipzig 1860.

Ders.: Ein Wort an die deutschen Arbeiter. 2. Aufl. Berlin 1863.

Rowley, John u. Frank Chapman: Taxidermy and Museum Exhibition. London 1925.

Rüppell, Eduard: Die Senckenbergische naturforschende Gesellschaft. In: Frankfurter Reform v. 9.5.1866, 13.5.1866, 16.5.1866 und 18.5.1866.

Ders.: Mittheilungen über die im Local der Senckenbergischen naturforschenden Gesellschaft zu haltenden öffentlichen naturgeschichtlichen Vorlesungen. In: Didaskalia, Nr. 7, 7.1.1842.

Ders.: Reise in Abyssinien. Bd. 1–2. Frankfurt/M. 1838–1840.

Sack, P[ius]: Zur Jahrhundertfeier der Senckenbergischen Naturforschenden Gesellschaft. In: Frankfurter Nachrichten v. 21.11.1917.

Schauinsland, Hugo: Das Städtische Museum für Natur-, Völker- und Handelskunde in Bremen. In: Die Museen als Volksbildungsstätten. Ergebnisse der 12. Konferenz der Centralstelle für Arbeiter-Wohlfahrtseinrichtungen. Berlin 1904 (= Schriften der Centralstelle für Arbeiter-Wohlfahrtseinrichtungen, Nr. 25), S. 27–35.

Ders.: Unterwegs in Übersee. Aus Reisetagebüchern und Dokumenten des früheren Direktors des Bremer Übersee-Museums. Hrsg. v. Übersee-Museum Bremen. Kommentierung, begleitende Texte u. Fotoauswahl v. Anne E. Dünzelmann. Mit Beiträgen v. Viola König u. Andreas Lüderwaldt. Bremen 1999.

Scherk, Heinrich Ferdinand: Wilhelm Olbers. In: Abhandlungen des naturwissenschaftlichen Vereins zu Bremen 6 (1880), S. 1–10.

Schillings, Carl Georg: Mit Blitzlicht und Büchse im Zauber des Elelescho. Neue Beobachtungen und Erlebnisse in der Wildnis inmitten der Tierwelt von Äquatorial-Ostafrika. 1. Aufl. Leipzig 1905.

Schmeil, Otto: Über die Reformbestrebungen auf dem Gebiete des naturgeschichtlichen Unterrichts. Stuttgart 1900.

Schmeling, Carl: Das Ausstopfen und Konservieren der Vögel und Säugetiere. Berlin 1889.

Schröder, Gerhard: Das Sammeln, Konservieren und Aufstellen von Wirbeltieren. Berlin 1936.

Schulze, Franz Eilhard: Das zoologische Institut. In: Max Lenz (Hrsg.): Geschichte der Königlichen Friedrich-Wilhelms-Universität zu Berlin. Bd. 3: Wissenschaftliche Anstalten. Spruchkollegium. Statistik. Halle a.d.S. 1910, S. 363–372.

Sclater, Philipp Lutley: On the geographical distribution of the members of the class of Aves. In: Proceedings of the Linnaean Society London, Jg. 1858, S. 130–145.

Ders.: On Certain Principles to be observed in the Establishment of a National Museum of Natural History. In: Nature 2 (1870), S. 97–98.

Ders.: Über den gegenwärtigen Stand unserer Kenntnis der geographischen Zoologie. Eröffnungsrede vor der Biologischen Sektion der British Association in Bristol am 25. August 1875. Autorisierte Ausgabe von A[dolph] B[ernhard] Meyer. Erlangen 1876.

Das Senckenberg-Museum. Frankfurt/M. [1923].

Simon, Wilh[elm]: Museum des Lebens. Natur-Museum Senckenberg. In: Frankfurter Wochenschau 1939, S. 6–7.

Spiess, G[ustav] A[dolf]: Ueber die Bedeutung der Naturwissenschaften für unsere Zeit, und: Ueber das körperliche Bedingtsein der Seelenthätigkeiten. Zwei Festreden, gehalten bei der 31. und 32. öffentlichen Jahresfeier der Senkenbergischen [!] naturforschenden Gesellschaft, den 29. Mai 1852 und den 28. Mai 1854. Frankfurt/M. 1854.

Statuten der Senckenbergischen naturforschenden Gesellschaft zu Frankfurt a.M. Frankfurt/M. [1867].

Statuten des Mannheimer Vereines für Naturkunde. [Mannheim] 1835.

Stiebel, [Salomon Friedrich]: Die Gebietsgrenzen der Naturwissenschaften. Vortrag in der öffentlichen Sitzung der Senkenbergischen [!] Gesellschaft. Frankfurt/M. 1855.

Streubel, August Vollrath: Anleitung Naturalien zu sammeln und für wissenschaftliche Zwecke, wie auch zum Vergnügen aufzustellen. Ein Hülfsbuch für Lehrer und zum Selbstunterricht. Leipzig 1851.

Stricker, Wilhelm: Ueber die sogenannten Haarmenschen (Hypertrichosis universalis) und insbesondere die bärtigen Frauen. In: Bericht 1877, S. 94–100.

Tafellieder bei der Jahresfeier der Senckenbergischen naturforschenden Gesellschaft am 4. Mai 1845. [Frankfurt/M. 1845.]

Tafellieder bei der Jahresfeier der Senckenbergischen naturforschenden Gesellschaft am 3. Mai 1846. [Frankfurt/M. 1846.]

Tafellieder bei der Jahresfeier der Senckenbergischen naturforschenden Gesellschaft am 28. Mai 1865. [Frankfurt/M. 1865.]

Taxidermy. The Art of Collecting, Preparing and Mounting Objects of Natural History. London 1835.

Tiede, August: Einige Beispiele von Sammlungsschränken. In: Zeitschrift für das Bauwesen 35 (1885), S. 331–353.

Ders.: Das Museum für Naturkunde der Universität Berlin. Berlin 1891.

Tisch-Lieder zur Jubiläums-Feier des Herrn Professor Dr. F. Ch. G[ustav] Lucae zu Frankfurt a.M. Freitag, den 18. August 1876. [Frankfurt 1876.]

Ueber die gegenwärtige Lage des Biologischen Unterrichts an höheren Schulen. Verhandlungen der vereinigten Abteilungen für Zoologie, Botanik, Geologie, Anatomie und Physiologie der 73. Versammlung deutscher Naturforscher und Aerzte am Mittwoch, den 25. September 1901 im grossen Hörsaal des Naturhistorischen Museums in Hamburg. Jena 1901.

Valentiner, Rudolf: Umgestaltung der Museen im Sinne der neuen Zeit. Berlin 1919.

Verfassung und Gesetze der Physikalischen Gesellschaft in Bremen vom 15. May 1786. Zum privaten Gebrauch der Mitglieder derselben. Bremen [1786].

Verzeichnis der Doubletten des zoologischen Museums der Kgl. Universität zu Berlin. Berlin 1823.

Volger, G. H. Otto: Das Freie Deutsche Hochstift für Wissenschaften, Künste und allgemeine Bildung zu Frankfurt am Main. Vorläufiger Entwurf [...]. Frankfurt/M. 1859.

Wallace, Alfred R[ussell]: The Geographical Distribution of Animals. London 1876. – Dt. Übersetzung: Die geographische Verbreitung der Tiere. Bd. 1–2. Dresden 1876.

Ders.: Museums for the people. In: Macmillan's Magazine 11 (1869), S. 244–250.

Wandolleck, Benno: Die Aufgabe der Museen. In: Zoologischer Anzeiger 30 (1906), S. 638–653.

Ders.: Die Aufgabe der Museen. Ein letztes Wort. In: Zoologischer Anzeiger 31 (1907), S. 516–517.

Weech, Friedrich von: Karlsruhe. Bd. 1–3. Karlsruhe 1893–1904.

Weinberg, Arthur von: Das Vollblutpferd als Produkt systematischer Zuchtwahl. In: Bericht 1911, S. 145–174.

Weissenborn, J[ohannes]: Das Städtische Museum in Bremen. In: Jb. der bremischen Sammlungen 1 (1908), S. 139–148.

Ders.: Der Totempfahl der Haida im Städtischen Museum für Natur-, Völker- und Handelskunde. In: Jb. der bremischen Sammlungen 1 (1908), 1. Halbbd., S. 18–25.

Wienholt, Arnold: Geschichte des Museums in Bremen. In: Hanseatisches Magazin 2 (1799), S. 177–264.

Will, [Richard A.]: Abriß der Geschichte der Union zu Bremen von 1795–1895. Bremen 1895.

Winter, F.W.: Fritz Römer. Ein Nachruf. In: Frankfurter Nachrichten v.18.4.1909.

Wolf, Eugen: Der afrikanische Elefant. In: Bericht 41 (1910), S. 171–183.

Zimmer, Carl: Das Zoologische Museum von gestern, heute und morgen. In: Der Naturforscher 5 (1929), S. 417–422.

Ders.: Die Neuordnung des Berliner Zoologischen Museums. Berlin 1925.

Zingel, Joseph: Geschichte der Wetterauischen Gesellschaft für die gesamte Naturkunde. Eine Festgabe ihres hundertjährigen Bestehens. Hanau 1908.

Die zoologische Sammlung des Lippischen Landesmuseums. Detmold 1922.

Zum Gedächtnis: Paul Matschie. In: Zeitschrift für Forst- und Jagdwesen 58 (1926), S. 713–714.

Zur Geschichte des Städtischen Museums für Natur-, Völker- und Handelskunde zu Bremen. Bremen 1928.

Zweiter Jahresbericht des Mannheimer Vereins für Naturkunde. Vorgelegt der jährlichen General-Versammlung bei der Stiftungsfeier am 21. November 1835. Nebst einem Anhang und dem Verzeichnisse der Vereins-Mitglieder. [Mannheim] 1835.

3. Literaturverzeichnis

100 Jahre Mäzenatentum. Die Kunstwerke des Kaiser-Friedrich-Museumsvereins Berlin. Berlin 1987.

150 Jahre Club zu Bremen. Ein Beitrag zur Kulturgeschichte Bremens. Hrsg. v. Club zu Bremen. Bremen 1933.

Abel, Herbert: Beiträge zur Geschichte des Übersee-Museums I–II. In: Veröffentlichungen aus dem Übersee-Museum in Bremen. Museum für Natur-, Völker- und Handelskunde. Reihe B, Bd. 2 (1967), Heft 1, S. 19–124.

Ders.: Vom Raritätenkabinett zum Bremer Überseemuseum. Die Geschichte einer hanseatischen Sammlung aus Übersee anläßlich ihres 75jährigen Bestehens. Bremen 1970.

Adler, Fritz: das Freie Deutsche Hochstift. Frankfurt/M. 1959.

Albrecht, Uwe: Philipp Leopold Martin (1815–1885): Von den „Katakomben" der Naturkunde zum „Universalmuseum der Natur". In: Museum aktuell 49 (1999), S. 1911–1913.

Alderson, William T. (Hrsg.): Mermaids, Mummies and Mastodons. The Emergence of the American Museum. Washington/D.C. 1992.

Alexander, Edward P.: Museum Masters. Their Museums and their Influence. Nashville/Tenn. 1983.

Allen, David Elliston: The Naturalist in Britain. A Social History. 2. Aufl. Princeton/N.J. 1994.

Ambrose, Timothy u. Crispin Paine: Museum Basics. London, New York 1993.

Anderson, Benedict: Imagined Communities. Reflections on the Origin and Spread of Nationalism. London 1991.

Anderson, Eugene N.: The Prussian Volksschule in the Nineteenth Century. In: Gerhard A. Ritter (Hrsg.): Entstehung und Wandel der modernen Gesellschaft. Festschrift für Hans Rosenberg zum 65. Geburtstag. Berlin 1970, S. 261–279.

Angst, Rudolf: Kurze Geschichte der Zoologischen Abteilung. In: Siegfried Rietschel (Hrsg.): Vom Naturalienkabinett zum Naturkundemuseum 1785–1985. Geschichte der Landessammlungen für Naturkunde Karlsruhe. Karlsruhe 1985, S. 49–64.

[Anonym:] Hermann ter Mer. Dem großen Präparator aus Anaß seines 90. Geburtstages. In: Der Präparator 8 (1962), S. 1–12.

[Anonym:] Zum Gedächtnis – Paul Matschie. In: Zeitschrift für das Jagd- und Forstwesen 58 (1926), S. 713f.

Ansorge, Petra: 175 Jahre naturkundliche Bildungsarbeit in Görlitz. Die Öffentlichkeitsarbeit des Museums für Naturkunde in Vergangenheit und Gegenwart. In: Abhandlungen und Berichte des Naturkundemuseums Görlitz 60 (1987), S. 1–12.

Dies.: Die Naturforschende Gesellschaft zu Görlitz und ihre Sammlungen. In: Wolfram Dunger (Hrsg.): Die Sammlungen des Staatlichen Museums für Naturkunde Görlitz. Görlitz 1986 (= Abhandlungen und Berichte des Staatlichen Museums für Naturkunde Görlitz 59, Supplement), S. 5–16.

Ant, Herbert: 150 Jahre naturwissenschaftliche Museen in Westfalen. In: Natur und Heimat. Blätter für den Naturschutz und alle Gebiete der Naturkunde 31 (1971), S. 134–141.

Ders.: Geschichte der Zoologie in Westfalen. In: Abhandlungen aus dem Landesmuseum für Naturkunde zu Münster in Westfalen 29 (1967), S. 44–64.

Ders. u. Brunhild Gries: Biologisch-ökologische Landeserforschung in Westfalen. Eine Bilddokumentation zum 100-jährigen Jubiläum des Westfälischen Museums für Naturkunde. Hamm 1992.

Applegate, Celia: A Nation of Provincials. The German Idea of Heimat. Berkeley, Los Angeles, Oxford 1990.

Arnsberg, Paul: Die Geschichte der Frankfurter Juden seit der Französischen Revolution. Bd. 3: Biographisches Lexikon der Juden in den Bereichen: Wissenschaft, Kultur, Bildung, Öffentlichkeitsarbeit in Frankfurt am Main. Darmstadt 1983.

Artinger, Kai: Von der Tierbude zum Turm der blauen Pferde. Die künstlerische Wahrnehmung der wilden Tiere im Zeitalter der zoologischen Gärten. Berlin 1995.

Asendorf, Christoph: Batterien der Lebenskraft. Zur Geschichte der Dinge und ihrer Wahrnehmung im 19. Jahrhundert. Gießen 1984 (= Werkbund-Archiv, Bd. 13).

Ash, Mitchell G. (Hrsg.): Mythos Humboldt. Vergangenheit und Zukunft der deutschen Universitäten. Wien, Köln, Weimar 1999.

Assmann, Aleida und Jan (Hrsg.): Kanon und Zensur. Beiträge zur Archäologie der literarischen Kommunikation. München 1987.

Dies. u. Heidrun Friese (Hrsg.): Identitäten. Frankfurt/M. 1998 (= Erinnerung, Geschichte, Identität, [Bd.] 3).

Auer, Hermann (Hrsg.): Museologie. Neue Wege – neue Ziele. Bericht über ein internationales Symposion, veranstaltet von den ICOM-Nationalkomitees der BRD [!], Österreichs und der Schweiz vom 11. bis 14.5.1988 am Bodensee. München 1989.

Auerbach, Horst: Preußens Weg zur See. Pommern, die Wiege der Königlich-Preußischen Marine. Berlin 1995.

Bade, Klaus J. (Hrsg.): Imperialismus und Kolonialismus. Kaiserliches Deutschland und koloniales Imperium. Wiesbaden 1982.

Balk, Norman: Die Friedrich-Wilhelms-Universität zu Berlin. Mit einer Darstellung des Berliner Bildungswesens bis 1810. Berlin 1926.

Baratay, Eric u. Elisabeth Hardouin-Fugier: Zoo. Von der Menagerie zum Tierpark. Berlin 2000.

Bartelsheim, Ursula: Das Frankfurter Stiftungswesen im 19. Jahrhundert. In: Archiv für Frankfurts Geschichte und Kunst 64 (1998), S. 99–124.

Barthel, Manfred: 100 Jahre Museum für Naturkunde Berlin 1889/90–1990. In: Neue Museumskunde 32 (1989), S. 244–254.

Bary, August de: Geschichte der Dr. Senckenbergischen Stiftung 1763–1938. Ein Zeugnis des Frankfurter Bürgersinns in 175 Jahren. Frankfurt/M. 1938.

Ders.: Johann Christian Senckenberg (1707–1772). Frankfurt/M. 1947.

Bary, Helene de: Museum. Geschichte der Museumsgesellschaft zu Frankfurt a.M. Frankfurt/M. 1937.

Basalla, George: Pop Science: The Depiction of Science in Popular Culture. In: Gerald Holton u. William A. Blanpied (Hrsg.): Science and its Public: The Changing Relationship. Dordrecht, Boston 1976, S. 261–278.

Baumunk, Bodo-Michael: Mehr als Haut und Knochen. Gegenwart und Zukunft des Naturkundemuseums. In: Bauwelt 85 (1994), S. 2050–2059.

Bausinger, Hermann/Klaus Beyrer u. Gottfried Korff (Hrsg.): Reisekultur. Von der Pilgerfahrt zum modernen Tourismus. München 1999.

Baxmann, Dorothee: Wissen, Kunst und Gesellschaft in der Theorie Condorcets. Stuttgart 1999 (= Sprache und Geschichte, Bd. 25).

Bayertz, Kurt: Spreading the Spirit of Science. Social Determinants of the Popularization of Science in Nineteenth-Century Germany. In: Terry Shinn u. Richard Whitley (Hrsg.): Expository Science: Forms and Functions of Popularisation. Dordrecht, Boston, Lancaster 1985 (= Sociology of the Sciences, Bd. 9), S. 209–227.

Bazin, Germain: The Museum Age. New York 1967.

Béguet, Bruno (Hrsg.): La science pour tous. Sur la vulgarisation scientifique en France de 1850 à 1914. Paris 1990 (= Bibliothèque du Conservatoire national des arts et métiers).

Behanek, Christian: Planung und Ausführung des Großherzoglichen Vereinigten Sammlungsgebäudes in Karlsruhe. Karlsruhe, Techn. Hochschule, Magisterarbeit 1993.

Beier-de Haan, Rosmarie (Hrsg.): Geschichtskultur in der Zweiten Moderne. Frankfurt, New York 2000.

Bendikat, Elfi: Organisierte Kolonialbewegung in der Bismarck-Ära. Brazzaville, Heidelberg 1984.

Beneke, Sabine: Im Blick der Moderne. Die „Jahrhundertausstellung deutscher Kunst“ (1775–1875) in der Berliner Nationalgalerie 1906. Berlin 1999.

Bennett, Tony: The Birth of the Museum. History, theory, politics. London, New York 1995 (= Culture: Policies and Politics).

Ders.: Speaking to the Eyes. Museums, Legibility and the Social Order. In: Sharon Macdonald (Hrsg.): The Politics of Display. Museums, Science, Culture. London 1998, S. 25–35.

Berentsen, Antoon: „Vom Urnebel zum Zukunftsstaat.“ Zum Problem der Popularisierung der Naturwissenschaften in der deutschen Literatur (1880–1910). Berlin 1986 (= Studien zu deutscher Vergangenheit und Gegenwart, Bd. 2).

Berger, Peter L. u. Thomas Luckmann: Die gesellschaftliche Konstruktion der Wirklichkeit. Frankfurt/M. 1980.

Bessell, Georg: Norddeutscher Lloyd 1857–1957. Bremen 1957.

Besslich, Barbara: Wege in den ‚Kulturkrieg'. Zivilisationskritik in Deutschland 1890–1914. Darmstadt 2000.

Best, Heinrich (Hrsg.): Vereine in Deutschland. Vom Geheimbund zur freien gesellschaftlichen Organisation. Mit einer Literatur- und Forschungsdokumentation v. Helmut M. Artus. Bonn 1993.

Beutler, Christian (Hrsg.): Weltausstellungen im 19. Jahrhundert. München 1973.

Bickenbach, Matthias: Das Dispositiv des Fotoalbums: Mutation kultureller Erinnerung. Nadar und das Pantheon. In: Jürgen Fohrmann, Andrea Schütte u. Wilhelm Voßkamp (Hrsg.): Medien der Präsenz. Museum, Bildung und Wissenschaft im 19. Jahrhundert. Köln 2001 (= Mediologie, Bd. 3), S. 87–128.

Bierbrodt, Johannes: Naturwissenschaft und Ästhetik 1750–1810. Würzburg 2000 (= Epistemata. Reihe Literaturwissenschaft, Bd. 279).

Bilder aus der Geschichte des Stuttgarter Naturkundemuseums. Stuttgart 1991 (= Stuttgarter Beiträge zur Naturkunde, Serie C, Heft 31).

Biographien bedeutender Senckenberger. Hrsg. v. Dieter Mollenhauer u. Willi Ziegler. Frankfurt/M. 1992 (= 175 Jahre Senckenbergische Naturforschende Gesellschaft, Jubiläumsband 1).

Birker, Karl: Die deutschen Arbeiterbildungsvereine 1840–1870. Mit einem Vorwort von Ernst Schraepler. Berlin 1973 (= Einzelveröffentlichungen der Historischen Kommission zu Berlin, Bd. 10).

Bitterli, Urs: Die „Wilden" und die „Zivilisierten". Die europäisch-überseeische Begegnung. 2. Aufl. München 1982.

Blankertz, Herwig: Bildung im Zeitalter der großen Industrie. Pädagogik, Schule und Berufsbildung im 19. Jahrhundert. Hannover, Berlin, Darmstadt, Dortmund 1969.

Bobrowsky, Manfred u. Wolfgang R. Langenbucher (Hrsg.) Wege zur Kommunikationsgeschichte. München 1987.

Böhme, Gernot: Natürlich Natur. Über Natur im Zeitalter ihrer technischen Reproduzierbarkeit. Frankfurt/M. 1992.

Böhme, Katrin: Die Emanzipation der Botanik. Eine Wissenschaft im Spiegel der Gesellschaft Naturforschender Freunde in Berlin 1851–1878. Berlin 1998 (= Studien und Quellen zur Geschichte der Biologie, Bd. 1).

Boelcke, Willi A.: So kam das Meer zu uns. Die preußisch-deutsche Kriegsmarine in Übersee 1822–1914. Frankfurt/M., Berlin, Wien 1981.

Boetzkes, Manfred (Hrsg.): Welten in Vitrinen. Die Sammlungen des Roemer-Museums zu Hildesheim. Hildesheim 1994.

Bollenbeck, Georg: Tradition, Avantgarde, Reaktion. Deutsche Kontroversen um die kulturelle Moderne 1880–1945. Frankfurt/M. 1999.

Bonnekoh, Werner: Naturwissenschaft als Unterrichtsfach. Stellenwert und Didaktik des naturwissenschaftlichen Unterrichts zwischen 1800 und 1900. Frankfurt/M., Berlin, Bern, New York, Paris, Wien 1992 (= Europäische Hochschulschriften. Reihe XI, Bd. 517).

Borgmann, Karsten: Die Integrationskraft der Elite. Museumsgeschichte als Sozialgeschichte. In: Alexis Joachimides, Sven Kuhrau, Viola Vahrson u. Nikolaus Bernau (Hrsg.): Museumsinszenierungen. Zur Geschichte der Institution des Kunstmuseums. Die Berliner Museumslandschaft 1830–1990. Dresden 1995, S. 94–107.

Borgolte, Michael: Stiftungen und Stiftungswirklichkeiten. Vom Mittelalter bis zur Gegenwart. Berlin 2000 (= Stiftungsgeschichten, Bd. 1).

Borsche, Tilman: Wilhelm v. Humboldt. München 1990 (= Große Denker).

Bott, Gerhard: Museumsbauten als Stifterdenkmäler. In: Festschrift für Eduard Trier zum 60. Geburtstag. Hrsg. v. Justus Müller-Hofstede u. Werner Spiess. Berlin 1981, S. 343–359.

Bowler, Peter J.: Life's Splendid Drama. Evolutionary Biology and the Reconstruction of Life's Ancestry 1860–1940. Chicago 1996.

Ders.: Social Metaphors in Evolutionary Biology, 1870–1930: The Wider Dimension of Social Darwinism. In: Sabine Maasen, Everett Mendelsohn u. Peter Weingart (Hrsg.): Biology as Society, Society as Biology: Metaphors. Dordrecht, Boston, London 1995 (= Sociology of Sciences, Bd. 18), S. 107–126.

Ders.: The Invention of Progress. The Victorians and the Past. Oxford 1989.

Braun, Andreas: Tempo, Tempo! Eine Kunst- und Kulturgeschichte der Geschwindigkeit im 19. Jahrhundert. Frankfurt/M. 2001 (= Werkbund-Archiv, Bd. 28).

Braun, Günter u. Waltraut (Hrsg.): Mäzenatentum in Berlin. Bürgersinn und kulturelle Kompetenz unter sich verändernden Bedingungen. Berlin, New York 1993.

Brecht, Christine: Das Publikum belehren – Wissenschaft zelebrieren. Bakterien in der Ausstellung „Volkskrankheiten und ihre Bekämpfung" von 1903. In: Christoph Gradmann u. Thomas Schlich (Hrsg.): Strategien der Kausalität. Konzepte der Krankheitsverursachung im 19. und 20. Jahrhundert. Pfaffenweiler 1999, S. 53–76 (= Neuere Medizin- und Wissenschaftsgeschichte, Bd. 5).

Dies. u. Barbara Orland: Populäres Wissen. In: WerkstattGeschichte 8 (1999), H. 23, S. 4–12.

Bredekamp, Horst: Antikensehnsucht und Maschinenglauben. Die Geschichte der Kunstkammer und die Zukunft der Kunstgeschichte. Überarb. Neuausgabe Berlin 2000.

Breitenfellner, Kirstin: Physiognomie und Charakter. In: Dies. u. Charlotte Kohn-Ley (Hrsg.): Wie ein Monster entsteht. Zur Konstruktion des Anderen in Rassismus und Antisemitismus. Frankfurt/M. 1998, S. 67–76.

Briskorn, Bettina von: Zur Sammlungsgeschichte afrikanischer Ethnographica im Übersee-Museum in Bremen 1841–1945. Bremen 2000.

Brock, William H.: Advancing Science. The British Association and the Professional Practice of Science. In: Ders. (Hrsg.): Science for All. Studies in the History of Victorian Science and Education. Aldershot 1996, S. 89–117.

Brocke, Bernhard vom: Forschung und industrieller Fortschritt. Berlin als Wissenschaftszentrum. Akademie der Wissenschaften, Universität, Technische Hochschule und Kaiser-Wilhelm-Gesellschaft. In: Wolfgang Ribbe u. Jürgen Schmädeke (Hrsg.): Berlin im Europa der Neuzeit. Ein Tagungsbericht. Berlin, New York 1990 (= Veröffentlichungen der Historischen Kommission zu Berlin, Bd. 75), S. 165–197.

Brockman, John: The Third Culture. Scientists on the Edge. New York 1995.

Broks, Peter: Media Science before the Great War. Basingstoke, London, New York 1996.

Bruch, Rüdiger vom: Langsamer Abschied von Humboldt? Etappen deutscher Universitätsgeschichte 1810–1945. In: Mitchell G. Ash (Hrsg.): Mythos Humboldt. Vergangenheit und Zukunft der deutschen Universitäten. Wien, Köln, Weimar 1999, S. 29–57.

Ders.: Wissenschaft, Politik und öffentliche Meinung. Gelehrtenpolitik im Wilhelminischen Deutschland 1890–1914. Husum 1980 (= Historische Studien, Bd. 435).

Ders.: Wissenschaftspolitik, Wissenschaftssystem und Nationalstaat im Deutschen Kaiserreich. In: Karl Heinrich Kaufhold u. Bernd Sösemann (Hrsg.): Wirtschaft, Wissenschaft und Bildung in Preußen. Zur Wirtschafts- und Sozialgeschichte vom 18. bis zum 20. Jahrhundert. Stuttgart 1998 (= VSWG Beihefte, Nr. 148), S. 73–89.

Ders. u. Rainer A. Müller (Hrsg.): Formen außerstaatlicher Wissenschaftsförderung im 19. und 20. Jahrhundert. Deutschland im internationalen Vergleich. Stuttgart 1990 (= VSWG Beihefte, Nr. 88).

Burchardt, Lothar: Professionalisierung oder Berufskonstruktion? Das Beispiel des Chemikers im wilhelminischen Deutschland. In: GuG 6 (1980), S. 326–348.

Buddemeier, Heinz: Panorama, Diorama, Photographie. Entstehung und Wirkung neuer Medien im 19. Jahrhundert. Untersuchungen und Dokumente. München 1970 (= Theorie und Geschichte der Literatur und der schönen Künste, Bd. 7).

Burke, Peter: Ludwig XIV. Die Inszenierung des Sonnenkönigs. Frankfurt/M. 1995 [EA 1992].

Burnham, John C.: How Superstition Won and Science Lost. Popularizing Science and Health in the United States. New Brunswick, London 1987.

Butler, Stella V. F.: Science and Technology Museums. Leicester, London, New York 1992 (= Leicester Museum Studies Series).

Cadbury, Deborah: Dinosaurierjäger. Der Wettlauf um die Erforschung der prähistorischen Welt. Reinbek bei Hamburg 2001 [EA 2000].

Calhoun, Craig (Hrsg.): Habermas and the Public Sphere. Cambridge/Mass. 1992.

Calov, Gudrun: Museen und Sammler des 19. Jahrhunderts in Deutschland. Berlin 1969 (= Museumskunde 38).

Cittadino, Eugene: Nature as the laboratory. Darwinian plant ecology in the German Empire, 1880–1900. Cambridge, New York, Port Chester, Melbourne, Sydney 1990.

Claassen, Uwe: Denkmäler des Volkstums. Zu einem biologistischen Objektverständnis in einer kulturgeschichtlichen Museumsabteilung. In: Rolf Wilhelm Brednich u. Heinz Schmitt (Hrsg.): Symbole. Zur Bedeutung der Zeichen in der Kultur. Münster 1997, S. 399–407.

Cocks, Geoffrey u. Konrad H. Jarausch (Hrsg.): German Professions, 1800–1950. New York, Oxford 1990.

Confino, Alon: The Nation as Local Metaphor. Württemberg, Imperial Germany, and National Memory, 1871–1918. Chapel Hill, London 1997.

Conze, Werner u. Jürgen Kocka (Hrsg.): Bildungsbürgertum im 19. Jahrhundert. Teil 1: Bildungssystem und Professionalisierung in internationalen Vergleichen. Stuttgart 1985.

Coombes, Annie E.: Reinventing Africa: Museums, Material Culture, and Popular Imagination in Late Victorian and Edwardian England. New Haven 1994.

Cooter, Roger: The Cultural Meaning of Popular Science. Phrenology and the Organization of Consent in Nineteenth-Century Britain. Cambridge 1984 (= Cambridge History of Medicine).

Ders. u. Stephen Pumfrey: Seperate Spheres and Public Places. Reflections on the History of Science Popularization and Science in Popular Culture. In: History of Science 32 (1994), S. 237–267.

Corbey, Raymond: Ethnographic showcases, 1870–1930. In: Jan Nederveen Pieterse u. Bhiku Parekh (Hrsg.): The Decolonization of Imagination. Culture, knowledge and power. London/New Jersey 1995, S. 57–80.

Cordier, Nicole: Deutsche Landesmuseen. Entwicklungsgeschichtliche Betrachtung eines Museumstypus. Bonn, Univ., Diss. 2003.

Crane, Susan: (Art)efakte. Nation, Identität, Museum. In: Claudia Rückert u. Sven Kuhrau (Hrsg.): „Der deutschen Kunst". Nationalgalerie und nationale Identität 1876–1998. Berlin 1998, S. 186–197.

Crary, Jonathan: Attention and Modernity in the Nineteenth Century. In: Caroline A. Jones u. Peter Galison (Hrsg.): Picturing Science – Producing Art. London 1998, S. 475–499.

Ders.: Techniken des Betrachters. Sehen und Moderne im 19. Jahrhundert. Dresden 1996.

Damaschun, Ferdinand/Gottfried Böhme u. Hannelore Landsberg: Naturkundliche Museen der Berliner Universität – Museum für Naturkunde: 190 Jahre Sammeln und Forschen. In: Theater der Natur und Kunst. Essays. Hrsg. v. Horst Bredekamp, Jochen Brüning u. Cornelia Weber. Berlin 2000, S. 86–106.

Dann, Otto (Hrsg.): Lesegesellschaften und bürgerliche Emanzipation. Ein europäischer Vergleich. München 1981.

Ders.: Nation und Nationalismus in Deutschland 1770–1990. 3. erw. Aufl. München 1996.

Ders. (Hrsg.): Vereinswesen und bürgerliche Gesellschaft in Deutschland. München 1984.

Das Darmstädter Landesmuseum von Alfred Messel. Skizzen, Entwürfe, Fotografien 1891–1906. Ausstellung 4.12.1986–1.3.1987. Hrsg. v. Wolfgang Beeh. Darmstadt 1987.

Daston, Lorraine: Eine kurze Geschichte der wissenschaftlichen Aufmerksamkeit. München 2001 (= Themen, Bd. 71).

Dies.: Die Kultur der wissenschaftlichen Objektivität. In: Otto Gerhard Oexle (Hrsg.): Naturwissenschaft, Geisteswissenschaft, Kulturwissenschaft: Einheit – Gegensatz – Komplementarität? 2. Aufl. Göttingen 2000 [EA 1998] (= Göttinger Gespräche zur Geschichtswissenschaft, Bd. 6), S. 9–39.

Dies.: Reviews on Artifact and Experiment. The factual sensibility. In: Isis 79 (1988), S. 452–470.

Dies. u. Katharine Park: Wunder und die Ordnung der Natur 1150–1750. Berlin 2002 [EA 1998].

Daum, Andreas [W.]: Das versöhnende Element in der neuen Weltanschauung. Entwicklungsoptimismus, Naturästhetik und Harmoniedenken im populärwissenschaftlichen Diskurs der Naturkunde um 1900. In: Volker Drehsen u. Walter Sparn (Hrsg.): Vom Weltbildwandel zur Weltanschauungsanalyse. Krisenwahrnehmung und Krisenbewältigung um 1900. Berlin 1996, S. 203–215.

Ders.: Wissenschaftspopularisierung im 19. Jahrhundert. Bürgerliche Kultur, naturwissenschaftliche Bildung und die deutsche Öffentlichkeit, 1848–1914. München 1998.

Davis, Belinda: Reconsidering Habermas, Gender, and the Public Sphere: The Case of Wilhelmine Germany. In: Geoff Eley (Hrsg.): Society, Culture, and the State in Germany, 1870–1930. Ann Arbor/Mich. 1996, S. 397–426.

Davis, Peter: Museums and the Natural Environment. The Role of Natural History Museum in Biological Conservation. London, New York 1996.

Debusmann, Robert u. Jànos Riesz (Hrsg.): Kolonialausstellungen – Begegnungen mit Afrika? Frankfurt/M. 1995.

Demhardt, Imre Josef: Deutsche Kolonialgesellschaft 1888–1918. Ein Beitrag zur Organisationsgeschichte der deutschen Kolonialbewegung. Wiesbaden 2002.

Deneke, Bernward u. Rainer Kahsnitz (Hrsg.): Das kunst- und kulturgeschichtliche Museum im 19. Jahrhundert. Vorträge des Symposions im Germanischen Nationalmuseum Nürnberg. München 1977 (= Studien zur Kunst des neunzehnten Jahrhunderts, Bd. 39).

Dietze ter Mer, Elisabeth: Erinnerungen an meinen Vater Hermann ter Mer. In: Der Präparator 8 (1962), S. 7–12.

Dittrich, Lothar u. Annelore Rieke-Müller: Carl Hagenbeck (1844–1913). Tierhandel und Schaustellungen im deutschen Kaiserreich. Frankfurt/M., Berlin, Bern, New York, Paris, Wien 1998.

Dohmen, Gerhard: Bildung und Schule. Die Entstehung des deutschen Bildungsbegriffes und die Entwicklung seines Verhältnisses zur Schule. Bd. 1–2. Weinheim 1964/65.

Doren, Charles van: Geschichte des Wissens. München 2000 [EA 1991].

Dorgerloh, Hartmut: Die Nationalgalerie in Berlin. Zur Geschichte des Gebäudes auf der Museumsinsel 1841–1970. Berlin 1999.

Döring, Carla Elisabeth: Das kulturgeschichtliche Museum. Geschichte einer Institution und Möglichkeiten des Selbstverständnisses, dargestellt am Beispiel „Heimatmuseum". Frankfurt/M., Univ., 1977.

Douglas, Cole: Captured Heritage: The Scramble for Northwest Coast Artifacts. Seattle 1985.

Dräger, Horst: Die Gesellschaft für Verbreitung der Volksbildung. Eine historisch-problemgeschichtliche Darstellung von 1871–1914. Stuttgart 1975.

Ders.: Volksbildung in Deutschland im 19. Jahrhundert. Bd. 1. Braunschweig 1979; Bd. 2. Bad Heilbrunn/Obb. 1984.

Drehsen, Volker u. Walter Sparn: Die Moderne: Kulturkrise und Konstruktionsgeist. In: Diess. (Hrsg.): Vom Weltbildwandel zur Weltanschauungsanalyse. Krisenwahrnehmung und Krisenbewältigung um 1900. Berlin 1996, S. 11–30.

Diess. (Hrsg.): Vom Weltbildwandel zur Weltanschauungsanalyse. Krisenwahrnehmung und Krisenbewältigung um 1900. Berlin 1996.

Drouin, Jean-Marc: Réinventer la nature. L'écologie et son histoire. Paris 1991.

Ders. u. Bernadette Bensaude-Vincent: Nature for the People. In: Nicholas Jardine, James A. Secord u. Emma C. Spary (Hrsg.): Cultures of Natural History. Cambridge 1996, S. 408–425.

Dunger, Wolfram: Natur-Museum und Fachgesellschaft. Alte und neue Aufgaben des Museums für Naturkunde Görlitz. In: Museumskunde 57 (1992), S. 115–118.

Duppler, Jörg: Prinz Adalbert von Preußen. Gründer der deutschen Marine. Herford, Bonn 1986.

Durant, John (Hrsg.): Museums and the public understanding of science. London 1992.

Düweke, Peter: Darwins Affe. Sternstunden der Biologie. München 2000.

Edeler, Ingrid: Zur Typologie des kulturhistorischen Museums. Freilichtmuseen und kulturhistorische Räume. Frankfurt/M., Bern 1988.

Engel, Martin: Kulturhistorisches Museum kontra Rumpelkammer. Das Märkische Provinzialmuseum. In: Alexis Joachimides, Sven Kuhrau, Viola Vahrson u. Nikolaus Bernau (Hrsg.): Museumsinszenierungen. Zur Geschichte der Institution des Kunstmuseums. Die Berliner Museumslandschaft 1830–1990. Dresden 1995, S. 122–141.

Engelhardt, Ulrich: „Bildungsbürgertum". Begriffs- und Dogmengeschichte eines Etiketts. Stuttgart 1986.

Engels, Eve-Marie: Darwins Popularität im Deutschland des 19. Jahrhunderts. In: Achim Barsch u. Peter M. Hejl (Hrsg.): Menschenbilder. Zur Pluralisierung der Vorstellung von der menschlichen Natur (1850–1914). Frankfurt/M. 2000, S. 91–145.

Dies. (Hrsg.): Die Rezeption von Evolutionstheorien im 19. Jahrhundert. Frankfurt/M. 1995.

Engländer, Hans: Das Naturkundemuseum in Köln (1892–1944) und seine Vorgänger. In: Martin Schwarzbach (Hrsg.): Naturwissenschaften und Naturwissenschaftler in Köln zwischen der alten und der neuen Universität (1798–1919). Köln 1985, S. 186–200.

Ennenbach, Wilhelm: Studien zur Geschichte und Theorie der Museen mit besonderer Berücksichtigung der Naturmuseen. Berlin [Ost], Univ., Diss. 1983.

Erbe, Michael: Berlin im Kaiserreich (1871–1918). In: Wolfgang Ribbe (Hrsg.): Geschichte Berlins. Bd. 2: Von der Märzrevolution bis zur Gegenwart. München 1987, S. 691–797.

Essner, Cornelia: Deutsche Afrikareisende im neunzehnten Jahrhundert. Zur Sozialgeschichte des Reisens. Stuttgart 1985.

Exotische Welten. Europäische Phantasien. Hrsg. v. Institut für Auslandsbeziehungen u. dem Württembergischen Kunstverein. Stuttgart 1987.

Falk, Susanne: „Vielleicht sind wir die Modernen von übermorgen." Der Sauerländische Gebirgsverein. Bonn 1990.

Fantoni, Marcello (Hrsg.): The art market in Italy. 15th–17th centuries. Modena 2003.

Farber, Paul Lawrence: The Development of Taxidermy and the History of Ornithology. In: Isis 68 (1977), S. 550–566.

Faust, Alfred: Sammler und Mäzene. In: Ders. (Hrsg.): Geistiges Bremen. Bremen 1960, S. 148–157.

Fehr, Michael u. Stefan Grohé (Hrsg.): Geschichte, Bild, Museum. Zur Darstellung von Geschichte im Museum. Köln 1989 (= Museum der Museen, Bd. 1).

Felt, Ulrike: Die Stadt als verdichteter Raum der Begegnung zwischen Wissenschaft und Öffentlichkeit. Reflexionen zu einem Vergleich der Wissenschaftspopularisierung in Wien und Berlin. In: Constantin Goschler (Hrsg.): Wissenschaft und Öffentlichkeit in Berlin, 1870–1930. Stuttgart 2000, S. 185–220.

Ferguson, Niall: Die Geschichte der Rothschilds. Propheten des Geldes. Bd. 1-2. Stuttgart 2002.

Feustel, Hanns: Die tiergeographischen Gruppen des Hessischen Landesmuseums in Darmstadt. In: Museumskunde 37 (1968), S. 81–91.

Ders.: Ein tüchtiger Präparator wird gesucht. Vor 85 und 80 Jahren. In: Der Präparator 31 (1985), S. 143–149.

Fick, Monika: Sinnenwelt und Weltseele. Der psychophysische Monismus in der Literatur der Jahrhundertwende. Tübingen 1993 (= Studien zur deutschen Literatur, Bd. 125).

Findlen, Paula: Possessing Nature. Museums, Collecting, and Scientific Culture in Early Modern Italy. Berkeley, Los Angeles, London 1994 (= Studies on the History of Society and Culture).

Finlay, Ian: Priceless Heritage. The Future of Museums. London 1977.

Fisch, Stefan: Forschungsreisen im 19. Jahrhundert. In: Peter J. Brenner (Hrsg.): Der Reisebericht. Die Entwicklung einer Gattung in der deutschen Literatur. Frankfurt/M. 1989, S. 383–405.

Flacke-Knoch, Monika: Museumskonzeptionen in der Weimarer Republik. Die Tätigkeit Alexander Dorners im Provinzialmuseum Hannover. Marburg 1985 (= Kulturwissenschaftliche Reihe, Bd. 3).

Fleck, Ludwik: Entstehung und Entwicklung einer wissenschaftlichen Tatsache. Einführung in die Lehre vom Denkstil und Denkkollektiv. Mit einer Einleitung hrsg. v. Lothar Schäfer und Thomas Schnelle. Frankfurt/M. 1980 [EA 1935].

Fliedl, Gottfried/Roswitha Muttenthaler u. Herbert Posch (Hrsg.): Erzählen, Erinnern, Veranschaulichen. Theoretisches zur Museums- und Ausstellungskommunikation. Wien 1992.

Diess. (Hrsg.): Die Erfindung des Museums. Anfänge der bürgerlichen Museumsidee in der Französischen Revolution. Wien 1996.

Diess. (Hrsg.): Museumsraum – Museumszeit. Zur Geschichte des Österreichischen Museums- und Ausstellungswesens. Wien 1992.

Diess. (Hrsg.): Museum als soziales Gedächtnis? Kritische Beiträge zu Museumswissenschaft und Museumspädagogik. Klagenfurt 1988.

Diess. (Hrsg.): Wie zu sehen ist. Essays zur Theorie des Ausstellens. Wien 1995.

Flitner, Michael (Hrsg.): Der deutsche Tropenwald. Bilder, Mythen, Politik. Frankfurt/M., New York 2000.

Focke, Wilhelm Olbers: Rückblick auf die Geschichte der Naturforschung in Bremen. In: Abhandlungen des naturwissenschaftlichen Vereins zu Bremen 11 (1889), S. 1–39.

Fohrmann, Jürgen/Andrea Schütte u. Wilhelm Voßkamp (Hrsg.): Medien der Präsenz. Museum, Bildung und Wissenschaft im 19. Jahrhundert. Köln 2001 (= Mediologie, Bd. 3).
Forgan, Sophie: Context, Image and Function. A Preliminary Enquiry into the Architecture of Scientific Societies. In: The British Journal for the History of Science 19 (1986), S. 89–113.
Dies.: The Architecture of Display. Museums, Universities and Objects in Nineteenth-Century-Britain. In: History of Science 32 (1994), S. 139–162.
Forstmann, Wilfried: Simon Moritz von Bethmann 1768–1826. Bankier, Diplomat und politischer Beobachter. Frankfurt/M. 1973.
Ders.: Simon Moritz von Bethmann – Ein Bankier macht Politik. In: Günther Böhme (Hrsg.): Geistesgeschichte im Spiegel einer Stadt. Frankfurt am Main und seine großen Persönlichkeiten. Frankfurt/M., Bern, New York 1986 (= Eruditio, Bd. 21), S. 36–47.
Franzisket, Ludwig: Die Geschichte des Westfälischen Landesmuseums für Naturkunde. In: Abhandlungen aus dem Landesmuseum für Naturkunde zu Münster in Westfalen 29 (1967), S. 3–26.
Frentzen, K[urt]: Max Auerbach – ein Lebensbild. In: Beiträge zur naturkundlichen Forschung in Südwestdeutschland 10 (1951), S. 75–87.
Frevert, Ute: Ausdrucksformen bürgerlicher Öffentlichkeit – zwei Beispiele aus dem späten 18. Jahrhundert. In: Bürgerliche Gesellschaft in Deutschland. Historische Einblicke, Fragen, Perspektiven. Mit Beiträgen von Lutz Niethammer u.a. Frankfurt/M. 1990, S. 80–89.
Dies. (Hrsg.): Bürgerinnen und Bürger. Geschlechterverhältnisse im 19. Jahrhundert. Zwölf Beiträge. Mit einem Vorwort v. Jürgen Kocka. Göttingen 1988 (= Kritische Studien zur Geschichtswissenschaft, Bd. 77).
Dies. u. Heinz-Gerhard Haupt (Hrsg.): Der Mensch des 19. Jahrhunderts. Frankfurt/M., New York 1999.
Frey, Manuel: Macht und Moral des Schenkens. Staat und bürgerliche Mäzene vom späten 18. Jahrhundert bis zur Gegenwart. Berlin 1999 (= Bürgerlichkeit, Wertewandel, Mäzenatentum, Bd. 4).
Ders.: Die Moral des Schenkens. Zum Bedeutungswandel des Begriffs ‚Mäzen' in der Bürgerlichen Gesellschaft. In: Thomas W. Gaehtgens u. Martin Schieder (Hrsg.): Mäzenatisches Handeln. Studien zur Kultur des Bürgersinns in der Gesellschaft. Festschrift für Günter Braun zum 70. Geburtstag. Berlin 1998 (= Bürgerlichkeit, Wertewandel, Mäzenatentum, Bd. 1), S. 11–29.
Fricke, Heinz: 150 Jahre Physikalischer Verein Frankfurt a.M. [Frankfurt o.J.]
Fried, Johannes u. Johannes Süssmann (Hrsg.): Revolutionen des Wissens. Von der Steinzeit bis zur Moderne. München 2001.
Ders. u. Thomas Kailer: Wissenskultur(en) und gesellschaftlicher Wandel. Beiträge zu einem forschungsstrategischen Konzept. In: Diess. (Hrsg.): Wissenskulturen. Beiträge zu einem forschungsstrategischen Konzept. Berlin 2003 (= Wissenskultur und gesellschaftlicher Wandel, Bd. 1), S. 7–19.
Friedrich, Hermann: Die Naturwissenschaften in Bremen während der letzten 150 Jahre. In: Alfred Faust (Hrsg.): Geistiges Bremen. Bremen 1960, S. 19–28.
Fuchs, Eckhard: Nationale Repräsentation, kulturelle Identität und imperiale Hegemonie auf den Weltausstellungen: Einleitende Bemerkungen. In: Comparativ 9 (1999), S. 8–14.
Fuchs, Friderun u. Magdalene Friedrich: Frankfurt am Main zwischen 1836 und 1896. 150 Jahre Frankfurter Geographische Gesellschaft. Aus Anlaß der Jubiläumsausstellung der Frankfurter Geographischen Gesellschaft im Naturmuseum Senckenberg vom 6. Dezember 1986 bis 15. März 1987. Frankfurt/M. [1986] (= Kleine Senckenberg-Reihe, Nr. 16).
Fuhrmann, Horst: Der europäische Bildungskanon des bürgerlichen Zeitalters. Frankfurt/M. 1999.
Füssl, Wilhelm u. Helmuth Trischler (Hrsg.): Geschichte des Deutschen Museums. Akteure, Artefakte, Ausstellungen. München 2003.
Gaehtgens, Thomas W.: Der Bürger als Mäzen. Opladen 1998 (= Gerda Henkel Vorlesung).
Ders.: Die Berliner Museumsinsel im Deutschen Kaiserreich. Zur Kulturpolitik in der wilhelminischen Epoche. München 1992 (= Kunst und Gegenwart).
Ders. u. Martin Schieder (Hrsg.): Mäzenatisches Handeln. Studien zur Kultur des Bürgersinns in der Gesellschaft. Festschrift für Günter Braun zum 70. Geburtstag. Berlin 1998 (= Bürgerlichkeit, Wertewandel, Mäzenatentum, Bd. 1).

Gall, Lothar: „...ich wünschte ein Bürger zu sein." Zum Selbstverständnis des deutschen Bürgertums im 19. Jahrhundert. In: HZ 245 (1987), S. 601–623.

Ders.: „Der hiesigen Stadt zu einer wahren Zierde und deren Bürgerschaft nützlich". Städel und sein „Kunst"-„Institut". Frankfurt/M. 1992.

Ders.: Adel, Verein und städtisches Bürgertum. In: Elisabeth Fehrenbach (Hrsg.): Adel und Bürgertum in Deutschland 1770–1848. München 1994, S. 29–43.

Ders.: Die Bassermanns. Eine Mannheimer Bürgerfamilie zwischen Ancien Régime und moderner Welt. In: M. Rainer Lepsius (Hrsg.): Bildungsbürgertum im 19. Jahrhundert. Teil 3: Lebensführung und ständische Vergesellschaftung. Stuttgart 1992, S. 102–112.

Ders.: Bürgertum in Deutschland. Berlin 1996 [EA Berlin 1989].

Ders.: Bürgertum, liberale Bewegung und Nation. Ausgewählte Aufsätze. Hrsg. v. Dieter Hein, Andreas Schulz u. Eckhardt Treichel. München 1996.

Ders.: Gründung und politische Entwicklung des Großherzogtums Baden bis 1848. In: Josef Becker (Hrsg.): Badische Geschichte. Vom Großherzogtum bis zur Gegenwart. Stuttgart 1979, S. 11–36.

Ders.: Liberalismus und „bürgerliche Gesellschaft". Zu Charakter und Entwicklung der liberalen Bewegung in Deutschland. In: HZ 220 (1975), S. 324–356.

Ders.: Liberalismus und Nationalstaat. Der deutsche Liberalismus und die Reichsgründung. In: Vom Staat des Ancien Régime zum modernen Parteienstaat. Festschrift für Theodor Schieder zu seinem 70. Geburtstag. Hrsg. v. Helmut Berding, Kurt Düwell, Lothar Gall, Wolfgang J. Mommsen u. Hans-Ulrich Wehler. München, Wien 1978, S. 287–300.

Ders.: Der Liberalismus als regierende Partei. Das Großherzogtum Baden zwischen Restauration und Reichsgründung. Wiesbaden 1968 (= Veröffentlichungen des Instituts für Europäische Geschichte Mainz, Bd. 47).

Ders.: Natur und Geschichte – eine spezifische Antinomie des 20. Jahrhunderts? In: Ders.: Bürgertum, liberale Bewegung und Nation. Ausgewählte Aufsätze. Hrsg. v. Dieter Hein, Andreas Schulz u. Eckhardt Treichel. München 1996, S. 373–388.

Ders.: Stadt und Bürgertum im 19. Jahrhundert. Ein Problemaufriß. In: Ders. (Hrsg.): Stadt und Bürgertum im 19. Jahrhundert. München 1990 (= Stadt und Bürgertum, Bd. 1), S. 1–18.

Ders. (Hrsg.): Stadt und Bürgertum im 19. Jahrhundert. München 1990 (= Stadt und Bürgertum, Bd. 1).

Ders. (Hrsg.): Stadt und Bürgertum im Übergang von der traditionalen zur modernen Gesellschaft. München 1993 (= HZ Beihefte N. F., Bd. 16).

Ders.: Die Stadt der bürgerlichen Gesellschaft – das Beispiel Mannheim. In: Forschungen zur Stadtgeschichte. Drei Vorträge. Hrsg. v. d. gemeinsamen Kommission der Rheinisch-Westfälischen Akademie der Wissenschaften und der Gerda Henkel Stiftung. Opladen 1986, S. 55–71.

Ders.: Vom alten zum neuen Bürgertum. Die mitteleuropäische Stadt im Umbruch 1780–1820. In: Ders.: (Hrsg.): Vom alten zum neuen Bürgertum. Die mitteleuropäische Stadt im Umbruch 1780–1820. München 1991 (= HZ, Beihefte N. F., Bd. 14), S. 1–18.

Ders.: Von der ständischen zur bürgerlichen Gesellschaft. München 1993 (= Enzyklopädie deutscher Geschichte, Bd. 25).

Ders. u. Andreas Schulz (Hrsg.): Wissenskommunikation im 19. Jahrhundert. Stuttgart 2003 (= Nassauer Gespräche der Freiherr-vom-Stein-Gesellschaft, Bd. 6).

Gay, Peter: Probleme der kulturellen Integration der Deutschen 1849 bis 1945. In: Otto Büsch u. James J. Sheehan (Hrsg.): Die Rolle der Nation in der deutschen Geschichte und Gegenwart. Beiträge zu einer internationalen Konferenz in Berlin (West) vom 16. bis 18. Juni 1983. Berlin 1985 (= Einzelveröffentlichungen der Historischen Kommission zu Berlin, Bd. 50), S. 181–192.

Gebhard, Walter: „Der Zusammenhang der Dinge." Weltgleichnis und Naturverklärung im Totalitätsbewußtsein des 19. Jahrhunderts. Tübingen 1984 (= Hermea. N. F., Bd. 47).

George, Nadine Felton: Popular Science and Philosophy in France, 1850–1875. Ph. D. Thesis, Cornell University 1974.

Gerchow, Jan: Museen. In: Michael Maurer (Hrsg.) Aufriß der Historischen Wissenschaften. Bd. 6: Institutionen. Stuttgart 2002, S. 15–97.

Gerteis, Klaus: Bildung und Revolution. Die deutschen Lesegesellschaften am Ende des 18. Jahrhunderts. In: Archiv für Kulturgeschichte 53 (1971), S. 127–139.

Gestrich, Andreas: Geschichte der Familie im 19. und 20. Jahrhundert. München 1999 (= Enzyklopädie deutscher Geschichte, Bd. 50).

Geus, Armin (Hrsg.): Repräsentationsformen in den biologischen Wissenschaften. Beiträge zur 5. Jahrestagung der Deutschen Gesellschaft für Geschichte und Theorie der Biologie in Tübingen 1996 und zur 7. Jahrestagung in Neuburg a. d. Donau 1998. Berlin 1998 (= Verhandlungen zur Geschichte und Theorie der Biologie, Bd. 3).

Ghiselin, Michael T. u. A. E. Leviton (Hrsg.): Cultures and Institutions of Natural History. Essays in the History and Philosophy of Science. San Francisco 2000.

Gipper, Andreas: Wunderbare Wissenschaft. Literarische Strategien naturwissenschaftlicher Vulgarisierung in Frankreich. Von Cyrano de Bergerac bis zur Encyclopédie. München 2002.

Goldmann, Stefan: Zur Rezeption der Völkerausstellungen um 1900. In: Exotische Welten – Europäische Phantasien. Hrsg. v. Institut für Auslandsbeziehungen u. dem Württembergischen Kunstverein. Stuttgart 1987, S. 88–93.

Ders.: Wilde in Europa. Aspekte und Orte ihrer Zurschaustellung. In: Thomas Theye (Hrsg.): Wir und die Wilden. Reinbek bei Hamburg 1985, S. 243–270.

Goodman, Dena: Public Sphere and Private Life: Toward a Synthesis of Current Historiographical Approaches to the Old Regime. In: History and Theory 31 (1992), S. 1–20.

Goschler, Constantin: Rudolf Virchow. Mediziner – Anthropologe – Politiker. Köln, Weimar, Wien 2002.

Ders.: Wissenschaft und Öffentlichkeit in Berlin (1870–1930). Einleitung. In: Ders. (Hrsg.): Wissenschaft und Öffentlichkeit in Berlin, 1870–1930. Stuttgart 2000, S. 7–29.

Ders. (Hrsg.): Wissenschaft und Öffentlichkeit in Berlin, 1870–1930. Stuttgart 2000.

Ders.: Wissenschaftliche „Vereinsmenschen". Wissenschaftliche Vereine in Berlin im Spannungsfeld von Wissenschaft und Öffentlichkeit. In: Ders. (Hrsg.): Wissenschaft und Öffentlichkeit in Berlin, 1870–1930. Stuttgart 2000, S. 31–63.

Gotzmann, Andreas/Rainer Liedtke u. Till van Rahden (Hrsg.): Juden, Bürger, Deutsche. Zur Geschichte von Vielfalt und Differenz 1800–1933. Tübingen 2001 (= Schriftenreihe wissenschaftlicher Abhandlungen des Leo-Baeck-Instituts, Bd. 63).

Gould, Stephen Jay: Dinosaur in an Haystack. Reflections in Natural History. New York 1997.

Graefrath, Robert: Zur Entwurfs- und Baugeschichte des Museums für Naturkunde der Universität Berlin. In: Wissenschaftliche Zeitschrift der Humboldt-Universität zu Berlin. Math.-Naturwiss. Reihe 38 (1989), S. 279–286.

Grasskamp, Walter: Museumsgründer und Museumsstürmer. Zur Sozialgeschichte des Kunstmuseums. München 1981.

Grau, Oliver: Das Sedanpanorama. Einübung soldatischen Gehorsams im Staatsbild durch Präsenz. In: Jürgen Fohrmann, Andrea Schütte u. Wilhelm Voßkamp (Hrsg.): Medien der Präsenz. Museum, Bildung und Wissenschaft im 19. Jahrhundert. Köln 2001 (= Mediologie, Bd. 3), S. 143–169.

Gregory, Frederick: Nature Lost? Natural Science and the German Theological Traditions of the Nineteenth Century. Cambridge/Mass., London 1992.

Griep, Wolfgang (Hrsg.): Sehen und Beschreiben. Europäische Reisen im 18. und frühen 19. Jahrhundert. Heide in Holstein 1991.

Ders. u. H.-W. Jäger (Hrsg.): Reisen im 18. Jahrhundert. Neue Untersuchungen. Heidelberg 1986.

Diess. (Hrsg.): Reise und soziale Realität am Ende des 18. Jahrhunderts. Heidelberg 1983.

Griepentrog, Martin: Kulturhistorische Museen in Westfalen (1900–1950). Geschichtsbilder, Kulturströmungen, Bildungskonzepte. Paderborn 1998 (= Forschungen zur Regionalgeschichte, Bd. 24).

Grimm, Ulrich: Das Badische Landesmuseum in Karlsruhe. Karlsruhe 1993.

Groppe, Hans-Hermann u. Frank Jürgensen (Hrsg.): Gegenstände der Fremdheit. Museale Grenzgänge. Marburg 1989.

Grote, Andreas (Hrsg.): Macrocosmos in Microcosmo. Die Welt in der Stube. Zur Geschichte des Sammelns 1450 bis 1800. Opladen 1994.

Groys, Boris: Logik der Sammlung. Am Ende des musealen Zeitalters. München, Wien 1997 (= Edition Akzente).

Gründer, Horst: Geschichte der deutschen Kolonien. 4. Aufl. Paderborn, München, Wien, Zürich 2000 [EA 1985].

Gutmann, Wolfgang Friedrich/Dieter Mollenhauer u. Dieter Stefan Peters (Hrsg.): Morphologie & Evolution. Symposien zum 175jährigen Jubiläum der Senckenbergischen Naturforschenden Gesellschaft. Frankfurt/M. 1994 (= Senckenberg-Buch, Bd. 70).

Habermas, Jürgen: Strukturwandel der Öffentlichkeit. Untersuchungen zu einer Kategorie der bürgerlichen Gesellschaft. Mit einem Vorwort zur Neuauflage 1990. Frankfurt/M. 1990 [EA Neuwied 1962].

Haebler, Rolf Gustav: Ein Staat wird aufgebaut. Badische Geschichte 1789–1918. Karlsruhe 1948.

Hagner, Michael: Zwei Anmerkungen zur Repräsentation in der Wissenschaftsgeschichte. In: Jörg Rheinberger/Michael Hagner u. Bettina Wahrig-Schmidt (Hrsg.): Räume des Wissens. Repräsentation, Codierung, Spur. Berlin 1997, S. 339–355.

Haltern, Utz: Die Londoner Weltausstellung von 1851. Ein Beitrag zur Geschichte der bürgerlich-industriellen Gesellschaft im 19. Jahrhundert. Münster 1971.

Ders.: Die Welt als Schaustellung. Zur Funktion und Bedeutung der internationalen Industrieausstellungen im 19. und 20. Jahrhundert. In: VSWG 60 (1973), S. 1–40.

Hamacher, Wolfram: Wissenschaft, Literatur und Sinnfindung im 19. Jahrhundert. Studien zu Wilhelm Bölsche. Würzburg 1993 (= Epistemata. Reihe Literaturwissenschaft, Bd. 99).

Hammerstein, Notker: Die Johann Wolfgang-Goethe-Universität Frankfurt am Main. Von der Stiftungsuniversität zur staatlichen Hochschule. Bd. 1: 1914 bis 1950. Neuwied, Frankfurt/M. 1989.

Ders.: Universitäten und gelehrte Institutionen von der Aufklärung zum Neuhumanismus und Idealismus. In: Ders.: Res publica litteraria. Ausgewählte Aufsätze zur frühneuzeitlichen Bildungs-, Wissenschafts- und Universitätsgeschichte. Hrsg. v. Ulrich Muhlack u. Gerrit Walther. Berlin 2000, S. 215–234.

Hammond, Michael: Anthropology as a weapon of social combat in late 19th century France. In: Journal of the History of Behavorial Sciences 16 (1980), S. 118–132.

Hansen, Wilhelm: Das Lippische Landesmuseum. In: Arnold Ebert (Hrsg.): Lippe und sein Landesverband. Detmold 1969, S. 159–190.

Hansert, Andreas: Bürgerkultur und Kulturpolitik in Frankfurt am Main. Eine historisch-soziologische Rekonstruktion. Mit einer Einführung von Ulrich Oevermann. Frankfurt/M. 1992.

Haraway, Donna: Teddy Bear Patriarchy. Taxidermy in the Garden of Eden, New York City, 1908–1936. In: Social Text 11 (1984/85), S. 20–64.

Dies.: Primate Visions. Gender, Race, and Nature in the World of Modern Science. New York, London 1989.

Hardtwig, Wolfgang: Bürgertum, Staatssymbolik und Staatsbewußtsein im Deutschen Kaiserreich 1871–1914. In: GuG 16 (1990), S. 269–290.

Ders.: Nationsbildung und politische Mentalität. Denkmal und Fest im Kaiserreich. In: Ders.: Geschichtskultur und Wissenschaft. München 1990, S. 264–301.

Ders.: Privatvergnügen oder Staatsaufgabe? Monarchisches Sammeln und Museum 1800–1914. In: Ekkehard Mai u. Peter Paret (Hrsg.): Sammler, Stifter und Museen. Kunstförderung in Deutschland im 19. und 20. Jahrhundert. Köln, Weimar, Wien 1993, S. 81–103.

Harten, Elke: Museen und Museumsprojekte der Französischen Revolution. Ein Beitrag zur Entstehungsgeschichte einer Institution. Münster 1989.

Hausen, Karin: Familie als Gegenstand Historischer Sozialwissenschaft. Bemerkungen zu einer Forschungsstrategie. In: GuG 1 (1975), S. 171–209.

Dies.: Die Polarisierung der „Geschlechtscharaktere“ – Eine Spiegelung der Dissoziation von Erwerbs- und Familienleben. In: Werner Conze (Hrsg.): Sozialgeschichte der Familie in der Neuzeit Europas. Stuttgart 1976, S. 363–393.

Heesen, Anke te: Das Naturalienkabinett und sein Behältnis. Überlegungen zu einem Möbel im 18. Jahrhundert. In: Max-Planck-Institut für Wissenschaftsgeschichte (Hrsg.): Sammeln in der Frühen Neuzeit. Berlin 1996 (= Reprint 50), S. 29–56.

Dies.: Sammler und Sammlungen der Gesellschaft Naturforschender Freunde zu Berlin um 1800. In: Dies. u. E[mma] C. Spary (Hrsg.): Sammeln als Wissen. Das Sammeln und seine wissenschaftsgeschichtliche Bedeutung. Göttingen 2001, S. 62–84.

Dies. u. E[mma] C. Spary (Hrsg.): Sammeln als Wissen. Das Sammeln und seine wissenschaftsgeschichtliche Bedeutung. Göttingen 2001.

Hein, Dieter: Die bürgerlich-liberale Bewegung in Baden 1800–1880. In: Lothar Gall u. Dieter Langewiesche (Hrsg.): Liberalismus und Region. Zur Geschichte des deutschen Liberalismus im 19. Jahrhundert. München 1995 (= HZ, Beihefte N. F., Bd. 19), S. 19–40.

Ders.: Badisches Bürgertum. Soziale Struktur und kommunalpolitische Ziele im 19. Jahrhundert. In: Lothar Gall (Hrsg.): Stadt und Bürgertum im 19. Jahrhundert. München 1990 (= Stadt und Bürgertum, Bd. 1), S. 65–96.

Ders.: Formen gesellschaftlicher Wissenspopularisierung: Die bürgerliche Vereinskultur. In: Lothar Gall u. Andreas Schulz (Hrsg.): Wissenskommunikation im 19. Jahrhundert. Stuttgart 2003 (= Nassauer Gespräche der Freiherr-vom-Stein-Gesellschaft, Bd. 6), S. 147–169.

Ders.: Karlsruhe und Mannheim vom Ancien Régime bis zur Revolution von 1848/49. Frankfurt/M., Univ., Habil.schr. [Mskrpt.].

Ders.: Kunst und bürgerlicher Aufbruch. Das Karlsruher Vereinswesen und der Kunstverein im frühen 19. Jahrhundert. In: Jutta Dresch u. Wilfried Rössling (Hrsg.): Bilder im Zirkel. 175 Jahre Badischer Kunstverein Karlsruhe. Karlsruhe 1993, S. 25–36.

Ders.: Umbruch und Aufbruch. Bürgertum in Karlsruhe und Mannheim 1780–1820. In: Lothar Gall (Hrsg.): Vom alten zum neuen Bürgertum. Die mitteleuropäische Stadt im Umbruch 1780–1820. München 1991 (= HZ, Beihefte N. F., Bd. 14), S. 447–516.

Ders. u. Andreas Schulz (Hrsg.): Bürgerkultur im 19. Jahrhundert. Bildung, Kunst und Lebenswelt. München 1996.

Hendricks, Alfred (Hrsg.): Festschrift 100 Jahre Westfälisches Museum für Naturkunde. 1892–1992. Münster 1992.

Hepp, Corona: Avantgarde. Moderne Kunst, Kulturkritik und Reformbewegungen nach der Jahrhundertwende. München 1987.

Herrmann, Ulrich: „Die Bildung des Bürgers". Die Formierung der bürgerlichen Gesellschaft und die Gebildeten im 18. Jahrhundert. 2. Aufl. Weinheim, Basel 1989 (= Geschichte des Erziehungs- und Bildungswesens in Deutschland, Bd. 2).

Ders. (Hrsg.): „Neue Erziehung", „Neue Menschen". Ansätze zur Erziehungs- und Bildungsreform in Deutschland zwischen Kaiserreich und Diktatur. Weinheim 1987.

Hertel, Gerhard: Seit 75 Jahren gibt es ein Heimatmuseum in Freudenstadt. In: Freudenstädter Heimatblätter 18 (1987), S. 1f.

Hess, Günter: Panorama und Denkmal. Erinnerung als Denkform zwischen Vormärz und Gründerzeit. In: Alberto Martino (Hrsg.): Literatur in der sozialen Bewegung. Tübingen 1977, S. 130–206.

Hettling, Manfred u. Stefan-Ludwig Hoffmann (Hrsg.): Der bürgerliche Wertehimmel. Innenansichten des 19. Jahrhunderts. Göttingen 2000.

Heydebrand, Renate von (Hrsg): Kanon – Macht – Kultur. Theoretische, historische und soziale Aspekte ästhetischer Kanonbildungen. Stuttgart 1998.

Hiery, Hermann Joseph (Hrsg.): Die deutsche Südsee 1884–1914. Ein Handbuch. Paderborn, München, Wien, Zürich 2001. 2. Aufl. 2002.

Hildebrand, Klaus: „Was das 19. Jahrhundert Alles brachte" oder „Die gute neue Zeit". In: Lothar Gall (Hrsg.): Das Jahrtausend im Spiegel der Jahrhundertwenden. Berlin 1999, S. 343–378.

Hilgenheger, Norbert: Das Verhältnis des Menschen zur Natur als Dimension seiner Bildung. In: Ders. (Hrsg.): Natur, Wissenschaft, Bildung. Münster 1997 (= Münstersche Gespräche zu Themen der wissenschaftlichen Pädagogik, Heft 14), S. 20–36.

Hinton, David A.: Popular Science in England, 1830–1870. Ph. D. Thesis, University of Bath 1979.

Hirte, Ronald: Vom Antlitz zur Maske. Eine Ausstellung in Weimar und das Menschenbild der naturwissenschaftlichen Anthropologie. In: Historische Anthropologie 8 (2000), S. 272–290.

Hochreiter, Walter: Vom Musentempel zum Lernort. Zur Sozialgeschichte deutscher Museen 1800–1914. Darmstadt 1994.

Hoffmann, Stefan-Ludwig: Die Politik der Geselligkeit. Freimaurerlogen in der deutschen Bürgergesellschaft 1840–1918. Göttingen 2000 (= Kritische Studien zur Geschichtswissenschaft, Bd. 141).

Hofmann, Werner: Das Irdische Paradies. Kunst des 19. Jahrhunderts. München 1960.

Hog, Michael: Ethnologie und Öffentlichkeit. Ein entwicklungsgeschichtlicher Überblick. Frankfurt/M. 1990.

Ders.: Ziele und Konzeptionen der Völkerkundemuseen in ihrer historischen Entwicklung. Frankfurt/M. 1981.

Hölder, Helmut: Kurze Geschichte der Geologie und Paläontologie. Ein Lesebuch. Berlin 1989.

Honegger, Claudia: Deutungsmusteranalyse *reconsidered*. In: Roland Burkholz, Christel Gärtner u. Ferdinand Zehentreiter (Hrsg.): Materialität des Geistes. Zur Sache Kultur – im Diskurs mit Ulrich Oevermann. Weilerswist 2001, S. 107–136.

Honig, Elizabeth Alice: Painting & the market in early modern Antwerp. New Haven 1998.

Hooper-Greenhill, Eilean: Museums and their Visitors. London, New York 1994.

Dies.: Museums and the Shaping of Knowledge. London, New York 1992.

Dies.: The Educational Role of the Museum. London, New York 1994.

Dies. (Hrsg.): Museum, Media, Message. London, New York 1995.

Hopp, Andrea: Jüdisches Bürgertum in Frankfurt am Main im 19. Jahrhundert. Stuttgart 1997 (= Frankfurter Historische Abhandlungen, Bd. 38).

Dies.: Zur Konstituierung des Frankfurter jüdischen Bürgertums im 19. Jahrhundert. In: Archiv für Frankfurts Geschichte und Kunst 64 (1998), S. 125–142.

Hoppe, Bernd: Werdegang und Werk von Alexander Braun (1805–1877). In: Technikgeschichte 36 (1969), S. 111–132.

Hoppe, Günter: Das Königliche Mineralienkabinett in Berlin. Vorläufer des Mineralogischen Museums der Berliner Universität. In: Neue Museumskunde 30 (1987), S. 295–307.

Ders.: Zur Geschichte der Geowissenschaften im Museum für Naturkunde zu Berlin. Teil 1: Aus der Vorgeschichte bis zur Gründung der Berliner Bergakademie im Jahre 1770. In: Mitteilungen aus dem Museum für Naturkunde. Geowissenschaftliche Reihe 1 (1998), S. 5–19. – Teil 2: Von der Gründung der Berliner Bergakademie bis zur Gründung der Universität 1770–1810. In: Mitteilungen aus dem Museum für Naturkunde. Geowissenschaftliche Reihe 2 (1999), S. 3–24.

Höser, Norbert: 75 Jahre Mauritianum. Der Beginn. In: Abhandlungen und Berichte des Naturkundlichen Museums „Mauritianum" Altenburg 11 (1984), S. 210–213.

Hübinger, Gangolf/Rüdiger vom Bruch u. Friedrich Wilhelm Graf (Hrsg.): Kultur und Kulturwissenschaften um 1900. [Bd.] 2: Idealismus und Positivismus. Stuttgart 1997.

Hübsch, Georg: Geschichtlicher Rückblick auf das 50jährige Bestehen und Wirken der Naturforschenden Gesellschaft zu Bamberg, 1834–1884. In: Bericht der Naturforschenden Gesellschaft zu Bamberg 13 (1884), S. 1–29.

Huck, Gerhard (Hrsg.): Sozialgeschichte der Freizeit. Untersuchungen zum Wandel der Alltagskultur in Deutschland. Wuppertal 1980.

Hudson, Kenneth: A Social History of Museums. What the Visitors Thought. London, Basingstoke 1975.

Ders.: Museums of Influence. Cambridge, London, New York, New Rochelle, Melbourne, Sydney 1987.

Hug, Wolfgang: Geschichte Badens. Stuttgart 1992.

Hünemörder, Christian: Einführung zum Thema Popularisierung. In: Gudrun Wolfschmidt (Hrsg.): Popularisierung der Naturwissenschaften. Berlin, Diepholz 2002, S. 15–19.

Hunt, Lynn (Hrsg.): The New Cultural History. Berkeley, Los Angeles, London 1989.

Jäger, Georg : Medien. In: Handbuch der deutschen Bildungsgeschichte. Bd. 4: 1870–1918. Von der Reichsgründung bis zum Ende des Ersten Weltkriegs. Hrsg. v. Christa Berg. München 1991, S. 473–499.

Jäger, Hans-Wolf (Hrsg.): Europäisches Reisen im Zeitalter der Aufklärung. Heidelberg 1992.

Jahn, Ilse: Charles Darwin. Leipzig 1982.

Dies.: Der neue Museumsbau und die Entwicklung neuer museologischer Konzeptionen und Aktivitäten seit 1890. In: Wissenschaftliche Zeitschrift der Humboldt-Universität zu Berlin, Math.-Naturwiss. Reihe 38 (1989), S. 287–307.

Dies.: Die Ehefrau in der Biographie des Gelehrten. In: Christoph Meinel u. Monika Renneberg (Hrsg.): Geschlechterverhältnisse in Medizin, Naturwissenschaft und Technik. Bassum 1996, S. 110–116.

Dies.: Die Museologie als Lehr- und Forschungsdisziplin mit spezieller Berücksichtigung ihrer Funktion in naturhistorischen Museen. Geschichte, gegenwärtiger Stand und theoretische Grundlagen. In: Neue Museumskunde 22 (1979), S. 152–169 u. 236–249; 23 (1980), S. 41–50, 79–85 u. 270–279.

Dies.: Die Museologie als Lehr- und Forschungsdisziplin mit spezieller Berücksichtigung ihrer Funktion in naturhistorischen Museen – Geschichte, gegenwärtiger Stand und theoretische Grundlagen. Berlin [Ost], Univ., Diss. 1978.

Dies.: Geschichte der Biologie. Jena 1982. – 2. Aufl. 1998.

Dies.: Über die Einwirkung Alexander von Humboldts auf die Entwicklung der Naturwissenschaften an der Berliner Universität. In: Wissenschaftliche Zeitschrift der Humboldt-Universität zu Berlin. Math.-Naturwiss. Reihe 21 (1972), S. 131–144.

Dies.: Zoologische Gärten – Zoologische Museen. Parallelen ihrer Entstehung. In: Bongo 24 (1994), S. 7–30.

Dies.: Zum Gedächtnis an Karl Kaestner. Ein Pionier der „Museumsdermoplastik". – Leopold Martin (1815–1886). In: Der Präparator 41 (1995), S. 53–62.

Dies.: Zur Bildungsfunktion biologischer Museumsausstellungen. In: Neue Museumskunde 14 (1971), S. 108–127.

Dies.: Zur Vertretung der Zoologie und zur Entwicklung ihrer institutionellen Grundlagen an der Berliner Universität von ihrer Gründung bis 1920. In: Wissenschaftliche Zeitschrift der Humboldt-Universität zu Berlin. Math.-Naturwiss. Reihe 34 (1985), S. 260–280.

Dies. u. Konrad Senglaub: Carl von Linné. Leipzig 1978 (= Biographien hervorragender Naturwissenschaftler, Techniker und Mediziner, Bd. 35).

Jansen, Sarah: „Sozialparasiten" und „Tödlichkeitszahlen". Zu Repräsentationsformen der Schädlingsbekämpfung in Deutschland, 1900–1925. In: Armin Geus (Hrsg.): Repräsentationsformen in den biologischen Wissenschaften. Beiträge zur 5. Jahrestagung der Deutschen Gesellschaft für Geschichte und Theorie der Biologie in Tübingen 1996 und zur 7. Jahrestagung in Neuburg a. d. Donau 1998. Berlin 1998, S. 117–133.

Janssen, Ronald: Wilhelm Kobelt. In: Biographien bedeutender Senckenberger. Hrsg. v. Dieter Mollenhauer u. Willi Ziegler. Frankfurt/M. 1992 (= 175 Jahre Senckenbergische Naturforschende Gesellschaft, Jubiläumsband 1), S. 297–299.

Jarausch, Konrad H. (Hrsg.): The Transformation of Higher Learning 1860–1930. Expansion, Diversification, Social Opening and Professionalization in England, Germany, Russia and the United States. Stuttgart 1983 (= Historisch-Sozialwissenschaftliche Forschungen, Bd. 13).

Jardine, Nicholas: Sammlung, Wissenschaft, Kulturgeschichte. In: Anke te Heesen u. E[mma] C. Spary (Hrsg.): Sammeln als Wissen. Das Sammeln und seine wissenschaftsgeschichtliche Bedeutung. Göttingen 2001, S. 199–220.

Ders./James A. Secord u. Emma C. Spary (Hrsg.): Cultures of Natural History. Cambridge 1996.

Jeismann, Karl-Ernst: Zur Bedeutung der „Bildung" im 19. Jahrhundert. In: Ders. u. Peter Lundgreen (Hrsg.): Handbuch der deutschen Bildungsgeschichte. Bd. 3: 1800–1870. Von der Neuordnung Deutschlands bis zur Gründung des Deutschen Reiches. München 1987, S. 1–21.

Ders. (Hrsg.): Bildung, Staat, Gesellschaft im 19. Jahrhundert. Mobilisierung und Disziplinierung. Stuttgart 1989 (= Nassauer Gespräche der Freiherr-vom-Stein-Gesellschaft, Bd. 2).

Ders.: Geschichte und Bildung. Beiträge zur Geschichtsdidaktik und zur historischen Bildungsforschung. Hrsg. u. eingeleitet v. Wolfgang Jacobmeyer u. Bernd Schönemann. Paderborn, München, Wien, Zürich 2000.

Ders.: Das preußische Gymnasium in Staat und Gesellschaft. Die Entstehung des Gymnasiums als Schule des Staates und der Gebildeten, 1787–1817. Stuttgart 1974.

Ders. u. Peter Lundgreen (Hrsg.): Handbuch der deutschen Bildungsgeschichte. Bd. 3: 1800–1870. Von der Neuordnung Deutschlands bis zur Gründung des Deutschen Reiches. München 1987.

Jenkins, David: Object Lessons and Ethnographic Displays. Museum Exhibitions and the Making of American Anthropology. In: Comparative Studies in Society and History 36 (1994), S. 242–270.

Joachimides, Alexis: Die Museumsreformbewegung in Deutschland und die Entstehung des modernen Museums 1880–1940. Dresden 2001.

Ders./Sven Kuhrau, Viola Vahrson u. Nikolaus Bernau (Hrsg.): Museumsinszenierungen. Zur Geschichte der Institution des Kunstmuseums. Die Berliner Museumslandschaft 1830–1990. Dresden 1995.

Jordanova, Ludmila: Objects of Knowledge. A historical Perspective on Museums. In: Peter Vergo (Hrsg.): The New Museology. London 1989, S. 22–40.

Jülicher, Walter: Alexander Held – ein Vater der Präparatoren und seine Naturgeschichte. In: Der Präparator 34 (1988), S. 337–342.

Kaerger, Rudi: Die Zentralstelle für Arbeiter-Wohlfahrtseinrichtungen (Zentralstelle für Volkswohlfahrt). Das Selbstverständnis einer halbamtlichen Institution des Kaiserreichs im Spiegel ihrer Konferenzen und Debatten zur Arbeiterjugendfrage (1890 bis 1920). Frankfurt/M. 1996.

Kanz, Kai Thorsten: Zur Frühgeschichte des Begriffs „Biologie". Die botanische Biologie (1771) von Johann Jakob Planer (1743–1789). In: Ekkehard Höxtermann u.a. (Hrsg.): Berichte zur Geschichte der Hydro- und Meeresbiologie. Berlin 2000 (= Verhandlungen zur Geschichte und Theorie der Biologie, Bd. 5), S. 269–282.

Kaplan, Flora E. S. (Hrsg.): Museums and the Making of "Ourselves". The Role of Objects in National Identity. London, New York 1994.

Karl Möbius. Beiträge zu Leben und Werk. Krefeld 1981 (= Mitteilungen aus dem Zoologischen Museum der Universität Kiel, Heft 7).

Karp, Ivan/Christine Mullen Kreamer u. Stephen D. Lavine (Hrsg.): Museums and Communities. The Politics of Public Culture. Washington, London 1992.

Kaselow, Gerhild: Die Schaulust am exotischen Tier. Studien zur Darstellung des zoologischen Gartens in der Malerei des 19. und 20. Jahrhunderts. Hildesheim, New York 1999 (= Studien zur Kunstgeschichte, Bd. 129).

Kaufmann, Georg: Konzept für den Wiederaufbau und die Neuaufstellung des Altonaer Museums in Hamburg. In: Jb. des Altonaer Museums in Hamburg 1989, S. 19–43.

Keeney, Elizabeth B.: The Botanizers. Amateur Scientists in Nineteenth-Century America. Chapel Hill, London 1992.

Keim, Anton Maria: Bürgerstolz, Kulturtempel und neue Perspektiven. Anmerkungen zum Naturhistorischen Museum der Stadt Mainz. In: Lebendiges Rheinland-Pfalz 21 (1984), S. 139–141.

Kelly, Alfred: The Descent of Darwin. The Popularization of Darwinism in Germany, 1860–1914. Chapel Hill 1981.

Kerbs, Diethart u. Jürgen Reulecke (Hrsg.): Handbuch der deutschen Reformbewegungen 1880–1933. Wuppertal 1998.

Kessemeier, Kristina: „Lassen Sie die Künstler nicht allein!" Bildende Kunst und Mäzenatentum aus der Sicht des preußischen Kultusministeriums in der Zeit der Weimarer Republik. In: Thomas W. Gaehtgens u. Martin Schieder (Hrsg.): Mäzenatisches Handeln. Studien zur Kultur des Bürgersinns in der Gesellschaft. Festschrift für Günter Braun zum 70. Geburtstag. Berlin 1998 (= Bürgerlichkeit, Wertewandel, Mäzenatentum, Bd. 1), S. 105–124.

Kirchberg, Volker: Museum visitors and non-visitors in germany: A representative survey. In: Poetics 24 (1996), S. 239–258.

Kistner, Adolf: Die Pflege der Naturwissenschaften in Mannheim zur Zeit Karl Theodors. Mannheim 1930.

Kitteringham, Guy Stuart: Studies in the Popularisation of Science in England, 1800–1830. Ph. D. Thesis, University of Kent at Canterbury 1981.

Klausewitz, Wolfgang: Eduard Rüppells religiöse Einstellung. In: Natur und Museum 129 (1999), S. 249–253.

Ders.: Philipp Jakob Cretzschmar. In: Biographien bedeutender Senckenberger. Hrsg. v. Dieter Mollenhauer u. Willi Ziegler. Frankfurt/M. 1992 (= 175 Jahre Senckenbergische Naturforschende Gesellschaft, Jubiläumsband 1), S. 256–261.

Ders.: Senckenbergische Museumspädagogik – einst und jetzt. In: Natur und Museum 109 (1979), S. 139–148.

Ders.: Zur Geschichte der Museologie (1878–1988). In: Gerhard Auer (Hrsg.): Museologie. Neue Wege – neue Ziele. Bericht über ein internationales Symposium vom 11. bis 14. Mai 1988 am Bodensee. München, London, New York, Paris 1989, S. 20–37.

Klausmann, Christina: Politik und Kultur der Frauenbewegung im Kaiserreich. Das Beispiel Frankfurt am Main. Frankfurt/M., New York 1997 (= Geschichte und Geschlechter, Bd. 19).

Dies. u. Ulrike Ruttmann: Die Tradition der Märzrevolution. In: Lothar Gall (Hrsg.): 1848 Aufbruch zur Freiheit. Eine Ausstellung des Deutschen Historischen Museums und der Schirn Kunsthalle Frankfurt zum 150jährigen Jubiläum der Revolution von 1848/49. Berlin 1998, S. 159–163.

Klein, Hans-Joachim: Evaluation für besucherorientierte Einrichtungen. Ursprünge – Formen und Methoden – Nutzanwendungen und Grenzen. In: Marita Anna Scheer (Hrsg.): Auf dem Weg zu effektiven Ausstellungen – (Umwelt-)Ausstellungen und ihre Wirkung. Tagung vom 29. bis 31. Januar 1998. Oldenburg 1998, S. 19–35.

Ders. u. Monika Bachmayer: Museum und Öffentlichkeit. Fakten und Daten – Motive und Barrieren. Berlin 1981 (= Berliner Schriften zur Museumskunde, Bd. 2).

Kleinschmidt, Arthur: Karl Friedrich von Baden, zum 150. Geburtstage. Heidelberg 1878.

Klemm, Friedrich: Geschichte der naturwissenschaftlichen und technischen Museen. München 1973 (= Deutsches Museum. Abhandlungen und Berichte, Jg. 41).

Klems, Carola: Fritz Römer. In: Biographien bedeutender Senckenberger. Hrsg. v. Dieter Mollenhauer u. Willi Ziegler. Frankfurt/M. 1992 (= 175 Jahre Senckenbergische Naturforschende Gesellschaft, Jubiläumsband 1), S. 401–403.

Dies.: Heinrich Mylius. In: Biographien bedeutender Senckenberger. Hrsg. v. Dieter Mollenhauer u. Willi Ziegler. Frankfurt/M. 1992 (= 175 Jahre Senckenbergische Naturforschende Gesellschaft, Jubiläumsband 1), S. 391f.

Dies.: Johann Michael Mappes. In: Biographien bedeutender Senckenberger. Hrsg. v. Dieter Mollenhauer u. Willi Ziegler. Frankfurt/M. 1992 (= 175 Jahre Senckenbergische Naturforschende Gesellschaft, Jubiläumsband 1), S. 392–394.

Klemun, Marianne: Der „historische Erfahrungsraum“ von Naturgeschichte und Biologie. In: Helmuth Grössing (Hrsg.): Themen der Wissenschaftsgeschichte. Wien, München 1999 (= Wiener Beiträge zur Geschichte der Neuzeit, Bd. 23), S. 50–82.

Klös, Heinz-Georg/Hans Frädrich u. Ursula Klös: Die Arche Noah an der Spree. 150 Jahre Zoologischer Garten Berlin. Eine tiergärtnerische Kulturgeschichte von 1844–1994. Berlin 1994.

Klötzer, Wolfgang (Hrsg.): Frankfurter Biographie. Personengeschichtliches Lexikon. Bearb. v Reinhard Frost u. Sabine Hock. Bd. 2. Frankfurt/M. 1996.

Klueting, Edeltraud (Hrsg.): Antimodernismus und Reform. Zur Geschichte der deutschen Heimatbewegung. Darmstadt 1991.

Kluth, Cornelia: Adolph Knop (1828–1893). In: Beiträge zur naturkundlichen Forschung in Südwestdeutschland 31 (1972), S. 171–177.

Knaut, Andreas: Zurück zur Natur! Die Wurzeln der Ökologiebewegung. Greven 1993 (= Jb. für Naturschutz und Landschaftspflege 1993, Supplement 1).

Knopp, Werner: Kulturpolitik, Kunstförderung und Mäzenatentum im Kaiserreich. Im Spannungsfeld zwischen Staatskonservativismus und bürgerlicher Liberalität. In: Günter u. Waltraut Braun (Hrsg.): Mäzenatentum in Berlin. Bürgersinn und kulturelle Kompetenz unter sich verändernden Bedingungen. Berlin, New York 1993, S. 15–38.

Koch, Rainer: Grundlagen bürgerlicher Herrschaft. Verfassungs- und sozialgeschichtliche Studien zur bürgerlichen Gesellschaft in Frankfurt am Main (1612–1866). Wiesbaden 1983.

Kocka, Jürgen: Bildungsbürgertum im 19. Jahrhundert. Teil IV: Politischer Einfluß und gesellschaftliche Formation. Stuttgart 1989.

Ders. (Hrsg.): Bürger als Mäzene. Ein historisches Forschungsproblem. In: Gaehtgens, Thomas W. u. Martin Schieder (Hrsg.): Mäzenatisches Handeln. Studien zur Kultur des Bürgersinns in der Gesellschaft. Festschrift für Günter Braun zum 70. Geburtstag. Berlin 1998 (= Bürgerlichkeit, Wertewandel, Mäzenatentum, Bd. 1), S. 30–38.

Ders. (Hrsg.): Bürger und Bürgerlichkeit im 19. Jahrhundert. Göttingen 1987.

Ders. (Hrsg.): Bürgertum im 19. Jahrhundert. Deutschland im europäischen Vergleich. Bd. 1–3. München 1988.

Kockerbeck, Christoph: Ernst Haeckels „Kunstformen der Natur" und ihr Einfluß auf die deutsche bildende Kunst der Jahrhundertwende. Studie zum Verhältnis von Kunst und Wissenschaft im Wilhelminischen Zeitalter. Frankfurt/M., Bern, New York 1986 (= Europäische Hochschulschriften. Reihe XX, Bd. 194).

Ders.: Die Schönheit des Lebendigen. Ästhetische Naturwahrnehmung im 19. Jahrhundert. Wien 1997.

Koebner, Thomas u. Gerhard Pickerodt (Hrsg.): Die andere Welt. Studien zum Exotismus. Frankfurt/M. 1987.

Kohl, Karl-Heinz: Ethnologie – die Wissenschaft vom kulturell Fremden. Eine Einführung. München 1993.

Köhler, Jörg R.: Städtebau und Stadtpolitik im Wilhelminischen Frankfurt. Eine Sozialgeschichte. Frankfurt/M. 1995 (= Studien zur Frankfurter Geschichte, Bd. 37).

Kohlstedt, Sally Gregory: Curiosities and Cabinets: Natural History Museums and Education on the Antebellum Campus. In: Isis 79 (1988), S. 405–426.

Dies.: Essay Review: Museums. Revisiting Sites in the History of the Natural Sciences. In: Journal of the History of Biology 28 (1995), S. 151–166.

Dies.: The Formation of the American Scientific Community. The American Association for the Advancement of Science 1848-60. Urbana, Chicago, London 1976;

Dies.: International Exchange and National Style. A View of Natural History Museums in the United States, 1850–1900. In: Nathan Reingold u. Marc Rothenberg (Hrsg.): Scientific Colonialism. A Cross-Cultural Comparison. Washington/D.C. 1987, S. 167–190.

Dies.: German Ideas and Practice in American Natural History Museums. In: Henry Geitz, Jürgen Heideking u. Jurgen Herbst (Hrsg.): German Influences on Education in the United States to 1917. Cambridge, Washington 1995, S. 103–114.

Dies.: From learned Society to Public Museum: The Boston Society of Natural History. In: Alexandra Oleson u. John Voss (Hrsg.): The Organization of Knowledge in Modern America, 1860–1920. London 1979, S. 386–406.

Dies.: Henry A. Ward. The Merchant Naturalist and American Museum Development. In: Journal of the Society for the Bibliography of Natural History 9 (1980), S. 647–661.

Kolkenbrock-Netz, Jutta: Poesie des Darwinismus – Verfahren der Mythisierung und Mythentransformation in populärwissenschaftlichen Texten von Wilhelm Bölsche. In: lendemains 8 (1983), Nr. 30, S. 28–35.

Kölmel, Reinhard: Zwischen Universalismus und Empirie. Die Begründung der modernen Ökologie- und Biozönose-Konzeption durch Karl Möbius. In: Karl Möbius. Beiträge zu Leben und Werk. Krefeld 1981 (= Mitteilungen aus dem Zoologischen Museum der Universität Kiel, Heft 7), S. 17–34.

Koopmann, Helmut: Dilettantismus. Bemerkungen zu einem Phänomen der Goethezeit. In: Studien zur Goethezeit. Festschrift für Lieselotte Blumenthal. Hrsg. v. Helmut Holtzhauer u. Bernhard Zeller. Weimar 1968, S. 178–208.

Köpke, Rudolf: Die Gründung der Königlichen Friedrich-Wilhelms-Universität zu Berlin. Nebst Anhängen über die Geschichte der Institute und des Personalbestandes. Aalen 1981 [EA 1860].

Korff, Gottfried: Museumsdinge. Deponieren – Exponieren. Hrsg. v. Martina Eberspächer, Gudrun Marlene König u. Bernhard Tschofen. Köln, Weimar, Wien 2002, S. 112–130.

Ders.: Omnibusprinzip und Schaufensterqualität. Module und Motive der Dynamisierung des Musealen im 20. Jahrhundert. In: Michael Grüttner, Rüdiger Hachtmann u. Heinz-Gerd Haupt (Hrsg.): Geschichte und Emanzipation. Festschrift für Reinhard Rürup. Frankfurt/M. 1999, S. 728–754.

Ders. u. Martin Roth (Hrsg.): Das historische Museum. Labor, Schaubühne, Identitätsfabrik. Frankfurt/M., New York, Paris 1990.

Korn, Oliver: Hanseatische Gewerbeausstellungen im 19. Jahrhundert. Republikanische Selbstdarstellung, regionale Wirtschaftsförderung und bürgerliches Vergnügen. Opladen 1999 (= Sozialwissenschaftliche Studien, Heft 37).

Koselleck, Reinhart: Art. Fortschritt. In: GG Bd. 2, S. 351–423.

Ders. (Hrsg.): Bildungsbürgertum im 19. Jahrhundert. Teil II: Bildungsgüter und Bildungswissen. Stuttgart 1990.

Köstering, Susanne: „Eine Musteranstalt naturkundlicher Belehrung". Die zoologische Schausammlung des Berliner Museums für Naturkunde, 1889. In: Dahlemer Archivgespräche, Bd. 7. Hrsg. v. Eckhart Henning. Berlin 2001, S. 46–71.

Dies.: Museumsbau und Museumsreform: Plazierung, Gebäude- und Raumkonzeptionen von Naturkundemuseen in Deutschland, 1871–1914. In: Armin Geus (Hrsg.): Repräsentationsformen in den biologischen Wissenschaften. Beiträge zur 5. Jahrestagung der Deutschen Gesellschaft für Geschichte und Theorie der Biologie in Tübingen 1996 und zur 7. Jahrestagung in Neuburg a. d. Donau 1998. Berlin 1999 (= Verhandlungen zur Geschichte und Theorie der Biologie, Bd. 3), S. 159–175.

Dies.: Transformatoren des Wissens. Lehrer, Amateurforscher und das Leipziger Naturkundliche Heimatmuseum. In: WerkstattGeschichte 8 (1999), S. 15–38.

Krabbe, Wolfgang R.: Gesellschaftsveränderung durch Lebensreform. Strukturmerkmale einer sozialreformerischen Bewegung im Deutschland der Industrialisierungsperiode. Göttingen 1974.

Kramer, Fritz: Verkehrte Welten. Zur imaginären Ethnographie des 19. Jahrhunderts. Frankfurt/M. 1977.

Kramer, Waldemar: Chronik der Senckenbergischen Naturforschenden Gesellschaft 1817–1966. Frankfurt/M. 1967.

Krantz, Renate: 150 Jahre Firma Dr. Krantz. Die älteste deutsche Mineralienhandlung. In: Der Präparator 30 (1984), S. 221–226.

Kraul, Margret: Gymnasium und Gesellschaft im Vormärz. Neuhumanistische Einheitsschule, städtische Gesellschaft und soziale Herkunft der Schüler. Göttingen 1980.

Dies.: Das deutsche Gymnasium 1780–1980. Frankfurt/M. 1984.

Krause, Rudolf: Zur Geschichte der zoologischen Abteilung des Hessischen Landesmuseums in Darmstadt 1795–1914. Darmstadt 1972.

Krausse, Erika: Haeckel: Promorphologie und ‚evolutionistische' ästhetische Theorie – Konzept und Wirkung. In: Eve-Marie Engels (Hrsg.): Die Rezeption von Evolutionstheorien im 19. Jahrhundert. Frankfurt/M. 1995, S. 347–394.

Kremer, Armin: Naturwissenschaftlicher Unterricht und Standesinteresse. Zur Professionalisierungsgeschichte der Naturwissenschaftslehrer an höheren Schulen. Marburg 1985.

Kretschmann, Carsten: Die Popularisierung des Wissens. Naturhistorische Museen und deutsche Öffentlichkeit im 19. Jahrhundert. In: Bernhard Graf u. Hanno Möbius (Hrsg.): Zur Geschichte der Museen im 19. Jahrhundert. Berlin 2006 [im Druck].

Ders.: Wissenskanonisierung und -popularisierung in Museen des 19. Jahrhunderts – das Beispiel des Senckenberg-Museums in Frankfurt am Main. In: Lothar Gall u. Andreas Schulz (Hrsg.): Wissenskommunikation im 19. Jahrhundert. Stuttgart 2003 (= Nassauer Gespräche der Freiherr-vom-Stein-Gesellschaft, Bd. 6), S. 171–212.

Ders.: Wissenspopularisierung – ein altes, neues Forschungsfeld. In: Ders. (Hrsg.): Wissenspopularisierung. Konzepte der Wissensverbreitung im Wandel. Berlin 2003 (= Wissenskultur und gesellschaftlicher Wandel, Bd. 4), S. 7–21.

Ders./Henning Pahl u. Peter Scholz (Hrsg.): Wissen in der Krise. Institutionen des Wissens im gesellschaftlichen Wandel. Berlin 2004 (= Wissenskultur und gesellschaftlicher Wandel, Bd. 7).

Kretschmer, Winfried: Geschichte der Weltausstellungen. Frankfurt/M., New York 1999.

Kuhn, Thomas S.: Die Struktur wissenschaftlicher Revolutionen. Zweite revidierte und um das Postskriptum von 1969 ergänzte Auflage. Frankfurt/M. 1999 [EA 1967].

Kuhrau, Sven: Der Kunstsammler als Mäzen. Sammeln und Stiften als Praxis der ‚kulturellen Elite' im wilhelminischen Berlin. In: Thomas W. Gaehtgens u. Martin Schieder (Hrsg.): Mäzenatisches Handeln. Studien zur Kultur des Bürgersinns in der Gesellschaft. Festschrift für Günter Braun zum 70. Geburtstag. Berlin 1998 (= Bürgerlichkeit, Wertewandel, Mäzenatentum, Bd. 1), S. 39–59.

Ders.: Die neuen Medici. Der Einfluß großbürgerlicher Mäzene auf die Museumsreform. In: Alexis Joachimides, Sven Kuhrau, Viola Vahrson u. Nikolaus Bernau (Hrsg.): Museumsinszenierungen. Zur Geschichte der Institution des Kunstmuseums. Die Berliner Museumslandschaft 1830–1990. Dresden 1995, S. 157–170.

Kummer, Helmut: Ottomar Anschütz. Ein deutscher Photopionier. München 1983.

Kunczik, Michael: Geschichte der Öffentlichkeitsarbeit in Deutschland. Köln, Weimar, Wien 1997.

Kuntz, Andreas: Das Museum als Volksbildungsstätte. Museumskonzeptionen in der deutschen Volksbildungsbewegung 1871–1918. 2. Aufl. Münster, New York 1996 [EA 1976].

Kunz, Georg: Regionales Geschichtsbewußtsein in den deutschen Historischen Vereinen des 19. Jahrhunderts. Göttingen 2000.

Kuritz, Hyman: The Popularization of Science in Nineteenth-Century America. In: History of Education Quarterly 21 (1981), S. 259–274.

Laclotte, Michel: Der Louvre – von den königlichen Sammlungen zum nationalen Museum. In: Marie-Luise von Plessen (Hrsg.): Die Nation und ihre Museen. Frankfurt/M., New York 1992, S. 33–44.

LaFollette, Marcel C.: Making Science our own. Public Images of Science 1910–1955. Chicago, London 1990.

Lakota, R. A.: The National Museum of Natural History as a Behavioral Environment. Washington 1975.

Landsberg, Hannelore: „Die Wissenschaft wird streng und nüchtern richten…" (Carl Chun 1900). 100 Jahre Deutsche Tiefsee-Expedition „Valdivia". In: Verhandlungen zur Geschichte und Theorie der Biologie 5 (2000), S. 75–90.

Dies.: Das erste Zootier des Museums – ein Mandrill? Die Gründung des Zoologischen Gartens und dessen Bedeutung für die Sammlungen des Zoologischen Museums der Berliner Universität. In: Bongo 24 (1994), S. 85–106.

Landwehr, Achim: Das Sichtbare sichtbar machen. Annäherungen an ‚Wissen' als Kategorie historischer Forschung. In: Ders. (Hrsg.): Geschichte(n) der Wirklichkeit. Beiträge zur Sozial- und Kulturgeschichte des Wissens. Augsburg 2002 (= Documenta Augustana, Bd. 11), S. 61–89.

Lange-Kothe, Irmgard: Die naturwissenschaftlich-technische Gesellschaft in Frankfurt 1725–1739. In: Archiv für Frankfurts Geschichte und Kunst 47 (1960), S. 31–43.

Langewiesche, Dieter: Liberalismus in Deutschland. Frankfurt/M. 1988 (= Neue Historische Bibliothek).

Ders.: Föderativer Nationalismus als Erbe der deutschen Reichsnation. Über Föderalismus und Zentralismus in der deutschen Nationalgeschichte. In: Ders.: Nation, Nationalismus, Nationalstaat in Deutschland und Europa. München 2000, S. 55–79.

Ders.: Welche Wissensbestände vermittelten Volksbibliotheken und Volkshochschulen im späten Kaiserreich? In: Lothar Gall u. Andreas Schulz (Hrsg.): Wissenskommunikation im 19. Jahrhundert. Stuttgart 2003 (= Nassauer Gespräche der Freiherr-vom-Stein-Gesellschaft, Bd. 6), S. 213–241.

Ders.: Zur Freizeit des Arbeiters. Bildungsbestrebungen und Freizeitgestaltung österreichischer Arbeiter im Kaiserreich und der Ersten Republik. Stuttgart 1979.

Lapaire, Claude: Kleines Handbuch der Museumskunde. Bern, Stuttgart 1983.

Latour, Bruno: Die Hoffnung der Pandora. Untersuchungen zur Wirklichkeit der Wissenschaft. Frankfurt/M. 2000.

Ders.: Der Pedologenfaden von Boa Vista. Eine photo-philosophische Montage. In: Hans-Jörg Rheinberger, Michael Hagner u. Bettina Wahrig-Schmidt (Hrsg.): Räume des Wissens. Repräsentation, Codierung, Spur. Berlin 1997, S. 213–263.

Ders. : Science in Action. Cambridge 1987.

Ders.: Visualization and Cognition. Thinking with Eyes and Hands. In: Knowledge and Society 6 (1986), S. 1–40.

Lauts, Jan: Karoline Luise von Baden. Ein Lebensbild aus der Zeit der Aufklärung. Karlsruhe 1980.

Lemberg, Margret: Gräfin Louise Bose und das Schicksal ihrer Stiftungen und Vermächtnisse. Marburg 1998 (= Veröffentlichungen der Historischen Kommission für Hessen, Bd. 46).

Lenman, Robin: Der deutsche Kunstmarkt 1840–1923: Integration, Veränderung, Wachstum. In: Ekkehard Mai u. Peter Paret (Hrsg.): Sammler, Stifter und Museen. Kunstförderung in Deutschland im 19. und 20. Jahrhundert. Köln, Weimar, Wien 1993, S. 135–152.

Lenoir, Timothy u. Cheryl Lynn Ross: The Naturalized History Museum. In: Peter Galison u. David Stump (Hrsg.): The Disunity of Science. Boundaries, Contexts, and Power. Stanford 1996, S. 370–397.
Lepenies, Wolf: Das Ende der Naturgeschichte. Wandel kultureller Selbstverständlichkeiten in den Wissenschaften des 18. und 19. Jahrhunderts. München 1976.
Ders.: Die drei Kulturen. München, Wien 1985.
Leps, Günther: Karl August Möbius – ein schöpferischer Zoologe und Pädagoge der zweiten Hälfte des 19. Jahrhunderts. In: Wissenschaftliche Zeitschrift der Pädagogischen Hochschule Potsdam 13 (1969), S. 849–858.
Ders.: Karl August Möbius (1825–1908) und Friedrich Dahl (1856–1919). In: Ilse Jahn (Hrsg.): Darwin & Co. München 2001, S. 163–179.
Lerch, Edith: Kulturelle Sozialisation von Arbeitern im Kaiserreich. Ein Beitrag zur Historischen Sozialisationsforschung. Frankfurt/M. 1985.
Lindgren, Uta: Alexander von Humboldt. Weltbild und Wirkung auf die Wissenschaften. Köln, Wien 1990 (= Bayreuther Historische Kolloquien, Bd. 4).
List, Theodor u. Friedrich Back: Gottlieb von Koch. Darmstadt 1914.
Lübbe, Hermann: Der Fortschritt und das Museum. Über den Grund unseres Vergnügens an historischen Gegenständen. The 1981 Bithell Memorial Lecture, University of London 1982. – Wieder abgedr. in: Ders.: Die Aufdringlichkeit der Geschichte. Herausforderungen der Moderne vom Historismus bis zum Nationalsozialismus. Graz, Wien, Köln 1989, S. 11–29.
Ders.: Fortschritt durch Wissenschaft. Die Universitäten im 19. Jahrhundert. In: Wolfgang Hardtwig u. Harm-Hinrich Brandt (Hrsg.): Deutschlands Weg in die Moderne. Politik, Gesellschaft und Kultur im 19. Jahrhundert. München 1993, S. 171–184.
Lüderwaldt, Andreas: „... den Warenproben Lokalfarbe zu verleihen..." 1890–1990. 100 Jahre „Handels- und Kolonialausstellung" in Bremen. In: Tendenzen 1 (1992), S. 55–69.
Lundgreen, Peter: Akademiker und „Professionen" in Deutschland. In: HZ 254 (1992), S. 657–679.
Ders.: Die Eingliederung der Unterschichten in die bürgerliche Gesellschaft durch das Bildungswesen im 19. Jahrhundert. In: Internationales Archiv für Sozialgeschichte der Literatur 3 (1978), S. 87–107.
Ders.: Sozialgeschichte der deutschen Schule im Überblick. Teil 1: 1770–1918. Göttingen 1980.
Ders./Margret Kraul u. Karl Ditt (Hrsg.): Bildungschancen und soziale Mobilität in der städtischen Gesellschaft des 19. Jahrhunderts. Göttingen 1980.
Lustiger, Arno (Hrsg.): Jüdische Stiftungen in Frankfurt am Main. Stiftungen, Schenkungen, Organisationen und Vereine mit Kurzbiographien jüdischer Bürger dargestellt von Gerhard Schiebler. Frankfurt/M. 1988.
Maase, Kaspar: Schund und Schönheit. Ordnungen des Vergnügens um 1900. In: Ders. u. Wolfgang Kaschuba (Hrsg.): Schund und Schönheit. Populäre Kultur um 1900. Köln, Weimar, Wien 2001 (= alltag & kultur, Bd. 8), S. 9–28.
Ders.: Grenzenloses Vergnügen. Der Aufstieg der Massenkultur 1850–1970. Frankfurt/M. 1997.
Maasen, Sabine: Wissenssoziologie. Bielefeld 1999 (= Einsichten).
Dies./Everett Mendelsohn u. Peter Weingart (Hrsg.): Biology as Society, Society as Biology: Metaphors. Dordrecht, Boston, London 1995 (= Sociology of Sciences, Bd. 18).
Macdonald, Sharon: Nationale, postnationale, transkulturelle Identitäten und das Museum. In: Rosmarie Beier-de Haan (Hrsg.): Geschichtskultur in der Zweiten Moderne. Frankfurt/M. 2000, S. 123–148.
Dies. (Hrsg.): The Politics of Display. Museums, Science, Culture. London 1998.
MacGregor, Arthur (Hrsg.): Sir Hans Sloane. Collector, Scientist, Antiquary, Founding Father of the British Museum. London 1994.
Mai, Ekkehard: Expositionen. Geschichte und Kritik des Ausstellungswesens. München 1986 (= Kunstgeschichte und Gegenwart).
Ders. u. Peter Paret (Hrsg.): Sammler, Stifter und Museen. Kunstförderung in Deutschland im 19. und 20. Jahrhundert. Köln, Weimar, Wien 1993.
Ders./Hans Pohl u. Stephan Waetzold (Hrsg.): Kunstpolitik und Kunstförderung im Kaiserreich. Kunst im Wandel der Sozial- und Wirtschaftsgeschichte. Berlin 1982 (= Kunst, Kultur und Politik im Deutschen Kaiserreich, Bd. 2).

Mann, Gunter: Ernst Haeckel und der Darwinismus: Popularisierung, Propaganda und Ideologisierung. In: Medizinhistorisches Journal 1980, S. 269–283.

Mann, Rosemarie: Ernst Haeckel, Zoologie und Jugendstil. In: Berichte zur Wissenschaftsgeschichte 13 (1990), S. 1–11.

Marsche, Gundula: Bürgerliche Leitbilder zwischen Emanzipation und Restauration. Bildung und Bürgertum zwischen Aufklärung und Historismus. Frankfurt/M., Berlin, Bern, Bruxelles, New York, Oxford, Wien 2001 (= Europäische Hochschulschriften. Reihe XX, Bd. 621).

Martin, Peter: Schwarze Teufel, edle Mohren. Afrikaner in Bewußtsein und Geschichte der Deutschen. Hamburg 1993.

Matthes, Olaf: James Simon. Mäzen im Wilhelminischen Zeitalter. Berlin 2000 (= Bürgerlichkeit, Wertewandel, Mäzenatentum, Bd. 5).

Mattie, Erik: Weltausstellungen. Stuttgart, Zürich 1998.

Mauersberger, Gottfried: Der Gründer des Berliner Zoologischen Gartens, Martin Hinrich Lichtenstein (1780–1857). Eine biographische Skizze. In: Bongo 23 (1994), S. 3–34.

Maurer, Michael: Die Biographie des Bürgers. Lebensformen und Denkweisen in der formativen Phase des deutschen Bürgertums (1680–1815). Göttingen 1996 (= Veröffentlichungen des Max-Planck-Instituts für Geschichte, Bd. 127).

Ders. (Hrsg.): Neue Impulse der Reiseforschung. Berlin 1999 (= Aufklärung und Europa).

Mayer, Gaston: Baron Hüpsch in Köln als Naturalienlieferant und Tauschpartner der Markgräfin Caroline Louise von Baden 1769–1783. In: Der Aufschluß 28 (1977), S. 261–264.

Ders.: Beiträge zur Geschichte der Badischen Landessammlungen für Naturkunde in Karlsruhe. I: Eine paläontologische Ausgrabung bei Oos 1837/38. In: Beiträge zur naturkundlichen Forschung in Südwestdeutschland 25 (1966), S. 75–91.

Ders.: Beiträge zur Geschichte der Badischen Landessammlungen für Naturkunde in Karlsruhe. IV: Die Evakuierung des Naturalienkabinetts nach Ansbach (1794) und der Aufenthalt Carl Christian Gmelins in Erlangen (1795–1797). In: Beiträge zur naturkundlichen Forschung in Südwestdeutschland 31 (1972), S. 161–169.

Ders.: Beiträge zur Geschichte der Badischen Landessammlungen für Naturkunde in Karlsruhe. V: Die Akquisition der Naturalienkabinette zu Meersburg (1803) und Sankt Blasien (1807). In: Beiträge zur naturkundlichen Forschung in Südwestdeutschland 32 (1973), S. 195–203.

Ders.: Beiträge zur Geschichte der Badischen Landessammlungen für Naturkunde in Karlsruhe. VI: Carl Christian Gmelins Spanienreise im Jahre 1789. In: Beiträge zur naturkundlichen Forschung in Südwestdeutschland 33 (1974), S. 233–252.

Ders.: Beiträge zur Geschichte der Badischen Landessammlungen für Naturkunde in Karlsruhe. VII: Eine Paris-Reise Carl Christian Gmelins im Jahre 1810 und dessen Beziehungen zu Gelehrten, Gärtnern, Naturalienhändlern und Besuchern dieser Stadt. In: Beiträge zur naturkundlichen Forschung in Südwestdeutschland 36 (1977), S. 45–50.

Ders.: Beiträge zur Geschichte der Badischen Landessammlungen für Naturkunde in Karlsruhe. VIII: Das großherzogliche Naturalienkabinett 1838. In: Beiträge zur naturkundlichen Forschung in Südwestdeutschland 36 (1977), S. 51–60.

Ders.: Beiträge zur Geschichte der Badischen Landessammlungen für Naturkunde in Karlsruhe. IX: Eine Aktion zur Gewinnung Öhninger Fossilien 1854–1860. In: Beiträge zur naturkundlichen Forschung in Südwestdeutschland 37 (1978), S. 29–34.

Ders.: Beiträge zur Geschichte der Badischen Landessammlungen für Naturkunde in Karlsruhe. X: Das Naturalienkabinett des Erbprinzen Friedrich (1708–1732). Die älteste markgräfliche Naturaliensammlung in Karlsruhe. In: Beiträge zur naturkundlichen Forschung in Südwestdeutschland 37 (1978), S. 29–34.

Ders.: Beiträge zur Geschichte der Badischen Landessammlungen für Naturkunde in Karlsruhe. XV: Chronik des Naturalienkabinetts unter der Vorstandschaft von Prof. Dr. Adolph Knop (1878–1893). [Mskrpt.]

Ders.: Beiträge zur Geschichte der Badischen Landessammlungen für Naturkunde in Karlsruhe. XIII: Von Dienern und Präparatoren des Naturalienkabinetts. In: Carolinea 40 (1982), S. 113–124.

Ders.: Beiträge zur Geschichte der Badischen Landessammlungen für Naturkunde in Karlsruhe. Teil 14: Custos Dr. Constantin Hilger (1857–1915) und das Naturalienkabinett unter seiner Leitung 1894–1899. In: Carolinea 41 (1983), S. 142–150.

Ders.: Der Ökonom Daniel Gottfried Schreber in Leipzig als Mineraliensammler und Tauschpartner der Markgräfin Caroline Louise von Baden (1768/69). In: Der Aufschluß 27 (1976), S. 325–328.

Ders.: Die Sammlungen des Oberamtsrichters Dr. Adolf Schütt (1810–1888) in Bruchsal. In: Badische Heimat 58 (1978), S. 135–138.

Ders.: Mineralienlieferungen der Kaiserin Maria Theresia an die Markgräfin Caroline Luise von Baden (1769–1777). In: Der Aufschluß 23 (1972), S. 261–264.

Ders.: Rudolph Erich Raspe, Naturalienlieferant der Markgräfin Caroline Louise von Baden 1769. In: Zeitschrift des Vereins für hessische Geschichte und Landeskunde 85 (1975), S. 185–188.

McClelland, Charles E.: Zur Professionalisierung der akademischen Berufe in Deutschland. In: Bildungsbürgertum im 19. Jahrhundert. Teil 1. Stuttgart 1985, S. 233–247.

Mendelsohn, Everett: The Emergence of Science as a Profession in Nineteenth Century Europe. In: Karl Hill (Hrsg.) The Management of Scientists. Boston 1964, S. 3–48.

Menze, Clemens: Die Bildungsreform Wilhelm von Humboldts. Hannover, Dortmund, Darmstadt, Berlin 1975 (= Das Bildungsproblem in der Geschichte des europäischen Erziehungsdenkens, Bd. 13).

Mertens, Robert: Eduard Rüppell. Leben und Werk eines Forschungsreisenden. Frankfurt/M. 1949.

Ders.: Otto zur Strassen zum 90. Geburtstag am 9.5.1959. In: Natur und Volk 89 (1959), S. 157–161.

Meyer, Karl Otto: Szenarien der Illusion: Panoramen und Dioramen. In: Museum aktuell 1999, Nr. 49, S. 1903–1908.

Michel, Kai: „Und nun kommen Sie auch noch mit 'ner Urne. Oder ist es bloß 'ne Terrine?" Das Märkische Provinzial-Museum in Berlin (1874–1908). In: Thomas W. Gaehtgens u. Martin Schieder (Hrsg.): Mäzenatisches Handeln. Studien zur Kultur des Bürgersinns in der Gesellschaft. Festschrift für Günter Braun zum 70. Geburtstag. Berlin 1998 (= Bürgerlichkeit, Wertewandel, Mäzenatentum, Bd. 1), S. 60–81.

Michler, Werner: Darwinismus und Literatur. Naturwissenschaftliche und literarische Intelligenz in Österreich 1859–1914. Wien 1999.

Möckl, Karl: Wirtschaftsbürgertum in den deutschen Staaten im 19. und beginnenden 20. Jahrhundert. München 1996.

Mölk, Ulrich (Hrsg.): Europäische Jahrhundertwende. Wissenschaften, Literatur und Kunst um 1900. Göttingen 1999.

Mommsen, Wolfgang J.: Kultur als Instrument der Legitimation bürgerlicher Hegemonie im Nationalstaat. In: Claudia Rückert u. Sven Kuhrau (Hrsg.): „Der deutschen Kunst...". Nationalgalerie und nationale Identität 1876–1998. Berlin 1998, S. 15–29.

Ders.: Die Bürgerliche Kultur und künstlerische Avantgarde. Kultur und Politik im deutschen Kaiserreich 1870–1918. Frankfurt/M., Berlin 1994.

Ders.: Kultur der Moderne im Kaiserreich. In: Wolfgang Hardtwig u. Harm-Hinrich Brandt (Hrsg.): Deutschlands Weg in die Moderne. Politik, Gesellschaft und Kultur im 19. Jahrhundert. München 1993, S. 254–274.

Ders.: Die Stiftung bürgerlicher Identität. Kunst- und Museumsvereine in Deutschland 1820–1914. In: Ders.: Bürgerliche Kultur und politische Ordnung. Künstler, Schriftsteller und Intellektuelle in der deutschen Geschichte 1830–1933. Frankfurt/M. 2000, S. 46–58.

Montgomery, Scott L.: Minds for the Making. The Role of Science in American Education 1750–1990. New York 1994.

Moog-Grünewald, Maria (Hrsg.): Kanon und Theorie. Heidelberg 1997 (= Neues Forum für allgemeine und vergleichende Literaturwissenschaft, Bd. 3).

Morton, Frederic: Die Rothschilds. Ein Portrait der Dynastie. Wien 1992.

Muhlack, Ulrich: Bildung zwischen Neuhumanismus und Historismus. In: Reinhart Koselleck (Hrsg.): Bildungsbürgertum im 19. Jahrhundert. Teil 2: Bildungsgüter und Bildungsprozesse. Stuttgart 1990, S. 80–105.

Ders.: Die Universitäten im Zeichen von Neuhumanismus und Idealismus: Berlin. In: Peter Baumgart u. Notker Hammerstein (Hrsg.): Beiträge zu Problemen deutscher Universitätsgründungen der frühen Neuzeit. Nendeln 1978 (= Wolfenbütteler Forschungen, Bd. 4), S. 299–340.

Müller, Bruno: Stiftungen für Frankfurt am Main. Frankfurt/M. 1958.

Mundt, Barbara: Die deutschen Kunstgewerbemuseen im 19. Jahrhundert. München 1974.

Murray, David: Museums. Their History and their Use. With a Bibliography and List of Museums in the United Kingdom. Bd. 1–3. London 1904.

Museen der Welt. Vom Musentempel zum Aktionsraum. Reinbek bei Hamburg 1977.

Myers, Greg: Nineteenth-Century Popularizations of Thermodynamics and the Rhetoric of Social Prophecy. In: Victorian Studies 29 (1985), S. 35–66.

Neuffer, Franz Otto: Geschichte des Naturhistorischen Museums und seiner Sammlungen. In: Lebendiges Rheinland-Pfalz 21 (1984), S. 129–138.

Nipperdey, Thomas: Verein als soziale Struktur in Deutschland im späten 18. und frühen 19. Jahrhundert. In: Hartmut Boockmann u.a. (Hrsg.): Geschichtswissenschaft und Vereinswesen im 19. Jahrhundert. Göttingen 1972, S. 1–44. – Wieder in: Ders.: Gesellschaft, Kultur, Theorie. Gesammelte Aufsätze zur neueren Geschichte. Göttingen 1976, S. 174–205.

Nissen, Klaus: Die zoologische Buchillustration. Bd. 1–2. Stuttgart 1976.

Norrenberg, J.: Geschichte des naturwissenschaftlichen Unterrichts an den höheren Schulen Deutschlands. Leipzig, Berlin 1904 (= Sammlung naturwissenschaftlich-pädagogischer Abhandlungen, Bd. I 6).

North, Michael u. David Omrod (Hrsg.): Art markets in Europe, 1400–1800. Aldershot, Brookfield, Singapore, Sydney 1999.

Nuissl, Ekkehard/Ulrich Paatsch u. Christa Schulze (Hrsg.): Bildung im Museum. Zum Bildungsauftrag von Museen und Kunstvereinen. Heidelberg 1987.

Nyhart, Lynn K.: Biology Takes Form. Animal Morphology and the German Universities 1800–1900. Chicago, London 1995 (= Science and its Conceptual Foundations).

Dies.: Civic and Economic Zoology in Nineteenth-Century Germany. The "Living Communities" of Karl Möbius. In: Isis 89 (1998), S. 605–630.

Dies.: Morphology and the German University 1860–1900. A Dissertation in History and Sociology of Science. Ann Arbor/Mich. 1989.

Dies.: Natural History and the 'New' Biology. In: Nicholas Jardine, James A. Secord u. Emma C. Spary (Hrsg.): Cultures of Natural History. Cambridge 1996, S. 426–443.

Oberdorfer, E[rich]: Zweihundert Jahre Landessammlungen für Naturkunde. In: Beiträge zur naturkundlichen Forschung in Südwestdeutschland 10 (1951), S. 69–74.

Ders.: Zur Geschichte der Badischen Landessammlungen für Naturkunde und des Badischen Naturwissenschaftlichen Vereins. In: Beiträge zur naturkundlichen Forschung in Südwestdeutschland 25 (1966), S. 105–117.

Oevermann, Ulrich: Zur Analyse der Struktur von sozialen Deutungsmustern. [Mskrpt.] Frankfurt/M. 1973.

Ders.: Die Struktur sozialer Deutungsmuster – Versuch einer Aktualisierung. In: Sozialer Sinn 1 (2001), S. 3–33.

Oexle, Otto Gerhard: Naturwissenschaft und Geschichtswissenschaft. Momente einer Problemgeschichte. In: Ders.: Naturwissenschaft, Geisteswissenschaft, Kulturwissenschaft: Einheit – Gegensatz – Komplementarität. 2. Aufl. Göttingen 2000 [EA 1998] (= Göttinger Gespräche zur Geschichtswissenschaft, Bd. 6), S. 99–151.

Osterhammel, Jürgen: Von Kolumbus bis Cook: Aspekte einer Literatur- und Erfahrungsgeschichte des überseeischen Reisens. In: Michael Maurer (Hrsg.): Neue Impulse der Reiseforschung. Berlin 1999 (= Aufklärung und Europa), S. 97–131.

Otto, Ulla: Die Problematik des Begriffs der öffentlichen Meinung. In: Publizistik 11 (1966), S. 99–129.

Outram, Dorinda: New Spaces in Natural History. In: Nicholas Jardine, James A. Secord u. Emma C. Spary (Hrsg.): Cultures of Natural History. Cambridge 1996, S. 249–265.

Panning, Albert: Beiträge zur Geschichte des Zoologischen Staatsinstituts und Zoologischen Museums in Hamburg. In: Mitteilungen aus dem Zoologischen Museum und Institut Hamburg 53 (1955), S. 1–23; 54 (1956), S. 1–20; 55 (1957), S. 1–23; 56 (1958), S. 1–30.

Paret, Peter: Bemerkungen zu dem Thema: Jüdische Kunstsammler, Stifter und Kunsthändler. In: Ekkehard Mai u. Peter Paret (Hrsg.): Sammler, Stifter und Museen. Kunstförderung in Deutschland im 19. und 20. Jahrhundert. Köln, Weimar, Wien 1993, S. 173–185.

Paulmann, Johannes: Pomp und Politik. Monarchenbegegnungen in Europa zwischen Ancien Régime und Erstem Weltkrieg. Paderborn, München, Wien, Zürich 2000.

Paulsen, Friedrich: Geschichte des gelehrten Unterrichts auf den deutschen Schulen und Universitäten vom Ausgang des Mittelalters bis zur Gegenwart. Mit besonderer Rücksicht auf den klassischen Unterricht. 3., erw. Aufl. hrsg. u. mit einem Anhang fortgesetzt v. Rudolf Lehmann. Bd. 1–2. Leipzig 1919.

Pavoni, Rosanna (Hrsg.): "...rispettabilissimo Goethe... caro Hayez... adorato Thorvaldsen..." Gusto e cultura nelle raccolte d'arte di Enrico Mylius. Vicenza 1999.

Pearce, Susan M.: Interpreting Objects and Collections. London, New York 1994.

Dies. (Hrsg.): Objects of Knowledge. London, Atlantic Highlands 1990 (= New Research in Museum Studies).

Penny, Glenn: Municipial Displays. Civic Self-Promotion and the Development of German Ethnographic Museums, 1870–1914. In: Social Anthropology 6 (1998), S. 157–168.

Ders.: Objects of Culture. Ethnology and Ethnographic Museums in Imperial Germany. Chapel Hill, London 2002.

Ders.: Science and the Marketplace. The Creation and the Contenious Sale of the Museum Godeffroy. In: Pacific Arts 21/22 (2000), S. 1–18.

Penzlin, Heinz (Hrsg.): Geschichte der Zoologie in Jena nach Haeckel (1909–1974). Jena, Stuttgart 1994.

Perrot, Michelle (Hrsg.): Geschichte des privaten Lebens. Bd. 4: Von der Revolution zum Großen Krieg. 3. Aufl. Frankfurt/M. 1992 [EA 1987].

Peters, Dieter Stefan: Otto zur Strassen. In: Biographien bedeutender Senckenberger. Hrsg. v. Dieter Mollenhauer u. Willi Ziegler. Frankfurt/M. 1992 (= 175 Jahre Senckenbergische Naturforschende Gesellschaft, Jubiläumsband 1), S. 325–330.

Peters, Ernst: Philipp Leopold Martin. Dem Gedächtnis eines bedeutenden zoologischen Präparators. In: Der Präparator 3 (1957), S. 29–35.

Pfeiffer, Heinrich: Alexander von Humboldt. Werk und Weltgeltung. München 1969.

Plagemann, Volker: Das deutsche Kunstmuseum 1790–1870. Lage, Baukörper, Raumorganisation, Bildprogramm. München 1967 (= Studien zur Kunst des neunzehnten Jahrhunderts).

Plato, Alice von: Präsentierte Geschichte. Ausstellungskultur und Massenpublikum im Frankreich des 19. Jahrhunderts. Frankfurt/M., New York 2001.

Plessen, Marie-Luise von (Hrsg.): Die Nation und ihre Museen. Frankfurt/M., New York 1992.

Plum, Werner: Weltausstellungen im 19. Jahrhundert. Schauspiele des sozio-kulturellen Wandels. Bonn-Bad Godesberg 1975.

Plumpe, Gerhard: Tote Blicke. Fotografie als Präsenzmedium. In: Jürgen Fohrmann, Andrea Schütte u. Wilhelm Voßkamp (Hrsg.): Medien der Präsenz. Museum, Bildung und Wissenschaft im 19. Jahrhundert. Köln 2001 (= Mediologie, Bd. 3), S. 70–86.

Pohle, Hermann: Paul Matschies Schriften. In: Zeitschrift für Säugetierkunde 1 (1926), S. 91–110.

Ders.: Paul Matschie. In: Mitteilungen aus dem Zoologischen Museum Berlin 14 (1928), S. 1–9.

Pomian, Krzysztof: Der Ursprung des Museums. Vom Sammeln. Berlin 1998 [EA 1987].

Ders.: Sammlungen – eine historische Typologie. In: Andreas Grote (Hrsg.): Macrocosmos in Microcosmo. Die Welt in der Stube. Zur Geschichte des Sammelns 1450 bis 1800. Opladen 1994, S. 107–126.

Porter, Charlotte M.: The Natural History Museum. In: Michael Steven Shapiro (Hrsg.): The Museum. A Reference Guide. Westport 1990, S. 1–30.

Posener, Julius: Berlin auf dem Wege zu einer neuen Architektur. Das Zeitalter Wilhelms II. München 1979.

Preiss, Achim: Das Museum und seine Architektur. Wilhelm Kreis und der Museumsbau in der ersten Hälfte des 20. Jahrhunderts. Bonn 1992.

Price, George R.: Carl Akeley 1864–1926. Ein Lebensbild zu seinem 100. Geburtstag. In: Der Präparator 10 (1964), S. 124–130.

Querner, Hans u. Heinrich Schipperges (Hrsg.): Wege der Naturforschung 1822–1972 im Spiegel der Versammlungen Deutscher Naturforscher und Ärzte. Berlin, Heidelberg, New York 1972.

Rahden, Till van: Die situative Ethnizität der deutschen Juden im Kaiserreich in vergleichender Perspektive. In: Olaf Blaschke u. Frank-Michael Kuhlemann (Hrsg.): Religion im Kaiserreich. Milieus, Mentalitäten, Krisen. Gütersloh 1996 (= Religionen und Kulturen im Kaiserreich, Bd. 2), S. 409–434.

Raichvarg, Daniel u. Jean Jacques: Savants et ignorants. Une histoire de la vulgarisation des sciences. Paris 1991.

Raulff, Ulrich u. Gary Smith (Hrsg.): Wissensbilder. Strategien der Überlieferung. Berlin 1999.

Reay, Barry: Popular Cultures in England 1550–1750. London, New York 1998 (= Themes in British Social History).

Reise, Karsten: Hundert Jahre Biozönose. In: Naturwissenschaftliche Rundschau 33 (1980), S. 328–334.

Reising, Gert: Das Museum als Öffentlichkeitsform und Bildungsträger bürgerlicher Kultur. Unter besonderer Berücksichtigung der Entwicklungsgeschichte des South Kensington Museums in London. Darmstadt 1980.

Requate, Jörg: Öffentlichkeit und Medien als Gegenstände historischer Analyse. In: GuG 25 (1999), S. 5–32.

Rese, Bernd: Didaktik im Museum. Bonn 1995.

Reuff, Paul W.: Die Frankfurter Sammlungen (Museen und Gärten) von der Gründung des „Senckenberg" bis zum Ende des zweiten Weltkriegs. In: Archiv für Frankfurts Geschichte und Kunst. Fünfte Folge. Bd. 2 (1956), S. 37–51.

Reulecke, Jürgen: Geschichte der Urbanisierung in Deutschland. Frankfurt/M. 1985 (= Neue Historische Bibliothek).

Ders. (Hrsg.): Generationalität und Lebensgeschichte im 20. Jahrhundert. München 2003 (= Schriften des Historischen Kollegs. Kolloquien, Bd. 58).

Rheinberger, Hans-Jörg/Michael Hagner u. Bettina Wahrig-Schmidt (Hrsg.): Räume des Wissens. Repräsentation, Codierung, Spur. Berlin 1997.

Rieke-Müller, Annelore u. Lothar Dittrich: Der Löwe brüllt nebenan. Die Gründung Zoologischer Gärten im deutschsprachigen Raum 1833–1869. Köln, Weimar, Wien 1998.

Diess.: Unterwegs mit wilden Tieren. Wandermenagerien zwischen Belehrung und Kommerz 1750–1850. Marburg 1999 (= Acta biohistorica, Bd. 5).

Rietschel, Siegfried (Hrsg.): Vom Naturalienkabinett zum Naturkundemuseum 1875–1985. Geschichte der Landessammlungen für Naturkunde Karlsruhe. Karlsruhe 1985.

Rietschel, Siegfried u. M. Roth: Das Naturalienkabinett. In: Diess. (Hrsg.): Markgräfin Caroline Luise von Baden 1723–1783. Ausstellung anläßlich der 200. Wiederkehr ihres Todesjahres. Stuttgart 1983, S. 22–44.

Ritter, Gerhard A. (Hrsg.): Arbeiterkultur. Königstein/Ts. 1979.

Ders. u. Klaus Tenfelde: Arbeiter im Deutschen Kaiserreich 1871 bis 1914. Bonn 1992 (= Geschichte der Arbeiter und der Arbeiterbewegung in Deutschland seit dem Ende des 18. Jahrhunderts, Bd. 5).

Röhrig, Paul: Erwachsenenbildung. In: Christa Berg (Hrsg.): Handbuch der deutschen Bildungsgeschichte. Bd. 4: 1870–1918. Von der Reichsgründung bis zum Ende des Ersten Weltkriegs. München 1991, S. 441–471.

Roberts, Jon H.: Darwinism and the Divine in America. Protestant Intellectuals and Organic Revolution. 1859–1900. Madison 1988.

Roth, Martin: Heimatmuseum. Zur Geschichte einer deutschen Institution. Berlin 1990.

Roth, Ralf: „... der blühende Handel macht uns alle glücklich..." Frankfurt am Main in der Umbruchszeit 1780–1825. In: Lothar Gall (Hrsg.): Vom alten zum neuen Bürgertum. Die mitteleuropäische Stadt im Umbruch 1780–1820. München 1991 (= HZ, Beihefte N. F., Bd. 14), S. 357–408.

Ders.: Die Geschichte der Frankfurter Gesellschaft für Handel, Industrie und Wissenschaft 1920 bis 1995. In: Lothar Gall (Hrsg.): Frankfurter Gesellschaft für Handel, Industrie und Wissenschaft – Casinogesellschaft von 1802. Frankfurt/M. 1995, S. 37–82.

Ders.: Stadt und Bürgertum in Frankfurt am Main. Ein besonderer Weg von der ständischen zur modernen Bürgergesellschaft 1760–1914. München 1996 (= Stadt und Bürgertum, Bd. 7).

Ders.: Das Vereinswesen in Frankfurt am Main als Beispiel einer nichtstaatlichen Bildungsstruktur. In: Archiv für Frankfurts Geschichte und Kunst 64 (1998), S. 143–210.

Ders.: Von Wilhelm Meister zu Hans Castorp. Der Bildungsgedanke und das bürgerliche Assoziationswesen. In: Dieter Hein u. Andreas Schulz (Hrsg.): Bürgerkultur im 19. Jahrhundert. Bildung, Kunst und Lebenswelt. München 1996, S. 121–139.

Rückert, Claudia u. Barbara Segelken: Im Kampf gegen den „Ungeschmack". Das Kunstgewerbemuseum im Zeitalter der Industrialisierung. In: Alexis Joachimides, Sven Kuhrau, Viola Vahrson u. Nikolaus Bernau (Hrsg.): Museumsinszenierungen. Zur Geschichte der Institution des Kunstmuseums. Die Berliner Museumslandschaft 1830–1990. Dresden 1995, S. 108–121.

Runge, Fritz: Geschichte der botanischen Erforschung Westfalens. In: Festschrift zum 75-jährigen Bestehen des Westfälischen Landesmuseums für Naturkunde. Hrsg. als Abhandlung aus dem Landesmuseum für Naturkunde zu Münster in Westfalen 29 (1967), S. 27–43.

Ruppert, Wolfgang (Hrsg.): Die Arbeiter. Lebensformen, Alltag und Kultur von der Frühindustrialisierung bis zum „Wirtschaftswunder". München 1986.

Ders.: Der Bürger als Kaufmann. In: Ulrich Herrmann (Hrsg): „Die Bildung des Bürgers". Die Formierung der bürgerlichen Gesellschaft und die Gebildeten im 18. Jahrhundert. 2. Aufl. Weinheim, Basel 1989 (= Geschichte des Erziehungs- und Bildungswesens in Deutschland, Bd. 2), S. 287–305.

Rupke, Nicholaas A.: Richard Owen. Victorian Naturalist. New Haven 1994.

Ders.: Die Popularisierung Alexander von Humboldts in der europäischen Zeitschriftenliteratur bis zur deutschen Reichsgründung. In: Gudrun Wolfschmidt (Hrsg.): Popularisierung der Naturwissenschaften. Berlin, Diepholz 2002, S. 223–237.

Russell, Colin A.: Science and Social Change in Britain and Europe 1700–1900. New York 1983.

Rydell, Robert W.: All the World's a Fair. Visions of Empire at American International Expositions, 1876–1916. Chicago 1984.

Sauter, Beatrix: Museum und Bildung. Eine historisch-systematische Untersuchung zu Formen der Überlieferung und der Identitätsfindung. Hohengehren 1994.

Schäfer, Wilhelm: Geschichte des Senckenberg-Museums im Grundriß. Frankfurt/M. 1967.

Ders.: Objekt & Bild. Beiträge zu einer Lehre vom Museum. Frankfurt/M. 1974 (= Kleine Senckenberg-Reihe, Bd. 6).

Scheele, Irmtraud: Von Lüben bis Schmeil. Die Entwicklung von der Schulnaturgeschichte zum Biologieunterricht zwischen 1830 und 1933. Berlin 1981.

Scheer, Georg: Gottlieb von Koch. Museumsleiter. Naturwissenschaftler, Künstler und Kinderfreund. In: Naturwissenschaftlicher Verein Darmstadt. Bericht 1963/64 [1965], S. 75–80.

Scherer, Valentin: Deutsche Museen. Entstehung und Bedeutung unserer öffentlichen Kunstsammlungen. Jena 1913.

Scherpner, Christoph: 125 Jahre Zoologischer Garten Frankfurt am Main. Frankfurt/M. 1983.

Schieder, Theodor: Das Deutsche Kaiserreich von 1871 als Nationalstaat. 2. Aufl. Göttingen 1992 [EA 1961].

Schiele, Siegfried: Badische Geschichte. Vom Großherzogtum bis zur Gegenwart. Stuttgart 1979.

Schinzinger, Francesca: Die Kolonien und das Deutsche Reich. Die wirtschaftliche Bedeutung der deutschen Besitzungen in Übersee. Stuttgart 1984.

Schipperges, Heinrich: Art. Natur. In: GG Bd. 4, S. 215–244.

Schlich, Thomas: „Wichtiger als der Gegenstand selbst". Die Bedeutung des fotografischen Bildes in der Begründung der bakteriologischen Krankheitsauffassung durch Robert Koch. In: Martin Dinges u. Thomas Schlich (Hrsg.): Neue Wege in der Seuchengeschichte. Stuttgart 1995, S. 143–174.

Ders.: Repräsentationen von Krankheitserregern. Wie Robert Koch Bakterien als Krankheitsursache dargestellt hat. In: Hans-Jörg Rheinberger/Michael Hagner u. Bettina Wahrig-Schmidt (Hrsg.): Räume des Wissens. Repräsentation, Codierung, Spur. Berlin 1997, S. 143–174.

Schlosser, Julius von: Die Kunst- und Wunderkammern der Spätrenaissance. Ein Beitrag zur Geschichte des Sammelwesens. 2. durchges. u. verm. Aufl. Braunschweig 1978 [EA 1908].

Schmid, Karl u. Joachim Wollasch (Hrsg.): Memoria, der geschichtliche Zeugniswert des liturgischen Gedenkens im Mittelalter. München 1984 (= Münstersche Mittelalter-Schriften, Bd. 48).

Schmidt, Ulrich: Die privaten Kunstsammlungen in Frankfurt am Main von ihren Anfängen bis zur Ausbildung der reinen Kunstsammlung. Göttingen, Univ., Diss. 1963.

Schmitz, Thomas: Die deutschen Kunstvereine im 19. und frühen 20. Jahrhundert. Ein Beitrag zur Kultur-, Konsum- und Sozialgeschichte der bildenden Kunst im bürgerlichen Zeitalter. Neuried 2002.

Schneider, Gerhard: Das Deutsche Kolonialmuseum Berlin und seine Bedeutung im Rahmen der preußischen Schulreform um die Jahrhundertwende. In: Die Zukunft beginnt in der Vergangenheit. Museumsgeschichte und Geschichtsmuseum. Hrsg. v. d. Mitarbeitern des Historischen Museums [Frankfurt am Main]. Frankfurt/M. 1982, S. 155–199.

Scholl, Julian: Funktionen der Farbe. Das Kronprinzenpalais als farbiges Museum. In: Alexis Joachimides, Sven Kuhrau, Viola Vahrson u. Nikolaus Bernau (Hrsg.): Museumsinszenierungen. Zur Geschichte der Institution des Kunstmuseums. Die Berliner Museumslandschaft 1830–1990. Dresden 1995, S. 206–219.

Schöndube, Wilhelm u. Joachim Steinbacher: Aus der 150jährigen Geschichte der Senckenbergischen Naturforschenden Gesellschaft zu Frankfurt am Main. In: Natur und Museum 97 (1967), S. 429–489.

Schöler, Walter: Geschichte des naturwissenschaftlichen Unterrichts im 17. bis 19. Jahrhundert. Erziehungstheoretische Grundlegung und schulgeschichtliche Entwicklung. Berlin 1970.

Schütze, Yvonne: Mutterliebe – Vaterliebe. Elternrollen in der bürgerlichen Familie des 19. Jahrhunderts. In: Ute Frevert: Bürgerinnen und Bürger. Zwölf Beiträge. Mit einem Vorwort von Jürgen Kocka. Göttingen 1988 (= Kritische Studien zur Geschichtswissenschaft, Bd. 77), S. 118–133.

Schulz, Andreas: „Tage des Wohllebens, wie sie noch nie gewesen...". Das Bremer Bürgertum in der Umbruchszeit 1789–1818. In: Lothar Gall (Hrsg.): Vom alten zum neuen Bürgertum. Die mitteleuropäische Stadt im Umbruch 1780–1820. München 1991, S. 19–64.

Ders.: Individuum und Generation – Identitätsbildung im 19. und 20. Jahrhundert. In: GWU 52 (2001), S. 406–414.

Ders.: Kultur und Lebenswelt des Bremer Bürgertums zwischen Aufklärung und Vormärz (1780–1830). In: Klassizismus in Bremen. Formen bürgerlicher Kultur. Bremen 1994 (= Jb. der Wittheit 1993/94), S. 52–57.

Ders.: Der Künstler im Bürger. Dilettanten im 19. Jahrhundert. In: Dieter Hein u. Andreas Schulz (Hrsg.): Bürgerkultur im 19. Jahrhundert. Bildung, Kunst und Lebenswelt. München 1996, S. 34–52.

Ders.: Mäzenatentum und Wohltätigkeit – Ausdrucksformen bürgerlichen Gemeinsinns in der Neuzeit. In: Jürgen Kocka u. Manuel Frey (Hrsg.): Bürgerkultur und Mäzenatentum im 19. Jahrhundert. Berlin 1998, S. 240–263.

Ders.: Vormundschaft und Protektion. Eliten und Bürger in Bremen 1750–1880. München 2002 (= Stadt und Bürgertum, Bd. 13).

Ders.: Weltbürger und Geldaristokraten. Hanseatisches Bürgertum im 19. Jahrhundert. In: HZ 259 (1994), S. 627–671.

Ders. u. Gundula Grebner (Hrsg.): Generationswechsel und historischer Wandel. München 2003 (= HZ Beihefte, Bd. 36).

Schulze, Sabine: Bildprogramme in deutschen Kunstmuseen des 19. Jahrhunderts. Frankfurt/M., Bern, New York, Nancy 1984 (= Europäische Hochschulschriften. Reihe XXVIII, Bd. 37).

Schurig, Volker und Rita Nothacker: Von der „Oeconomia naturae" zur „Oecologie". Historische Begründungsversuche einer biologischen Umweltlehre vor 1866. In: Ekkehard Höxtermann (Hrsg.): Berichte zur Geschichte und Theorie der Biologie. Berlin 2001 (= Verhandlungen zur Geschichte und Theorie der Biologie, Bd. 7), S. 221–235.

Schuster, Julius: Geschichte und Idee des naturwissenschaftlichen Museums. In: Archiv für Geschichte der Mathematik, der Naturwissenschaften und der Technik 11 (1928/29), S. 178–192.

Schwartz, Vanessa R.: Spectacular Realities. Early Mass Culture in Fin-de-Siècle Paris. Berkeley, Los Angeles, London 1999.

Schwarz, Angela: Der Schlüssel zur modernen Welt. Wissenschaftspopularisierung in Großbritannien und Deutschland im Übergang zur Moderne (ca. 1870–1914). Stuttgart 1999 (= VSWG Beihefte, Nr. 153).

Schwarzmaier, Hansmartin (Hrsg.): Handbuch der Baden-Württembergischen Geschichte. Bd. 3: Vom Ende des Alten Reiches bis zum Ende der Monarchien. Stuttgart 1992.

Schwemer, Richard: Geistiges Leben im alten Frankfurt. In: Otto Ruppertsberg (Hrsg.): Frankfurt. Das Buch der Stadt. Frankfurt/M. 1927, S. 193–210.

Secord, Anne: Science in the Pub. Artisan Botanists in Early Nineteenth-Century Lancashire. In: History of Science 32 (1994), S. 269–315.

Seeling, Stefan: Organisierte Interessen und öffentliche Kommunikation. Eine Analyse ihrer Beziehungen im deutschen Kaiserreich. Opladen 1996.

Seemann, Birgit-Katharine: Stadt, Bürgertum und Kultur. Kulturelle Entwicklung und Kulturpolitik in Hamburg von 1839 bis 1933 am Beispiel des Museumswesens. Husum 1998.

Seemann, Renate: Der Großherzoglich mecklenburgische Hofconservator Carl Knuth. In: Der Präparator 44 (1998), S. 59–68.

Segeth, Uwe-Volker: Sammler und Sammlungen. Studien über ein kulturelles Handlungsmuster und seine pädagogische Dimension. Braunschweig, Techn. Univ., 1989.

Seipel, Wilfried: Zur Geschichte des Kunsthistorischen Museums Wien. In: Marie-Luise von Plessen (Hrsg.): Die Nation und ihre Museen. Frankfurt/M., New York 1992, S. 55–68.

Seitter, Wolfgang: Demokratisierung von Kultur. Zur Bildungsarbeit des Frankfurter Ausschusses für Volksvorlesungen von 1890 bis 1920. In: Hessische Blätter für Volksbildung 1990, S. 151–159.

Ders.: Volksbildung als Teilhabe. Die Sozialgeschichte des Frankfurter Ausschusses für Volksvorlesungen 1890–1920. Frankfurt/M., Bern, New York, Paris 1990 (= Studien zur Erwachsenenbildung, Bd. 4).

Ders.: Volksbildung und educación popular. Systembildungsprozesse und Vereinskulturen in Barcelona und Frankfurt am Main zwischen 1850 und 1920. Bad Heilbrunn 1993 (= Dokumentationen zur Geschichte der Erwachsenenbildung).

Shapin, Steven: Science and the Public. In: Robert C. Olby, G. N. Cantor, J. R. R. Christie u. M. J. S. Hodge (Hrsg.): Companion to the History of Modern Science. London, New York 1990, S. 990–1007.

Shapiro, Michael Steven (Hrsg.): The Museum. A Reference Guide. New York 1990.

Sheehan, James J.: Geschichte der deutschen Kunstmuseen. Von der fürstlichen Wunderkammer zur modernen Sammlung. München 2002 [EA 2000].

Sheets-Pyenson, Susan: Cathedrals of Science. The Development of Colonial Natural History Museums during the Late Nineteenth Century. Kingston, Montreal 1988.

Dies.: Low Scientific Culture in London and Paris, 1820–1875. Ph. D. Thesis, Univ. of Pennsylvania 1976.

Sherman, Daniel J.: Worthy Monuments. Art Museums and the Politics of Culture in Nineteenth-Century France. Cambridge/Mass., London 1989

Shills, Edward: Die Beziehungen zwischen deutschen und amerikanischen Universitäten. In: Wolfgang Hardtwig u. Harm-Hinrich Brandt (Hrsg.): Deutschlands Weg in die Moderne. Politik, Gesellschaft und Kultur im 19. Jahrhundert. München 1993, S. 185–199.

Shinn, Terry u. Richard Whitley (Hrsg.): Expository Science. Forms and Functions of Popularisation. Dordrecht 1985 (= Sociology of Science, Bd. 9).

Sieferle, Rolf Peter: Fortschrittsfeinde? Opposition gegen Technik und Industrie von der Romantik bis zur Gegenwart. München 1984.

Ders.: Heimatschutz und das Ende der romantischen Utopie. In: archplus 81 (1985), S. 38–42.

Ders.: Rückblick auf die Natur. Eine Geschichte des Menschen und seiner Umwelt. München 1997.

Siemann, Wolfram: Gesellschaft im Aufbruch. Deutschland 1849–1871. Frankfurt/M. 1990 (= Neue Historische Bibliothek).

Siegrist, Hannes (Hrsg.): Bürgerliche Berufe. Zur Sozialgeschichte der freien und akademischen Berufe im internationalen Vergleich. Göttingen 1988.

Snow, Charles P.: The Two Cultures. New York 1963.

Sobania, Michael: Vereinsleben. Regeln und Formen bürgerlicher Assoziationen im 19. Jahrhundert. In: Andreas Schulz u. Dieter Hein (Hrsg.): Bürgerkultur im 19. Jahrhundert. Bildung, Kunst und Lebenswelt. München 1996, S. 170–190.

Sösemann, Bernd: Olympia als publizistisches National-Denkmal. In: Helmut Kyrieleis (Hrsg.): Olympia 1875–2000. 125 Jahre deutsche Ausgrabungen. Internationales Symposion, Berlin 9.–11. November 2000. Mainz 2002, S. 49–84.

Sollers, Philippe: Der Kavalier im Louvre. Vivant Denon (1747–1825). Heidelberg 2000.

Spary, E[mma] C.: Codes der Leidenschaft. Französische Vogelsammlungen als eine Sprache der vornehmen Gesellschaft im 18. Jahrhundert. In: Anke te Heesen u. E[mma] C. Spary (Hrsg.): Sammeln als Wissen. Das Sammeln und seine wissenschaftsgeschichtliche Bedeutung. Göttingen 2001, S. 39–61.

Spicale, Horst: Dioramen im Naturkundemuseum Leipzig. In: Veröffentlichungen des Naturkundemuseums Leipzig 4 (1987), S. 11–20.

Spickernagel, Ellen u. Brigitte Walbe (Hrsg.): Das Museum. Lernort contra Musentempel. Gießen 1976.

Spieckermann, Marie-Luise [Red.]: Der curieuse Passagier. Deutsche Englandreisende des achtzehnten Jahrhunderts als Vermittler kultureller und technologischer Anregungen. Heidelberg 1983.

Spranger, Eduard: Wilhelm von Humboldt und die Reform des deutschen Bildungswesens. 3. Aufl. Tübingen 1965 [EA 1910].

Spree, Ulrike: Das Streben nach Wissen. Eine vergleichende Gattungsgeschichte der populären Enzyklopädie in Deutschland und Großbritannien im 19. Jahrhundert. Tübingen 2000 (= Communicatio, Bd. 24).

Springhorn, Rainer: 150 Jahre Naturwissenschaftliche Sammlung und Naturhistorisches Museum in Detmold. In: Heimatland Lippe 78 (1985), S. 287–314.

Ders.: Die frühe Phase der naturhistorischen Sammlung des Lippischen Landesmuseums. Stiftungen aus der Zeit von 1835–1891. In: Lippische Mitteilungen aus Geschichte und Landeskunde 54 (1985), S. 85–107.

Das Staatliche Museum für Naturkunde in Stuttgart – eine Schatzkammer unseres Landes. Hrsg. v. d. Gesellschaft der Freunde und Mitarbeiter des Staatlichen Museums für Naturkunde in Stuttgart e.V. Stuttgart 1952.

Star, Susan Leigh u. James R. Griesemer: Institutional Ecology. 'Translations' and Boundary Objects. Amateurs and Professionals in Berkeley's Museum of Vertebrate Zoology 1907–39. In: Social Studies of Science 19 (1989), S. 387–420.

Steenblock, Volker: Theorie der kulturellen Bildung. Zur Philosophie und Didaktik der Geisteswissenschaften. München 1999.

Steininger, Fritz u. Anne Kossatz-Pompé (Hrsg.): Senckenberg, Goethe und die Naturwissenschaften. Erweiterte Manuskripte der Vorträge, gehalten aus Anlaß der Sonderausstellung „quer durch Europa" im Naturmuseum Senckenberg vom 17. Juli 1999 bis 2. Januar 2000. Stuttgart 2002.

Steltzer, Hans Georg: Die Deutschen und ihr Kolonialreich. Frankfurt/M. 1984.

Stephan, Ulrich: Karl Küsthardt (1865–1949) – der Akeley Deutschlands? In: Der Präparator 29 (1983), S. 91–97.

Sternberger, Dolf: Panorama oder Ansichten vom 19. Jahrhundert. Frankfurt/M. 1974.

Stewart, Lary: The Rise of Public Science. Rhetoric, Technology, and Natural Philosophy in Newtonian Britain, 1660–1750. Cambridge, New York, Oakleigh 1992.

Szambien, Werner: Die Berliner Museumsinsel und ihre Stellung in der internationalen Museumspolitik des 19. Jahrhunderts. In: Berlins Museen. Geschichte und Zukunft. Hrsg. v. Zentralinstitut für Kunstgeschichte München. Berlin 1994, S. 45–50.

Szukaj, Heike: „Empfundenes und Erkanntes". Kurd Laßwitz als Wissenschaftspopularisator, 1848–1910. München 1996.

Taubert-Striese, Annett: Der Leipziger Lehrerverein, ein bedeutender Vertreter der Reformpädagogik. Eine Studie zu seiner geschichtlichen Entwicklung, seinen pädagogischen Leistungen und seinen praktischen Erfolgen. Frankfurt/M., Berlin, Bern, New York, Paris, Wien 1996 (= Europäische Hochschulschriften. Reihe XI, Bd. 698).

Tembrock, Günter: Zur Geschichte der Zoologie in Berlin. In: Wissenschaftliche Zeitschrift der Humboldt-Universität zu Berlin. Math.-Naturwiss. Reihe 8 (1958/59), S. 184–196.

Tenorth, Heinz-Elmar (Hrsg.): Allgemeine Bildung. Analysen zu ihrer Wirklichkeit, Versuche über ihre Zukunft. Weinheim, München 1986.

Thamer, Hans-Ulrich: Sammler und Sammlungen in der frühen Neuzeit. In: Ekkehard Mai u. Peter Paret (Hrsg.): Sammler, Stifter und Museen. Kunstförderung in Deutschland im 19. und 20. Jahrhundert. Köln, Weimar, Wien 1993, S. 44–62.

Theater der Natur und Kunst – Theatrum naturae et artis. Wunderkammern des Wissens. Katalog. Hrsg. v. Horst Bredekamp, Jochen Brüning u. Cornelia Weber. Bremen 2000. Berlin 2000.

Thiel, Reinhold: Norddeutscher Lloyd. Hamburg-Bremer Afrika-Linie. Bremen 2000.

Thode-Arora, Hilke: Die Familie Umlauff und ihre Firmen – Ethnographica-Händler in Hamburg. In: Mitteilungen aus dem Museum für Völkerkunde Hamburg 22 (1992), S. 143–158.

Dies.: Für fünfzig Pfennig um die Welt. Die Hagenbeckschen Völkerschauen. Frankfurt, New York 1989.

Thomas, Nicholas: Colonialism's Culture. Anthropology, Travel and Government. Cambridge 1994.

Ders.: Entangled Objects: Exchange, Material Culture, and Colonialism in the Pacific. Cambridge/Mass. 1991.

Tiermann, Klaus-Harro: Zur Herausbildung wissenschaftlicher Vereinigungen in Berlin im 18./19. Jahrhundert. In: Regine Zott (Hrsg.): Berlingeschichte im Spiegel wissenschaftshistorischer Forschung – 300 Jahre Wissenschaft in Berlin. Materialien der wissenschaftlichen Konferenz vom 9. bis 11. April 1987 anläßlich der 750-Jahrfeier der Stadt Berlin. Berlin 1987, S. 167–173.

Thorbecke, F. H.: 100 Jahre Bestehen und Wirken der Naturforschenden Gesellschaft in Bamberg, 1834–1934. In: Bericht der Naturforschenden Gesellschaft zu Bamberg 27 (1934), S. III–X.

Trommer, Gerhard: Natur im Kopf. Die Geschichte ökologisch bedeutsamer Naturvorstellungen in deutschen Bildungskonzepten. 1. Aufl. Weinheim 1990. 2. Aufl. 1993.

Trunko, Laszlo: Geschichte der Geologisch-mineralogischen Abteilung. In: Siegfried Rietschel (Hrsg.): Vom Naturalienkabinett zum Naturkundemuseum 1875–1985. Geschichte der Landessammlungen für Naturkunde Karlsruhe. Karlsruhe 1985, S. 35–48.

Torrens, H. S.: The Dinosaurs and Dinomania over 150 years. In: Modern Geology 18 (1993), S. 257–286.

Turner, Frank M.: Public Science in Britain, 18801919. In: Isis 71 (1980), S. 589–608.

Ullmann, Hans-Peter: Das Deutsche Kaiserreich 1871–1918. Frankfurt/M. 1995 (= Neue Historische Bibliothek).

Ungern-Sternburg, Wolfgang von: Medien. In: Handbuch der deutschen Bildungsgeschichte. Bd. 3: 1800–1870. Von der Neuordnung Deutschlands bis zur Gründung des Deutschen Reiches. Hrsg. v. Karl-Ernst Jeismann u. Peter Lundgreen. München 1987, S. 379–413

Uschmann, Georg: Geschichte der Zoologie und der zoologischen Anstalten in Jena 1779–1919. Jena 1959.

Vahrson, Viola: Die Krise der historischen Kunstbetrachtung. Die Berliner Abgußsammlung zwischen Enzyklopädie und Aura. In: Alexis Joachimides, Sven Kuhrau, Viola Vahrson u. Nikolaus Bernau (Hrsg.): Museumsinszenierungen. Zur Geschichte der Institution des Kunstmuseums. Die Berliner Museumslandschaft 1830–1990. Dresden 1995, S. 81–91.

Valter, Claudia: Studien zu bürgerlichen Naturaliensammlungen des 17. und 18. Jahrhunderts in Deutschland 1600–1800. Aachen, TH, Diss. 1995.

Vergo, Peter (Hrsg.): The New Museology. London 1989.

Vierhaus, Rudolf: Art. Bildung. In: GG Bd. 1, S. 508–551.

Voelcker, H[einrich]: Die Stadt Goethes. Frankfurt am Main im XVIII. Jahrhundert. Frankfurt/M. 1982 [EA 1932].

Vossler, Otto: Humboldts Idee der Universität. In: HZ 178 (1954), S. 251–268.

Walsh, Kevin: The Representation of the Past. Museums and heritage in the post-modern world. London, New York 1992.

Warth, Manfred: 150 Jahre Gesellschaft für Naturkunde in Württemberg In: Jahreshefte der Gesellschaft für Naturkunde Württembergs 149 (1994), S. 9–59.

Ders. u. Bernhard Ziegler: Aus der Frühzeit des Naturalienkabinetts. In: Aus der Geschichte des Stuttgarter Naturkundemuseums. Stuttgart 1991 (= Stuttgarter Beiträge zur Naturkunde, Serie C, Heft 30), S. 5–20.

Weber, Jörg: Kanon und Methode. Zum Prozess [!] zivilisatorischer Begründung. Würzburg 1986 (= Epistemata. Reihe Philosophie, Bd. 31).

Weidner, Herbert: 125 Jahre Naturhistorisches Museum zu Hamburg. In: Verhandlungen des naturwissenschaftlichen Vereins in Hamburg, N. F. 9 (1969), S. 1–30.

Ders. u. Otto Kraus: Aus der Geschichte des naturwissenschaftlichen Vereins in Hamburg. In: Verhandlungen des naturwissenschaftlichen Vereins in Hamburg, N. F. 28 (1988), S. 5–150.

Werland, Walter: Münsters Professor Landois. Begebenheiten und Merkwürdigkeiten um den Zoogründer. Münster 1977.

Wettengel, Michael: Staat und Naturschutz 1906–1945. Zur Geschichte der Staatlichen Stelle für Naturdenkmalpflege in Preußen und der Reichsstelle für Naturschutz. In: HZ 213 (1993), S. 355–399.

Whalen, Matthew D.: Science, the Public and American Culture: A Preface to the Study of Popular Science. In: Journal of American Culture 4 (1981), S. 14–26.

Whitehead, James Palmer: Museums in the History of Zoology. In: Museums Journal 70 (1970), S. 50–57 u. 155–160.

Whitley, Richard: Knowledge Producers and Knowledge Acquirers. Popularisation as a Relation Between Scientific Fields and Their Publics. In: Terry Shinn u. Richard Whitley (Hrsg.): Expository Science: Forms and Functions of Popularisation. Dordrecht, Boston, Lancaster 1985 (= Sociology of the Sciences, Bd. 9), S. 3–28.

Wiener, Michael: Ikonographie des Wilden. Menschen-Bilder in Ethnographie und Photographie zwischen 1850 und 1918. München 1990.

Wiese, Vollrath: Ökologie im Museum. Beiträge zur Didaktik biologisch ausgerichteter Museen mit besonderer Berücksichtigung ökologischer Sachverhalte. Darmstadt 1988.

Wild, Rupert: Die Ostafrika-Reise von Eberhard Fraas und die Erforschung der Dinosaurier-Fundstelle Tendaguru. In: Aus der Geschichte des Stuttgarter Naturkundemuseums. Stuttgart 1991 (= Stuttgarter Beiträge zur Naturkunde, Serie C, Heft 30), S. 71–76.

Wilkens, Christa: Bildung und Freizeit für Arbeiter während des Kaiserreichs. Der Bildungsverein für Arbeiter Lüneburg und seine bürgerlichen Förderer. Hamburg, Univ., Diss. 1991.

Wilson, David: Das British Museum – ein Universalmuseum. In: Marie-Luise von Plessen (Hrsg.): Die Nation und ihre Museen. Frankfurt/M., New York 1992, S. 108–116.

Winsor, Mary P.: Agassiz's Notions of a Museum. The Vision and the Myth. In: Michael T. Ghiselin u. Alan E. Leviton (Hrsg.): Cultures and Institutions of Natural History. Essays in the History and Philosophy of Science. San Francisco 2000 (= Memoirs of the California Academy of Sciences, Bd. 25), S. 249–271.

Dies.: Reading the Shape of Nature. Comparative Zoology at the Agassiz Museum. Chicago, London 1991 (= Science and Its Conceptual Foundations).

Witthöft, Hans Jürgen: Norddeutscher Lloyd. 3., überarb. Aufl. Hamburg 1997.

Wittlin, Alma S.: The Museum. Its History and its Tasks in Education. London 1949.

Wolff-Thomsen, Ulrike: Weltende oder Zeiten(w)ende? Endzeit- und Zukunftsvorstellungen in der bildenden Kunst um 1900. In: Manfred Jakubowski-Tiessen, Hartmut Lehmann, Johannes Schilling u. Reinhart Staats (Hrsg.): Jahrhundertwenden. Endzeit- und Zukunftsvorstellungen vom 15. bis zum 20. Jahrhundert. Göttingen 1999 (= Veröffentlichungen des Max-Planck-Instituts für Geschichte, Bd. 155), S. 327–347.

Wolfschmidt, Gudrun: Vom Raritätenkabinett zum Museum. In: Dies. (Hrsg.): Popularisierung der Naturwissenschaften. Berlin, Diepholz 2002, S. 79–96.

Wonders, Karen: Habitat Dioramas. Illusions of Wilderness in Museums of Natural History. Uppsala 1993.

Woodlief, Annette M.: Science in Popular Culture. In: M. Thomas Inge (Hrsg.): Handbook of American Popular Culture. Bd. 3. Westport/Conn. 1981, S. 429–458.

Wörner, Martin: Vergnügung und Belehrung. Volkskultur auf den Weltausstellungen 1851–1900. Münster, New York, München, Berlin 1999.

Yanni, Carla: Nature's Museums. Victorian Science and the Architecture of Display. London 1999.

Zaunstöck, Holger: Sozietätslandschaft und Mitgliederstrukturen. Die mitteldeutschen Aufklärungsgesellschaften im 18. Jahrhundert. Tübingen 1999 (= Hallesche Beiträge zur europäischen Aufklärung, Bd. 9).

Ziegler, Bernhard: Kleine Geschichte der Paläontologie. Stuttgart 1984 (= Stuttgarter Beiträge zur Naturkunde. Serie C, Bd. 19).

Ziegler, Willi: [Zur Geschichte der Senckenbergischen Naturforschenden Gesellschaft]. In: Limpurger Brief 1986, S. 7–27.

Zimmerman, Andrew: Anthropology and Antihumanism in Imperial Germany. Chicago, London 2001.

Ders.: Science and Schaulust in the Berlin Museum of Ethnology. In: Constantin Goschler (Hrsg.): Wissenschaft und Öffentlichkeit in Berlin, 1870–1930. Stuttgart 2000, S. 65–88.

Abbildungsverzeichnis

Personenverzeichnis

Kursiv gesetzte Seitenzahlen verweisen auf Erwähnungen ausschließlich im Anmerkungsapparat. Indirekte Nennungen sind berücksichtigt.

www.ingramcontent.com/pod-product-compliance
Lightning Source LLC
LaVergne TN
LVHW081328011026
849161LV00013BB/2869

* 9 7 8 3 0 5 0 0 4 2 0 2 2 *